高等院校机械工程·工业工程系列教材

机 械 基 础

（第二版）

陈秀宁　主编

ZHEJIANG UNIVERSITY PRESS
浙江大学出版社

内 容 提 要

本书是根据高等工业学校机械基础课程教学的基本要求,结合面向 21 世纪课程内容体系改革实践和当前科学技术发展,在总结第一版使用经验的基础上修订编写的。

全书共 10 章,内容有总论(主要讲述机械的组成、机械设计的基本知识),工程力学基础,联接,连续回转转动,变换运动形式的传动,轴及其支承、接合与制动,弹簧、机架与导轨,调速和平衡,液压传动与气压传动,机械的发展与创新。书末附有思考题与习题。

本书可作为高等工科院校非机械类专业机械基础课程的教材,也可作为高等成人教育、远程教育有关专业的教材和工程技术人员的参考书。

图书在版编目 (CIP) 数据

机械基础 / 陈秀宁主编. —杭州:浙江大学出版社,
1991.1(2020.1 重印)
ISBN 978-7-308-02082-4

Ⅰ. 机… Ⅱ. 陈… Ⅲ. 机械学—高等学校—教材 Ⅳ. TH11
中国版本图书馆 CIP 数据核字 (2001) 第 087141 号

机械基础(第二版)

陈秀宁 主编

责任编辑	杜希武
封面设计	刘依群
出版发行	浙江大学出扮社
	(杭州市天目山路 148 号 邮政编码 310007)
	(网址:http://www.zjupress.com)
排 版	杭州中大图文设计有限公司
印 刷	杭州良诸印刷有限公司
开 本	787mm×1092mm 1/16
印 张	20.75
字 数	504 千
版 印 次	2009 年 8 月第 2 版 2020 年 1 月第 18 次印刷
书 号	ISBN 978-7-308-02082-4
定 价	49.00 元

第二版前言

本书第一版自 1999 年出版以来,受到广大师生、工程技术人员及有关部门专家和读者的热情支持和鼓励,在培养学生与帮助工程技术人员掌握机械设计基础知识的过程中取得成效,得到辐射。根据面向 21 世纪课程内容体系改革的有关精神和教改实践以及科学技术的深入发展、培养高素质创新人才的需要,本书修订编写的第二版与读者见面。现就修订编写工作的有关问题说明如下。

1. 继承和保持原有版本经使用实践被广泛认同的优点、特色和风格。内容力求保证机械设计的基本知识、基本理论、基本技能,适当扩充应用领域和反映现代机械学科的科技成果与信息。

2. 注意工程力学、机械原理、机械设计课程内容的有机融合,适度拓宽液压传动与气压传动、机电一体化、机械的发展与创新等内容,重视工程应用和创新意识与能力的培养。

3. 全书对以前版本所列标准、规范和设计资料作了更新,尽量采用最新颁布的、较成熟的数据。

4. 思考题与习题由 230 道增至 250 道,增加的题目多为关于机械创新、创意的内容供读者思考和探索。

5. 更正了原书文字、插图及计算中的疏漏和排印中的错误。

参加本书编写的有:陈秀宁(第 1、2、9、10 章及思考题与习题),陈文华(第 4 章),章维明(第 5、8 章),汪久根(第 6、7 章),顾大强(第 3 章)。全书由陈秀宁主编和修订。

本书承中科院首届海外评审专家、博士生导师陈延伟教授审阅;西南交通大学吴鹿鸣教授、浙江大学马骥教授等许多同行专家对本书编写热情支持并提出宝贵建议;吴碧琴先生为本书整理书稿并作润色;陈长辉先生为本书精心校图。编者在此一并致以衷心的感谢。

限于编者水平,书中误漏和不妥之处,殷切期望专家和读者指正。

编者
2008 年 8 月于杭州

目　　录

第1章　总　论

§1-1　机械的组成

机械是机器和机构的总称。

在工农业生产、交通运输、国防、科研以及人们的日常生活中,应用着各式各样的机器。机器的种类很多,但就其用途而言,不外乎两类:一类是提供或转换机械能的机器,如电动机、内燃机等动力机器;另一类则是利用机械能来实现预期工作的机器,如起重运输机、机床、插秧机、纺织机等各种工作机器。这许许多多工作机器,它们的形式、构造都不相同,各具自身的特点;但一切工作机器的组成通常都有其共同之处。现举简单机械为例,阐述机器的基本组成。

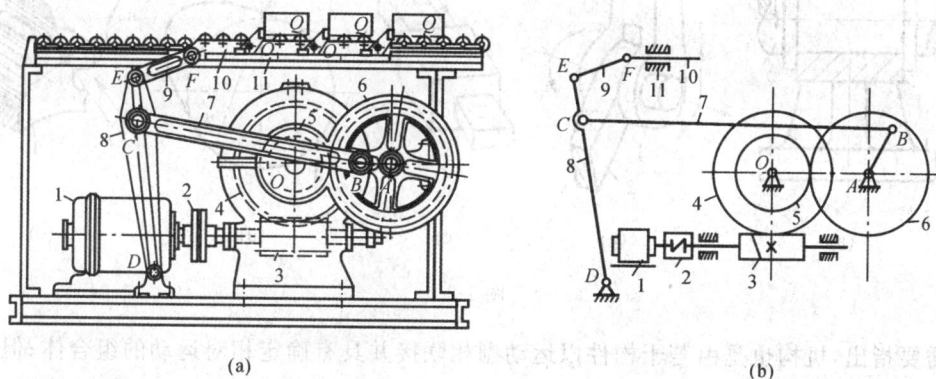

(a)　　　　　　　　　　　　　　(b)

图 1-1

图 1-1a、b 为一加热炉运送机的前视图和机动示意图。电动机 1 高速回转,其轴用联轴器 2 和蜗轮减速器的蜗杆 3 相联,经由蜗杆 3 和蜗轮 4 减速后再经开式齿轮 5 和 6 减速,使大齿轮轴以较低的转速回转。通过销接在大齿轮 6 和摇杆 8 上的连杆 7,使摇杆 8 绕轴 D 作往复摆动。再通过销接在摇杆 8 和推块 10 上的连杆 9,使推块 10 在机架 11 的滚道上往复移动,向右时输送工件,速度较慢,力量较大,运动平稳;而在向左作空载返回时,则速度较快,节省时间。通过上例,可以归纳成以下几点认识:

1)在上述机器中,推块以一定的规律在机架滚道上往复移动运送物料,是机器直接从事生产工作的部分,称为工作部分(或执行部分)。电动机是机器工作的运动和动力来源,称为原动机。而齿轮传动、蜗杆传动、连杆传动等是将原动机的运动和动力传递和变换到工作部分的中间环节,称为传动装置。传动装置在机器中的作用是:①改变速度(可以是减速、增速或调速);②改变运动形式;③在传递运动的同时传递动力。一台完整的工作机器通常都包含工作部分、原动机和传动装置三个基本职能部分。为使上述三个基本职能部分彼此协调运行,并准确、安全、可靠地完成整机功能,通常机器还具有操纵和控制部分(图中未曾表达),现代机器的控制部分常常带有高科技机电一体化特点,计算机和传感器在现代机器中发挥协调控制的核心作用。

2)任何机器都是由许多零件组合而成。根据机器功能、结构要求,某些零件需固联成没有相对运动的刚性组合,成为机器中运动的一个基本单元体,通常称为构件(如图 1-1 中蜗轮 4 与齿轮 5 分别用键和轴 O 联成一个构件)。构件与零件的区别在于:构件是运动的基本单元,而零件是制造的基本单元;有时一个单独的零件也是一个最简单的构件。构件与构件之间通过一定的相互接触与制约,构成保持确定相对运动的"可动联接",这种可动联接称为"运动副"。常见的运动副有回转副(图 1-2a、b 中 1、2 两构件呈面接触、且只能作相对转动,如轴与轴承,铰链)、移动副(图 1-2c 中 1、2 两构件呈面接触、且只能作相对移动,如滑块与导轨)和滚滑副(图 1-2d、e 中 1、2 两构件呈点或线接触,其相对运动有沿接触处公切线 t-t 的相对滑动和绕接触处的相对滚动,如凸轮与从动件,一对轮齿)等类型。一切机器都是由若干构件以运动副相联接并具有确定相对运动,用来完成有用的机械功或转换机械能的组合体。

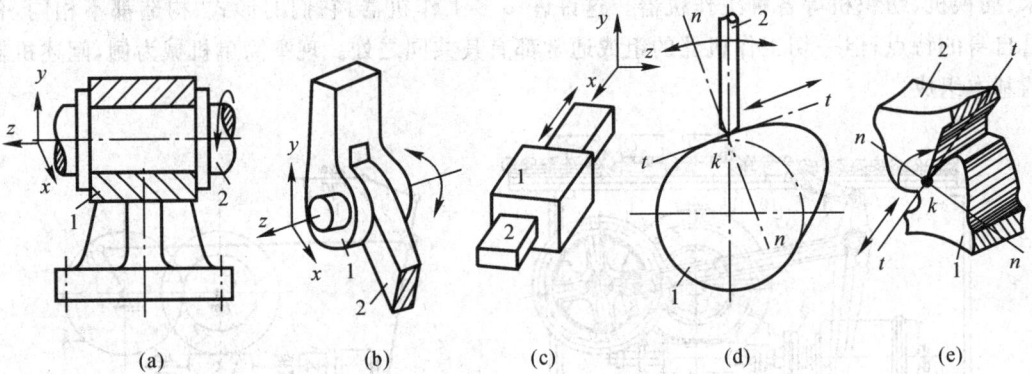

图 1-2

需要指出,机构也是由若干构件以运动副相联接并具有确定相对运动的组合体;但机器用来完成有用的机械功或转换机械能,而机构在习惯上主要是指传递运动的机械(如仪表等)以及从运动的观点加以研究而言的。机器中必包含一个或一个以上的机构。

3)机器的工作部分随各机器的不同用途而异,但在不同的机器组成中常包含有齿轮、蜗杆、带、链、连杆、凸轮、螺旋、棘轮等传动机构以及螺钉、键、销、弹簧、轴、轴承、联轴器等零部件,它们在各自不同的机器中所起的作用和工作原理却是基本相同。对这些在各种机器中常见的机构和零部件,一般称为常用机构和通用零部件。常用机构和通用零部件在某种意义上可以说是各种机器共同的、重要的组成基础。

§1-2 本课程研究的内容和目的

研究机械可以从许多方面进行,"机械基础"课程研讨的主要内容是:机械组成的一些基本原理和规律、发展和创新；机械中常用的工程力学基础知识；组成机械的一些常用机构、机械传动、通用零部件的工作原理、特点及应用，结构及其基本的选用和计算方法；机械设计的一般原则和步骤等共同性问题。它是工科院校中一门重要的技术基础课。通过本课程的学习和实践，达到下列要求：①了解机械的发展、使用、维护和管理的一些基础知识；②掌握机械中常用的工程力学基础知识；③掌握机械中常用的机构、通用零部件的工作原理、特点、选用及其简单的设计计算方法；④初步具有分析简单机械的运动和结构的能力，了解简单机械系统设计的一般步骤和方法。

机械工业的水平，在一定程度上是国家工业技术发展水平的标志之一。对工程专业的学生来说，其所学习和从事的工程对象均不能脱离机械及其装置，本课程将在机械的基本知识、基本理论和基本技能方面为之打下宽广和重要的基础。

§1-3　机械运动简图及平面机构自由度

一、机械运动简图

在设计新机械或革新现有机械时，为便于分析研究，常需把复杂的机械用一些简单的线条和规定的符号将其传动系统、传动机构间的相互联系、运动特性表示出来，表示这些内容的图称为机械运动简图或机动示意图（如图 1-1b）。从运动简图中可以清晰地看出原动机的运动和动力通过哪些机构、采用何种方式，使机器工作部分实现怎样的运动；根据运动简图再配上某些参数便可对机器进行传动方案比较、运动分析和受力分析，并为机械系统分析、主要传动件工作能力计算、机件（构件和零件之统称）结构具体化和绘制装配图提供条件。

机械的运动特性与构件的数目、运动副的类型和数目，以及运动副之间的相对位置（如回转副中心、移动副中心线等）有关。机构、构件和运动副是组成机器并直接影响机器运动特性的要素。这些要素必须在运动简图中确切而清楚地表示出来，而那些与运动特性无关的因素（如组成构件的零件数目、实际截面尺寸、运动副的具体构造）则应略去，无需在运动简图中表达。绘制运动简图实际就是用一些运动副、构件以及常用机构简单的代表符号（参见表 1-1）按传动系统的布局顺序绘制出来，这样便能清晰地反映与原机械相同的运动特性和传递关系。

根据实际机械绘制其运动简图时，首先应进行仔细观察和分析，分清各种机构，判别固定构件（通常是机架）与运动构件（运动构件中由外力直接驱动、其运动规律由外界确定的构件称为主动构件，其余的运动构件称为从动构件），数出运动构件的数目，并根据构件间相对运动性质确定其运动副的类型。其次，测量各个构件上与运动有关的尺寸——运动尺寸（如确定运动副相对位置和滚滑副接触面形状的尺寸）。然后根据这些运动尺寸选择适当的长度比例尺（$\mu_1 =$ 实际长度/图示长度，单位为 m/mm 或 mm/mm）和视图平面（通常为构件的运动平面），用规定的或惯用的机构、构件和运动副的代表符号绘制简图。一般先画固定构件及其上的运动副，接着画出与固定构件相联的主动构件（位置可任意选定），以后再按运动和力的传递关系顺序画出所有从动构件及相联的运动副以完成机械运动简图；最后，还应仔

表 1-1　运动简图中的常用符号

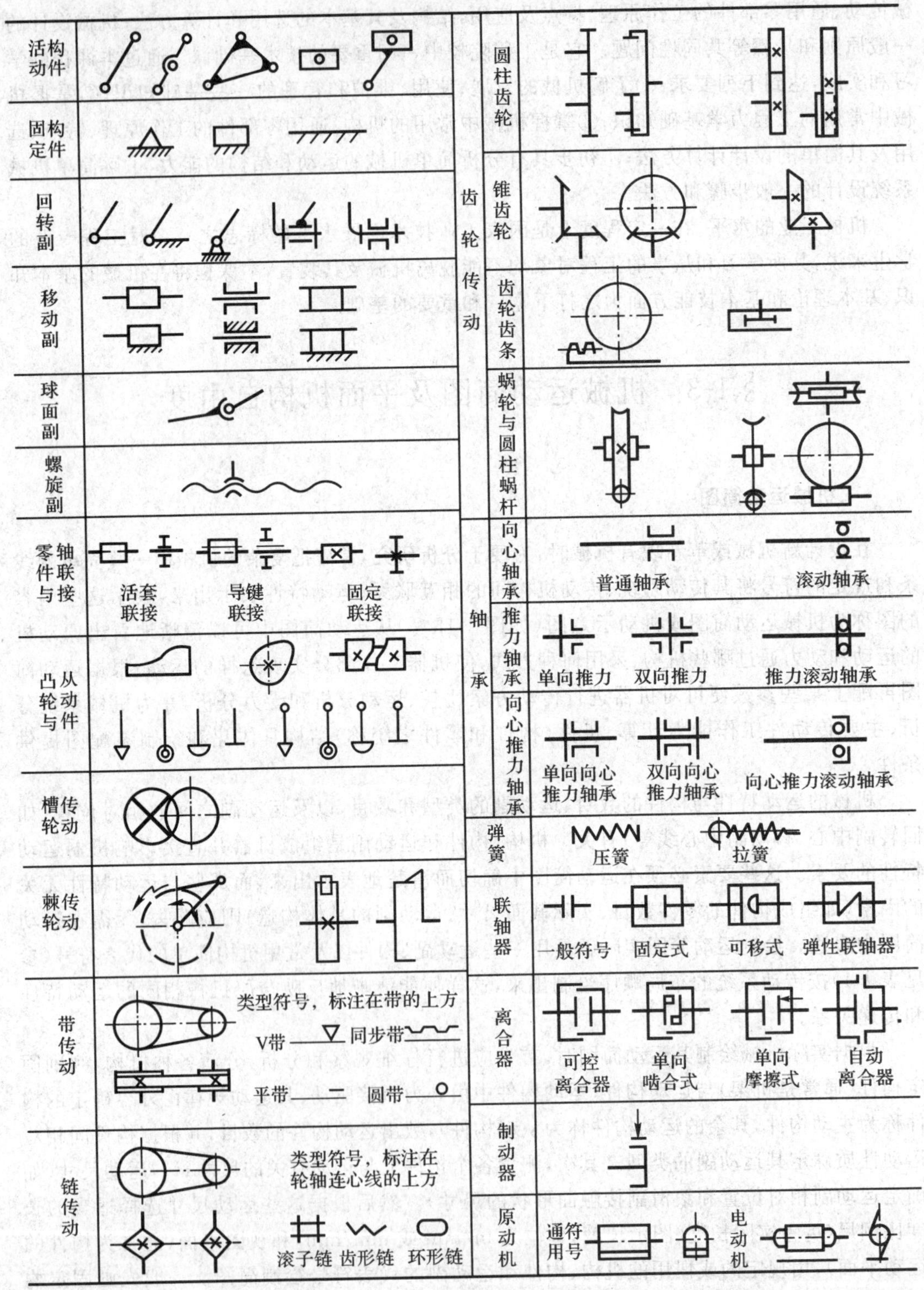

活动构件		圆柱齿轮	
固定构件	齿轮传动	锥齿轮	
回转副		齿轮齿条	
移动副		蜗轮与圆柱蜗杆	
球面副		轴承	向心轴承　　普通轴承　　滚动轴承
螺旋副			推力轴承　　单向推力　双向推力　推力滚动轴承
零件轴联与接	活套联接　　导键联接　　固定联接		向心推力轴承　单向向心推力轴承　双向向心推力轴承　向心推力滚动轴承
凸轮从动与件		弹簧	压簧　　拉簧
槽轮传动		联轴器	一般符号　固定式　可移式　弹性联轴器
棘轮传动		离合器	可控离合器　单向啮合式　单向摩擦式　自动离合器
带传动	类型符号，标注在带的上方 V带 —▽— 同步带 平带 —— 圆带	制动器	
链传动	类型符号，标注在轮轴连心线的上方 滚子链 齿形链 环形链	原动机	通用符号　　电动机

细检查运动构件的数目、运动副的类型和数目及其相对位置与联接关系等有无错误,否则将不能正确反映实际机械的真实运动。

以一定的比例尺绘制运动简图,便于用图解法在图上对机构进行运动和力的分析。工程上还广泛应用不按严格的比例绘制的运动简图,通常称为机动示意图。在机动示意图上只是定性地表达出机械中各构件之间的运动和力的传递关系,但绘制却较方便。

下面通过几个例子,对绘制运动简图再作些具体说明。

例 1-1 图 1-3a 为一偏心轮滑块机构,图 1-3b 为其运动简图,作图步骤如下:

1)认清机架及运动构件数目并标上编号;确定主动构件。

1—机架;2—偏心轮;3—连杆;4—滑块;确定偏心轮 2 为主动构件。

2)根据相联两构件相对运动的性质,确定运动副的类型。

图 1-3a 中,1-2 属回转副;2-3 联接部分的实际结构是连杆 3 的一端圆环的内圆柱面套在偏心轮 2 的外圆柱面上,连杆 3 对偏心轮 2 之间的相对运动为绕圆心 A 的转动,所以也是回转副(运动副的实际构造可有各式各样,应抓住两构件可能的相对运动性质来正确判断运动副的类别);同理,3-4 也属回转副;而 4-1 则为移动副。

3)确定回转副的转动中心所在位置和移动副中心线方位,选构件的运动平面,并用代表符号和线条按比例画出运动简图。

1-2 回转副中心在 O 点;2-3 回转副中心在 A 点;3-4 回转副中心在 B 点;4-1 移动副上 B 点移动方位线 m-m 方向水平,该线偏离固定中心 O 的距离为 e。画图时先画机架 1 及其上的回转副中心 O(固定点),按偏距 e 作水平线即为机架 1 上移动副中心线 m-m(固定线),按主动构件 2 上两回转副中心 O、A 距离及其某一瞬时位置定出 A 点,联 O、A 点得构件 2;以 A 为圆心,构件 3 两回转副中心 A、B 距离为半径作弧与线 m-m 之交点即为 B 点,联 A、B 点得构件 3;最后以代表符号画出构件 4 及与机架 1 的移动副,即得如图 1-3b 所示运动简图。

例 1-2 图 1-4a 为一凸轮机构,主动构件凸轮 2 与机架 1 组成回转副 A,从动杆 3 分别与凸轮 2、机架 1 组成滚滑副 B 与移动副 C。对照例 1-1 作图步骤绘制出图 1-4b 所示运动简图。需要指出的是,对滚滑副应按比例作出组成滚滑副的接触部分形状;画机动示意图时,只要大致画出廓线形状就可以了。

例 1-3 图 1-1a 所示加热炉运送机,电动机到工作部分整个传动系统采用的机构及其运动传递情况,在 § 1-1 中已予阐述,其机架、各运动构件以及运动副的数目、类型、位置都不难分析,对照上述步骤,可作

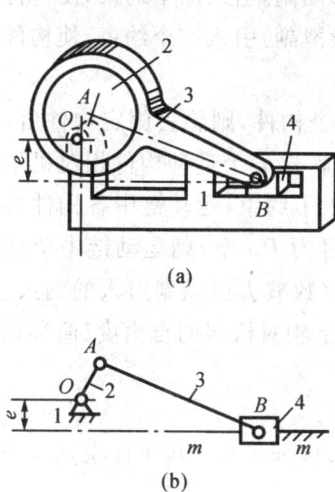

图 1-3

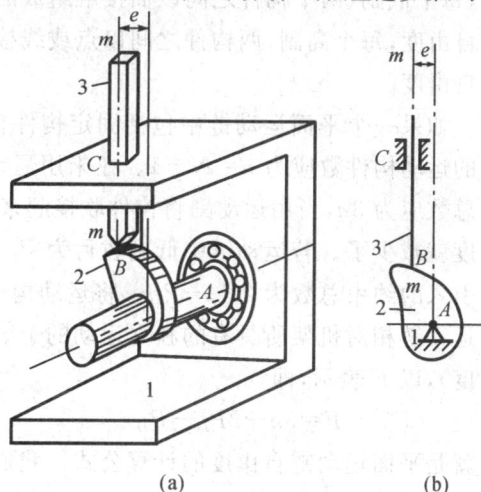

图 1-4

出如图 1-1b 所示之运动简图(机动示意图)。需要指出的是：蜗杆和蜗轮以及一对齿轮的轮齿都是构成滚滑副，但它们都已有惯用的代表符号(表 1-1)，绘制运动简图时无需表示出其齿廓形状。

二、平面机构的自由度

所有运动构件都在同一平面或相互平行的平面内运动，这种机构称为平面机构，否则称为空间机构。目前工程中常见的机构大多为平面机构。

如前所述，机构是由若干构件用运动副相联接并具有确定相对运动的组合体；我们把若干构件用运动副联成的系统称为运动链，其中有一个构件为固定构件(机架)，只有当给定运动链中一个(或若干个)构件作为主动构件以独立运动，其余构件随之作确定的相对运动，这种具有确定相对运动的运动链才成为机构。讨论运动链在什么条件下才能具有确定的相对运动，对于设计新机构或分析现有机构都是非常重要的。

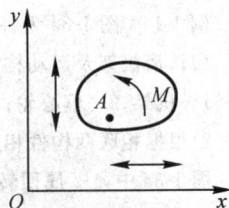

图 1-5

1. 平面机构自由度的计算公式及其意义

一个作平面运动的自由构件(未与其他构件用运动副相联)有三个独立的运动，如图 1-5 所示，在 xoy 坐标系中，构件 M 可以作沿 x 轴线移动、沿 y 轴线移动以及绕任何垂直于 xoy 平面的轴线 A 转动。运动构件的这三种可能出现的独立的自由运动称为构件的自由度，所以作平面运动的自由构件具有三个自由度。

当构件之间用运动副联接以后，在其联接处，它们之间的某些相对运动将不能实现，这种对于相对运动的限制称为运动副的约束，自由度数将随引入约束而相应地减少。不同类型的运动副，引入的约束不同，保留的自由度也不同；如图 1-2a、b 所示回转副约束了运动构件沿 x、y 轴线移动的两个自由度，只保留绕 z 轴转动的一个自由度；图 1-2c 所示移动副约束了构件沿一轴线 y 移动和在 xoy 平面内转动的两个自由度，只保留了沿另一轴线 x 移动的一个自由度；图 1-2d、e 所示滚滑副只约束了沿接触处 k 公法线 n-n 方向移动的一个自由度，保留绕接触处转动和沿接触处公切线 t-t 方向移动的两个自由度。所以，在平面运动链中，每个低副(两个构件之间以面接触组成的回转副和移动副)引入两个约束，使构件丧失两个自由度；每个高副(两构件之间以点或线接触组成的滚滑副)引入一个约束，使构件丧失一个自由度。

如果一个平面运动链中包括固定构件在内共有 N 个构件，则除去固定构件后，运动链中的运动构件数应为 $n=N-1$。在未用运动副联接之前，这 n 个运动构件相对机架的自由度总数应为 $3n$，当用运动副将构件联接起来后，由于引入了约束，运动链中各构件具有的自由度就减少了。若运动链中低副数目为 P_L 个，高副数目为 P_H 个，则运动链中全部运动副所引入的约束总数为 $2P_L+P_H$。将运动构件的自由度总数减去运动副引入的约束总数，即为运动链相对机架所具有的独立运动的个数，称为运动链相对机架的自由度(简称运动链自由度)，以 F 表示，即

$$F=3n-2P_L-P_H \qquad (1-1)$$

这就是平面运动链自由度的计算公式。我们通过以下各例进一步分析平面运动链在什么条件下才能成为具有确定性相对运动的平面机构。

图 1-6a、b 所示平面运动链的自由度 $F=3n-2P_L-P_H=3\times3-2\times4-0=1$，若以构件

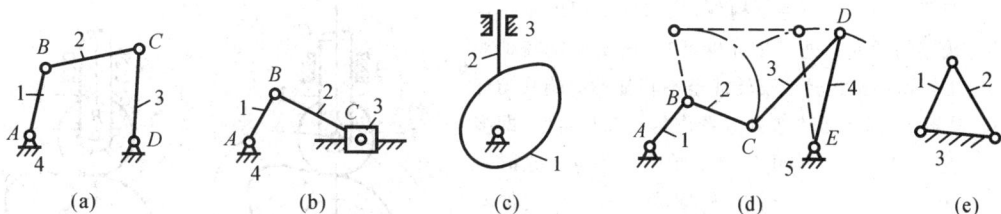

图 1-6

1 为主动构件,则其余运动构件将随之作确定的运动。图 1-6c 所示平面运动链的自由度 F $=3n-2P_L-P_H=3\times2-2\times2-1=1$,若以凸轮 1 为主动构件,则从动杆 2 亦作确定的往复移动。图 1-6d 所示平面运动链的自由度 $F=3n-2P_L-P_H=3\times4-2\times5-0=2$,若以 1、4 两个构件为主动构件,则其他从动构件 2、3 随之作确定的运动。可见,给定运动链的主动构件数等于其自由度数时,即成为具有确定相对运动的机构。但若主动构件数小于运动链的自由度,如图 1-6d 中,仅构件 1 为主动构件,则其余从动构件 2、3、4 不具确定的运动;若主动构件数大于运动链的自由度,如图 1-6a、b 中,使构件 1、3 都为主动构件并从外界给定独立运动,势必将构件折断。再分析图 1-6e,运动链的自由度 $F=3n-2P_L-P_H=3\times2-2\times3$ $-0=0$,各构件的全部自由度将失去,不能再有从外界给定独立运动的主动构件,从而形成各构件间不会有相对运动的刚性构架。综上所述,运动链成为具有确定相对运动的机构的必要条件为:

1)运动链的自由度必须大于零;

2)主动构件数等于运动链的自由度。

通常把整个运动链相对机架的自由度称为机构的自由度,所以式 (1-1)也称为平面机构自由度的计算公式。

2. 计算平面机构自由度时应注意的问题

1)复合铰链。三个或三个以上构件在同一轴线上用回转副相联接构成复合铰链,如图 1-7 所示为三个构件在同一轴线上构成两个回转副的复合铰链。可以类推,若有 m 个构件构成同轴复合铰链,则应具有 $m-1$ 个回转副。在计算机构自由度时应注意识别复合铰链,以免漏算运动副的数目。

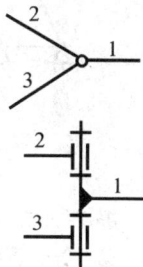

图 1-7

例 1-4　计算图 1-8 所示摇筛机构自由度

解:粗看似乎是 5 个运动构件和 A、B、C、D、E、F 等铰链组成六个回转副,由式(1-1)得 $F=3n-2P_L-P_H=3\times5-2\times6-0=3$,如果真如此,则必须有三个主动构件才能使机构有确定的运动。但这与实际情况显然不符,事实上,整个机构只要一个构件即构件 1 作为主动构件即能使运动完全确定下来,这种计算错误是因为忽略了构件 2、3、4 在铰链 C 处构成复合铰链,组成两个同轴回转副而不是一个回转副之故,故总的回转副数 $P_L=7$,而不是 P_L $=6$,据此按式(1-1)计算得 $F=3\times5-2\times7-0=1$,这便与实际情况相符了。

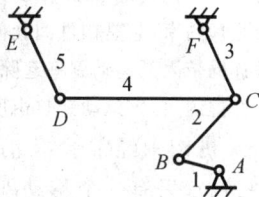

图 1-8

2)局部自由度。不影响机构中输出与输入关系的个别构件的独立运动称为局部自由度(或多余自由度),在计算机构自由度时应予排除。

例 1-5　计算图 1-9a 所示滚子从动件凸轮机构的自由度

解:粗分析,图示凸轮 1、从动杆 2、滚子 4 三个活动构件,组成两个回转副、一个移动副和一个高副,按式(1-1)得 $F=3n-2P_L-P_H=3\times3-2\times3-1=2$,表明该机构有两个自由度;这又与实际情况不符,因为实际上只要凸轮 1 一个主动构件，从动杆 2 即可按一定规律作确定的运动。进一步分析可知，滚子 4 绕其轴线 B 的自由转动不论正转或反转甚至不转都不影响从动杆 2 的运动规律，因此回转副 B 应看作是局部自由度，即多余自由度，在正确计算自由度时应予除去不计。这时可如图 1-9b 所示，将滚子与从动杆固联作为一个构件看待，即按 $n=2，P_L=2，P_H=1$ 来考虑，则由式（1-1）得 $F=3n-2P_L-P_H=3\times2-2\times2-1=1$，这便与实际情况相符了。

局部自由度虽然不影响机构输入与输出运动关系，但上例中的滚子可使高副接触处的滑动摩擦（见图 1-6c）变成滚动摩擦，从而提高效率、减少磨损。在实际机械中常有这类局部自由度出现。

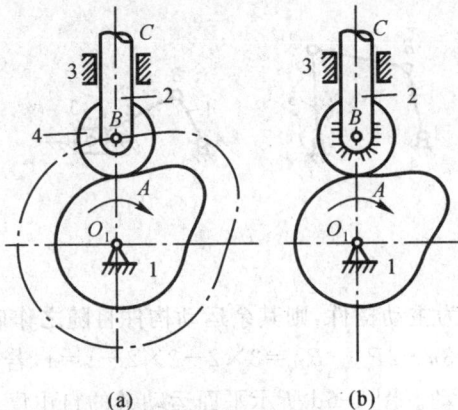

图 1-9

3）虚约束。在运动副引入的约束中，有些约束对机构自由度的影响与其他约束重复，这些重复的约束称为虚约束（或消极约束），在计算机构自由度时也应除去不计。

例 1-6　图 1-10a 所示机构，各构件的长度为 $l_{AB}=l_{CD}=l_{EF}，l_{BC}=l_{AD}，l_{CE}=l_{DF}$，试计算其自由度。

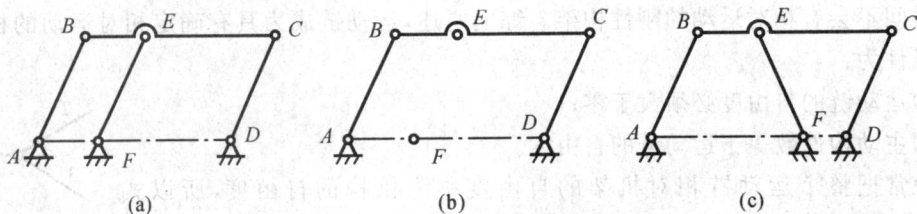

图 1-10

解：粗分析，$n=4，P_L=6，P_H=0$，由式（1-1）得 $F=3n-2P_L-P_H=3\times4-2\times6-0=0$，显然这又与实际情况不符。若将构件 EF 除去，回转副 E、F 也就不复存在，则成为图 1-10b 所示的平行四边形机构；此时，$n=3，P_L=4，P_H=0$，由式（1-1）得 $F=3n-2P_L-P_H=3\times3-2\times4-0=1$，而其运动情况仍与图 1-10a 所示一样，E 点的轨迹为以 F 点为圆心、以 l_{CD}（即 l_{EF}）为半径的圆。这表明构件 EF 与回转副 E、F 存在与否对整个机构的运动并无影响，加入构件 EF 和两个回转副引入了三个自由度和四个约束，增加的这个约束是虚约束，它是构件间几何尺寸满足某些特殊条件而产生的，计算机构自由度时，应将产生虚约束的构件连同带入的运动副一起除去不计，化为图 1-10b 的形式计算。但若如图 1-10c 所示，$l_{CE}\neq l_{DF}$，则构件 EF 并非虚约束，该运动链自由度为零，不能运动。

机构中经常会有消极约束存在，如两个构件之间组成多个导路平行的移动副（图 1-11a），只有一个移动副起约束作用，其余都是虚约束；如两个构件之间组成多个轴线重合的回转副（图 1-11b），只有一个回转副起约束作用，其余都是虚约束；再如图 1-11c 所示行星架 H 上同时安装三个对称布置的行星轮 2、2′、2″，从运动学观点来看，它与采用一个行星轮的运动效果完全一样，即另外两个行星轮是对运动无影响的虚约束。机械中常设计带有虚约束，对运动情况虽无影响，但往往能使受力情况得到改善，图 1-11b 所示用两个支承改善轴的支承及受力、图 1-11c 中采用三个行星轮运转时受力平衡等即是明显例子。

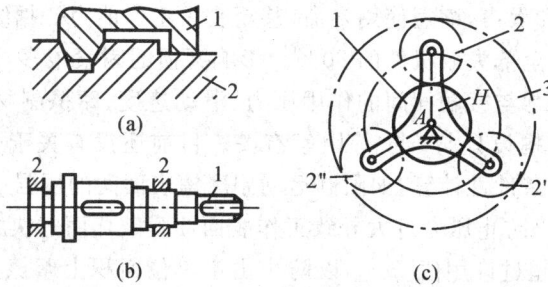

图 1-11

§1-4 机件的失效及其工作能力准则

机器在传递动力进行工作的过程中,机件要承受作用力、力矩等载荷,一方面这些载荷要使机件产生不同的损伤与失效;另一方面机件又依靠自身一定的结构尺寸和材料性能来反抗损伤和失效。这是机件在设计和工作过程中存在的一对矛盾,解决这个矛盾的办法通常是合理地选用机件材料和热处理方法,进行机件工作能力的计算,以确定其必要的结构尺寸并按规范运行和维护。

机件主要的损伤及失效形式有:机件产生整体的或工作表面的破裂或塑性变形;弹性变形超过允许的限度;工作表面磨损、胶合、腐蚀和其他损坏;靠摩擦力工作的机件产生打滑和联接松动;超过允许限度的强烈振动;等等。机件的工作能力是指完成一定功能在预定使用期内不发生失效的安全工作限度。衡量机件工作能力的指标称为机件的工作能力准则。主要准则有:

一、强度准则

强度是机件抵抗断裂、过大的塑性变形或表面疲劳损坏的能力。如果机件强度不足,工作中就会出现上述的某种失效而丧失工作能力。强度准则是机件设计计算最基本的准则。其一般表达式为:最大工作应力不超过许用应力。关于应力、许用应力将在工程力学基础和具体机件强度计算中阐述。

二、刚度准则

刚度是机件受载时抵抗弹性变形的能力。机件的刚度不足,将改变其正常的几何位置及形状,从而改变受力状态及影响正常工作。刚度准则的一般表达式为:弹性变形量不超过许用变形量。关于变形、许用变形量将在工程力学基础和具体机件刚度计算中阐述。

三、寿命准则

机件应有足够的寿命,影响机件寿命的主要失效形式有未达需要寿命的疲劳破坏、磨损及腐蚀。寿命准则广义表达式为:计算寿命不低于需要寿命,其计算方法按失效形式而定。

磨损是指机件带有相对运动的接触表面物质不断损失的过程。过度磨损会使机械丧失应有的精度,产生振动和噪声,缩短使用寿命,甚至丧失工作能力。据统计在一般机械中,因磨损而报废的机件约占全部失效机件的80%。影响磨损的因素很多,产生磨损的机理也十分复杂,机件的磨损,通常与接触面间的作用压力、滑动速度、摩擦副材质与摩擦系数、表面状态与润滑状态以及结构设计与维护等因素有关。目前还没有关于磨损的完善的计算方法。设计时多采用各种条件性计算,如限制运动副摩擦表面间的压强 p(单位接触面所受压力)不超过许用值$[p]$,以防止压力过大导致工作表面油膜破坏而过快磨损;限制滑动速度 v 与压强 p 的乘积 pv 不超过许用值$[pv]$,以防止由于单位面积上摩擦功耗过大造成摩擦表面温升过高而引起接触表面胶合等等,合理选用机件摩擦副材料和润滑措施可以极大地减少摩擦和磨损。

腐蚀常是机件表面与周围介质发生的化学或电化学反应造成的磨损。在机械中彻底排除腐蚀一般是困难的,只靠选用耐腐蚀材料是不经济的,而应采用相应的一些减轻腐蚀的机械结构措施。

关于疲劳失效将在工程力学基础和具体机件设计计算中予以阐述。

四、振动稳定性准则

振动产生噪声,降低工作质量,引起附加动载荷,甚至使机件失效。振动稳定性准则是:使机件自振频率与其上周期性外力变化频率(如轴的转速)错开,以避免共振;高速机器同时还采取动平衡、增加弹性元件和阻尼系统等减振、隔振措施以改善机件的抗振动能力。

五、温升准则

有些机件(如蜗杆传动、滑动轴承)在工作时摩擦生热、温度升高使润滑失效,应根据热平衡条件限制润滑油的温升。高温环境或由于摩擦生热形成高温还会引起热变形、附加热应力,降低材料强度性能和机器精度。温升过高应采取降温措施。

工作能力准则常是计算机件基本尺寸的主要依据,对某一个具体机件,常根据一个或几个可能发生的主要失效形式运用相应的准则进行计算求得其承载能力,而以其中最小值作为工作能力的极限。

§1-5 机件的常用材料及其选用原则

一、机械制造中常用材料

机械制造中最常用的材料是钢和铸铁,其次是有色金属合金以及一些非金属材料。这些材料的牌号、性能大多有国家标准或部颁标准,可从机械设计手册中查阅。

1. 钢

钢是含碳量低于2%的铁碳合金。钢的强度较高,塑性较好,制造机件时可以轧制、锻造、冲压、焊接和铸造,并且可以用热处理方法(见表1-2)获得高的机械性能或改善切削性能,因此钢是机械制造中应用最广和极为重要的材料。

钢的种类很多,按化学成分分为碳素钢和合金钢;按含碳量多少分为低碳钢(含碳量低于 0.25%)、中碳钢(含碳量 0.25%~0.5%)和高碳钢(含碳量大于 0.5%);按质量分为普通钢和优质钢。

表 1-2　钢的常用热处理方法及其应用

名　称	说　明	应　用
退　火 (焖火)	退火是将钢件(或钢坯)加热到临界温度以上 30~50℃保温一段时间,然后再缓慢地冷下来(一般用炉冷)。	用来消除铸、锻、焊零件的内应力,降低硬度使之易于切削加工,并可细化金属晶粒。改善组织,增加韧性。
正　火 (正常化)	正火也是将钢件加热到临界温度以上,保温一段时间,然后在空气中冷却,冷却速度比退火为快。	用来处理低碳和中碳结构钢件及渗碳零件,使其组织细化,增加强度与韧性,减少内应力,改善切削性能。
淬　火	淬火是将钢件加热到临界温度以上,保温一段时间,然后在水、盐水或油中(个别材料在空气中)急冷下来。	用来提高钢件的硬度和强度极限。但淬火时会引起内应力使钢变脆,所以淬火后必须回火。
回　火	回火是将淬硬的钢件加热到临界点以下的温度,保温一段时间,然后在空气中或油中冷却下来。	用来消除淬火后的脆性和内应力,提高钢件的塑性和冲击韧性。
调　质	淬火后高温回火,称为调质。	用来使钢件获得高的韧性和足够的强度。很多重要零件是经过调质处理的。
表面淬火	使零件表层有高的硬度和耐磨性。而芯部仍保持原有的强度和韧性的热处理方法。	表面淬火常用来处理齿轮、花键等表面需耐磨的零件。
渗　碳	将低碳钢或低合金钢零件,置于渗碳剂中,加热到 900~950℃保温,使碳原子渗入钢件的表面层,然后再淬火和回火。	增加钢件的表面硬度和耐磨性,而其芯部仍保持较好的塑性和冲击韧性。多用于重载冲击、耐磨零件。

表 1-3 摘列出常用钢的机械性能及应用举例。

碳素钢在机械设计中最为常用,优质碳素钢如 35、45 等能同时保证机械性能和化学成分,一般用来制造需经热处理的较重要的机件,普通碳素钢如 Q235 等一般只保证机械强度而不保证化学成分,不适宜作热处理,故一般只用于不太重要的或不需热处理的机件和工程结构件。碳素钢的性能主要决定于其含碳量。低碳钢可淬性较差,一般用于退火状态下强度不高的机件,如螺钉、螺母、小轴,也用于锻件和焊接件,还可经渗碳处理用于制造表面硬、耐磨并承受冲击负荷的机件。中碳钢可淬性以及综合机械性能均较好,可进行淬火、调质或正火处理,用于制造受力较大的螺栓、键、轴、齿轮等机件。高碳钢可淬性更好,经热处理后有较高的硬度和强度,主要用于制造弹簧、钢丝绳等高强度机件。一般而言,碳钢的含碳量低于 0.4% 的可焊性好,当含碳量高于 0.5% 时,可焊性变差。而且,随着含碳量的增加,其可焊性越来越差。

合金钢是由碳钢在其中加入某些合金元素冶炼而成。每一种合金元素含量低于 2% 或合金元素总含量低于 5% 的称低合金钢,每一种合金元素含量为 2%~5% 或合金元素总含量为 5%~10% 的称中合金钢,每一种合金元素含量高于 5% 或合金元素总含量高于 10% 的称高合金钢。合金元素不同时,钢的机械性能有较大的变动并具有各种特殊性质。例如,铬能提高钢的硬度,并能在高温时防锈耐酸;镍使钢具有很高的强度、塑性与韧性;钼能提高钢的硬度和强度,特别能使钢具有较高的耐热性;锰使钢具有良好的淬透性、耐磨性;少量的钒能使钢提高弹性极限。同时含有几种合金元素的合金钢(如铬锰钢、铬钒钢、铬镍钢),其性能的改变更为显著。但合金钢较碳素钢价贵,对应力集中亦较敏感,一般在碳素钢难于胜任工作时才考虑采用。还须指出,合金钢如不经热处理,其机械性能并不明显优于碳素钢,为充分发挥合金钢的作用,合金钢机件一般都需经过热处理。

无论是碳素钢还是合金钢,用浇铸法所得的铸件毛坯均称为铸钢。铸钢通常用于形状复杂、体积较大、承受重载的机件。但铸钢存在易于产生缩孔等缺陷,非必要时不采用。

钢材供应除钢锭外,往往轧制成各种型材,如板材(包括厚、薄钢板)、圆钢、方钢、六角钢棒料、角钢、槽钢、工字钢、钢轨以及无缝钢管等。各种型钢的具体规格可查阅机械设计手册。

表 1-3 常用钢的机械性能及其应用举例

材料		机械性能			应用举例
名称	牌号	抗拉强度 σ_B(MPa)	屈服极限 σ_S(MPa)	硬度 (HBS)	
普通碳钢	Q215	335～410	215		金属结构件、拉杆、铆钉、心轴、垫圈、焊接件、螺栓、螺母等。
	Q235	375～460	235		
优质碳钢	08F	294	175	131	轴、辊子、联轴器、垫圈、螺栓等。
	35	529	313	187	轴、销、连杆、螺栓、螺母等。
	45	600	355	241	齿轮、链轮、轴、键、销等。
	55	646	380	255	弹簧、齿轮、凸轮等。
合金钢	40Cr	980	785	207	重要的轴、齿轮、连杆、螺栓、螺母等。
	35SiMn	882	735	229	
	40MnVB	980	784	207	
铸造碳钢	ZG270-500	500	270	≥143	机架、飞轮、联轴器、齿轮、箱座等。
	ZG310-570	570	310	≥153	

注:1. 对于普通碳钢,表中 σ_S 为尺寸≤16mm 时值,当尺寸为>16～40、>40～60、>60～100mm 时,σ_S 应逐段降低 10%。

2. 优质碳钢硬度为交货状态值;合金钢硬度为退火或高温回火供应状态值;铸钢 σ_B、σ_S 及 HBS 均为回火值。

2. 铸铁

含碳量大于 2% 的铁碳合金称为铸铁。最常用的是灰铸铁,属脆性材料,不能辗压和锻造,不易焊接;但具有适当的易熔性和良好的液态流动性,因此可以铸造出形状复杂的铸件。此外,铸铁的抗拉强度差,但抗压性、耐磨性、减振性均较好,对应力集中敏感性小,其机械性能虽不如钢,但价格便宜,通常广泛用作机架或壳座。另外还有一种球墨铸铁,它是使铸铁中所含石墨(即碳)经特殊处理后使之呈球状。球墨铸铁强度较灰铸铁高且具有一定的塑性,目前已部分用来代替铸钢和锻钢制造机件。表 1-4 摘列了常用灰铸铁和球墨铸铁的机械性能及应用举例。

表 1-4 常用铸铁的机械性能及应用举例

材料		机械性能				应 用 举 例
名称	牌号	抗拉强度 σ_B(MPa)	屈服强度 $\sigma_{0.2}$(MPa)	延伸率 δ_5(%)	硬度 (HBS)	
灰铸铁	HT150	145	—	—	150~200	端盖、底座、手轮、床身、工作台等。
	HT200	195	—	—	170~220	汽缸、齿轮、底座、机体、衬筒等。
	HT250	240	—	—	180~240	油缸、齿轮、联轴器、凸轮、机体等。
	HT300	290	—	—	182~273	
球墨铸铁	QT500-7	500	320	7	170~230	油泵齿轮、车辆轴瓦、阀体等。
	QT600-3	600	370	3	190~270	连杆、曲轴、凸轮轴、齿轮轴、车轮等。
	QT700-2	700	420	2	225~305	

3.有色金属合金

有色金属合金具有某些特殊性能,如良好的减摩性、跑合性、抗腐蚀性、抗磁性、导电性等,在机械制造中主要应用的是铜合金、轴承合金和轻合金,因其产量较少,价格较贵,使用时要尽量节约。

铜合金可分为黄铜和青铜两类。黄铜为铜和锌的合金,不生锈,不腐蚀,具有良好的塑性及流动性,能辗压和铸造成各种型材和机件。青铜有锡青铜和无锡青铜。锡青铜为铜和锡的合金,它与黄铜相比有较高的耐磨性和减摩性,而且铸造性能和切削加工性能良好,常用铸造方法制造耐磨机件。无锡青铜是铜和铝、铁、锰等元素的合金,其强度较高,耐热性等也很好,在一定条件下可用来代替高价的锡青铜。轴承合金为铜、锡、铅、锑的合金,其减摩性、导热性、抗胶合性都很好,但强度低且较贵,通常把它浇注在强度较高的基体金属的表面形成减摩表层使用。表 1-5 摘列出常用铜合金、轴承合金的机械性能及应用举例。

表 1-5 常用铜合金、轴承合金的机械性能及应用举例

材料		机械性能			应 用 举 例
名称	牌号	抗拉强度 σ_B(MPa)	延伸率 δ_5(%)	硬度 (HBS)	
黄铜	ZCuZn38Mn2Pb2	245(345)	10(18)	10(80)	轴瓦及其他减摩零件。
	ZCuZn25Al6Fe3Mn3	725(740)	10(7)	160(170)	高强度耐磨零件。
青铜	ZCuSn5Pb5Zn5	200(200)	13(13)	60(65)	滑动轴承、蜗轮、螺母等。
	ZCuSnl0P1	220(250)	3(2)	80(90)	高负荷、高滑动速度下工作的耐磨零件。
	ZCuAl9Mn2	390(440)	20(20)	85(95)	
	ZCuAl10Fe3	550	12~15	110~190	高强度耐磨耐蚀零件。
轴承合金	ZPbSb16Sn16Cu2	78	0.2	30	
	ZPbSb15	68	0.2	32	各种滑动轴承衬。
	ZSnSb11Cu6Sn5Cu3Cd2	90	6	27	

注:黄铜和青铜表中值为砂模铸造,括号中值为金属模铸造。

轻合金一般是指比重小于 2.9 的合金,生产中最常用的是铝合金,它具有足够的强度、塑性和良好的耐蚀能力,且大部分铝合金可用热处理方法使之强化,主要用于航空、汽车制

造中要求重量轻而强度高的机件。

4.非金属材料

机械制造中应用的非金属材料种类很多,有塑料、橡胶、陶瓷、木料、毛毡、皮革、压纸板等。

塑料是非金属材料中发展最快、前途最广的材料。其种类很多,工业上常用的有:热塑性塑料(加热时变软或熔融,可以多次重塑),如聚氯乙烯、尼龙、聚甲醛等;热固性塑料(加热时逐渐变硬,只能塑制一次),如酚醛、环氧树脂、玻璃钢等。塑料的重量轻、绝缘、耐磨、耐蚀、消声、抗振,易于加工成形,加入填充剂后可以获得较高的机械强度。目前某些齿轮、蜗轮、滚动轴承的保持架和滑动轴承的轴承衬均有用塑料制造的,但一般工程塑料耐热性差,且因逐步老化而使性能逐渐变差。

橡胶富有弹性,有较好的缓冲、减振、耐磨、绝缘等性能,常用作弹性联轴器和缓冲器中的弹性元件、橡胶带、轴承衬、密封装置以及绝缘材料等。

还需指出,随着高科技的发展,出现了将两种或两种以上不同性质的材料通过不同的工艺方法人工合成多相的复合材料,它既可保持组成材料各自原有的一些最佳特性,又可具有组合后的新特性;这样就可根据机件对材料性能的要求进行材料设计,从而最合理地利用材料。此外,材料科学的研究,由结构材料转向功能材料和智能材料。有人预言,21世纪将是复合材料、功能材料和智能材料迅速发展的时代。由于篇幅所限,此处不一一加以介绍了。

二、机件材料选用的一般原则

选择机件合适的材料是一个较复杂的技术经济问题,通常应周密考虑下述三个方面要求:

1.使用要求

一般包括:①机件所受载荷大小、性质及其应力状况。如承受拉伸为主的机件宜选钢材;受压机件宜选铸铁;承受冲击载荷的机件应选韧性好的材料。②机件的工作条件。如高温下工作的应选耐热材料;在腐蚀介质中工作的应选耐蚀材料;表面处于摩擦状态下工作的应选耐磨性较好的材料。③机件尺寸和重量的限制。如受力大的机件,因尺寸取决于强度,一般而言,尺寸也相应增大,但如果在机件的尺寸和重量又有限制的条件下,就应选用高强度的材料;载荷一般但要求重量很轻的机件,设计时可采用轻合金或塑料。④机件的重要程度。

2.工艺要求

所选材料应与机件结构复杂程度、尺寸大小以及毛坯的制造方法相适应。如外形复杂、尺寸较大的机件,若考虑用铸造毛坯,则应选用适合铸造的材料;若考虑用焊接毛坯,则应选用焊接性能较好的材料;尺寸小、外形简单、批量大的机件,适于冲压或模锻,所选材料就应具有较好的塑性。

3.经济要求

选择材料不仅要考虑材料本身的相对价格,还要考虑材料加工成机件的费用。例如铸铁虽比钢材价廉,但对一些单件生产的机座,采用钢板型材焊接往往比用铸铁铸造快而成本低。在满足使用要求的前提下,采取以球墨铸铁代钢,以廉价材料代替贵重材料,以焊接代替铸、锻以及合理选择热处理方法,提高材料性能等都是发挥材料潜力的有效措施。在很多情况下,机件在其不同部位对材料有不同要求,则可分别选择材料进行局部镶嵌,如轴承衬嵌轴承合金、蜗轮在铸铁轮芯上套上青铜齿圈,也可采用局部热处理、表面涂镀、表面强化(喷丸、滚压)等办法,来提高机件局部品质。

§1-6　机械应满足的基本要求及其设计的一般程序

一、机械应满足的基本要求

机械应满足的基本要求可以归纳为两方面:

1.使用方面的要求

1)要满足机器预定的功能要求,如机器工作部分的运动形式、速度、运动精度和平稳性、生产率、需要传递的功率等,以及某些使用上的特定要求(如自锁、联锁、防潮、防爆)。

2)要经久耐用,具有足够的寿命,在规定的工作期限内可靠地工作而不发生各种损坏和失效。

3)具有良好的保安措施和劳动条件,要便于操作和维修,外形美观。

2.功能价格比要高

所谓功能价格比是指机械产品的功能与实现该功能所需总费用(包括设计、制造、使用和维修)之比值,该比值高表明该产品技术—经济综合评价高。要在适合市场需要的前提下提高功能,降低总费用。使机械结构力求简单、紧凑,具有良好的工艺性,高效和节能;尽量采用标准化、系列化、通用化的参数和零部件;注意采用新技术、新材料、新工艺以及新的设计理论和方法,创新开发新产品,均有利于提高机械产品的功能价格比。

二、机械设计的一般程序

机械设计就是根据生产上的某种需要,创建一种机械结构,合理地选择材料并确定其尺寸,使之能满足预期功能要求的一种技艺。机械设计是一个创造过程,设计中要提出各种不同的构思和设想去反复进行协调、折衷和优化,以最好地实现需求。由于各种机械用途不同,要求各异,故设计步骤不尽一致。总体来说,机械设计的一般程序如下:

1.确定设计任务

要分析所设计机器的用途、功能、主要性能指标和参数范围、工作场合和工作条件、生产批量、预期的总成本范围以及技术经济指标有否特殊要求,这些都是设计的最原始依据。为此要对同类或相近机械的技术经济指标、使用情况、存在问题、用户意见和要求、市场竞争情况以及发展趋势,认真进行收集资料、调查研究,为拟定总体方案、进行技术设计打下基础。正确分析、确定设计任务是合理设计机械的前提。

2.总体设计

机器的总体设计也就是按照简单、合理、经济的原则,拟订出一种能实现机器功能要求的总体方案。其主要内容包含:根据机器要求进行功能设计研究,确定工作部分的运动和阻力,选择原动机,选择传动机构,拟订原动机到工作部分的传动系统,绘制整机的运动简图,并作出初步的运动和动力计算,确定各级传动比和各轴的转速、转矩和功率。总体设计时要考虑到机器的操作、维修、安装、外廓尺寸等要求,合理安排各部件间的相对位置,有时对其中某些关键问题还需进行科学实验和模拟试验。

总体设计是作为随后进行的技术设计的依据,它关联着机器的性能、质量,特别是整机的经济性和合理性。为此,常需作出几个方案加以分析比较,择优选定。近来有用评分法选择方案,即对每一个方案用多项指标(如功能、尺寸、重量、寿命、工艺性、成本、使用和维修……)按评分分级标准——评定分值,以总分高的方案为优。设计中还越来越多地采用将设计追求的目标建立数学模型,通过计算机优化求解最佳方案。

3.技术设计

根据机器总体方案设计的要求,通过必要的工作能力计算或与同类相近机器的类比,或考虑结构上的需要,确定各零部件的主要参数与结构尺寸,经初审绘制总装配图、部件装配图、零件图、各种系统图(传动系统、润滑系统、电路系统、液压系统等),编制设计说明书以及各种技术文件。

4.试制定型

按照以上步骤作成的设计图纸和文件,还只是设计整个认识过程的第一阶段,设计是否能达到预期的要求还必须通过实践的检验。一般要试制样机,并通过试车,测试各项性能指标,鉴定是否达到设计要求。对设计错误和不妥之处再作必要的修改,使之达到正确设计。

需要指出,设计工作的各个局部环节都和总体密切关联,需要互相配合、交叉进行、多次反复、不断修正。机械产品性能、质量和成本在很大程度上取决于机械设计的水平。当前正在有计划地推广和普及许多新的设计理论与方法(如现代设计方法学、电子计算机辅助设计、最优化设计、可靠性设计、价值工程设计、工艺美术造型设计等),对提高机械设计水平具有重要的和现实的意义。

此外,贯彻标准化也是评定设计水平指标之一,国家标准化法规定我国实行四级标准化体制,即国家标准(代号 GB)、行业标准(如 JB、YB、YS 分别为机械、黑色冶金、有色冶金行业标准代号)、地方标准、企业标准。国际标准化组织还制定了国际标准(代号 ISO)。近年来,我国为了便于加强国标的管理和监督执行,将国标分为两大类,一为强制性国家标准,其代号为 GB,必须严格遵守执行;另一类为推荐性国家标准,其代号为 GB/T,这类标准占整个国标中的绝大多数,如无特殊理由和特殊需要,也必须予以遵守执行。设计工作中贯彻标准化可以提高设计效率,保障设计质量。

第 **2** 章 工程力学基础

§2-1 工程力学的内容和任务

机械实现其预定功能,在进行运动、动力的传递和转换时,组成机械的构件将受到力的作用。这种作用将会改变其原来的运动状态,或者使构件的尺寸和形状发生变化。当作用力过大时,构件将产生过度的变形,甚至损坏。设计、改进、选用机械设备应正确地分析计算构件的受力情况、运动情况、承载能力。工程力学将为之提供重要的理论基础。

工程力学通常分为两大部分:理论力学和材料力学。

理论力学是研究刚体(指受力后形状和体积不发生改变的理想化物体)机械运动一般规律的科学,内容包含静力学、运动学和动力学。静力学主要研究刚体平衡(指物体相对于地面保持静止或作匀速直线运动)的规律及受力分析;运动学主要从纯几何学角度研究刚体的位移、速度和加速度;动力学主要研究刚体的受力和运动变化之间的关系。

材料力学研究一定材料、形状尺寸的工程构件在外力作用下的变形和破坏的规律,以及为保证机械或工程结构的正常工作选择适宜的材料、确定合理的结构形状和尺寸,为保证构件既安全又经济的要求,提供基本理论和基本计算方法。

总的来说,工程力学研究的主要问题有三方面:①物体受力分析的方法及物体平衡时作用力之间的关系;②物体的运动规律及作用于物体上的力与运动变化之间的关系;③构件受力变形和破坏的规律及承载能力。

工程力学的内容非常广泛和丰富,鉴于有些内容已在物理学中学习过,本章除强调若干基本概念外不再作重复阐述;运动学、动力学以及摩擦等若干内容将结合本书有关章节加以运用和扩展。这样,在有限的学时内,本章仅侧重于静力学和材料力学的基本内容,运用其基础理论分析解决机械工程的实际问题。

机械与力学关系非常密切,机械科技中应用的力学已远不止理论力学和材料力学,它还涉及流体力学、空气动力学、工程热力学、弹性力学、塑性力学、断裂力学、应用固体力学、应用计算力学以及有限元、边界元等许多领域和学科分支。他们对机械设计和机械制造迈向更高的境界具有重要意义。限于篇幅,这些内容本章不能一一予以介绍,读者可以根据需要查阅有关专著和文献。

§2-2 静力学基础

一、力的基本知识

力是物体间相互的机械作用,这种作用的效果能使物体改变运动状态或产生变形。力对物体的作用效果,取决于力的大小、方向和作用点,即力的三要素。力的单位为牛(N)。力是具有大小和方向的矢量,力的三要素可用带箭头的有向线段表示,如图 2-1 所示,线段的长度(按一定比例)表示力的大小,线段的位置及箭头的指向表示力的方向,线段的起点(图 2-1a)或终点(图 2-1b)表示力的作用点。通过力的作用点沿力的方向所画直线,称为力的作用线。常用黑体字母(如 $\boldsymbol{F}$)或在字母上加一横线(如 $\bar{F}$)表记力矢量;F 表示力 $\boldsymbol{F}$(或 $\bar{F}$)的大小。

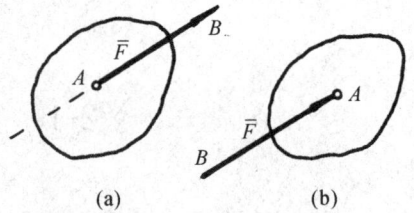

图 2-1

同时作用在同一物体上的一群力称为力系。若两个力系对同一刚体的作用效果相同,称该两个力系等效,两者可以互相代替。若一力与一力系等效,则称此力为该力系的等效力或合力,而组成力系的各力则称为此等效力或合力的分力。

物体受一个合力为零的力系作用,原有的运动状态不变,此力系称为平衡力系。

经过大量的生产实践和科学实验,人们将力的最基本性质总结为以下四个静力学公理。

公理 1:力的合成与分解的平行四边形法则 作用在物体上同一点的两个力的合力,其作用线仍通过该点,合力的大小和方向可以该两个力为邻边构成的平行四边形的主对角线来表示。如图 2-2 所示,作用于物体上 A 点的两个已知力 $\bar{F}_1$ 和 $\bar{F}_2$ 的合力为 $\bar{F}$,可用矢量式表示成 $\bar{F}=\bar{F}_1+\bar{F}_2$。由力系求合力称为力的合成。由合力求分力称为力的分解。应用

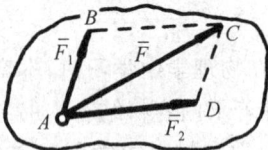

图 2-2

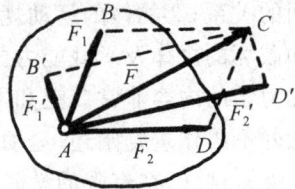

图 2-3

力的平行四边形法则,也可以将一个力按已知方向分解为两个共点分力。如图 2-3 所示,用已知力 $\bar{F}$ 的力矢为对角线,任意作出一个平行四边形,则经过力的作用点 A 两邻边就代表力 $\bar{F}$ 的两个分力 $\bar{F}_1$、$\bar{F}_2$,或 $\bar{F}_1'$、$\bar{F}_2'$ 等等。工程上常将一个力按相互垂直的已知方向分解成两个分力,如图 2-4 所示,一重物 G 放在与水平面成 λ 角的斜面上,可将重力 $\bar{G}$ 分解为平行于斜面方向的分力 $\bar{F}_1$ 和垂直于斜面方向的分力 $\bar{F}_2$,$F_1=G\sin\lambda$,$F_2=G\cos\lambda$。

公理 2:刚体二力平衡条件 作用于刚体上的两个力,使刚体处于平衡状态的必要与充分条件是:这两个力大小相等,方向相反,且作用在同一条直线上。如图 2-5 所示,设某刚体

处于二力平衡状态,则 $\bar{F}_1$ 与 $\bar{F}_2$,$\bar{T}$ 与 $\bar{G}$ 必为等值、反向、共线。

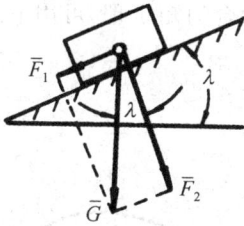

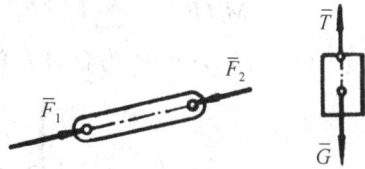

图 2-4   图 2-5

只受两个力的作用而保持平衡的刚体称为二力体。

对于非刚性体,这一条件并不充分。如一段绳索受两个等值反向的拉力作用可以平衡,而受两个等值反向的压力时则不能平衡。

公理 3:力对刚体的可传递性　作用在刚体上的力可沿其作用线移动作用点而不改变该力对刚体作用的效果。如在水平道路上,用同样大小的水平力推车(图 2-6a)或拉车(图 2-6b),并不改变小车的运动状态。根据力对刚体的可传递性可知。作用于刚体上力的三要素实际是力的大小、方向和作用线位置。

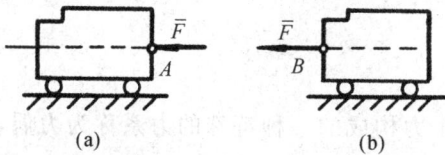

图 2-6   图 2-7

力的可传递性不能适用于可变形体,如图 2-7 所示,弹性直杆 AB 两端受到两个等值、反向、共线的力 $\bar{F}$ 和 $\bar{F}'$ 作用,如果力的作用点由图 a 所示移动到图 b 所示,变形情况则由拉伸变为压缩,内部效应发生改变。

公理 4:作用与反作用定律　一物体以一力作用于另一物体时,被作用的物体必同时以一大小相等、方向相反、沿同一作用线的力反作用于施力物体上。

作用力与反作用力分别作用在不同的物体上,同时产生,同时消失,与物体是否平衡无关,更不能与作用在同一物体上的二力平衡相混淆。

二、力矩及合力矩定理

作用于物体上的力,不仅能使物体移动,而且还可能使物体转动。如图 2-8 所示用扳手拧紧螺母,作用在扳手一端的力 $\bar{F}$ 使扳手绕螺母中心 O 点产生转动效应,此效应既与力的大小 F 成正比,也与从 O 点到力的作用线的垂直距离 l 成正比。乘积 Fl 是衡量该力使螺母转动效果的尺度,称为力 $\bar{F}$ 对 O 点之矩,简称力矩,可用符号 $M_o(\bar{F})$ 表示。点 O 称为矩心,矩心到作用线的垂直距离 l 称为力臂。力矩为代数量,即

$$M_o(\bar{F}) = \pm Fl \tag{2-1}$$

式中的正、负号由力使物体绕中心转动的方向而定,常用的规则是逆时针向为正,顺时针向为负。力矩的单位是牛・米(N・m)或牛・毫米(N・mm)。

力系与其合力等效,对于使物体转动的效果,这种性质依然存在,即合力对于一点 O 之矩,等于各分力对点 O 之矩的代数和,这一普遍规律称为合力矩定理,可用下式表示

$$M_o(\bar{F}) = \sum M_o(\bar{F}_i) \qquad (2-2)$$

式中:$\bar{F}_i(i = 1, 2, \cdots, n)$ 为合力 $\bar{F}$ 的 n 个分力。

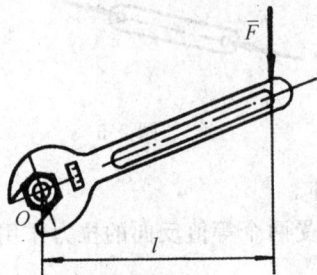

图 2-8

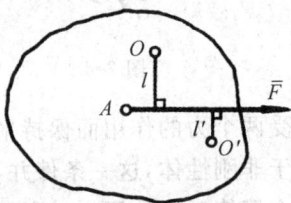

图 2-9

需要指出,力矩的矩心可以不限于固定支点,而可以取在物体(或其延伸体)上的任意一点。同一力对不同矩心的力矩一般并不相等,如图 2-9 所示,$M_o(\bar{F}) = Fl$,$M_o{}'(\bar{F}) = -Fl'$。这个广义的力矩概念扩大了力矩应用的范围,实际结构上物体并不一定真的绕矩心转动。

三、力偶和力偶矩

大小相等、方向相反、作用线相互平行的两个力构成的一种特殊的力系称为力偶,力偶的作用效果是使物体旋转,其实例见图 2-10。力偶中两个力之间的垂直距离 d 称为力偶臂,力偶所在的平面称为力偶的作用平面。实践证明力 $\bar{F}$ 的大小 F 与力偶臂 d 的乘积 Fd 可衡量力偶对物体转动效果的度量,这个乘积称为力偶矩,可用符号 M 表示。力偶矩为代数量,即

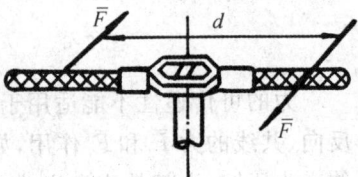

图 2-10

$$M = \pm Fd \qquad (2-3)$$

式中的正、负号由力偶在其作用面内使物体转动的方向而定,常用的规则是逆钟向为正,顺钟向为负。力偶的单位与力矩相同。

需要指出,力矩和力偶都能使物体转动,这是它们的共性;但力矩使物体的转动效应与矩心的位置有关,而力偶对其作用面内任一点的矩均为常数,且恒等于力偶矩本身。所以力偶的转动效应与矩心的位置无关。力偶可在其作用面内任意转动和移动而不改变它对刚体作用的效果。力偶对物体的作用与力偶在其作用面内的位置无关。

作用于物体上的力偶,如果可以用另一个力偶来代替而不改变它对物体的作用效果,这两个力偶就是等效力偶。但由于力偶不可能合成为一个力,因而它不能用一个力来等效替换。

作用在同一物体同一平面内的许多力偶,称为平面力偶系。实践证明平面力偶系可以合成为一个力偶,其合力偶的力偶矩等于诸分力偶力偶矩的代数和,即

$$M = \sum M_i \qquad (2-4)$$

式中：$M_i(i=1,2,\cdots,n)$ 为平面力偶系中 n 个力偶的力偶矩，M 为合力偶的力偶矩。

四、力的作用线平移定理

设在刚体上的 A 点作用一力 $\bar{F}$（图 2-11a），今在刚体上任一点 O 加上一对等值、反向的平衡力 $\bar{F}'$ 和 $\bar{F}''$，且使其平行并等于力 $\bar{F}$（图 2-11b），则三个力 $\bar{F}$、$\bar{F}'$、$\bar{F}''$ 组成的新力系与原来的一个力 $\bar{F}$ 对刚体作用是等效的。这个新力系中，力 $\bar{F}'$ 可看作将作用在 A 点的原力 $\bar{F}$ 平行

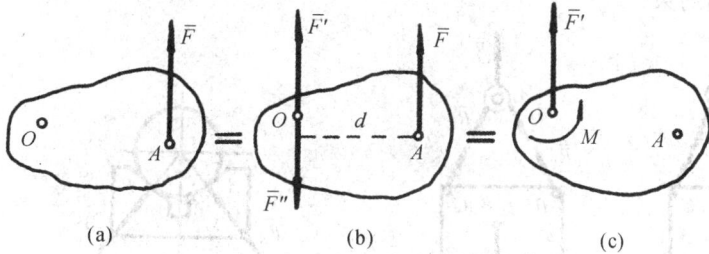

图 2-11

于自身移到 O 点；由力 $\bar{F}$ 及 $\bar{F}''$ 构成一个力偶 M，其力偶矩的大小等于力 $\bar{F}$ 对 O 点之矩，即 $M = M_o(\bar{F}) = Fd$，转向与 $\bar{F}$ 力对 O 点之矩转向相同（图 2-11c）。由此可得：若将作用于刚体上的力，平行于自身移到刚体上任意一新点，而要不改变原力对该刚体的作用效果，则必须附加一力偶，其力偶矩等于原力对该新点的矩。这个结论称为力的作用线平移定理。

力的作用线平移定理可用来说明一些实际问题。例如攻丝必须用双手均匀用力 $\bar{F}$ 形成力偶 $M = Fd$（图 2-12a），若用单手攻丝（图 2-12b）则作用在 A 点的力 $\bar{F}$ 与平移到 O 点的力 $\bar{F}'$ 及附加力偶 $M' = Fd/2$ 等效，其中力偶 M' 使丝锥转动，起到攻丝作用；而力 $\bar{F}'$ 则使丝锥弯曲甚至折断。

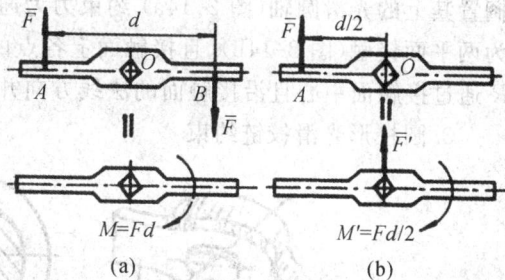

图 2-12

此外，在构件受力分析中往往需要应用力的作用线平移定理，把作用于刚体上的力系各力平移到刚体上的某一点，这种办法亦称为力系向该点简化。

五、约束与约束力

自然界和机械工程中各种物体都与其他物体存在着多种形式的联系和接触，这种联系和接触使其运动受到限制；对某一物体的运动起着限制作用的其他物体称为某一物体的约束物，简称约束。例如，吊灯虽受重力但又受吊绳的约束而不能下落；机床工作台受导轨的约束只能沿一定方向移动；轴受轴承的约束只能绕自身轴线转动。

约束和被约束是物体之间的相互作用，因而必然伴有力。约束对被约束物的力称为约束力。约束力是物体间直接接触时产生的，作用在接触处，其作用是限制被约束物的运动；故约束力的方向必与该约束所能限制的运动方向相反，这是确定约束力方向的原则。约束力的大小通常是未知的，约束力的大小和实际方向一般要通过约束的类型和其他给定力的情况分

析计算来决定。下面介绍工程中常见的几种约束类型及确定其约束力方向的方法。

1. 柔索约束

由柔性的绳、带、链条等物体构成的约束,称为柔性约束。由于柔索等物体只能承受拉力,被其约束的物体所受的约束力作用于联接点、方向沿着柔索而背离物体。例如起重机用钢丝绳起吊重物(图 2-13a),重物除受重力 $\bar{G}$ 作用外还受约束力 $\bar{R}_1'$、$\bar{R}_2'$ 作用;铁环 A 受的约束力为 $\bar{R}_1$、$\bar{R}_2$ 和 $\bar{R}$(图 2-13b)。

2. 光滑面约束

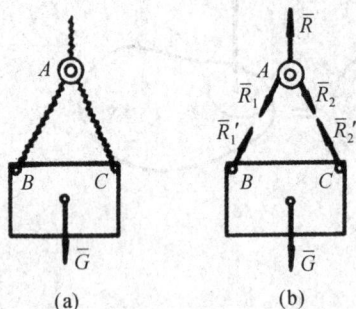

图 2-13

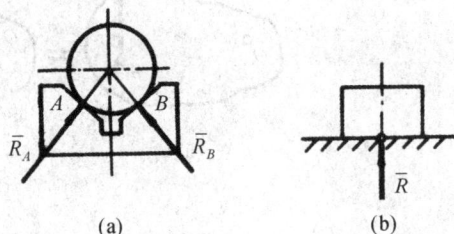

图 2-14

由完全光滑的刚体接触面(不计摩擦)构成的约束称为光滑面约束。光滑面约束力的作用线总是通过接触点处沿接触面的公法线而指向被约束物体。例如当不计摩擦时,V 形铁对搁置其上的光滑圆轴(图 2-14a)约束力为通过接触点 A、B 的法向力 $\bar{R}_A$、$\bar{R}_B$。当光滑面约束为两平面接触(图 2-14b)、且接触面上各点的压力均匀分布时,则被约束物体所受的约束力 $\bar{R}$ 通过接触面中心且沿接触面的法线方向并指向被约束物体。

3. 圆柱形光滑铰链约束

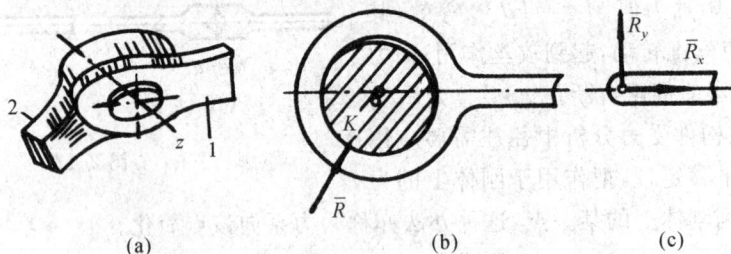

图 2-15

约束物与被约束物以光滑圆柱面铰接构成的约束称为圆柱形光滑铰链约束,简称铰链约束。如图 2-15a 所示,分析约束力时,构件 1 和 2 一为约束件,另一为被约束件,两者只能绕圆柱铰链轴线 z 作相对转动,而不能沿圆柱半径方向移动,其约束力 $\bar{R}$ 通过圆柱面接触点 K 且沿圆柱面的法线方向,即半径方向(图 2-15b)。但由于接触点 K 在圆周上的位置随构件所受载荷而改变,故铰链约束力的方向无法事先确定,通常按设定坐标 x、y 方向用两个正交分力 $\bar{R}_x$、$\bar{R}_y$ 表示之(图 2-15c)。

圆柱形光滑铰链约束有两种特定情况:

1) 固定铰链约束。如图 2-16a 所示,构件 1 为固定支座。约束力 $\bar{R}$ 通常用过铰链中心两个指定方向的正交力 $\bar{R}_x$、$\bar{R}_y$ 表示,见图 2-16b。

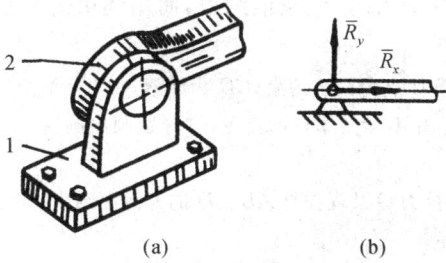

(a)　　　　(b)

图 2-16

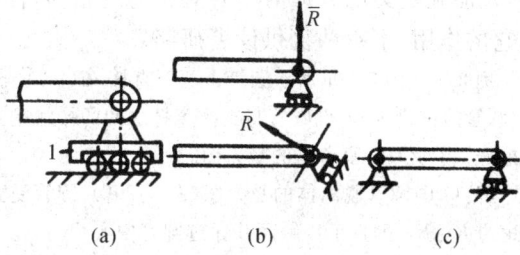

(a)　　　　(b)　　　　(c)

图 2-17

2) 活动铰链约束。如图 2-17a 所示,支座 1 并不固定,而是在它和支承面间搁上滚子。这种约束显然不能限制被约束件沿支承面切线方向的移动,只能限制沿支承面法线方向的移动,一般称为活动铰链,显然,活动铰链约束造成的约束力 $\bar{R}$ 的作用线必通过铰链中心并垂直于支承面(图 2-17b)。工程上为适应桥梁、轴等零部件因热胀冷缩而长度略有变化,常采用一端固定铰链支座,另一端为活动铰链支座(图 2-17c)。

4. 固定端约束

在实际工程中还会遇到一种固定端约束,物体的固定端相对其约束物不能向任何方向移动或转动,如插入墙中的悬臂梁(图 2-18),夹紧在刀架上的车刀(图 2-19)均属于这类约束。固定端约束力一定以一个限制移动的约束力 $\bar{R}$ 和一个限制转动的约束力偶 M 构成,由于约束力的实际方向和约束力偶的实际转向要由被约束体上的给定力 $\bar{F}$ 等具体情况来决定,故固定端的约束力通常按设定坐标轴 x、y 方向用两个正交分力 $\bar{R}_x$、$\bar{R}_y$ 来表示,约束力偶 M 的转向一般也假设为正。如果计算结果为负值,则表示实际转向与假设相反。

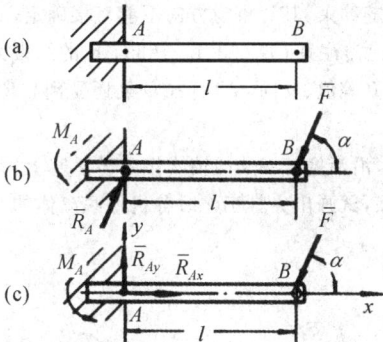

图 2-18

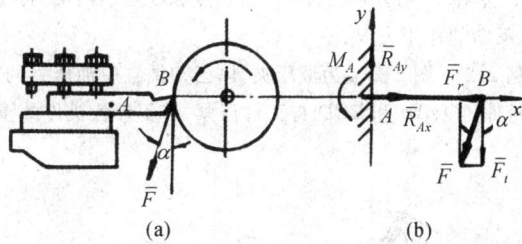

(a)　　　　(b)

图 2-19

六、研究对象的受力图

为了清楚地表示出物体的受力情况,需要把所研究的物体(称为研究对象)从周围的物体中分离出来,单独画出它的简图(力学上称为作脱离体图),并画出作用在其上的全部作用力(包括给定力和约束力),这种表示物体受力的简图称为物体受力图。

画物体受力图是分析解决力学问题的重要前提,必须正确无误。画受力图首先是确定研究对象,并分析哪些物体对它构成约束(有约束力),除此而外,它还在何处受有作用力;然后画出研究对象及在其上画出所受全部约束力及其他所受的作用力,做到不漏画力,也不多画力,凡能确定力的方向时不要画错力的指向;注意画约束力时,应取消约束,而用约束力来替代它的作用。下举两例供读者研阅。

例 2-1 图 2-20a 所示圆管由两个直杆 AB、CD 支撑,E 和 C 点为铰链约束,GH 为绳索,A 为光滑面约束。圆管的重量为 Q,设圆管与支撑直杆之间的接触是光滑的,并不计支撑杆的自重,试分别画出圆管及二支撑杆 AB 及 CD 脱离体的受力图。

解:1)画圆管脱离体的受力图(图 2-20b)。圆管受到给定重力 $\bar{Q}$ 及支撑杆 AB、CD 的光滑面约束,所受约束力 $\bar{R}_B$、$\bar{R}_D$ 垂直于接触面并通过圆管中心 O。

2)画 AB 杆脱离体的受力图(图 2-20c)。AB 杆受光滑面 A、铰链 E 及绳索 GH 的约束。光滑面 A 的约束

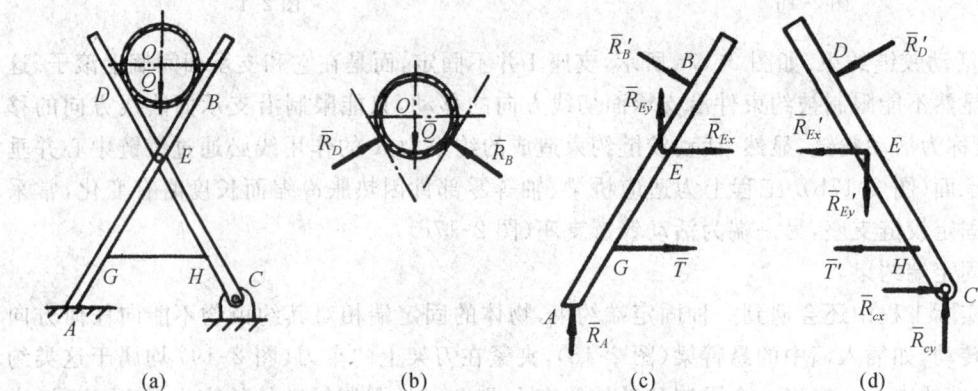

图 2-20

力 $\bar{R}_A$ 应在接触面的垂直方向且指向 AB 杆;铰链 E 的约束力方向不能直接确定,故用 $\bar{R}_{Ex}$、$\bar{R}_{Ey}$ 表示;绳索 GH 的约束力 $\bar{T}$ 沿绳索本身,方向背离 AB 杆。AB 杆在 B 处还受到与 $\bar{R}_B$ 大小相等、方向相反的作用力 $\bar{R}_B'$。

3)画 CD 杆脱离体的受力图(图 2-20d)。CD 杆的 C 处为固定铰链约束,其约束力方向不能直接确定,故用 $\bar{R}_{Cx}$、$\bar{R}_{Cy}$ 表示。其他约束力的分析方法与 AB 杆相同,不再重复,但需注意 CD 杆上 E 点和 H 点的约束力 $\bar{R}'_{Ex}$、$\bar{R}'_{Ey}$ 和 $\bar{T}'$ 均分别与 AB 杆上 E 点和 G 点的约束力 $\bar{R}_{Ex}$、$\bar{R}_{Ey}$ 和 $\bar{T}$ 等值、反向。CD 杆在 D 处还受到与 $\bar{R}_D$ 等值、反向的作用力 $\bar{R}_D'$。

例 2-2 图 2-21a 为液压夹具,已知油缸中油压力的合力为 $\bar{F}$,沿活塞杆 AO 的轴线作用于活塞上,并通过机件 AO、AB 和 BCD 将工件压紧。若不计各机件的重量和摩擦,试画出夹具工作时各机件脱离体的受力图。

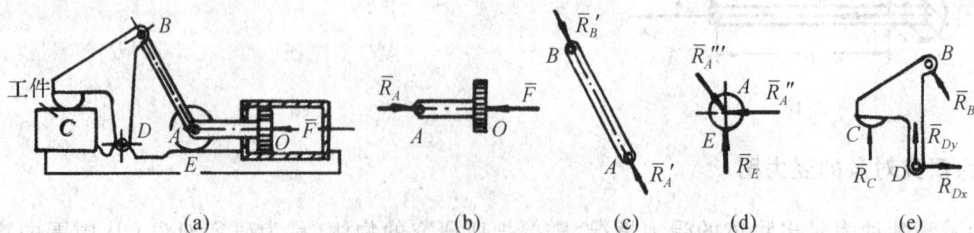

图 2-21

解:自给定力 $\bar{F}$ 作用的活塞杆 AO 起依次取各个机件为研究对象作受力图。

1)画活塞杆 AO 脱离体的受力图(图 2-21b)。右端受油压力 $\bar{F}$,左端受铰链约束力 $\bar{R}_A$,因不计自重和摩擦,所以活塞杆 AO 是二力杆,力 $\bar{R}_A$ 与 $\bar{F}$ 必等值、反向、共线。

2）画连杆 AB 脱离体的受力图（图 2-21c）。两端分别受铰链 A、B 约束，因不计自重，所以连杆 AB 也是二力杆，约束力 $\bar{R}_A{}'$ 与 $\bar{R}_B{}'$ 一定等值、反向、共线。

3）画滚轮脱离体的受力图（图 2-21d）。受活塞杆 AO 的约束力 $\bar{R}_A{}''$（$\bar{R}_A$ 的反作用力）、连杆 AB 的约束力 $\bar{R}_A{}'''$（$\bar{R}_A{}'$ 的反作用力）和机座支承光滑面约束力 $\bar{R}_E$（过接触点 E 指向滚轮中心 A）。

4）画杠杆 BCD 脱离体的受力图（图 2-21e）。受连杆 AB 的约束力 $\bar{R}_B$（$\bar{R}_B{}'$ 的反作用力）、工件在 C 点光滑接触面处的约束力 $\bar{R}_C$（其反作用力即为对工件的垂直压紧力）以及机座在 D 点固定铰链约束力，由于该力方向现无法确定，故采用两个正交分力 $\bar{R}_{Dx}$、$\bar{R}_{Dy}$ 来表示。

通过上述举例，画受力图还需注意以下几点：

1）在对相互联接的两个构件都画受力图时，在联接处两个构件的相互约束力为作用力与反作用力，该两力必相等，且方向相反。

2）当机构由多个构件组成时，常常有二力杆，并据此可确定铰链约束力的方向。

3）以研究对象为脱离体作受力图时，研究对象对约束的作用力或其他物体上所受的力均不应画出。

4）在研究物体的受力和平衡时，有时需要对几个物体组成的系统进行分析，这种由几个物体组成的系统称为物体系。对物体系进行受力分析时，系统内各物体间的相互作用力称为系统内力，内力成对存在，不改变物体系的整体运动，在系统受力图上不要画出。系统外的物体对系统的作用力称为系统外力，在系统受力图上必须画出。物体系的范围不同，同一个力可能由内力转化为外力（或相反）。例如，将汽车与拖车这个物体系作为研究对象时，汽车与拖车之间的一对拉力是内力，受力图上不必画出；若以拖车这个物体系作为研究对象，则汽车对它的拉力是外力，应当画在拖车的受力图上。还需指出，内力虽不影响物体系的整体运动，但它对物体的变形却起着决定性的影响。

§2-3　力系的合成及平衡

一、平面汇交力系

各力作用线都在同一平面上并汇交于一点的力系称为平面汇交力系。

1.平面汇交力系合成及平衡的几何法

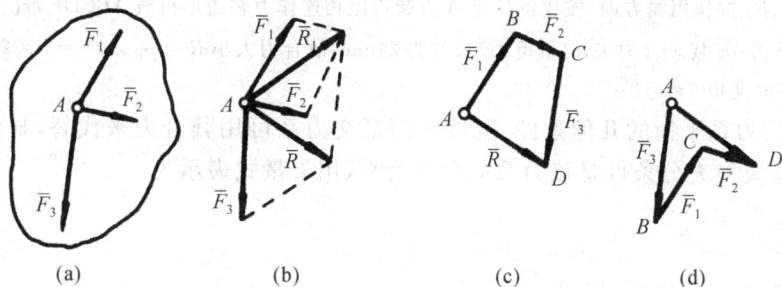

图 2-22

1）平面汇交力系合成的几何法。如图 2-22a 所示平面上三个力 $\bar{F}_1$、$\bar{F}_2$、$\bar{F}_3$ 汇交于 A 点，

在图 2-22b 中相继运用平行四边形法则,按一定比例先求 $\overline{F}_1$ 与 $\overline{F}_2$ 的合力 $\overline{R}_1$,再求 $\overline{R}_1$ 与 $\overline{F}_3$ 的合力 $\overline{R}$,此 $\overline{R}$ 力即为该力系的合力。由图看出当力的数目很多时,作平行四边形图形很复杂,其实只要将平面汇交力系各分力矢 $\overline{F}_1$、$\overline{F}_2$、… 顺序首尾相连,形成一个多边形折线,如图 2-22c 所示 $ABCD$,最后从折线的起点(汇交点)至终点连一条有向线段 $\overline{AD}$,这条线段就是力系的合力矢 $\overline{R}$。但要注意,合力矢的方向,必由起始点指向最后一个分力矢的终端。这种由各分力矢首尾相连的折线与合力矢构成的多边形称为力多边形。力多边形的封闭边即为合力矢。不难证明,由力多边形法求得的合力,其大小和方向与力系各分力矢相加的先后次序无关,例如图 2-22d,相加的先后次序改为 $\overline{F}_3 + \overline{F}_1 + \overline{F}_2$,求得的合力 $\overline{R}$ 大小和方向均与图 2-22c 所求得的结果完全相同。

平面汇交力系的合成结果是一个合力,合力的作用线通过力系汇交点,可由力多边形几何法求得,合力为力系各力的矢量和,即合力

$$\overline{R} = \sum_{i=1}^{n} \overline{F}_i \tag{2-5}$$

式中:$\overline{F}_i (i = 1,2,\cdots,n)$ 为平面汇交力系的 n 个分力。

例 2-3 图 2-23a 所示平面汇交力系 $\overline{F}_1$、$\overline{F}_2$、$\overline{F}_3$、$\overline{F}_4$,已知 $F_1 = 100\text{N}$,$F_2 = 100\text{N}$,$F_3 = 120\text{N}$,$F_4 = 80\text{N}$,试用几何法求此力系的合力。

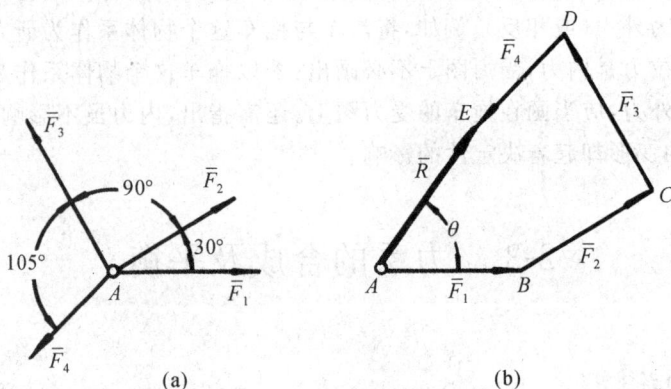

图 2-23

解:选取力的比例尺 $\mu_F = 5\text{N/mm}$。

将 $\overline{F}_1$、$\overline{F}_2$、$\overline{F}_3$、$\overline{F}_4$ 按作用线方向、按比例尺自 A 点起首尾相连作力多边形折线 $ABCDE$,自 A 点指向 E 点得封闭边有向线段 $\overline{AE}$ 代表合力矢 $\overline{R}$。量得 $\overline{AE}$ 长约为 24mm,故合力大小 $R = \mu_F \times 24 = 5 \times 24 = 120\text{N}$。量得 $\overline{R}$ 与力 $\overline{F}_1$ 指向夹角 $\theta \approx 54°$。

2)平面汇交力系平衡的几何条件。既然平面汇交力系可用其合力来代替,显然平面汇交力系平衡的必要与充分条件是该力系的合力为零,用矢量式表示为

$$\overline{R} = \sum_{i=1}^{n} \overline{F}_i = 0 \tag{2-6}$$

式中:$\overline{R}$、$\overline{F}_i$ 的意义与式(2-5)相同。

合力为零的平面汇交力系的力多边形必然是各分力矢首尾相连自行封闭,此即平面汇交力系平衡的充要几何条件。并可由此推理,当平面汇交力系平衡时,组成该力系的任何一个分力都可看作是其余各分力合力的平衡力。由此可用几何法求解平面汇交平衡力系中的

未知力。

例2-4 图2-24a所示物重 $Q=500\text{N}$，通过吊环用钢索挂在天花板上，设已知 $\alpha=30°$，$\beta=45°$，试求两钢索 AD、AE 中所受的拉力。

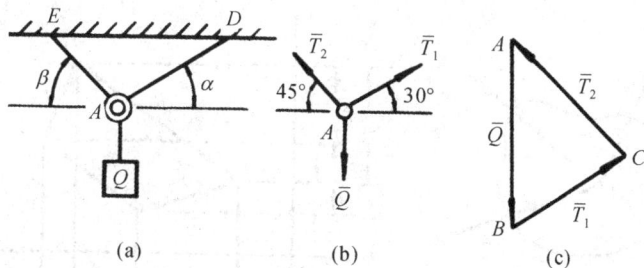

图 2-24

解：吊环受平面汇交三力 $\bar{Q}$、$\bar{T}_1$、$\bar{T}_2$ 平衡，作吊环受力图（图2-24b）。

选取力的比例尺 $\mu_F=20\text{N/mm}$。根据平面汇交力系平衡力多边形封闭原理，用几何法将 $\bar{Q}$ 画成 $\overline{AB}$ 为

$$Q/\mu_F=\frac{500\text{N}}{20\text{N/mm}}=25\text{mm}$$

的有向线段，自 B 点和 A 点分别作 $\bar{T}_1$ 和 $\bar{T}_2$ 作用线的平行线，两者交于点 C，矢量首尾相连得封闭力多边形（本例为力三角形），$\overline{BC}$、$\overline{CA}$ 有向线段即代表矢量 $\bar{T}_1$、$\bar{T}_2$。量得 $\overline{BC}$、$\overline{CA}$ 长分别约为18.5mm和22.5mm，故得：$\bar{T}_1=\mu_F\times18.5\approx20\times18.5\approx370\text{N}$，$T_2=\mu_F\times22.5\approx20\times22.5\approx450\text{N}$。

通过以上两例可见，用几何法求解力系合力或平衡问题，概念直观简明，但作图法求得结果常有一定误差，通常难以求得精确解。

2.平面汇交力系合成及平衡的解析法

1）力在坐标轴上的投影。如图2-25所示，力 $\bar{F}$ 在平面直角坐标系 xoy 内，与 x 轴平行线所夹锐角为 θ。自力矢 $\bar{F}$ 的起点 A 和终点 B 分别向 x 轴和 y 轴作垂线，截得线段 a_xb_x 和 a_yb_y，分别称为力 $\bar{F}$ 在 x 轴和 y 轴上的投影，记作 X 和 Y。

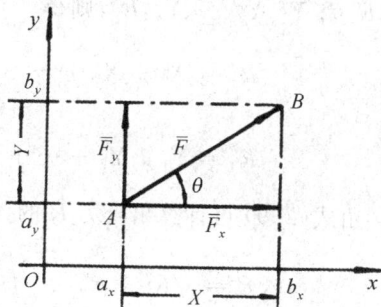

图 2-25

力在坐标轴上的投影是代数量，其正、负号通常规定为：当力沿坐标轴分力的方向与坐标轴方向一致时为正，反之为负。

力 $\bar{F}$ 在直角坐标系 xoy 上的两个投影 X 和 Y 的计算式为

$$\left.\begin{array}{l}X=\pm F\cos\theta\\Y=\pm F\sin\theta\end{array}\right\} \tag{2-7}$$

式中：θ 为力 $\bar{F}$ 与 x 轴所夹的锐角。在图2-25中，X 和 Y 均为正值，等式右边取正号。

若已知力的投影 X 和 Y，则力 $\bar{F}$ 的大小和方向可由下式求出

$$\left.\begin{array}{l}F=\sqrt{X^2+Y^2}\\\tan\theta=|Y/X|\end{array}\right\} \tag{2-8}$$

需要指出，仅就角 θ 的大小并不能完全确定力 $\bar{F}$ 的方向，还必须结合投影 X 和 Y 的正负号，判断力从原点 O 画出时位于第几象限，力 $\bar{F}$ 的方向才能完全确定。

2）合力投影定理。设有作用于刚体上的平面汇交力系 $\bar{F}_1$、$\bar{F}_2$、$\bar{F}_3$（图2-26a），用力多边形法则求出其合力为 $\bar{R}$，并在直角坐标系 xoy 中分别将各分力和合力 $\bar{R}$ 向 x 轴和 y 轴投影，

得 X_1、X_2、X_3、R_x 和 Y_1、Y_2、Y_3、R_y(图 2-26b)。由图可见，$R_x = X_1 + X_2 + X_3$，$R_y = Y_1 + Y_2 + Y_3$，这表明：合力在任一坐标轴上的投影等于各分力(可推广到 n 个共点力)在同轴上投影的代数和。这一结论称为合力投影定理。

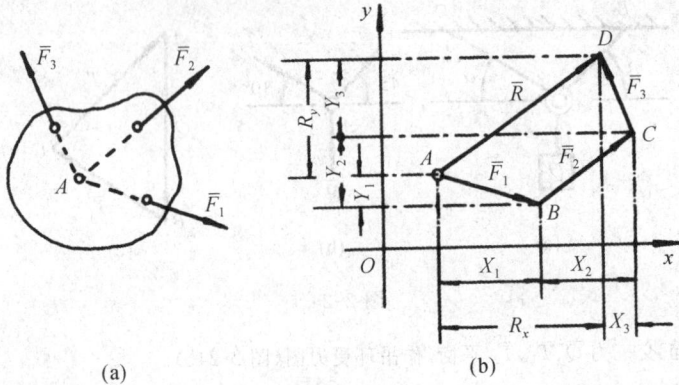

(a)   (b)

图 2-26

3) 平面汇交力系合成的解析法。求平面汇交力系 $\overline{F}_1$、$\overline{F}_2$、$\cdots\overline{F}_n$ 的合力 $\overline{R}$ 时，可利用合力投影定理进行计算，设各力和合力 $\overline{R}$ 在直角坐标系 x 轴和 y 轴上的投影分别为 X_1、X_2、$\cdots$、X_n，R_x 和 Y_1、Y_2、$\cdots$、Y_n，R_y，则得

$$
\left.
\begin{aligned}
R_x &= X_1 + X_2 + \cdots + X_n = \sum_{i=1}^{n} X_i \\
R_y &= Y_1 + Y_2 + \cdots + Y_n = \sum_{i=1}^{n} Y_i
\end{aligned}
\right\} \tag{2-9}
$$

由式(2-9)可计算出合力 $\overline{R}$ 的大小和方向为

$$
\left.
\begin{aligned}
R &= \sqrt{R_x^2 + R_y^2} = \sqrt{\left(\sum_{i=1}^{n} X_i\right)^2 + \left(\sum_{i=1}^{n} Y_i\right)^2} \\
\tan\theta &= |R_y/R_x| = \left|\sum_{i=1}^{n} Y_i \bigg/ \sum_{i=1}^{n} X_i\right|
\end{aligned}
\right\} \tag{2-10}
$$

式中：θ 为合力 $\overline{R}$ 与 x 轴所夹锐角，根据角 θ 和 $\sum_{i=1}^{n} X_i$ 及 $\sum_{i=1}^{n} Y_i$ 的正、负号确定合力 $\overline{R}$ 的方向。合力 $\overline{R}$ 仍然通过该力系的汇交点。

例 2-5　试用解析法求例 2-3 所示平面汇交力系的合力。

解：如图 2-27 所示，以力系汇交点 A 作为坐标原点 O，取直角坐标系 xoy，并令 x 轴与力 F_1 重合(应尽可能使坐标轴与某些力重合，可简化计算)，并按原题把各力大小及方向标在图上。由式(2-9)分别求出各已知力在 x 轴及 y 轴上投影的代数和分别为

$$
\begin{aligned}
R_x &= \sum_{i=1}^{4} X_i = F_1 + F_2\cos30° + F_3\cos120° + F_4\cos225° \\
&= 100 + 100\cos30° + 120\cos120° + 80\cos225° \\
&= 70.03(\text{N})
\end{aligned}
$$

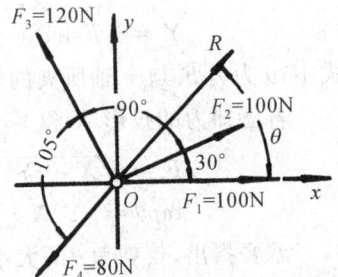

图 2-27

$$R_y = \sum_{i=1}^{4} Y_i = F_2\sin30° + F_3\sin120° + F_4\sin225°$$

$$= 100\sin30° + 120\sin120° + 80\sin225° = 97.35(\text{N})$$

由式(2-10)求出合力大小 R 及与 x 轴所夹锐角 θ

$$R = \sqrt{(\sum_{i=1}^{4} X_i)^2 + (\sum_{i=1}^{4} Y_i)^2} = \sqrt{(70.03)^2 + (97.35)^2} = 119.92(\text{N})$$

$$\tan\theta = |\sum_{i=1}^{4} Y_i \Big/ \sum_{i=1}^{4} X_i| = |97.35/70.03| = 1.3901$$

因为 $\sum_{i=1}^{4} X_i$、$\sum_{i=1}^{4} Y_i$ 均为正值,故 $\theta = 54.27°$,合力 $\bar{R}$ 在第一象限,其作用线通过原力系的汇交点。本例计算结果与例 2-3 用几何法求出的合力相比较,显然更为精确。

4) 平面汇交力系的平衡方程。平面汇交力系平衡的必要与充分条件是该力系的合力为零。由式(2-10)应有 $R = \sqrt{(\sum_{i=1}^{n} X_i)^2 + (\sum_{i=1}^{n} Y_i)^2} = 0$。欲使上式成立,必须同时满足

$$\left. \begin{array}{c} \sum_{i=1}^{n} X_i = 0 \\ \sum_{i=1}^{n} Y_i = 0 \end{array} \right\} \tag{2-11}$$

式(2-11)为平面汇交力系平衡的解析条件,也称为平面汇交力系的平衡方程,它表示力系中各力在两相互垂直坐标轴上投影的代数和均应等于零。其物理意义表示作用在物体上的各力在两相互垂直坐标轴方向上的作用效果均抵消掉了,因此物体处于平衡状态。

平面汇交力系平衡方程是两个独立的方程,可以运用它求解平面汇交平衡力系两个未知量。

例 2-6   图 2-28a 为曲柄压力机机构简图,设当工作时滑块 C 受工作阻力 $F = 4000\text{kN}$,试用解析法求 $\theta = 14°$ 时连杆 BC 所受的力 $\bar{T}$ 及滑道对滑块 C 的约束力 $\bar{N}$(不计摩擦阻力)。

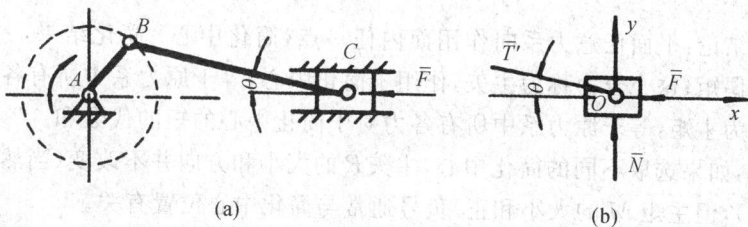

(a)   (b)

图 2-28

解:1) 选取研究对象,画受力图。取滑块 C 为研究对象,作用其上的力有:工作阻力 $\bar{F}$,滑道的约束力 $\bar{N}$(因不计摩擦,故垂直于滑道),连杆 BC 给滑块 C 的铰链约束力 $\bar{T}'$(因连杆 BC 为二力杆,故约束力 $\bar{T}'$ 应沿 BC 连线方向)。画出受力图如图 2-28b 所示。

2) 选取坐标轴,用平衡方程求未知力。取坐标轴 xoy 如图所示,由平衡方程式(2-11)

$$\sum X_i = 0, T'\cos\theta - F = 0 \tag{I}$$

$$\sum Y_i = 0, N - T'\sin\theta = 0 \tag{II}$$

由(I)得:$T' = F/\cos\theta = 4000/\cos14° = 4122(\text{kN})$

将 T' 值代入(II)得:$N = T'\sin\theta = 4122\sin14° = 997(\text{kN})$

连杆 BC 所受滑块约束力 $\overline{T}$ 应与力 $\overline{T}'$ 等值、反向,故为压力。

二、平面任意力系

各力在同一平面内呈任意状态分布且其作用线并不汇交在一点的力系称为平面任意力系。工程中许多实际问题都可以简化为平面任意力系问题来处理。

1.平面任意力系向作用平面内任一点的简化

设刚体上作用有平面任意力系 $\overline{F}_1$、$\overline{F}_2$、$\cdots$、$\overline{F}_n$(图2-29a)。现利用力的平移定理将力系中各力都平移到平面内任取的一点 O(称简化中心),得到作用于 O 点的平面汇交力系 $\overline{F}_1'$、$\overline{F}_2'$、$\cdots$、$\overline{F}_n'$,和一个由附加力偶 $M_1 = M_o(\overline{F}_1)$、$M_2 = M_o(\overline{F}_2)$、$\cdots$、$M_n = M_o(\overline{F}_n)$ 组成的平面

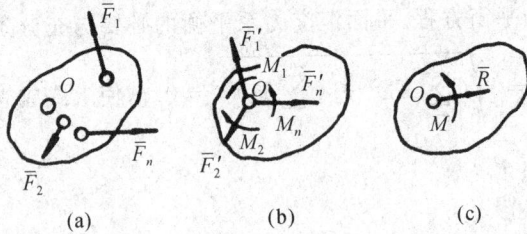

图 2-29

力偶系(图2-29b)。该平面汇交力系和平面力偶系分别合成可得一个作用于 O 点的合力 $\overline{R}$ 和合力偶矩 M(图2-29c),并用下式表示:

$$\overline{R} = \overline{F}_1' + \overline{F}_2' + \cdots + \overline{F}_n' = \overline{F}_1 + \overline{F}_2 + \cdots + \overline{F}_n = \sum_{i=1}^{n} \overline{F}_i$$

$$M = M_1 + M_2 + \cdots + M_n = M_o(\overline{F}_1) + M_o(\overline{F}_2) + \cdots + M_o(\overline{F}_n) = \sum_{i=1}^{n} M_o(\overline{F}_i)$$

$$(2\text{-}12)$$

于是可得结论:平面任意力系向作用面内任一点(简化中心)简化结果,一般可得一个合力和一个力偶矩;这个合力称为主矢,作用于简化中心,等于原力系中所有各力的矢量和;这个力偶矩称为主矩,等于原力系中所有各力对于简化中心的矩的代数和。

应当注意,如果选取不同的简化中心,主矢 $\overline{R}$ 的大小和方向并不改变(当然,作用点在新的简化中心上),但主矩 M 的大小和正、负号通常与简化中心位置有关。

2.平面任意力系的平衡方程

平面任意力系可用其主矢 $\overline{R}$ 和主矩 M 来代替,显然平面任意力系平衡的必要与充分条件是该力系的主矢、主矩均为零,即式(2-12)中 $\overline{R} = \sum_{i=1}^{n} \overline{F}_i = 0$,$M = \sum_{i=1}^{n} M_o(\overline{F}_i) = 0$。如 X_i、Y_i 为原力系中第 i 个分力 $\overline{F}_i$ 在 x 轴、y 轴上的投影,则平面任意力系平衡时必须同时满足下列三个平衡方程

$$\left.\begin{array}{l} \sum_{i=1}^{n} X_i = 0 \\[2mm] \sum_{i=1}^{n} Y_i = 0 \\[2mm] \sum_{i=1}^{n} M_o(\overline{F}_i) = 0 \end{array}\right\} \qquad\qquad (2\text{-}13)$$

亦即：① 力系中所有的力在 x 轴上投影的代数和等于零；② 力系中所有的力在 y 轴上投影的代数和等于零；③ 力系中所有的力对任取矩心 O 的力矩的代数和等于零。

上式称为平面任意力系的平衡方程，也是平面任意力系平衡的必要和充分条件。利用这组平衡方程，可以求解处于平衡状态的平面任意力系中的三个未知量。

例 2-7　图 2-30a 所示旋臂吊车横梁 AB，由铰链 A、B 分别与支架、拉杆相联接，梁重 $G = 20\text{kN}$，载荷重 $Q = 60\text{kN}$，尺寸如图示。试求铰链 B 处拉杆的约束力及铰链 A 处支架的约束力。

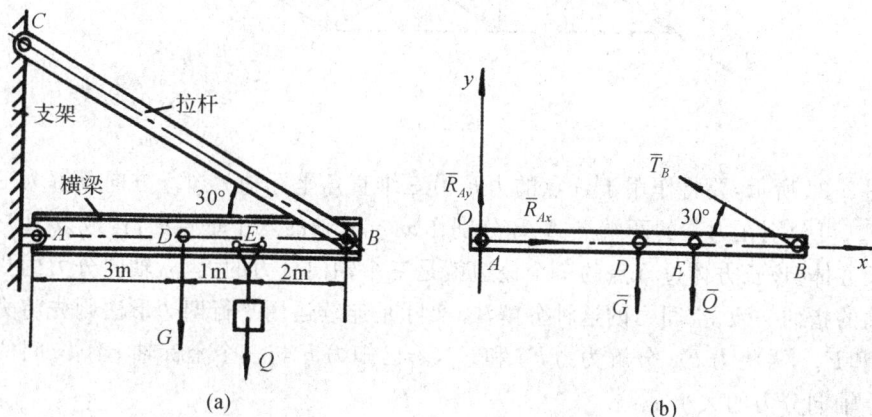

图 2-30

解：1）选横梁 AB 为研究对象作脱离体，画受力图。梁上所受已知力有 $\overline{G}$ 和 $\overline{Q}$，未知力有拉杆的约束力 $\overline{T}_B$ 和支架的约束力 $\overline{R}_A$。因杆 BC 为二力杆，故拉力 $\overline{T}_B$ 必沿连线 BC 方向；力 $\overline{R}_A$ 的方向未知，可分解为两个相互垂直的分力 $\overline{R}_{Ax}$ 和 $\overline{R}_{Ay}$，取铰链 A 中心 O 点为坐标原点、x 轴与杆 AB 重合，构成 xoy 直角坐标系，如图 2-30b 所示。

2）列平衡方程式求解未知力。上述各力的作用线可近似地认为分布在 xoy 坐标平面内，由于横梁 AB 处于平衡状态，应用平面任意力系的平衡方程式（2-13），得

$$\sum X_i = 0,\ R_{Ax} - T_B \cos 30° = 0 \qquad\qquad (Ⅰ)$$

$$\sum Y_i = 0,\ R_{Ay} + T_B \sin 30° - G - Q = 0 \qquad\qquad (Ⅱ)$$

$$\sum M_o(\overline{F}_i) = 0,\ T_B l_{AB} \sin 30° - G \cdot l_{AD} - Q \cdot l_{AE} = 0 \qquad\qquad (Ⅲ)$$

由（Ⅲ）得：$T_B = \dfrac{G \cdot l_{AD} + Q \cdot l_{AE}}{l_{AB} \sin 30°} = \dfrac{20 \times 3 + 60 \times 4}{6 \times 0.5} = 100(\text{kN})$

将 T_B 值代入（Ⅰ）、（Ⅱ）可得：

$$R_{Ax} = T_B \cos 30° = 100 \times 0.866 = 86.6(\text{kN})$$

$$R_{Ay} = G + Q - T_B \sin 30° = 20 + 60 - 100 \times 0.5 = 30(\text{kN})$$

三、空间力系

各力作用线不在同一平面内的力系称为空间力系。

1. 空间力的分解、合成及投影

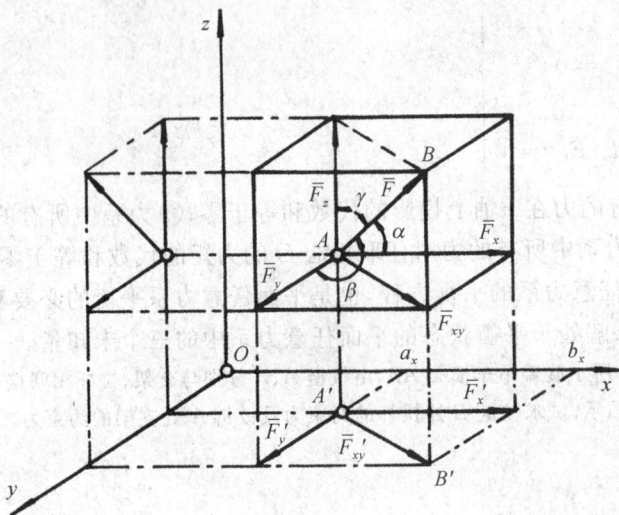

图 2-31

如图 2-31 所示,要将作用于 A 点的力 $\overline{F}$ 沿三维直角坐标轴 x、y、z 方向分解为三个分力 $\overline{F}_x$、$\overline{F}_y$、$\overline{F}_z$,可分别在力矢的两端点 A、B 分别作 x、y、z 轴的六个垂直面,构成以力矢 $\overline{F}$ 为对角线的长方体。该长方体过 A 点的三个棱边就是三个轴向分力的大小,轴向分力的指向与合力 $\overline{F}$ 沿轴的指向一致。空间力的这种分解法,实际是连续运用平行四边形法则先将力 $\overline{F}$ 分解为力 $\overline{F}_z$ 和 $\overline{F}_{xy}$,再将力 $\overline{F}_{xy}$ 分解为力 $\overline{F}_x$ 和 $\overline{F}_y$,若已知力 $\overline{F}$ 与三个坐标轴 x、y、z 间的角 α、β、γ,则三个轴向分力的大小是:

$$\left. \begin{array}{l} F_x = F\cos\alpha \\ F_y = F\cos\beta \\ F_z = F\cos\gamma \end{array} \right\} \tag{2-14}$$

按上述分解的逆过程可将图 2-31 中三个分力 $\overline{F}_x$、$\overline{F}_y$、$\overline{F}_z$ 求得合力 $\overline{F}$,空间力的这种分解与合成的规律称为力的平行六面体法则。

和在平面上一样,空间力也可在坐标轴 x、y、z 上投影。如图 2-31 中,力 $\overline{F}$ 在 x 轴上的投影是由力 $\overline{F}$ 的两个端点 A、B 分别作 x 轴的两个垂直面在 x 轴上所截取的线段 $a_x b_x$。力在坐标轴上的投影是代数量,当力沿坐标轴分力的方向与坐标轴方向一致时为正,反之为负。由图可见,力在坐标轴上的投影与该力沿轴向的分力是大小相等的,故式(2-14)亦可用来求力在轴上的投影,但需注意符合正负号的规定。

在图 2-31 中,把以力 $\overline{F}$ 为对角线的长方体向坐标面 xoy 投影,得到以 $\overline{A'B'}$ 为对角线的平行四边形。矢量 $\overline{A'B'}$ 即力 $\overline{F}$ 在 xoy 平面上的投影,它的大小、方向都与分力 F_{xy} 一样,记作 $\overline{F}_{xy}'$。力在平面上的投影既有大小又有方向,是矢量。将投影 $\overline{F}_{xy}'$ 沿两轴向分解为两分矢量 $\overline{F}_x'$ 及 $\overline{F}_y'$,这样,力 $\overline{F}$ 在 xoy 平面上的投影亦可用 $\overline{F}_x'$ 及 $\overline{F}_y'$ 来表示,它们的大小、方向分别与轴向分力 $\overline{F}_x$ 及 $\overline{F}_y$ 相同,它们也是分力 $\overline{F}_x$ 及 $\overline{F}_y$ 在 xoy 面上的投影。同理,只要求出了力沿坐标轴的三个分力,那么,力在三个坐标面上的投影以及力在坐标轴上的投影也都随之可得。

此外,力偶亦可在坐标平面上投影,它是使物体绕垂直于投影面的轴作转动的作用量,可以证明,一平面上的力偶在另一平面上投影所得的力偶的矩等于原力偶矩乘以两平面夹角的余弦。

2.空间力系的平衡方程

空间力系可以向相互垂直的三个坐标平面投影转化为与之等效的三组平面力系。若一物体在一空间力系作用下处于平衡,则该空间力系转化后的三组平面力系亦必须均为平面平衡力系,它们都应满足平面力系的平衡方程,三个坐标面共有九个平衡方程如下:

在 xoy 坐标面内:$\sum X = 0,\sum Y = 0,\sum M_z = 0$,

在 xoz 坐标面内:$\sum X = 0,\sum Z = 0,\sum M_y = 0$,

在 yoz 坐标面内:$\sum Y = 0,\sum Z = 0,\sum M_x = 0$。

在这九个方程中有三个是重复的,独立方程只有六个,它们是

$$\left. \begin{array}{l} \sum X = 0,\sum Y = 0,\sum Z = 0, \\ \sum M_x = 0,\sum M_y = 0,\sum M_z = 0 \end{array} \right\} \tag{2-15}$$

式中 $\sum X$、$\sum Y$、$\sum Z$ 分别为各力在 x、y、z 轴上投影的代数和,$\sum M_x$、$\sum M_y$、$\sum M_z$ 分别为 yoz、xoz、xoy 三个坐标面投影力偶矩的代数和。式(2-15)就是空间任意力系的平衡方程,也是空间任意力系平衡的必要和充分条件。利用这组平衡方程,可以求解平衡的空间任意力系中的六个未知量。

例 2-8　图 2-32a 所示为一斜齿圆柱齿轮轴,由轴承支承旋转和轴向定位,支承 A 处可轴向游动,支承 B 处轴向固定。已知斜齿轮分度圆直径 $d = 100mm$,C 点处受圆周力 $F_t = 100kN$,径向力 $F_r = 38.9kN$,轴向力 $F_a = 37.3kN$,方向如图示,齿轮、支承间隔距离 $l_1 = 40mm$,$l_2 = 150mm$,试求平衡时轴所受阻力偶矩 M 及支承 A 和支承 B 的约束力。

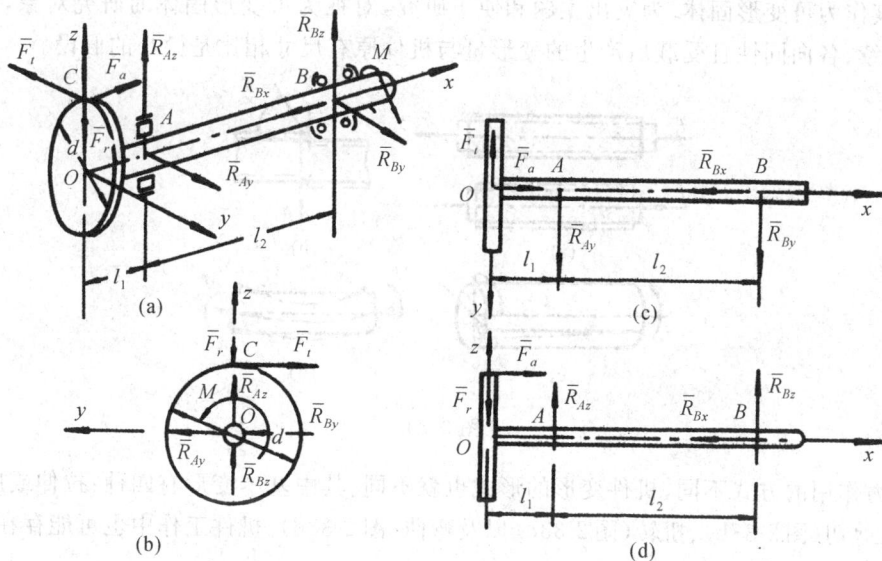

图 2-32

解：支承 A 可轴向游动，其约束力位于与 AB 轴垂直的平面内，用两正交分力 $\bar{R}_{Ay}$、$\bar{R}_{Az}$ 表示，支承 B 轴向固定，除有两径向约束力 $\bar{R}_{By}$、$\bar{R}_{Bz}$ 外还有轴向约束力 $\bar{R}_{Bx}$。

将图 2-32a 所示空间力系向三个坐标平面投影，得三个平面力系如图 2-32b、c、d 所示，其中阻力偶在 yoz 平面投影所得力偶的矩等于 M（因投影面与力偶作用面平行），而在另外两坐标面内，力偶 M 的投影为零（因投影面与力偶作用面垂直）。分别对三个平面力系建立平衡方程如下：

在 yoz 平面内（图 2-32b）：因 $\sum M_o = 0$，则 $M - F_t \cdot \dfrac{d}{2} = 0$，故 $M = F_t \cdot \dfrac{d}{2} = 100 \times \dfrac{100}{2}$ $= 5000 (kN \cdot mm)$。

在 xoy 平面内（图 2-32c）：因 $\sum M_A = 0$，则 $-F_t l_1 - R_{By} l_2 = 0$，故 $R_{By} = -F_t l_1 / l_2 = -100 \times 40/150$ $= -26.7 (kN)$，负号表示 R_{By} 与图示方向反向。又因 $\sum Y = 0$，则 $-F_t + R_{Ay} + R_{By} = 0$，故 $R_{Ay} = F_t - R_{By}$ $= 100 - (-26.7) = 126.7 (kN)$。

在 xoz 平面内（图 2-32d）：因 $\sum M_A = 0$，则 $F_r l_1 - F_a \cdot \dfrac{d}{2} + R_{Bz} l_2 = 0$，故 $R_{Bz} = (-F_r l_1 + F_a \cdot \dfrac{d}{2})/l_2$ $= (-38.9 \times 40 + 37.3 \times \dfrac{100}{2})/150 = 2.l (kN)$。又因 $\sum Z = 0$，则 $-F_r + R_{Az} + R_{Bz} = 0$，故 $R_{Az} = F_r - R_{Bz}$ $= 38.9 - 2.1 = 36.8 (kN)$。再因 $\sum X = 0$，则 $F_a - R_{Bx} = 0$，故 $R_{Bx} = F_a = 37.3 (kN)$。

如需求支承 A 总的约束力 $\bar{R}_A$，可由 $\bar{R}_{Ay}$、$\bar{R}_{Az}$ 两个平面汇交力合成即得。本例不作计算。

§2-4　轴向拉伸与压缩

一、可变形固体的若干概念

为分析机件的损伤和失效，变形成为主要问题，这时不能再将研究对象视为刚体，而应如实将其作为可变形固体。为突出主题和便于研究，对视为可变形固体的研究对象，还作了均质、连续、各向同性且受载后产生的变形量与机件原有尺寸相比是微小的假设。

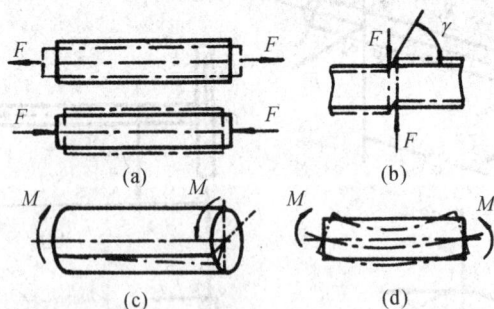

图 2-33

外力作用的方式不同，机件变形的形式也就不同。其中基本变形有四种：拉伸或压缩（图 2-33a）、剪切（图 2-33b）、扭转（图 2-33c）以及弯曲（图 2-33d）。机件工作中也可能存在以上几种基本变形的组合变形。

可变形固体受力后产生的变形若在撤除外力以后能完全消失的称为弹性变形，撤除外力以后不能消失的变形称为塑性变形（又称永久变形或残余变形）。一般情况下，要求机件正常工作时只允许发生不过量的弹性变形,而不允许发生塑性变形。

二、拉、压杆的内力与应力

图 2-33a 所示直杆,轴向外力方向相背离者为拉杆,外力方向相对者为压杆,与此相对应的杆件变形分别为使杆件沿轴向伸长或缩短。杆件受外力而变形时,其内部材料的颗粒之间因相对位置改变而产生的相互作用力,称为内力。内力是由外力引起的,随外力增大而加大,到达某一限度时就会引起杆件破坏,杆件内力大小与其变形量和破坏与否有密切关系。

研究杆件内力,常采用截面法。如图 2-34 所示,设直杆受轴向力 F,为确定其横截面 m-m 上的内力,假想用平面沿 m-m 面将杆分为 Ⅰ、Ⅱ 两部分。如果切开前杆件处于平衡,则切开后任一部分 Ⅰ 或 Ⅱ 仍应保持平衡,如 Ⅰ 部分左端作用着 F 力,其右端的 m-m 截面必有 Ⅱ 对 Ⅰ 作用的分布力,其合力 N 与 F 平衡,即 $N = F$,N 称为内力。同理,若以 Ⅱ 作为研究对象,仍可得上述轴向受力杆内力 N 等于外力 F 的结论。

单从内力数值来衡量构件的强度是不够的,杆件的强度还与杆件横截面的大小和内力在截面上的分布有关。根据前面固体均质、连续的假设,

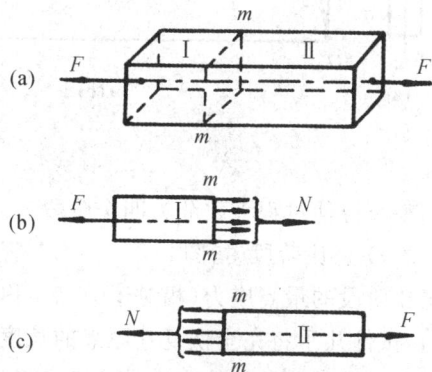

图 2-34

可以认为直杆受拉或压时的内力在横截面上是均匀分布的。单位面积上的内力称为应力。拉(压)杆应力垂直于横截面。这样的应力称为正应力,以符号 σ 表示,其表达式为

$$\sigma = N/A = F/A \qquad (2\text{-}16)$$

式中:N 为拉(压)杆横截面上的内力,N;F 为轴向受拉(压)外力,N;A 为拉(压)杆横截面面积,mm^2;σ 为拉(压)应力,N/mm^2。

工程计算中应力的单位亦常用 Pa("帕斯卡",简称"帕")或 MPa(兆帕)表示,$1Pa = 1 N/m^2$,$1MPa = 10^6 Pa = 10^6 N/m^2 = 1N/mm^2$。

三、材料的机械性质

材料的机械性质(也称力学性质)是其在外力作用下所表现的力学特性,如弹性模量、屈服极限、抗拉强度、伸长率、断面收缩率、硬度、冲击韧性等。它是机械设计中选择材料和强度、刚度计算的重要依据。材料的机械性质是通过各种实验测定的,下面将逐一予以讨论。

1. 材料的静拉伸实验

将欲测定材料做成如图 2-35a 所示的标准试件,试件上划出的一段距离 l 称为标距,对圆截面试件规定为 $l = 10d$ 或 $l = 5d$。实验时,装在试验机上的试件受到自零逐渐均匀缓慢增加的拉力 F 作用,直到力 F 增大到足够大,试件被拉断为止。取力 F 为纵坐标,取绝对伸长量 $\Delta l = l_1 - l$ 为横坐标,根据实验所记录的一系列 F 力和对应的变形伸长量 Δl 值,画出 F—Δl 的关系曲线,称为拉伸受力变形图(以下简称拉伸图),图 2-35b 所示为低碳钢拉伸图。为消除试件尺寸的影响,将纵坐标 F 改取为拉应力 $\sigma = F/A$,横坐标 Δl 改取为相对变形或称线应变 $\varepsilon = \Delta l/l$,得 $\sigma\varepsilon$ 的关系曲线,称为应力—应变曲线,如图 2-35c 所示。由 $\sigma\varepsilon$ 图可见低碳

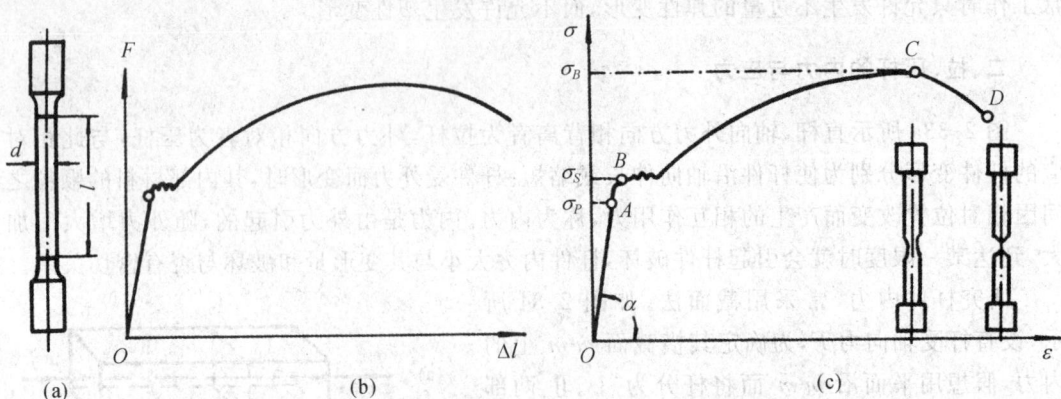

图 2-35

钢整个拉伸过程大致分为四个阶段。

1) 正比阶段(指图 2-35c 上 OA 直线段)。此阶段材料的应力与应变十分接近线性关系。正比阶段的最高应力(相对于 A 点)称为材料的比例极限,记为 σ_P。在这一阶段若卸去外载荷,试件几乎将完全恢复其原来的长度,材料的这种性质称为弹性,材料在正比阶段内产生的变形几乎可以认为完全是弹性变形。由图 2-35c 可见

$$\sigma/\varepsilon = \tan\alpha = E$$

或 $$\sigma = E\varepsilon \qquad (2\text{-}17)$$

上式称为虎克定律,表明材料在比例极限范围内,正应力与线应变成正比,比例系数 E 称为材料的拉(压)弹性模量;E 值越大,代表该材料抵抗弹性变形的能力越强。材料的弹性模量由实验方法确定,碳钢 $E \approx (2.0 \sim 2.2) \times 10^5 \mathrm{MPa}$,其他材料的 E 值可查有关机械设计手册。

若以 $\sigma = F/A$ 和 $\varepsilon = \Delta l/l$ 代入式(2-17),可得虎克定律的另一种表达式

$$\Delta l = Fl/(EA) \qquad (2\text{-}18)$$

由式(2-18)知:在弹性范围内,机件的绝对伸长量 Δl 与外力 F 及长度 l 成正比,与截面积 A 及材料的弹性模量 E 成反比,显然,分母 EA 乘积越大,机件的变形越小。故称 EA 为直杆的抗拉(压)刚度。

2) 屈服阶段(指图 2-35c 上 B 点右面的近似水平段)。给试件加载,当应力超过比例极限 σ_P 后,$\sigma\varepsilon$ 曲线不再保持直线关系。当应力达到 B 点数值时,曲线将出现明显的近似水平段,此时应力几乎不变,而应变却急剧增长,材料好像暂时失去了对变形的抵抗能力。这种现象称为"屈服"或"流动"。屈服阶段内的最低应力称为屈服极限,记为 σ_S。应力达到屈服极限时,材料将出现显著的塑性变形。金属材料在外力作用下产生变形,当外力除去后,仍保留一定变形而不能恢复原状的性质,称为塑性。

3) 强化阶段(指图 2-35c 上屈服阶段后至曲线最高点 C 一段)。经过屈服阶段,材料又增强了抵抗变形的能力,这时要使材料继续变形需要增大拉力,这种现象称为材料的强化。强化阶段的最高点 C(试件所受载荷最大)所对应的应力称为材料的强度极限,记作 σ_B,它是材料所能承受的最大应力。

4) 局部收缩阶段(指图 2-35c 上的 CD 段)。当应力达到强度极限时,试件某一部分的截

面发生显著的收缩,即出现"缩颈"现象。过了 C 点以后,因颈缩处截面已显著减小,所以这时即使载荷减小,变形还是继续增加,达到 D 点时试件发生断裂。

试件拉断后,弹性变形立即消失,只保留了塑性变形。试件断裂后所遗留下来的塑性变形,可以用来表明材料的塑性。一般有下面两种表示方法:

i) 伸长率 δ。以试件断裂后的相对伸长来表示,即

$$\delta = \frac{l_D - l}{l} \times 100\% \tag{2-19}$$

式中:l 为试件原来的标矩长度,l_D 为试件断裂后的标距长度。

ii) 断面收缩率 ψ。以试件断裂后断面面积的相对收缩来表示,即

$$\psi = \frac{A - A_D}{A} \times 100\% \tag{2-20}$$

式中:A 为试件原来的截面面积,A_D 是试件断裂后缩颈处的截面面积。

通常将 $\delta > 5\%$ 的材料,称为塑性材料,如低碳钢、铜、铝等;而把 $\delta < 5\%$ 的材料称为脆性材料,如铸铁、玻璃、混凝土等。低碳钢的 δ 约为 $20\% \sim 30\%$,ψ 约为 $60\% \sim 70\%$。

不同材料制成的试件,在拉伸试验中得到的 $\sigma\varepsilon$ 曲线不相同。脆性材料自开始受拉起至断裂止的全过程中变形都不显著,几乎没有明显可见的屈服和颈缩现象。图 2-36 为铸铁拉伸时的 $\sigma\varepsilon$ 曲线,由图可见,该曲线基本无直线部分,只是在应力较小的范围内的曲线可用割线(图中的虚线)近似代替,拉断时的应力称为抗拉强度极限 σ_B,其值通常比塑性材料低得多。

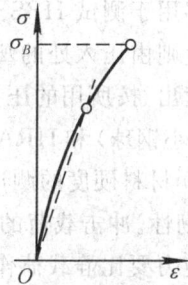

图 2-36

需要指出,有些塑性材料(如铝合金和黄铜)试验时没有明显的屈服阶段可见,国家标准规定取卸载后残余变形为 0.2% 的应力作为名义的屈服极限,并用 $\sigma_{0.2}$ 表示。

2. 材料的压缩实验

图 2-37 是低碳钢压缩时的 $\sigma\varepsilon$ 曲线(其中虚线表示低碳钢拉伸时的 $\sigma\varepsilon$ 曲线)。实验表明低碳钢在拉伸和压缩时的弹性模量 E、比例极限 σ_P 和屈服极限 σ_S 都相同。但过了屈服极限以后,试件越压越扁,并不压溃,测不出抗压强度极限。

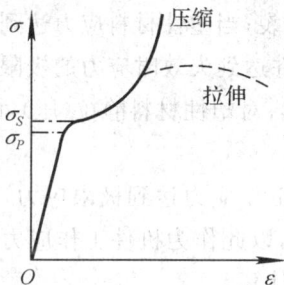

图 2-37

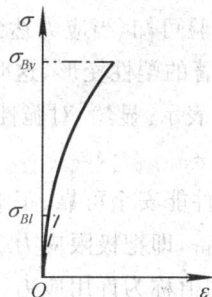

图 2-38

对于脆性材料,例如铸铁压缩时的 $\sigma\varepsilon$ 曲线(图 2-38 中实线)与拉伸时的 $\sigma\varepsilon$ 曲线(图

2-38 中虚线）相似，但压缩时的强度极限 σ_{By}，比拉伸强度极限 σ_{Bl} 要大得多。因此，铸铁等脆性材料宜作受压构件。

3. 硬度及冲击韧性

1）硬度。硬度是材料抵抗较硬物质压入的能力，即材料对局部塑性变形的抵抗能力。一般地说，材料硬度愈高，强度和耐磨性亦愈高，但塑性较低。材料硬度可用专用设备测量，除特殊情况外一般并不损坏被测机件。硬度常作为技术指标中的一项重要指标，工程上常采用布氏硬度和洛氏硬度。

布氏硬度的测定方法是用直径为 D、硬度较高的标准钢球或硬质合金球在布氏硬度计上以规定载荷 F 垂直地压入材料表面（图 2-39a），并保持压力至规定时间，测出压痕的直径 d。载荷 F 与压痕面积 A（即图 2-39a 中的 $\frac{\pi}{4}d^2$）之商称为布氏硬度。压头为钢球时，用 HBS 表示布氏硬度，压头为硬质合金时用 HBW 表示布氏硬度。布氏硬度值可由试验机直接读出。布氏硬度计多用于测试 HBS $\leqslant$ 450 的材料。

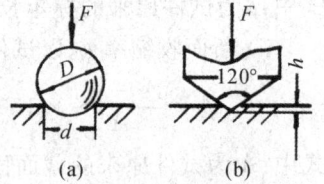

图 2-39

洛氏硬度则由压入处的塑性变形深度 h（图 2-39b）决定洛氏硬度值，其值可由洛氏硬度计表盘直接读出。按所用的压头，洛氏硬度有三种标度，分别以 HRC（用金刚石 120° 锥体压头）、HRB（用小钢球）和 HRA 表示，其中 HRC 最常用。洛氏硬度压痕较小，多用于硬度较高（HBS > 450）材料硬度的测试。

2）冲击韧性。冲击载荷的特点是载荷作用于物体上的时间非常短促，但它使受力体产生的变形和应力要比静载荷作用大得多。冲击韧性是衡量材料抵抗冲击能力的指标，用冲断试件消耗的功 $W(N \cdot m)$ 与试件缺口处断面积 $A(mm^2)$ 之比值表示，记作 α_k，即 $\alpha_k = W/A(N \cdot m/mm^2)$。材料的冲击韧性值越高，代表其抵抗冲击破坏的能力越大。

上述材料的力学性质主要是针对轴向拉伸和压缩而言的，材料其他的机械性质将结合有关机件再予阐述。

四、拉、压杆的强度计算

1. 极限应力、许用应力和安全系数

受轴向拉（压）的机件工作时横截面上的正应力 σ 称为工作应力，可用式（2-16）计算。由材料拉（压）试验可知，当应力达到强度极限 时，会发生断裂；当塑性材料应力达到屈服极限 σ_S 时会产生显著的塑性变形，这时均造成机件失效。把机件达到失效时应力的极限值称为极限应力，以 σ_{lim} 表示。显然，对脆性材料静拉（压），$\sigma_{lim} = \sigma_B$；对塑性材料静拉（压），由于 $\sigma_S < \sigma_B$，故取 $\sigma_{lim} = \sigma_S$。

为确保机件能安全可靠、正常地工作，设计时不应使工作应力达到极限应力，而应留有适当的强度储备，即把极限应力 σ_{lim} 适当降低到一定程度，以此作为机件工作应力的最高限度值，这个应力值称为许用应力，以 $[\sigma]$ 表示，通常由下式计算

$$[\sigma] = \frac{\sigma_{lim}}{S} \tag{2-21}$$

式中：S 为使机件具有一定强度裕度而设定的大于 1 的数值，称为安全系数。

合理选取安全系数具有重要意义。如果安全系数偏大，则许用应力$[\sigma]$低，机件虽偏安全，但造成机件笨重，浪费材料；如果安全系数偏小，则许用应力$[\sigma]$高，用料虽少，但机件偏危险，甚至引起事故和严重后果。安全系数的确定是合理解决安全与经济矛盾的关键，设计人员应十分谨慎。

有些工程设计和制造部门，对本行业安全系数或许用应力制定了专用规范。本书中对一些机件的设计也规定了安全系数或许用应力，供设计时选用。对于无专门规定的一般强度计算，塑性材料取安全系数$S = 1.5 \sim 2.0$；脆性材料取$S = 2.5 \sim 3.0$或更大。对于载荷计算难以准确、机件重要程度较大等情况，应分别把安全系数再增大$10\% \sim 50\%$。

需要指出，前面有关材料的机械性质、极限应力、许用应力和安全系数的讨论均基于等截面杆件静拉（压），但在工程实际机件却有钻孔、凹槽等使截面突变或应力交变的情况，其对变形和失效的影响将在以后讨论到应力集中、交变应力等内容及具体相关机件部分时再予阐述。

2. 拉（压）杆的强度条件

由上述可知，保证拉（压）杆工作时不失效的基本条件是：杆内的最大工作应力不得超过材料的许用应力，亦即拉（压）杆的强度条件式为

$$\sigma = \frac{N}{A} = \frac{F}{A} \leqslant [\sigma] \tag{2-22}$$

式中：F为拉（压）外载荷，N；N为横截面拉（压）内力，N；A为横截面面积，mm^2；σ为拉（压）工作应力，MPa；$[\sigma]$为许用拉（压）应力，MPa。

根据上述强度条件式可解决三方面问题：

1）已知载荷F和杆的横截面积A及材料的许用应力$[\sigma]$，校核强度；

2）已知杆所用材料的许用应力$[\sigma]$及横截面积A，求所能承受的安全载荷F；

3）已知杆所用材料的许用应力$[\sigma]$和载荷F，计算杆所需的横截面面积A。

例 2-9   设图 2-30a 中拉杆为 45 号钢制圆杆，梁重G、载荷重Q以及尺寸等数据均与例 2-7 相同，试求拉杆所需直径。

解：1）确定拉杆所受拉力F。F值应与例 2-7 算得的T_B值相等，故$F = 100\text{kN} = 100 \times 10^3 \text{N}$不再重算。

2）确定许用应力$[\sigma]$。由表 1-3 查得 45 号钢屈服极限$\sigma_S = 355\text{MPa}$，塑性材料取极限应力$\sigma_{lim} = \sigma_S = 355\text{MPa}$，取安全系数$S = 1.6$，由式（2-21）可得许用应力$[\sigma] = \sigma_{lim}/S = 355/1.6 = 221.8(\text{MPa})$。

3）求拉杆直径d。由强度条件式（2-22）计算杆的横截面面积$A \geqslant F/[\sigma] = 100 \times 10^3/221.8 \approx 450.86(\text{mm})^2$，故圆杆直径$d \geqslant \sqrt{\frac{4A}{\pi}} = \sqrt{\frac{4 \times 450.86}{\pi}} \approx 23.96(\text{mm})$，查机械设计手册取用热轧圆钢直径$d = 24\text{mm}$。

§2-5 剪切和挤压

一、剪切

剪切变形是基本变形之一，一般发生在零件和结构的联接部位。图 2-40a 所示两块钢板用铆钉联接，设外载荷F垂直于铆钉轴线，两块钢板对铆钉的作用力F大小相等、方向相反，

但不在同一直线上,两 F 力作用线之间距离很近,使铆钉杆沿钢板的接触的截面 $m\text{-}m$ 发生错动,称为剪切变形(图 2-40b)。铆钉受剪面上产生内力 Q,称为剪力,它沿着受剪面,方向与剪切面一侧上外力 F 的方向相反,大小则与 F 相等,即 $Q = F$,当 Q 足够大,使错位增大到一定程度后,铆钉即被剪断(图 2-40c)。

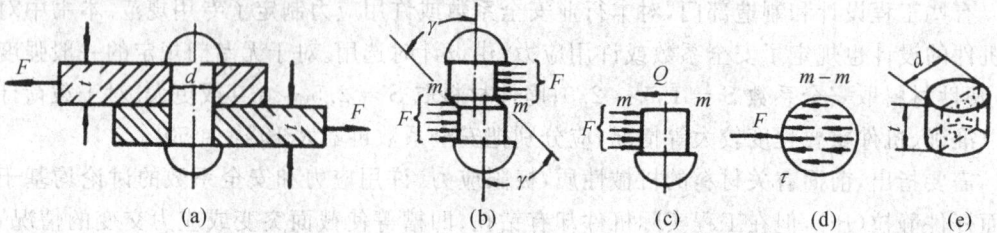

图 2-40

内力 Q 在受剪面上的分布情况是很复杂的,但在实际计算中,可以假设它为均匀分布。设 A_j 为剪切面面积,将单位剪切面积上的内力称为剪应力(亦称切应力),以符号 τ 表示,其表达式为

$$\tau = Q/A_j = \frac{F}{A_j} \tag{2-23}$$

剪应力 τ 的方向与剪力 Q 一致,假设在受剪面上均匀分布(图 2-40d),称为名义剪应力。

为保证受剪机件工作时安全可靠,须使其剪切面上的工作剪应力不超过机件材料的许用剪应力,亦即剪切强度条件式为

$$\tau = Q/A_j = F/A_j \leqslant [\tau] \tag{2-24}$$

式中:F 为剪切外载荷,N;Q 为剪切面剪力,N;A_j 为剪切面积,mm^2;τ 为工作剪应力,MPa;$[\tau]$ 为许用剪应力,MPa。

类似于拉(压)试验,可通过剪切破坏试验确定材料的剪切极限应力 τ_{lim},然后除以安全系数 S_τ 得 $[\tau] = \tau_{lim}/S_\tau$。对于一般钢料 $[\tau](0.6 \sim 0.8)[\sigma]$,其中 $[\sigma]$ 为钢材的许用拉应力。

二、挤压

构件在受到剪切作用的同时,往往还伴随着挤压作用。如图 2-40a 的铆钉与钉孔的接触面上,如作用力 F 过大,有可能使原来的圆形孔被挤压成长圆形、孔壁边被压起皱褶或裂缝,也可能发生钉杆被挤扁等挤压破坏,从而使联接失效。

机件相互挤压的表面称为挤压面,其上作用的力称为挤压力。挤压作用引起的应力称为挤压应力,记为 σ_{jy}。需注意,挤压应力通常认为只在挤压面上存在,不同于受轴向压缩机件内部横截面上的压应力。挤压应力在挤压面上的分布情况也很复杂,工程计算中近似假定它在挤压面上均匀分布,其表达式为

$$\sigma_{jy} = F/A_{jy} \tag{2-25}$$

式中:A_{jy} 为计算挤压面积。A_{jy} 根据具体情况计算,如机件的实际挤压面为平面,则 A_{jy} 按实际挤压面积计算;如机件的实际挤压面为圆柱面,其计算挤压面被处理成一个与挤压外载荷相垂直并通过圆柱面直径的平面(图 2-40e 中 $A_{jy} = dt$,即铆钉受力半圆柱面的投影面积)。

为防止挤压破坏,要求挤压面上的工作挤压应力不超过材料的许用挤压应力,亦即挤压

强度条件式为

$$\sigma_{jy} = F/A_{jy} \leqslant [\sigma_{jy}] \qquad\qquad (2\text{-}26)$$

式中：F 为挤压外载荷，N；A_{jy} 为计算挤压面积，mm^2；σ_{jy} 为工作挤压应力，MPa；$[\sigma_{jy}]$ 为许用挤压应力，MPa。需注意，式中的 $[\sigma_{jy}]$ 应取相互挤压的两个挤压件中强度最弱的数值。对于一般钢料，$[\sigma_{jy}] \approx (1.7 \sim 2.0)[\sigma]$，其中 $[\sigma]$ 为钢材的许用拉应力。

例 2-10　图 2-41a 两构件 Ⅰ、Ⅱ 以凸榫相接，受外载荷 $F = 140$kN，宽度 $b = 80$mm，材料的许用应力为 $[\tau] = 60$MPa，$[\sigma_{jy}] = 180$MPa，试从剪切和挤压强度确定尺寸 l、δ。

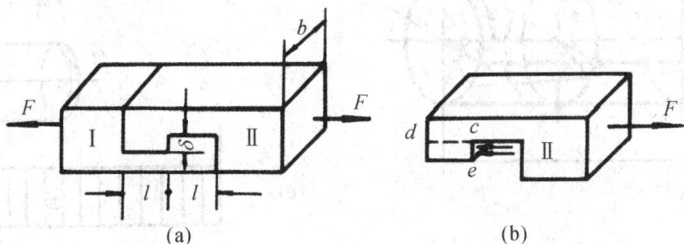

图 2-41

解：1) 分析构件受力。由于构件 Ⅰ、Ⅱ 两部分的受力情况相同，只需任取其一研究即可。现取 Ⅱ 作脱离体加以分析，如图 2-41b 所示，cd 为受剪面，ce 为受挤压面。

2) 由剪切强度确定 l。受剪切面积 $A_j = bl$，由式(2-24)$F/A_j \leqslant [\tau]$，得 $bl = A_j \geqslant F/[\tau]$，故
$l \geqslant F/(b[\tau]) = 140 \times 10^3/(80 \times 60) = 29.17$(mm)，取 $l = 30$mm。

3) 由挤压强度确定 δ。挤压面积 $A_{jy} = b\delta$，由式(2-26)$F/A_{jy} \leqslant [\sigma_{jy}]$，得 $b\delta = A_{jy} \geqslant F/[\sigma_{jy}]$，故
$\delta \geqslant F/(b[\sigma_{jy}]) = 140 \times 10^3/(80 \times 180) = 9.72$(mm)，取 $\delta = 10$mm。

§2-6　扭　　转

一、扭转的概念、扭转的外力和内力

1. 扭转的概念

图 2-42 所示圆轴两端作用一对大小相等、方向相反、作用面垂直于轴心线的外力偶，这一受载情况称为纯扭转。不难设想，两外力偶之间轴段的各个横截面将依次绕轴线作相对转动，称为扭转变形。工程实际中有很多承受扭转的构件，本节只讨论等截面圆轴纯扭转问题。

2. 外力偶矩、扭矩和扭矩图

工程计算中，很少直接给出作用于轴上的外力偶矩 M，它可以根据轴上零件所受的圆周力和力的作用半径求得，也可以按轴的转速和传递的功率由下式求得

$$M = 9550 \frac{P}{n}(\text{N} \cdot \text{m}) \qquad\qquad (2\text{-}27)$$

式中：P 为轴传递的功率，kW；n 为轴的转速，r/min。

外力偶矩是使圆轴产生扭转所受的外力，其作用面之间轴的任一横截面上将产生内力。图 2-43 是一根受外加力偶矩 M 的轴，其两端的力偶矩互相平衡。假想用垂直于轴心线的截面 $m\text{-}m$ 将轴分为左、右两段，现取左段，考虑其平衡，因作用在该段上的外力是力偶矩 M，故

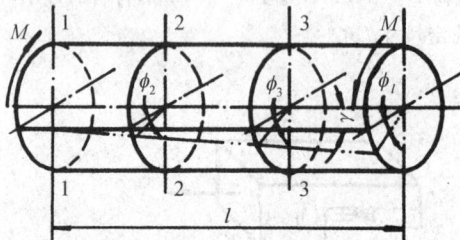

图 2-42

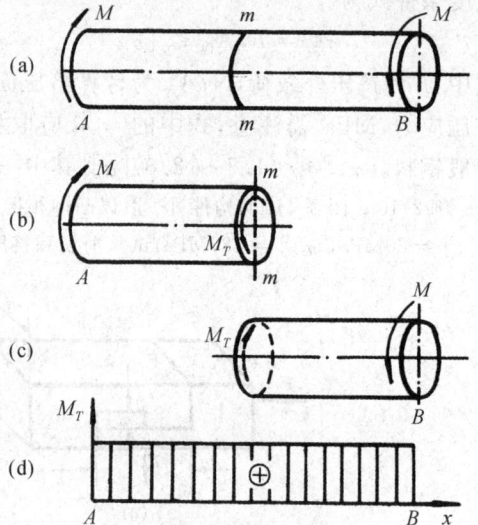

图 2-43

在横截面 m-m 上的分布内力必构成与该段外力偶矩 M 相等、相反的力偶矩 M_T 才能保持其平衡。作用在横截面内的这一内力偶矩 M_T 称为扭矩。若取右段为研究对象（图 2-43c），同样可得上述结论。

为运算需要，我们人为地规定扭矩 M_T 的符号用右手螺旋法则确定，以右手四指的弯曲方向表示扭矩的作用方向，拇指伸直与截面垂直，若拇指的指向离开截面时假设扭矩为正；反之，当拇指指向截面时则设扭矩为负。按此规定图 2-43b、c 中所示扭矩均为正。扭矩的单位与外力偶矩相同。

为了表示出受扭圆轴各横截面上扭矩的大小和方向，常用横坐标表示轴各截面的位置，纵坐标表示相应横截面上的扭矩 M_T，扭矩为正值时画在横坐标的上方，扭矩为负时画在横坐标的下方，这种图线称为扭矩图，图 2-43a 所示圆轴的扭矩图如图 2-43d 所示。

例 2-11　图 2-44a 所示传动轴的转速 $n = 400\text{r/min}$，由 A 轮输入功率 $P_A = 10\text{kW}$，B、C 轮输出功率分别为 $P_B = 6\text{kW}$，$P_C = 4\text{kW}$。试计算该轴的扭矩，并作扭矩图。

解：1) 计算外力偶矩。按式 (2-27) 可得作用在 A、B、C 三轮上的外力偶矩分别为：

$$M_A = 9550\frac{P_A}{n} = 9550 \times \frac{10}{400} = 238.75(\text{N} \cdot \text{m})$$

$$M_B = 9550\frac{P_B}{n} = 9550 \times \frac{6}{400} = 143.25(\text{N} \cdot \text{m})$$

$$M_C = 9550\frac{P_C}{n} = 9550 \times \frac{4}{400} = 95.5(\text{N} \cdot \text{m})$$

2) 计算轴上扭矩。假想将轴沿 1-1、2-2 两截面切开，均分别考虑其左段轴的平衡（图 2-44b、c），由静力平衡条件，有：$M_{T1} = M_B = 143.25(\text{N} \cdot \text{m})$；$M_{T2} = M_B - M_A = 143.25 - 238.75 = -95.5(\text{N} \cdot \text{m})$。

3) 作扭矩图。由右手螺旋法则，可知扭矩 M_{T1} 为正，扭矩 M_{T2} 为负。扭矩图如图 2-44d 所示，由图可见，如果该轴为等截面圆轴，则危险截面在左段内，最大扭矩 $|M_T|_{\max} = 143.25\text{N} \cdot \text{m}$。

建议读者自行将轴沿 1-1、2-2 两截面切开，均分别考虑其右段轴的平衡，思考该轴的扭矩和扭矩图有否改变。

二、圆轴受扭转时横截面上的应力及强度计算

1.圆轴受扭转时横截面上的应力

为研究应力,先观察等径圆轴扭转实验。图
2-45a 所示圆轴表面上沿周向和轴向预先划出
等距离的纵向线和横向圆周线,实验时,圆轴一
端固定(图中为左端),另一端施加力偶矩,只要
加载保持在材料的比例极限以下,经加载扭转
后,其表面可见:各横向周线的形状及尺寸、相
邻周线之间的距离(Δx)均无明显可见的变化,
而纵向线都倾斜(见点划线)了一个相同的角
度 γ。由此可推断并假设:在圆轴受扭转变形
时,各横截面形状大小不变,只是在原平面内绕
轴线发生了一定的相对转动。图 2-45b 所示,对
圆轴任取离左端长 x 的轴段分析,其右端横截
面各点将绕轴心 O_x 转动一个扭转角 φ_x,而纵向线
段 bc 因横截面相对转动而成倾斜线 bc',倾斜角度
γ 为

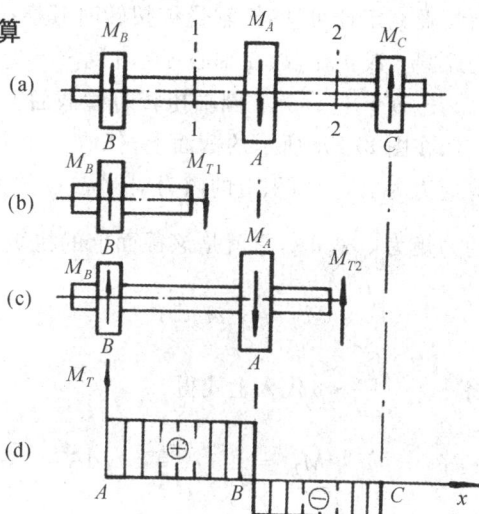

图 2-44

$$\gamma = \tan\gamma = \frac{\overgroup{cc'}}{bc} \tag{2-28}$$

式(2-28)中,γ 为圆轴扭转时圆轴母线的角变形
量,称为剪应变(即相对角位移),γ 的单位为弧度
(rad)。$\overgroup{cc'}$ 是轴段右断面圆周边缘上的点因扭转而
产生的沿周向的绝对变形(线位移)。由图可见,该
截面中心 O_x 处的绝对位移为零,而截面距中心 O_x
越远的点的绝对位移量越大,即绝对变形量与该
点到截面中心的距离(设为 ρ)成正比。由式(2-28)
相应可知圆轴表面的剪应变 γ 最大,越向截面中心
处剪应变 γ_ρ 越小,且与该点到中心的距离 ρ 成正比,在轴心处剪应变为零。

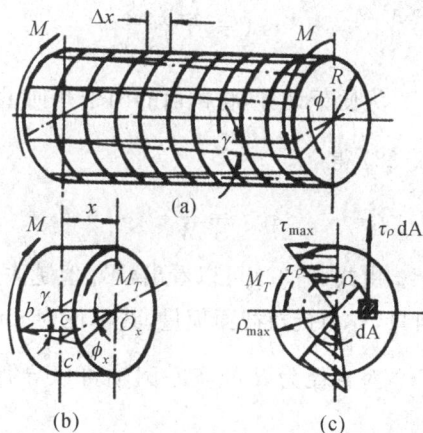

图 2-45

综上分析可知:圆轴受纯扭转时只有剪应变而无正应变,故各横截面上只有剪应力而无
正应力;扭转变形时相邻横截面依次绕轴作相对转动,故各横截面上每点的剪应力的方向垂
直于该点到截面中心的连线并与扭转方向一致。与拉(压)虎克定律相应,当圆轴扭转时的
应力不超过材料的比例极限时,剪应力 τ 与剪应变 γ 成正比,即

$$\tau = G\gamma \tag{2-29}$$

式(2-29)称为剪切虎克定律[1],比例常数 G 称为材料的剪切弹性模量,MPa;其物理概念与
拉(压)弹性模量 E 相类似,代表材料抵抗剪切弹性变形的性能。对钢材,$G = 80000$MPa。由

---

[1] 剪切虎克定律不仅适用于圆轴受纯扭转的情况,它对材料在比例极限内受剪的一般情况(如图 2-33b 所示钢板
受剪,图 2-40 所示铆钉受剪)均适用。

剪切虎克定律可知,圆轴受纯扭转时其横截面上各点的剪应力的大小 τ_ρ 也与该点离开中心的距离 ρ 成正比,故在轴心 $\rho = 0$ 处 $\tau = 0$,截面边缘处(即 $\rho = \rho_{max} = $ 圆截面半径 R 处)$\tau = \tau_{max}$,$\tau_\rho / \rho = \tau_{max} / \rho_{max}$。圆轴扭转时横截面上的剪应力分布情况见图 2-45c。

在图 2-45c 所示的截面上,任取一微小面积 dA,它离圆心 O 的距离为 ρ,在该面积上的剪应力为 τ_ρ,微面积上的内力对圆心 O 的力矩为 $\rho\tau_\rho dA$,所以整个面积 A 上的内力对圆心 O 的力矩为 $\int_A \rho\tau_\rho dA$,它就是该截面上的扭矩 M_T,即

$$M_T = \int_A \rho\tau_\rho dA \tag{2-30}$$

将 $\tau_\rho = \dfrac{\tau_{max}}{\rho_{max}} \cdot \rho$ 代入上式得

$$M_T = \int_A \rho \cdot \frac{\tau_{max}}{\rho_{max}} \cdot \rho dA = \frac{\tau_{max}}{\rho_{max}} \int_A \rho^2 dA \tag{2-31}$$

式中 $\int_A \rho^2 dA$ 为只与截面形状和尺寸有关的几何量,称为横截面的极惯性矩,并以 I_P 表示,其单位为 mm^4。式(2-31)改写成

$$\tau_{max} = \frac{M_T \rho_{max}}{I_p} \tag{2-32}$$

为便于计算,将截面的两个几何量 I_P 和 ρ_{max} 归并成一个几何量,即令 $W_T = \dfrac{I_p}{\rho_{max}}$,代入式(2-32)得

$$\tau_{max} = \frac{M_T}{W_T} \tag{2-33}$$

由式(2-33)可以看出,W_T 值越大,则最大剪应力 τ_{max} 越小,它是表示抵抗扭转的截面几何量,称为抗扭截面模量,其单位为 mm^3。

对直径为 d 的实心圆轴可以导得:极惯性矩 $I_p = \dfrac{\pi}{32} d^4 \approx 0.1 d^4$;抗扭截面模量 $W_T = \dfrac{\pi}{16} d^3 \approx 0.2 d^3$。对外径为 d、内径为 d_0 的空心圆轴可以导得:极惯性矩 $I_p = \dfrac{\pi}{32}(d^4 - d_0^4) = \dfrac{\pi}{32} d^4 \left[1 - \left(\dfrac{d_0}{d}\right)^4\right] \approx 0.1 d^4 \left[1 - \left(\dfrac{d_0}{d}\right)^4\right]$;抗扭截面模量 $W_T = \dfrac{\pi d^3}{16}\left[1 - \left(\dfrac{d_0}{d}\right)^4\right] \approx 0.2 d^3 \left[1 - \left(\dfrac{d_0}{d}\right)^4\right]$。

2.圆轴扭转的强度计算

对只受扭转的圆杆(轴),其强度计算公式为

$$\tau_{max} = \frac{M_T}{W_T} \leqslant [\tau] \tag{2-34}$$

式中:τ_{max} 为圆杆(轴)所受最大工作剪应力,MPa;M_T 为圆杆(轴)所受扭矩,N·mm;W_T 为圆杆(轴)抗扭截面模量,mm^3;$[\tau]$ 为材料的许用扭转剪应力,MPa。静载荷下塑性材料许用扭转剪应力 $[\tau] \approx (0.55 \sim 0.6)[\sigma]$,其中 $[\sigma]$ 为材料的许用拉应力。

例 2-12　图 2-46a 所示钢制传动轴上受到三个力偶矩作用:$M_A = 1000 N \cdot m$,$M_B = 600 N \cdot m$,$M_C = 400 N \cdot m$。轴的许用扭转剪应力 $[\tau] = 38 MPa$,试求该轴的直径 d。

解:1)绘制扭矩图。传动轴的扭矩图如图 2-46b 所示,危险截面在轮 B 和轮 A 之间,最大扭矩 $M_{T\max} = |M_B| = 600\text{N} \cdot \text{m} = 600 \times 10^3 \text{N} \cdot \text{mm}$。

2)按扭转强度计算轴的直径 d。取圆轴抗扭截面模量 $W_T \approx 0.2d^3$,代入式(2-34)得 BA 段轴径 $d_{B\text{-}A}$

$$d_{B\text{-}A} \geqslant \sqrt[3]{\frac{M_{T\max}}{0.2[\tau]}} = \sqrt[3]{\frac{600 \times 10^3}{0.2 \times 38}} = 42.9(\text{mm})$$

可按标准尺寸系列取 $d_{B\text{-}A} = 45\text{mm}$。同理可算得 AC 段轴径 $d_{A\text{-}C} \approx 37.5(\text{mm})$,取 $d_{A\text{-}C} = 40\text{mm}$。

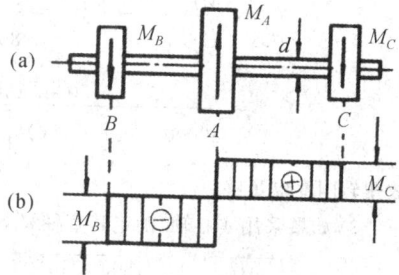

图 2-46

三、圆轴扭转的变形及刚度计算

若机器的轴扭转变形过大,会引起转角误差而影响传动精度或产生振动(扭振),使机器不能正常工作。因此对某些机件应保证扭转刚度要求。

等截面圆轴扭转变形的大小,是用两个横截面间绕轴线的相对转动角度 ϕ_l 来度量的(见图 2-42),可以导得其计算公式为

$$\phi_l = \frac{M_T l}{GI_p} \quad (\text{rad}) \tag{2-35}$$

式中:l 为两横截面间距离,mm;ϕ_l 为该两横截面间绕轴线的相对扭转角,rad;M_T 为长度 l 上横截面扭矩,N·mm;G 为材料的剪切弹性模量,MPa;I_p 为轴截面的极惯性矩,mm^4。乘积 GI_p 称为截面抗扭刚度,当 M_T、l 一定时,GI_p 值愈大,则相对扭转角 ϕ_l 愈小,说明圆轴的扭转刚度愈大。

在工程计算中,通常是限制轴的单位长度的扭转角 $\phi = \dfrac{\phi_l}{l}$ 不得超过许用单位长度扭转角 $[\phi]$,即

$$\phi = \frac{\phi_l}{l} = \frac{M_T}{GI_p} \leqslant [\phi] \quad (\text{rad/mm}) \tag{2-36}$$

式中:ϕ 和 $[\phi]$ 的单位为弧度 / 毫米(rad/mm),工程中常用度 / 米(°/m)作为 $[\phi]$ 的单位,故使用式(2-36)时应计入单位换算,成为

$$\phi = \frac{M_T}{GI_p} \times \frac{180}{\pi} \times 10^3 \leqslant [\phi] \quad (°/\text{m}) \tag{2-37}$$

轴的许用单位长度扭转角 $[\phi]$ 值参见第 6 章。

如轴的各段扭矩、直径不同,扭转角的计算可参见第 6 章或其他资料。

例 2-13 有一用无缝钢管制成的传动轴,外径 $d = 90\text{mm}$,内径 $d_0 = 85\text{mm}$,轴传递最大力偶矩为 1500N·m,轴的许用扭转剪应力 $[\tau] = 60\text{MPa}$,许用单位长度扭转角 $[\phi] = 2°/\text{m}$,剪切弹性模量 $G = 80000\text{MPa}$。试校核该轴的强度和刚度。又若采用实心轴,则是否经济?

解:1)校核强度。由式(2-34)得

$$\tau_{\max} = \frac{M_T}{W_T} = \frac{M_T}{0.2d^3\left[1 - \left(\dfrac{d_0}{d}\right)^4\right]} = \frac{1500 \times 10^3}{0.2(90)^3\left[1 - \left(\dfrac{85}{90}\right)^4\right]} = 50.4\text{MPa} < 60\text{MPa}$$

故扭转强度足够。

2)校核刚度。由式(2-37)得

$$\phi = \frac{M_T}{GI_p} \times \frac{180}{\pi} \times 10^3 = \frac{1500 \times 10^3}{80000 \times 0.1 d^4 \left[1 - \left(\frac{d_0}{d}\right)^4\right]} \times \frac{180}{\pi} \times 10^3$$

$$= \frac{1500 \times 10^6}{80000 \times 0.1 \times (90)^4 \left[1 - \left(\frac{85}{90}\right)^4\right]} \times \frac{180}{\pi} = 0.8(°/\mathrm{m}) < 2°/\mathrm{m}$$

故扭转刚度也足够。

3) 如果采用实心轴,确定其直径 d',按强度由式(2-34)可得

$$d' \geqslant \sqrt[3]{\frac{M_T}{0.2[\tau]}} = \sqrt[3]{\frac{1500 \times 10^3}{0.2 \times 60}} = 50(\mathrm{mm});$$ 按刚度由式(2-37)可得

$$d' \geqslant \sqrt[4]{\frac{M_T}{G \times 0.1[\phi]} \times \frac{180}{\pi} \times 10^3} = \sqrt[4]{\frac{1500 \times 10^3}{80000 \times 0.1 \times 2} \times \frac{180}{\pi} \times 10^3} = 48.14(\mathrm{mm})$$

即如果采用实心轴,要同时满足强度、刚度要求,则轴的直径需 $d' = 50\mathrm{mm}$。

在长度相等时,实心与空心轴的重量之比等于其面积之比,设 A'、A 分别代表实心轴、空心轴的面积,则

$$\frac{A'}{A} = \frac{\frac{\pi}{4} d'^2}{\frac{\pi}{4}(d^2 - d_0^2)} = \frac{d'^2}{d^2 - d_0^2} = \frac{(50)^2}{(90)^2 - (85)^2} = 2.86$$

即本例在材料相同、载荷及强度相同的条件下,实心轴的重量是空心轴重量的 2.86 倍,因此采用空心轴是比较经济的。

§2-7　弯　　曲

一、弯曲的概念、弯曲的外力和内力

1. 弯曲的概念

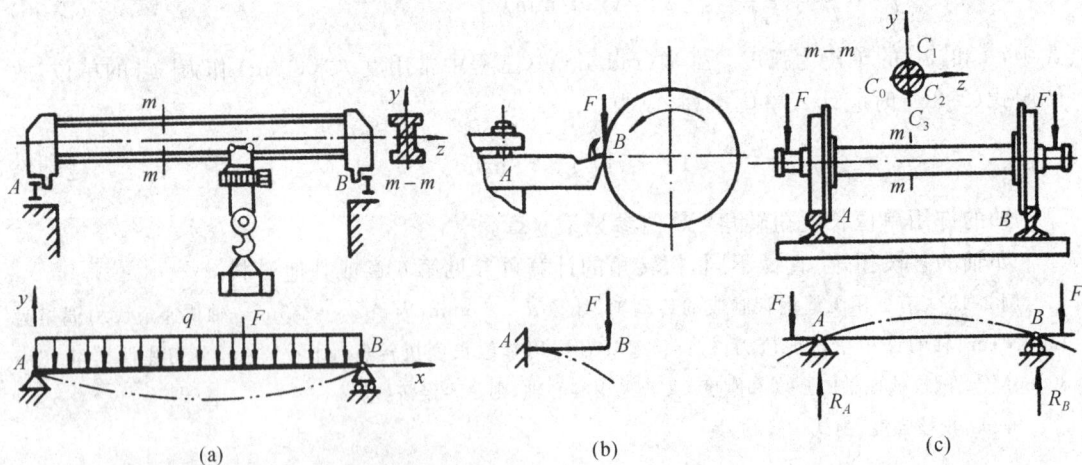

图 2-47

工程中存在大量的承受外力作用后产生弯曲变形的零、构件。如图 2-47 所示的桥式起重机横梁、固定在刀架上的车刀、火车轮轴都是零、构件在外力下弯曲变形的实例。一般说

来,当直杆受到垂直于杆件轴线的横向外力或在杆轴平面内的外力偶作用时,杆的轴线将由直线变为曲线,如图 2-47 中点划线所示。这种变形称为弯曲,以弯曲变形为主的杆件,工程力学中称为"梁"。

工程中的梁,一般都具有纵向对称平面(图 2-48),其横截面和纵向对称平面的交线称为对称轴(图 2-48 中 y 轴)。当作用在梁上所有外力(包括力偶)都位于这个对称面内时,梁的轴线就在该平面内弯曲成一平面曲线,这种弯曲称为平面弯曲。本节只讨论这种工程中最基本而又常见的平面弯曲问题。

在工程实际中,梁的支座情况和载荷作用形式是复杂多样的,为便于研究,对它们常作一些简化。通过对支座简化,梁可分为三种基本形式:① 简支梁(梁的一端为固定铰链支座,另一端为活动铰链支座,见图 2-47a);② 悬臂梁(梁的一端固定,另一端自由,见图 2-47b);③ 外伸梁(简支梁一端或两端向支座外伸出,并在外伸端有载荷作用,见图 2-47c)。作用在梁上的载荷,一般都可以简化为集中力、集中力偶和分布载荷;其中分布载荷又以均布载荷最常见,以 q 表示,单位为 N/m 或 N/mm。平面弯曲的梁在平衡时,可将各外力简化到梁的纵向对称平面内,形成一个平面任意力系。该力系的平衡方程有三个,故梁的未知支座约束力若不超过三个,则可由静力平衡方程求得,这种梁称为静定梁,上述三种梁均属静定梁。工程中为了提高梁的强度和刚度,常在梁上增加一些约束,对这种梁不能用静力平衡方法求出其未知力,称为静不定梁。本节仅讨论静定梁。

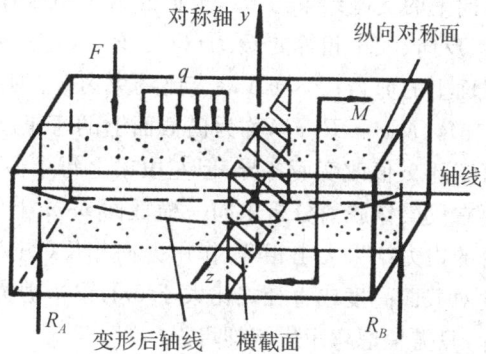

图 2-48

2. 梁的内力、弯矩图

分析梁在外力作用下产生弯曲变形时的内力仍用截面法。现以图 2-49a 所示的简支梁

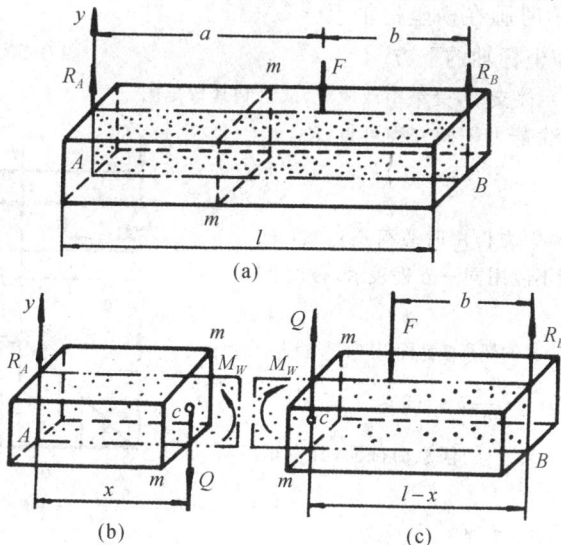

(a)

(b)   (c)

图 2-49

为例,分析梁的内力。该梁在载荷 F 与支座约束力 R_A、R_B 作用下处于平衡,假想将梁在 m-m 处截成两段,如考虑内力,则左、右两段梁都应是平衡的。现任取其中一段梁(例如左段)为研究对象,并设 m-m 截面的形心 c 与左端支座 A 的轴向距离为 x,由图 2-49b 可见,它在 A 端有向上的支座约束力 R_A,根据静力平衡原理,截面 m-m 上的内力应有两部分:① 与 R_A 力平行、反向、大小相等的 Q 力($Q = R_A$),它实际上是梁横截面上沿切向分布内力的合力,即横截面上的剪力;② 与 A 端支座约束力 R_A 对 m-m 截面中性轴产生的矩 $R_A x$ 相平衡的内力偶矩 M_w($M_w = R_A x$),称为横截面上的弯矩。m-m 截面的位置随 x 值而变,左段梁各截面上的弯矩随 x 值改变而各异,但左段梁上每个截面上的剪力 Q 不变。根据作用与反作用定律,若从右段梁作脱离分析求同一横截面 m-m 上的内力 Q 和 M_w,其值必然和按左段梁作脱离求得的内力结果大小相等、作用方向相反(图 2-49c)。在梁的计算中,对较细长的梁(通常指长度对截面高度或直径之比大于 5 的梁),剪力对梁的强度和刚度的影响通常较小,可略去不计,只需考虑弯矩影响即可。

梁横截面上弯矩 M_w 的符号通常这样规定:在横截面的内侧切取微段梁,凡使该微段梁弯曲成上凹形时,假设弯矩为正(图 2-50a);反之,凡使微段梁弯曲成上凸形时,弯矩为负(图 2-50b)。按此符号规定,对同一截面,不论取左段或取右段计算,求得的弯矩大小和符号均应相同。还须说明,关于弯矩正负号的规定法则,全是人为仅为计算需要而制定,不同著作并不完全统一。

用来表示梁的各横截面上的弯矩沿轴向变化规律的图形,称为弯矩图。画弯矩图时,取梁轴线上一点(一般取梁的左端)为坐标原点,以梁的轴线为横坐标轴,以横截面上的弯矩 M_w 为纵坐标。因梁上任一横截面上的弯矩可写成横截面坐标位置 x 的函数,即 $M_w = M_w(x)$,这个函数表达式称为梁的弯矩方程;弯矩为正值时画在横坐标轴上方,弯矩为负值时画在横坐标轴的下方。

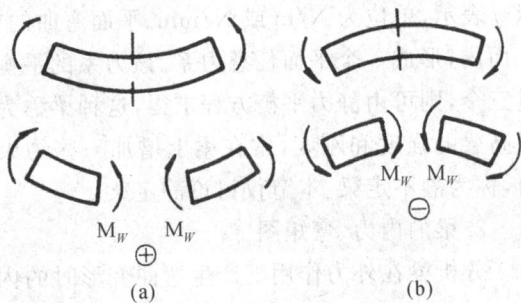

图 2-50

例 2-14 图 2-51a 所示简支梁,受集中载荷 F,试绘制其弯矩图。

解:1)求支座约束力。由静力平衡方程可得:$R_A = \dfrac{Fb}{l}$,$R_B = \dfrac{Fa}{l}$。

2)列弯矩方程。梁受集中力作用时载荷不连续,梁在 AC 和 CB 两段内的弯矩不能用同一方程表示,必须分段建立弯矩方程。

在 AC 段内取距原点 A 为 x 的任意横截面,其弯矩方程为

$$M_w(x) = R_A x = \frac{Fb}{l}x \quad (0 \leqslant x \leqslant a)$$

在 CB 段内取距左端 A 为 x' 的任意横截面,其弯矩方程为

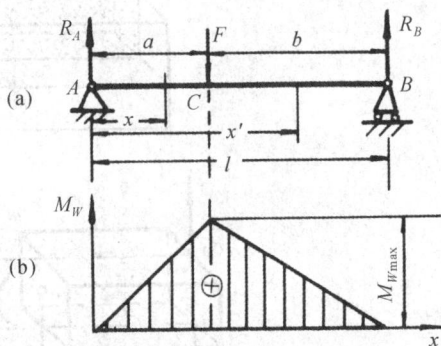

图 2-51

$$M_w(x') = R_A x' - F(x' - a)$$
$$= \frac{Fb}{l}x' - F(x' - a) \quad (a \leqslant x' \leqslant l)$$

3) 绘制弯矩图。由弯矩方程式可知,两段梁上的弯矩图均为斜直线,各直线只需确定其上的两点即可绘图。AC 段:当 $x = 0$ 时,$M_{WA} = 0$;$x = a$ 时,$M_{WC} = \dfrac{Fab}{l}$。CB 段:当 $x' = a$ 时,$M_{WC} = \dfrac{Fab}{l}$;$x' = l$ 时,$M_{WB} = 0$。作出其弯矩图如图 2-51b 所示。最大弯矩在截面 C 处,$M_{W\max} = M_{WC} = \dfrac{Fab}{l}$。

如果力 F 作用在梁的中点,即 $a = b = l/2$,则最大弯矩 $M_{W\max} = \dfrac{Fl}{4}$。

例 2-15　图 2-52a 所示螺丝板牙在工作时手柄上受到两个相互平行、反向且等值的力 F 作用,试绘制手柄的弯矩图。

解:1) 求板牙上的切削阻力矩 M。将板牙手柄简化成图 2-52b 所示,M 为作用在 C 处的集中力偶矩。由力偶平衡方程 $Fl - M = 0$,得 $M = Fl$。

2) 列弯矩方程。将手柄分成 AC 和 CB 两段分别建立弯矩方程。

在 AC 段任取离左端点 A 距离为 x 处的截面,其弯矩方程为

$$M_w(x) = Fx \qquad (0 \leqslant x \leqslant \frac{l}{2})$$

在 CB 段任取离 A 点距离为 x 处的截面,其弯矩方程为

$$M_W(x) = Fx - M = Fx - Fl = F(x - l) \qquad (\frac{l}{2} \leqslant x \leqslant l)$$

3) 绘制弯矩图。由弯矩方程可知,两段手柄上的弯矩图均为斜直线,各直线只需确定两点即可绘制。AC 段:当 $x = 0$ 时,$M_{WA} = 0$;$x = \dfrac{l}{2}$ 时,$M_{WC} = \dfrac{Fl}{2}$。CB 段:当 $x = \dfrac{l}{2}$ 时,$M'_{WC} = -\dfrac{Fl}{2}$;$x = l$ 时,$M_{WB} = 0$。作出其弯矩图如图 2-52c 所示。在集中力偶处,其截面两侧的弯矩值发生突变,其突变值等于集中力偶矩之值。

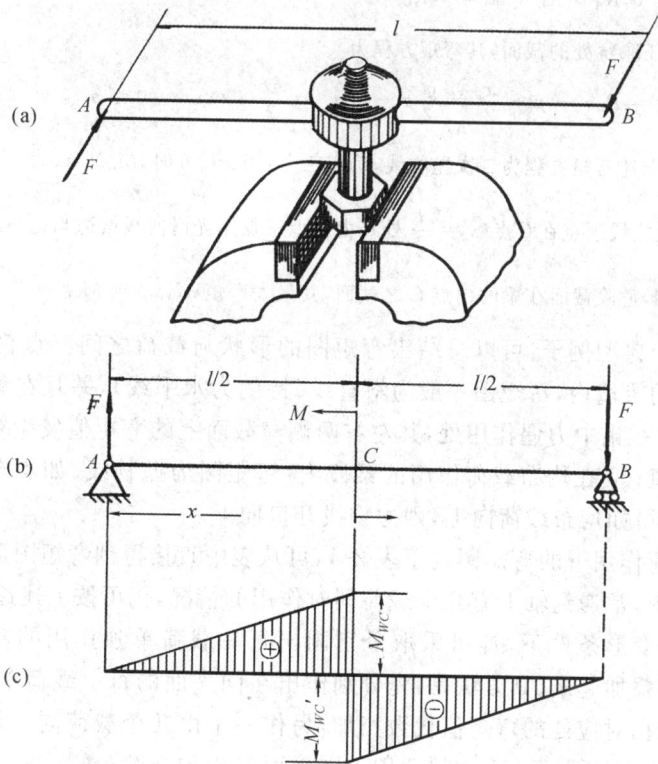

图 2-52

例 2-16 图 2-53a 所示支承在心轴上的滑轮吊起重物 Q,试绘制心轴的弯矩图,并求危险截面上的最大弯矩。

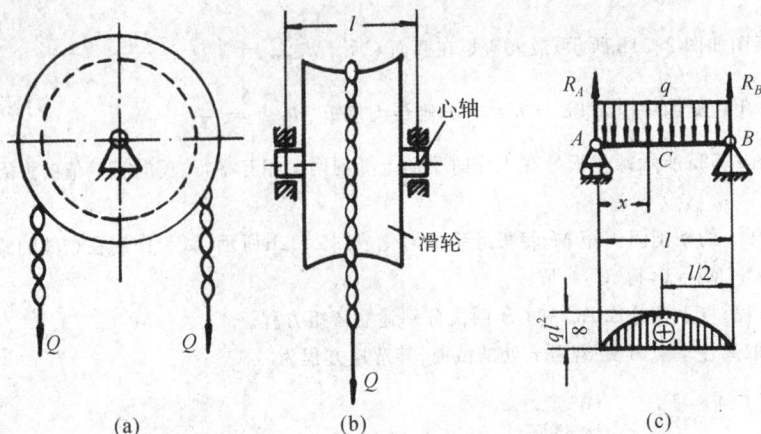

图 2-53

解:1) 求支座约束力。心轴上的载荷是通过滑轮轮毂传递的,轴承宽度相对于跨距 l 是很短的,可认为 $2Q$ 力均匀分布在心轴上,将心轴简化成跨距为 l、其上受均布载荷 $q = \dfrac{2Q}{l}$ 的简支梁(图 2-53b)。

$$\sum M_A = 0, ql \cdot \frac{l}{2} - R_B l = 0, R_B = \frac{ql}{2};$$

$$\sum F = 0, R_A + R_B - ql = 0, R_A = \frac{ql}{2}$$

2) 列弯矩方程。任取 x 处的截面,其弯矩方程为

$$M_W(x) = R_A x - qx \cdot \frac{x}{2} = \frac{ql}{2}x - \frac{q}{2}x^2 = \frac{qx}{2}(l-x) \quad (0 \leqslant x \leqslant l)$$

3) 绘制弯矩图。上述弯矩方程为二次抛物线,确定三点:当 $x = 0$ 时,$M_{WA} = 0$;$x = \dfrac{l}{2}$ 时,$M_{WC} = \dfrac{ql^2}{8}$;

$x = l$ 时,$M_{WB} = 0$。抛物线顶点在 C 点($x = \dfrac{l}{2}$ 处),由以上三点用光滑曲线按适当比例绘制其弯矩图,如图 2-53c 所示。由图可知,危险截面在梁的中点 C 之截面,其最大弯矩 $M_{W\max} = M_{WC} = \dfrac{ql^2}{8}$。

通过以上三个典型例子,可以总结出弯矩图的形状与载荷之间三点普遍规律:① 在两个集中载荷之间的梁段内,弯矩图一般为斜直线(特例为水平线),并且在集中力作用处,弯矩线发生转折;② 在集中力偶作用处,其左右两侧横截面上的弯矩值发生突变,其突变值等于集中力偶矩的值;③ 在均布载荷作用的梁段内,弯矩图为抛物线。如均布载荷方向向下,则抛物线开口向下;如均布载荷向上,则抛物线开口向上。

几种简单载荷作用下的弯矩图列于表 2-1,可从表中直接得到弯矩图形状及有关数据。

在工程实际中,常遇到轴上有几个载荷同时作用的情况,仍可按上述逐段建立弯矩方程绘制弯矩图。在小变形条件下,亦可采取分别画出每一载荷单独作用的弯矩图(可参考表 2-1),然后把它们叠加起来。其方法是:先分别作出在同平面的每一载荷单独作用时的弯矩图,然后将横坐标相对应处的弯矩值代数相加,另作一个由几个载荷同时作用的弯矩图,这种方法称为叠加法。但需注意,上法仅适用于同平面作用的载荷;叠加法如用于在不同平面作用的空间载荷,则应几何相加。

表 2-1　简单载荷作用下梁的支座约束力和弯矩

	支承形式、载荷、弯矩图	支座约束力	弯矩方程	最大弯矩(绝对值)
1		$R_A = \dfrac{Fb}{l}$ $R_B = \dfrac{Fa}{l}$	$M_W = \dfrac{Fb}{l}x$ $0 \leqslant x \leqslant a$ $M_W = \dfrac{Fb}{l}x - F(x-a)$ $a \leqslant x \leqslant l$	$M_{W\max} = \dfrac{Fab}{l}$
2		$R_A = \dfrac{ql}{2}$ $R_B = \dfrac{ql}{2}$	$M_W = \dfrac{ql}{2}x - \dfrac{qx^2}{2}$	在 $x = \dfrac{l}{2}$ 处 $M_{W\max} = \dfrac{1}{8}ql^2$
3		$R_A = -\dfrac{M}{l}$ $R_B = \dfrac{M}{l}$	$M_W = -\dfrac{M}{l}x$ $0 \leqslant x \leqslant a$ $M_W = -\dfrac{M}{l}x + M$ $a \leqslant x \leqslant l$	$M_{W\max} = \mid M_{W2} \mid = \dfrac{Ma}{l}$ 当 $a > b$ 时 $M_{W\max} = M_{W1} = \dfrac{Mb}{l}$ 当 $a < b$ 时
4		$R_A = F$ $M_A = -Fa$	$M_W = -Fa + Fx$ $0 \leqslant x \leqslant a$ $M_W = 0$ $a \leqslant x \leqslant l$	$M_{W\max} = Fa$
5		$R_A = ql$ $M_A = -\dfrac{ql^2}{2}$	$M_W = -\dfrac{ql^2}{2} + qlx - \dfrac{qx^2}{2}$	$M_{W\max} = \dfrac{ql^2}{2}$
6		$R_A = 0$ $M_A = -M$	$M_W = -M$	$M_{W\max} = M$
7		$R_A = -\dfrac{a}{l}F$ $R_B = \dfrac{l+a}{l}F$	$M_W = -\dfrac{aF}{l}x$ $0 \leqslant x \leqslant l$ $M_W = F(x-l-a)$ $l \leqslant x \leqslant l+a$	$M_{W\max} = aF$

注:表中 x 自梁的左端点 A 算起。

例 2-17　图 2-54a 所示为一简支梁,在 C 点作用集中力 $F = 200$N 和集中力偶矩 $M_C = 40000$N·mm,尺寸 $a = 300$mm,$b = 200$mm,$l = 500$mm,试绘制其弯矩图。

解:1)采用逐段建立弯矩方程绘制弯矩图。

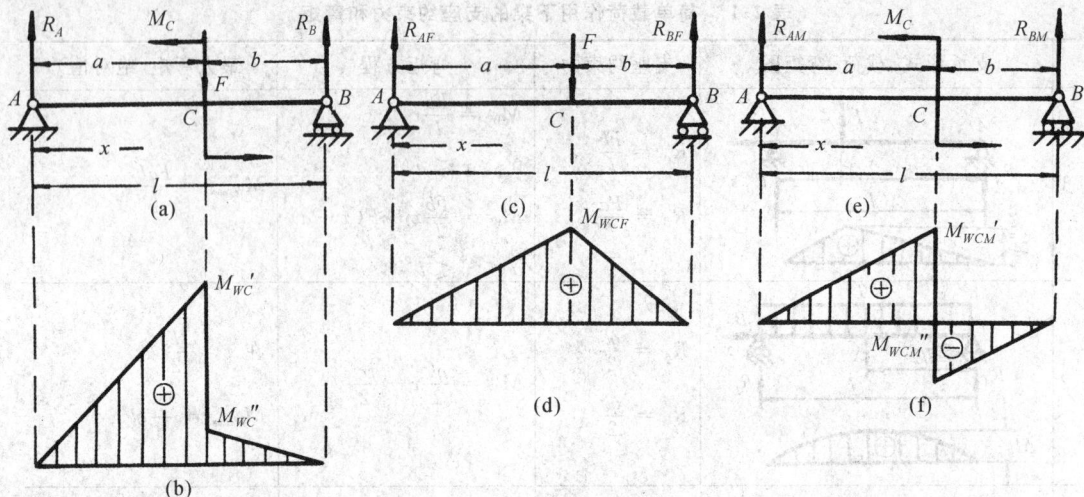

图 2-54

i) 求支座约束力。由图 2-54a 静力平衡

$$\sum M_A = 0, R_B l + M_C - Fa = 0, 故 R_B = \frac{Fa - M_C}{l} = \frac{200 \times 300 - 40000}{500} = 40(N), \sum F = 0, 故 R_A$$

$= F - R_B = 200 - 40 = 160(N)$

ii) 列弯矩方程

AC 段：$M_W(x) = R_A x \quad (0 \leqslant x \leqslant a)$

CB 段：$M_W(x) = R_A x - F(x-a) - M_C \quad (a \leqslant x \leqslant l)$

iii) 绘制弯矩图。两段皆为斜直线。AC 段取 A、C 两点，即取 $x = 0$、$x = a$ 代入 AC 段弯矩方程，得 $M_{WA} = 0$，$M_{WC}' = 48\,000(N \cdot mm)$。$CB$ 段取 C、B 两点，即取 $x = a$，$x = l$ 代入 CB 段弯矩方程，得 $M_{WC}'' = 8\,000(N \cdot mm)$，$M_{WB} = 0$。以此四点连两段斜直线作其弯矩图，如图 2-54b 所示。$M_{WC}' - M_{WC}'' = 48000 - 8000 = 40\,000(N \cdot mm) = M_C$。

2) 将集中力 F 和集中力偶矩 M_C 分作简单受力情况，采用叠加法绘制弯矩图。

i) 受力 F 的梁(图 2-54c) 按表 2-1 序号 1 公式求支座约束力 R_{AF}、R_{BF} 和 C 点处最大弯矩 M_{WCF}，分别得：

$$R_{AF} = \frac{Fb}{l} = 80(N); R_{BF} = \frac{Fa}{l} = 120(N), M_{WCF} = \frac{Fab}{l} = 24\,000(N \cdot mm)。作其弯矩图(图 2-54d)。$$

ii) 受集中力偶矩 M_C 的梁(图 2-54e) 按表 2-1 序号 3 公式求支座约束力 R_{AM}、R_{BM} 和 C 点处突变弯矩 M_{WCM}'、M_{WCM}''，题中 M_C 与表 2-1 中 M 反向，以负值代入计算得：$R_{AM} = -\frac{M_C}{l} = 80(N); R_{BM} = \frac{M_C}{l} = -80(N)$，表明方向实际向下；$M_{WCM}' = -\frac{M_C a}{l} = 24\,000(N \cdot mm); M_{WCM}'' = -\frac{M_C}{l}a + M_C = -16\,000(N \cdot mm)$，作其弯矩图(图 2-54f)。

iii) 集中力、集中力偶矩均在同一平面，支座约束力、弯矩均为代数叠加。叠加结果列于下表：

	由于 F 作用	由于 M_C 作用	叠加合成结果
A 支点约束力(N)	$R_{AF} = 80$	$R_{AM} = 80$	$R_{AF} + R_{AM} = 160 = R_A$
B 支点约束力(N)	$R_{BF} = 120$	$R_{BM} = -80$	$R_{BF} + R_{BM} = 40 = R_B$
C 点弯矩(N·mm)	$M_{WCF} = 24\,000$	$M_{WCM}' = 24000$	$M_{WCF} + M_{WCM}' = 48000 = M_{WC}'$
		$M_{WCM}'' = -16000$	$M_{WCF} + M_{WCM}'' = 8000 = M_{WC}''$

将弯矩图 d、f 叠加所得合成弯矩图,显然就是图 2-54b。由此可见,采用两种方法计算结果完全一致。

二、弯曲时的正应力与强度计算

1.纯弯曲时的正应力

在一般情况下,梁的横截面上既有弯矩又有剪力,如果梁截面上只有弯矩而没有剪力,这样的弯曲称为纯弯曲。下面通过实验观察研究纯弯曲。

取一矩形截面直梁,如图 2-55a 所示在其表面画上与梁轴垂直的横线(代表梁的横截面)以及与梁轴线平行的纵线(代表梁的纵向纤维),然后在梁的纵向对称平面内施加一对大小相等、方向相反的力偶 M,使梁产生纯弯曲变形(图 2-55b)。由图可见,在加载后,表面

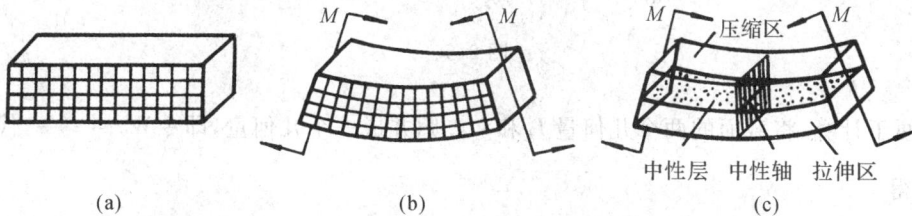

(a)   (b)   (c)

图 2-55

上画出的各横向线仍保持直线并与纵向线正交,横向线之间发生相对转动;纵向线间距离不变,线形由直线变成了曲线。由此可认为:梁作图示的弯曲时,其横截面仍保持为平面,各横截面间产生相对转动。梁的纵向对称面上部的纤维缩短,下部的纤维伸长,各纤维间互不挤压,根据变形的连续性可知,沿梁的高度必有一层纵向纤维既不伸长也不缩短。这一纤维层称为中性层,中性层将梁体分成了拉伸区和压缩区两部分,中性层与梁横截面的交线称为中性轴;如图 2-55c 所示,中性轴通过横截面的形心。梁弯曲变形时,所有横截面即绕各自的中性轴回转。

根据以上分析,可以判断纯弯曲梁横截面只有正应力,纤维伸长表明为拉应力,纤维缩短表明为压应力;纵向纤维的变形量的大小与该纤维离中性层的距离成正比,即离中性层越远的纵向纤维,其拉伸或压缩变形量越大,由此可知截面上各点拉、压应力 σ 的大小也按其到中性轴 z 的距离 y 成正比地分布。如图 2-56a 所示,在中性轴($y = 0$)上各点的正应力为零,在离中性轴为 y_{max} 处产生最大的正应力,且 $\sigma/y = \sigma_{max}/y_{max}$。

截面上的弯矩 M_W 就是由截面上各部分的内力所组成的力矩总和。图 2-56b 中,在微面积 dA 上的内力为 σdA,它对中性轴 z 的力矩为 $y\sigma dA$,所以

$$M_W = \int_A y\sigma \, dA \tag{2-38}$$

将 σ_{max} 引入上式得

$$M_W = \int_A \frac{\sigma_{max}}{y_{max}} y^2 \, dA = \frac{\sigma_{max}}{y_{max}} \int_A y^2 \, dA \tag{2-39}$$

式中:$\int_A y^2 \, dA$ 是一个只与截面形状和尺寸有关的几何量,称为横截面对中性轴 z 的轴惯性矩,并以 I_z 表示,其单位为 mm^4。式(2-39)可改写成

$$\sigma_{max} = \frac{M_W y_{max}}{I_z} \tag{2-40}$$

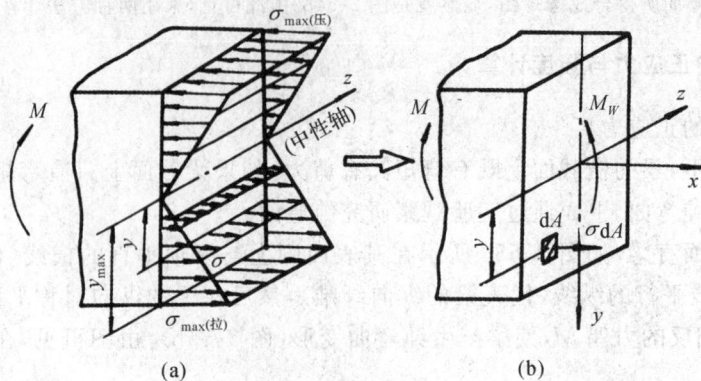

图 2-56

为便于计算,将截面的两个几何量 I_z 和 y_{max} 归并成一个几何量,即令 $W_z = \dfrac{I_z}{y_{max}}$,代入式 (2-40) 得

$$\sigma_{max} = \frac{M_W}{W_z}$$

由式 (2-41) 可以看出,W_z 值越大,则弯曲时正应力 σ_{max} 越小,因此 W_z 值是表示截面抗弯能力的一个几何量,称为横截面对中性轴 z 的抗弯截面模量,其单位为 mm^3。式 (2-40) 或式 (2-41) 是截面上最大正应力的计算公式。若中性轴 z 不是截面的对称轴,则计算最大拉应力和最大压应力时,需用两个不同的 y_{max} 和 W_z 值代入计算之。如图 2-57 所示 T 字形截面应力分布如图所示,上面部分受压(压应力 σ_y),下面部分受拉(拉应力 σ_l),则最大拉应力 $\sigma_{lmax} = \dfrac{M_W y_2}{I_z}$,最大压应力 $= \sigma_{ymax} = \dfrac{M_W y_1}{I_z}$。

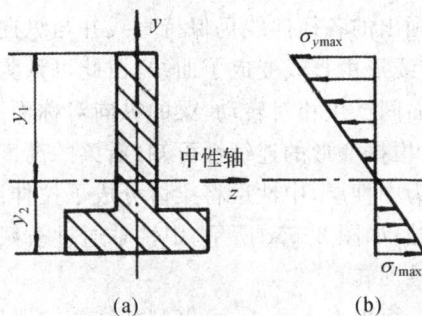

图 2-57

截面对中性轴 z 的轴惯性矩和抗弯截面模量可以由公式 $I_z = \displaystyle\int_A y^2 dA$ 和 $W_z = I_z / y_{max}$ 计算;工程中常用的梁截面图形的 I_z 和 W_z 计算公式列于表 2-2 中。工程中常用的工字钢、槽钢、等边角钢等型钢都有规定的型号和规格,它们的截面几何性质(包括轴惯性矩和抗弯截面模量等)均可从有关手册的型钢表中查出。

2. 弯曲强度计算

一般情形下,梁截面上的弯矩 M_W 是随截面位置而变的。等截面直梁弯曲时,弯矩绝对值最大的横截面是梁的危险截面,梁的弯曲强度公式为

$$\sigma_{max} = \frac{M_{Wmax}}{W_z} \leqslant [\sigma_W] \tag{2-42}$$

表 2-2　常用截面的 I_z、W_z 计算公式

截面图形				
轴惯性矩 I_z	$I_z = \dfrac{bh^3}{12}$	$I_z = \dfrac{\pi d^4}{64} \approx 0.05 d^4$	$I_z = \dfrac{\pi}{64}(d^4 - d_0^4)$ $\approx 0.05 d^4 \left[1 - \left(\dfrac{d_0}{d}\right)^4\right]$	$I_z = \dfrac{BH^3 - (B-b)h^3}{12}$
抗弯截面模量 W_z	$W_z = \dfrac{bh^3}{6}$	$W_z = \dfrac{\pi d^3}{32} \approx 0.1 d^3$	$W_z = \dfrac{\pi}{32d}(d^4 - d_0^4)$ $\approx 0.1 d^3 \left[1 - \left(\dfrac{d_0}{d}\right)^4\right]$	$W_z = \dfrac{BH^3 - (B-b)h^3}{6H}$

式中：σ_{max} 为梁危险截面的最大工作正应力，MPa；W_z 为该截面的抗弯截面模量，mm³；$[\sigma_w]$ 为材料的许用弯曲应力，MPa，其值可从有关规范中查得，亦可近似地用单向拉伸（压缩）的许用应力 $[\sigma]$ 来代替。

对于抗拉和抗压许用应力相同的塑性材料（如低碳钢等），为使横截面上最大拉应力和最大压应力同时达到相应的许用应力，通常使梁的截面做成对称于中性轴，如矩形、圆形、圆环形和对称工字型。对于用铸铁等脆性材料制成的梁，因材料许用压应力 $[\sigma_y]$ 远高于许用拉应力 $[\sigma_l]$，为充分利用材料，梁的截面常做成与中性轴不对称的形状，如图 2-57 所示的 T 形截面，应分别求出最大拉应力 σ_{lmax} 和最大压应力 σ_{ymax}，校核 $\sigma_{lmax} \leqslant [\sigma_l]$、$\sigma_{ymax} \leqslant [\sigma_y]$。

对阶梯轴之类各段轴径不同的变截面梁，应用式（2-42）时应注意此时各段轴的 W_z 值将不是常量，因此，其最大正应力 σ_{max} 不一定发生在弯矩绝对值最大的截面上。确定梁的危险截面位置和最大正应力 σ_{max} 时，应综合考虑 M_W 和 W_z 两个因素。

例 2-18　图 2-58a 所示螺旋压板压紧工件的装置，设压紧力 $Q = 3\,000\text{N}$，距离 $a = 45\text{mm}$，钢制压板许用弯曲应力 $[\sigma] = 150\text{MPa}$，压板 C 处横截面尺寸 $h = 20\text{mm}$，$b = 28\text{mm}$，$d_0 = 14\text{mm}$，试校核压板的强度。

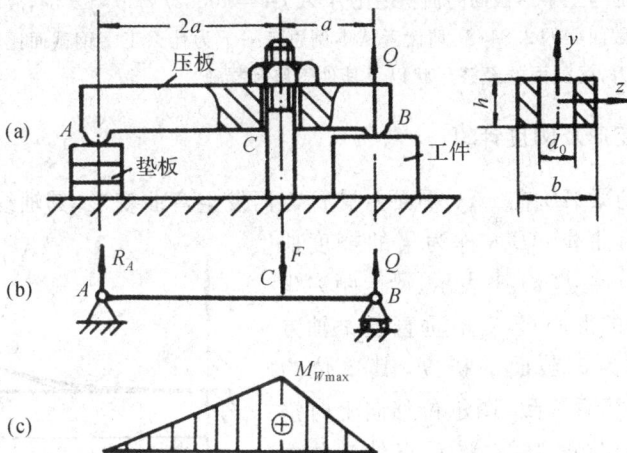

图 2-58

解:将压板简化成图 2-58b 所示的简支梁。

1)求最大弯矩。根据静力平衡方程可解得:$R_A = 1\,500N, F = 4\,500N$。

作出弯矩图(图2-58c),危险截面在 C 点处,最大弯矩为 $M_{Wmax} = R_A \cdot 2a = 1500 \times 2 \times 45 = 135\,000(N \cdot mm)$。

2)校核强度。C 点处截面对中性轴 z 的轴惯性矩为

$$I_z = \frac{bh^3}{12} - \frac{d_0 h^3}{12} = \frac{h^3}{12}(b - d_0) = \frac{(20)^3}{12}(28 - 14) = 9333.33(mm^4)$$

抗弯截面模量为

$$W_z = \frac{I_z}{y_{max}} = \frac{I_z}{h/2} = \frac{9333.33}{20/2} = 933.33(mm^3)$$

最大正应力为

$$\sigma_{max} = \frac{M_{Wmax}}{W_z} = \frac{135000}{933.33} = 144.64(MPa) < [\sigma],故此压板的强度已够。$$

例 2-19 图 2-59a 所示悬臂梁,其长度 $l = 1650mm$,在自由端上受一集中力 $F = 20000N$。设梁的许用应力 $[\sigma] = 140MPa$,试选择工字钢截面的号码。又如果改用矩形截面,且设高度 h 与宽度 b 之比 $h/b = 2$,则所需的材料将是工字钢的多少倍?

解:1)求最大弯矩。作出弯矩图(图 2-59b),最大弯矩 $M_{Wmax} = Fl = 20000 \times 1650 = 3.3 \times 10^7(N \cdot mm)$。

2)选工字钢截面号码。按式(2-42)求出所必需的抗弯截面模量

$$W_z \geqslant \frac{M_{Wmax}}{[\sigma]} = \frac{3.3 \times 10^3}{140} = 235714(mm^3)$$

由型钢表中查得 No.20a 工字钢抗弯截面模量 $W = 237cm^3 = 237000mm^3 > 235714mm^3$,其截面面积查得为 $A = 35.5cm^2 = 3\,550mm^2$。

3)改用截面($h = 2b$)的比较。矩形截面

$$W_z = \frac{bh^2}{6} = \frac{b(2b)^2}{6} = \frac{2}{3}b^3$$

故 $$b = \sqrt[3]{\frac{3}{2}W_z} = \sqrt[3]{\frac{3}{2} \times 235714} = 70.71(mm)$$

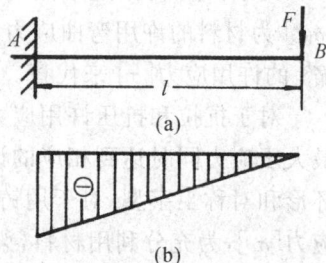

图 2-59

取 $b = 71mm$,则 $h = 2b = 142mm$,矩形截面面积 $A' = bh = 71 \times 142 = 10082(mm^2)$。

由上可得矩形截面与工字形截面的面积之比为:$A'/A = 10082/3550 = 2.84$,故改用矩形截面梁时,所需的材料将是工字形截面梁的 2.84 倍。请读者从本例思考一下为什么工字钢截面比较经济省料,从而进一步探索为提高抗弯能力,梁截面的经济形状以及其他思路和措施。

三、梁的弯曲变形及刚度计算

图 2-60 所示的梁 AB 在 xAy 平面内受 F 力而发生弯曲变形,其轴线由原来的直线 AB 变成了一条光滑的曲线 AB_1,称为梁的挠度曲线,并用函数关系 $y = f(x)$ 来表示。梁上距离坐标原点为 x 的截面的形心 C,在沿垂直于 x 轴方向的线位移 y,称为该截面的挠度,其单位为 mm,其正负号与坐标系一致,图示位移向上时挠度为正,位移向下时挠度为负。梁 C 点处横截面在变形中还绕中性轴发生转动而产生角位移 θ,

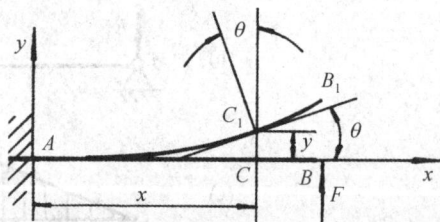

图 2-60

称为该截面的转角,它等于挠曲线上相应点 C_1 切线与原轴线之间的夹角;转角 θ 的单位为 rad,并规定横截面绕自身中性轴逆时针转动形成的转角为正,反之为负。

梁的弯曲变形计算就是针对挠度和转角的计算。梁的挠度 y 随梁的长度方向距离 x 而变化,挠曲线方程 $y = f(x)$ 即为挠度曲线方程,各截面的挠度可直接由方程 $y = f(x)$ 求得,由于 θ 角很小,$\theta \approx \tan\theta = \dfrac{\mathrm{d}y}{\mathrm{d}x}$,可见求得挠曲线方程 $y = f(x)$,即可求出任一点的挠度和转角。

理论研究可得挠度曲线上某点的二阶导数与弯矩 $M_w(x)$ 的近似关系式为

$$\frac{\mathrm{d}^2 y}{\mathrm{d}x^2} = \frac{M_w(x)}{EI_z} \tag{2-43}$$

式中:$M_w(x)$ 为距原点 x 处截面上的弯矩,$N \cdot mm$;E 为材料的拉(压)弹性模量,MPa;I_z 为截面对中性轴的轴惯性矩,mm^4。

将上式积分可得

$$\theta \approx \frac{\mathrm{d}y}{\mathrm{d}x} = \int \frac{M_w(x)}{EI_z}\mathrm{d}x + m \qquad (\text{rad}) \tag{2-44}$$

$$y = \iint \left[\frac{M_w(x)}{EI_z}\mathrm{d}x + m\right]\mathrm{d}x + n \qquad (\text{mm}) \tag{2-45}$$

式中积分常数 m、n 可由梁的挠度曲线上的已知变形条件(边界条件和光滑连续条件)确定。

由式(2-44)、式(2-45)可以看出,乘积 EI_z 越大,则梁的弯曲变形就越小,故称 EI_z 为弯曲刚度。

例 2-20 图 2-61 所示为一悬臂梁,其自由端 B 受一集中力 F 作用。试求此梁的挠曲线方程和转角方程,并确定其最大挠度 f_{max} 和最大转角 θ_{max}。

解:取坐标系如图示。梁的弯矩方程为 $M_w(x) = -F(l-x)$,由式(2-44)、(2-45) 得

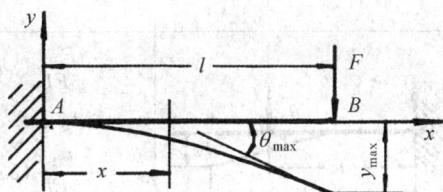

图 2-61

$$\theta = \frac{\mathrm{d}y}{\mathrm{d}x} = \frac{1}{EI_z}\left(-Flx + \frac{1}{2}Fx^2 + m\right)$$

$$y = \frac{1}{EI_z}\left(-\frac{1}{2}Flx^2 + \frac{1}{6}Fx^3 + mx + n\right)$$

确定积分常数的边界条件是:固定端 A 处截面的转角和挠度都等于零,即在 $x = 0$ 处,$\theta = 0$,$y = 0$。将这一边界条件代入以上两式可得 $m = 0$,$n = 0$。故梁的转角方程和挠曲线方程分别为

$$\theta = \frac{1}{EI_z}\left(-Flx + \frac{1}{2}Fx^2\right)$$

$$y = \frac{1}{EI_z}\left(-\frac{1}{2}Flx^2 + \frac{1}{6}Fx^3\right)$$

由图可见,梁自由端 B 处的转角和挠度最大。将 $x = l$ 代入以上两式可得 $\theta_{max} = \theta_B = -\dfrac{Fl^2}{2EI_z}$,$y_{max} = y_B$ $= -\dfrac{Fl^3}{3EI_z}$,两式中 θ_B 和 y_B 的符号均为负,表示截面 B 的转角是顺钟向的,截面 B 的形心向下移动。

通过上面的例题可知,梁的转角和挠度可以运用积分的方法求得。为了计算方便,将一些简单载荷作用下梁的变形计算公式列于表 2-3 中,在计算时可直接从表中查取。为简便计,常以 I 表示 I_z。

表 2-3　简单载荷作用下梁的变形计算

梁的支座、载荷和变形简图	挠曲线方程	端截面转角	最大挠度
1	$y = -\dfrac{Fbx}{6EI_z l}(l^2 - x^2 - b^2)$ $0 \leqslant x \leqslant a$ $y = -\dfrac{Fb}{6EI_z l}\left[\dfrac{l}{b}(x-a)^3 + (l^2 - b^2)x - x^3\right]$ $a \leqslant x \leqslant l$	$\theta_A = -\dfrac{Fab(l+b)}{6EI_z l}$ $\theta_B = \dfrac{Fab(l+a)}{6EI_z l}$	设 $a > b$ 在 $x = \sqrt{\dfrac{l^2 - b^2}{3}}$ 处 $y_{max} = -\dfrac{Fb(l^2 - b^2)^{3/2}}{9\sqrt{3}\,EI_z l}$ 在 $x = \dfrac{l}{2}$ 处 $y_c = -\dfrac{Fb(3l^2 - 4b^2)}{48EI_z}$
2	$y = -\dfrac{qx}{24EI_z}(l^3 - 2lx^2 + x^3)$	$\theta_A = -\theta_B = -\dfrac{ql^3}{24EI_z}$	$y_c = -\dfrac{5ql^4}{384EI_z}$
3	$y = \dfrac{Mx}{6EI_z l}(l^2 - 3b^2 - x^2)$ $0 \leqslant x \leqslant a$ $y = \dfrac{M}{6EI_z l}\left[-x^3 + 3l(x-a)^2 + (l^2 - 3b^2)x\right]$ $a \leqslant x \leqslant l$	$\theta_A = \dfrac{M}{6EI_z l}(l^2 - 3b^2)$ $\theta_B = \dfrac{M}{6EI_z l}(l^2 - 3a^2)$	在 $x = \sqrt{\dfrac{l^2 - 3b^2}{3}}$ 处 $y_{1max} = \dfrac{M(l^2 - 3b^2)^{3/2}}{9\sqrt{3}\,EI_z l}$ 在 $x = \sqrt{\dfrac{l^2 - 3a^2}{3}}$ 处, $y_{2max} = -\dfrac{M(l^2 - 3a^2)^{3/2}}{9\sqrt{3}\,EI_z l}$
4	$y = -\dfrac{Fx^2}{6EI_z}(3a - x)$ $0 \leqslant x \leqslant a$ $y = -\dfrac{Fa^2}{6EI_z}(3x - a)$ $a \leqslant x \leqslant l$	$\theta_B = -\dfrac{Fa^2}{2EI_z}$	$y_B = -\dfrac{Fa^2}{6EI_z}(3l - a)$
5	$y = -\dfrac{qx^2}{24EI_z}(x^2 - 4lx + 6l^2)$	$\theta_B = -\dfrac{ql^3}{6EI_z}$	$y_B = -\dfrac{ql^4}{8EI_z}$
6	$y = -\dfrac{Mx^2}{2EI_z}$	$\theta_B = -\dfrac{Ml}{EI_z}$	$y_B = -\dfrac{Ml^2}{2EI_z}$
7	$y = \dfrac{Fax}{6EI_z l}(l^2 - x^2)$ $0 \leqslant x \leqslant l$ $y = -\dfrac{F(x-l)}{6EI_z}\left[a(3x - l) - (x-l)^2\right]$ $l \leqslant x \leqslant (l+a)$	$\theta_A = -\dfrac{\theta_C}{2} = \dfrac{Fal}{6EI_z}$ $\theta_B = -\dfrac{Fa}{6EI_z}(2l + 3a)$	$y_c = -\dfrac{Fa^2}{3EI_z}(l + a)$

注：表中 x 自梁的左端点 A 算起。

当梁上同时承受几个载荷作用时,在变形很小的情况下可以用叠加的方法来求梁的总变形,即先求出各个载荷单独作用下梁的挠度或转角,然后求它们的代数和,即为在各个载荷同时作用下梁的挠度和转角。

例 2-21   用叠加法求图 2-62a 所示简支梁在 A 点处的转角和跨度中点 C 处的挠度。

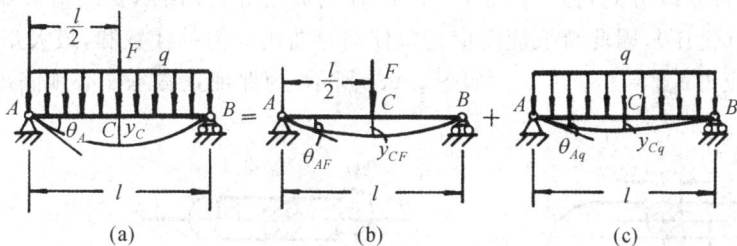

图 2-62

解:将图 2-62a 分解为图 2-62b 和图 2-62c。集中力 F 作用点 C 为跨度中点,则表 2-3 中序号 1 所列公式 $a = b = l/2$,计算转角 $\theta_{AF} = -\dfrac{Fab(l+b)}{6EI_z l} = -\dfrac{F \cdot l/2 \cdot l/2(l+l/2)}{6EI_z l} = -\dfrac{Fl^2}{16EI_z}$ 和挠度 $y_{CF} = -$

$\dfrac{Fb(3l^2 - 4b^2)}{48EI_z} = -\dfrac{F \cdot \dfrac{l}{2}[3l^2 - 4(l/2)^2]}{48EI_z} = -\dfrac{Fl^3}{48EI_z}$;类前,由表 2-3 中序号 2 所列公式,计算由均布载荷 q

所产生的转角 $\theta_{Aq} = -\dfrac{ql^3}{24EI_z}$ 和挠度 $y_{Cq} = -\dfrac{5ql^4}{384EI_z}$。故 A 点处的转角

$$\theta_A = \theta_{AF} + \theta_{Aq} = -\frac{Fl^2}{16EI_z} - \frac{ql^3}{24EI_z} \quad (\text{rad})$$

C 点处的挠度

$$y_C = y_{CF} + y_{Cq} = -\frac{Fl^3}{48EI_z} - \frac{5ql^4}{384EI_z} \quad (\text{mm})$$

为了使梁具有足够的刚度,要限制梁的最大挠度 y_{max} 不超过许用挠度 $[y]$、最大转角 θ_{max} 不超过许用转角 $[\theta]$,亦即梁的弯曲刚度条件是:$y_{max} \leqslant [y]$、$\theta_{max} \leqslant [\theta]$。视工作要求不同,$[y]$ 和 $[\theta]$ 的数值可从有关规范和资料中查得。轴的 $[y]$ 和 $[\theta]$ 可参考本书表 6-3。

§2-8   组合变形、压杆稳定

一、组合变形

前面研究了拉伸(压缩)、剪切、扭转和弯曲四种基本变形。在工程实际中,多数构件在外力作用下,常同时产生两种或两种以上的基本变形,这种情况称为组合变形。构件组合变形时的应力和变形计算,可以分别先按每一种基本变形的计算公式加以计算然后进行叠加,再根据适当的强度理论等进行强度计算。下面介绍工程中最常见的拉伸(压缩)与弯曲、扭转与弯曲两种组合变形的强度计算方法。

1. 拉伸(压缩)与弯曲组合的强度计算

如图 2-63a 所示钢制开口链环,外力 F 与链环杆部轴线平行但偏开 e 的距离。将力 F 平移到杆部横截面形心上,杆除受通过轴线的 F 力拉伸外还受力偶矩为 $M = Fe$ 的力偶引起的

纯弯曲作用,如图2-63b所示。任一横截面 n-n 上由拉力产生内力 $N = F$ 及拉应力 $\sigma_l = \dfrac{N}{A} = \dfrac{F}{\pi d^2/4}$;;由弯曲力矩 M 产生弯矩 $M_w = M = Fe$ 及弯曲正应力 $\sigma_w = \dfrac{M_w}{W_z} = \dfrac{Fe}{\pi d^3/32}$, σ_l 和 σ_w 的方向都是沿杆轴线方向,但弯曲正应力 σ_w 有正负之分,按图示受载情形靠内侧为正(受拉)、外侧为负(受压),因此合成应力应是拉伸与弯曲正应力的代数和,最大正应力 $\sigma_{max} = \sigma_l + \sigma_w$,最小正应力 $\sigma_{min} = |\sigma_l - \sigma_w|$,如图2-63c所示。为保证正常工作必须满足 $\sigma_{max} \leqslant [\sigma]$ 的强度条件。

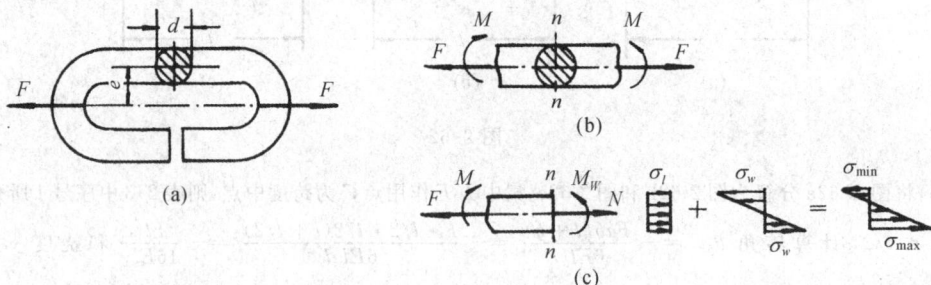

图 2-63

如果将链环缺口焊好,链环杆部两边各受力 $F/2$,外力作用线与杆轴线重合,链环杆部横截面上仅受均布的轴向内力和拉应力,其值远小于开口链环。

2.扭转与弯曲组合的强度计算

在工程中,大多数的轴在承受扭转的同时还承受弯曲。例如图2-64a所示电动机轴的外伸部分轴端装有直径为 D 的带轮,工作时带紧边和松边的拉力分别为 T 和 t ($t < T$),A 端可视为固定端,用力的平移定理将拉力 T 和 t 向轴的 B 端截面形心简化,得通过截面形心的横向力 $F = T+t$ 和力偶矩为 $M_B = (T-t)D/2$ 的力偶,将轴简化成图2-64b所示悬臂梁,可以看出横向力 F 使轴弯曲,力偶矩 M_B 使轴扭转,轴处于弯曲和扭转组合变形状态。现介绍该轴的强度计算方法。

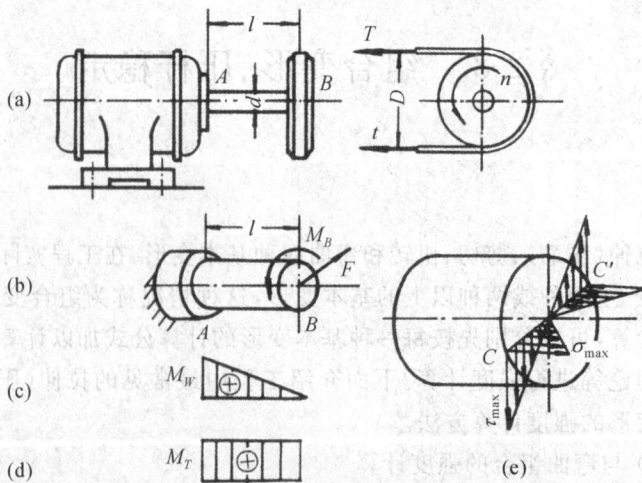

图 2-64

作轴的弯矩图(图2-64c)和扭矩图(图2-64d),由图可见 A 端截面处的弯矩值 $M_w = Fl$ 和扭矩值 $M_T = M_B$ 都最大,故该截面为危险截面。为便于看清,将 A 截面放大如图2-64e所示,该截面上弯矩 M_w 所产生的最大正应力 $\sigma = \pm M_w/W_z$ 发生在截面边缘的 C 和 C' 点,扭矩 M_T 所产生的最大剪应力 $\tau = M_T/W_T$,发生在截面边缘上各点,W_z 和 W_T 分别为该截面的抗弯截面模量和抗扭截面模量。轴在工作时,C 点和 C' 点同时有最大正应力和最大剪应力作用,故 C、C' 两点都是危险点。但在 C 或 C' 点处同时产生正应力 σ 和剪应力 τ,属于复杂应力状态,不能将 σ 和 τ 简单叠加,必须按照强度理论(对复杂应力状态下材料破坏原因的假说)建立比较简单而又能满足工程需要的强度计算公式。对于钢材、有色金属等塑性材料,机械工程中广泛使用第三强度理论(也称最大剪应力强度理论)的强度条件为

$$\sigma_{e3} = \sqrt{\sigma^3 + 4\tau^2} \leqslant [\sigma] \tag{2-46}$$

即把正应力 σ 和剪应力 τ 同时存在的情况按上式计算成等效应力 σ_{e3},为保证正常工作,等效应力 σ_{e3} 不应超过材料的许用正应力 $[\sigma]$。

因为圆轴的弯曲应力 $\sigma = M_w/W$,扭转剪应力 $\tau = M_T/W_T = M_T/2W$(实心圆轴的 $W = \pi d^3/32$,$W_T = \pi d^3/16$),上式可写成

$$\sigma_{e3} = \frac{\sqrt{M_w^2 + M_T^2}}{W} = \frac{M_{e3}}{W} \leqslant [\sigma] \tag{2-47}$$

式中的 $\sqrt{M_w^2 + M_T^2}$ 可称为第三强度理论的等效力矩,相应以 $M_{e3} = \sqrt{M_w^2 + M_T^2}$ 表示。

例 2-22 图2-65a所示电动机通过联轴器驱动安装齿轮的轴,在齿轮轮齿上受到圆周力 $F_t = 10000$N 和径向力 $F_r = 3640$N 作用,齿轮分度圆直径 $d_1 = 100$mm,$l = 600$mm。若轴的许用应力 $[\sigma] = 60$MPa,试按第三强度理论计算轴的危险截面所需直径 d。

解:1)简化外力。设定坐标系 o—xyz,如图2-65b所示,将圆周力 F_t 向齿轮中心 C 点平移简化,则过 C 点轴线垂面内附加力偶的矩 $M_C = F_t \cdot \dfrac{d_1}{2} = 10000 \times \dfrac{100}{2} = 5 \times 10^5$(N·mm),它和联轴器输入的力偶矩 M 相等、相反,使轴 CB 段受扭转;通过 C 点的力 F_t、F_r 分别在水平面 xoy、垂直面 xoz 内使轴弯曲。

2)确定危险截面上等效力矩 M_{e3}。在水平面、垂直面分别以 F_t、F_r 为外载作受力图和弯矩图(图2-65c、d、e、f),$M_{Wy} = \dfrac{l}{2} \times \dfrac{F_t}{2} = \dfrac{600 \times 10000}{4} = 15 \times 10^5$(N·mm),$M_{Wz} = \dfrac{l}{2} \times \dfrac{F_r}{2} = \dfrac{600 \times 3640}{4} = 5.46 \times 10^5$(N·mm),故 C 截面合成弯矩 $M_w = \sqrt{M_{Wy}^2 + M_{Wz}^2} = \sqrt{(15 \times 10^5)^2 + (5.46 \times 10^5)^2} = 16 \times 10^5$(N·mm)。

以 M、M_C 为外载作轴的受力图和扭矩图(图2-65g、h),自 C 截面起右轴段扭矩 $M_T = 5 \times 10^5$N·mm。由弯矩图和扭矩图可知,该轴危险截面在跨度中点 C 处,按第三强度理论计算其等效力矩为

$$M_{e3} = \sqrt{M_w^2 + M_T^2} = \sqrt{(16 \times 10^5)^2 + (5 \times 10^5)^2} = 1\,676\,306(\text{N·mm})$$

3)按第三强度理论计算危险截面所需轴的直径 d。由公式(2-47)可得

$$W \geqslant \frac{M_{e3}}{[\sigma]} = \frac{1676306}{60} = 27938(\text{mm}^3)$$

因 $W \approx 0.1d^3$,故可算得

$$d \geqslant \sqrt[3]{\frac{W}{0.1}} = \sqrt[3]{\frac{27938}{0.1}} = 65.37(\text{mm})$$

圆整取 $d = 66$mm。

需要指出,材料强度理论中还有一些其他理论及公式(如第四强度理论等效应力 $\sigma_{e4} = \sqrt{\sigma^2 + 3\tau^2}$),本书限于篇幅未予介绍。

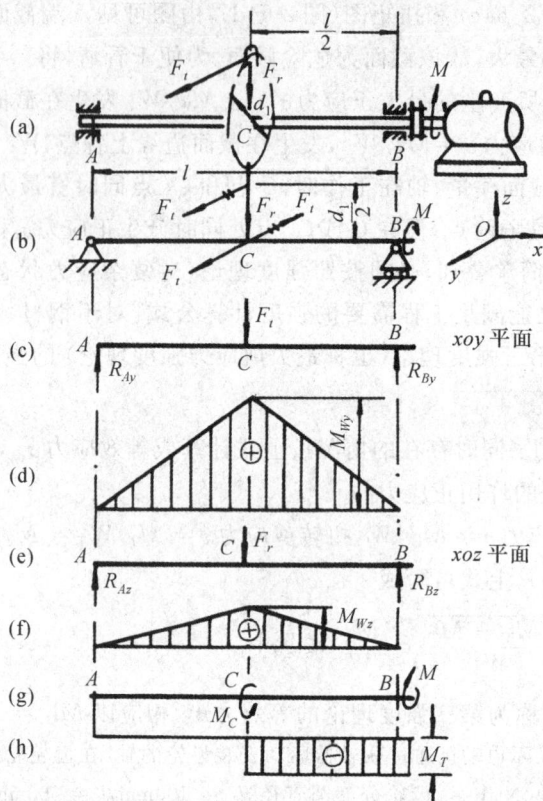

图 2-65

二、压杆稳定

1.压杆稳定的概念

承受轴向压力的直杆,如果杆呈短粗状,虽然压力很大,只要满足强度条件,工作是安全的。例如由碳钢制成的短而粗杆受压,当压应力未达到屈服极限时,将不发生明显塑性变形,而铸铁制短粗杆当应力未达到强度极限时,也不会发生断裂。但对于承受轴向压力的细长形直杆(如图 2-66 所示螺旋千斤顶的螺杆),仅仅满足强度条件,还不能保证其安全可靠地工作。有时当所加的压力并不很大,杆内的应力还远小于极限应力时,直杆就可能突然变弯曲,甚至弯断。细长压杆这种失效现象称为压杆失去稳定性,简称"失稳"。细长压杆的工作失效通常并非强度不够,而是稳定性不足,因此须进行压杆的稳定性计算。

若取一细长直杆,一端固定,如图 2-67a 所示在其自由端施加一轴向压力 F,当压力不超过某一临界值 F_{cr} 时,压杆受到横向力干扰后,杆即恢复其原状,这时的压杆称为稳定的。如果施加的 F 力逐渐增大,达到某一临界值 F_{cr} 时,则该杆受到一微小横向力干扰后,杆就产生弯曲变形,去掉横向力杆也不能恢复其原状,这时的压杆就称为不稳定的,当压力 F 超过该临界值 F_{cr} 时,压杆会突然弯曲从而导致折断,力 F_{cr} 是使压杆丧失稳定的最小轴向压力,称为临界压力。

2.压杆稳定性计算

压杆稳定性计算,应满足以下条件

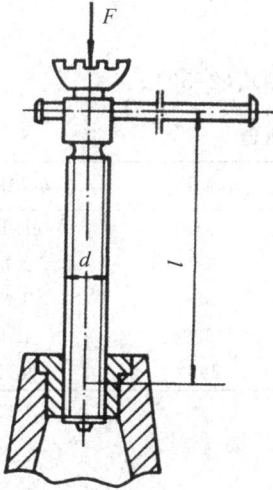

图 2-66

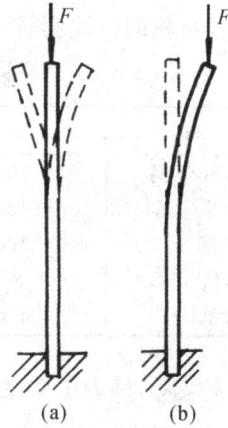

图 2-67

$$F \leqslant \frac{F_{cr}}{S_{cr}} \tag{2-48}$$

式中:F 为压杆设计时所能承受的最大压力,N;F_{cr} 为压杆的临界压力,N;S_{cr} 为压杆稳定安全系数,可参照表 2-4 选取。

表 2-4 几种压杆的推荐稳定安全系数

应　用	S_{cr}	应　用	S_{cr}
一般钢结构的压杆	$1.8 \sim 3.0$	发动机挺杆	$4.0 \sim 6.0$(低速) $2.0 \sim 5.0$(高速)
一般机床丝杆	$2.5 \sim 4.0$	冶金、采矿设备的压杆	$4.0 \sim 8.0$
起重螺旋	$3.5 \sim 5.0$		

确定压杆的临界压力 F_{cr} 是压杆稳定性计算的关键,它将根据压杆柔度 λ 的不同范围应用不同的公式进行计算。压杆柔度公式为

$$\lambda = \frac{\mu l}{i} \tag{2-49}$$

式中:l 为压杆长度,mm;μ 为长度系数,决定于杆端约束情况:两端铰支 $\mu = 1$,一端铰支、另一端自由 $\mu = 2$,一端固定、另一端铰支 $\mu = 2/3$,两端固定 $\mu = 0.5$;i 为压杆截面惯性半径,mm,i 可由下式求得

$$i = \sqrt{\frac{I}{A}} \tag{2-50}$$

式中:I 为压杆截面的轴惯性矩,即表 2-2 中的 I_z,mm⁴;A 为压杆截面积,mm²。

按压杆材料由表 2-5 查得 λ_p、λ_s 两个柔度界限值,根据求得的压杆柔度 λ 值所处界限计算临界压力 F_{cr}:

1)$\lambda \geqslant \lambda_p$,称大柔度压杆,用欧拉公式计算其临界压力 F_{cr},欧拉公式为

$$F_{cr} = \frac{\pi^2 EI}{(\mu l)^2} \quad \text{(N)} \tag{2-51}$$

式中：E 为压杆材料的弹性模量，MPa，其他符号同式(2-49)、(2-50)。

表 2-5　常用材料的 λ_p、λ_s、a、b 值

材　　料	λ_p	λ_s	a(MPa)	b(MPa)
Q235、10、25 钢	100	60	310	1.14
35 钢	100	60	469	2.62
45 钢	100	60	589	3.82
铸铁	80	—	339	1.48
木材	110	40	29.3	0.194

2）$\lambda_s < \lambda < \lambda_p$，称为中柔度压杆，用下式计算其临界压力 F_{cr}

$$F_{cr} = (a - b\lambda)A \quad \text{(N)} \tag{2-52}$$

式中：λ 为柔度系数；a、b 为系数，MPa，查表 2-5；A 为压杆截面积，mm^2。

3）$\lambda < \lambda_s$，称为小柔度压杆或短杆，不会产生失稳问题，按一般压缩强度处理即可。

提高压杆稳定性关键在于提高压杆的临界压力 F_{cr}，由式(2-51)分析，提高 F_{cr} 可从加大 E、I 和减小 μ、l 等方面入手。

例 2-23　有两受压圆杆，材料均为 Q235，直径相同，$d_A = d_B = 10mm$；杆端约束情况相同，均为两端铰支；A 杆长 $l_A = 50mm$，B 杆长 $l_B = 1\,000mm$，求两杆能承受的最大压力。

解：1）计算压杆的柔度 λ，判断压杆性质。

由式(2-50)得

$$i = \sqrt{\frac{I}{A}} = \sqrt{\frac{\pi}{64}d^4 / (\frac{\pi}{4}d^2)} = \frac{d}{4} = \frac{10}{4} = 2.5\text{(mm)}$$

两端铰支，$\mu = 1$，由式(2-49)计算

A 杆 $\lambda_A = \dfrac{\mu l_A}{i} = \dfrac{1 \times 50}{2.5} = 20$，$B$ 杆 $\lambda_B = \dfrac{\mu l_B}{i} = \dfrac{1 \times 1000}{2.5} = 400$。

由表 2-5 查 Q235 材料柔度界限值 $\lambda_p = 100$，$\lambda_s = 60$，可见 A 杆 $\lambda_A < \lambda_s$ 为短杆，应按压缩强度计算；B 杆 $\lambda_B > \lambda_p$ 为大柔度压杆，应按欧拉公式计算。

2）计算两杆最大承载能力（为便于比较均不考虑安全系数）

对 A 杆　$F = \sigma_s \times \dfrac{\pi}{4}d^2 = 235 \times \dfrac{\pi}{4} \times 10^2 = 18457\text{(N)}$

对 B 杆　$F_{cr} = \dfrac{\pi^2 EI}{(\mu l)^2} = \dfrac{\pi^2 \times 2.1 \times 10^5}{(1 \times 1000)^2} \times \dfrac{\pi}{64} \times (10^4) = 1017\text{(N)}$

由此可见，A 杆承载能力是 B 杆的 $18457/1017 = 18.2$ 倍。

§2-9　动荷应力、交变应力、应力集中

一、动荷应力

以上各节讨论的是在静载荷作用下的强度和刚度问题。静载荷是指从零开始缓慢增加到某一定值，以后保持不变的载荷。在工程实践中，会遇到载荷随时间而变，或因构件加速度

而产生不可忽略的惯性力时,这类载荷称为动载荷。常见的动载荷有以下三种情况:① 构件作变速直线运动或转动;② 振动;③ 冲击。

构件在动载荷作用下产生的应力称为动荷应力,简称动应力,以符号 σ_d 表示。为保证构件在动载荷作用下能安全工作,其实际动应力 σ_d 不能超过材料的许用应力 $[\sigma]$,即动载荷作用下的强度条件为

$$\sigma_d = k_d \cdot \sigma \leqslant [\sigma] \tag{2-53}$$

或

$$\sigma \leqslant \frac{[\sigma]}{k_d} \tag{2-54}$$

上两式中:k_d 为动应力 σ_d 与静应力 σ 之比值,称为动荷系数,可通过理论计算或由经验数据确定,一般 $k_d \geqslant 1$。因此,如果仅对动载荷下的构件作粗略的强度计算,只要引入一个动荷系数 k_d 后就可按静载荷的方法进行计算。

二、交变应力及其分类

许多构件在工作时,其应力的大小或正负号随时间作周期性的变化,这种应力称为交变应力。例如齿轮的轮齿每啮合一次,齿根某点处的弯曲正应力就由零变化到某一最大值,然后再回到零,齿轮连续转动时,该点的应力即作周期性变化。又如图 2-47c 中火车轮轴虽然所受载荷 F 的大小和方向即使假设并不随时间变化,但由于轴的转动,横截面上 C 点的弯曲正应力随着轴的转动而周期改变,由 C_0 点经 C_1 点到 C_2 点时,拉应力由零增至最大值后又减小到零;而由 C_2 经 C_3 回到 C_0 时,则为压应力由零增至最大值后又减小到零。轴每转动一圈,应力都会如上述交变一次。交变应力每重复变化一次,称为一个应力循环;重复变化的次数称为应力循环次数。

为了清楚地表明应力的变化规律,以应力 σ 为纵坐标,时间 t 为横坐标,将随 t 的变化规律绘成应力循环图线,如图 2-68a 所示。图中 σ_{max}、σ_{min} 分别为应力循环中的最大应力与最小应力。最大应力和最小应力的代数平均值称为平均应力,用 σ_m 表示,即 $\sigma_m = (\sigma_{max} + \sigma_{min})/2$。最大与最小应力代数差的一半称为应力幅,用 σ_a 表示,即 $\sigma_a = (\sigma_{max} - \sigma_{min})/2$。由图 2-68a 可见,平均应力 σ_m 可认为是交变应力中的不变部分,就像静应力一样;而应力幅相应于交变应力中的变动部分。应力循环中最小应力 σ_{min} 和最大应力 σ_{max} 之比表征着应力的变化特点,称为循环特征,用 r 表示,即 $r = \sigma_{min}/\sigma_{max}$。

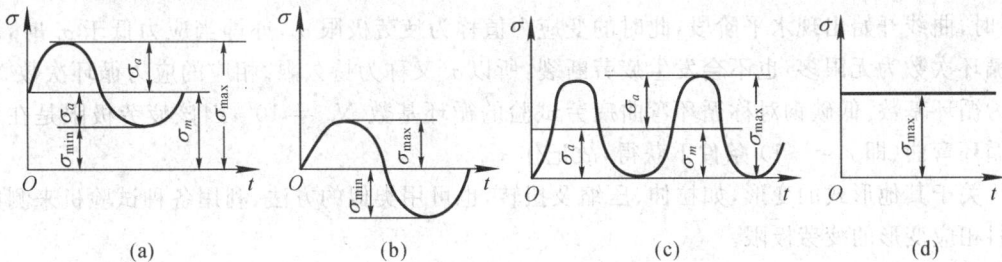

图 2-68

工程实际中最常见的两种交变应力是:① 对称循环应力(图 2-68b),即其 $\sigma_{max} = -\sigma_{min}$,$r = \sigma_{min}/\sigma_{max} = -1$,如图 2-47c 所示车轴的弯曲正应力即为其一例;② 脉动循环应力(图 2-68c),即其 $\sigma_{min} = 0$,$\sigma_{max} > 0$,$r = \sigma_{min}/\sigma_{max} = 0$,如齿轮单向转动时,轮齿齿根所受的弯曲正

应力可视为一例。其实,不随时间变化的静应力可视为交变应力的一种特殊情况(图 2-68d),即其 $\sigma_a = 0$,$\sigma_{max} = \sigma_{min} = \sigma$,$r = \sigma_{min}/\sigma_{max} = +1$。

构件在交变剪应力下工作时,上述概念同样适用,只需将正应力 σ 换成剪应力 τ 即可。

三、材料的疲劳破坏和疲劳极限

在交变应力作用下材料的破坏与在静应力作用下的破坏截然不同。在交变应力下,构件内的最大应力虽远低于静载荷下的强度极限,甚至低于屈服极限,但经过多次(几十万次,甚至几千万次)应力循环以后有时会发生突然脆性断裂(即使材料本身有很好的塑性,在破坏的断口处亦无明显的塑性变形),这种现象称为疲劳破坏。

疲劳破坏的断口表面通常有个特征,即断口上有两个截然不同的区域,光滑区和粗糙区。疲劳破坏的原因,目前一般的解释是:由于材料有缺陷(如材料内部含有杂质或气孔,表面有加工刀痕及伤痕等损伤),或材料组织不均匀,构件外部形状有突变等,使这些部位的应力特别高,当构件内交变应力的值超过一定限度后,在这些应力特大的部位或材料薄弱处会逐步产生非常细微的裂纹,由于应力在交替地变化,裂缝两边的材料时而压紧时而张开,不断重复的压紧与张开,使材料断口上形成光滑区;随着应力循环次数的增多,使裂缝继续扩展,当它扩展到一定程度后,截面受到了削弱,由于突然的振动或冲击作用,削弱了的截面将有可能发生突然脆裂,该断面上即形成粗糙区。疲劳破坏通常是在机器运转中,事先没有明显预兆的情况下突然发生的,往往造成严重事故。

在交变应力下材料的机械性质通过试验确定。在疲劳试验机上用一组(6 ～ 10 根)标准的光滑小试件在同一循环特征 r 的工况下作试验,试验时先在某一最大应力下进行,直到发生疲劳破坏。记下试件在该应力循环中的最大应力 σ_{max} 及疲劳破坏时的应力循环次数 N。然后逐次降低最大应力值,发生疲劳破坏时相应的循环次数 N 也就增多,从而可以得到以 σ_{max} 为纵坐标、N 为横坐标的一条试验曲线,这一曲线称为疲劳曲线。图 2-69 所示为低碳钢试件在材料弯曲疲劳试验机上试验所得对称循环弯曲疲劳曲线。由图可见,σ 减小,则 N 增大;且当 N 越大时,曲线越趋水平,在 $N = N_0$ 时,曲线开始出现水平阶段,此时的变应力值称为疲劳极限 σ_r,亦即当应力低于 σ_r 时,即使循环次数为无限多,也不会发生疲劳断裂,所以 σ_r 又称为持久限。相应的应力循环次数 N_0 称为循环基数。低碳钢对称循环弯曲疲劳试验的循环基数 $N_0 = 10^7$,因该疲劳极限是在对称循环弯曲(即 $r = -1$)条件下获得,故记作 σ_{-1}。

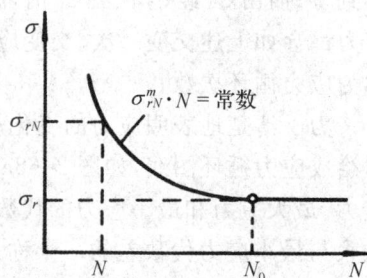

图 2-69

关于其他形式的变形,如拉伸、压缩及扭转,也可用类似的方法,利用各种试验机来测定材料相应变形的疲劳极限。

根据钢材的大量试验结果,可得到在对称循环下疲劳极限与静载下抗拉强度极限 σ_B 的近似关系:弯曲疲劳极限 $\sigma_{-1} \approx 0.4\sigma_B$,拉—压疲劳极限 $\sigma_{-1l} \approx 0.28\sigma_B$,扭转疲劳极限 $\tau_{-1} \approx 0.22\sigma_B$。

需要指出两点:① 循环基数因材料不同而异,对于硬度高于 350HBS 的钢材,以 $N_0 = 25 \times 10^7$ 时的应力为疲劳极限;对于有色金属和某些高硬度合金钢的疲劳曲线,试验时没有明显的水平部分,实用中常以 $N_0 = (5 \sim 10) \times 10^7$ 时的应力为疲劳极限;② 对同一材料,如果循环特征 r 改变时,其疲劳极限也随之改变。所以通常提到材料的疲劳极限 σ_r 时,应表明它的循环特征 r 的具体值,例如 σ_{-1} 表示对称循环的疲劳极限,σ_0 表示脉动循环的疲劳极限,同一材料的 σ_{-1} 和 σ_0 值是不同的。在工程实际中材料在对称循环下的疲劳极限 σ_{-1} 最为有用。

四、应力集中

等截面直杆受轴向拉伸或压缩时,横截面上的应力是均匀分布的,如图 2-70a 所示。但在工程实际中的构件常常是变截面的。例如工件上常常有钻孔、车槽、键槽和台肩等,使杆的截面发生突变。实验表明,在外力作用下构件在其截面突变处附近的应力会急剧增大,如图 2-70b 所示,有的比平均应力要高出好几倍,这常常导致构件在该处发生破坏。这种由于截面突然变化而引起局部应力急剧增大的现象,称为应力集中,设计时必须予以重视。

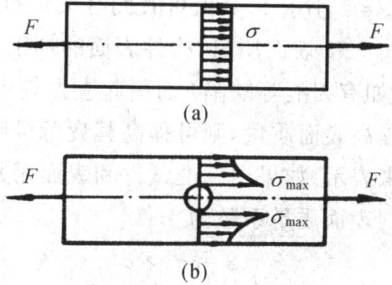

图 2-70

应力集中的程度可用有应力集中处的最大应力 σ_{max} 与假定为均匀分布时的应力 σ 的比值来衡量,此比值称为理论应力集中系数,记作 α_j,即

$$\alpha_j = \sigma_{max}/\sigma \qquad (2-55)$$

显然 $\alpha_j > 1$。实验表明:截面变化越急剧,应力集中的程度就越严重。因此,构件上应尽可能避免带尖角的孔和槽,断面变化应力求平缓过渡,如阶梯轴的轴肩处、凹槽处要用半径较大的圆弧来过渡,如图 2-71 所示。

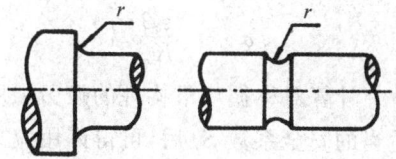

图 2-71

各种材料对应力集中敏感的程度并不相同。塑性材料当应力达到屈服极限时,会发生塑性变形,可以使应力集中处的应力重新分布,趋于均匀分布的情况。因此,在静载荷时,塑性材料一般可以不考虑应力集中的影响;脆性材料因无显著的塑性变形,因此需要考虑应力集中的影响。但实验表明,铸铁对应力集中并不敏感,而高强度、高硬度的合金钢材料对应力集中十分敏感。实验还表明,应力集中促使疲劳裂缝的形成,从而使实际构件的疲劳极限大为降低,故在交变应力下,不论是塑性材料或脆性材料,都应考虑应力集中的影响。

五、疲劳强度计算的基本概念

材料的疲劳极限是用较为光滑的规定尺寸和形状的标准试件进行实验测定的。而实际构件的形状、尺寸和表面质量却常与标准试件不同,因此两者的疲劳极限是不同的,需要考虑影响实际构件疲劳极限的主要因素。

1) 应力集中。前已述及,应力集中要使疲劳极限降低,其降低的程度用有效应力集中系数 K_σ(剪应力时用 K_τ)来表示。若在对称循环下由标准试件和有应力集中的试件分别测得的疲劳极限为 σ_{-1} 和 σ_{-1K},则有效应力集中系数为

$$K_\sigma = \sigma_{-1}/\sigma_{-1K} \qquad (2-56)$$

K_σ(K_τ)大于1,其值由试验测定,可从有关资料查取。

2)尺寸大小。实验证实,疲劳极限随构件尺寸的增大(包含材质缺陷的机率增大)而降低。降低的程度可用尺寸系数 ε_σ(剪应力时用 ε_τ)来表示。若在对称循环下由标准试件和大试件分别测得的疲劳极限为 σ_{-1} 和 $\sigma_{-1\varepsilon}$,则尺寸系数为

$$\varepsilon_\sigma = \sigma_{-1\varepsilon}/\sigma_{-1} \tag{2-57}$$

ε_σ(ε_τ)小于1,其值可查阅有关资料。

3)表面质量。构件表面的加工质量对疲劳极限也有影响。若构件的表面加工质量较差(如有刀痕等缺陷)而引起应力集中,将使疲劳极限降低;若用强化方法(如表面喷丸处理)提高表面质量,则可提高其疲劳极限。表面质量对疲劳极限影响的程度可用表面质量系数 β 来表示。如果由标准试件和表面用其他方法加工的试件分别测得的疲劳极限为 σ_{-1} 和 $\sigma_{-1\beta}$,则表面质量系数为

$$\beta = \sigma_{-1\beta}/\sigma_{-1} \tag{2-58}$$

式中:β 值可根据表面质量的具体情况查阅有关资料。

实验表明,在对称循环的拉—压、弯曲或扭转交变应力下,表面质量系数 β 值基本相同。材料的强度愈高,加工粗糙度对疲劳极限的影响愈大。因此,要特别注意:钢材的强度愈高,愈要合理加工,保证足够的表面光洁以充分发挥高强度钢的作用。

由上述可知,在对称循环下,考虑应力集中、尺寸大小和表面质量的影响后,实际构件的疲劳极限为

$$\sigma_{-1c} = \frac{\varepsilon_\sigma \beta}{K_\sigma}\sigma_{-1} \tag{2-59}$$

计算对称循环下构件的疲劳强度时,应以实际构件的疲劳极限 σ_{-1c} 作为极限应力,选定适当的安全系数 S_σ 后,可得许用应力为

$$[\sigma_{-1}] = \frac{\sigma_{-1c}}{S_\sigma} = \left(\frac{\varepsilon_\sigma \beta}{K_\sigma}\right)\frac{\sigma_{-1}}{S_\sigma} \tag{2-60}$$

对称循环下的强度条件为

$$\sigma_{max} \leqslant [\sigma_{-1}] = \left(\frac{\varepsilon_\sigma \beta}{K_\sigma}\right)\frac{\sigma_{-1}}{S_\sigma} \tag{2-61}$$

式中:σ_{max} 为构件危险截面上危险点处的最大应力。

构件在对称循环剪应力工况下工作,上述疲劳强度计算的概念同样适用,只需将式(2-56)～式(2-61)中 σ 换成 τ 即可。

关于非对称循环下构件的疲劳强度计算较复杂,需要时可查阅专门文献。

最后尚需指出构件的疲劳强度设计有无限寿命和有限寿命两种方法。无限寿命设计是要求零件的使用寿命 $N \geqslant N_0$,且不发生疲劳损坏,如图2-69所示,取与疲劳曲线的 N_0 值相对应的 σ_r 值作为材料无限寿命下的疲劳极限;许多机器的使用寿命虽仅为 $5 \sim 10$ 年,但仍按无限寿命来考虑设计。但有些机械装置设计寿命很短,如航天、航空装置;有些机械寿命较长而其中某些零件使用时间很少,如汽车传动装置中用于后退的倒档齿轮,其工作应力总循环次数 $N < N_0$,取疲劳曲线 $N < N_0$ 区域 N 所对应的最大应力 σ_{max} 作为材料有限寿命下的条件疲劳极限值,用 σ_{rN} 表示。实践和研究表明,疲劳曲线可用以下指数方程表达

$$\sigma_{rN}^m N = 常数 \tag{2-62}$$

式中: m 为与应力状态和材料有关的指数,如钢材弯曲疲劳时 $m = 9$,钢材线接触疲劳时 $m = 6$。

由图 2-69 可知,当 $N = N_0$ 时 $\sigma_{rN} = \sigma_r$,代入式(2-62) 得 $\sigma_{rN}^m N = \sigma_r^m N_0$,由此可求出

$$\sigma_{rN} = \sqrt[m]{\frac{N_0}{N}} \cdot \sigma_r = k_N \sigma_r \tag{2-63}$$

式中: $k_N = \sqrt[m]{\dfrac{N_0}{N}}$ 称为寿命系数或应力循环次数的折算系数,它反映寿命(工作应力总循环次数) N 对疲劳极限的影响。对无限寿命设计($N \geqslant N_0$ 时), $k_N = 1$;对有限寿命设计($N < N_0$ 时), $k_N > l$,即 $\sigma_{rN} > \sigma_r$,此时极限应力比 σ_r 有所提高,设计的零件可以较轻巧。对要求工作寿命较短的受交变应力作用的零件,采用有限寿命设计效果常很显著。

第3章 联 接

　　机械联接有两大类:一类是被联接的零(部)件间可以有相对运动的联接,称为机械动联接,如前面所述的各种运动副;另一类是被联接的零(部)件间不允许有相对运动的联接,称为机械静联接,这是本章所要讨论的内容。在本书中除了指明为动联接外,所用到的联接均指机械静联接。

　　机械静联接又可分为可拆联接和不可拆联接。允许多次装拆而无损其使用性能的联接称为可拆联接,螺纹联接、键联接(包括花键)和销联接等属于可拆联接。必须破坏联接中的某一部分才能拆开的联接称为不可拆联接,铆钉联接、焊接和粘接属于不可拆联接。过盈联接则既可做成可拆联接也可做成不可拆联接。

§3-1　螺纹联接

　　螺纹联接是利用具有螺纹的零件所构成的联接,一般均为可拆联接,其应用极为广泛。

一、螺纹的形成、类型和主要参数

　　如图 3-1a 所示,假想将一直角三角形绕到一圆柱体上,并使三角形的底边与圆柱体底面圆周相重合,则三角形斜边在圆柱体表面上形成一条螺旋线。如果用一个平面图形(梯形、三角形或矩形)沿着螺旋线运动,并保持此平面图形始终在通过圆柱轴线的平面内,则此平面图形的轮廓线在空间的轨迹便形成螺纹。根据平面图形的形状,螺纹牙形有矩形(图3-1b)、三角形(图3-1c)、梯形(图3-1d)和锯齿形(图3-1e)等。根据螺旋线的绕行方向,螺纹分为右旋螺纹(图3-2a)和左旋螺纹(图3-2b)。按照螺旋线的数目,螺纹还可分为单线螺纹

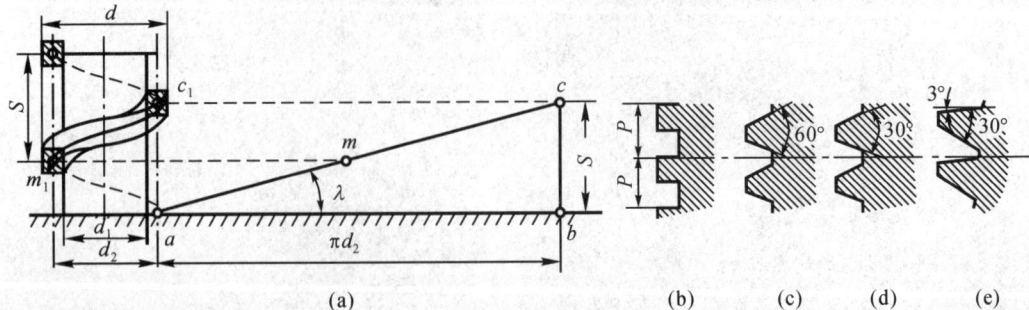

(a)　　　　　　　(b)　(c)　(d)　(e)

图 3-1

（图 3-2a）和等距排列的双线（图 3-2b）、三线（图 3-2c）等多线螺纹。

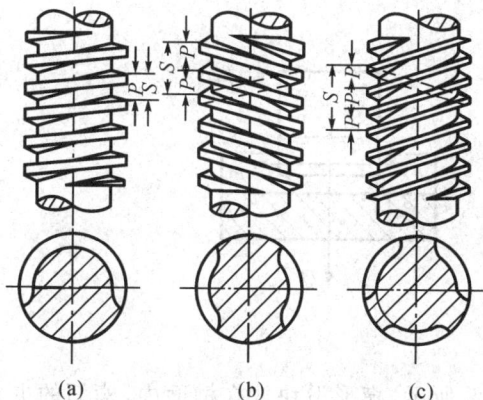

图 3-2

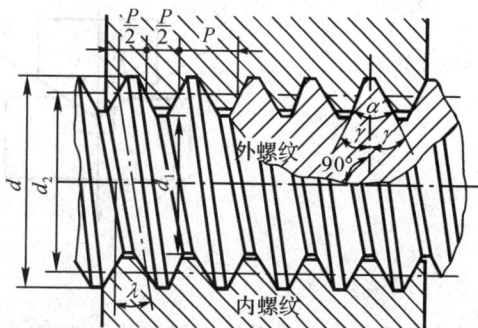

图 3-3

圆柱普通螺纹的主要参数有（图 3-3）：

大径 d—— 螺纹的最大直径，即螺纹的公称直径。

小径 d_1—— 螺纹的最小直径，常取为图 3-3 所示外螺纹危险截面的直径。

中径 d_2—— 系指一假想圆柱体的直径，这个圆柱体的表面所截的螺纹牙厚和牙间宽相等。

螺距 P—— 螺纹相邻两个牙型上对应点间的轴向距离。

导程 S—— 螺纹上任一点沿同一条螺旋线转一周所移动的轴向距离。导程 S 与螺距 P、线数 n 之间的关系为 $S = nP$。

螺纹升角 λ—— 中径 d_2 圆柱上螺旋线的切线与垂直于螺纹轴线的平面间的夹角，显然有

$$S = \pi d_2 \tan\lambda$$

或

$$\lambda = \arctan \frac{S}{\pi d_2} = \arctan \frac{nP}{\pi d_2} \tag{3-1}$$

牙形角 α— 螺纹轴向截面内，螺纹牙形两侧边的夹角。

二、螺旋副的受力分析、效率和自锁

1.摩擦角和当量摩擦角

先分析平面滑块的摩擦。如图 3-4 所示，一平面滑块在水平面上作匀速移动，滑块受到的作用力有：垂直载荷 Q、平面对滑块的法向约束力 N、使滑块水平移动的作用力 F、摩擦力 $F_f = Nf$（f 为摩擦系数）。根据静力平衡条件有：$N = Q, F_f = F$，可得

$$F = F_f = fN = fQ \tag{3-2}$$

N 和 F_f 的合力为 R，设 R 与法向约束力 N 之间的夹角为 ρ，则有

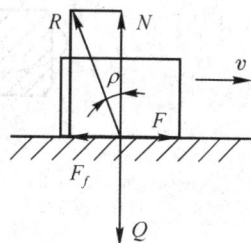

图 3-4

$$\tan\rho = F_f/N = f \cdot N/N = f$$

$$\rho = \arctan f \tag{3-3}$$

71

因为角 ρ 仅与摩擦系数 f 有关,故称 ρ 为摩擦角。

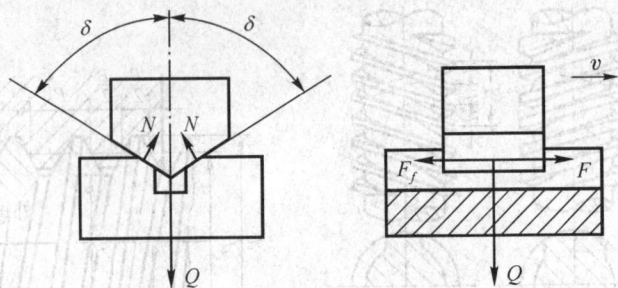

图 3-5

下面讨论楔形滑块在槽面中的摩擦。如图 3-5 所示,楔形滑块放在槽面中,槽面的夹角为 2δ,设作用在滑块上的垂直载荷为 Q,推动滑块等速移动的水平力为 F,槽的每一侧面对滑块的法向约束力为 N,槽的每一侧面对滑块的摩擦力为 $F_f = Nf$(f 为摩擦系数)。由静力平衡条件得

$$Q = 2N\sin\delta$$

即　　　　$N = Q/(2\sin\delta)$。而

$$F = 2F_f = 2fN = \frac{f}{\sin\delta}Q$$

令　　　　$f_v = \dfrac{f}{\sin\delta}$,得

$$F = f_v Q \tag{3-4}$$

式中: f_v 称为当量摩擦系数,与之相对应的摩擦角称为当量摩擦角,记作 ρ_v, $\rho_v = \arctan f_v$。因 $\sin\delta < 1$,故 $f_v > f$,可见在其他条件相同时,槽面的摩擦力总是大于平面的摩擦力。

2.矩形螺旋副的受力、效率和自锁

在外力或外力矩作用下,构成螺旋副的两个元件(一般为螺杆和螺母)所作的相对运动,可视为与推动滑块沿螺纹表面运动相当。如图 3-6 所示,将矩形螺纹沿中径 d_2 处展开,

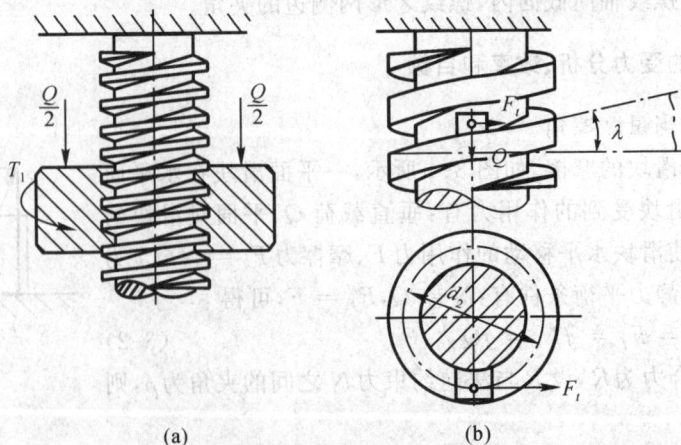

(a)　　　　　　(b)

图 3-6

得一倾斜角为 λ(螺纹升角)的斜面,斜面上的滑块代表螺母,螺母与螺杆的相对运动可看作滑块在斜面上的运动。这样,螺旋副的受力分析可转化为滑块与斜面间的受力分析。

当滑块沿斜面等速上滑时(图 3-7a),滑块受到轴向载荷 Q、水平推力 F_t、斜面对滑块的法向反力 N 及摩擦阻力 F_f 的共同作用。

N 和 F_f 的合力为 R,R 与 N 的夹角为摩擦角 ρ。由力 R、F_t 和 Q 组成的力多边形封闭图得

$$F_t = Q\tan(\lambda + \rho) \tag{3-5}$$

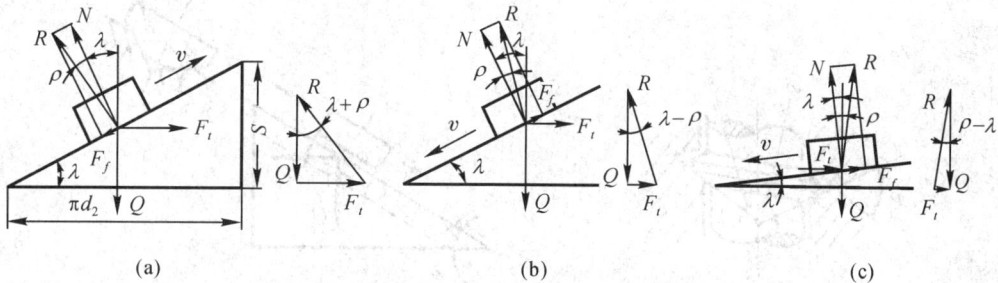

(a)   (b)   (c)

图 3-7

克服螺纹中阻力拧紧螺母所需的转矩为

$$T_1 = F_t \cdot \frac{d_2}{2} = \frac{d_2}{2} \cdot Q \cdot \tan(\lambda + \rho) \tag{3-6}$$

螺旋副的效率是指有用功与输入功之比。使螺母转动一周,需输入功为 $2\pi \cdot T_1$,而有用功为 $Q \cdot S$,故螺旋副的效率为

$$\eta = \frac{Q \cdot S}{2\pi \cdot T_1}$$

将式(3-1)和式(3-6)代入得

$$\eta = \frac{Q\pi d_2 \tan\lambda}{Q\pi d_2 \tan(\lambda + \rho)} = \frac{\tan\lambda}{\tan(\lambda + \rho)} \tag{3-7}$$

由上式可知,效率 η 与螺纹升角 λ 及摩擦角 ρ 有关。一般而言,螺旋线数多、升角大,则效率高。当 ρ 一定时,对式(3-7)取 $\mathrm{d}\eta/\mathrm{d}\lambda = 0$,可解出升角 $\lambda = 45° - \rho/2$ 时效率 η 为最高。但实际上,过大的升角 λ 会使制造困难,且效率增高也不显著,所以通常升角 λ 不超过 $25°$。

当滑块沿斜面等速下滑时(图 3-7b),轴向载荷 Q 变为驱动滑块等速下滑的驱动力,F_t 为阻碍滑块下滑所必需的支持力,摩擦力 F_f 的方向与滑块运动方向相反。由力 R、F_t 和 Q 组成的力多边形封闭图得

$$F_t = Q\tan(\lambda - \rho) \tag{3-8}$$

由上式可知:

当 $\lambda > \rho$ 时,$F_t > 0$,即需足够大的支持力(方向如图示方向)才能使滑块处于平衡,否则滑块会在 Q 的作用下加速下滑。

当 $\lambda < \rho$ 时,如图 3-7c 所示,$F_t < 0$,这时要使滑块下滑,则必须给滑块一个与图示 F_t 方向相反的力将滑块拉下。否则不论 Q 力有多大,滑块都不会自行滑下。在螺旋副中,这种不论轴向载荷 Q 多大,螺母不会在其作用下自行松退的现象称为螺旋副的自锁。所以螺旋副自锁条件为

$$\lambda < \rho \tag{3-9}$$

当 $\lambda = \rho$ 时，$F_t = 0$，滑块处于保持平衡的临界状态。

3. 非矩形螺旋副的受力、效率和自锁

非矩形螺纹是指牙形角 α 不等于零的螺纹。矩形螺纹的螺母与螺杆作相对运动时，相当于平滑块沿斜面移动；而非矩形螺纹的螺母与螺杆作相对运动时，则相当于楔形滑块沿楔形槽斜面移动(图 3-8)。故非矩形螺纹的受力分析与矩形螺纹的受力分析过程一样。

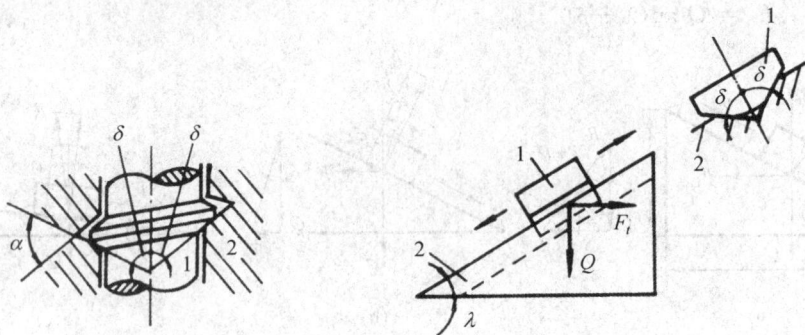

图 3-8

由图 3-8 知，$\delta = 90° - \dfrac{\alpha}{2}$，根据当量摩擦的概念，引入当量摩擦系数 $f_v = \dfrac{f}{\sin\delta} = \dfrac{f}{\cos\dfrac{\alpha}{2}}$

和当量摩擦角 $\rho_v = \arctan f_v$，并以 ρ_v 代替 ρ，相应得到非矩形螺纹中螺母等速上升的水平推力 F_t 为

$$F_t = Q \cdot \tan(\lambda + \rho_v) \tag{3-10}$$

克服螺纹中阻力拧紧螺母所需的转矩为

$$T_1 = F_t \cdot \frac{d_2}{2} = \frac{d_2}{2} \cdot Q \cdot \tan(\lambda + \rho_v) \tag{3-11}$$

螺旋副的效率为

$$\eta = \frac{Q \cdot S}{2\pi \cdot T_1} = \frac{Q\pi d_2 \tan\lambda}{Q\pi d_2 \tan(\lambda + \rho_v)} = \frac{\tan\lambda}{\tan(\lambda + \rho_v)} \tag{3-12}$$

同样，支持滑块使之不沿斜面下滑所必需的水平推力 F_t 为

$$F_t = Q\tan(\lambda - \rho_v) \tag{3-13}$$

螺旋副自锁条件为

$$\lambda < \rho_v \tag{3-14}$$

比较式(3-7)与式(3-12)可知，非矩形螺纹的牙形角 α 越大，螺纹的效率越低；比较式(3-9)与式(3-14)可以看出三角螺纹的自锁性能显然比矩形螺纹要好。静联接螺纹要求自锁，故多采用牙形角 α 大的三角螺纹。传动用的螺纹动联接，其传动效率要高，故一般宜采用牙形角 α 较小的梯形螺纹。

三、常用螺纹的类型与特点

表 3-1 列出了机械中常用螺纹的类型与特点。

表 3-1　机械中常用螺纹的类型与特点

螺纹类型	牙 形	特 点
普通螺纹	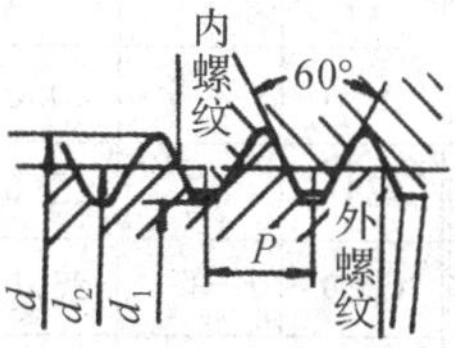	牙形为等边三角形,牙形角为 60°,外螺纹牙根允许有较大的圆角,以减少应力集中。同一公称直径的螺纹按螺距大小,分为粗牙螺纹和细牙螺纹,细牙螺纹的螺距小,自锁性能好,但牙细不耐磨。 粗牙螺纹多用于一般联接。细牙螺纹常用于薄壁件或受冲击、振动和变载荷的联接中,也可用作微调机构的调整螺纹。
非螺纹密封的管螺纹	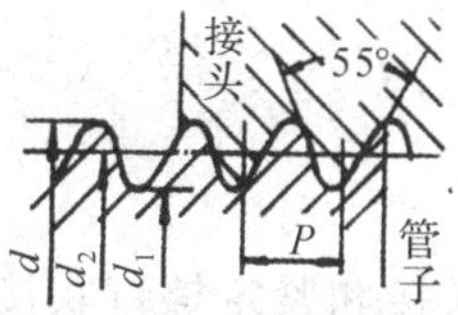	牙形为等腰三角形,牙形角为 55°,牙顶有较大的圆角。管螺纹为英制细牙螺纹,尺寸代号为管子内螺纹大径。 适用于管接头、旋塞、阀门及附件。
用螺纹密封的管螺纹	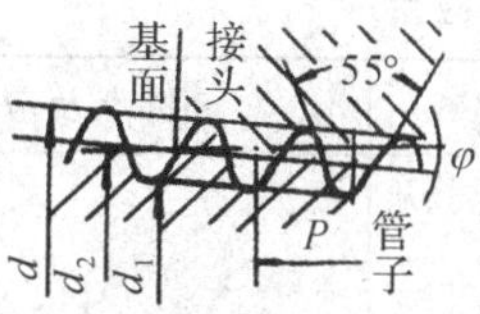	牙形为等腰三角形,牙形角为 55°,牙顶有较大的圆角。螺纹分布在锥度 1:16 的圆锥管壁上。它包括圆锥内螺纹与圆锥外螺纹和圆锥外螺纹与圆柱内螺纹两种联接形式。螺纹旋合后,不需要任何填料,利用本身的变形就可保证联接的紧密性。 适用于管接头、旋塞、阀门及附件。
矩形螺纹	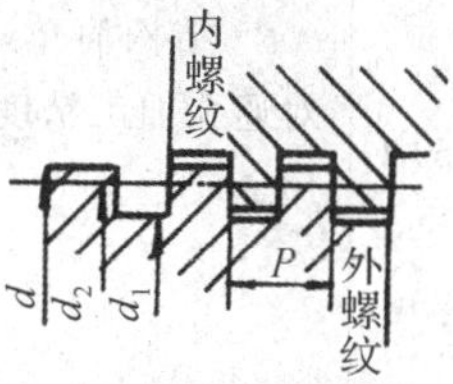	牙形为正方形。传动效率高,但牙根强度低,螺旋副磨损后,间隙难以修复和补偿。矩形螺纹无国家标准。 应用较少,目前逐渐被梯形螺纹所代替。
梯形螺纹	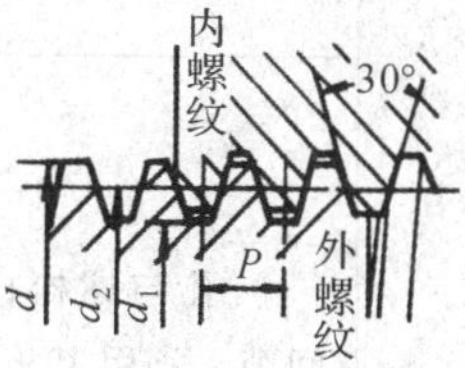	牙形为等腰梯形,牙形角为 30° 传动效率比矩形螺纹低。但工艺性好,牙根强度高,对中性好。若采用剖分螺母,螺纹磨损后间隙可以补偿。 梯形螺纹是最常用的传动螺纹。
锯齿形螺纹	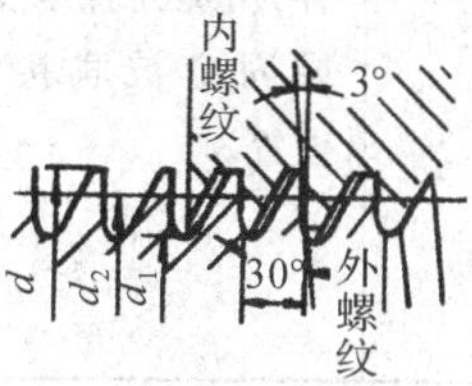	牙形为不等腰梯形,工作面的牙形角为 3°,非工作面的牙形角为 30°。外螺纹的牙根有较大的圆角,以减少应力集中。内、外螺纹旋合后大径处无间隙,便于对中。兼有矩形螺纹传动效率高、梯形螺纹牙根强度高的优点。 适用于承受单向载荷的螺旋传动。

表 3-2 列出了普通粗牙螺纹常用尺寸。

表 3-2　普通粗牙螺纹常用尺寸(摘自 GB/T196—2003)　　mm

公称直径 d	螺距 P	中径 d_2	小径 d_1	公称直径 d	螺距 P	中径 d_2	小径 d_1	公称直径 d	螺距 P	中径 d_2	小径 d_1
6	1	5.350	4.917	(14)	2	12.701	11.835	(22)	2.5	20.376	19.294
8	1.25	7.188	6.647	16	2	14.701	13.835	24	3	22.051	20.752
10	1.5	9.026	8.376	(18)	2.5	16.376	15.294	(27)	3	25.051	23.752
12	1.75	10.863	10.106	20	2.5	18.376	17.294	30	3.5	27.727	26.211

注:优先选用不带括号的公称直径

四、螺纹联接的基本类型及标准螺纹联接件

1. 螺纹联接的基本类型

螺纹联接的基本类型有螺栓联接、双头螺柱联接、螺钉联接和紧定螺钉联接。它们的结构、特点及应用见表 3-3。

表 3-3　螺纹联接的基本类型、特点及应用

类型	结构图	尺寸关系	特点及应用
普通螺栓联接		螺纹余量长度 l_1 为 　静载荷 $l_1 \geqslant (0.3 \sim 0.5)d$ 　变载荷 $l_1 \geqslant 0.75d$ 　铰制孔用螺栓的 l_1 应尽可能小于螺纹伸出长度 a 　$a = (0.2 \sim 0.3)d$ 　螺纹轴线到边缘的距离 e 　$e = d + (3 \sim 6)\text{mm}$ 螺栓孔直径 d_0 　普通螺栓 $d_0 = 1.1d$ 铰制孔用螺栓的 d_0 应按 d 查有关标准	结构简单,装拆方便,对通孔加工精度要求低,应用最广泛。
铰制孔用螺栓联接			孔与螺栓杆之间没有间隙,采用基孔制过渡配合。用螺栓杆承受横向载荷或固定被联接件的相互位置。

续表 3-3

类型	结　构　图	尺寸关系	特点及应用
螺钉联接	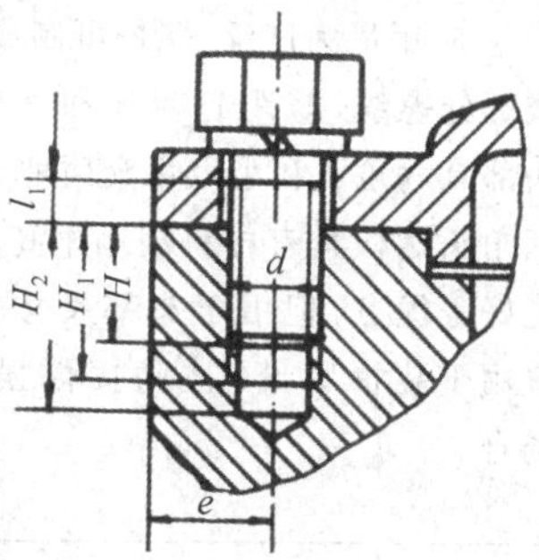	螺纹拧入深度 H 为 钢或青铜：$H \approx d$ 铸铁：$H = (1.25 \sim 1.5)d$ 铝合金：$H = (1.5 \sim 2.5)d$ 螺纹孔深度	不用螺母，直接将螺钉的螺纹部分拧入被联接件之一的螺纹孔中构成联接，结构简单，用于被联接件之一较厚不便加工通孔的场合，但如果经常装拆时，易使螺纹孔产生过度磨损而导致联接失效。
双头螺柱联接	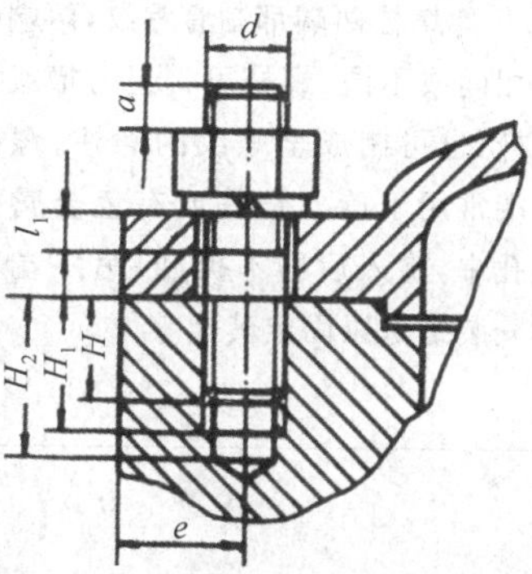	$H_1 = H + (2 \sim 2.5)P$ 钻孔深度 $H_2 = H_1 + (0.5 \sim 1)d$ l_1、a、e 值同普通螺栓联接的情况	螺栓的一端旋紧在一被联接件的螺纹孔中。另一端则穿过另一被联接件的孔，通常用于被联接件之一太厚不便穿孔、结构要求紧凑或经常拆装的场合。
紧定螺钉联接	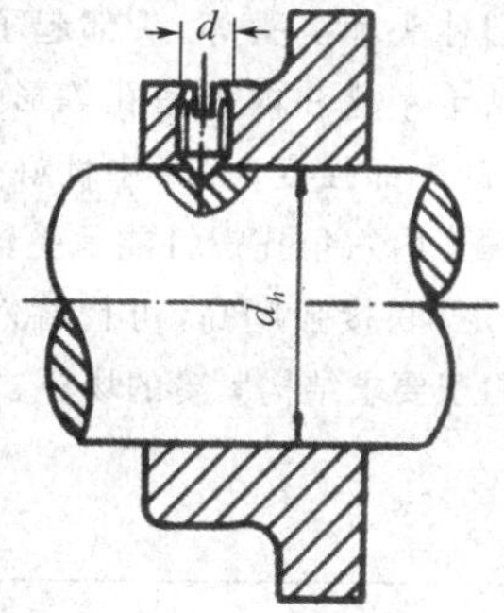	$d = (0.2 \sim 0.3)d_h$ 当力和转矩大时取较大值	螺钉的末端顶住零件的表面或顶入该零件的凹坑中，将零件固定，它可以传递不大的载荷。

2. 标准螺纹联接件

螺纹联接件的结构形式和尺寸已标准化，设计时可按有关标准选用，常用螺纹联接件的类型、结构特点及应用见表 3-4。

表 3-4   常用螺纹联接件的类型、结构特点及应用

类型	图　例	结构特点及应用
六角头螺栓	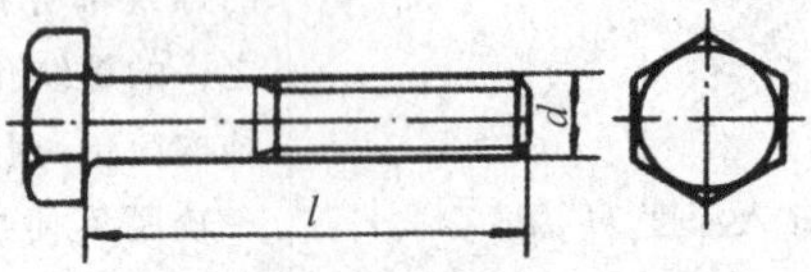	应用最为广泛。螺杆可制成全螺纹或部分螺纹,螺距有粗牙和细牙,螺栓头部有六角头和小六角头两种。其中小六角头螺栓具有材料利用率高、机械性能好等优点,但由于头部尺寸较小,不宜用于装拆频繁、被联接件强度低的场合。
双头螺柱	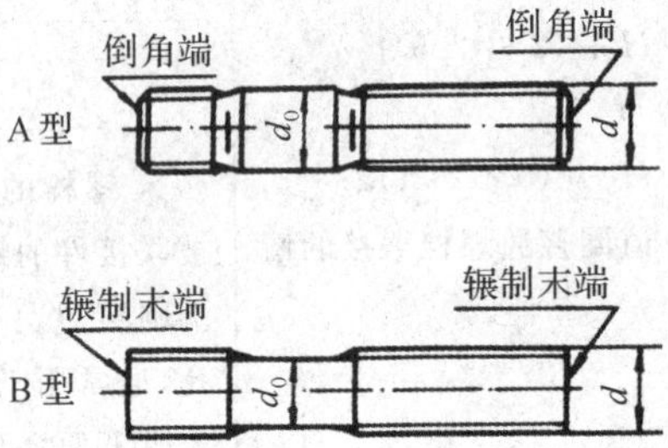	螺柱两端都制有螺纹,两端螺纹可相同或不同,螺柱可带退刀槽或制成腰杆,也可制成全螺纹的螺柱。螺柱的一端常用于旋入铸铁或有色金属的螺纹孔中,旋入后即不拆卸,另一端则用于安装螺母以固定其他零件。
螺钉	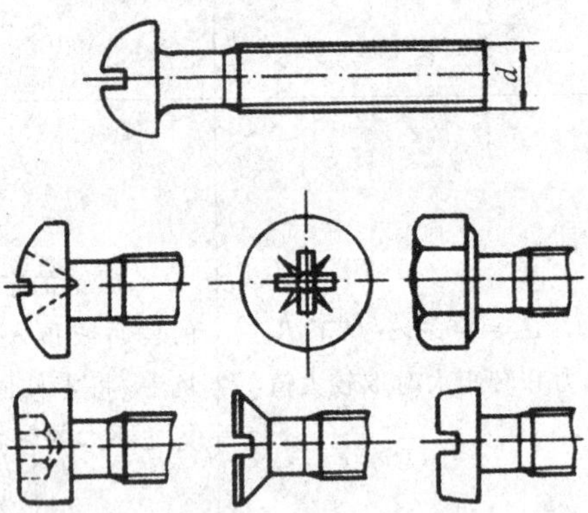	螺钉头部形状有圆头、扁圆头、六角头、圆柱头和沉头等。头部起子槽有一字槽、十字槽和内六角孔等形式。十字槽螺钉头部强度高、对中性好,便于自动装配。内六角孔螺钉能承受较大的扳手力矩,联接强度高,可代替六角头螺栓,用于要求结构紧凑的场合。
紧定螺钉	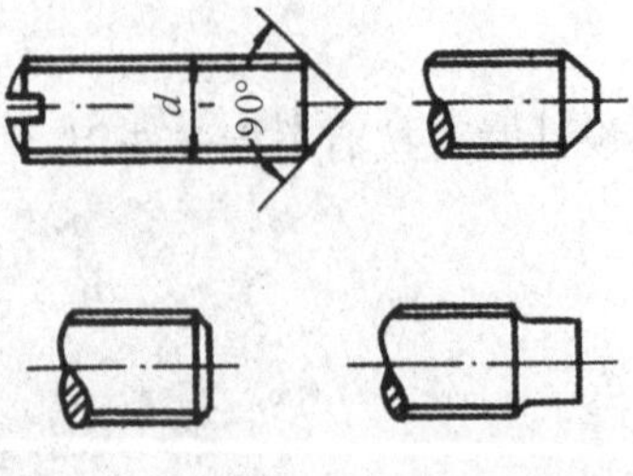	紧定螺钉的末端形状,常用的有锥端、平端和圆柱端。锥端适用于被紧定零件的表面硬度较低或不经常拆卸的场合;平端接触面积大,不伤零件表面,常用于顶紧硬度较大的平面或经常拆卸的场合;圆柱端压入轴上的凹坑中,适用于紧定空心轴上的零件位置。

续表 3-4

类型	图 例	结构特点及应用
自攻螺钉	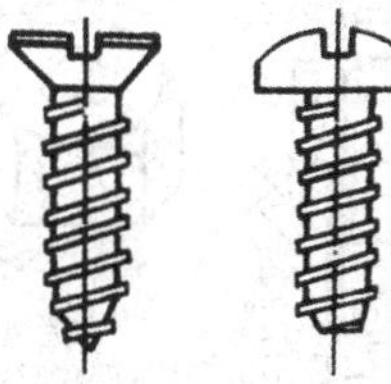	螺钉头部形状有圆头、六角头、圆柱头、沉头等。头部起子槽有一字槽、十字槽等形式。末端形状有锥端和平端两种。多用于联接金属薄板、轻合金或塑料零件。在被联接件上可不预先制出螺纹,在联接时利用螺钉直接攻出螺纹。
六角螺母	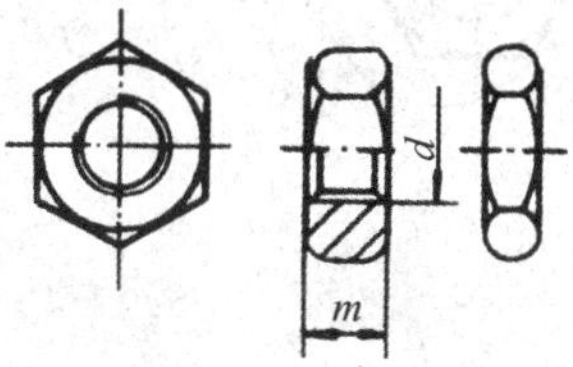	根据螺母厚度不同,分为标准的和薄型的两种。薄螺母常用于受剪力 的螺栓上或空间尺寸受限制的场合。
圆螺母	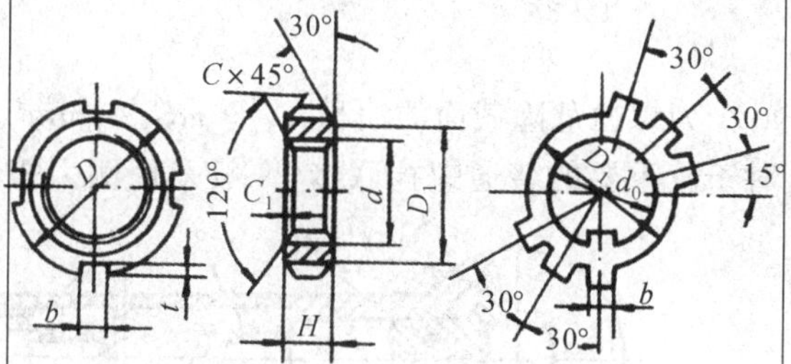	圆螺母常与止退垫圈配用,装配时将垫圈内舌插入轴上的槽内,而将垫圈的外舌嵌入圆螺母的槽内。螺母即被锁紧,从而起到防松作用。常作为滚动轴承的轴向固定用。
垫圈	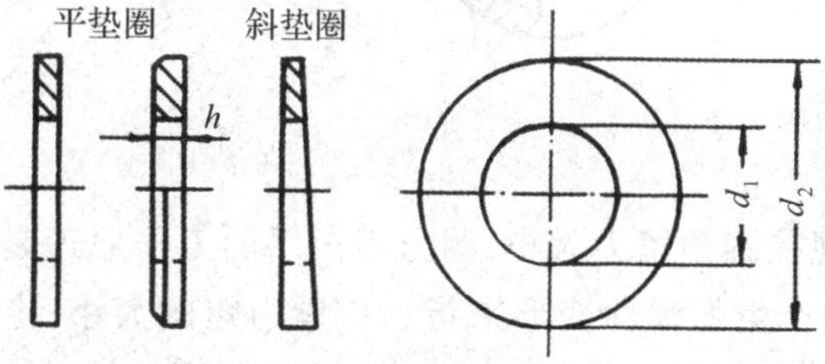	保护被联接件的表面不被擦伤,增大螺母与被联接件间的接触面积以及遮盖被联接件的不平表面。斜垫圈用于倾斜的支承面。

五、螺纹联接的预紧和防松

1.螺纹联接的预紧

螺纹联接在装配时一般需要拧紧,使联接在承受工作载荷之前,预先受到力的作用,这个预先作用力称为预紧力。预紧的目的在于增加联接的刚性、紧密性和防松能力。

下面分析预紧力与预紧力矩的关系。如图 3-9 所示,拧紧螺母时,需克服螺旋副中的阻力矩 T_1 和螺母支承面上的摩擦阻力矩 T_2,即拧紧力矩 $T = T_1 + T_2$,对于 M10 ~ M64 粗牙普通螺栓,拧紧力矩 $T(\text{N} \cdot \text{mm})$ 与预紧力 $Q_0(\text{N})$ 之间的关系可近似按下式计算

$$T = 0.2Q_0 d \qquad (3-15)$$

式中:d 为螺栓直径(mm)。

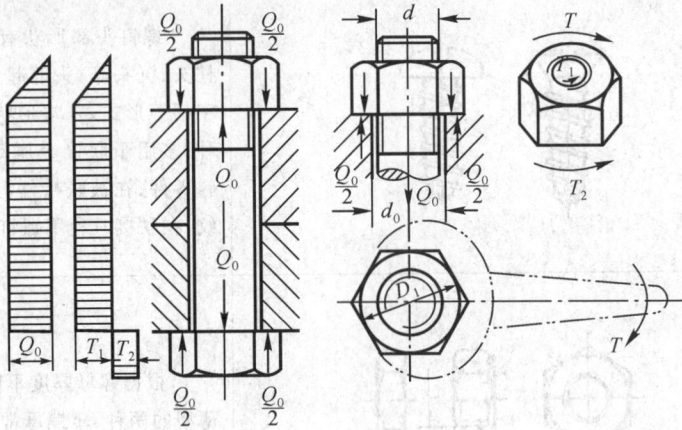

图 3-9

预紧力的数值应根据载荷的性质、联接刚度等具体工作条件而确定。对于一般联接用钢制普通螺栓联接,其预紧力 Q_0 的大小可按下式计算

$$Q_0 = (0.5 \sim 0.7)\sigma_s A \quad (N) \qquad (3-16)$$

式中:σ_s 为螺栓材料的屈服极限,MPa;A 为螺栓危险截面的面积,$A \approx \pi d_1^2/4$,mm^2。

控制预紧力大小的方法有多种。对于较重要的普通螺栓联接,一般采用测力矩扳手(图

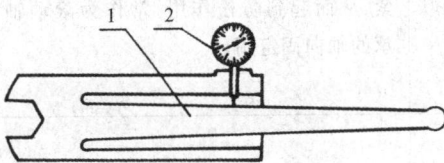

图 3-10

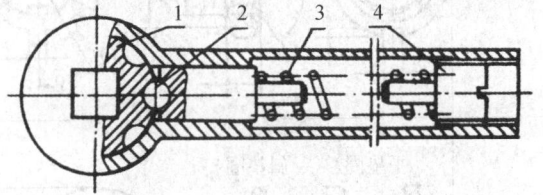

图 3-11

3-10) 或定力矩扳手(图 3-11) 来实现控制预紧力大小。测力矩扳手的工作原理是根据扳手上的弹性元件 1 在拧紧力的作用下所产生的弹性变形来指示拧紧力矩的大小。定力矩扳手的工作原理是当拧紧力矩超过规定值时,弹簧 3 被压缩,扳手卡盘 1 与圆柱销 2 之间发生打滑。拧紧力矩的大小可通过螺钉 4 调整弹簧的压紧力来实现。对于预紧力控制有精确要求的螺栓联接,可采用测量螺栓伸长的变形量来控制预紧力的大小。而高强度螺栓预紧力控制则建议采用测量螺母转角的方法。

2. 螺纹联接的防松

松动是螺纹联接中最常见的失效形式之一。螺纹联接件的螺纹升角小于螺旋副的当量摩擦角,联接螺纹都能满足自锁条件。在静载荷和温度变化不大的工况下螺纹联接不会自行松开。但在高温、冲击、振动和变载荷作用下,螺旋副间的摩擦力可能会减少或瞬时消失,从而使螺纹联接松动或松脱。在交通、化工和高压密闭容器等设备、装置中,螺纹联接的松动可能会导致重大事故的发生。所以在设计使用螺纹联接时,应根据实际情况,考虑螺纹联接的

防松。

所谓防松就是防止螺旋副的相对转动。按其工作原理,螺纹联接的防松可分为摩擦防松、机械防松和破坏螺纹副关系防松等多种方法。常用的防松方法见表 3-5。

表 3-5 常用防松方法

摩擦防松	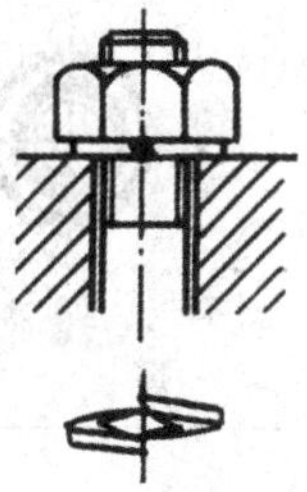 弹簧垫圈 螺母拧紧后靠弹簧垫圈被压平而产生的弹性反力使旋合螺纹间压紧,结构简单,使用方便,但防松效果较差。	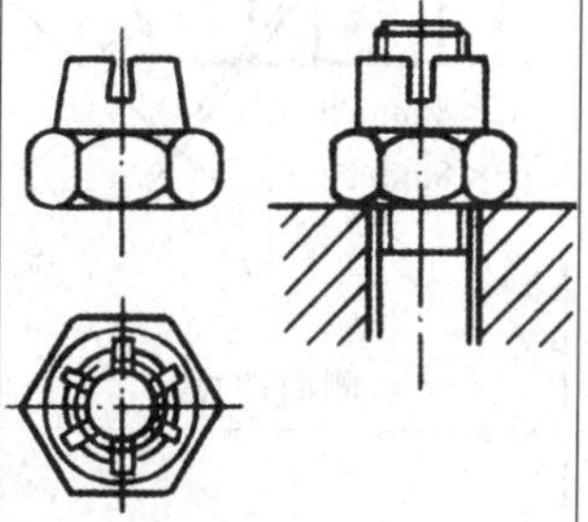 自锁螺母 螺母一端制成非圆收口或开缝后径向收口。拧紧螺母后,收口被胀开,利用其弹力使旋合螺纹间压紧。结构简单,防松可靠,可多次装拆而不影响防松效果。	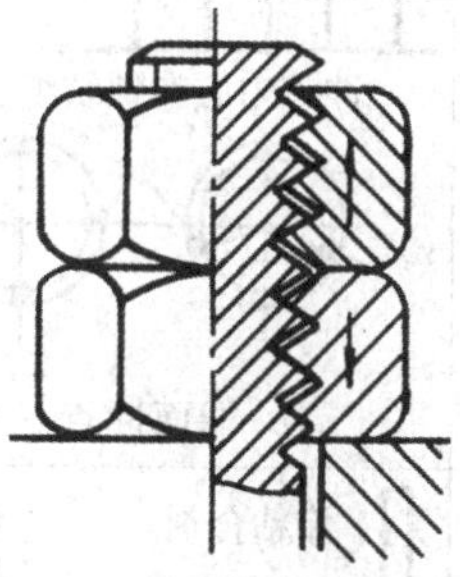 对顶螺母 利用两螺母的对顶作用使螺栓始终受到附加的拉力和附加的摩擦力。结构简单,可用于低速重载场合。
机械防松	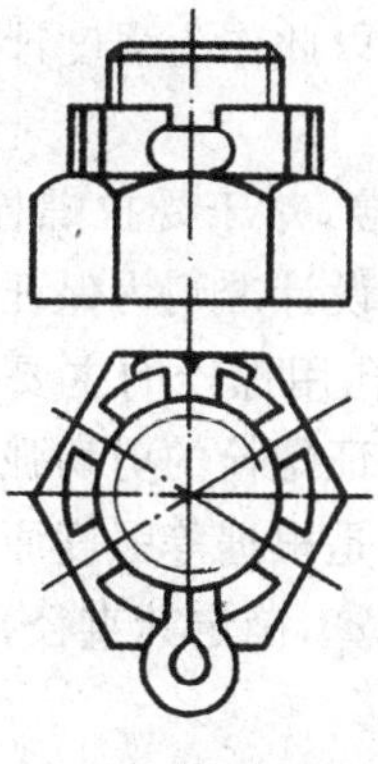 槽形螺母和开口销 槽形螺母拧紧后,用开口销穿过螺栓尾部小孔和螺母的槽,也可以用普通螺母拧紧后再配钻开口销孔。	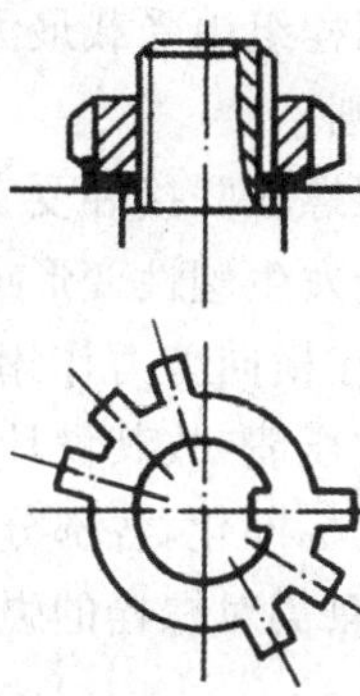 圆螺母用带翅垫片 使垫片内翅嵌入螺栓(轴)的槽内,拧紧螺母后将垫片外翅之一折嵌于螺母的一个槽内。	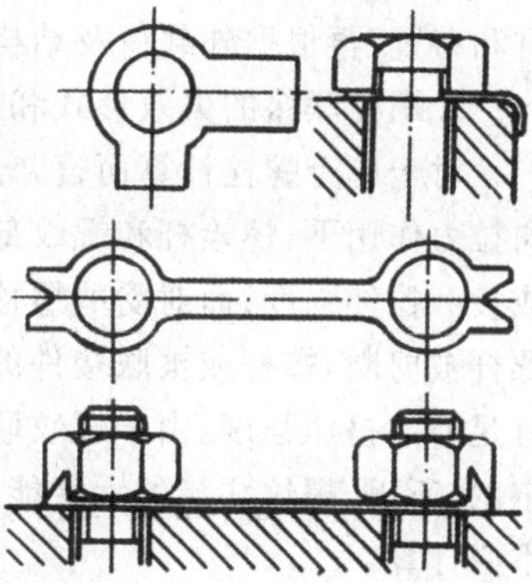 止动垫片 将止动垫片分别向螺母和被联接件的侧面弯折,从而将螺母锁住,当两个螺栓需双联锁紧时,可采用双联止动垫片,使两个螺母互锁。

续表 3-5

破坏螺纹副关系的防松	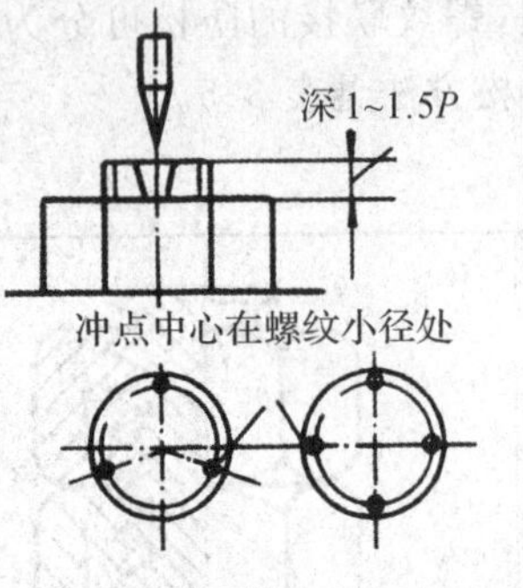 深 $1\sim1.5P$ 冲点中心在螺纹小径处 端面冲点	$d<8$mm 冲二点 $d<8$mm 冲三点 $1\sim1.5P$ 侧面冲点	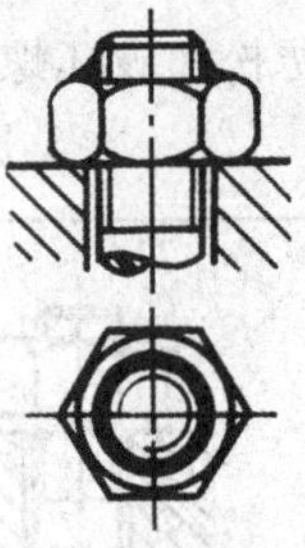 焊 接
粘合法防松	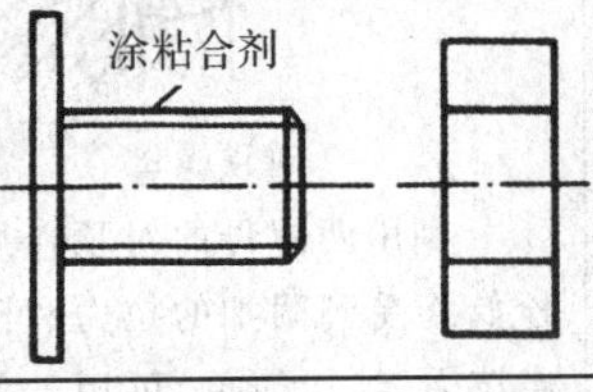 涂粘合剂	通常用厌氧性粘接剂涂在螺纹旋合表面,拧紧螺母后粘接剂自行固化。粘接剂的抗剪强度应低于紧固件的抗扭强度。

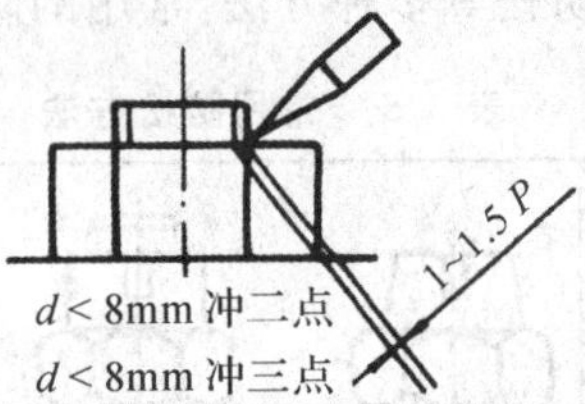

六、螺纹联接的承载能力

螺纹联接通常成组使用,称为螺栓组。在进行螺栓组设计计算时,首先要确定螺栓的数目和布置,再根据外载荷及结构找出螺栓组中受载最大的螺栓,以此作为强度计算的依据。

1. 螺栓联接的失效形式和设计准则

对于单个螺栓计算而言,分为受拉螺栓联接和受剪螺栓联接。对于受拉螺栓联接,在轴向拉力作用下,螺栓杆和螺纹部分可能发生塑性变形或断裂,其设计准则为保证螺栓的静力或疲劳拉伸强度;而对受剪螺栓联接,在横向剪力作用下,铰制孔用螺栓的主要失效形式为螺杆被剪断,螺杆或被联接件的孔壁被压溃,故其设计准则为保证螺栓的剪切强度和联接具有足够的挤压强度。由于螺纹联接件已标准化,各部分结构尺寸是根据等强度原则及经验确定的,所以,螺纹联接的承载能力计算只需对螺栓的强度进行计算,确定其直径,而其他部分不必计算。

2. 受拉螺栓联接

(1) 松螺栓联接

松螺栓联接装配时不需要拧紧螺母,在承受工作载荷之前,螺栓不受力。图 3-12 所示的起重吊钩的联接即属松螺栓联接应用。设轴向工作载荷为 Q(N),其强度条件为

$$\sigma = \frac{Q}{\pi d_1^2/4} \leqslant [\sigma] \qquad (\text{MPa}) \tag{3-17}$$

式中: d_1 为螺纹小径,mm; $[\sigma]$ 为松螺栓联接的许用拉应力,MPa。

(2) 紧螺栓联接

1) 只承受预紧力的紧螺栓联接。如图 3-9 所示,拧紧螺母时,螺栓的螺杆部分受预紧力产生的拉应力作用,同时还受克服螺纹副中摩擦阻力矩 T_1 所产生的扭剪应力,即螺栓处于拉、扭组合变形状态。但在实际计算时,为使问题简化,对于 M10 ~ M68 的钢制普通螺栓,可以只按拉伸强度来计算,并将所受的拉力增大 30% 来考虑扭转的影响。故螺栓的强度条

件为

$$\frac{1.3Q_0}{\pi d_1^2/4} \leqslant [\sigma] \quad \text{(MPa)} \tag{3-18}$$

式中:Q_0 为螺栓所受的预紧力,N;d_1 为螺纹小径,mm;$[\sigma]$ 为紧螺栓联接的许用拉应力,MPa。

图 3-13 为受横向载荷的紧螺栓联接,螺栓与螺栓孔之间留有间隙,工作时,若接合面间的摩擦力足够大,则被联接件不会发生相对滑动。因此螺栓的预紧力 Q_0 应为

$$Q_0 \geqslant \frac{K_f F}{z f m} \quad \text{(N)} \tag{3-19}$$

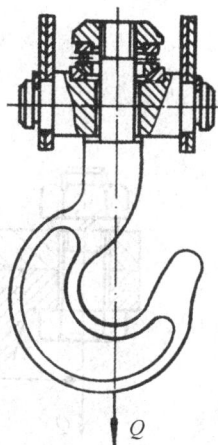

图 3-12

式中:z 为联接螺栓数;f 为接合面间的摩擦系数,对于铸铁和钢,$f = 0.15 \sim 0.2$;m 为摩擦接合面数;F 为横向载荷,N;K_f 为保证联接可靠的可靠性系数,通常取 $K_f = 1.1 \sim 1.3$。求出 Q_0 后,再按式 (3-18) 计算螺栓强度。靠摩擦力来承担横向载荷的普通螺栓联接需很大的预紧力,螺栓的直径也较大。对此,可采用图 3-14 所示的方法,用键、套筒和销等抗剪切件来承担横向载荷,其联接强度按键、套筒和销的强度条件进行计算,而螺栓仅起一般联接作用,不需很大的预紧力。

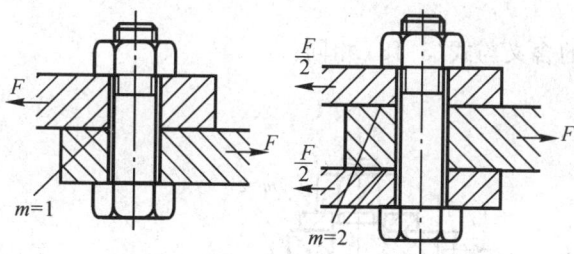

图 3-13

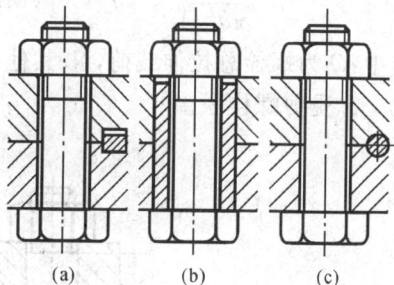

(a)   (b)   (c)

图 3-14

2) 受预紧力和轴向工作载荷的紧螺栓联接。图 3-15 所示为气缸盖螺栓联接,z 个螺栓沿圆周均布,设气缸的压强为 p,则每个螺栓受到的工作载荷为 $Q_F = p \cdot \dfrac{\pi D^2}{4z}$。以下取一个螺栓进行受力与变形分析(图 3-16)。图 3-16a 是螺栓尚未拧紧时的情况。螺栓拧紧后,如图 3-16b 所示,由于受预紧力 Q_0 的作用螺栓产生拉伸变形量 δ_1;而被联接件受压缩力 Q_0 的作用产生压缩变形量 δ_2。当联接受到轴向工作载荷 Q_F 后,如图 3-16c 所示,螺栓继续受拉伸,其变形增量为 $\Delta\delta$,总拉伸变形量为 $\delta_1 + \Delta\delta$,与之相对应的拉力即为螺栓所受的总拉伸载荷 Q;同时,根据变形协调关系,被联接件则因螺栓的伸长而回弹,其压缩变形量减少了 $\Delta\delta$,故被联接件的残余变形量为 $\delta_2 - \Delta\delta$,相应的压力称为残余预紧力 Q_r。工作载荷和残余预紧力一起作用在螺栓上,故螺栓总的拉伸载荷为

$$Q = Q_F + Q_r \tag{3-20}$$

为了保证联接的紧密性,防止联接受工作载荷后接合面间出现缝隙,应使 $Q_r > 0$。对于有密封性要求的联接,取 $Q_r = (1.5 \sim 1.8)Q_F$。对于一般联接,工作载荷稳定时,取 $Q_r = (0.2 \sim 0.6)Q_F$。工作载荷有变化时,取 $Q_r = (0.6 \sim 1.0)Q_F$。

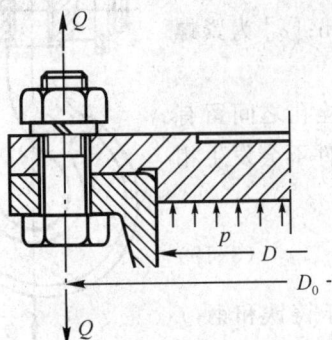

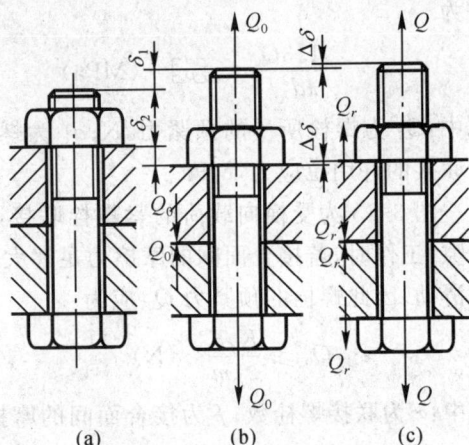

图 3-15   图 3-16

设计时,可先求出工作载荷 Q_F,再根据联接的工作要求确定残余预紧力 Q_r,然后由式(3-20)计算出总拉伸载荷 Q。考虑到螺栓受轴向工作载荷时可能需补充拧紧,应计入扭剪应力的影响,故螺杆危险截面的拉伸强度条件为

$$\frac{1.3Q}{\pi d_1^2/4} \leqslant [\sigma] \quad (\text{MPa}) \tag{3-21}$$

式中:Q 为螺栓总拉伸载荷,N;其他符号的含义与式(3-18)相同。

3. 受剪螺栓联接

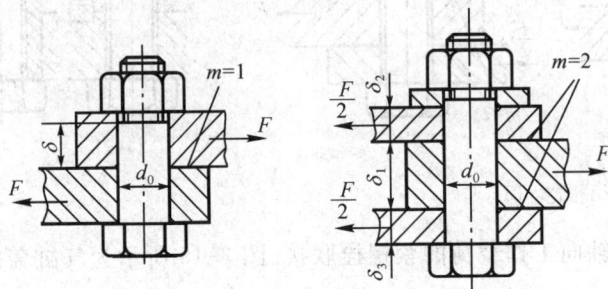

图 3-17

通常用六角头铰制孔用螺栓作为受剪螺栓,螺栓与螺栓孔多采用过盈配合或过渡配合。如图 3-17 所示,当联接承受横向载荷时,在联接的结合处螺栓横截面受剪切,螺栓杆和被联接件孔壁接触表面受挤压,螺栓的剪切强度条件和螺杆与孔壁接触表面的挤压强度条件分别为

$$\tau = \frac{F}{zm\pi d_0^2/4} \leqslant [\tau] \quad (\text{MPa}) \tag{3-22}$$

$$\sigma_p = \frac{F}{zd_0\delta} \leqslant [\sigma_p] \quad (\text{MPa}) \tag{3-23}$$

式中:F 为横向载荷,N;z 为螺栓数目;m 为螺栓受剪面数目;d_0 为螺栓杆在剪切面处的直径,mm;δ 为螺栓杆与孔壁间接触受压的最小轴向长度,mm;$[\tau]$ 为螺栓材料许用剪应力,

MPa；$[\sigma_p]$ 为螺杆或被联接件材料的许用挤压应力，MPa，计算时取两者中的小值。

　　4. 螺栓的材料和许用应力

　　螺栓材料一般采用碳素钢；对于承受冲击、振动或变载荷的螺纹联接，可采用合金钢；对于特殊用途（如防锈、导电或耐高温）的螺纹联接，采用特种钢或铜合金、铝合金等。

　　国家标准规定螺纹联接件按材料的机械性能分级，见表 3-6。螺母的材料一般与相配螺栓相近而硬度略低。

表 3-6　螺栓、螺钉和双头螺柱的机械性能等级（根据 GB3098.1—1982）

机械性能等级	3.6	4.6	4.8	5.6	5.8	6.8	8.8		9.8	10.9	12.9
							≤ M16	> M16			
最小抗拉强度极限 σ_{Bmin}（MPa）	330	400	420	500	520	600	800	830	900	1040	1220
最小屈服极限 σ_{Smin} 或 $\sigma_{0.2min}$（MPa）	190	240	340	300	420	480	640	660	720	940	1100
最低硬度 HBS_{min}	90	109	113	134	140	181	232	248	269	312	365

注：① 8.8 级中 ≤ M16、> M16 一栏。对钢结构的螺栓分别改为 ≤ M12、> M12。

　　② 紧定螺钉的性能等级与螺钉不同，此表未列入。

　　螺栓联接的许用应力与材料、制造、结构尺寸及载荷性质等因素有关。普通螺栓联接的许用拉应力按表 3-7 确定，许用剪应力和许用挤压应力按表 3-8 确定。

表 3-7　螺栓联接的许用拉应力 $[\sigma]$　MPa

松联接 $0.6\sigma_s$		紧联接（严格控制预紧力）$(0.6\sim0.8)\sigma_s$					
不严格控制预紧力的紧联接	载荷性质 材料	静　载　荷			变　载　荷	
		M6～M16	M16～M30	M30～M60	M6～M16	M16～M30
	碳钢	$(0.25\sim0.33)\sigma_s$	$(0.33\sim0.50)\sigma_s$	$(0.50\sim0.77)\sigma_s$	$(0.10\sim0.15)\sigma_s$	$0.15\sigma_s$
	合金钢	$(0.20\sim0.25)\sigma_s$	$(0.25\sim0.40)\sigma_s$	$0.4\sigma_s$	$(0.13\sim0.20)\sigma_s$	$0.20\sigma_s$

注：σ_S 为螺栓材料的屈服极限，MPa。

表 3-8　螺栓联接的许用剪应力 $[\tau]$ 和许用挤压应力 $[\sigma_p]$　MPa

	许用剪应力 $[\tau]$	许用挤压应力 $[\sigma_p]$	
		被联接件为钢	被联接件为铸铁
静载荷	$0.4\sigma_S$	$0.8\sigma_S$	$(0.4\sim0.5)\sigma_B$
变载荷	$(0.2\sim0.3)\sigma_S$	$(0.5\sim0.6)\sigma_S$	$(0.3\sim0.4)\sigma_B$

注：σ_S 为钢材的屈服极限，MPa；σ_B 为铸铁的抗拉强度极限，MPa。

　　由表 3-7 可知，不严格控制预紧力的紧螺栓联接的许用拉应力与螺栓直径有关。在设计时，通常螺栓直径是未知的，因此要用试算法：先假定一个公称直径 d，根据此直径查出螺栓联接的许用拉应力,按式(3-18)或式(3-21)计算出螺栓小径 d_1,由 d_1 按表 3-1 查取公称直径 d,若该公称直径与原先假定的公称直径相差较大时,应进行重算,直到两者相近。

例 3-1 如图 3-18 所示的凸缘联轴器,上半图表示采用 6 只不严格控制预紧力的普通螺栓联接,下半图表示采用 3 只铰制孔用螺栓联接。已知联轴器所传递的转矩 $T = 397\,920\mathrm{N\cdot mm}$,螺栓孔中心圆直径 $D_1 = 115\mathrm{mm}$,$\delta = 14\mathrm{mm}$,两种螺栓的机械性能等级分别为 8.8 级和 4.6 级,联轴器材料为 HT200,试确定上述两种联接的螺栓直径。

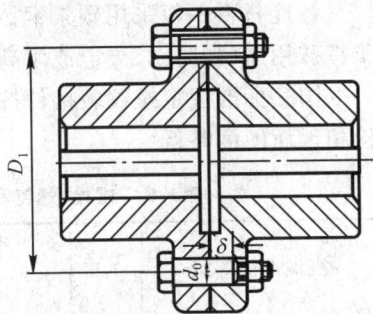

图 3-18

解:作用在螺栓孔中心圆 D_1 上的圆周力

$$F = \frac{2T}{D_1} = \frac{2 \times 397920}{115} = 6920 \quad (\mathrm{N})$$

1)普通螺栓联接。设 Q_0 为每个螺栓的预紧力,摩擦接合面数 $m = 1$,螺栓数 $z = 6$,取接合面摩擦系数 $f = 0.2$,可靠性系数 $K_f = 1.2$,由式(3-19)得

$$Q_0 \geqslant \frac{K_f F}{z f m} = \frac{1.2 \times 6920}{6 \times 0.2 \times 1} = 6920 \quad (\mathrm{N})$$

初选螺栓公称直径 $d = 10\mathrm{mm}$,由表 3-6 得 $\sigma_S = 640\mathrm{MPa}$,不严格控制预紧力,由表 3-7 经内插取值 $[\sigma] = 0.28\sigma_S = 0.28 \times 640 = 180.48\mathrm{MPa}$,按式(3-18)计算出螺栓小径 d_1

$$d_1 \geqslant \sqrt{\frac{4 \times 1.3 Q_0}{\pi [\sigma]}} = \sqrt{\frac{4 \times 1.3 \times 6920}{\pi \times 180.48}} = 7.966 \quad (\mathrm{mm})$$

查表 3-2,与计算出的 $d_1 = 7.966\mathrm{mm}$ 相接近的标准螺栓为 M10,其小径 $d_1 = 8.378\mathrm{mm}$,与计算出的 $d_1 = 7.966\mathrm{mm}$ 接近且略大一些,故取 8.8 级 M10 的六角头普通螺栓。

2)铰制孔用螺栓。由表 3-6 得 $\sigma_S = 240\mathrm{MPa}$,表 3-8 得 $[\tau] = 0.4\sigma_S = 0.4 \times 240 = 96\mathrm{MPa}$,HT200 铸铁的抗拉强度极限 $\sigma_B = 200\mathrm{MPa}$,再由表 3-8 得 $[\sigma_p] = 0.4\sigma_B = 0.4 \times 200 = 80\mathrm{MPa}$,摩擦结合面数 $m = 1$,螺栓数 $z = 3$,由式(3-22)得

$$d_0 \geqslant \sqrt{\frac{4F}{zm\pi[\tau]}} = \sqrt{\frac{4 \times 6920}{3 \times 1 \times \pi \times 96}} = 5.53 \quad (\mathrm{mm})$$

由式(3-23)得

$$d_0 \geqslant \frac{F}{z\delta[\sigma_p]} = \frac{6920}{3 \times 14 \times 80} = 2.06 \quad (\mathrm{mm})$$

选 M6 的铰制孔用螺栓,$d_0 = 6 + 1 = 7(\mathrm{mm})$

5. 提高螺栓联接强度的途径

1)改善螺纹牙间的载荷分布。受拉的普通螺栓联接,其螺栓所受的总拉力是通过螺纹牙面间相接触来传递的。如图 3-19 所示,当联接受载时,螺栓受拉,螺距增大;而螺母受压,螺距减小。因此,靠近支撑面的第一圈螺纹受到的载荷最大,到第 8～10 圈以后,螺纹几乎不受载荷,各圈螺纹的载荷分布

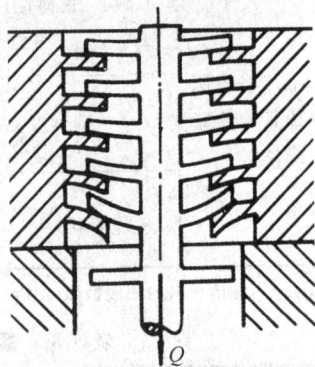

图 3-19

见图 3-20a,因此采用圈数过多的厚螺母并不能提高螺栓联接强度。为改善螺纹旋合螺纹上的载荷分布不均匀程度,可采用悬置螺母(图 3-20b)或环槽螺母(图 3-20c)。

2)减少或避免附加应力、减少应力集中。当被联接件、螺母或螺栓头部的支撑面粗糙(图 3-21a)、被联接件因刚度不够而弯曲(图 3-21b)、钩头螺栓(图 3-21c)以及装配不良等都会使螺栓中产生附加弯曲应力。对此,应从结构或工艺上采取措施,如规定螺纹紧固件与联

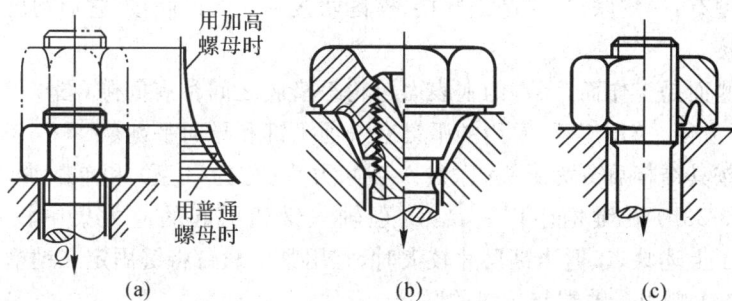

图 3-20

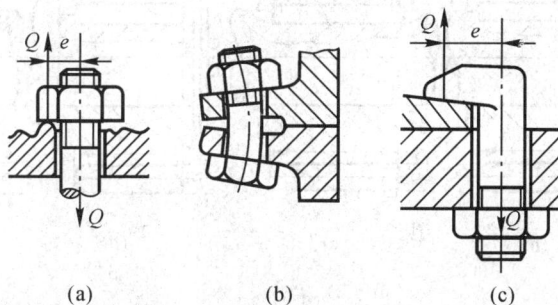

图 3-21

接件支撑面的加工精度和要求；在粗糙表面上采用需经切削加工的凸台（图 3-22a）或沉头座（图 3-22b）；采用球面垫圈（图 3-22c）或斜垫圈（图 3-22d）等。

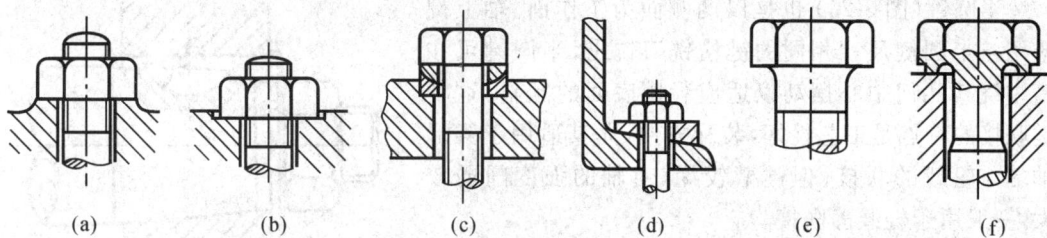

图 3-22

螺栓上的螺纹（特别是螺纹的收尾）、螺栓头和螺栓杆的过渡处以及螺栓横截面面积发生变化的部位都会产生应力集中。为减少应力集中，可采用较大的圆角（图 3-22e）和卸载结构（图 3-22f）等措施。

§3-2　键联接、花键联接、成形联接和销联接

一、键联接

键联接是由键、轴和轮毂所组成，它主要用以实现轴和轮毂的周向固定并传递转矩。键

联接的主要类型有:平键联接、半圆键联接、楔键联接和切向键联接。它们均已标准化。

1. 平键联接

平键的两侧面是工作面,平键的上表面与轮毂槽底之间留有间隙(图 3-23a)。这种键的定心性好,装拆方便,应用广泛。常用的平键有普通平键和导向平键。

普通平键按其结构可分为圆头(称为 A 型)、方头(称为 B 型)和单圆头(称为 C 型)三种。A 型键(图 3-23b)在键槽中固定良好,但轴上键槽引起的应力集中较大。B 型键(图 3-23c)则克服了上述缺点,但当键尺寸较大时,宜用紧定螺钉将键固定在键槽中,以防松动。C 型键(图 3-23d)则用于轴端与轮毂的联接。

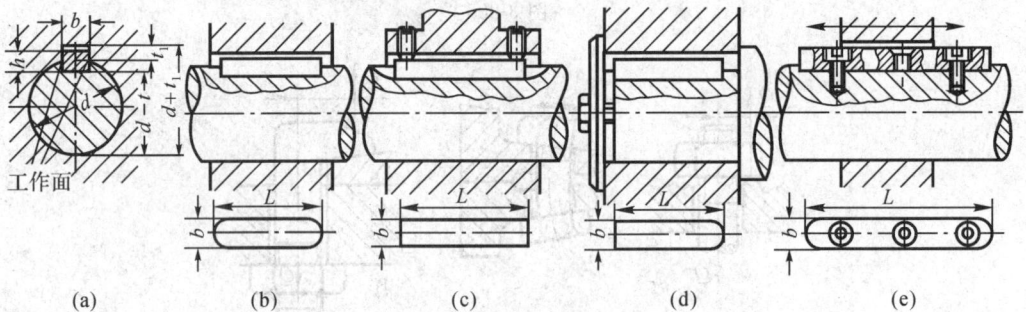

图 3-23

导向平键(图 3-23e)较长,键用螺钉固定在键槽中,键与轮毂之间采用间隙配合,轴上零件可沿键作轴向滑移。

2. 半圆键联接

半圆键(图 3-24)也是以两侧面为工作面。轴上键槽用与半圆键尺寸相同的键槽铣刀铣出,半圆键可在槽中绕其几何中心摆动以适应毂槽底面的倾斜。这种键联接的特点是工艺性好,装配方便,尤其适用于锥形轴端与轮毂的联接;但键槽较深,对轴的强度削弱较大,一般用于轻载静联接。

3. 楔键联接和切向键联接

楔键(图 3-25a)的上、下两面为工作面。键的上表面和与它相配合的轮毂键槽底面均有 1:100 的斜度。

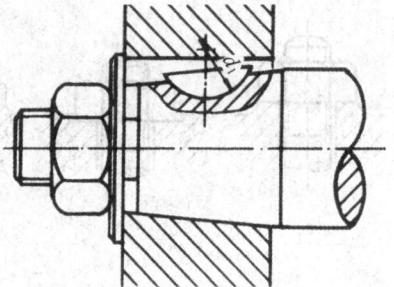

图 3-24

装配时将楔键打入,使楔键楔紧在轴和轮毂的键槽中,楔键的上、下表面受挤压,工作时靠这个挤压产生的摩擦力传递转矩。

楔键分为普通楔键和钩头楔键(图 3-25b)两种,钩头楔键的钩头是为了方便装拆用的。

楔键的主要缺点是键楔紧后,轴和轮毂的配合产生偏心和偏斜,因此楔键一般用于定心精度要求不高和低转速的场合。

切向键(图 3-26a)是由一对楔键组成,装配时将两键楔紧。键的上、下面为工作面,工作面上的压力沿轴的切线方向作用,能传递很大的转矩。用一对切向键时,只能单向传递转矩,当要双向传递转矩时,须采用两对互成 120° 分布的切向键(图 3-26b)。由于切向键对轴的强度削弱较大,因此常用于直径大于 100mm 的轴上。

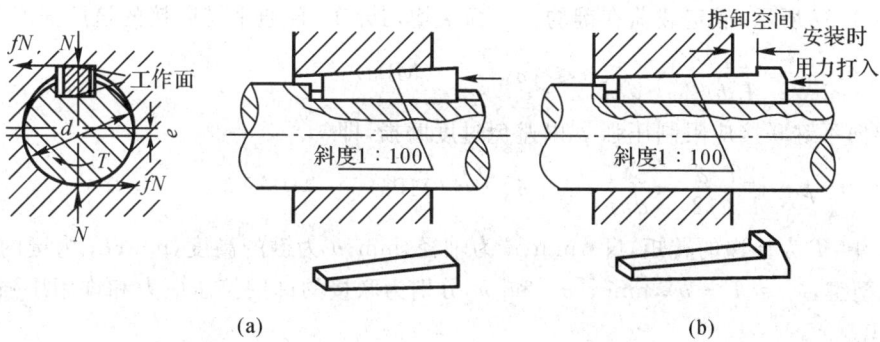

图 3-25

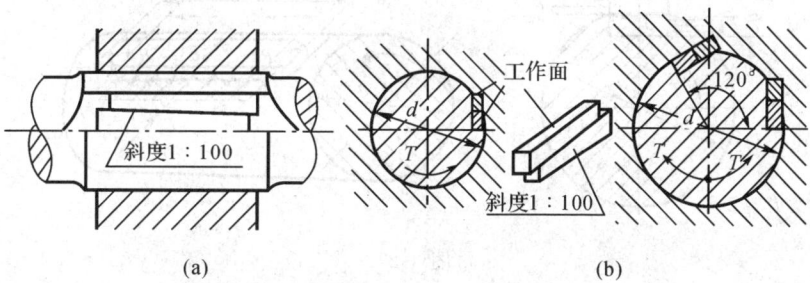

图 3-26

二、平键联接的选择与计算

设计键联接时,先根据工作要求选择键的类型,再根据装键处轴径 d 从标准(表3-9)中查取键的宽度 b 和高度 h,并参照轮毂长度从标准中选取键的长度 L,最后进行键联接的强度校核。

键的材料一般采用抗拉强度不低于 600MPa 的碳素钢。平键联接的主要失效形式为工作面的压溃,除非有严重的过载,一般不会出现键的剪断。因此,通常只按工作面上的挤压应力进行强度校核计算。导向平键联接的主要失效形式是过度磨损,因此,一般按工作面上的压力进行条件性强度校核计算。

表 3-9　普通平键和键槽的尺寸(参看图 3-23)　mm

轴的直径	键的尺寸			键　槽		轴的直径	键的尺寸			键　槽	
d	b	h	L	t	t_1	d	b	h	L	t	t_1
$>8 \sim 10$	3	3	$6 \sim 36$	1.8	1.4	$>38 \sim 44$	12	8	$28 \sim 140$	5.0	3.3
$>10 \sim 12$	4	4	$8 \sim 45$	2.5	1.8	$>44 \sim 50$	14	9	$36 \sim 160$	5.5	3.8
$>12 \sim 17$	5	5	$10 \sim 56$	3.0	2.3	$>50 \sim 58$	16	10	$45 \sim 180$	6.0	4.3
$>17 \sim 22$	6	6	$14 \sim 70$	3.5	2.8	$>58 \sim 65$	18	11	$50 \sim 200$	7.0	4.4
$>22 \sim 30$	8	7	$18 \sim 90$	4.0	3.3	$>65 \sim 75$	20	12	$56 \sim 220$	7.5	4.9
$>30 \sim 38$	10	8	$22 \sim 110$	5.0	3.3	$>75 \sim 85$	22	14	$63 \sim 250$	9.0	5.4

L 系列 6、8、10、12、14、16、18、20、22、25、28、32、36、40、45、50、56、63、70

80、90、100、110、125、140、160、180、200、250……

注:在工作图中,轴槽深用 $(d-t)$ 或 t 标注,毂槽深用 $(d+t_1)$ 或 t_1 标注。

如图 3-27 所示,假定载荷在键的工作面上均匀分布,普通平键联接的挤压强度条件为

$$\sigma_p = \frac{2T/d}{L_c h/2} = \frac{4T}{dhL_c} \leqslant [\sigma_p] \quad (\text{MPa}) \tag{3-24}$$

对导向平键联接应限制压强 p 以避免过度磨损,即

$$p = \frac{2T/d}{L_c h/2} = \frac{4T}{dhL_c} \leqslant [p] \quad (\text{MPa}) \tag{3-25}$$

以上两式中:T 为传递的转矩,$N \cdot mm$;d 为轴径,mm;h 为键的高度,mm;L_c 为键的计算长度(对 A 型键,$L_c = L - b$),mm;$[\sigma_p]$ 和 $[p]$ 分别为联接的许用挤压应力和许用压强,MPa,见表 3-10。

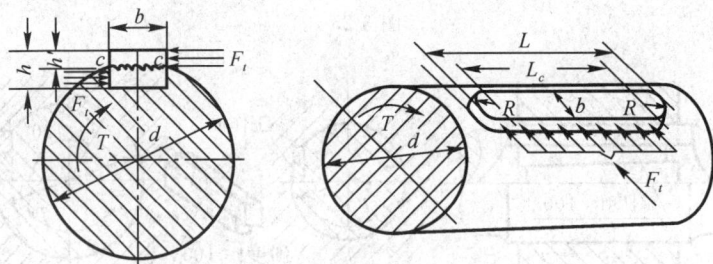

图 3-27

表 3-10 键联接的许用挤压应力和许用压强 MPa

许用值	轮毂材料	载荷性质		
		静载荷	轻微冲击	冲击
$[\sigma_p]$	钢	125～150	100～120	60～90
	铸铁	70～80	50～60	30～45
$[\tau]$	钢	50	40	30

在设计使用中若单个键的强度不够,可采用双键按 180° 对称布置。考虑载荷分布不均匀性,在强度校核中应按 1.5 个键进行计算。

三、花键联接

花键联接是由周向均布多个键齿的花键轴与带有相应键齿槽的轮毂孔相配而成(图 3-

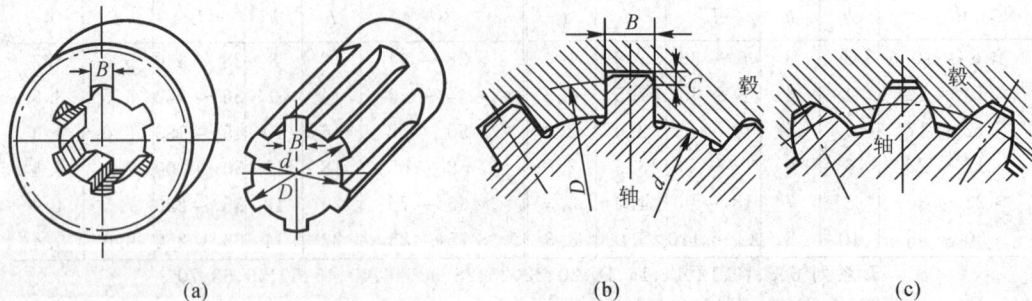

(a)　　　　　　　(b)　　　　　　(c)

图 3-28

28a)。齿的侧面为工作面,由于是多齿传递转矩,故花键联接比平键联接的承载能力高。花键联接的导向性好,齿根处的应力集中较小,对轴和毂的强度削弱小,适用于载荷大、定心精度要求高或经常需滑移的联接。

按齿形的不同,花键可分为矩形花键(图 3-28b)和渐开线花键(图 3-28c)。两者均已标准化。花键需专用加工设备加工。

花键联接可用于静联接或动联接,其齿数 z 和尺寸 d、D、B 等已标准化,使用时根据轴径按标准选定。其强度计算方法与平键相似。

四、成形联接

成形联接(图 3-29)是用非圆剖面的轴与相应的轮毂孔构成的可拆联接。这种联接应力集中小,能传递大的转矩。装拆方便,但加工工艺复杂,需用专用设备。

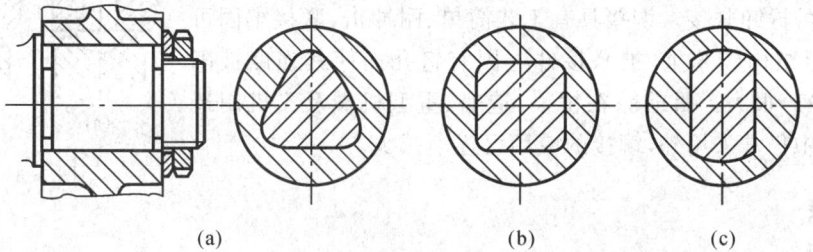

(a)   (b)   (c)

图 3-29

五、销联接

销联接主要用于固定零件之间的相对位置,并能传递不大的载荷,销也可用作过载保护元件。

销的主要类型有:圆柱销、圆锥销、槽销等。

圆柱销(图 3-30a)靠过盈配合固定在销孔中,经多次装拆,其定位精度会降低。

圆锥销(图 3-30b)和销孔均有 1：50 的锥度,安装方便,定位精度高,多次装拆不影响定位精度。端部带螺纹的圆锥销(图 3-30c)可用于盲孔或拆卸困难的场合。开尾圆锥销(图 3-30d)适用于有冲击、振动的场合。

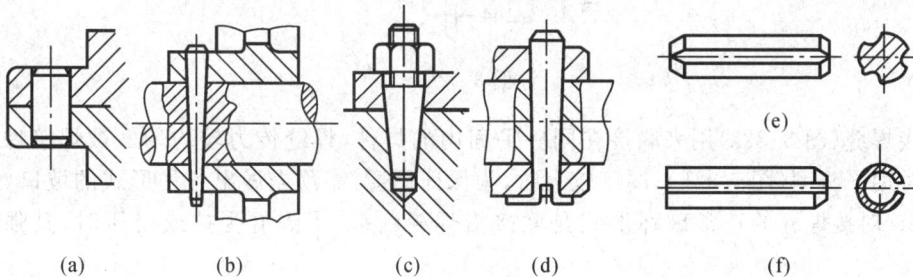

(a)   (b)   (c)   (d)   (e)   (f)

图 3-30

槽销(图 3-30e)上有三条纵向沟槽,它和圆管形弹簧圆柱销(图 3-30f)一样均在销打入销孔后,由于弹性变形使销挤紧在销孔中,能承受冲击和变载荷;销孔不需铰制,加工方便,可多次装拆。

销已标准化,设计销联接时应根据联接的特点和工作要求来选定销的类型、材料。其尺寸一般根据经验确定。

安全销在联接过载时应被剪断,因此,安全销的直径应按过载被剪断的条件确定。

§3-3 铆接、焊接、粘接和过盈联接

一、铆接

铆钉联接(图 3-31)是将铆钉穿过被联接件的预制孔经铆合而构成的不可拆卸联接。铆接具有工艺简单、耐冲击、联接牢固可靠等优点,但结构较笨重,被联接件上因有钉孔而使其强度被削弱,铆接时噪声很大。目前除在桥梁、造船、重型机械及飞机制造等工业部门中仍常采用外,铆接的应用已逐渐减少。

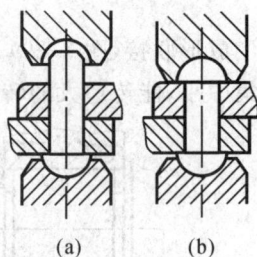

(a)　　　(b)

图 3-31

二、焊接

焊接是利用局部加热的方法使两个金属元件在联接处熔融而构成不可拆卸联接。常用的焊接方法有电弧焊、气焊和电渣焊等,其中以电弧焊应用最广泛。电弧焊利用电焊机的低压电流通过焊条(作为一个电极)与被焊接件(作为另一个电极)形成的电路,在两极间引起电弧来熔化被联接件的部分金属和焊条,使熔化金属混合并填充接缝而形成焊缝。

焊接时形成的接缝称为焊缝。电弧焊缝常用的形式有对接焊缝和填角焊缝。

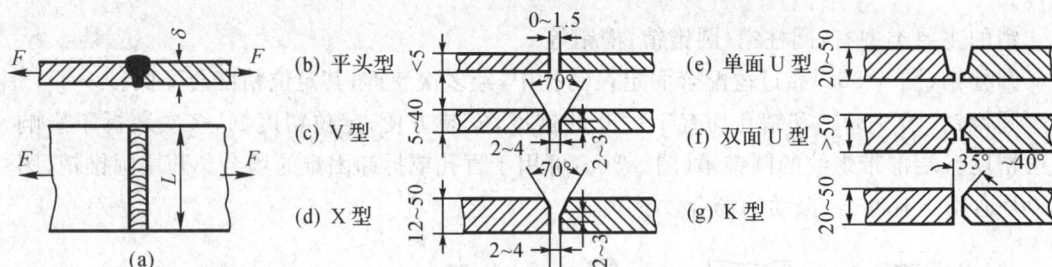

(a)

(b) 平头型

(c) V 型

(d) X 型

(e) 单面 U 型

(f) 双面 U 型

(g) K 型

图 3-32

对接焊缝(图 3-32a)用来联接在同一平面内的焊件,焊缝传力较均匀。被焊接件的厚度不大时用平头型(图 3-32b);厚度较大时,为保证焊透,需预先做出各种形式的坡口(图 3-32c～g)。对接焊缝的正常破坏形式是联接沿焊缝断裂.当焊缝受拉或受压时,其强度条件为

$$\frac{F}{\delta L} \leqslant [\sigma]' \text{(或} [\sigma_y]') \quad \text{(MPa)} \qquad (3-26)$$

式中:F 为作用力,N;δ 为被焊接件厚度(不考虑焊缝的加厚),mm;L 为焊缝的长度,mm;$[\sigma]'$ 和 $[\sigma_y]'$ 分别为焊缝的抗拉、抗压许用应力,MPa。

填角焊缝(图 3-33)主要用来联接不在同一平面上的焊件,焊缝剖面通常是等腰直角三

角形。与载荷方向相垂直的焊缝称为横向焊缝(图 3-33a),与载荷方向相平行的焊缝称为纵向焊缝(图 3-33b),焊缝兼有横向、纵向或斜向的称为混合焊缝(图 3-33c)。

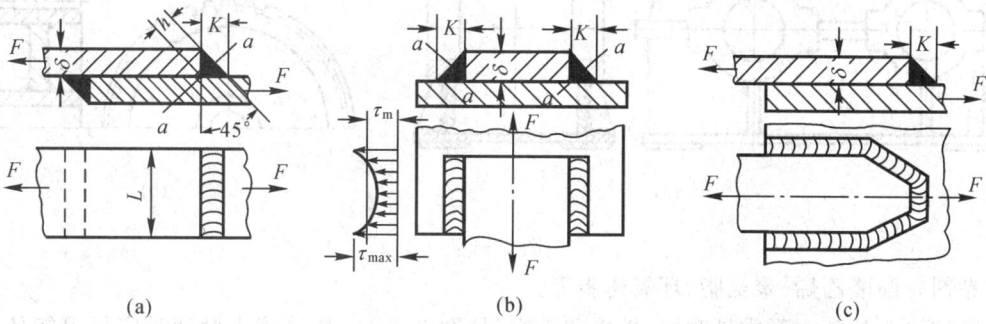

图 3-33

填角焊缝的应力情况很复杂,其失效形式多为沿计算截面 a-a 被剪坏,通常按焊缝危险截面高度 $h = K\cos45° \approx 0.7K$ 来计算焊缝总的截面面积 $0.7K\sum L$,对焊缝强度作抗剪条件性计算,受拉力或压力 F 时填角焊缝的强度条件为

$$\frac{F}{0.7K\sum L} \leqslant [\tau]' \qquad (MPa) \tag{3-27}$$

式中:F 为作用力,N;K 为焊缝腰长,mm;$\sum L$ 为焊缝总长度,mm;$[\tau]'$ 为焊缝的许用剪切应力,MPa。

焊缝的许用应力取决于焊接工艺、焊条、被焊接件的材料、载荷性质和焊接品质。承受静载荷时,焊缝的许用应力见表 3-11。尚需指出:建筑结构、船舶和压力容器制造等行业对焊接都有专门的设计规范,必须按其规范选取焊缝的许用应力。

表 3-11　焊缝的许用应力　　MPa

应力种类	被焊件材料	
	Q215	Q235、Q255
压应力 $[\sigma_y]'$	200	210
抗应力 $[\sigma]'$	180(200)	180(210)
切应力 $[\tau]'$	140	140

注:1.本表适用于常用的手工电弧焊条 T42,其熔积金属的最低强度限为 420MPa。
　　2.括号中数值用于精确方法检查焊缝质量。
　　3.对于单面焊接的角钢元件,上述许用值均降低 25%。

焊接主要用于低碳钢、低碳合金钢和中碳钢。低碳钢一般无淬硬倾向,对焊接热过程不敏感,可焊性好。焊条的材料一般应选取与被焊接件材料相同或接近。与铆接相比,焊接具有强度高、工艺简单、重量轻等优点。在单件生产、新产品试制及零件结构复杂情况下,采用焊接代替铸造,可提高生产效率,减低成本。图 3-34a 和图 3-34b 分别为采用焊接结构的减速器箱体和齿轮。由于焊接后常有残余应力及变形,不宜承受严重的冲击和振动,轻金属的焊接技术也有待进一步研究。因此还不能完全取代铆接。

三、粘接

粘接是利用胶粘剂直接涂在被联接件的联接表面,固着后粘接而成的一种联接。常用

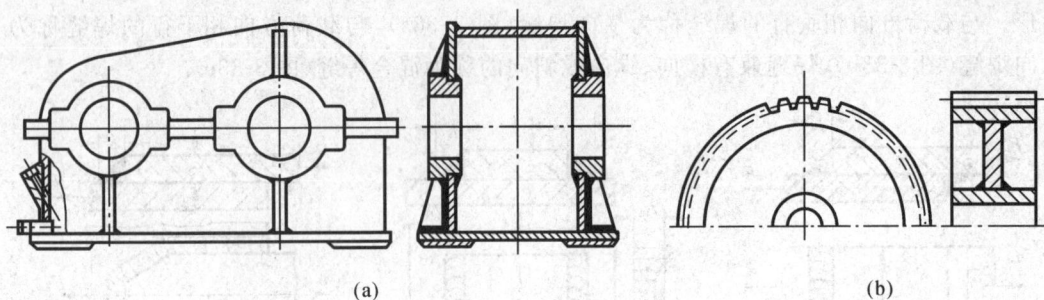

(a)   (b)

图 3-34

的胶粘剂有酚醛乙烯、聚氨脂、环氧树脂等。

粘接接头的基本形式是对接、搭接和正交(见图 3-35)。粘接接头设计时应尽可能使粘层受剪或受压,避免受拉。

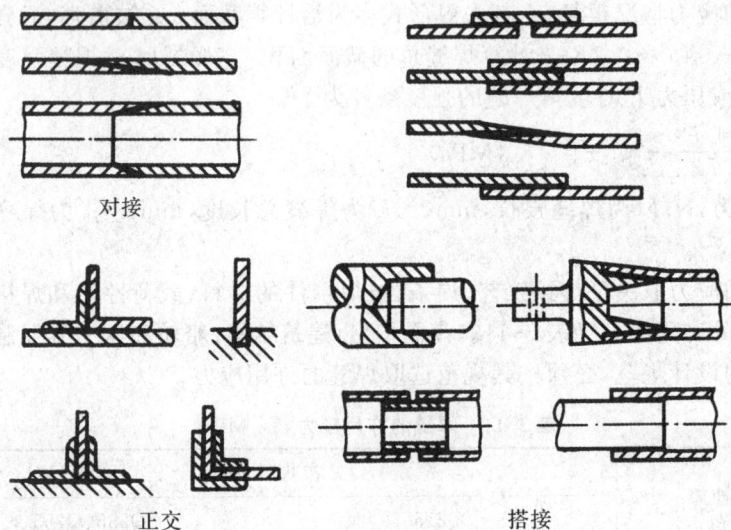

对接

正交   搭接

图 3-35

粘接工艺简单、便于不同材料及极薄金属间的联接,粘接的重量轻、耐腐蚀、密封性好;粘接的主要缺点是接头一般不宜在高温条件下工作,粘接剂对粘接表面有较高的清洁度要求,结合速度较慢,粘接的可靠性和稳定性易受环境影响。

四、过盈联接

过盈联接是利用零件间的过盈配合来实现联接目的的。装配后包容件与被包容件的径向变形(图 3-36a)使配合面间产生压力,工作时靠此压紧力产生的摩擦力来传递载荷(图 3-36b)。配合面间的摩擦力也称为固持力。为了便于压入,毂孔和轴端的倒角尺寸均有一定的要求(图 3-36c)。

过盈联接的装配有压入法和温差法两种。压入法是在常温下用压力机将被包容件直接压入包容件中。由于过盈的存在,在压入过程中配合表面易被擦伤,从而降低了联接的固性。过盈量不大时,一般采用压入法装配。过盈量较大或对联接质量要求较高时,应采用温

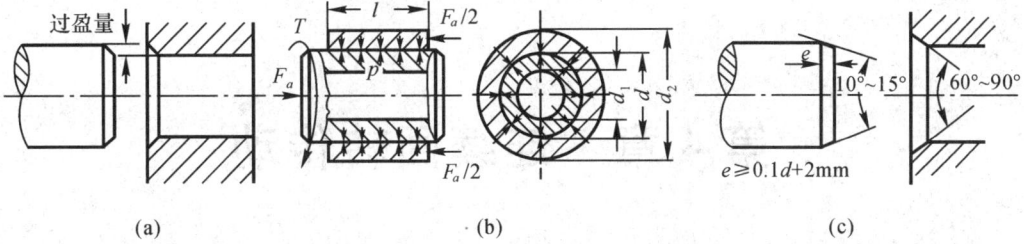

图 3-36

差法装配,即加热包容件或冷却被包容件,以形成装配间隙进行装配。用温差法装配不会擦伤配合表面,联接可靠。过盈联接的过盈量不大时,容许拆卸,但多次拆卸会影响联接的质量。过盈量很大时,一般不能拆卸,否则会损坏配合表面或整个零件。

过盈联接结构简单,同轴性好,对轴的削弱小,耐振动,冲击性好,但对装配面的加工精度要求高。其承载能力主要取决于过盈量的大小。在机械制造中,根据需要,轮毂与轴可以同时采用过盈联接和键联接,以保证联接的可靠。

第 4 章　连续回转传动

在各种类型的机械中,原动机的输出一般均为等速回转运动,而其工作部分往往需要形式多样的运动以及改变和调节速度,此外一个原动机有时要带动若干个运动形式和速度都不同的工作机械,因此,在原动机与工作部分之间设有传动装置,以实现能量的分配、转速的改变和运动形式的变换。

传动大致可分为机械传动、流体传动和电力传动三大类。机械传动是一种最基本的传动形式,可分为连续回转传动和变换运动形式传动。本章仅讨论常用的一些连续回转传动。

连续回转传动按其传递动力的方法可分为:

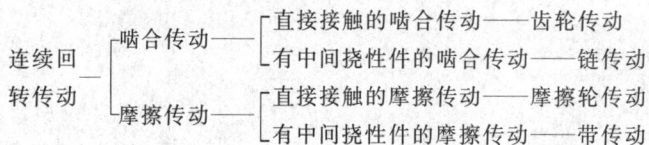

$$
连续回转传动\begin{cases}
啮合传动\begin{cases}直接接触的啮合传动——齿轮传动\\有中间挠性件的啮合传动——链传动\end{cases}\\
摩擦传动\begin{cases}直接接触的摩擦传动——摩擦轮传动\\有中间挠性件的摩擦传动——带传动\end{cases}
\end{cases}
$$

§4-1　齿轮传动的特点和类型

齿轮传动是靠主动轮与从动轮轮齿之间的相互接触啮合来传动的,是一种应用十分广泛的传动形式。按照两轴的相对位置和齿向,齿轮传动可分为

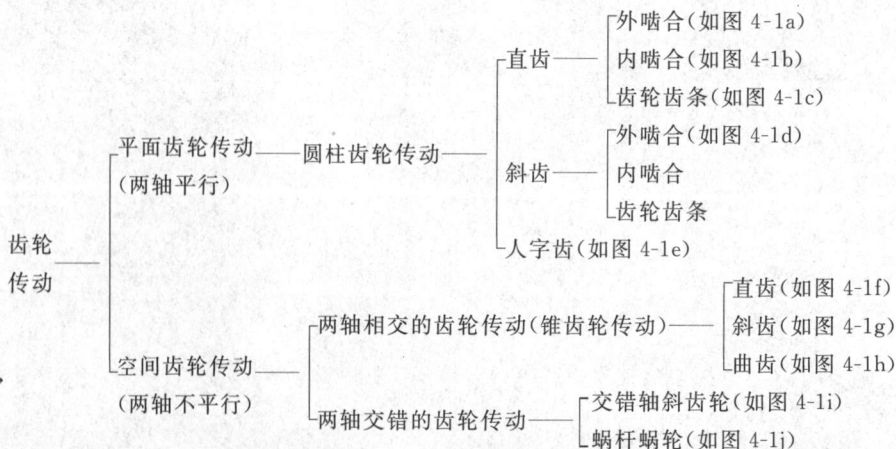

$$
齿轮传动\begin{cases}
平面齿轮传动(两轴平行)——圆柱齿轮传动\begin{cases}
直齿\begin{cases}外啮合(如图4-1a)\\内啮合(如图4-1b)\\齿轮齿条(如图4-1c)\end{cases}\\
斜齿\begin{cases}外啮合(如图4-1d)\\内啮合\\齿轮齿条\end{cases}\\
人字齿(如图4-1e)
\end{cases}\\
空间齿轮传动(两轴不平行)\begin{cases}
两轴相交的齿轮传动(锥齿轮传动)\begin{cases}直齿(如图4-1f)\\斜齿(如图4-1g)\\曲齿(如图4-1h)\end{cases}\\
两轴交错的齿轮传动\begin{cases}交错轴斜齿轮(如图4-1i)\\蜗杆蜗轮(如图4-1j)\end{cases}
\end{cases}
\end{cases}
$$

按齿轮的工作条件又可分为闭式传动和开式传动。当齿轮安装在一个封闭的箱体内,并能保证良好润滑条件的称为闭式传动。重要的齿轮一般都采用闭式传动。开式齿轮传动是外露的,不能保证良好的润滑,且齿间难免落入灰尘、杂粒等,齿面易磨损,一般用于低速

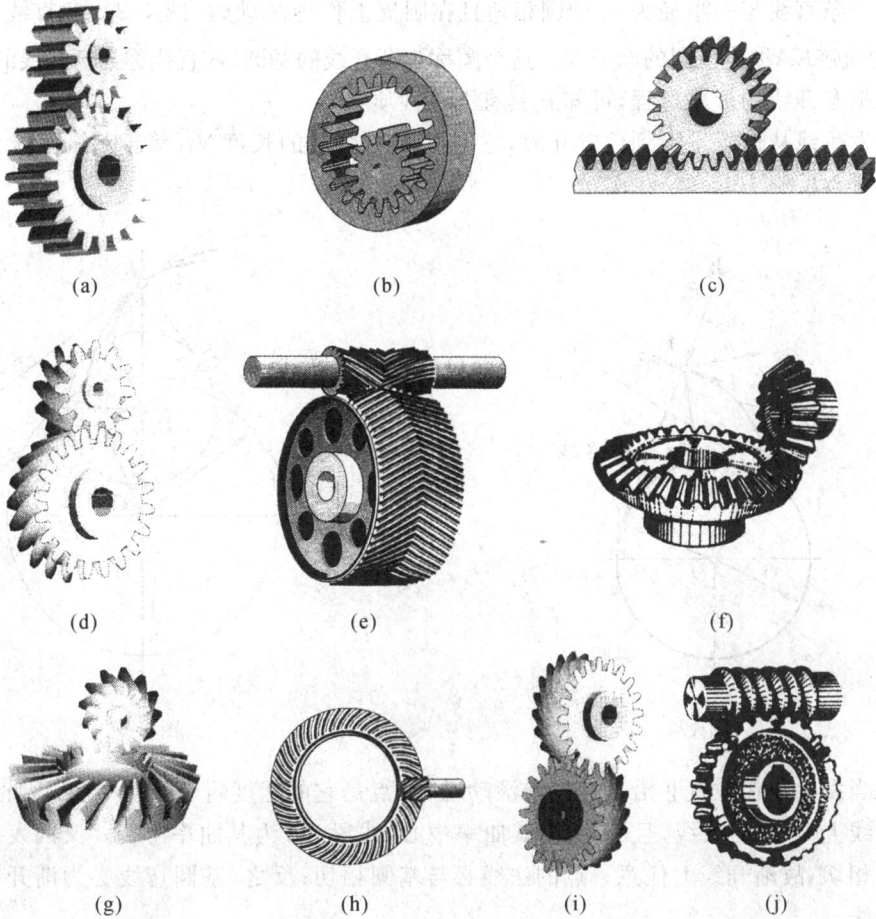

(a)　　　　　　　　(b)　　　　　　　　(c)

(d)　　　　　　　　(e)　　　　　　　　(f)

(g)　　　　(h)　　　　(i)　　　　(j)

图 4-1

传动。

　　按轮齿齿廓曲线形状的不同,齿轮传动又可分为渐开线齿轮传动、仪表圆弧齿轮传动、圆弧齿轮传动和摆线针轮传动等,其中渐开线齿轮因其具有许多独特的优点而应用最为广泛。

　　齿轮传动具有传动准确可靠,传动效率高、寿命长、结构紧凑、适用的载荷和速度范围广(传递功率可达 10MW、线速度可达 300m/s)、能在空间任意两轴间传递运动和动力等优点。但是,齿轮传动要求较高的制造精度和安装精度,制造成本较高,两轴相距较远时结构尺寸较大。

　　本章只讨论渐开线齿轮传动,并以直齿圆柱齿轮传动为重点加以阐述。

§4-2　渐开线齿轮传动的主要参数和几何尺寸

一、渐开线齿廓的形成及其特点

1. 渐开线的形成及其性质

当一条直线与一半径为 r_b 的圆相切且在圆周上作纯滚动时(图 4-2),此直线上任意一点 K 的轨迹 $\overset{\frown}{KA}$ 称为该圆的渐开线。这个圆称为渐开线的基圆,该直线称为渐开线的发生线。

根据渐开线的形成过程,可知其具有下述性质:

1)发生线从位置Ⅰ滚到位置Ⅱ时,它在基圆上滚过的长度 $\overline{NK}$ 等于基圆上被滚过的弧长 $\overset{\frown}{NA}$,即 $\overline{NK}=\overset{\frown}{NA}$。

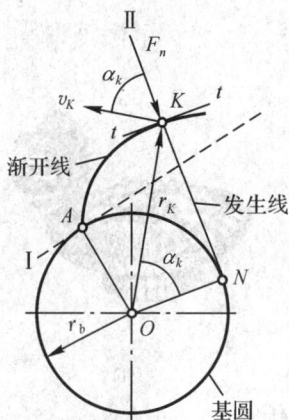

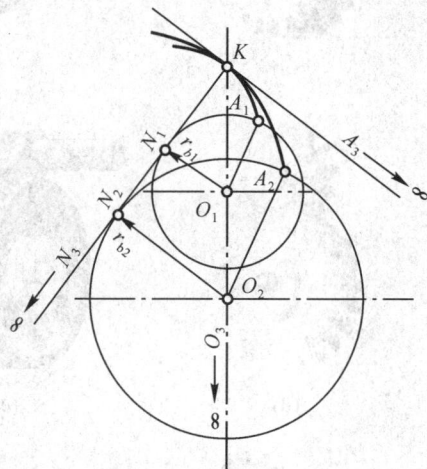

图 4-2   图 4-3

2)当发生线在位置Ⅱ沿基圆作纯滚动时,N 点是它的速度瞬时转动中心,因此直线 NK 是渐开线上 K 点的法线,且 N 点为其曲率中心,线段 $\overline{NK}$ 为其曲率半径。又因发生线始终与基圆相切,故渐开线上任意一点的法线必与基圆相切;反之,基圆切线必为渐开线上某一点的法线。

3)渐开线的形状取决于基圆半径的大小。大小相等的基圆,其渐开线的形状相同;大小不等的基圆,其渐开线形状不同。如图 4-3 所示,基圆半径越大,其渐开线在 K 点的曲率半径越大,即渐开线越趋平直。当基圆半径趋于无穷大时,渐开线将成为垂直于 N_3K 的直线,它就是渐开线齿条的齿廓。

4)基圆以内无渐开线。

5)渐开线齿廓上某点 K 的法线(即法向压力 F_n 作用线),与齿廓上该点速度 v_K 方向线所夹的锐角 α_K 称为该点的压力角。由图 4-2 可知

$$\cos\alpha_K=\overline{ON}/\overline{OK}=r_b/r_K \tag{4-1}$$

上式表示渐开线齿廓上各点的压力角是变化的。向径 r_K 越大,其压力角 α_K 也越大。

2.渐开线齿廓的特性

1)传动比恒定不变。为使传动平稳准确,齿轮传动的瞬时传动比 $i_{12}=\omega_1/\omega_2$ 必须保持不变;否则在运转过程中会产生振动和噪声,影响工作精度,降低齿轮的寿命。

齿廓啮合基本定律[①]表明:欲使齿轮传动保持瞬时传动比不变,两轮齿廓在任意位置接触时,过齿廓接触点的齿廓公法线必须与两齿轮的中心连线交于一定点。对于渐开线齿轮

---

① 见主要参考书目[10]。

而言(图 4-4),两齿廓 E_1 和 E_2 在任意位置 K 点接触,过 K 点作两齿廓的公法线 n-n 与两齿轮的中心线 O_1O_2 交于 C 点。根据渐开线的性质 2,nn 必同时与两基圆相切,亦即过任意啮合点所作的齿廓公法线总是两基圆的内公切线。又因两齿轮的基圆的大小和安装位置均固定不变,同一方向的内公切线只有一条,所以两齿廓 E_1 和 E_2 在任意点接触时的公法线均为两基圆的同一条内公切线,因此与中心线的交点 C 是固定的,说明两渐开线齿廓能保证瞬时传动比恒定不变。

此交点 C 称为节点,过节点 C 所作的两个相切圆称为节圆,其半径分别用 r_1' 和 r_2' 表示。一对齿轮相互啮合传动时可以看作是一对节圆在作纯滚动,其中心距等于两节圆半径之和。

图 4-4

渐开线齿廓的瞬时传动比为

$$i_{12} = \omega_1/\omega_2 = \overline{O_2C}/\overline{O_1C} = r_2'/r_1' = \text{Const} \tag{4-2}$$

2)中心距可分性。在图 4-4 中,$\triangle N_1O_1C \backsim \triangle N_2O_2C$,故一对齿轮的瞬时传动比又可写为

$$i_{12} = \omega_1/\omega_2 = r_2'/r_1' = r_{b2}/r_{b1} \tag{4-3}$$

一对渐开线齿轮制成以后,其基圆半径即固定不变,因而由式(4-3)可知,即使两轮的中心距稍有改变,其传动比仍保持原值不变,这种性质称为渐开线齿轮的可分性。这样,即使因制造安装误差和轴承磨损而使中心距有微小改变,也仍能保持良好的传动性能;据此渐开线齿轮还可以设计变位齿轮。可以说可分性是渐开线齿轮所独有的一大优点。

3)啮合线为直线。齿轮传动时,其齿廓接触点的轨迹称为啮合线。对于渐开线,无论在哪一点接触,接触点的齿廓公法线总是两基圆的内公切线 n-n,因此,直线 n-n 就是渐开线齿廓的啮合线。

过节点 C 作两节圆的公切线 t-t,它与啮合线 n-n 间的夹角称为啮合角。由图 4-4 可见,渐开线齿轮传动中啮合角为常数,且等于渐开线在节圆上的压力角 α'。啮合角不变表示齿廓间的作用力方向不变,若齿轮传递的力矩恒定,则轮齿之间作用力的大小和方向均不变,这也是渐开线齿轮传动的一大优点。

二、渐开线标准直齿圆柱齿轮各部分名称和基本尺寸

图 4-5 为直齿圆柱齿轮的一部分。为使齿轮能在两个方向传动,轮齿两侧齿廓是完全对称的。齿顶所确定的圆称为齿顶圆,其直径用 d_a 表示。两齿之间的空间称为齿槽,齿槽底部所确定的圆称为齿根圆,直径用 d_f 表示。

在任意直径 d_K 的圆周上,轮齿两侧齿廓之间的弧长称为该圆的齿厚,用 s_K 表示;齿槽两侧之间的弧长称为该圆的齿槽宽,用 e_K 表示;相邻两齿同侧齿廓之间的弧长称为该圆的齿距,用 p_K 表示。设 z 为齿数,则由上述定义可得

$$p_K = s_K + e_K = \pi d_K/z$$

为了便于设计、制造和互换,我们在齿顶圆和齿根圆之间取一直径为 d 的圆作为设计计算的基准圆,称为分度圆。国家标准规定分度圆的压力角 $\alpha = 20°$,直径 d 的计算式为

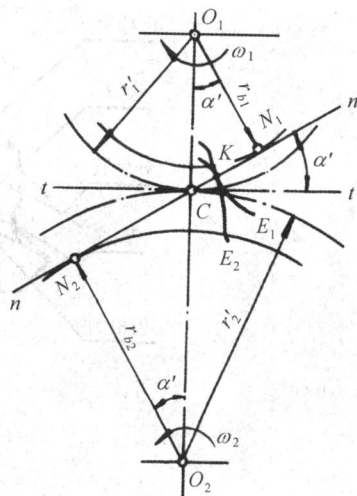

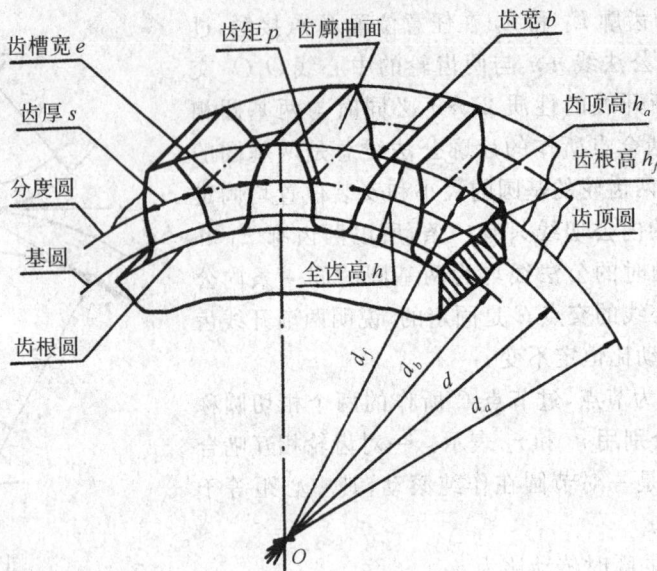

图 4-5

$$d=mz \tag{4-4}$$

式中：m 称为齿轮的模数，是确定齿轮尺寸的一个重要的基本参数，单位为 mm；我国规定的标准模数系列如表 4-1 所示。

表 4-1   渐开线圆柱齿轮标准模数（GB/T1357—1987）

第一系列	0.1 0.12 0.15 0.2 0.25 0.3 0.4 0.5 0.6 0.8 1.0 1.25
	1.5 2.0 2.5 3 4 5 6 8 10 12 16 20 25 32 40 50
第二系列	0.35 0.7 0.9 1.75 2.25 2.75 (3.25) 3.5 (3.75) 4.5 5.5
	(6.5) 7 9 (11) 14 18 22 28 45

注：1. 对于斜齿圆柱齿轮是指法向模数。

　　2. 优先选用第一系列，括号内的数值尽可能不用。

分度圆上齿厚、齿槽宽和齿距分别用 s、e 和 p 表示，显然有

$$p=s+e=\pi d/z=m\pi \tag{4-5}$$

在轮齿上，介于齿顶圆与分度圆之间的部分称为齿顶，其径向高度称为齿顶高，用 h_a 表示。介于齿根圆和分度圆之间的部分称为齿根，其径向高度称为齿根高，用 h_f 表示。齿顶圆与齿根圆之间轮齿的径向高度称为全齿高，用 h 表示，即

$$h=h_a+h_f \tag{4-6}$$

若用模数 m 来表示，则齿顶高和齿根高可分别写为

$$\left.\begin{array}{l} h_a=h_a^* m \\ h_f=(h_a^*+c^*)m \end{array}\right\} \tag{4-7}$$

式中：h_a^* 和 c^* 分别称为齿顶高系数和径向间隙系数。对于正常齿，$m \geqslant 1$mm 时，$h_a^*=1$，$c^*=0.25$；$m<1$mm 时，$h_a^*=1$，$c^*=0.35$。对于短齿，$h_a^*=0.8$，$c^*=0.3$。

因此可以推出齿顶圆和齿根圆的直径分别为

$$\left.\begin{array}{l} d_a=d+2h_a=mz+2h_a^* m \\ d_f=d-2h_f=mz-2(h_a^*+c^*)m \end{array}\right\} \tag{4-8}$$

模数 m、压力角 α、齿顶高系数 h_a^* 和径向间隙系数 c^* 均为标准值,而且分度圆上齿厚与齿槽宽相等的齿轮称为标准齿轮。因此,对于标准齿轮 $s=e=p/2=m\pi/2$。

将式(4-1)用于分度圆,可得基圆直径的计算式为

$$d_b=d\cos\alpha \tag{4-9}$$

一对齿轮在安装时,为避免齿轮反转时出现空回和发生冲击,理论上要求齿廓间没有侧向间隙。由于标准齿轮分度圆上齿厚与齿槽宽相等,因此在无侧隙安装时,两分度圆相切。这种安装称为标准安装,其中心距 a 为标准中心距。显然,一对模数相等标准安装的外啮合直齿圆柱齿轮,设 r_1、r_2 为两轮分度圆半径,则其中心距为

$$a=r_1+r_2=\frac{1}{2}m(z_1+z_2) \tag{4-10}$$

此时两齿轮的节圆与分度圆分别重合,即 $r_1'=r_1$,$r_2'=r_2$;且啮合角 α' 等于分度圆上的压力角 α。

例 4-1 测得一个标准正常齿直齿圆柱外齿轮的齿顶圆直径为 75.92mm,齿根圆直径为 66.96mm,齿数为 36。求它的模数 m,分度圆直径 d 和基圆直径 d_b。

解:模数可由齿高确定(由齿顶圆确定时误差较大)。由式(4-6)和(4-7)

$$h=(2h_a^*+c^*)m$$

又

$$h=\frac{d_a-d_f}{2}$$

故

$$m=\frac{d_a-d_f}{2(2h_a^*+c^*)}$$

由于是正常齿,$h_a^*=1$,则可得

$$m=\frac{75.92-66.96}{2(2\times1.0+0.25)}=1.9911(\text{mm})$$

对照表 4-1 中的标准模数,并考虑齿轮的制造误差,可知该齿轮的模数 $m=2\text{mm}$。分度圆直径 d、基圆直径 d_b 分别由式(4-4)、式(4-9)得

$$d=mz=2\times36=72(\text{mm})$$

$$d_b=d\cos20°=67.6584(\text{mm})$$

三、渐开线直齿圆柱齿轮的正确啮合条件和连续传动条件

1. 渐开线齿轮的正确啮合条件

齿轮传动时,它的每对轮齿啮合一段时间便要分离,并依次由下一对轮齿进入啮合。如图 4-6 所示,设轮 1 为主动轮,当前一对齿在啮合线上的 K 点啮合将要脱离而尚未脱离之前,其后一对齿应在啮合线上另一点 K' 开始进入啮合,这样前一对齿分离后,后一对齿才能不中断地连续传动。为了保证前后两对齿有可能同时在啮合线上啮合,齿轮 1 相邻两齿同侧齿廓沿法线的距离 $\overline{K_1K_1'}$ 应与齿轮 2 相邻两齿同侧齿廓沿法线的距离 $\overline{K_2K_2'}$ 相等,即

$$\overline{K_1K_1'}=\overline{K_2K_2'}$$

由渐开线的性质 1 可知,线段 $\overline{K_1K_1'}$ 和 $\overline{K_2K_2'}$ 分别等于齿轮 1 和齿轮 2 的基圆齿距 p_{b1} 和 p_{b2}。因此要使两齿轮正确啮合,两齿轮的基圆齿距应相等,即 $p_{b1}=p_{b2}$。

根据齿距的定义

$$p_{b1}=\pi d_{b1}/z_1=\pi d_1\cos\alpha_1/z_1=\pi m_1\cos\alpha_1$$

$$p_{b2}=\pi d_{b2}/z_2=\pi d_2\cos\alpha_2/z_2=\pi m_2\cos\alpha_2$$

可见,要使两齿轮正确啮合,必须使两齿轮的模数、压力角满足如下条件

$$m_1\cos\alpha_1 = m_2\cos\alpha_2$$

由于模数和压力角已经标准化,很难以不同的模数 m 和压力角 α 来满足上述关系,实际上必须使

$$\left.\begin{array}{c}m_1 = m_2 = m \\ \alpha_1 = \alpha_2 = \alpha\end{array}\right\} \tag{4-11}$$

上式表明:渐开线齿轮的正确啮合条件是两齿轮的模数相等、分度圆压力角相等。

这样,由式(4-3),一对齿轮的传动比可写为

$$i_{12} = \omega_1/\omega_2 = r_2'/r_1' = r_{b2}/r_{b1} = r_2/r_1 = z_2/z_1$$

2.渐开线齿轮的连续传动条件

要使一对齿轮能连续平稳传动,除了要满足正确啮合条件外,还必须使前一对齿脱离啮合之前,后一对齿已经进入啮合。

图 4-7 为一对相互啮合的齿轮,齿轮 1 主动,齿轮 2 从动,转动方向如图所示。一对齿进入啮合时,从动轮的齿顶首先与主动轮的齿根部分相接触,因此,从动轮齿顶圆与啮合线 n-n 的交点 B_2 即为开始啮合点,图中虚线表示主、从动轮齿廓在开始啮合点 B_2 的接触情况。随着齿轮的转动,接触点自 B_2 沿啮合线向左下方移动,从动轮齿廓上的接触点由齿顶向齿根方向移动,而主动轮齿廓上的接触点则由齿根部分向齿顶方向移动。当接触点移到主动轮齿顶圆与啮合线 n-n 的交点 B_1 时,该对轮齿终止啮合,B_1 点称为终止啮合点。线段 $\overline{B_1B_2}$ 为接触点的实际轨迹,称为实际啮合线。N_1、N_2 为啮合线 n-n 与两基圆的切点,称为极限啮合点,线段 $\overline{N_1N_2}$ 称为理论啮合线。

在啮合过程中,当前一对轮齿在到达终止啮合点 B_1 而退出啮合之前,后一对轮齿自 B_2 点开始进入啮合后,其啮合点已移到 K 点而处于啮合状态了,这样就能顺利完成前、后齿的交替,从而实现齿轮的连续传动。

由于线段 $\overline{B_1K}$ 就是两齿轮的基圆齿距 p_b,而此时实际啮合线 $\overline{B_1B_2}$ 的长度大于线段 $\overline{B_1K}$ 的长度,因此,渐开线齿轮连续传动的条件是实际啮合线长度 $\overline{B_1B_2}$ 大于或等于基圆齿距 p_b,即

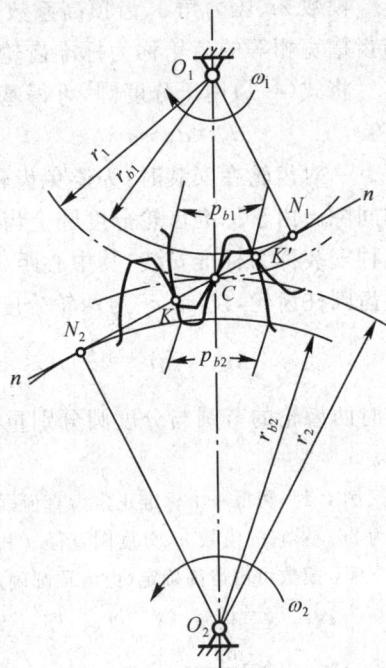

图 4-6

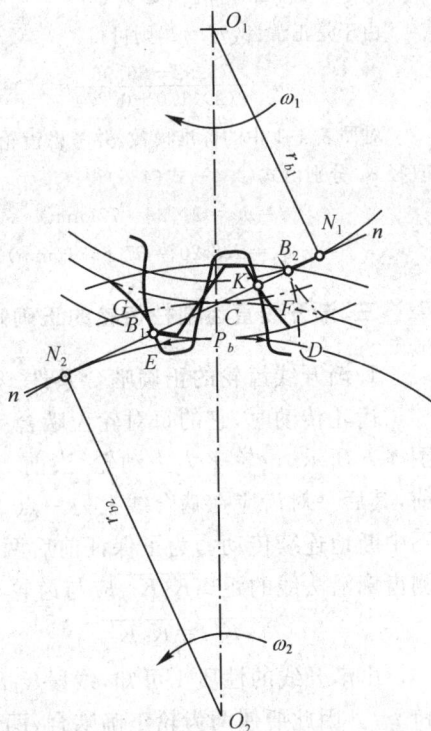

图 4-7

$$\varepsilon = \overline{B_1 B_2}/p_b \geqslant 1 \tag{4-12}$$

式中：ε 称为齿轮传动的重合度。从理论上讲，只要 $\varepsilon = 1$ 就可以保证连续传动。但由于齿轮的制造、安装误差以及在啮合过程中轮齿的变形，为保证一对齿轮的连续传动，应使重合度 $\varepsilon > 1$，对标准安装的标准齿轮可以证明能满足连续传动条件。重合度愈大，同时参与啮合的轮齿对数就愈多，亦即多对轮齿参与啮合的时间就愈长，传动愈平稳，每对轮齿承受的载荷也愈小。在一般机械制造中，常使 $\varepsilon = 1.1 \sim 1.4$。

§4-3　渐开线直齿圆柱齿轮的加工与精度

一、轮齿加工的基本原理

齿轮加工的基本要求是齿形准确，分度均匀。在机械制造中，齿轮加工的方法很多，有铸造、热轧、冲压和切削等方法，目前最常用的是切削法。切削法按其原理可分为成形法和范成法两大类。

1. 成形法

成形法是用与渐开线齿槽形状相同的成形铣刀直接切出齿形。常用的有盘形铣刀（图 4-8a）和指状铣刀（图 4-8b）两种。加工直齿时，铣刀绕本身轴线旋转，同时齿坯沿齿轮轴线方向移动。铣出一个齿槽后，将轮坯分度转过 $2\pi/z$ 角再铣第二个齿。指状铣刀用于大模数齿轮的加工。

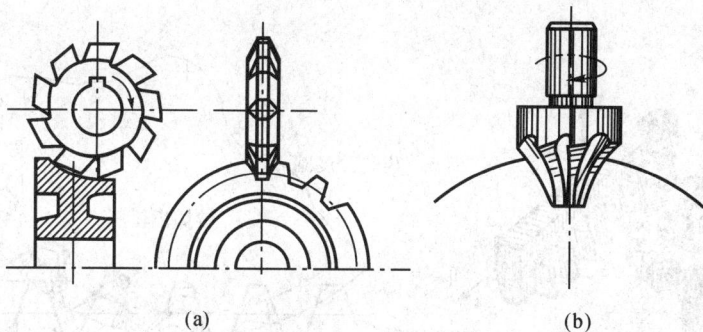

| (a) | (b) |

图 4-8

这种切齿方法简单，不需要专用机床，但生产率低。此外，由渐开线的性质可知，同模数而齿数不同的齿轮，其渐开线的形状不同，故理论上应给同一模数中每一个齿数的齿轮配备一把铣刀。为减少刀具数量，通常一个模数备有一组刀具（如 8 把），每把铣刀加工一定齿数范围内的齿轮（如 3 号铣刀用于 $z = 17 \sim 20$），故误差不可避免，精度较低。

2. 范成法

范成法是利用一对齿轮（或齿轮与齿条）相啮合时其齿廓互为包络的原理来切齿的，如果把其中一个齿轮（或齿条）做成刀具，通过机床使之与轮坯作啮合运动就可以形成另一个齿轮的齿廓曲线。这种方法是目前齿轮加工的主要方法，其工艺方法有插齿法、滚齿法、剃齿法和磨齿法等，前两种方法应用较为普遍，后两种方法仅用于加工精度等级高、表面粗糙度小的齿轮。

图 4-9 为用齿轮插刀加工齿轮的原理。由图 4-9a 可知,齿轮插刀的形状与齿轮相似,其模数和压力角与被加工的齿轮相同。它除了在插齿机上沿轮坯轴线方向做往复的切削运动外,插齿机的传动系统还强迫使它和轮坯像一对齿轮啮合那样,按所需的传动比传动,直至全部齿槽切削完毕。

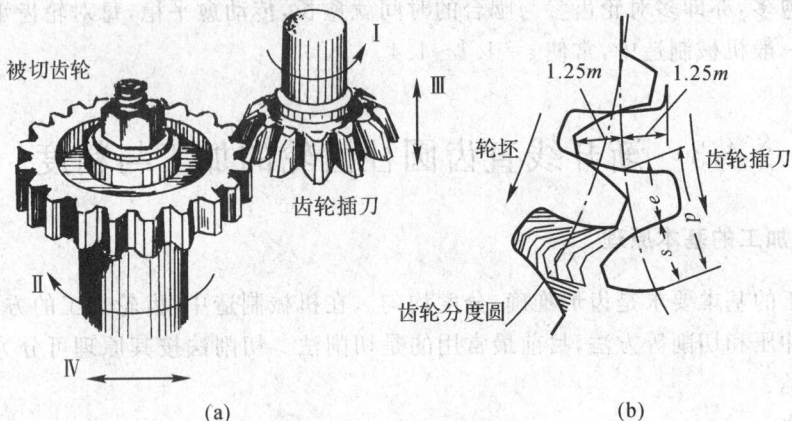

图 4-9

显然,插制时齿轮插刀的齿廓和插制的齿轮廓线处于正确啮合,根据渐开线齿轮的正确啮合条件,被切齿轮的模数和压力角必定与插刀的模数和压力角相等,因此,只要改变插齿机的传动比,用同一把插刀就可插出同一模数不同齿数的齿轮。插刀也可以是齿条形的(图 4-10)。

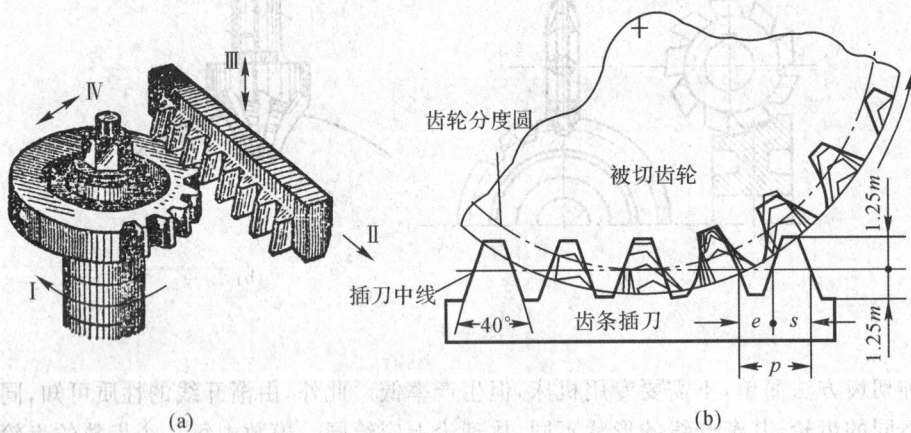

图 4-10

用插齿法加工齿轮,其加工精度和生产率都高于成形法,但由于是不连续切削,生产效率仍偏低。目前生产中广泛采用的另一种范成法是用齿轮滚刀加工齿轮。图 4-11a,b 分别表示滚刀及其在滚齿机上加工齿轮的原理。滚刀的形状很像螺旋,它的轴向截面形状为一齿条,滚刀转动时就相当于齿条移动,滚齿机的传动系统强迫滚力与齿轮毛坯的运动关系相当于齿条与齿轮的啮合,这样便可按范成原理切制轮坯的渐开线齿廓。滚刀除旋转外,还沿轮坯的轴向逐渐移动,从而切出整个齿宽,其切削效率高于插齿刀加工。

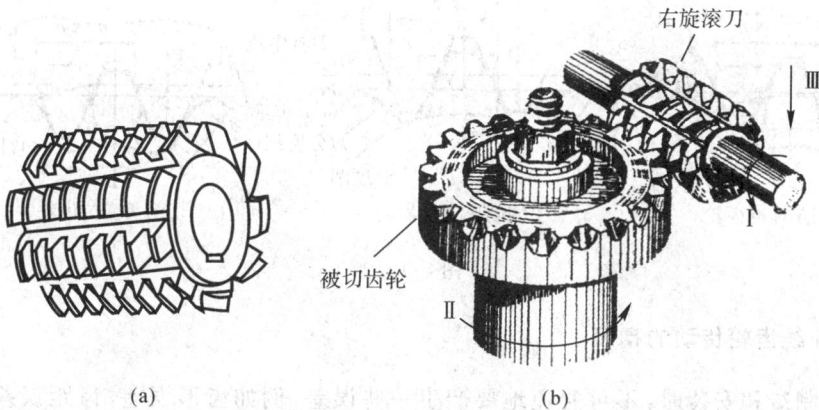

右旋滚刀

Ⅲ

被切齿轮

Ⅰ

Ⅱ

(a)　　　　　　　　(b)

图 4-11

二、渐开线齿轮的根切、最少齿数和变位

标准齿轮的模数和传动比一定时,小齿轮的齿数越少,则齿轮传动的结构越紧凑,但是利用范成法加工齿轮时,若齿数过少,则轮齿齿根部分的渐开线将被刀具的齿顶切去一部分,这一现象称为根切(图 4-12)。齿轮一旦产生根切,就会使得齿轮在啮合过程中重合度 ε 减小,齿根的弯曲强度降低,从而影响齿轮的传动质量。因此,在通常情况下应避免根切。主要的措施是限制齿轮的最少齿数。对于标准齿轮,据分析计算,当用滚刀加工压力角 $\alpha = 20°$ 的标准直齿圆柱齿轮时,若 $h_a^* = 1$,则最少齿数 $z_{\min} = 17$;若 $h_a^* = 0.8$,则 $z_{\min} = 14$。

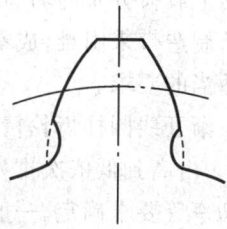

图 4-12

当被加工齿轮的齿数不得不小于最少齿数时,可采用正变位齿轮。

现以图 4-13 简述用同一把齿条插刀加工标准齿轮与变位齿轮。图 4-13a 所示将刀具中线 t-t(该线上刀具齿厚 s 与齿槽宽 e 相等)与轮坯分度圆相切且对滚($v = \omega \cdot r$),则加工出分度圆齿厚 s 与齿槽宽 e 相等的标准齿轮。图 4-13b 所示将刀具中线 t-t 不再与轮坯分度圆相切,而是移远轮坯中心 xm 的距离。这时,是刀具的另一条分度线 t'-t'(亦称机床节线)与轮坯分度圆相切且对滚,则加工出分度圆齿距 $p = m\pi$ 不变,但分度圆齿厚增大、齿槽宽减小、齿根高减小、齿根强度得到增强的正变位齿轮。图 4-13c 所示与图 4-13b 相反,将刀具中线 t-t 向轮坯中心移近 xm 的距离,则加工出分度圆齿厚减小、齿槽宽增加、齿根高增大、齿根强度受到削弱的负变位齿轮。xm 称为变位量,m 为模数,x 称为变位系数(标准齿轮 $x = 0$)。刀具中线相对轮坯中心移远和移近分别称为正变位和负变位,变位系数 x 相应取正值和负值。与标准齿轮相比,变位齿轮的模数、分度圆压力角、分度圆直径、基圆直径、分度圆齿距等均无变化,只是分度圆齿厚和齿槽宽、齿根圆、齿顶圆与标准齿轮不同,发生了变化。

变位齿轮通过恰当选择两啮合齿轮的变位系数,可用于避免轮齿的根切;利用齿厚、齿槽宽的变化配凑非标准中心距;改善轮齿的承载能力、耐磨性和抗胶合性能。有关变位齿轮的详细内容可参阅有关资料[1]。

① 见主要参考书目[7][10]。

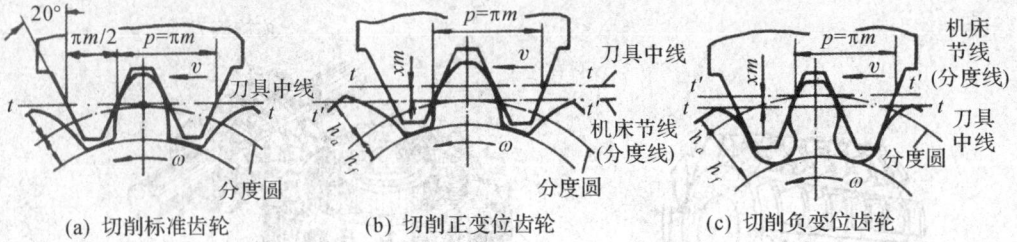

(a) 切削标准齿轮　　(b) 切削正变位齿轮　　(c) 切削负变位齿轮

图 4-13

三、渐开线齿轮传动的精度

齿轮在制造和安装时,不可避免地要产生一些误差,例如齿形误差、齿距误差、齿向误差、中心距误差和轴线平行度误差等。这些误差必然影响传递运动的准确性、传动的平稳性、齿面上载荷分布的均匀性。精度愈低,误差愈大,影响愈严重;但如果要求不适当的高精度,将给制造带来困难,成本增加。因此,为了保证传动工作质量和使用寿命,必须对齿轮精度提出适当的要求。

渐开线圆柱齿轮精度标准(GB/T 10095—2001)规定齿轮共有13个精度等级,用数字0~12由高到低依次排列。齿轮精度等级选择,应综合考虑传动用途、使用条件、圆周速度、传递功率等要求确定。一般机械常用的为6~9级齿轮精度,表4-2列举了其传递动力的圆柱齿轮精度等级的选择与应用。

表 4-2 传递动力的圆柱齿轮精度等级的选择与应用

精度等级	圆周速度(m/s)		应　用
	直齿	斜齿	
6 级	>10~15	>15~30	高速且平稳性、噪声有较高要求的齿轮,如机床、汽车及工业设备中的重要齿轮,高、中速减速器齿轮
7 级	>6~10	>8~15	有平稳性、噪声要求的高速中载或中速重载的齿轮,如机床、汽车及工业设备中有可靠性要求的一般齿轮,中速标准系列减速器中的齿轮
8 级	≤6	≤8	一般机械中对精度无特殊要求的齿轮,如冶金矿山、工程机械及普通减速齿轮
9 级	≤4	≤6	速度较低、噪声要求不高的一般性工作齿轮

§4-4　渐开线直齿圆柱齿轮传动的承载能力

一、轮齿的失效和齿轮的材料

1.轮齿的失效

轮齿的失效主要有以下五种形式。

1) 轮齿折断。轮齿折断可分为两种情况,其折断部位一般发生在齿根部分(图 4-14),因为轮齿受力时齿根弯曲应力最大,而且有应力集中。

在传动中,因轮齿短时意外的严重过载而引起的突然折断,称为过载折断。用淬火钢或铸铁等脆性材料制成的齿轮,容易发生这种折断。

轮齿在载荷的多次重复作用下,当齿根的弯曲应力超过材料的弯曲疲劳极限时,齿根部分将产生疲劳裂纹。裂纹不断扩展后,最终引起轮齿折断,这种折断为疲劳折断。

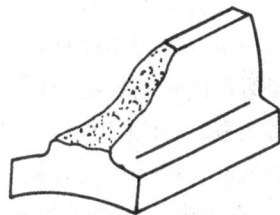

图 4-14

2) 齿面点蚀。两个弹性圆柱体在压力的作用下,以曲面相接触时,在接触处表层产生的局部压应力称为接触应力(图 4-15)。轮齿工作时,其工作表面上任一点所产生的接触应力是按脉动循环变化的。当齿面接触应力超过材料的接触疲劳极限时,齿面表层就会产生细微的疲劳裂纹,裂纹的蔓延扩展使金属微粒剥落下来而形成疲劳点蚀(图 4-16),渐开线表面遭到破坏,使轮齿啮合情况恶化而报废。实践证明,疲劳点蚀首先是出现在节线附近的齿根表面处。齿面抗点蚀能力主要与齿面硬度有关,齿面硬度越高,则抗点蚀能力也越强。软齿面(HBS ≤350)的闭式齿轮传动常因齿面点蚀而失效。在开式齿轮传动中,由于齿面磨损较快,点蚀还来不及出现或扩展即被磨掉,因此一般看不到点蚀现象。

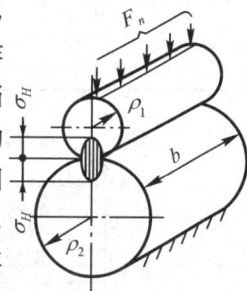

图 4-15

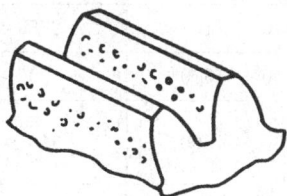

图 4-16

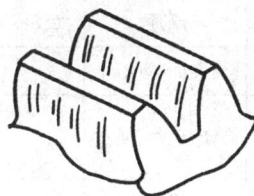

图 4-17

3) 齿面胶合。在高速重载的齿轮传动中,常因齿面工作区的局部温度升高而引起润滑失效,致使两齿面金属直接接触并相互粘连,当两齿面相对运动时,较软的齿面沿滑动方向被撕下而形成沟纹(图 4-17),齿廓完全毁坏,振动噪声增大,油温升高,齿轮传动几乎立即失效,这种现象称为齿面胶合。在低速重载的齿轮传动中,由于齿面间的润滑油膜不易形成也可能产生胶合破坏。采用良好的润滑方式,限制油温和采用抗胶合添加剂的合成润滑油可防止或减轻轮齿产生齿面胶合。

4) 齿面磨损。相互啮合的两齿廓间存在相对滑动,因而会产生齿面磨损,在闭式齿轮传动中,由于润滑条件良好,一般不会产生显著的磨损。但是在开式齿轮传动,由于灰尘、硬屑粒等进入啮合区而不可避免地会产生磨粒性磨损。过度磨损以后(图 4-18),工作齿面材料大量被磨掉,齿廓形状被破坏,常导致严重的噪声和振动,最终使轮齿断裂或传动失效。

5) 齿面塑性变形。在重载下,较软的齿面上可能产生局部的塑性变形,使轮齿偏离正确的位置或失去正确的渐开线齿形,从而破坏正确啮合。这种损坏常在过载严重和起动频繁的传动中遇到。提高齿面硬度和采用高粘度润滑油都有助于防止轮齿产生塑性变形。

2.齿轮的材料

制造齿轮用的材料主要是钢,大多数齿轮,特别是重要齿轮都用锻件或轧制钢材,只有对形状复杂和直径较大($d \geqslant 500\text{mm}$)不易锻造时,才采用铸钢制造。传动功率不大、无冲击、低速开式传动中的齿轮可采用灰铸铁。高强度球墨铸铁可以代替铸钢制造大齿轮。有色金属仅用于制造有特殊要求(如抗腐蚀性、防磁性等)的齿轮。对于高速、轻载及精度要求不高的齿轮,为减小噪声,可应用非金属材料(如塑料、尼龙、夹布胶木等)做成小齿轮,但大齿轮仍采用钢或灰铸铁制造。

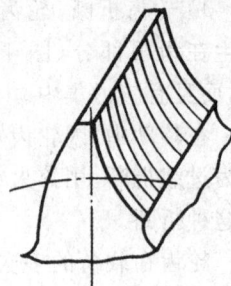

图 4-18

表 4-3 列出了一些常用的齿轮材料。

表 4-3 常用的齿轮材料

材　　料	热处理	齿面硬度		许用接触应力 $[\sigma_H]$(MPa)	许用弯曲应力 $[\sigma_F]$(MPa)
		(HBS)	(HRC)		
45	正火	163～217		460～520	200～215
	调质	217～255		560～600	215～225
	表面淬火		40～50	880～970	190～230
40Cr 40MnB	调质	241～286		670～750	285～300
	表面淬火		40～50	1060～1130	190～230
35SiMn	调质	217～269		640～710	275～290
	表面淬火		40～50	1060～1500	190～230
20Cr 20CrMnTi	渗碳淬火、回火		56～62	1300～1500	310～410
ZG270-500	正火	143～197		430～460	160～170
ZG310-570	正火	163～197		445～480	165～175
ZG340-640	正火	179～207		460～490	170～180
ZG35SiMn	正火	163～217		480～550	195～210
	调质	197～248		530～605	205～220
	表面淬火		40～45	880～930	190～210
HT250		170～241		305～370	50～70
HT300		187～255		320～385	55～75
HT350		197～269		330～400	60～80
QT500-7		170～230		350～460	150～170

注:1.对于长期双侧工作的齿轮传动,许用弯曲应力$[\sigma_F]$应将表中的数值乘以 0.7。

2.表面淬火层的质量得不到保证时,建议将表中$[\sigma_H]$值乘以 0.9。

3.表中表面淬火钢的许用弯曲应力指调质后进行表面淬火而得的。

钢制齿轮按齿面硬度可分为两类。

1) 软齿面齿轮,齿面硬度 ≤ 350HBS。这类齿轮常用的材料为中碳钢和中碳合金钢,采用的热处理方法为调质或正火。由于齿面硬度不高,在热处理后仍可利用滚刀等工具进行切齿,制造容易,成本较低。用于传动尺寸和重量没有严格限制的一般传动。

2) 硬齿面齿轮,齿面硬度 > 350HBS。这类齿轮齿面硬度很高,因此最终热处理只能在切齿后进行。如果热处理后轮齿变形,对于精度要求较高的齿轮,尚需进行磨齿等精加工,工艺复杂,制造费用较高。硬齿面齿轮通常采用中碳钢、中碳合金钢或低碳合金钢制造,前两者的热处理方法为表面淬火,后者为渗碳淬火。主要用于高速重载或者要求尺寸紧凑等重要传动场合。

如果一对齿轮均用钢材制造,考虑到小齿轮的齿根厚度较小,应力循环次数较多,以及有利于抗胶合等原因,在选择轮齿的热处理方法时,一般应使小齿轮的齿面硬度比大齿轮高出 20 ~ 50HBS,甚至更多。

二、轮齿的受力分析与计算载荷

1.受力分析

为了计算轮齿的强度,分析轴系零件的承载能力,需要确定作用在轮齿上的作用力。

假定一对标准直齿圆柱齿轮传动按标准中心距安装,其齿廓在节点 C 接触(图 4-19),若略去齿面的摩擦力,则轮齿间的相互作用力为沿着啮合线方向的法向作用力 F_n。F_n 可分解为两个分力

圆周力 $\quad F_{t1} = \dfrac{2T_1}{d_1} = F_{t2}$ （N） $\quad$ (4-13)

径向力 $\quad F_{r1} = F_{t1}\tan\alpha = \dfrac{2T_1}{d_1}\tan\alpha = F_{r2}$ （N）

$$ (4\text{-}14) $$

而法向力 $\quad F_{n1} = \dfrac{F_{t1}}{\cos\alpha} = \dfrac{2T_1}{d_1\cos\alpha} = F_{n2}$ （N）

$$ (4\text{-}15) $$

图 4-19

式中:d_1 为小齿轮的分度圆直径,mm;α 为压力角;T_1 为小齿轮上的转矩,$T_1 = 9.55 \times 10^6 \dfrac{P_1}{n_1}$,N·mm;$P_1$ 为小齿轮传递的功率,kW;n_1 为小齿轮的转速,r/min。

圆周力 F_t 的方向在主动轮上与运动方向相反,在从动轮上与运动方向相同。径向力 F_r 的方向均为由作用点指向齿轮转动中心。

2.计算载荷

上述的法向力 F_n 称为名义载荷,是在假定 F_n 沿齿宽均匀分布的条件下按静力学的计算方法得到的。但是,由于轴和轴承的变形,齿轮的制造、安装误差等原因,载荷沿齿宽方向并非均匀分布,会出现载荷集中的现象。另外,由于原动机和工作机的特性不同,齿轮制造误差以及轮齿变形等原因,还会引起附加动载荷。齿轮精度越低,转速越高,附加动载荷也就越大。这样,齿轮工作时受到的实际载荷要比名义载荷大。因此,在计算齿轮强度时通常以计算

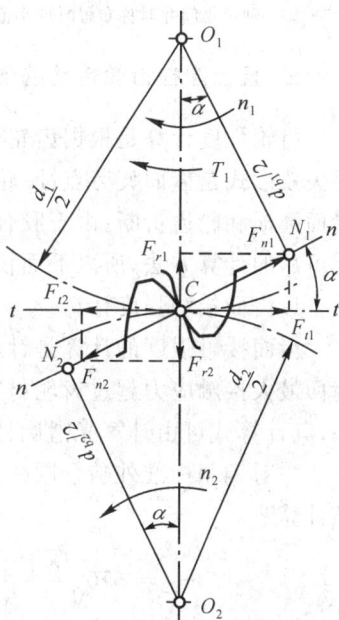

载荷 F_{nc} 代替名义载荷 F_n，F_{nc} 的计算式为

$$F_{nc} = KF_n \qquad (4\text{-}16)$$

式中：K 为载荷综合系数，其值由表 4-4 选取。

表 4-4 载荷综合系数

原 动 机	工 作 机 械 的 载 荷 特 性		
	均 匀	中 等 冲 击	大 的 冲 击
电 动 机	$1 \sim 1.2$	$1.2 \sim 1.6$	$1.6 \sim 1.8$
多缸内燃机	$1.2 \sim 1.6$	$1.6 \sim 1.8$	$1.9 \sim 2.1$
单缸内燃机	$1.6 \sim 1.8$	$1.8 \sim 2.0$	$2.2 \sim 2.4$

注：斜齿、圆周速度低、精度高、齿宽系数小时取小值；直齿、圆周速度高、精度低、齿宽系数大时取大值。齿轮在两轴承之间并对称布置时取小值，齿轮在两轴承之间不对称布置及悬臂布置时取大值。

三、直齿圆柱齿轮传动的强度计算

齿轮强度计算是根据齿轮可能出现的失效形式来进行的。在闭式齿轮传动中，轮齿的主要失效形式是齿面疲劳点蚀、轮齿疲劳折断和齿面胶合；而开式齿轮传动的主要失效形式是齿面磨损和轮齿折断。由于胶合强度的计算方法尚待进一步验证和完善，而齿面磨损目前尚无可靠的计算方法，所以下面仅介绍接触强度和弯曲强度的计算方法。

1. 齿面接触强度计算

齿面接触强度的计算是针对齿面点蚀这种失效形式进行的。如前所述，齿面点蚀是由于齿面最大接触应力超过齿轮材料的接触疲劳极限所引起的，故应限制齿面的最大接触应力 σ_H。其计算式可由计算光滑圆柱体表面接触应力的赫兹（Hertz）公式导出。

一对钢制标准外啮合圆柱齿轮在节点接触时齿面的最大接触应力 σ_H 可按下式进行校核计算[①]

$$\sigma_H = 670\sqrt{\frac{KT_1(u+1)}{bd_1^2 u}} \leqslant [\sigma_H] \quad (\text{MPa}) \qquad (4\text{-}17)$$

式中：u 为大齿轮与小齿轮的齿数比，$u = z_2/z_1 \geqslant 1$，在直齿圆柱齿轮传动中，一般取 $u \leqslant 5$；K 为载荷综合系数，查表 4-4；T_1 为小齿轮的转矩，N·mm；b 为齿轮宽度，mm；d_1 为小齿轮的分度圆直径，mm；$[\sigma_H]$ 为许用接触应力，查表 4-3，MPa。由于两齿轮的材料和热处理方式各不相同，因此 $[\sigma_H]$ 应取 $[\sigma_H]_1$ 和 $[\sigma_H]_2$ 中的较小者。

由上式可见，分度圆直径愈大，齿面抗点蚀的能力愈强。若引入无量纲的齿宽系数 $\psi_d = b/d_1$（参考表 4-5 选取），代入式（4-17）可得一对钢制齿轮按接触强度确定分度圆直径的设计公式

$$d_1 \geqslant \left\{ \left[\frac{670}{[\sigma_H]}\right]^2 \frac{KT_1(u+1)}{\psi_d \cdot u} \right\}^{1/3} \quad (\text{mm}) \qquad (4\text{-}18)$$

---

① 见主要参考书目[10]。

表 4-5　齿宽系数 $\psi_d = b/d_1$

齿轮相对于轴承的位置	软齿面齿轮	硬齿面齿轮
对称布置	$0.8 \sim 1.1$	$0.4 \sim 0.7$
非对称布置	$0.6 \sim 0.9$	$0.3 \sim 0.5$
悬臂布置	$0.3 \sim 0.4$	$0.2 \sim 0.25$

如果齿轮的配对材料为钢 — 铸铁,应将式(4-17)、式(4-18)两式中的 670 改为 580;若为铸铁 — 铸铁,则改为 515。

2.齿根弯曲强度计算

齿根弯曲强度的计算是针对轮齿折断这种失效形式进行的。这是因为轮齿折断主要是其齿根部分的弯曲应力超过弯曲疲劳极限而发生的,因此应限制齿根的弯曲应力。

在计算时假定全部载荷仅由一对轮齿承担。当载荷作用在轮齿齿顶时(图 4-20),以莱维斯(Lewis)公式为基础可以导出齿根的最大弯曲应力 σ_F,并由下式进行校核计算[1]

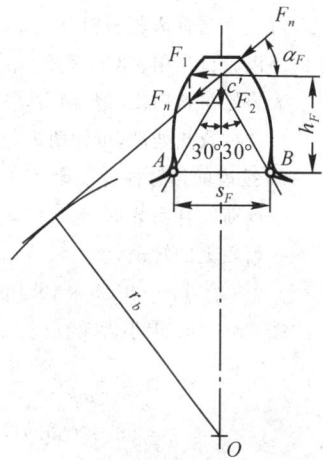

图 4-20

$$\sigma_F = \frac{2KT_1Y_F}{bd_1m} = \frac{2KT_1Y_F}{bm^2z_1} \leqslant [\sigma_F] \quad \text{(MPa)} \quad (4\text{-}19)$$

式中:m 为齿轮的模数,mm;z_1 为小齿轮的齿数;$[\sigma_F]$ 为轮齿的许用弯曲应力,查表 4-3,MPa;Y_F 称为齿形系数,是一个无量纲数,其大小与轮齿的形状有关,对于标准齿轮,Y_F 仅取决于齿数 z,正常齿标准渐开线外齿轮的 Y_F 值可由表 4-6 查得;其余符号的意义与(4-17)式相同。

通常,由于两个齿轮的齿形系数 Y_{F1} 和 Y_{F2} 并不相同,而且两齿轮材料的许用弯曲应力 $[\sigma_F]_1$ 和 $[\sigma_F]_2$ 也不相同,因此两个齿轮的弯曲强度应分别进行校核计算。由上式可见,齿轮的模数越大,则其轮齿抗弯曲的能力越强。

表 4-6　齿形系数 Y_F

齿数 z	16	17	18	19	20	21	22	24	26	28	30
Y_F	3.03	2.96	2.90	2.84	2.79	2.75	2.72	2.67	2.60	2.56	2.52
齿数 z	32	35	37	40	45	50	60	80	100	150	∞
Y_F	2.48	2.46	2.43	2.40	2.37	2.33	2.28	2.23	2.21	2.18	2.06

注:本表不适用于非正常齿高制齿轮、变位齿轮及内齿轮。

式(4-19)为弯曲强度的校核公式,也可引入齿宽系数 $\psi_d = b/d_1$ 改写成下面的设计公式

$$m \geqslant \left\{ \frac{2KT_1Y_F}{\psi_d z_1^2 [\sigma_F]} \right\}^{1/3} \quad \text{(mm)} \quad (4\text{-}20)$$

---

[1]　见主要参考书目[10]。

式中:$Y_F/[\sigma_F]$ 应取 $Y_{F1}/[\sigma_F]_1$ 和 $Y_{F2}/[\sigma_F]_2$ 中的较大者,算得的模数应按表 4-1 圆整至标准值。动力齿轮的模数不宜小于 $1.5 \sim 2$mm。

3.齿轮强度计算准则

在闭式齿轮传动中,软齿面齿轮的主要失效形式是齿面点蚀,而硬齿面齿轮的主要失效形式是轮齿疲劳折断。因此,对于软齿面齿轮通常按接触强度进行设计,再校核其弯曲强度;而硬齿面齿轮则按弯曲强度进行设计,再校核其接触强度。

开式齿轮传动只进行弯曲强度的计算,但考虑到严重的磨损会使齿厚减薄,影响轮齿的弯曲强度,计算时通常将许用弯曲应力降低 $20\% \sim 30\%$。

例 4-2 用于运输机的单级圆柱齿轮减速器由电动机驱动,单向运转,载荷较平稳,传动比 $i = 4$,输入功率 $P_1 = 7.5$kW,转速 $n_1 = 970$r/min。试设计此减速器的齿轮并计算其尺寸。

解:1) 选择齿轮材料及确定许用应力

小齿轮材料用 40Cr,调质,$[\sigma_H]_1 = 670$MPa,$[\sigma_F]_1 = 285$MPa(表 4-3)。

大齿轮材料用 45 钢,调质,$[\sigma_H]_2 = 560$MPa,$[\sigma_F]_2 = 215$MPa(表 4-3)。

由选材及热处理,可知两齿轮均为软齿面。

2) 按齿面接触强度设计

取载荷综合系数 $K = 1.2$(表 4-4),齿宽系数 $\psi_d = 0.9$(表 4-5)。

小齿轮上的转矩
$$T_1 = 9.55 \times 10^6 P_1/n_1 = 9.55 \times 10^6 \times 7.5/970 = 73840(\text{N} \cdot \text{mm})$$

按式(4-18)求小齿轮直径
$$d_1 \geqslant \left\{ \left[\frac{670}{[\sigma_H]}\right]^2 \frac{KT_1(u+1)}{\psi_d \cdot u} \right\}^{1/3} = \left\{ \left[\frac{670}{560}\right]^2 \frac{1.2 \times 73840 \times (4+1)}{0.9 \times 4} \right\}^{1/3}$$
$$= 56.06(\text{mm})$$

齿数   取 $z_1 = 24$,则 $z_2 = u \cdot z_1 = 4 \times 24 = 96$。

齿轮模数
$$m = d_1/z_1 = 56.06/24 = 2.34(\text{mm})$$

取 $m = 2.5$mm(表 4-1)。

小齿轮分度圆直径
$$d_1 = mz_1 = 2.5 \times 24 = 60(\text{mm})$$

齿宽
$$b = \psi_d d_1 = 0.9 \times 60 = 54(\text{mm})$$

考虑到齿轮安装时的误差,取 $b_2 = 54$mm,$b_1 = 60$mm。

3) 校核轮齿弯曲强度

齿形系数 $Y_{F1} = 2.67$,$Y_{F2} = 2.21$(表 4-6)。

按式(4-19)校核轮齿弯曲强度(按最小齿宽 $b = 54$mm 计算)
$$\sigma_{F1} = \frac{2KT_1 Y_{F1}}{bm^2 z_1} = \frac{2 \times 1.2 \times 73480 \times 2.67}{54 \times 2.5^2 \times 24} = 58.42(\text{MPa})$$
$$\sigma_{F2} = \sigma_{F1} \times \frac{Y_{F2}}{Y_{F1}} = 58.42 \times \frac{2.21}{2.67} = 48.36(\text{MPa})$$

$\sigma_{F1} < [\sigma_F]_1$,$\sigma_{F2} < [\sigma_F]_2$,可见弯曲强度足够。

4) 齿轮尺寸计算(略)。

§4-5　斜齿圆柱齿轮传动

一、斜齿圆柱齿轮的形成及啮合特点

斜齿圆柱齿轮可以看成是由直齿圆柱齿轮演变而成的。如图 4-21 所示,如果将直齿圆柱齿轮(图 4-21a)切成很多薄片,并使各片依次转过相同的角度,就形成了一个阶梯齿轮(图 4-21b)。当薄片的数量无限增多时,阶梯齿轮就形成了斜齿圆柱齿轮(图 4-21c)。

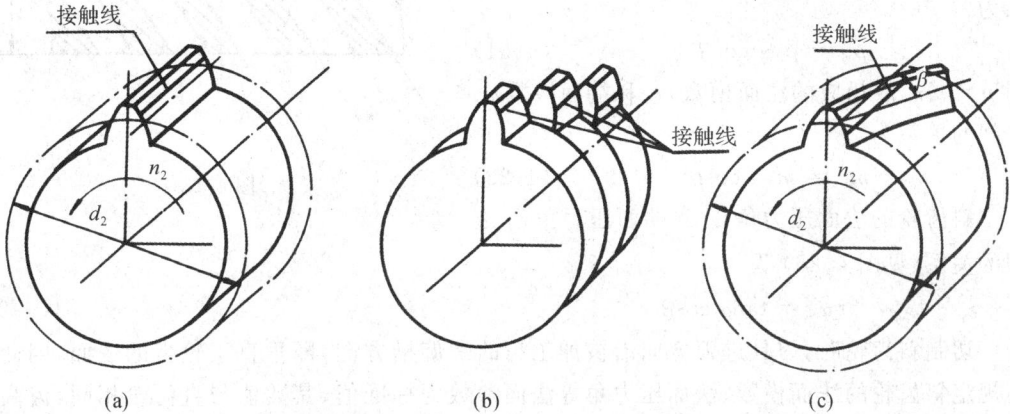

图 4-21

由上述形成过程可以看出,斜齿圆柱齿轮的齿廓曲面不再是渐开线柱面,而是一渐开螺旋面,它与齿轮端面的交线仍是渐开线,与分度圆柱面的交线是螺旋线,其螺旋角 β 称为斜齿轮的螺旋角,按螺旋线方向,斜齿圆柱齿轮有左旋和右旋之分。

直齿圆柱齿轮传动中,两齿廓曲面是沿着与轴线平行的直线相接触的(图 4-21a),这些直线称为接触线。两齿廓沿整个齿宽同时进入或退出啮合,使轮齿突然加载或卸载,在高速传动时容易引起冲击和噪声,传动平稳性较差。

在斜齿圆柱齿轮传动中,由于轮齿是倾斜的,故一对轮齿啮合时,先是由从动轮齿一端的齿顶(图 4-21c)逐渐进入啮合,接触线由短变长;后又逐渐地退出啮合,接触线也由长变短,直到该对轮齿在另一端完全退出啮合,同时啮合齿数较多。因此,与直齿圆柱齿轮相比,传动的平稳性较好,承载能力也较大,适用于高速重载情况。但是,由于轮齿是倾斜的,传动时会产生轴向分力 F_a(图 4-22a),需要装置能承受轴向力的轴承,从而使结构复杂化。为克服这一缺点,可采用人字齿轮(图 4-22b)。人字齿轮可看作由螺旋角大小相等、旋向

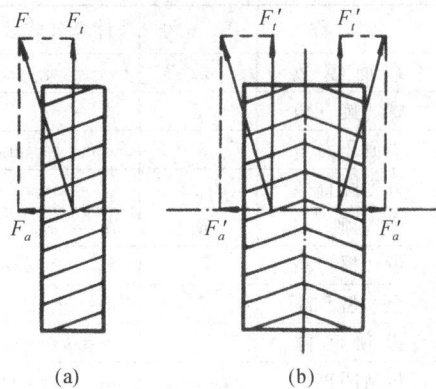

图 4-22

相反的两个斜齿轮合并而成,因左右对称而使轴向力相互抵消,但人字齿轮制造较为困难,成本较高。

二、斜齿圆柱齿轮传动的主要参数和几何尺寸

斜齿圆柱齿轮的主要参数有端面(垂直于轴线)和法面(垂直于某个轮齿)之分。图 4-23 为斜齿圆柱齿轮分度圆柱的展开面,斜直线为分度圆柱面与轮齿渐开螺旋面相贯线(即螺旋线)的展开线,阴影部分为轮齿,空白部分为齿槽。由图可见,法面齿距 p_n 和端面齿距 p_t 之间的关系为

$$p_n = p_t \cdot \cos\beta \qquad (4\text{-}21)$$

因 $p = m\pi$,故相应的法面模数 m_n 和端面模数 m_t 之间的关系为

$$m_n = m_t \cdot \cos\beta \qquad (4\text{-}22)$$

斜齿轮的法面压力角 α_n 和端面压力角 α_t 之间的关系(见图 4-26)为

$$\tan\alpha_n = \tan\alpha_t \cos\beta \qquad (4\text{-}23)$$

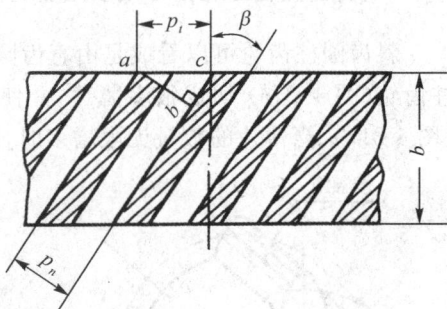

图 4-23

切制斜齿轮时,刀具进刀方向沿被加工齿的螺旋槽方向,即垂直于轮齿的法面,因此国标规定斜齿轮的法面模数、法面压力角等法面参数为标准值,其数值与直齿轮相同,齿高的计算公式也相同。

渐开线标准斜齿圆柱齿轮的几何尺寸可按表 4-7 进行计算。

由表中的中心距计算公式可知,可通过改变螺旋角 β 来凑中心距 a。β 可按下式确定

$$\cos\beta = \frac{m_n(z_1 + z_2)}{2a}$$

这是斜齿轮的另一个优点。β 的大小对斜齿轮的传动性能影响很大,若 β 太小,则斜齿轮的优点不能充分体现;若 β 太大,则会产生很大的轴向力。计算时一般取 $\beta = 8° \sim 20°$。

表 4-7　标准平行轴外啮合斜齿圆柱齿轮的几何尺寸计算公式

名　称	符　号	计算公式及参数的选择
端 面 模 数	m_t	$m_t = m_n / \cos\beta$
螺 旋 角	β	$\beta_1 = -\beta_2$
端 面 压 力 角	α_t	$\tan\alpha_t = \tan\alpha_n / \cos\beta$
分 度 圆 直 径	d_1、d_2	$d_1 = m_t z_1 = m_n z_1 / \cos\beta$,$d_2 = m_t z_2 = m_n z_2 / \cos\beta$
齿 顶 高	h_a	$h_a = m_n$
齿 根 高	h_f	$h_f = 1.25 m_n$
全 齿 高	h	$h = h_a + h_f = 2.25 m_n$
齿 顶 间 隙	c	$c = h_f - h_a = 0.25 m_n$
齿 顶 圆 直 径	d_{a1}、d_{a2}	$d_{a1} = d_1 + 2h_a$,$d_{a2} = d_2 + 2h_a$
齿 根 圆 直 径	d_{f1}、d_{f2}	$d_{f1} = d_1 - 2h_f$,$d_{a2} = d_2 - 2h_f$
标 准 中 心 距	a	$a = (d_1 + d_2)/2 = m_t(z_1 + z_2)/2 = m_n(z_1 + z_2)/(2\cos\beta)$

由斜齿圆柱齿轮的形成原理可知,一对平行轴斜齿圆柱齿轮的正确啮合,除两齿轮的模数和压力角应分别相等外,两相互啮合轮齿在啮合点处螺旋线的切线方向应一致,即螺旋角大小必须相等,所以正确啮合条件为

$$m_{n1} = m_{n2} \qquad \alpha_{n1} = \alpha_{n2} \qquad \beta_1 = \pm \beta_2 \tag{4-24}$$

式中:"+"用于内啮合,"−"用于外啮合。

需要指出,任意一对法面模数、法面压力角分别相等的圆柱斜齿外齿轮均可正确啮合。但若两者的螺旋角不满足关系式 $\beta_1 = -\beta_2$,则构成交错轴斜齿轮传动(图 4-1i),旧称螺旋齿轮传动,此时两轴不再平行,有交错角 $\Sigma = \beta_1 + \beta_2 \neq 0$ 存在。

三、斜齿圆柱齿轮的重合度和当量齿数

1. 重合度

图 4-24 为两个端面参数(齿数、模数、压力角及齿顶高系数)完全相同的直齿和斜齿圆柱齿轮的分度圆柱面展开图,区域 DE 为啮合区(参阅图 4-7 的从动轮 2)。如图 4-24a 所示,直齿轮的轮齿到达 D 点时整个轮齿进入啮合,而到达 E 点时整个轮齿退出啮合。但是,如图 4-24b 所示,斜齿轮轮齿的前端面到达 D 点时开始啮合(位置 Ⅰ),后端面到达 D 点时(位置 Ⅰ′)整个轮齿才进入啮合;又当前端面的轮齿到达 E 点时(位置 Ⅰ″)开始退出啮合,直到该轮齿的后端面到达 E 点时(位置 Ⅰ‴)整个轮齿才完全退出啮合。显然斜齿圆柱齿轮的轮齿多转了一段分度圆弧长 $f = b\tan\beta$,称为扭转弧。扭转弧 f 与端面齿距 p_t 的比值就是斜齿轮的重合度比直齿轮的增加量,则斜齿轮的重合度 ε 为

$$\varepsilon = \varepsilon_t + b\tan\beta / p_t = \varepsilon_t + b\tan\beta / (m_t\pi) = \varepsilon_t + \varepsilon_a \tag{4-25}$$

式中:ε_t 为斜齿轮的端面重合度,它与直齿轮完全相同;ε_a 为斜齿轮的轴向重合度。

由上式可以看出,斜齿轮的重合度随齿宽 b 和螺旋角 β 的增大而增大,重合度可以很大。

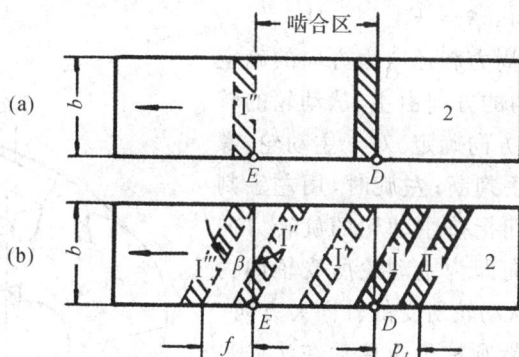

图 4-24

2. 当量齿数

在进行强度计算和用成形法加工选择铣刀时,必须知道斜齿轮的法面齿形。精确的法面齿形较难求得,通常采用下述近似方法。

如图 4-25 所示,过斜齿轮分度圆柱面上齿廓的任一点 C 作轮齿螺旋线的法面 $n\text{-}n$,该法面与分度圆柱面的交线为一椭圆,其长半径 $a = d/(2\cos\beta)$,短半径 $b = d/2$,椭圆在 C 点的曲率半径为

$$\rho = a^2/b = d/(2\cos^2\beta)$$

以 ρ 为分度圆半径,以斜齿轮的法面模数 m_n 为模数,取标准压力角 α_n 作一假想的直齿圆柱齿轮,其齿形即可认为与斜齿轮的法面齿形近似相同。该直齿圆柱齿轮称为斜齿圆柱齿轮的当量齿轮,其齿数称为当量齿数,用 z_v 表示,则

$$z_v = 2\pi\rho/(m_n\pi) = d/(m_n\cos^2\beta)$$
$$= m_n z/(m_n\cos^3\beta) = z/\cos^3\beta$$
$$(4\text{-}26)$$

式中:z 为斜齿轮的实际齿数。

由当量齿轮可以求出斜齿圆柱齿轮不发生根切的最少齿数 $z_{\min} = z_{v\min}\cos^3\beta$,若 $\alpha_n = 20°$,$h_a^* = 1.0$,则斜齿轮的最少齿数为 $z_{\min} = 17 \cdot \cos^3\beta$。

四、斜齿圆柱齿轮传动时轮齿的受力分析

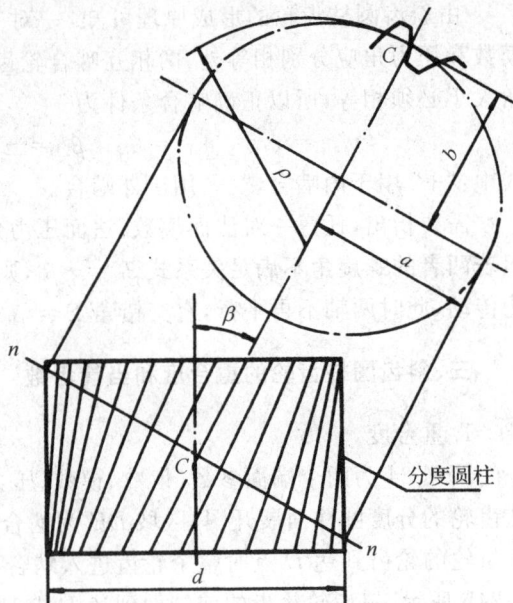

图 4-25

若略去齿面间的摩擦力,则作用在主动轮齿面上的法向力 F_{n1} 可沿齿轮的圆周方向、半径方向和轴线方向分解为三个互相垂直的分力(图 4-26),即圆周力 F_{t1}、径向力 F_{r1} 和轴向力 F_{a1}。从动轮轮齿上所受的力与主动轮轮齿所受的力大小相等、方向相反。各分力的大小为

$$\left.\begin{array}{l} F_{t1} = 2T_1/d_1 = F_{t2} \\ F_{r1} = F_{t1}\tan\alpha_n/\cos\beta = F_{r2} \\ F_{a1} = F_{t1}\tan\beta = F_{a2} \end{array}\right\} \qquad (4\text{-}27)$$

斜齿轮轮齿所受圆周力和径向力方向的确定与直齿轮相同。其轴向力的方向由主、从动轮的转动方向和轮齿螺旋线的方向确定。对于主动轮,螺旋方向为右旋时,用右手判断;左旋时,用左手判断。具体判断方法是用四指按主动轮的旋转方向握住齿轮,大拇指的指向即为主动轮所受轴向力的方向,其反方向即为从动轮所受的轴向力方向。

需要指出,一对斜齿圆柱齿轮传动在法向平面内近似相当于一对当量直齿圆柱齿轮传动,可以计及斜齿轮的特点采用直齿圆柱齿轮传动的强度计算公式,条件性地计算斜齿圆柱齿轮。斜齿轮传动强度计算时需将直齿轮接触强度计算公式 (4-17)、(4-18) 中的系数 670 更换为 590;弯曲强度计算公式 (4-19)、(4-20) 中的系数 2 更换为

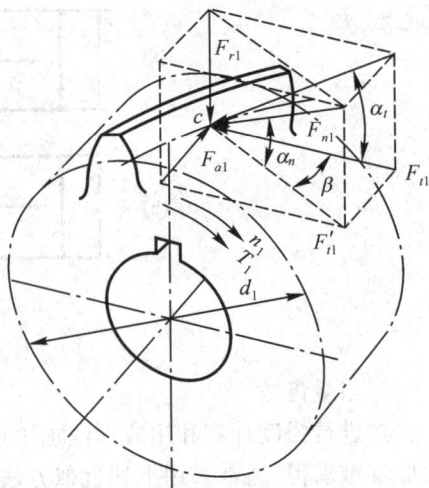

图 4-26

1.6,模数 m 更换为法面模数 m_n,齿形系数 Y_F 按斜齿轮的当量齿数 z_v 查取即可。限于篇幅不作详述,需要时可参阅主要参考书目[10]。

§4-6　锥齿轮传动

一、锥齿轮传动的特点

锥齿轮的轮齿分布在截锥面上,轮齿由大端向锥顶方向逐渐缩小(图 4-27),形成齿顶圆锥面、齿根圆锥面、分度圆锥面等,这些锥角之半分别称为齿顶圆锥角 δ_a、齿根圆锥角 δ_f 和分度圆锥角 δ 等。

锥齿轮用于相交两轴之间的传动,一对锥齿轮的运动相当于一对节圆锥在作纯滚动。正确安装的标准锥齿轮传动,其节圆锥与分度圆锥重合(图 4-28)。设 δ_1 和 δ_2 分别为小齿轮和大齿轮的分度圆锥角,Σ 为两轴线的交角,则 $\Sigma = \delta_1 + \delta_2$,在机械中常用的为 $\Sigma = 90°$。

在一般情况下,锥齿轮传动比的计算式为

$$i_{12} = \omega_1 / \omega_2 = z_2 / z_1 = r_2 / r_1 = \sin\delta_2 / \sin\delta_1 \tag{4-28}$$

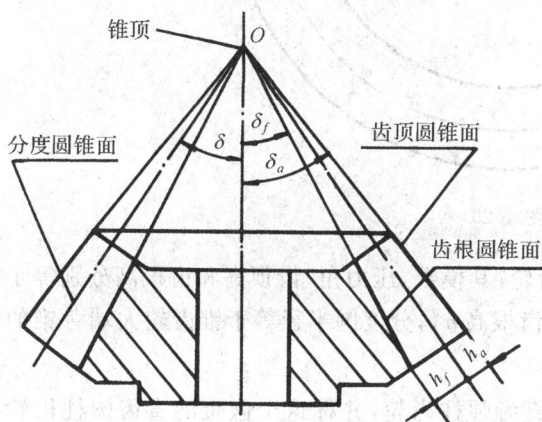

图 4-27

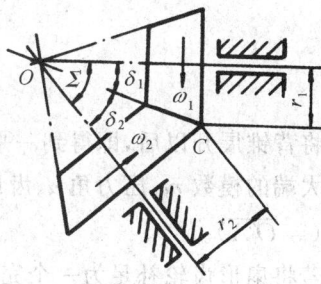

图 4-28

锥齿轮按齿线形状有直齿、斜齿和曲线齿,由于直齿锥齿轮的设计、制造和安装均较简便,应用最为广泛。曲线锥齿轮由于传动平稳、承载能力高,常用于高速重载传动,但其设计和制造均较复杂。本节只介绍两轴垂直的直齿锥齿轮传动。

二、锥齿轮的背锥与当量齿数

一对锥齿轮传动时,两齿轮间的相对运动位于一空间球面上,故锥齿轮的齿廓曲线理论上应为球面渐开线。由于球面不能展开成平面,致使锥齿轮的设计计算和制造都很困难,因此不得不采用近似方法来制定齿形以代替球面渐开线。

图 4-29 为一标准直齿锥齿轮的半个轴向剖面图。$\triangle OAB$ 表示分度圆锥,线段 OA 称为锥距,Ab 和 Aa 为大端球面上轮齿的齿顶高和齿根高。过 A 点作球面的切线 AO' 与轴线交于 O',以 OO' 为轴线、$O'A$ 为母线作一圆锥,该圆锥称为锥齿轮的大端背锥。由于背锥面上的母线垂直于分度圆锥面的母线,故背锥面垂直于分度圆锥面。由图 4-29 可见,在大端背锥面上的母线 Ab' 和 Aa' 与大端球面上的圆弧 Ab 和 Aa 非常接近,因此,可近似地用背锥上的齿

形来代替球面上的理论齿形。因背锥面可展开成平面,这样就可以把球面渐开线的问题简化成平面渐开线问题进行研究了。

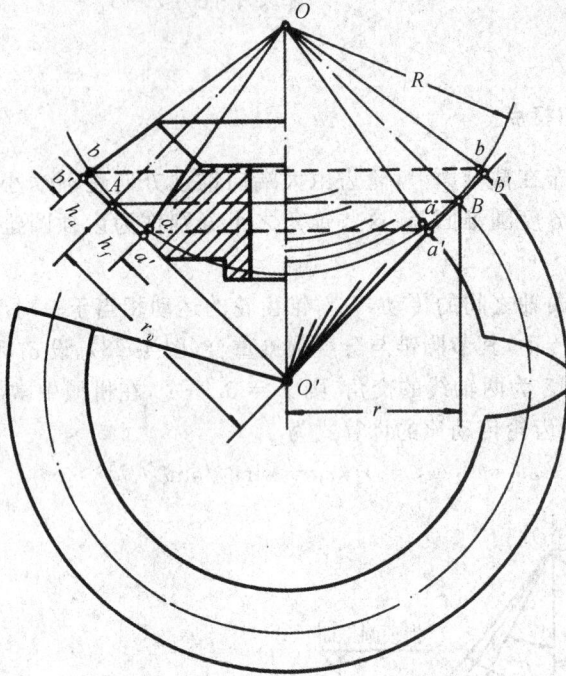

图 4-29

将背锥展开以后,即得到一平面扇形齿轮,其模数、压力角、齿顶高和齿根高分别等于锥齿轮大端的模数 m、压力角 α、齿顶高 h_a 和齿根高 h_f,分度圆半径等于锥齿轮大端背锥的锥距 $r_v(=\overline{OA})$。

若将扇形齿轮补足为一个完整的假想直齿圆柱齿轮,并称这个假想的直齿圆柱齿轮为锥齿轮的当量齿轮,其齿数 z_v 称为当量齿数。由图 4-29 可知

$$r_v = r/\cos\delta = mz/(2\cos\delta)$$

而 $\qquad r_v = mz_v/2$

则当量齿数 z_v 与锥齿轮实际齿数 z 的关系为

$$z_v = z/\cos\delta \qquad\qquad (4\text{-}29)$$

应用当量齿轮,就可以把直齿圆柱齿轮的理论近似地用到锥齿轮上。例如,锥齿轮的最少齿数为 $z_{\min} = z_{v\min}\cos\delta$;其正确啮合条件为大端的模数和压力角分别相等,即:$m_1 = m_2$,$\alpha_1 = \alpha_2$。

三、直齿锥齿轮传动的主要参数和几何尺寸

由于锥齿轮大端的尺寸最大,计算和测量的相对误差最小,同时也便于确定齿轮的外廓尺寸,因此其几何尺寸的计算以大端为基准。取大端的模数为标准值,压力角 $\alpha = 20°$,齿顶高系数 $h_a^* = 1.0$,径向间隙系数 $c^* = 0.2$。

图 4-30 为一对标准直齿锥齿轮,其分度圆锥与节圆锥重合,轴角 $\Sigma = 90°$。它的各部分

名称与几何尺寸计算公式如表 4-8 所示。

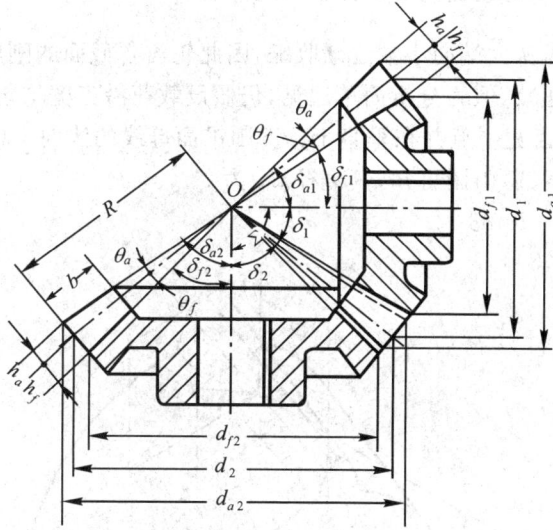

图 4-30

其中齿宽 b 不宜过大,最佳范围为 $(0.25 \sim 0.3)R$。这是因为小端的齿厚很小,对提高承载能力作用不大;齿宽过大反而造成加工困难。

表 4-8 $\Sigma = 90°$ 时标准直齿锥齿轮传动的几何尺寸计算

名　　称	符　　号	计算公式及参数的选择
模　　数	m	以大端模数为标准(参见 GB/T12368 − 1990)
传 动 比	i	$i = z_2/z_1 = \tan\delta_2 = \cot\delta_1$,单级 $i < 6 \sim 7$
分度圆直径	d_1, d_2	$d_1 = mz_1, d_2 = mz_2$
分度圆锥角	δ_2, δ_1	$\delta_2 = \arctan(z_2/z_1), \delta_1 = 90° - \delta_2$
齿 顶 高	h_a	$h_a = m$
齿 根 高	h_f	$h_f = 1.2m$
全 齿 高	h	$h = 2.2m$
齿顶圆直径	d_{a1}, d_{a2}	$d_{a1} = d_1 + 2m\cos\delta_1, d_{a2} = d_2 + 2m\cos\delta_2$
齿根圆直径	d_{f1}, d_{f2}	$d_{f1} = d_1 - 2.4m\cos\delta_1, d_{f2} = d_2 - 2.4m\cos\delta_2$
锥　　距	R	$R = \sqrt{\left(\dfrac{d_1}{2}\right)^2 + \left(\dfrac{d_2}{2}\right)^2} = \dfrac{m}{2}\sqrt{z_1^2 + z_2^2}$
齿　　宽	b	$b \leqslant R/3$
齿 顶 角	θ_a	$\theta_a = \arctan(h_a/R)$
齿 根 角	θ_f	$\theta_f = \arctan(h_f/R)$
顶 锥 角	δ_{a1}, δ_{a2}	$\delta_{a1} = \delta_1 + \theta_a, \delta_{a2} = \delta_2 + \theta_a$
根 锥 角	δ_{f1}, δ_{f2}	$\delta_{f1} = \delta_1 - \theta_f, \delta_{f2} = \delta_2 - \theta_f$

四、直齿锥齿轮传动时轮齿的受力分析

直齿锥齿轮的轮齿从大端向小端逐渐收缩,因此轮齿各截面的刚度各异,载荷分布应该是从大端向小端逐渐递减。但为分析简单起见,仍假设载荷沿齿宽均匀分布,并忽略摩擦力,认为法向力 F_n 作用于齿宽中点并在垂直于分度圆锥面母线的法向平面内(图4-31)。过中点的分度圆称为平均分度圆,由图可知,其直径 d_m 为

$$d_m = d - b\sin\delta$$

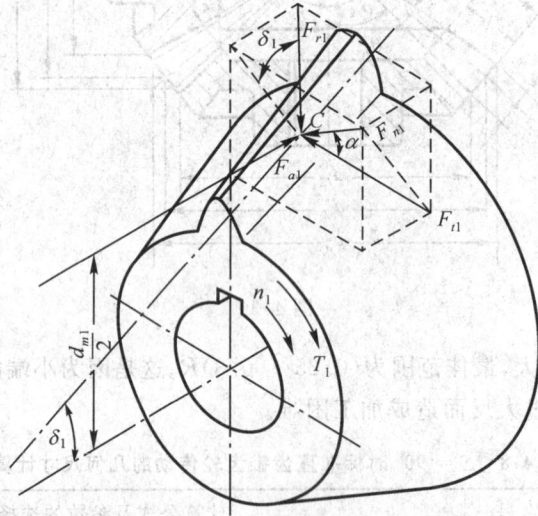

图 4-31

法向载荷 F_n 可分解成圆周力 F_t、径向力 F_r 和轴向力 F_a 三个分力,对于主动轮1来讲,各分力的计算式如下

$$\left.\begin{array}{l} F_{t1} = 2T_1/d_{m1} = 2T_1/(d_1 - b\sin\delta_1) \\ F_{r1} = F_{t1}\tan\alpha\cos\delta_1 \\ F_{a1} = F_{t1}\tan\alpha\sin\delta_1 \end{array}\right\} \tag{4-30}$$

对于轴角 $\Sigma = 90°$ 的锥齿轮传动,根据作用力与反作用力定律,有

$$\overline{F}_{t2} = -\overline{F}_{t1},\ \overline{F}_{r2} = -\overline{F}_{a1},\ \overline{F}_{a2} = -\overline{F}_{r1}$$

由上式可见,主动轮轮齿所受的径向力和从动轮轮齿所受的轴向力大小相等、方向相反;而主动轮轮齿所受的轴向力与从动轮轮齿所受的径向力也大小相等、方向相反。

作用在主动轮上的圆周力方向与作用点的速度方向相反,而作用在从动轮上的圆周力方向与作用点的速度方向相同;作用在两齿轮轮齿上的径向力方向均指向各自的转动中心;轴向力方向平行于各自的轴线,且由小端指向大端。

§4-7 齿轮的结构与润滑

一、齿轮的结构

齿轮的齿数、模数、齿宽以及轮齿的主要尺寸确定以后,其结构形式和其他各部分尺寸主要是根据工艺和结构的考虑,按经验公式确定。

对于直径较小(其齿顶圆直径 $d_a \leqslant 150 \sim 200$mm) 的钢制齿轮,一般采用实芯式的锻钢齿轮(图 4-32)。

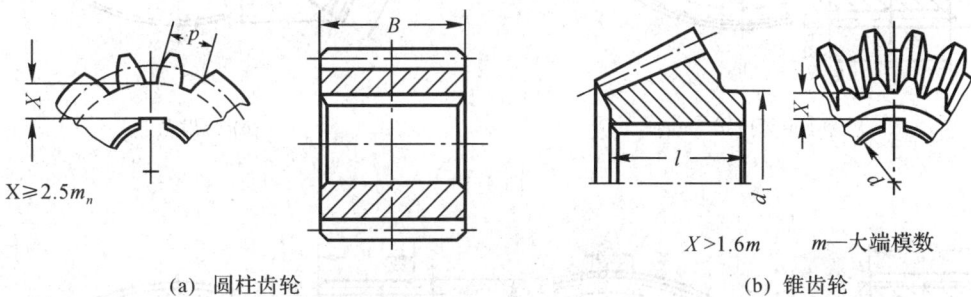

$X \geqslant 2.5 m_n$

(a) 圆柱齿轮

$X > 1.6m$ m—大端模数

(b) 锥齿轮

图 4-32

当齿轮直径过小,并与轴径较接近时,可将齿轮与轴做成一体,称为齿轮轴(图 4-33)。

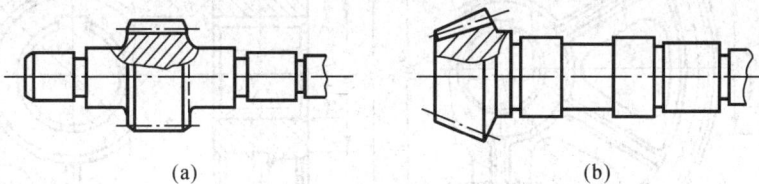

(a)   (b)

图 4-33

对于直径较大的齿轮,为减轻重量和节约材料,通常由轮缘、轮毂和腹板(或轮辐)组成。对齿顶圆直径 d_a 在 $200 \sim 500$mm 间的齿轮,往往采用腹板式的结构,其轮坯可以锻造也可以铸造。图 4-34 为锻造腹板式圆柱齿轮和锥齿轮的结构。

对于齿顶圆直径 $d_a > 400 \sim 600$mm 的齿轮,一般采用由铸铁或铸钢制成的轮辐式齿轮结构(图 4-35)。

对于单件或小批生产的大齿轮,为缩短生产周期,降低制造费用,可采用焊接式齿轮结构(图 4-36)。

二、齿轮传动的润滑

齿轮传动需要良好的润滑,其目的主要是减少摩擦、磨损和提高传动效率,并起冷却和散热作用。另外,润滑还可以防止零件锈蚀和减少传动的振动和噪声。

一般闭式齿轮传动的润滑方式根据齿轮圆周速度 v 的大小而定。当 $v \leqslant 12$m/s 时一般

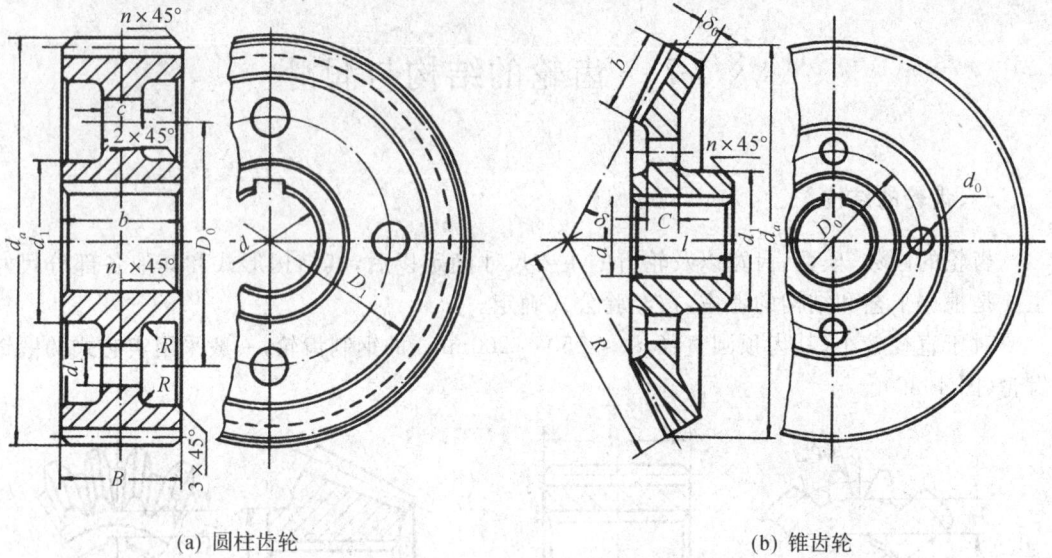

(a) 圆柱齿轮　　　　　　　　　　　(b) 锥齿轮

图 4-34

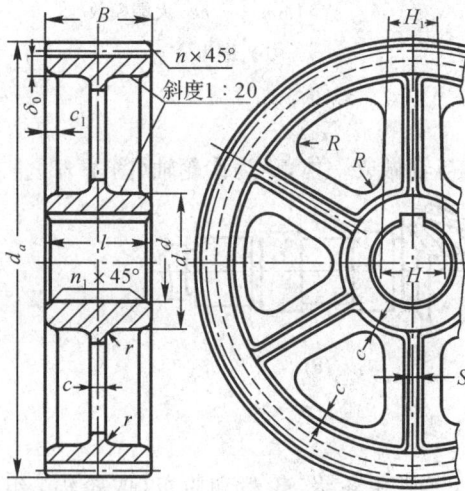

图 4-35

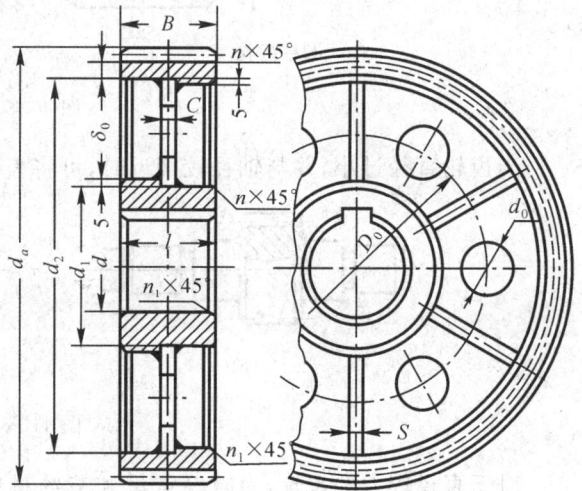

图 4-36

采用浸油润滑(图 4-37),齿轮转动时大齿轮把润滑油带到啮合区,同时也将油甩到箱壁上借以散热。速度 v 较大时,浸入深度约为一个齿高;速度 v 较小(0.5～0.8m/s)时,可达 1/6 齿轮半径。

当 $v > 12$m/s 时,多采用喷油润滑(图 4-38),用油泵将润滑油直接喷射到啮合区。这是由于:① 齿轮圆周速度过高,齿轮上的润滑油被甩掉而达不到啮合区;② 搅油过于剧烈,使油温升高,并降低其润滑性能;③ 会搅起箱底沉淀的杂质,加速轮齿的磨损。

润滑油的粘度是选择润滑油牌号的主要指标,可根据齿轮传动的工作条件、齿轮材料及其圆周速度来选择。例如圆周速度高时宜选用粘度低的润滑油,具体选择详见有关手册。其中闭式传动一般采用 N68～N320 号中负荷工业闭式齿轮油;而开式齿轮传动则通常由人

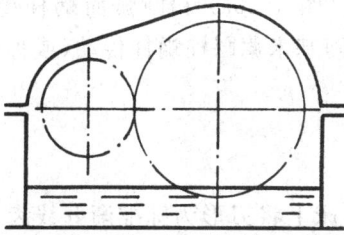

图 4-37

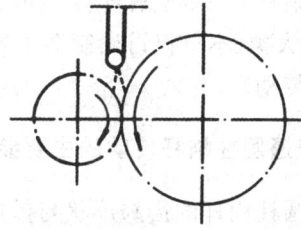

图 4-38

工定期在齿面上涂抹或充填润滑脂或粘度较大的润滑油。

　　齿轮传动的功率损耗主要包括：啮合功率损耗、搅油功率损耗和轴承功率损耗三部分。在正常润滑的条件下，齿轮传动（采用滚动轴承）的平均效率如表 4-9 所示。

表 4-9　齿轮传动的平均效率

传动装置	闭　式　传　动		开式传动
	6 级或 7 级精度齿轮	8 级精度齿轮	
圆柱齿轮	0.98	0.97	0.95
锥齿轮	0.97	0.96	0.93

§4-8　蜗杆传动

一、蜗杆传动的特点

　　蜗杆传动是由蜗杆和蜗轮组成的（图 4-39），从外形上看蜗杆和螺旋相仿，蜗轮好像一个斜齿圆柱齿轮，它用于传递交错轴之间的运动和动力，通常两轴的交错角为 90°，通常蜗杆为主动件。传递的功率可达 200kW，一般在 50kW 以下，应用相当广泛。

　　与齿轮传动相比，蜗杆传动具有下述优点：

　　1）传动比大，结构紧凑。

$$i_{12} = \omega_1/\omega_2 = z_2/z_1$$

式中：z_2 为蜗轮齿数，z_1 为蜗杆的螺旋头数。

　　在动力传动中，传动比 $i = 10 \sim 80$；当功率较小、主要用来传递运动时，传动比 i 最大可达 1000。

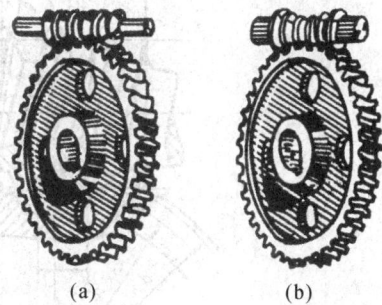

(a)　　　　(b)

图 4-39

　　2）传动平稳，噪声小。

　　3）一般能实现自锁，即几乎没有可能由蜗轮主动带动蜗杆，因此可用于需要反行程自锁的起重设备等场合。

　　蜗杆传动的缺点是效率低，连续传动时发热严重，蜗轮易于磨损和胶合，因此重要的蜗轮齿圈通常需要用贵重的青铜制造，费用较高。

根据蜗杆的形状,蜗杆传动可分为圆柱蜗杆传动(图 4-39a)和圆弧面蜗杆传动(图 4-39b)两大类。本节仅讨论制造工艺简单、应用广泛的阿基米德圆柱蜗杆传动(或称为普通圆柱蜗杆传动)。

二、普通圆柱蜗杆传动的主要参数和几何尺寸

普通圆柱蜗杆的齿廓形状与梯形螺纹相似,是在车床上将刃形为标准渐开线齿条齿形的车刀水平放置在蜗杆轴线所在的平面内车削出来的,刀具的夹角 $2\alpha = 40°$,这样蜗杆在轴向剖面内的齿形相当于齿条齿形,垂直于蜗杆轴线剖面与螺旋面齿廓的交线是阿基米德螺线(图 4-40),所以又称为阿基米德蜗杆。与之相啮合的蜗轮是用与蜗杆形状、尺寸相同的滚刀(为了保证轮齿啮合时的径向间隙,滚刀外径稍大于蜗杆齿顶圆直径),按范成原理切制的。在通过蜗杆轴线且与蜗轮轴线垂直的主平面内,蜗轮与蜗杆的啮合相当于渐开线齿轮与齿条的啮合(图 4-41)。因此,蜗杆传动的设计计算均以主平面的参数和几何关系为基准,其正确啮合条件为:蜗杆的轴向模数 m_{a1} 和轴向压力角 α_{a1} 分别等于蜗轮的端面模数 m_{t2} 和端面压力角 α_{t2}。模数 m 的标准值如表 4-10 所示,压力角 $\alpha = 20°$,齿顶高 $h_a = 1.0m$,齿根高 $h_f = 1.2m$。

图 4-40

由于加工蜗轮的滚刀尺寸和几何参数除外径外均与蜗杆尺寸完全一样,为了限制滚刀数量并便于标准化,对每一个模数 m 规定了 $1 \sim 4$ 个分度圆直径 d_1(见表 4-10)。分度圆直径与模数的比值称为蜗杆直径系数,用 q 表示,即

$$q = d_1/m \tag{4-31}$$

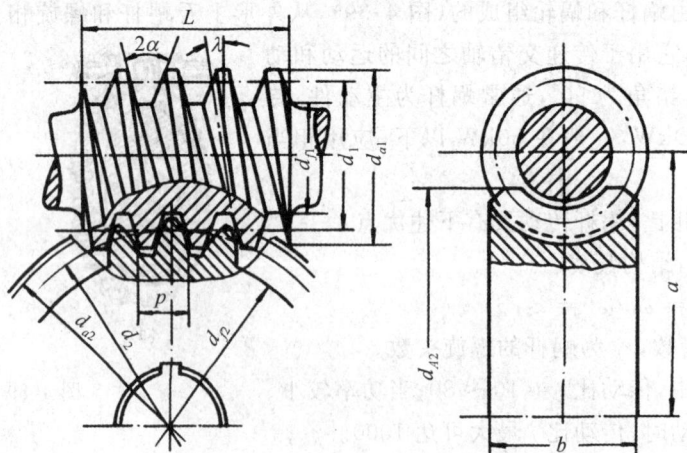

图 4-41

表 4-10　标准模数 m 和分度圆直径 d_1（GB/T10085—1988）

m(mm)	1	1.25		1.6		2			
d_1(mm)	18	20　22.4		20　28		(18)　22.4　(28)　35.5			
m(mm)	2.5			3.15		4			
d_1(mm)	(22.4)　28　(35.5)　45			(28)　35.5　(45)　56		(31.5)　40　(50)　71			
m(mm)	5			6.3		8			
d_1(mm)	(40)　50　(63)　90			(50)　63　(80)　112		(62)　80　(100)　140			
m(mm)	10			12.5		16			
d_1(mm)	(71)　90　(112)　160			(90)　112　(140)　200		(112)　140　(180)　250			

注：表中括号内的数字尽可能不采用。

蜗杆的螺旋面与分度圆柱面的交线是螺旋线。设 λ 为蜗杆分度圆柱面上的螺旋升角，p_{a1} 为蜗杆的轴向齿距，由图 4-42 可得

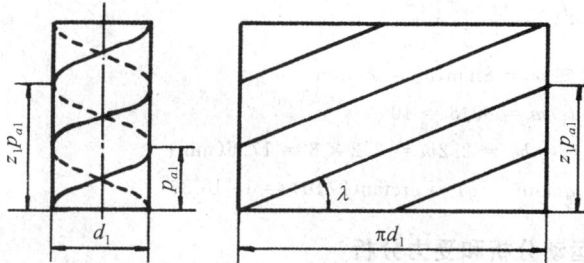

图 4-42

$$\tan\lambda = \frac{z_1 p_{a1}}{\pi d_1} = \frac{z_1 m}{d_1} = \frac{z_1}{q} \tag{4-32}$$

式中：z_1 为蜗杆的头数，通常取 $z_1 = 1, 2, 4$。

若要得到大传动比时，可取 $z_1 = 1$，但传动效率低；当传递功率较大时，为提高传动效率，可取 $z_1 = 2, 4$。不过蜗杆的螺旋头数 z_1 越小，则蜗杆传动的自锁性越好，所以起重机的蜗杆传动常取 $z_1 = 1$。

为避免蜗轮轮齿发生根切，蜗轮齿数 z_2 不应少于 26。不过，作为传递动力用的蜗轮，其齿数 z_2 一般也不宜大于 60～80，否则会使蜗杆因长度增大而刚度下降。z_1、z_2 的推荐值见表 4-11。

表 4-11　蜗杆头数 z_1 和蜗轮齿数 z_2 的荐用值

传动比 $i = z_2/z_1$	7～8	9～13	14～27	28～40	＞40
蜗杆头数 z_1	4	3,4	2,3	1,2	1
蜗轮齿数 z_2	28～32	27～52	28～81	28～80	＞40

对于两轴交错角为 90° 的蜗杆传动，蜗轮分度圆柱面的螺旋角 β 应等于蜗杆分度圆柱面的螺旋升角 λ，且两者的旋向必须相同，即 $\lambda = \beta$。其主要几何尺寸如图 4-41 所示，计算公式列于表 4-12。注意，蜗轮齿顶圆直径 d_{a2} 是在主剖面上的，而不是蜗轮最大外圆直径。

表 4-12　普通圆柱蜗杆传动几何尺寸计算公式

名　　称	计 算 公 式	
	蜗杆	蜗轮
分度圆直径	$d_1 = mq = mz_1/\tan\lambda$	$d_2 = mz_2$
齿顶圆直径	$d_{a1} = d_1 + 2m$	$d_{a2} = d_2 + 2m$
齿根圆直径	$d_{f1} = d_1 - 2.4m$	$d_{f2} = d_2 - 2.4m$
蜗杆螺旋升角	$\lambda = \arctan(z_1/q)$	螺旋角 $\beta = \lambda$
齿　距	$p_{a1} = m\pi$	$p_{t2} = m\pi$
中 心 距	$a = (d_1 + d_2)/2 = m(q + z_2)/2$	

例 4-3　测得一标准阿基米德蜗杆的齿顶圆直径为 96mm，头数 $z_1 = 2$。试求它的模数、分度圆直径、全齿高和升角。

解：由表 4-12 所列的公式得 $d_{a1} = d_1 + 2m$，故

$$m = \frac{d_{a1} - d_1}{2}$$

查表 4-10，试算后可知 $m = 8$mm，$d_1 = 80$mm

其直径系数　$q = d_1/m = 80/8 = 10$

全齿高　　　$h = h_a + h_f = 2.2m = 2.2 \times 8 = 17.6(\text{mm})$

升角　　　　$\lambda = \arctan(z_1/q) = \arctan(2/10) = 11°18'36''$

三、蜗杆传动的运动分析和受力分析

1.蜗杆传动的运动分析

在蜗杆传动中，蜗轮的转向取决于蜗杆的螺旋方向与转动方向，以及它与蜗杆的相对位置，可按螺旋副的运动规律确定蜗轮的转动方向。例如，图 4-43a 所示为蜗杆下置的传动，若蜗杆右旋并按图示方向转动时，蜗轮顺时针方向转动。具体的判别方法为：当蜗杆为右（左）旋时，用右（左）手的四指按蜗杆的转动方向握住蜗杆，则蜗轮的接触点速度 v_2 与大拇指的指向相反，从而确定蜗轮的转向。

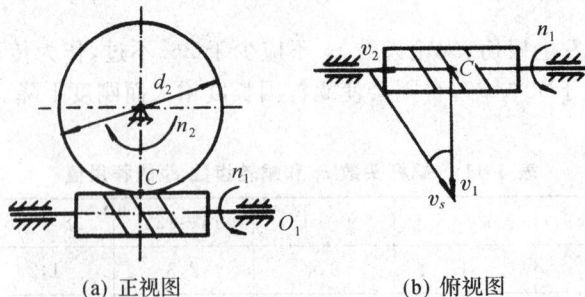

(a) 正视图　　　　　　　(b) 俯视图

图 4-43

设 v_1 和 v_2 分别为蜗杆与蜗轮在节点 C 的圆周速度（图 4-43b），由于 v_1 和 v_2 相互垂直，轮齿之间存在着很大的相对滑动速度 v_s。它对蜗杆传动的齿面润滑情况、失效形式以及发热

和传动效率都有很大的影响。由图可得

$$v_s = v_1/\cos\lambda \quad (\text{m/s}) \tag{4-33}$$

式中：$v_1 = \pi d_1 n_1/(6 \times 10^4)$，m/s；$d_1$ 为蜗杆分度圆直径，mm；n_1 为蜗杆转速，r/min；λ 为蜗杆螺旋升角。

2. 蜗杆传动的受力分析

蜗杆传动的受力分析与斜齿圆柱齿轮传动相似。齿面上的法向力 F_n 可分解为三个互相垂直的分力：圆周力 F_t、径向力 F_r 和轴向力 F_a，各力的方向如图 4-44 所示。

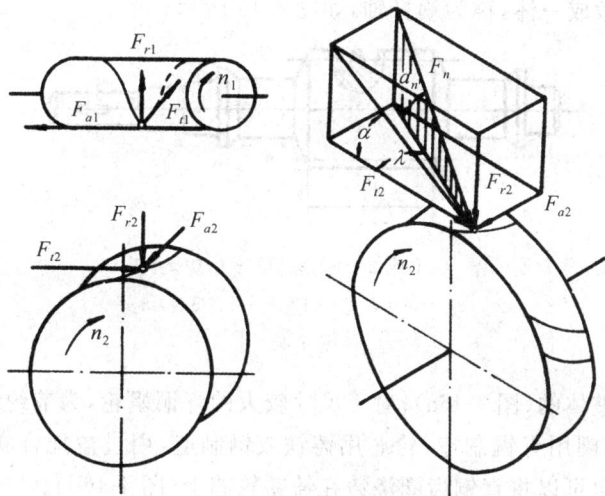

图 4-44

由于两轴交错成 $90°$，故作用于蜗杆上的圆周力 F_{t1} 与蜗轮上的轴向力 F_{a2} 等值反向；蜗杆上的轴向力 F_{a1} 与蜗轮上的圆周力 F_{t2} 等值反向；蜗杆上的径向力 F_{r1} 与蜗轮上的径向力 F_{r2} 等值反向。若略去摩擦力，则由图 4-44 可得

$$\left.\begin{array}{l}
F_{t2} = 2T_2/d_2 = F_{a1} \\
F_{a2} = F_{t2}\tan\lambda = F_{t1}(= 2T_1/d_1) \\
F_{r2} = F_{t2}\tan\alpha = F_{r1}
\end{array}\right\} \tag{4-34}$$

而

$$T_2 = T_1 i_{12}\eta$$

式中：T_1 和 T_2 分别为作用在蜗杆和蜗轮上的转矩；i_{12} 为蜗杆蜗轮的传动比；η 为蜗杆传动的效率。

四、蜗杆传动的材料与结构

1. 蜗杆传动的材料

在蜗杆传动中，轮齿的失效形式与齿轮相似，也有点蚀、胶合、磨损和折断等形式。但因蜗杆传动的齿面间有很大的相对滑动速度，其主要失效形式为胶合和磨损。基于这一特点，在选择蜗轮副的材料组合时，要求具有良好的减摩性和抗胶合性能。因此，常采用青铜制作蜗轮的齿圈，淬火钢制作蜗杆。

蜗轮常用的材料为铸造锡青铜 ZCuSn10P1，其抗胶合性能和耐磨性都较好，允许的相对滑动速度 $v_s \leqslant 25\text{m/s}$，易于切削加工，但价格较贵。在相对滑动速度 $v_s \leqslant 12\text{m/s}$ 的蜗杆传动中,可采用含锡量低的铸造锡锌铅青铜 ZCuSn5Pb5Zn5。无锡青铜,例如铸造铝铁青铜 ZCuAl10Fe3 的抗胶合性能不及锡青铜,但价廉,一般用于相对滑动速度 $v_s \leqslant 10m/s$ 的传动。在低速($v_s \leqslant 2m/s$)、轻载传动中,可采用灰铸铁。

蜗杆的常用材料有 20Cr 和 20CrMnTi 等,经渗碳淬火至硬度 $56 \sim 62HRC$;或用 38SiMnMo 和 40Cr 等,经表面淬火至硬度 $45 \sim 55HRC$;对于不重要的传动,也可用 45 钢调质。

2.蜗杆和蜗轮的结构

蜗杆通常与轴做成一体,称为蜗杆轴,如图 4-45 所示。

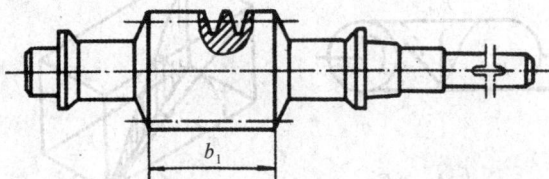

$$z_1 = 1 \text{ 或 } 2 : b_1 \geqslant (11 + 0.06z_2)m$$
$$z_1 = 4 : b_1 \geqslant (12.5 + 0.09z_2)m$$

图 4-45

蜗轮可以做成整体的(图 4-46a);对于尺寸较大的青铜蜗轮,为节约贵重的有色金属,常采用组合式结构,齿圈用青铜制造,轮芯用铸铁或钢制造,用过盈配合联接(图 4-46b)或螺栓联接(图 4-46c),也可以将青铜齿圈浇铸在铸铁轮芯上(图 4-46d)。

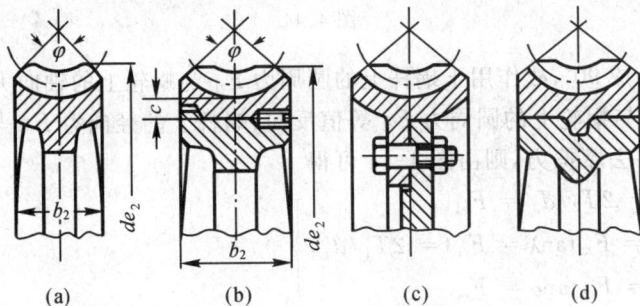

图 4-46

五、蜗杆传动的效率、润滑和散热

1.蜗杆传动的效率

在闭式蜗杆传动中,与齿轮传动类似,其功率损耗也包括啮合功率损耗、搅油功率损耗和轴承功率损耗三部分,但主要是啮合功率损耗,总的效率大致如表 4-13 所示。

表 4-13 蜗杆传动的效率(概略值)

	闭 式 传 动				开式传动
蜗杆头数 z_1	$z_1 = 1$	$z_1 = 2$	$z_1 = 3$	$z_1 = 4$	$z_1 = 1,2$
效率 η	$0.70 \sim 0.75$	$0.75 \sim 0.82$	$0.82 \sim 0.87$	$0.87 \sim 0.92$	$0.60 \sim 0.70$

注:当蜗杆传动具有自锁性时,效率 $\eta < 50\%$。

2.蜗杆传动的润滑

蜗杆传动所用润滑油的粘度和润滑方法,主要根据相对滑动速度和载荷类型进行选择。对于闭式传动,可参考表 4-14 选用。

表 4-14　蜗杆传动润滑油的粘度推荐值和润滑方法

滑动速度 v_s(m/s)	<1	<2.5	<5	$5\sim10$	$10\sim15$	$15\sim25$	>25
工作条件	重载	重载	中载	—	—	—	—
粘度 cSt_{40}(cSt_{100})	(46)	(32)	(22)	(15)	150	100	68
润滑方法	浸　油　润　滑			浸油或喷油润滑	压力喷油润滑		

3.蜗杆传动的散热

蜗杆传动的效率低,发热量较大。对闭式长时间连续传动需进行热平衡计算。若散热条件不良,会引起箱体内油温过高使润滑失效而导致胶合。常用的散热措施有:① 在箱体上增设散热片以增大散热面积;② 在蜗杆轴上装风扇;③ 在箱体油池内装蛇形冷却水管;④ 用循环油冷却。

§4-9　链　传　动

一、链传动的类型和特点

链传动由装在平行轴上的链轮1、2和跨绕在两链轮上的环形链条3所组成(图4-47)。链条为中间挠性件,靠链条与链轮轮齿的啮合来传递运动和动力。适用于两轴中心距较大的场合。

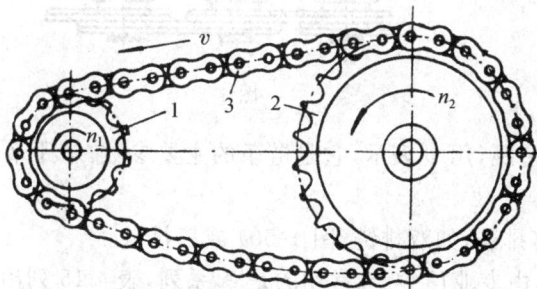

图 4-47

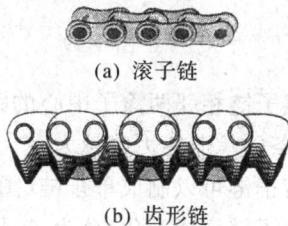

(a) 滚子链

(b) 齿形链

图 4-48

按照链条的结构不同,传递动力用的链条主要有滚子链和齿形链两种(图4-48)。与滚子链相比,齿形链传动平稳、冲击小、噪声低;但齿形链结构复杂,价格较高,因此,齿形链的应用不如滚子链广泛。

与齿轮传动相比,链传动的制造和安装精度要求较低,中心距较大时传动结构简单,成本较低。与带传动相比,链传动没有弹性滑动和打滑,其平均传动比 $i = n_1/n_2 = z_2/z_1$ 为常数;需要的张紧力小,作用在轴上的压力也小,可减少轴与轴承的受力并减轻轴承的磨损;能在温度较高、有油污等恶劣环境条件下工作。但是,链条绕在链轮上呈多边形,工作时链传动瞬时链速和瞬时传动比不是常数,传动平稳性较差,工作时有一定的冲击和噪声。因此,链传动广泛应用于工作速度不高,载荷较大以及工作环境恶劣的矿山机械、农业机械、石油机械及运输机械中。

通常,链传动的传动比 $i \leqslant 8$,中心距 $a \leqslant 5 \sim 6\mathrm{m}$,传递功率 $P \leqslant 100\mathrm{kW}$,圆周速度 $v \leqslant 15\mathrm{m/s}$,传动效率约为 $\eta = 0.95 \sim 0.98$。

二、滚子链传动的结构与选择计算

1. 链条与链轮

1)链条。滚子链的结构如图 4-49 所示,它是由内链板 1、外链板 2、销轴 3、套筒 4 和滚子 5 所组成。其中内链板 1 与套筒 4、外链板 2 与销轴 3 分别用过盈配合固联在一起,分称为内、外链节。销轴 3 与套筒 4 之间为间隙配合,这样内、外链节就构成一个铰链。为减轻啮合时链条与链轮轮齿的磨损,套筒 4 与滚子 5 之间也为间隙配合。

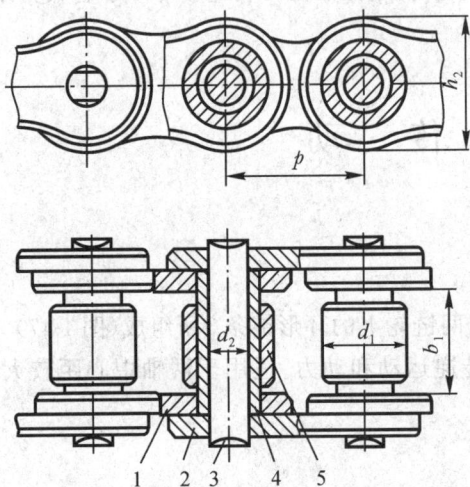

图 4-49

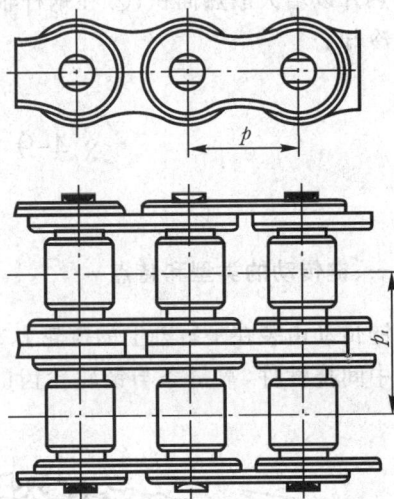

图 4-50

滚子链相邻两滚子中心的距离称为链节距,用 p 表示,它是链条的主要参数。节距 p 越大,链条的承载能力也越大。

滚子链可以制成单排链(图 4-49)和多排链,如双排链(图 4-50)或三排链。

滚子链已标准化,分为 A、B 两个系列,由专业厂生产。常用的是 A 系列,表 4-15 列出了几种 A 系列滚子链的主要参数。

链条的长度以链节数 L_p 来表示。链节数 L_p 最好取偶数,以便链条联成环形时正好是内、外链板相接,接头处可用开口销或弹簧夹锁紧(图 4-51a、b);若链节数必须采用奇数时,则需要采用过渡链节(图 4-51c),但强度较差,应尽量避免使用。

表 4-15 滚子链的主要参数与尺寸

链号	节距 p (mm)	排距 p_t (mm)	滚子外径 d_1 (mm)	内链节宽度 b_1 (mm)	销轴直径 d_2 (mm)	链板高度 h_2 (mm)	极限载荷 (单排) Q (N)	每米质量(单排) q (kg/m)
08A	12.7	14.38	7.92	7.85	3.96	12.07	13800	0.6
10A	15.875	18.11	10.16	9.40	5.08	15.09	21800	1.0
12A	19.05	22.78	11.91	12.57	5.94	18.08	31100	1.5
16A	25.4	29.29	15.88	15.75	7.92	24.13	55600	2.6
20A	31.75	35.76	19.05	18.90	9.53	30.18	86700	3.8
24A	38.10	45.44	22.23	25.22	11.10	36.20	124600	5.6
28A	44.45	48.87	25.40	25.22	12.70	42.24	169000	7.5
32A	50.8	58.55	28.58	31.55	14.27	48.26	222400	10.1
40A	63.5	71.55	39.68	37.85	19.84	60.33	347000	16.1
48A	76.2	87.83	47.63	47.35	23.80	72.39	500400	22.6

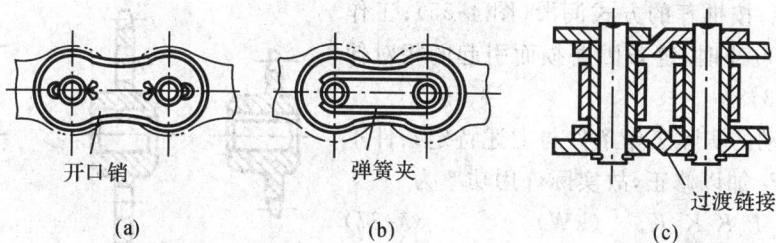

开口销　　　　　　弹簧夹　　　　　　　　过渡链接

(a)　　　　　　　　(b)　　　　　　　　(c)

图 4-51

2) 链轮。链轮的形状与齿轮类似,但齿形不同(图 4-52)。链轮的齿形应能保证链条能平稳自如地进入和退出啮合,啮合时接触良好,且便于加工。链轮也已标准化,常用的齿形为"三圆弧一直线"齿形,齿形的参数与尺寸可参见 GB/T1243—1997。其中,链轮上被链节距等分的圆称为分度圆(图 4-52),分度圆直径 d 为

$$d = p/\sin(180°/z) \tag{4-36}$$

式中: p 为链节距; z 为链轮齿数。

链轮的结构如图 4-53 所示。小直径链轮可制成实芯式(图 4-53a);中等直径的可制成孔板式(图 4-53b);直径较大的可设计成组合式(图 4-53c),若轮齿磨损可更换齿圈。

链轮轮齿应具有足够的接触强度和耐磨性,齿面多经热处理。小链轮啮合次数比大链轮多,所用的材料应优于大链轮。常用的链轮材料有碳素钢(如 Q235、45、ZG310—570 等)、灰铸铁(如 HT200)等。重要的链轮可采用合金钢。

2. 链传动的失效及功率曲线

链传动的主要失效形式有:① 铰链磨损后链节距变长,引起链条的跳齿和脱链;② 链板疲劳破坏;③ 滚子链套筒的冲击疲劳破坏;④ 销轴与套筒的胶合。此外,在低速重载的情况下,还可能出现链条的过载拉断。

在特定的条件下,A 系列滚子链所能传递的功率 P_0 如图 4-54 所示。特定条件是指:单

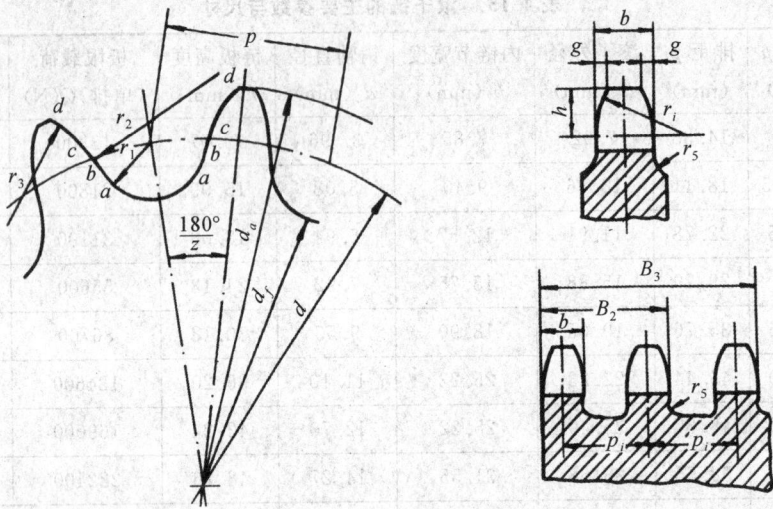

图 4-52

排;水平布置;小链轮齿数 $z_1 = 19$;链长 $L_p = 100$ 节;载荷平稳;按推荐的方式润滑(图 4-55);工作寿命为 15 000 小时;链条因磨损而引起的相对伸长量不超过 3%。

当链传动的实际工作条件与上述特定条件不同时,应对 P_0 加以修正,故实际许用功率为

$$[P_0] = P_0 K_z K_L K_m \quad (\text{kW}) \qquad (4\text{-}37)$$

式中:K_z、K_L 分别为小链轮齿数 z_1、链长 L_p 的修正系数,见表 4-16;K_m 为多排链系数,见表 4-17。

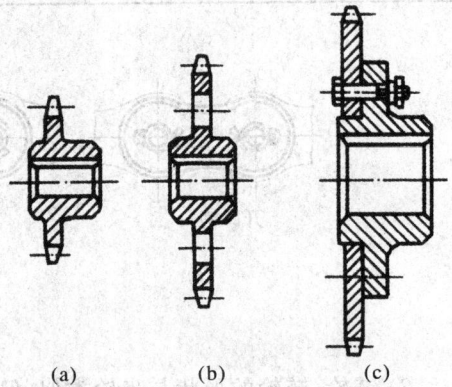

图 4-53

表 4-16 修正系数 K_z 和 K_L

链传动工作点在图 4-54 中的位置	位于功率曲线顶点左侧(链板疲劳)	位于功率曲线顶点右侧(滚子套筒冲击疲劳)
小链轮齿数系数 K_z	$(z_1/19)^{1.08}$	$(z_1/19)^{1.5}$
链长系数 K_L	$(L_p/100)^{0.26}$	$(L_p/100)^{0.5}$

表 4-17 多排链系数 K_m

排数	1	2	3	4	5	6
K_m	1.0	1.7	2.5	3.3	4.0	4.6

表 4-18 小链轮齿数 z_1

链速 v(m/s)	0.6~3	3~8	>8
z_1	≥17	≥21	≥25

3. 链传动的选择计算

链传动的选择计算就是要根据所传递的功率、转速及工作情况,合理选择有关参数,确定链条的型号和链节数、链轮的结构尺寸、链条对轴的作用力以及润滑方式等。

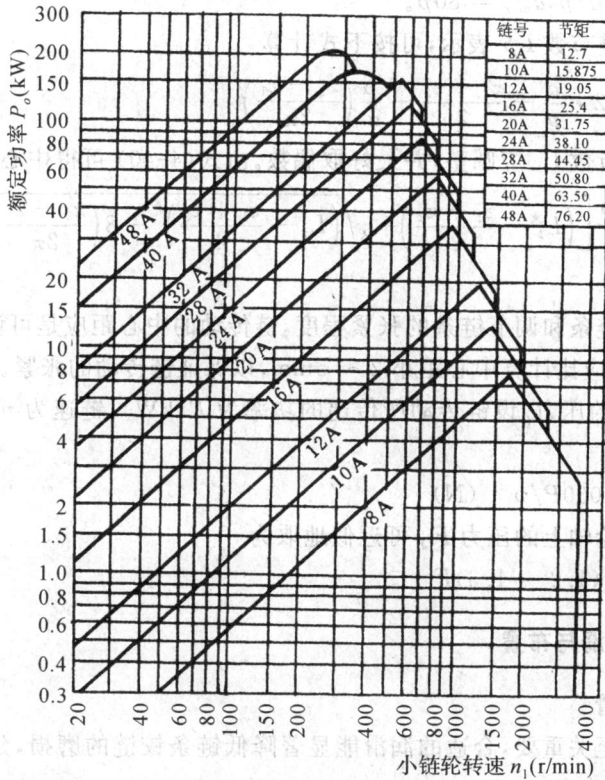

链号	节距
8A	12.7
10A	15.875
12A	19.05
16A	25.4
20A	31.75
24A	38.10
28A	44.45
32A	50.80
40A	63.50
48A	76.20

图 4-54

1) 链轮齿数。为使链传动的运动平稳,小链轮的齿数 z_1 不宜过少。一般可按链速由表 4-18 选取 z_1,然后按传动比确定大链轮齿数 $z_2 = iz_1$。大链轮的齿数 z_2 不宜过多,否则容易发生跳齿和脱链现象,一般推荐 $z_2 \leqslant 120$。由于链节数一般为偶数,因此,链轮齿数最好取奇数,使得链条与链轮轮齿的磨损较为均匀。

链条运动速度的计算公式为

$$v = \frac{z_1 n_1 p}{6 \times 10^4} = \frac{z_2 n_2 p}{6 \times 10^4} \quad (\text{m/s}) \tag{4-38}$$

2) 链节距。链的节距 p 可按其工作情况由下式确定

$$K_A P \leqslant [P_0] = P_0 K_z K_L K_m \quad (\text{kW}) \tag{4-39}$$

式中:K_A 为工作情况系数,见表 4-19;P 为所传递的功率,kW;其余符号的意义与式(4-37)相同。

节距越大,能传递的功率也越大;但由于运动的不均匀性,冲击和噪声也越大。因此,在满足承载能力的条件下,尽可能选用小节距的链条;高速重载时可选用小节距多排链。

3) 中心距和链节数。链传动的中心距过小,则小链轮上的包角也小,同时啮合的链轮齿数过少;反之,若中心距过大,则运动时链条容易抖动。

表 4-19 工作情况系数 K_A

载荷	原 动 机	
种类	电动机或汽轮机	内燃机
载荷平稳	1.0	1.2
中等冲击	1.3	1.4
较大冲击	1.5	1.7

一般取 $a = (30 \sim 50)p$，$a_{max} = 80p$。

链条的长度用链节数 Lp 表示，可按下式计算

$$L_p = 2 \cdot \frac{a}{p} + \frac{z_1 + z_2}{2} + \frac{p}{a}\left(\frac{z_2 - z_1}{2\pi}\right)^2 \tag{4-40}$$

由此算得的链节数 L_p 应圆整，并最好取偶数。由式(4-40)可得中心距的计算公式为

$$a = \frac{p}{4}\left[\left(L_p - \frac{z_1 + z_2}{2}\right) + \sqrt{\left(L_p - \frac{z_1 + z_2}{2}\right)^2 - 8\left(\frac{z_2 - z_1}{2\pi}\right)^2}\right] \quad (\text{mm})$$

$$\tag{4-41}$$

为了便于安装链条和调节链条的张紧程度，链传动的中心距应是可调的；若中心距不可调节，则实际中心距应比计算中心距小 $2 \sim 5$mm，以保证链传动的张紧。

4）作用在轴上的压力。设链传动所传递的功率为 $P(\text{kW})$，链速为 $v(\text{m/s})$，则其传递的有效圆周力为

$$F = 1000P/v \quad (\text{N})$$

链条作用在链轮轴上的压力 F_Q 可近似地取为

$$F_Q = (1.2 \sim 1.3)F \tag{4-42}$$

三、链传动的润滑与布置

1. 链传动的润滑

链传动的润滑至关重要，合适的润滑能显著降低链条铰链的磨损，延长使用寿命。润滑方式可根据图 4-55 确定。

为使润滑油能渗入到链条的各摩擦面之间，润滑油应加在链条的松边（自主动链轮啮出的边）上。润滑油可选用 N22、N32 和 N46 号机械油，环境温度高或载荷大时宜取粘度高者；反之，宜取粘度低者。

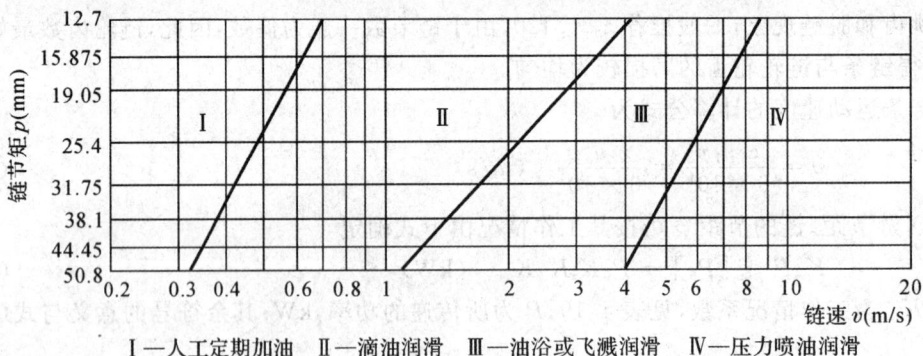

I—人工定期加油　II—滴油润滑　III—油浴或飞溅润滑　IV—压力喷油润滑

图 4-55

2. 链传动的布置

链传动的两轴应平行，两轮应位于同一平面内，尽量采用水平或接近水平布置，并使松边在下。具体布置方式参见表 4-20。

例 4-4　设计一用于带式运输机的链传动，已知电动机功率 $P = 5.5$kW，主动轮转速 $n_1 = 960$r/min，从动轮转速 $n_2 = 300$r/min，载荷平稳，中心距可以调节。

解：1）选择链轮齿数

假定链速 $v = 3 \sim 8\text{m/s}$，由表 4-18 选取小链轮齿数 $z_1 = 21$，则大链轮齿数 $z_2 = iz_1 = (n_1/n_2)z_1 = (960/300) \times 21 = 67.2$，取 $z_2 = 67 < 120$。

2) 确定链节数 L_p

初选 $a_0 = 40p$，由式(4-40)

$$L_p = 2\frac{a_0}{p} + \frac{z_1 + z_2}{2} + \frac{p}{a_0}\left(\frac{z_2 - z_1}{2\pi}\right)^2 = 2 \times 40 + \frac{21 + 67}{2} + \frac{1}{40}\left(\frac{67 - 21}{2\pi}\right)^2 = 125.3$$

取 $L_p = 126$。

3) 确定链节距 p

由式(4-39)可得

$$P_0 = \frac{K_A P}{K_z K_L K_m}$$

估计该传动工作点落在图 4-54 某曲线顶点的左侧，由表 4-16 得

$$K_z = \left(\frac{z_1}{19}\right)^{1.08} = \left(\frac{21}{19}\right)^{1.08} = 1.11$$

$$K_L = \left(\frac{L_p}{100}\right)^{0.26} = \left(\frac{126}{100}\right)^{0.26} = 1.06$$

表 4-20 链传动的布置

传动参数	正确布置	不正确布置	说　　　明
$i > 2$ $a = (30 \sim 50)p$			两轮轴线在同一水平面，紧边在上、在下均不影响工作。
$i > 2$ $a < 30p$			两轮轴线不在同一水平面，松边应在下面，否则松边下垂量增大后，链条易与链轮卡死。
$i < 1.5$ $a > 60p$			两轮轴线在同一水平面，松边应在下面，否则下垂量增大后，松边会与紧边相碰，需经常调整中心距。
i、a 为任意值			两轮轴线在同一铅垂面内，下垂量增大，会减少下链轮有效啮合齿数，降低传动能力，为此应采用:a) 中心距可调;b) 张紧装置;c) 上下两轮错开，使其不在同一铅垂面内。

选用单排链，由表 4-17 得 $K_m = 1.0$；又由表 4.19 可得 $K_A = 1.0$，所以

$$P_0 = \frac{K_A P}{K_z K_L K_m} = \frac{1.0 \times 5.5}{1.11 \times 1.06 \times 1.0} = 4.67(\text{kW})$$

由图 4-54 选用 08A 号滚子链，其节距 $p = 12.7\text{mm}$。

4) 实际中心距 a

由式(4-41)可得

$$a = \frac{p}{4}\left[\left(L_p - \frac{z_1 + z_2}{2}\right) + \sqrt{\left(L_p - \frac{z_1 + z_2}{2}\right)^2 - 8\left(\frac{z_2 - z_1}{2\pi}\right)^2}\right]$$

$$= \frac{12.7}{4}\left[\left(126 - \frac{21 + 67}{2}\right) + \sqrt{\left(126 - \frac{21 + 67}{2}\right)^2 - 8\left(\frac{67 - 21}{2\pi}\right)^2}\right]$$

$$= 512.26(\text{mm})$$

留出一定的中心距调节量。

5) 验算链速 v

由式(4-38)得

$$v = \frac{z_1 n_1 p}{6 \times 10^4} = \frac{21 \times 960 \times 12.7}{6 \times 10^4} = 4.267(\text{m/s})$$

与原假定相符，z_1 选取合适。

6) 确定润滑方式

根据 $p = 12.7\text{mm}$ 和 $v = 4.267\text{m/s}$，由图 4-55 查得应采用油浴或飞溅润滑。

7) 作用在轴上的压力 F_Q

链传动的有效圆周力为

$$F = 1\,000P/v = 1\,000 \times 5.5/4.267 = 1289(\text{N})$$

由式(4-42)，取 $F_Q = 1.2F$，则

$$F_Q = 1.2F = 1.2 \times 1\,289 = 1\,546.8(\text{N})$$

8) 链轮的主要尺寸及结构(略)。

§4-10 带传动

一、带传动的类型和特点

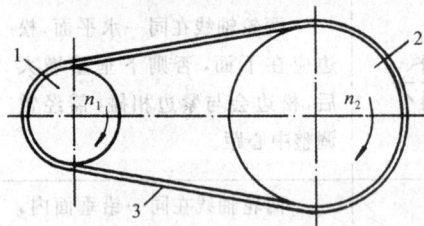

图 4-56

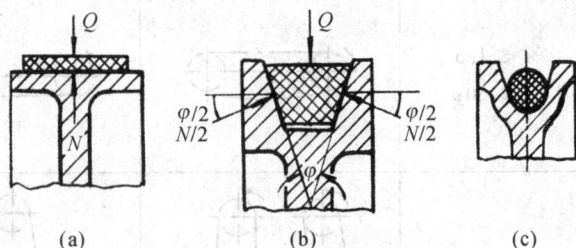

图 4-57

带传动通常由主动轮 1、从动轮 2 和张紧在两轮上的挠性传动带 3 所组成(图 4-56)。与链传动一样，带传动也是挠性件传动，适用于两轴中心距较大的场合。但它是依靠带与带轮之间的摩擦力来传递运动和动力的。按照带的截面形状，传动带可分为平带(图 4-57a)、V 带(图 4-57b)和圆带(图 4-57c)，这些均为摩擦型传动带。此外，还有同步带(图 4-58)，它则是依靠带与带轮轮齿的啮合进行传动。

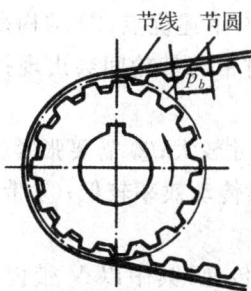

图 4-58

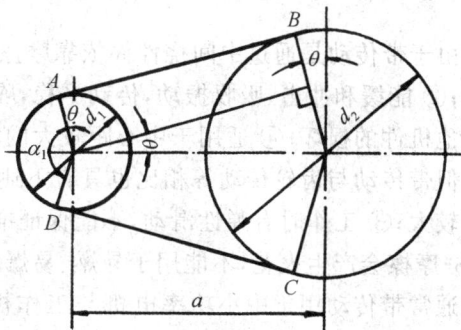

图 4-59

平带的截面为扁平矩形,其工作面是与带轮相接触的内周表面;V 带的截面为等腰梯形,其工作面是与带轮槽相接触的两侧面。由于轮槽的楔形效应,在压紧力 Q 相同时,V 带比平带摩擦力大,具有更大的牵引能力。圆带的牵引能力较小,常用于仪器及家用机械。

带传动中最常见的形式是两轴平行、且转向相同的开口传动(图 4-59)。两带轮轴线间的距离称为中心距 a。

带与带轮的接触弧所对应的中心角称为包角 α;相同条件下,包角越大,带的摩擦力和能传递的功率也越大。包角是带传动的一个重要参数。设 d_1、d_2 分别为小轮、大轮的直径,L 为带长,则小轮的包角为

$$\alpha_1 \approx \pi - (d_2 - d_1)a \quad (\text{rad}) \tag{4-43}$$

带长

$$L \approx 2a + \frac{\pi}{2}(d_1 + d_2) + \frac{(d_2 - d_1)^2}{4a} \tag{4-44}$$

已知带长 L,中心距为

$$a = \frac{1}{8}\left[2L - \pi(d_1 + d_2) + \sqrt{[2L - \pi(d_1 + d_2)]^2 - 8(d_2 - d_1)^2}\right] \tag{4-45}$$

带传动常用的张紧方法是调节中心距。当两轴水平或接近水平布置时(图 4-60a),可用调整螺杆 1 使装有带轮的电动机沿导轨 2 移动的方法调整;若两轴垂直或接近垂直布置时(图 4-60b),可采用螺杆及调节螺母 1 使电动机绕小轴 2 摆动的方法调整。当中心距不可调时,可采用张紧轮实现张紧,如图 4-60c 所示,它靠悬重 1 将张紧轮 2 压在带上以保证带的张

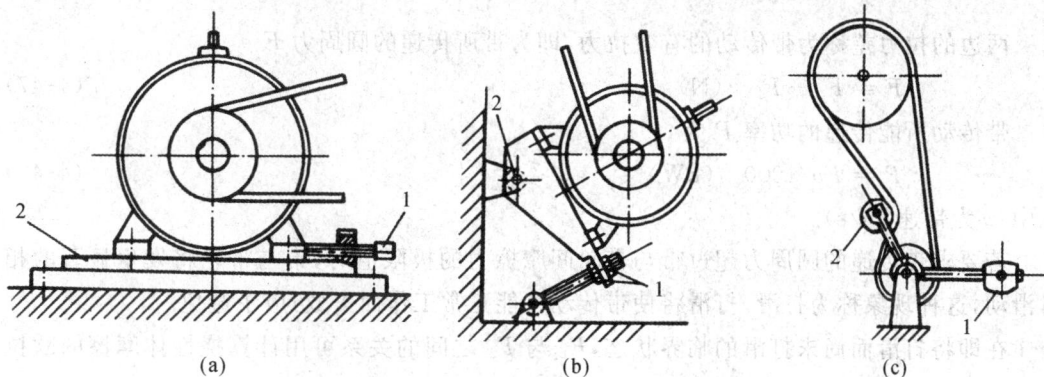

(a)

(b)

(c)

图 4-60

紧。

由于带传动是通过中间挠性件依靠摩擦力工作的，它具有下述优点：① 结构简单，成本低廉；② 能缓和冲击、吸收振动，传动平稳，噪声小；③ 过载时带与带轮间会出现打滑，可防止其他机件的损坏；④ 适用于中心距较大的场合。

但带传动与齿轮传动等相比也具有下述缺点：① 外廓尺寸较大；② 需要张紧装置，轴上受力较大；③ 工作时有弹性滑动，不能保证准确的传动比；④ 传动效率较低；⑤ 带的寿命较短；⑥ 摩擦会产生火花，不能用于易燃、易爆的场合。

通常带传动用于中小功率电机与工作机械之间的动力传递，其中以 V 带传动应用最广。一般传动比 $i \leqslant 7(10)$，带速 $v = 5 \sim 25\text{m/s}$，传动效率 $\eta = 0.94 \sim 0.97$。但是，在高速($v > 30\text{m/s}$) 情况下，则应采用薄而轻的高速平带传动，其带速可达 $60 \sim 100\text{m/s}$。

二、带传动的工作情况分析

1. 带传动的受力分析

在带传动中，带必须以一定的预拉力张紧在带轮上。带传动不工作时，带两边的拉力都等于预拉力 F_0(图 4-61a)。工作时，由于带与带轮间摩擦力的作用，传动带绕上主动轮的一边被拉紧，拉力由 F_0 增大到 F_1，称为紧边；另一边被放松，拉力由 F_0 减少到 F_2，称为松边。由于环形带的总长度不变，则紧边拉力的增加量 $F_1 - F_0$ 应等于松边拉力的减少量 $F_0 - F_2$，即

$$F_0 = \frac{1}{2}(F_1 + F_2) \quad \text{(N)} \tag{4-46}$$

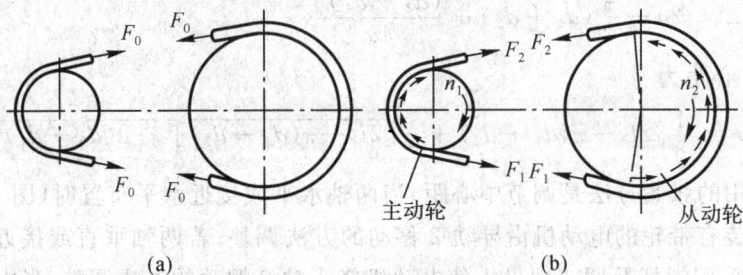

图 4-61

两边的拉力差称为带传动的有效拉力，即为带所传递的圆周力 F

$$F = F_1 - F_2 \quad \text{(N)} \tag{4-47}$$

带传动所能传递的功率 P 为

$$P = Fv/1000 \quad \text{(kW)} \tag{4-48}$$

式中：v 为带速(m/s)。

若要求带传递的圆周力超过带与带轮间摩擦力的极限值时，带与带轮将发生显著的相对滑动，这种现象称为打滑。打滑将使带传动不能正常工作而失效，应予避免。

在即将打滑而尚未打滑的临界状态，F_1 与 F_2 之间的关系可用计算挠性体摩擦的欧拉公式表示，即

$$F_1/F_2 = e^{fa} \tag{4-49}$$

式中:f 为带与带轮间的摩擦系数;α 为带在带轮上的包角(rad);$e \approx 2.718\cdots$,即自然对数的底。

由式(4-46)、式(4-47)和式(4-49)可得带所能传递的最大圆周力为

$$F_{max} = 2F_0 \cdot \frac{1 - e^{-f\alpha}}{1 + e^{-f\alpha}} \quad (N) \tag{4-50}$$

由上式可知:增大包角 α、摩擦系数 f 或预拉力 F_0,都可提高带传动的承载能力。

2. 带传动的应力分析

带传动工作时,在带中将产生下述三种应力。

1) 由拉力产生的拉应力。由拉力产生的拉应力有紧边拉应力和松边拉应力,其计算式为

紧边拉应力 $\qquad \sigma_1 = F_1/A \quad (MPa)$

松边拉应力 $\qquad \sigma_2 = F_2/A \quad (MPa)$

式中:A 为带的截面积(mm^2)。

带在绕上主动轮之前,其拉应力为 σ_1,绕过主动轮时,逐渐降低为 σ_2;在绕过从动轮时,则刚好相反,拉应力由 σ_2 逐渐增大到 σ_1。

2) 由离心力产生的拉应力。带以线速度 $v/(m/s)$ 随带轮轮缘作圆周运动时,将产生离心力,从而使带中产生作用于全部带长的离心拉应力,其计算式为

$$\sigma_c = qv^2/A \quad (MPa)$$

式中:q 为带每米长的质量(kg/m)。

3) 绕过带轮时产生的弯曲应力。绕过带轮的那部分传动带将因弯曲而在截面上产生弯曲应力,截面的中性层之外为拉应力,而中性层之内为压应力,我们按弯曲理论求得最大拉应力的计算式为

$$\sigma_b = 2yE/d \quad (MPa)$$

式中:y 为带的中性层到最外层的垂直距离,mm;E 为带的弹性模量,MPa;d 为带轮的直径,mm。

图 4-62 为三种应力叠加后传动带在一周中各截面上的拉应力分布情况。由图可知,在运转过程中,带经受交变应力的作用,如果小轮为主动轮,则一周中最大拉应力发生在紧边进入小带轮处,其值为

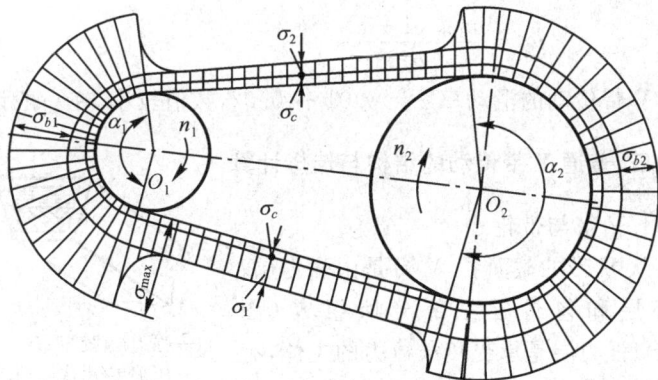

图 4-62

$$\sigma_{max} = \sigma_1 + \sigma_c + \sigma_{b1} \tag{4-51}$$

3. 带传动的弹性滑动和打滑

带传动在工作时,传动带受到拉力后要产生弹性变形,紧边和松边的单位长度伸长量,即应变量分别为 $\varepsilon_1 = F_1/(AE)$ 和 $\varepsilon_2 = F_2/(AE)$。由于 $F_1 > F_2$,所以 $\varepsilon_1 > \varepsilon_2$。如图 4-63 所

示,带在绕过主动轮时,带所受的拉力由 F_1 逐渐降低到 F_2,其应变量也由 ε_1 逐渐降低到 ε_2,相应地传动带也逐渐缩短并沿轮面滑动,从而使带的速度落后于主动轮的圆周速度。带绕过从动轮时情况恰恰相反,带的速度领先于从动轮的圆周速度。这种由于带材料的弹性变形而产生带与带轮之间的滑动称为弹性滑动。

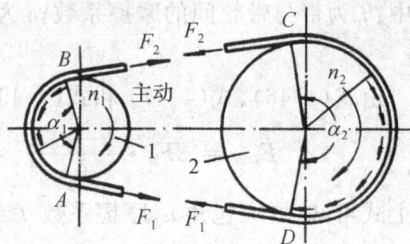

图 4-63

一般说来,弹性滑动并不是发生在整个接触弧上的。当传递的圆周力较小时,弹性滑动只发生在带离开带轮的那一部分。带不传递圆周力时,无弹性滑动;随着所传递圆周力的增加,弹性滑动从带离开带轮处逐渐向进入带轮处扩展,当弹性滑动扩展到整个接触弧时,带就在轮面上开始打滑。对于开式传动,由于小带轮上的包角 α_1 小于大带轮的包角 α_2,所以打滑总是先发生在小带轮上。

设 d_1、d_2 为主、从动轮的直径(mm),n_1、n_2 为主、从动轮的转速(r/min),则两轮的圆周速度分别为

$$v_1 = \frac{\pi d_1 n_1}{6 \times 10^4} \quad \text{(m/s)}, \qquad v_2 = \frac{\pi d_2 n_2}{6 \times 10^4} \quad \text{(m/s)}$$

由于弹性滑动,所以 v_2 总是小于 v_1。带传动中由于带的弹性滑动引起的从动轮圆周速度的降低率用滑动率 ε 来表示,即

$$\varepsilon = \frac{v_1 - v_2}{v_1} = \frac{d_1 n_1 - d_2 n_2}{d_1 n_1}$$

由此得带传动的实际传动比为

$$i = \frac{n_1}{n_2} = \frac{d_2}{d_1(1 - \varepsilon)} \tag{4-52}$$

从动轮的实际转速

$$n_2 = \frac{n_1 d_1 (1 - \varepsilon)}{d_2} \tag{4-53}$$

V 带传动的滑动率 $\varepsilon = 0.01 \sim 0.02$,数值较小,在一般计算中可不予考虑。

三、普通 V 带传动的结构与选择计算

1. V 带与带轮

从 V 带的截面看,V 带是由强力层、压缩层和包封层三部分所组成(图4-64)。强力层是承受负载拉力的主体,有帘布的和线绳的两种结构,线绳结构柔软、易弯,有利于提高寿命。

V 带有多种类型,应用最广的是普通 V 带。普通 V 带已标准化,按截面大小,可分为 Y、Z、A、B、C、D 和 E 七种型号。各种型号的截面尺寸及带轮轮槽的尺寸如表 4-21 所示。

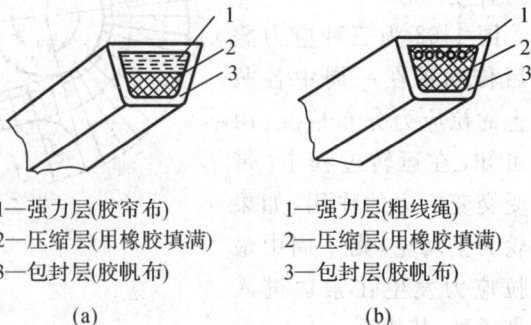

1—强力层(胶帘布)
2—压缩层(用橡胶填满)
3—包封层(胶帆布)
(a)

1—强力层(粗线绳)
2—压缩层(用橡胶填满)
3—包封层(胶帆布)
(b)

图 4-64

表 4-21　普通 V 带的截面尺寸和带轮的轮缘尺寸

类别	Y	Z	A	B	C	D	E
b_p(mm)	5.3	8.5	11.0	14.0	19.0	27.0	32.0
b(mm)	6	10	13	17	22	32	38
h(mm)	4	6	8	10.5	13.5	19	23.5
θ	40°						
每米带长质量 q(kg/m)	0.04	0.06	0.10	0.17	0.30	0.60	0.87
h_0(mm)	6.3	9.5	12	15	20	28	33
h_{amin}(mm)	1.6	2.0	2.75	3.5	4.8	8.1	9.6
e(mm)	8	12	15	19	25.5	37	44.5
f(mm)	7	8	10	12.5	17	23	29
b_i(mm)	5.3	8.5	11.0	14.0	19.0	27.0	32.0
δ(mm)	5	5.5	6	7.5	10	12	15
B(mm)	$B=(z-1)e+2f$（z 为带根数）						
d_a	$d_a=d_d+2h_a$						
φ　32°　对应的 d_d	≤60	—	—	—	—	—	—
φ　34°　对应的 d_d	—	≤80	≤118	≤190	≤315	—	—
φ　36°　对应的 d_d	>60	—	—	—	—	≤475	≤600
φ　38°　对应的 d_d	—	>80	>118	>190	>315	>475	>600

当带垂直其横截面底边弯曲时,在带中保持原长不变的的任一条周线称为节线;所有节线构成的面称为节面。带的节面宽度称为节宽(b_p);带弯曲时,节宽也保持不变。

在带轮上,与 V 带节宽 b_p 相对应的带轮直径称为基准直径 d_d。V 带在规定的张紧力下,位于带轮基准圆上的周线长度称为基准长度 L_d,长度系列如表 4-22 所示。

带轮的结构与齿轮类似,直径较小时可采用实芯式(图 4-65c),中等直径的带轮可采用腹板式(图 4-65a),直径大于 350mm 时可采用轮辐式(图 4-65b)。

普通 V 带带轮的截面及各部分尺寸如表 4-21 所示。由于 V 带绕在带轮上弯曲时,其截面变形使两侧面的夹角减小,为使 V 带能紧贴轮槽两侧,轮槽的楔角 φ 相应规定为 32°、34°、36° 和 38°。

V 带轮一般采用铸铁 HTl50 或 HT200 制造,其允许的最大圆周速度为 25m/s。对于带速较高或特别重要的场合可用钢制带轮。为减轻带轮的重量,也可采用铝合金及工程塑料。

2.带传动的失效形式及单根 V 带的许用功率

带传动的主要失效形式是带在带轮上打滑或疲劳破坏(脱层、撕裂或拉断等)。在保证带传动既不打滑又具有一定疲劳寿命的前提下,Z、A、B 和 C 型单根 V 带在特定条件下所能传递的功率 P_0 值可由图 4-66 查得。特定条件是指:载荷平稳,包角 $\alpha_1=180°$(传动比 $i=1$),带长 L_d 为特定长度。

表 4-22　普通 V 带的基准长度 L_d 系列及长度系数 K_L

基准长度 L_d (mm)	长 度 系 数 K_L						
	Y	Z	A	B	C	D	E
200	0.81						
224	0.82						
250	0.84						
280	0.87						
315	0.89						
355	0.92						
400	0.96	0.87					
450	1.00	0.89					
500	1.02	0.9					
560		0.94					
630		0.96	0.81				
710		0.99	0.83				
800		1.00	0.85				
900		1.03	0.87	0.82			
1000		1.06	0.89	0.84			
1120		1.08	0.91	0.86			
1250		1.11	0.93	0.88			
1400		1.14	0.96	0.90			
1600		1.16	0.99	0.92	0.83		
1800		1.18	1.01	0.95	0.86		
2000			1.03	0.98	0.88		
2240			1.06	1.00	0.91		
2500			1.09	1.03	0.93		
2800			1.11	1.05	0.95	0.83	
3150			1.13	1.07	0.97	0.86	
3550			1.17	1.09	0.99	0.89	
4000			1.19	1.13	1.02	0.91	
4500				1.15	1.04	0.93	0.90
5000				1.18	1.07	0.96	0.92
5600					1.09	0.98	0.95
6300					1.12	1.00	9.97
7100					1.15	1.03	1.00
8000					1.18	1.06	1.02
9000					1.21	1.08	1.05
10000					1.23	1.11	1.07
11200						1.14	1.10
12500						1.17	1.12
14000						1.20	1.15
16000						1.22	1.18

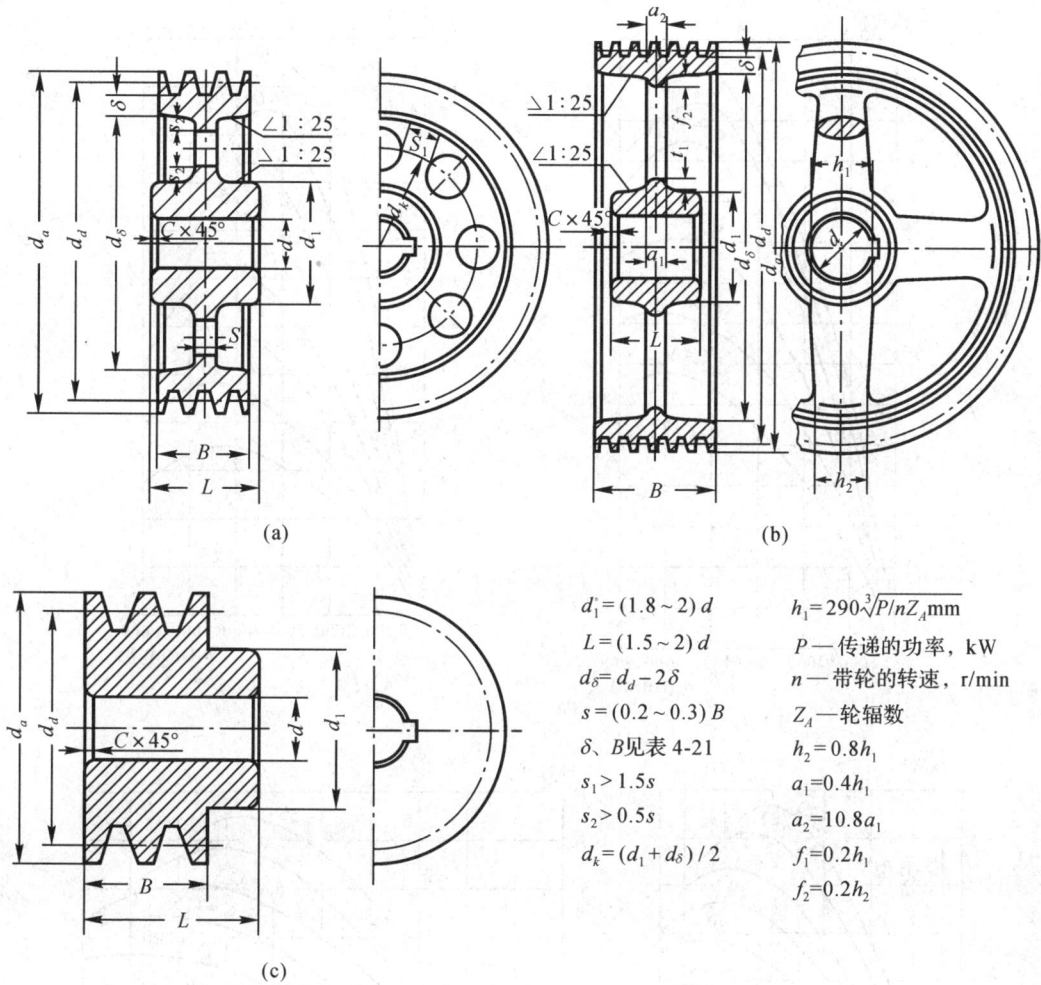

$d_1' = (1.8 \sim 2)\, d$

$L = (1.5 \sim 2)\, d$

$d_\delta = d_d - 2\delta$

$s = (0.2 \sim 0.3)\, B$

δ、B见表 4-21

$s_1 > 1.5 s$

$s_2 > 0.5 s$

$d_k = (d_1 + d_\delta)\,/\,2$

$h_1 = 290\sqrt[3]{P/nZ_A}\ \mathrm{mm}$

P —— 传递的功率，kW

n —— 带轮的转速，r/min

Z_A —— 轮辐数

$h_2 = 0.8 h_1$

$a_1 = 0.4 h_1$

$a_2 = 10.8 a_1$

$f_1 = 0.2 h_1$

$f_2 = 0.2 h_2$

图 4-65

带传动的实际使用条件与上述特定条件不同时，应对 P_0 值加以修正。修正后即可得到实际工作条件下，单根 V 带所能传递的功率，称为许用功率 $[P_0]$，即

$$[P_0] = (P_0 + \Delta P_0) K_\alpha K_L \quad (\mathrm{kW}) \tag{4-54}$$

式中：K_α 为包角系数，考虑当 $\alpha_1 \neq 180°$ 时对传动能力的影响，见表 4-23；K_L 为长度系数，考虑带长不等于特定长度时对传动能力的影响，见表 4-22；ΔP_0 为功率增量，考虑传动比 $i \neq 1$ 时，带在大带轮上的弯曲应力较小，在寿命相同的条件下，所能传递的功率应有所提高。ΔP_0 的计算式为

$$\Delta P_0 = K_b n_1 (1 - 1/K_i) \quad (\mathrm{kW}) \tag{4-55}$$

式中：K_b 为弯曲影响系数，见表 4-24；K_i 为传动比系数，见表 4-25；n_1 为小带轮转速，r/min。

表 4-23　包角系数 K_α

小轮角 $\alpha_1(°)$	180	175	170	165	160	155	150	145	140	135	130	125	120	110	100	90
K_α	1.00	0.99	0.98	0.96	0.95	0.93	0.92	0.90	0.89	0.88	0.86	0.84	0.82	0.78	0.74	0.69

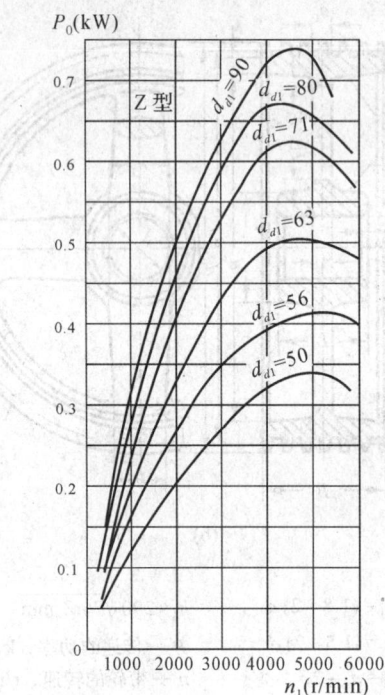

(a)

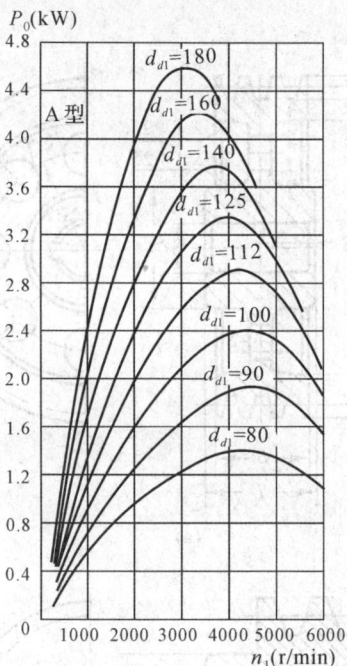

(b)

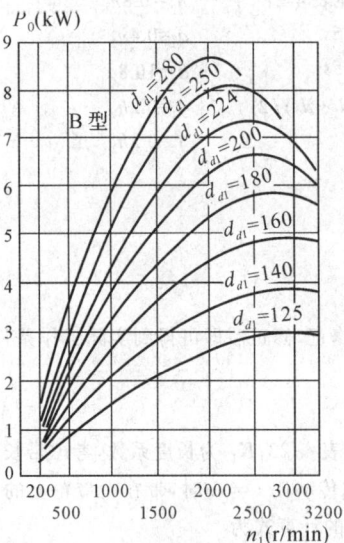

(c)

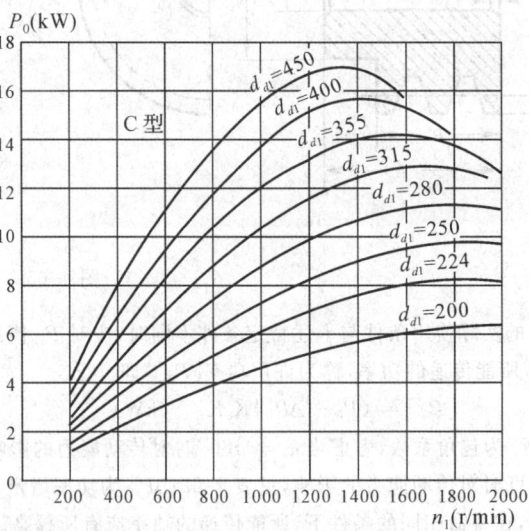

(d)

图 4-66

表 4-24　弯曲影响系数 K_b

普通 V 带型号	Y	Z	A	B	C	D	E
K_b	0.06×10^{-3}	0.39×10^{-3}	1.03×10^{-3}	2.65×10^{-3}	7.50×10^{-3}	26.6×10^{-3}	49.8×10^{-3}

表 4-25　传动比系数 K_i

传动比 i	$1.00 \sim 1.04$	$1.05 \sim 1.19$	$1.20 \sim 1.49$	$1.50 \sim 2.95$	> 2.95
K_i	1.00	1.03	1.08	1.12	1.14

3.普通 V 带传动的主要参数及其选择计算

V 带传动的选择计算就是根据传动的用途、工作情况、带轮转速、传递的功率、外廓尺寸和空间位置等条件,合理选择 V 带的型号、确定其长度和根数;选择带轮直径及结构、中心距;计算带对带轮轴的作用力等。

1)V 带型号的选择。V 带的型号可根据计算功率 P_c 和小带轮转速 n_1 由图 4-67 选取。若临近两种型号的交界线时,可按两种型号同时计算,选择较佳者。计算功率 P_c 由下式确定

$$P_c = K_A \cdot P \quad (\text{kW}) \tag{4-56}$$

式中:K_A 为工作情况系数,见表 4-26;P 为所需传递的名义功率,kW。

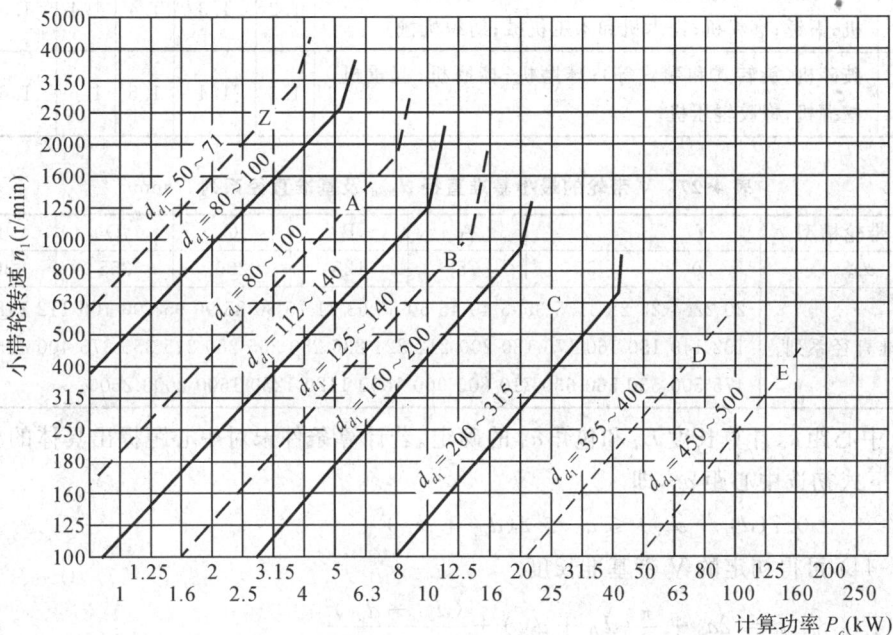

图 4-67

2)带轮直径和带速的确定。小带轮的基准直径 d_{d1} 应大于或等于表 4-27 所推荐的最小基准直径 $d_{d\min}$。若 d_{d1} 取得过小,则将使带的弯曲应力过大从而导致带的寿命降低;反之,则传动的外廓尺寸增大。

由式(4-53)可得大带轮的基准直径

$$d_{d2} = \frac{n_1}{n_2} d_{d1}(1 - \varepsilon)$$

带轮的基准直径一般应按表 4-27 所列的直径系列进行圆整。

带速　　　$v = \dfrac{\pi d_{d1} n_1}{6 \times 10^4} \quad (\text{m/s})$

一般应在 $5 \sim 25\text{m/s}$ 的范围内,尤以 $10 \sim 20\text{m/s}$ 为宜。若带速 $v > 25\text{m/s}$,则因带绕过带轮

时离心力过大,使带与带轮之间的压紧力减小,摩擦力随之降低从而使传动能力下降;同时,离心力过大又降低了带的疲劳寿命。若带速 $v < 5\text{m/s}$,在传递相同功率时带所传递的圆周力增大,需要增加带的根数。

表 4-26　工作情况系数 K_A

工 作 机		原 动 机					
		Ⅰ 类			Ⅱ 类		
		一天运转时间(小时)					
		$\leqslant 10$	$10 \sim 16$	> 16	$\leqslant 10$	$10 \sim 16$	> 16
载 荷平 稳	液体搅拌机;离心水泵;通风机和鼓风机($\leqslant$ 7.5kW),离心压缩机;轻型运输机。	1.0	1.1	1.2	1.1	1.2	1.3
载 荷变动小	带式运输机;通风机(> 7.5kW);发电机;旋转式水泵,机床;压力机;印刷机;振动筛。	1.1	1.2	1.3	1.2	1.3	1.4
载荷变动较大	螺旋式运输机;斗式提升机;往复式水泵和压缩机;锻锤;磨粉机;锯木机和木工机械;纺织机械。	1.2	1.3	1.4	1.4	1.5	1.6
载荷变动很大	破碎机(旋转式和颚式等);球磨机;棒磨机;起重机;挖掘机;橡胶辊压机。	1.3	1.4	1.5	1.5	1.6	1.8

表 4-27　V 带轮的最小基准直径 $d_{d\min}$ 及基准直径系列　mm

V 带轮槽型	Y	Z	A	B	C	D	E
$d_{d\min}$	20	50	75	125	200	355	500
基准直径系列	20 22.4 25 28 31.5 35.5 40 45 50 56 63 71 75 80 85 90 95 100 106 112 118 125 132 140 150 160 170 180 200 212 224 236 250 265 280 315 355 375 400 425 450 475 500 530 560 630 710 800 900 1000 1120 1250 1600 2000 2500						

3)中心距 a、计算长度 L_d 和包角 a_1 的确定。若计算条件未对中心距提出具体的要求,一般可按下式初选中心距 a_0,即

$$0.7(d_{d1} + d_{d2}) \leqslant a_0 \leqslant 2(d_{d1} + d_{d2})$$

由式(4-44)可得初定的 V 带基准长度

$$L_{d0} = 2a_0 + \frac{\pi}{2}(d_{d1} + d_{d2}) + \frac{(d_{d2} - d_{d1})^2}{4a_0}$$

根据初定的 L_{d0},由表 4-22 选取和 L_{d0} 接近的基准长度 L_d。最后用下式近似计算实际所需的中心距

$$a \approx a_0 + \frac{L_d - L_{d0}}{2}$$

考虑安装和张紧的需要,应使中心距大约有 $\pm 0.03L_d$ 的调整量。

小带轮包角 α_1 的计算式为

$$\alpha_1 = 180° - \frac{d_{d2} - d_{d1}}{a} \times 57.3°$$

为保证带的传动能力,α_1 应大于 $120°$(至少大于 $90°$);否则,应增大中心距或设置张紧轮。

4)V 带根数的确定。V 带的根数按下式计算

146

$$z \geqslant \frac{P_c}{[P_0]} = \frac{K_A P}{(P_0 + \Delta P_0) K_a K_L} \tag{4-57}$$

式中各符号的意义同前。求得的根数 z 应取整数。一般要求 $z \leqslant 10$。当根数太多时，由于制造上的误差，容易造成各根带之间受力不均匀。

5）预拉力 F_0 和作用在轴上的压力 F_Q。保持适当的预拉力是带传动工作的首要条件。预拉力不足，极限摩擦力小，传动能力下降；预拉力过大，将增大作用在轴上的压力并降低带的寿命。单根普通 V 带合适的预拉力可按下式计算

$$F_0 = \frac{500 P_c}{zv} \left(\frac{2.5}{K_a} - 1 \right) + qv^2 \quad (N) \tag{4-58}$$

式中各符号的意义同前，q 值查表 4-21。

为了计算安装带轮的轴与轴承，必须确定带传动时带作用在轴上的压力 F_Q。F_Q 可近似地按带两边的预拉力 F_0 的合力来计算，由图 4-68 可得

$$F_Q = 2z F_0 \sin(\alpha_1/2) \quad (N) \tag{4-59}$$

式中各符号的意义同前。

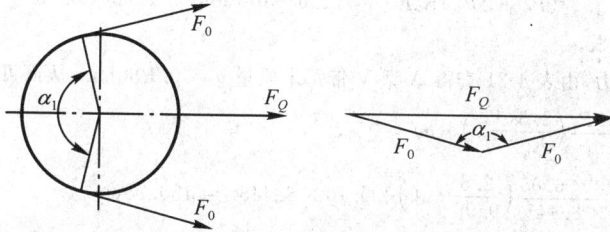

图 4-68

例 4-5　计算某鼓风机的 V 带传动。已知电动机的功率 $P = 5.5\mathrm{kW}$，转速 $n_1 = 1440\mathrm{r/min}$，鼓风机转速 $n_2 = 700\mathrm{r/min}$，转速差不应超过 5%，两班制工作，希望带传动的中心距不超过 700mm。

解：1）确定计算功率 P_c。由表 4-26 查得 $K_A = 1.1$，则计算功率为

$$P_c = K_A P = 1.1 \times 5.5 = 6.05 \quad (\mathrm{kW})$$

2）选择 V 带型号。根据计算功率 $P_c = 6.05\mathrm{kW}$ 和小带轮转速 $n_1 = 1\,440\mathrm{r/min}$，由图 4-67 选用 A 型普通 V 带。

3）确定带轮的基准直径。由表 4-27 选小带轮基准直径 $d_{d1} = 112\mathrm{mm}$，则大带轮的基准直径

$$d_{d2} = \frac{n_1}{n_2} d_{d1} = \frac{1440}{700} \times 112 = 230.4(\mathrm{mm})$$

由表 4-27 基准直径系列选 $d_{d2} = 224\mathrm{mm}$。

取 $\varepsilon = 0.015$，则实际转速

$$n_2 = \frac{n_1 d_{d1}(1 - \varepsilon)}{d_{d2}} = \frac{1440 \times 112 \times (1 - 0.015)}{224} = 709.2(\mathrm{r/min})$$

鼓风机的转速误差 $= \frac{709.2 - 700}{700} \times 100\% = 1.31\% < 5\%$，符合要求。

4）验算带速

带速　$v = \frac{\pi d_{d1} n_1}{6 \times 10^4} = \frac{\pi \times 112 \times 1440}{6 \times 10^4} = 8.445(\mathrm{m/s})$，在 $5 \sim 25\mathrm{m/s}$ 的范围内。

5）确定中心距和基准长度。根据 $0.7(d_{d1} + d_{d2}) \leqslant a_0 \leqslant 2(d_{d1} + d_{d2})$，初定中心距 $a_0 = 450\mathrm{mm}$。则带长

$$L_{d0} = 2a_0 + \frac{\pi}{2}(d_{d1} + d_{d2}) + \frac{(d_{d2} - d_{d1})^2}{4a_0}$$

$$= 2 \times 450 + \frac{\pi}{2}(112 + 224) + \frac{(224 - 112)^2}{4 \times 450} = 1434.76(\text{mm})$$

由表 4-22 选用 $L_d = 1400\text{mm}$。

实际中心距

$$a \approx a_0 + \frac{L_d - L_{d0}}{2} = 450 + \frac{1400 - 1434.76}{2} = 432.34(\text{mm}) < 700\text{mm}$$

留出适当的中心距调整量。

6) 验算小带轮包角。小带轮包角

$$\alpha_1 = 180° - \frac{d_{d2} - d_{d1}}{a} \times 57.3° = 180° - \frac{224 - 112}{432.34} \times 57.3° = 165.16° > 120°$$

合适。

7) 确定带的根数。由小轮转速 n_1 和小轮基准直径 d_{d1}，查图 4-66b 得 $P_0 = 1.6\text{kW}$。

由表 4-24，$K_b = 1.03 \times 10$；表 4-25，$K_i = 1.12$。则

$$\Delta P_0 = K_b n_1 (1 - 1/K_i) = 1.03 \times 10^{-3} \times 1440 \times (1 - 1/1.12) = 0.1589(\text{kW})$$

由表 4-22，$K_L = 0.96$；表 4-23，$K_a = 0.96$。那么，V 带根数为

$$z \geqslant \frac{P_c}{[P_0]} = \frac{K_A P}{(P_0 + \Delta P_0) K_a K_L} = \frac{6.05}{(1.6 + 0.1589) \times 0.96 \times 0.96} = 3.73$$

选用 A 型 V 带 4 根。

8) 确定带的预拉力。由表 4-21 查得 A 型 V 带每米质量 $q = 0.10\text{kg/m}$，从而可得带的预拉力

$$F_0 = \frac{500 P_c}{z v_1} \left(\frac{2.5}{K_a} - 1 \right) + q v^2$$

$$= \frac{500 \times 6.05}{4 \times 8.445} \left(\frac{2.5}{0.96} - 1 \right) + 0.10 \times 8.445^2 = 150.78(\text{N})$$

9) 计算作用在轴上的压力。作用在轴上的压力

$$F_Q = 2z F_0 \sin(\alpha_1/2) = 2 \times 4 \times 150.78 \sin(165.16°/2) = 1196(\text{N})$$

10) 带轮结构设计（略）。

§4-11 轮系、减速器及机械无级变速传动

一、轮系的功用和类型

在机械中，常采用一系列相互啮合的齿轮将主动轴与从动轴联接起来进行传动。这种由一系列相互啮合的齿轮所组成的传动系统称为轮系。其主要的功用有：

1. 实现相距较远两轴之间的传动

主动轴与从动轴的距离较大时，如图 4-69 所示，若仅用点划线表示的一对齿轮传动，则轮廓尺寸很大；若改用实线所示的轮系传动，就可减小齿轮尺寸，使结构紧凑。

2. 实现变速与换向

当主动轴转速、转向不变时，利用轮系可使从动轴获得多种转速或换向。如图 4-70 所示，通过移动 Ⅱ 轴上的三联滑移齿轮，使得齿轮 1 与 4、2 与 5、3 与 7 分别相啮合，从而实现转轴 Ⅱ 的变速与换向。

3. 获得大传动比

当两轴之间需要较大的传动比时，若用如图 4-71 中点划线所示的一对齿轮传动，则两

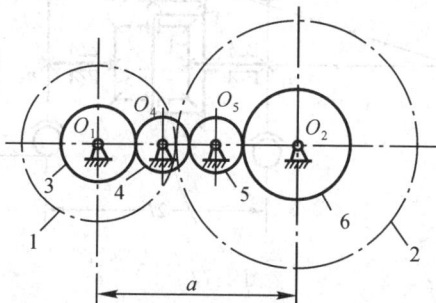

图 4-69

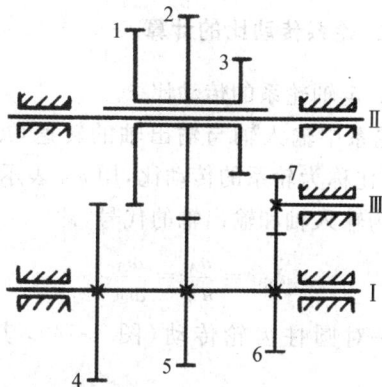

图 4-70

轮的直径相差很大,不仅使得传动的轮廓尺寸过大,而且小齿轮更易于磨损,使两轮的寿命相差悬殊。若采用实线所示的轮系,则各轮的直径相差不大,整体结构紧凑,同样能获得较大的传动比。若采用图 4-72 所示的轮系(详见例 4-8),则仅需很少几个齿轮,就可获得很大的传动比。

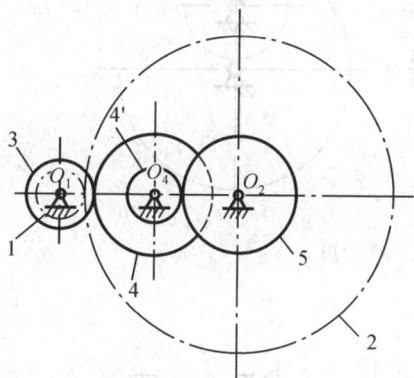

图 4-71

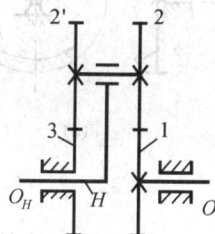

图 4-72

4. 合成或分解运动

利用轮系可将两个独立的转动合成为一个转动,或将一个转动分解为两个独立的转动。图 4-73 所示的汽车后桥差速器即为一个实现运动分解的应用实例。

轮系的类型很多,但根据轮系运转时各齿轮的几何轴线位置是否固定可分为两种类型。

1. 定轴轮系

轮系运转时,若各齿轮的几何轴线都是固定不动的,则称为定轴轮系或普通轮系,如图 4-69 至图 4-71 所示。

2. 周转轮系

轮系运转时,若至少有一个齿轮的几何轴线是绕着另一个齿轮的几何轴线转动的,则称为周转轮系,如图 4-72 和图 4-73 所示。

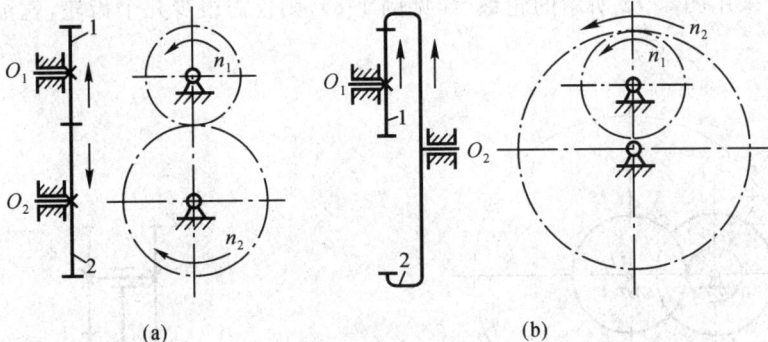

图 4-73

二、轮系传动比的计算

1. 定轴轮系的传动比

轮系中输入轴与输出轴的转速（或角速度）之比称为轮系的传动比，用 i_{AB} 表示，下标 A、B 为输入轴和输出轴的代号，即

$$i_{AB} = \frac{n_A}{n_B} = \frac{\omega_A}{\omega_B}$$

一对圆柱齿轮传动（图 4-74），其传动比为

$$i_{12} = \frac{n_1}{n_2} = \frac{\omega_A}{\omega_B} = \mp \frac{z_2}{z_1}$$

式中负号和正号相应地表示两轮转向相反的外啮合（图 4-74a）和两轮转向相同的内啮合（图 4-74b）。

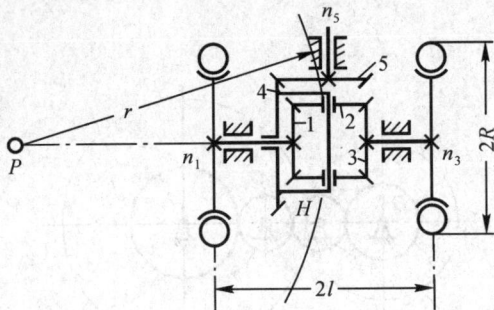

(a)   (b)

图 4-74

对于图 4-75 所示的定轴轮系，若已知各齿轮的齿数，则各对齿轮的传动比为：

$$i_{12} = \frac{n_1}{n_2} = -\frac{z_2}{z_1}$$

$$i_{2'3} = \frac{n_{2'}}{n_3} = \frac{n_2}{n_3} = -\frac{z_3}{z_{2'}}$$

$$i_{34} = \frac{n_3}{n_4} = \frac{z_4}{z_3}$$

$$i_{4'5} = \frac{n_{4'}}{n_5} = \frac{n_4}{n_5} = -\frac{z_5}{z_{4'}}$$

将上述四式连乘，可得

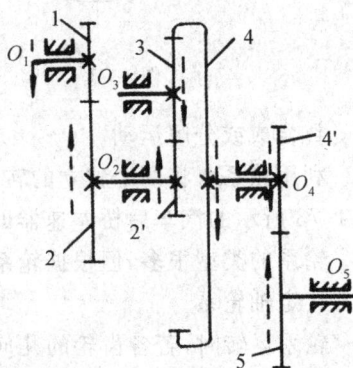

图 4-75

$$i_{15} = \frac{n_1}{n_5} = \frac{n_1}{n_2} \cdot \frac{n_{2'}}{n_3} \cdot \frac{n_3}{n_4} \cdot \frac{n_{4'}}{n_5}$$

$$= i_{12} \cdot i_{2'3} \cdot i_{34} \cdot i_{4'5}$$

$$= \left(-\frac{z_2}{z_1}\right) \cdot \left(-\frac{z_3}{z_{2'}}\right) \cdot \frac{z_4}{z_3} \cdot \left(-\frac{z_5}{z_{4'}}\right)$$

150

$$= (-1)^3 \frac{z_2}{z_1} \cdot \frac{z_3}{z_{2'}} \cdot \frac{z_4}{z_3} \cdot \frac{z_5}{z_{4'}}$$

上式表明,该定轴轮系的传动比等于组成轮系的各对齿轮传动比的连乘积,也等于各对齿轮传动中从动轮齿数的乘积与主动轮齿数的乘积之比;而传动比的正、负号表明首末两轮的转向相同或相反,以上算得传动比 i_{15} 为负值表明齿轮 1 与齿轮 5 转向相反。

传动比的正、负号还可在图上根据内啮合、外啮合的运动关系,依次画上箭头来确定,如在图 4-75 所画虚线箭头亦表明齿轮 1 与齿轮 5 转向相反。

注意图 4-75 中齿轮 3 同时和两个齿轮啮合,其齿数 z_3 对传动比大小没有影响,仅起改变转向或调节中心距的作用。这种齿轮称为惰轮或过桥齿轮。

以上结论可推广到一般情况。设 A 为定轴轮系的输入轴、B 为输出轴、m 为外啮合的对数,则

$$i_{AB} = \frac{n_A}{n_B} = (-1)^m \frac{\text{从齿轮 } A \text{ 到 } B \text{ 间相啮合的所有从动轮齿数的乘积}}{\text{从齿轮 } A \text{ 到 } B \text{ 间相啮合的所有主动轮齿数的乘积}}$$

(4-60)

需要指出,用外啮合对数判断转向,仅限于所有轴线都相互平行的定轴轮系。如果定轴轮系中含有锥齿轮、蜗杆蜗轮等轴线不平行的齿轮,其传动比的大小仍可按式(4-60)计算,但转向必须根据各对齿轮的啮合关系通过在图上画箭头的方法来确定。

例 4-6 在图 4-76 所示的轮系中,$z_1 = 16$,$z_2 = 32$,$z_{2'} = 20$,$z_3 = 40$,$z_{3'} = 2$(右旋),$z_4 = 60$。若 $n_1 = 960$r/min,转向如图所示,求蜗轮的转速及转向。

解:因为轮系中有锥齿轮和蜗杆蜗轮等空间齿轮,所以只能用式(4-60)计算轮系传动比的大小。

$$i_{14} = \frac{n_1}{n_4} = \frac{z_2 z_3 z_4}{z_1 z_{2'} z_{3'}} = \frac{32 \times 40 \times 60}{16 \times 20 \times 2} = 120$$

所以

$$n_4 = \frac{n_1}{i_{14}} = \frac{960}{120} = 8 \quad (\text{r/min})$$

各轮的转动方向如图中所画的箭头所示。

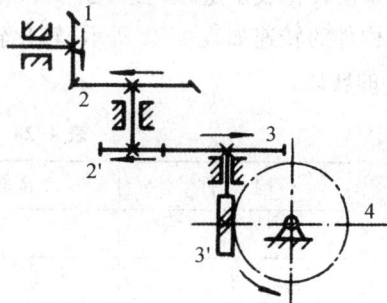

图 4-76

2. 周转轮系的传动比

图 4-77a、b 所示为一最常见的周转轮系。齿轮 1、2 以及构件 H 各绕固定的几何轴线 O_1、O_2 和 O_H 转动,轴线 O_1、O_2 和 O_H 互相重合;齿轮 2 空套在构件 H 上,一方面绕自身的几何轴线 O_2 转动(自转),同时又随构件 H 绕固定的几何轴线 O_H 转动(公转)。在周转轮系中,轴线位置固定的齿轮称为中心轮或太阳轮;轴线位置变动的齿轮,即既作自转又作公转的齿轮称为行星轮;支持行星轮作自转和公转的构件称为转臂,又称为系杆或行星架。每个单一的周转轮系具有一个转臂,不超过两个中心轮以及至少有一个行星轮,且转臂和中心轮的几何轴线必须重合,否则便不能转动。

周转轮系常采用几个完全相同的行星轮(图 4-77a 所示为三个)均匀地分布在中心轮的周围,以减轻轮齿所受到的载荷和平衡惯性力。由于行星轮的个数对分析轮系的运动没有影响,所以在机构简图中只画出一个,如图 4-77b 所示。

按活动中心轮的数目,周转轮系又可分为差动轮系和行星轮系,其中差动轮系的两个中心轮都能转动(如图 4-77b 所示),而行星轮系只有一个中心轮能转动(如图 4-77c 所示)。

因为周转轮系中的行星轮不是作绕固定轴线的简单转动,所以其传动比不能按计算定

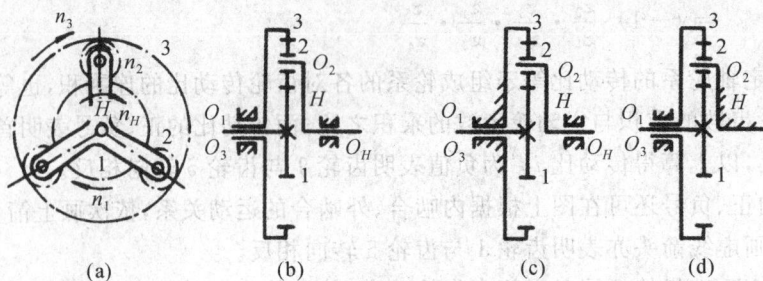

图 4-77

轴轮系传动比的方法进行计算。但是,如果能使转臂固定不动,则周转轮系就转化为一个假想的定轴轮系(如图 4-77d 所示),便可由式(4-60)列出该假想的定轴轮系的传动比计算式,从而求出周转轮系的传动比。

在图 4-77b 所示的周转轮系中,设齿轮 1、2、3 及转臂 H 的转速分别为 n_1、n_2、n_3 和 n_H,并且转向相同。设想给整个周转轮系加上一个绕轴线 O_H 转动的、大小为 n_H 而方向与 n_H 相反的公共转速($-n_H$)后,根据相对运动原理可知:转臂相对静止不动,而各构件间的相对运动关系并未改变。此时转臂 H 的转速为 $n_H^H = n_H - n_H = 0$,即转臂看成固定不动,原来的周转轮系便转化成了定轴轮系(图 4-77d),这一定轴轮系称为原周转轮系的转化轮系。转化前后各构件的转速如表 4-28 所示。转化轮系中各构件的转速 n_1^H、n_2^H、n_3^H 和 n_H^H 为各构件相对转臂 H 的转速。

表 4-28　周转轮系转化前后的转速关系

构　件	周转轮系中的转速	转化轮系中的转速
1	n_1	$n_1^H = n_1 - n_H$
2	n_2	$n_2^H = n_2 - n_H$
3	n_3	$n_3^H = n_3 - n_H$
H	n_H	$n_H^H = n_H - n_H = 0$

既然周转轮系的转化轮系是一个定轴轮系,就可应用求解定轴轮系传动比的方法,求出转化轮系中任意两个齿轮的传动比来。如图 4-77d 所示的转化轮系中,齿轮 1 与轮 3 的传动比为

$$i_{13}^H = \frac{n_1^H}{n_3^H} = \frac{n_1 - n_H}{n_3 - n_H} = (-1)^1 \frac{z_2}{z_1} \cdot \frac{z_3}{z_2} = -\frac{z_3}{z_1}$$

在此,读者应注意:$i_{13} = n_1/n_3$ 和 $i_{13}^H = n_1^H/n_3^H$ 的意义是不一样的,前者表示两齿轮的真实传动比,而后者是假想的转化轮系中两齿轮的相对传动比。上式右边的"一"号表示转化轮系中齿轮 1 的转速 n_1^H 与齿轮 3 的转速 n_3^H 方向相反,并非表示实际转速 n_1 和 n_3 的转动方向相反。

现将以上分析结果推广到一般情形。设 n_G 和 n_K 为周转轮系中任意两个齿轮 G 和 K 的转速,若在转化轮系中取构件 G、K 分别为输入构件和输出构件,则它们与转臂 H 的转速 n_H 之间有下述关系

$$i_{GK}^H = \frac{n_G - n_H}{n_K - n_H} = (-1)^m \frac{\text{转化轮系中从齿轮 } G \text{ 到 } K \text{ 之间所有从动轮齿数的乘积}}{\text{转化轮系中从齿轮 } G \text{ 到 } K \text{ 之间所有主动轮齿数的乘积}}$$

$$(4-61)$$

式中：m 为齿轮 G 至 K 间外啮合齿轮的对数。

在应用式(4-61)时应注意以下几点：

1) 此式仅适用于单一周转轮系中齿轮 G、K 和转臂 H 轴线相互平行的场合。

2) 代入上式时，n_G、n_K 和 n_H 的值均应带有自身的正、负号。设某一转向为正，则与其相反的转向为负，而所求的周转轮系传动比的正负号则由计算结果确定。

3) 对于有锥齿轮组成的周转轮系，上式同样适用，但其转化轮系中传动比的正负号应该用画箭头的方法确定。

上述这种运用相对运动原理，将周转轮系转化成假想的定轴轮系，然后计算其传动比的方法，称为反转法或相对速度法。

例 4-7 在图 4-77c 所示的行星轮系中，各轮的齿数为：$z_1 = 27, z_2 = 17, z_3 = 61$。已知 $n_1 = 6000\text{r/min}$，求传动比 i_{1H} 和转臂的转速 n_H。

解：由式(4-61)得 $i_{13}^H = \dfrac{n_1 - n_H}{n_3 - n_H} = -\dfrac{z_3}{z_1}$，代入已知数据，有 $\dfrac{n_1 - n_H}{0 - n_H} = -\dfrac{61}{27}$，那么可解得

$$i_{1H} = \frac{n_1}{n_H} = 1 + \frac{61}{27} \approx 3.26$$

设 n_1 的转向为正，则 $n_H = \dfrac{n_1}{i_{1H}} = \dfrac{6000}{3.26} \approx 1.840\text{r/min}$，$n_H$ 的转向与 n_1 相同。

例 4-8 图 4-72 所示的行星轮系中，已知各轮的齿数为 $z_1 = 100, z_2 = 101, z_{2'} = 100, z_3 = 99$。求传动比 i_{H1}。

解：由式(4-61)得

$$i_{13}^H = \frac{n_1 - n_H}{n_3 - n_H} = (-1)^2 \frac{z_2 z_3}{z_1 z_{2'}}$$

代入已知数值，得

$$\frac{n_1 - n_H}{0 - n_H} = \frac{101 \times 99}{100 \times 100}$$

解得 $\qquad i_{1H} = \dfrac{n_1}{n_H} = \dfrac{1}{10000}$

因此 $\qquad i_{H1} = 1/i_{1H} = 10000$

例 4-9 在图 4-78 所示的差动轮系中，已知 $z_1 = 18, z_2 = 27, z_{2'} = 40, z_3 = 80$。若 $n_1 = 240\text{r/min}$，$n_3 = 120\text{r/min}$，n_1 与 n_3 转向相同。求 n_H 的大小和方向。

解：在该轮系中，因为齿轮 1、3 和转臂 H 的轴线相重合，所以可用式(4-61)进行计算，并有

$$i_{13}^H = \frac{n_1 - n_H}{n_3 - n_H} = -\frac{z_2 z_3}{z_1 z_{2'}}$$

上式等号右边的负号，是由于在转化轮系中标注转向箭头(如图中的虚线箭头)后，1、3 两轮的箭头方向相反。其实，在原周转轮系中轮 1 与轮 3 转向相同。

题设 n_1 和 n_3 的转向为正，则

$$\frac{240 - n_H}{120 - n_H} = -\frac{27 \times 80}{18 \times 40}$$

得 $\qquad n_H = 150\text{r/min}$

图 4-78

正号表示 n_H 的转向与 n_1 和 n_3 的转向相同。

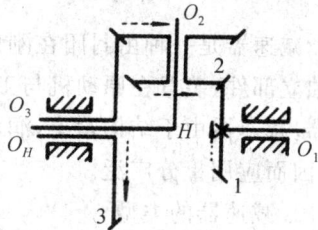

3.混合轮系的传动比

在机械中,除了采用定轴轮系和单一周转轮系,还经常用到由定轴轮系和周转轮系或几个单一的周转轮系组合而成的混合轮系。求解混合轮系的传动比,首先必须正确地把混合轮系区分为定轴轮系和各个单一的周转轮系,并分别列出它们的传动比计算公式,找出其相互关系,然后联立求解。

正确地找出各个单一周转轮系是求解混合轮系传动比的关键。其方法是:先找出转动轴线不固定的行星轮;再找出支持行星轮的转臂;最后找出轴线与转臂重合,同时又与行星轮相啮合的一个或两个中心轮。混合轮系在划出各个单一周转轮系后,剩下的就是一个或多个定轴轮系。

例4-10 图4-73所示为汽车后桥差速器,已知其尺寸和齿轮5的转速n_5,求当汽车走直线和沿半径r的弯道转弯时后轴左右两轮的转速。

解:由图分析可知,齿轮5、4为定轴轮系,齿轮1、2、3和转臂H组成单一周转轮系,且齿轮4和转臂H为同一构件。

由 $$i_{54} = \frac{n_5}{n_4} = \frac{z_4}{z_5}$$

得 $$n_4 = \frac{z_5}{z_4} \cdot n_5 = n_H$$

又由

$$i_{13}^H = \frac{n_1 - n_H}{n_3 - n_H} = -\frac{z_3}{z_1} = -1,且 z_1 = z_2 = z_3$$

可得 $$n_4 = \frac{n_1 + n_3}{2} \qquad\qquad (Ⅰ)$$

当汽车直线行驶时,左右两轮所行驶的距离相等,且其半径也相同,所以其转速应相等,即

$$n_1 = n_3 = n_4 = \frac{z_5}{z_4} n_5$$

这时齿轮1和3之间没有相对运动,它们如同一个整体共同随齿轮4一起转动。

当汽车转弯时,例如绕P点左转,其右轮所行驶的外圈距离大于左轮所行驶的内圈距离,由于两车轮的直径相等而它们和地面间又是纯滚动,则右轮转速n_3应大于左轮转速n_1,其关系式应为

$$\frac{n_1}{n_3} = \frac{r - l}{r + l} \qquad\qquad (Ⅱ)$$

将(Ⅰ)、(Ⅱ)两式联立求解,即可求得汽车转弯时后轴左右两轮的转速分别为

$$n_1 = \frac{r - l}{r} \cdot n_4 = \frac{r - l}{r} \cdot \frac{z_5}{z_4} \cdot n_5; \quad n_3 = \frac{r + l}{r} \cdot n_4 = \frac{r + l}{r} \cdot \frac{z_5}{z_4} \cdot n_5;$$

三、减速器

减速器是一种由封闭在刚性箱体内的齿轮传动或蜗杆传动所组成的、具有固定传动比的独立部件,装置在原动机与工作机之间作为减速之用。个别场合也用于增速,这时称为增速器。减速器由于结构紧凑,润滑良好,传动质量可靠,使用维护简单,并有标准系列,成批生产,因而应用十分广泛。

1.减速器的类型

为了适应各种工作条件的需要,减速器被设计成多种类型。其主要类型、分类和传动比适用范围参见表4-29。

表 4-29　减速器的主要类型及其分类

		一级减速器	二级减速器	三级减速器
齿轮 减速器	圆柱 齿轮	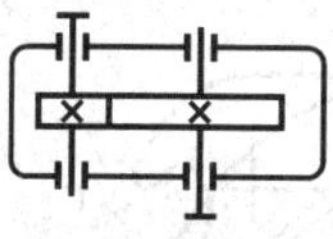 直齿 $i\leqslant5$ 斜齿、人字齿 $i\leqslant10$	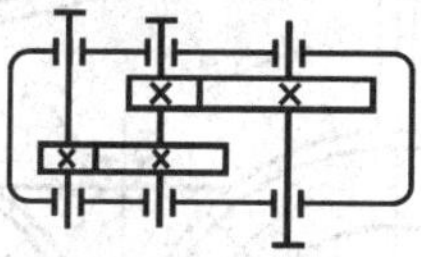 $i = 8\sim40$	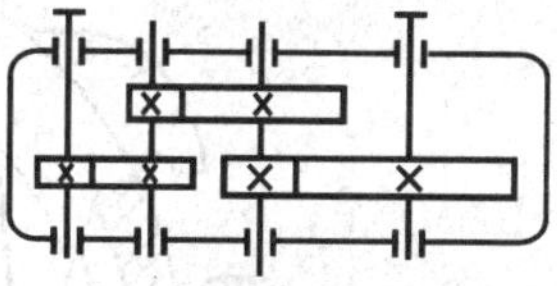 $i = 40\sim400$
	圆锥 齿轮	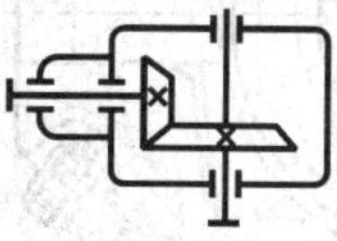 直齿 $i\leqslant3$ 斜齿、曲齿 $i\leqslant6$	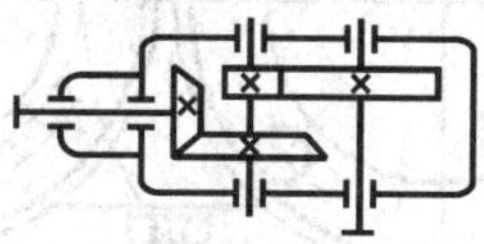 $i = 8\sim15$	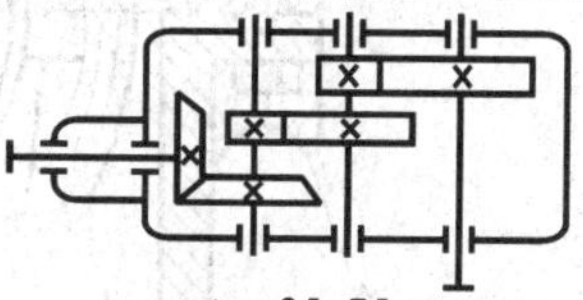 $i = 25\sim75$
蜗杆 减速器		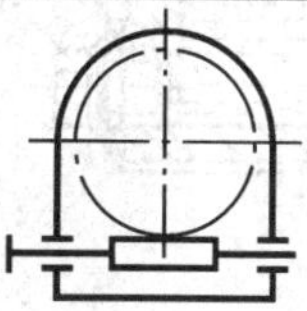 $i = 10\sim70$	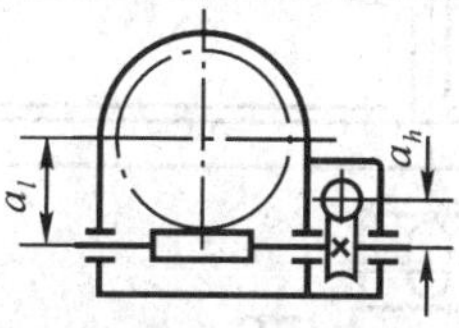 $a_h\approx a_l/2$　$i = 70\sim2500$	—
齿轮-蜗杆 减速器		—	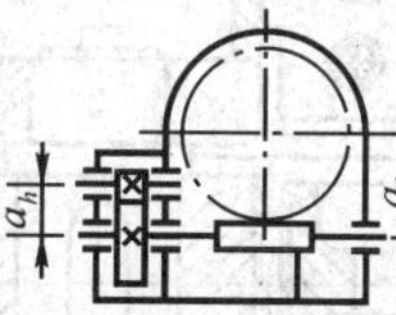 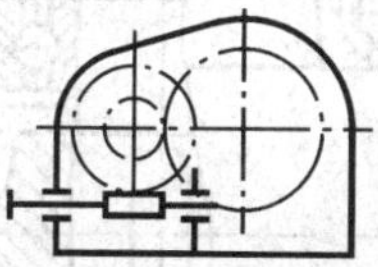 $a_h\approx a_l/2$　$i = 35\sim1500$　$i = 50\sim2500$	—
行星齿轮 减速器		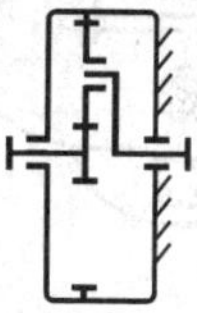 $i = 2\sim12$	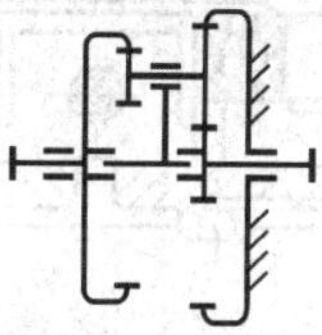 $i = 25\sim2500$	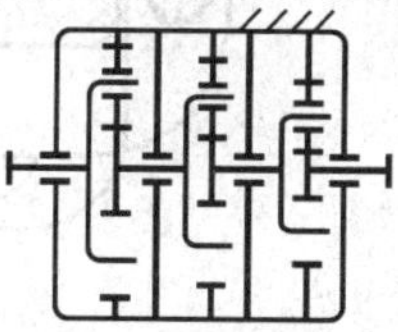 $i = 100\sim1000$

2.减速器的结构

减速器主要有齿轮(或蜗轮)、轴、轴承及箱体四部分组成,图 4-79 为一单级圆柱齿轮减速器。其中齿轮、轴、轴承等零件主要起到减速、支承等功能,此处不再赘述;除此以外的其他零件的功用简要介绍如下。箱体是减速器中传动的支座。通常用灰铸铁(HT150 或 HT200)铸成,对于受冲击载荷的重型减速器可以采用铸钢(ZG270-500 或 ZG310-570)铸造,对于单件生产,也可以用钢板焊接制成。为了便于装拆,箱体通常做成剖分式,箱盖1与箱座2的剖分面常与齿轮轴线所在平面相重合。箱盖与箱座用一定数量的螺栓3联成一个整体,并用两个圆锥销4来精确固定箱座与箱盖的相对位置。与箱盖铸成一体的吊耳5是用来提升箱盖,而铸在箱座上的吊钩6是用作提升箱座或减速箱整体。拆卸箱盖时将起盖螺钉7拧入,即可顶开箱盖。

减速器中齿轮、蜗杆和蜗轮以及轴承的润滑是非常重要的。润滑的目的在于减少磨损、减轻摩擦损失和发热,以保证减速器的正常工作。

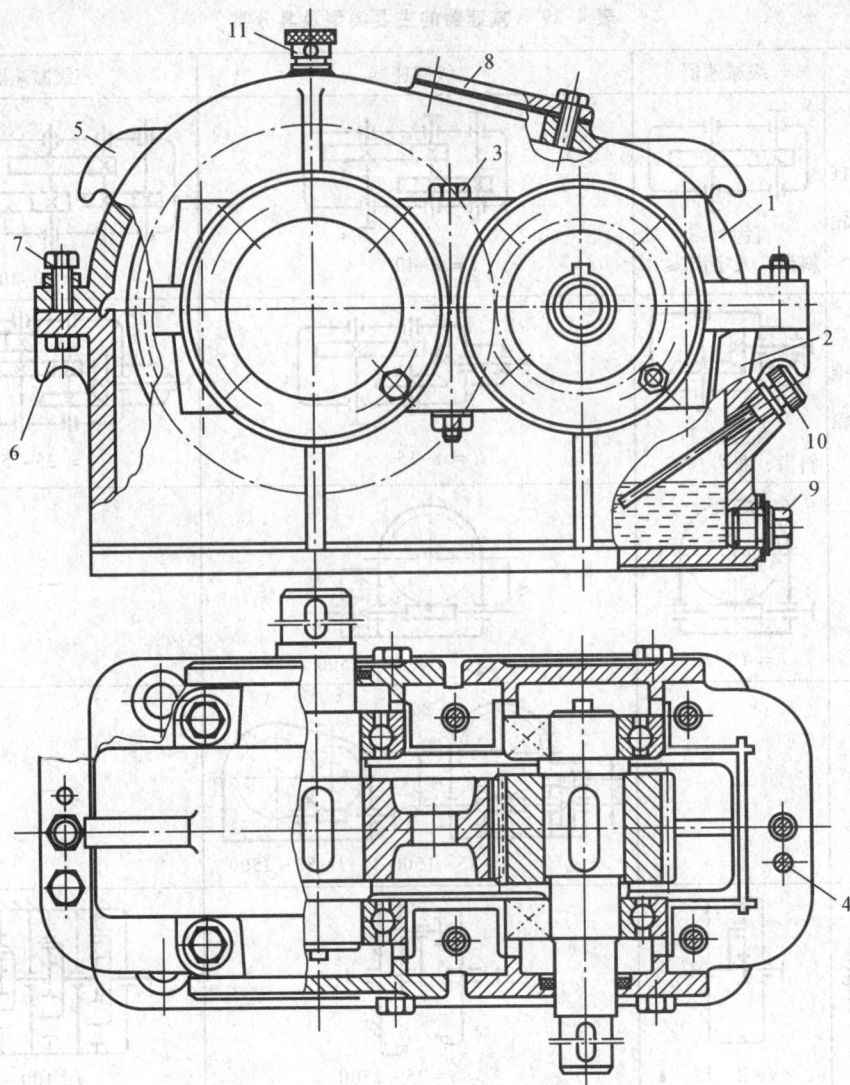

图 4-79

在中小型减速器中常采用滚动轴承。当齿轮的圆周速度和传递的功率不是很大时,减速器常用齿轮浸油润滑。这时减速器的滚动轴承可以靠齿轮溅起的油雾以及飞溅到箱盖内壁上的润滑油汇集到箱体接合面上的油沟中,经油沟再导入轴承内进行润滑。如果浸入油池的传动件圆周速度低于 2m/s 油不能飞溅时,轴承需用油脂或其他方式进行润滑。

箱盖所开的窥视孔是为了检查齿轮啮合情况及向箱体内注油而设置的,平时用盖板 8 盖住。箱座靠近底部处设有一放油孔,平时用油塞 9 封闭,需要更换润滑油时,可拧去油塞放油。为了能随时检查箱内油面的高低,应在箱座上设置油尺 10 或油面指示器。减速器工作时,箱内油温升高导致箱内空气膨胀,会将油自剖分面处或旋转轴的密封处挤出,造成漏油。为此,在箱盖上设有通气帽 11,以便使热空气能自由逸出,降低箱内空气压力,减少漏油。

为防止润滑油(脂)漏出和箱外杂质、水及灰尘等侵入,减速器在轴的伸出处、箱体结合面处和轴承盖、窥视孔及放油孔与箱体的结合面处需要密封。采用油脂润滑的轴承室内侧也需要密封。

由以上组成减速器的其他零件的功能介绍可知,各个零件的作用均不可缺,润滑、密封、起重、观察、装拆定位等使用中的问题也都不可忽略,否则减速器就不能正常工作或维护,这一原则同样也适用于其他运动部件或整台机械设备。

各种标准减速器通常都按照型号规格根据中心距、工作类型、传动比列出相应的承载能力表,其适用范围、主要参数及外形、安装尺寸等均可查阅有关手册资料进行选用。如果选不到合适的标准减速器时,工程实际中还针对具体要求设计、制造和使用非标准减速器。

需要指出,近年来除普遍使用的传动型减速器外,还出现许多新型减速器,如组装式减速器、多安装式减速器、联体式减速器(由电动机和减速器相联组成的独立部件)等,以满足用户的各种需要。

四、摩擦无级变速传动

无级变速传动是在某种控制机构作用下,不必停车就可使机器输出轴的转速在两个极限值范围内平稳而连续地改变,以符合工作机械对变速的要求,提高工作机的生产率或改善产品的质量。做成独立部件形式的无级变速传动装置称为无级变速器。无级变速器按变速原理不同,有机械的、电力的和液力的等多种。多数机械无级变速采用摩擦传动的原理,它具有结构简单、紧凑和回转质量较小等优点。

1. 摩擦无级变速的原理

图 4-80 为一圆盘式摩擦无级变速传动的运动简图。设两轮接触点的直径分别为 D_1 和 D_2,主动轮 1 可以在其轴上一定范围内沿轴线作左右移动,则其传动比为

$$i_{12} = n_1/n_2 = D_2/D_1$$

当主动轮转速 n_1 一定时,从动轮转速 n_2 可随主动轮在轴上的位置不同(即 D_2 不同)而改变;这样,从动轮转速就可在一定范围内连续改变,从而实现无级变速传动。

如果主动轮可以经过从动轮轴线,并继续左移,则从动轮不但可以改变转速,而且可以改变转向。但从动轮在靠近其中心线处和主动轮

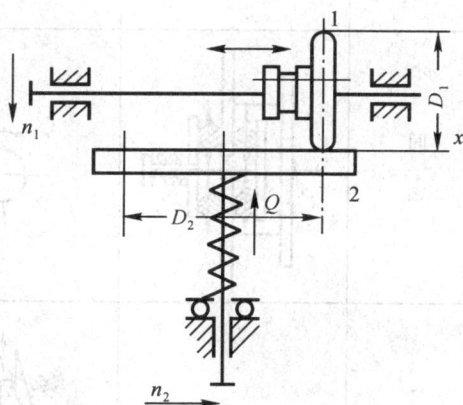

图 4-80

接触时,直径 D_2 变得很小,接近于零,传动比就会变得很大,这在实际上很难实现;所以直径 D_2 实际上受到某一最小值 D_{2min} 的限制。

设两轮的压紧力为 Q,轮面间的摩擦系数为 f,则接触处最大摩擦力为 $F_f = f \cdot Q$,所能传递的最大圆周力 F 必须满足

$$F \leqslant f \cdot Q$$

否则,主动轮就不能带动从动轮,而将在轮面上打滑并发生严重的磨损。

2. 常用的摩擦无级变速器

摩擦无级变速器的结构形式很多,有些已有标准系列产品可供选用。表 4-30 列举了部分常用的摩擦无级变速器的工作原理图。这些无级变速器都是通过改变接触点(区)到两轮

回转轴线的距离,从而改变两轮的回转工作半径,使传动比连续可调。

表 4-30 摩擦无级变速器的基本形式

输入轴与输出轴位置	圆盘式	圆锥式	球面式
互相垂直	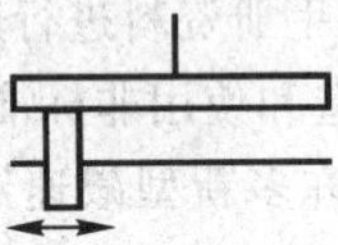		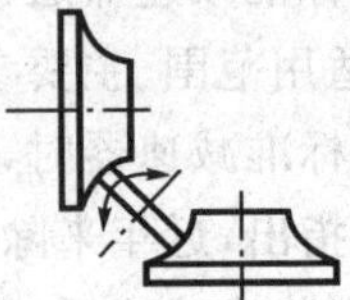
互相平行		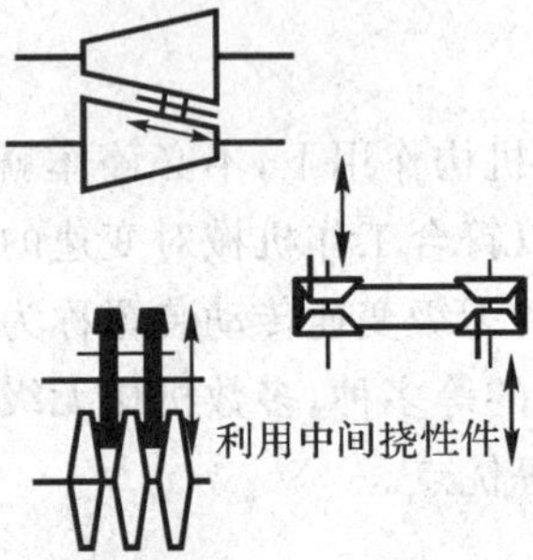 一对圆锥 利用中间挠性件 多对圆锥	
同轴	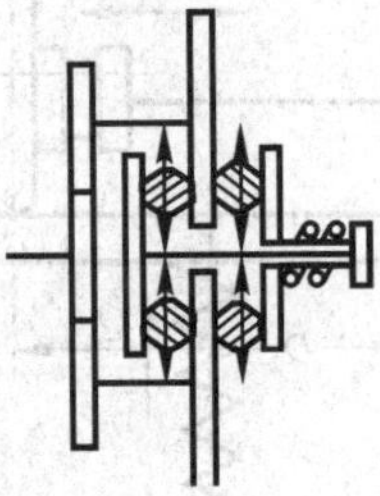	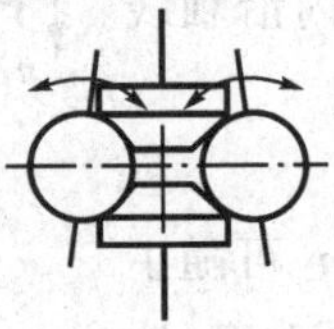	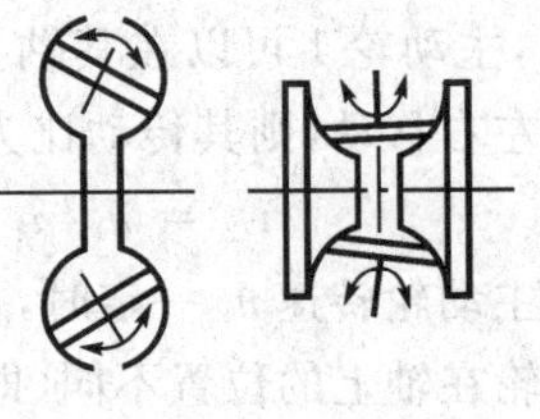
任意		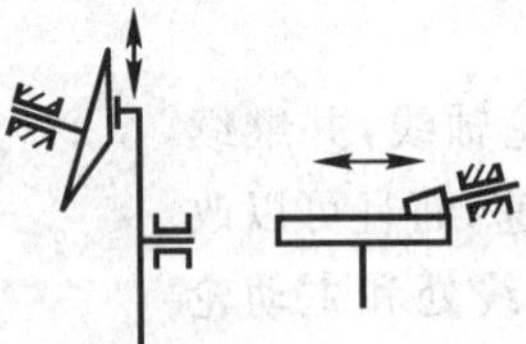	

3. 无级变速器的主要性能指标

衡量机械无级变速器性能的主要指标有:

1) 调速范围。无级变速器主动轴转速 n_1 一定时,从动轴转速可以按工作需要在一定的范围内($n_{2max} \sim n_{2min}$)变化。

由无级变速器的结构尺寸可以求得 n_{2max} 和 n_{2min}。如图 4-80 所示的圆盘式无级变速器,主动轮直径 D_1 一定,从动轮直径 D_2 在一定范围内($D_{2min} \sim D_{2max}$)内变化,则

$$n_{2max} = n_1 \frac{D_1}{D_{2min}}, n_{2min} = n_1 \frac{D_1}{D_{2max}}$$

把 $n_{2\max}$ 与 $n_{2\min}$ 的比值称为调速范围 R，即

$$R = \frac{n_{2\max}}{n_{2\min}}$$

调速范围是无级变速器的主要性能指标之一，也是重要的设计参数。

2）机械特性。无级变速器在输入转速一定的情况下，其输出轴的转矩 T（或功率 P）与其转速 ω 的关系称为机械特性。

对于图 4-81 中的圆盘式无级变速器，当轮 2 与轮 1 间的压力 Q 保持不变时，则两轮之间的摩擦力为常值。若轮 1 主动（图 4-81a），输入转矩 T_1 为定值，则输出转矩 T_2 将随直径 D_2 的变化而变化，即

$$T_1 = D_1 \cdot f \cdot Q/2 = 常量, T_2 = D_2 \cdot f \cdot Q/2 = 变量$$

若计算时不计摩擦损失，则输出轴功率为

$$P_2 = T_2 \cdot \omega_2 = (D_2 \cdot f \cdot Q/2) \times \omega_1 D_1/D_2 = D_1 \cdot f \cdot Q \cdot \omega_1/2 = P_1 = 常量$$

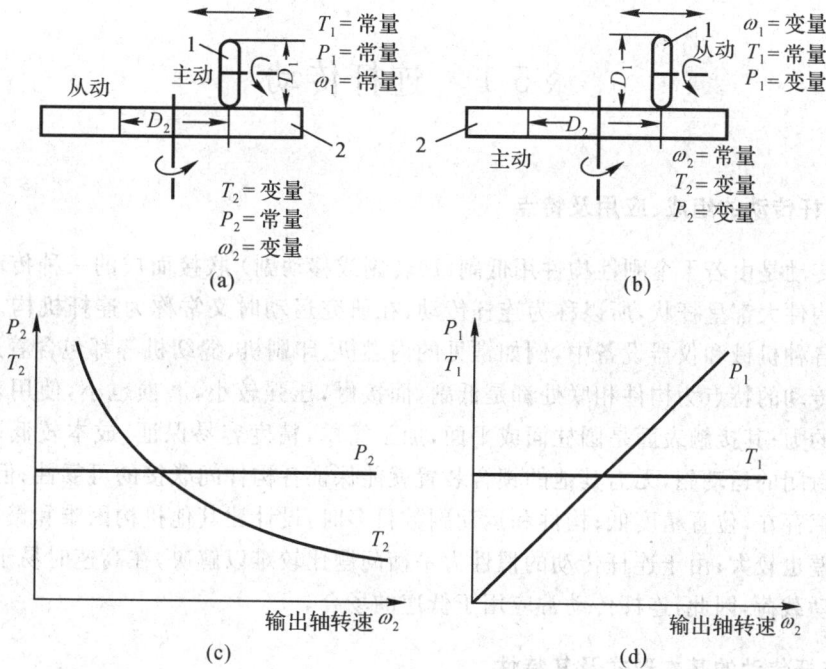

图 4-81

由此得到图 4-81c 所示的恒功率输出特性。在低速运转时，载荷变化对转速的影响小，工作中有很高的稳定性，能充分利用原动机的全部功率。

若以轮 2 主动（图 4-81b），其转速 ω_2 为常量；则轮 1 从动，其转速 ω_1 为变量。此时输出转矩 $T_1 = D_1 \cdot f \cdot Q/2 = 常量$，而输出功率 $P_1 = T_1 \cdot \omega_1 = 变量$，由此可得图 4-81d 所示的恒转矩输出特性。如果输出转矩小于负载转矩，输出转速就立即下降，甚至引起打滑和运转中断，不能充分利用原动机的输入功率。

在选择无级变速器的结构形式时，必须注意使每级变速器的机械特性曲线与原动机和工作机的工作特性要求相匹配，才能充分发挥它的工作能力。

第5章 变换运动形式的传动

由于实际工作的内容各异,要求机器工作构件的运动形式和运动规律也多种多样,例如转动、往复直线运动、摆动、间歇运动、按预定规律或轨迹运动等,因而机械中除应用齿轮传动、带传动、链传动等连续回转传动外,还需应用变换运动形式的传动。本章阐述几种常用的变换运动形式的传动。

§5-1 连杆传动

一、连杆传动的组成、应用及特点

连杆传动是由若干个刚性构件用低副(回转副或移动副)联接而成的一种传动装置,因其组成的构件大都呈杆状,所以称为连杆传动,在研究运动时又常称为连杆机构。它们广泛地应用于各种机械和仪器设备中,例如常见的内燃机、印刷机、缝纫机等都包含着连杆传动。

连杆传动的特点为构件相联处都是低副,面接触,压强较小,磨损也小,使用寿命长,可承受很大的力;其接触表面是圆柱面或平面,加工简单,精度容易保证,成本较低;低副本身常是几何封闭的运动副,无需其他的锁合装置就能保证各构件间联接的可靠性;但低副接触面间有间隙存在,位置精度低;构件和运动副数目多时,设计比其他机构困难和繁复,并且制造积累误差也较大;由于连杆传动的惯性力平衡问题比较难以解决,在高速时易于引起较大的振动和动载荷,因此,连杆传动常应用于低速的场合。

二、连杆传动的基本形式及其特性

所有运动副全由回转副组成的平面四杆机构称为铰链四杆机构,如图 5-1 所示。其中,构件 4 为机架,构件 1 和构件 3 为连架杆,构件 2 为连杆。如果连架杆能作整周转动,则称为曲柄;若仅能在某一角度内作摆动,则称为摇杆或摆杆;根据两连架杆的运动性质,铰链四杆机构分为三种基本形式:曲柄摇杆机构、双曲柄机构和双摇杆机构。

1. 曲柄摇杆机构

如图 5-2 所示的铰链四杆机构中,构件 AD 为机架,连架杆 AB 可绕回转副 A 作整周转动,另一连架杆 CD 只能绕回转副 D 作摆动,此机构称为曲柄摇杆机构。当曲柄为主动构件时,机构实现由转动转换为摆动;若摇杆为主动构件时,机构实现由摆动转换为转动。曲柄摇杆机构中,曲柄存在的条件,可以由曲柄在作整周转动时,它将分别与连杆 BC 和机架 AD 处于两次共线,从这四个位置中的三角形(如图 5-2 中 $\triangle AC_1D$ 和 $\triangle AC_2D$)可以证明,其条件

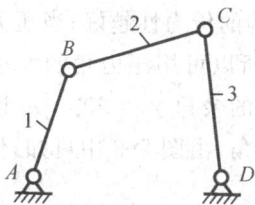

图 5-1

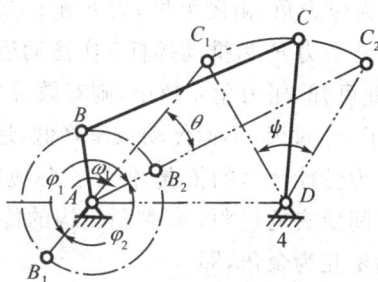

图 5-2

为:最短构件与最长构件的长度之和小于其他两构件长度之和,最短构件必为曲柄。

下面介绍曲柄摇杆机构的一些主要特性:

1) 行程速度变化系数。在图 5-2 曲柄摇杆机构中,当曲柄 AB 与连杆 BC 共线的两个位置时,摇杆 CD 分别位于极限位置 C_1D 和 C_2D,其夹角就是摇杆的最大摆角,用 ψ 表示;曲柄与连杆共线时两个位置间的所夹锐角 θ 称为极位夹角。当曲柄 AB 以等角速度 ω_1 从 AB_1 顺时针转过 $\varphi_1(\varphi_1 = 180° + \theta)$ 到达位置 AB_2 时,摇杆经时间 t_1 由 C_1D 摆到 C_2D,其 C 点的平均速度为 v_1;曲柄 AB 继续转过 $\varphi_2(\varphi_2 = 180° - \theta)$ 回到位置 AB_1 时,摇杆经时间 t_2 由 C_2D 摆回到 C_1D,其 C 点的平均速度为 v_2。由于 $\varphi_1 > \varphi_2$,所以 $t_1 > t_2$,$v_1 < v_2$,这就表明在该机构中摇杆往返行程快慢不同。工程上将快慢两行程的平均速度之比称为行程速度变化系数(或行程速比系数),用 K 表示,即

$$K = \frac{v_1}{v_2} = \frac{\overset{\frown}{C_1C_2}/t_2}{\overset{\frown}{C_1C_2}/t_1} = \frac{t_1}{t_2} = \frac{\varphi_1}{\varphi_2} = \frac{180° + \theta}{180° - \theta} \tag{5-1}$$

或

$$\theta = 180° \frac{K - 1}{K + 1} \tag{5-2}$$

上述特性称为急回特性,在实际生产中,常利用这个特性来缩短非生产时间,提高生产率。设计这种机构时,通常根据所需的 K 值,由式(5-2)算出极位夹角 θ,在确定各构件的长度时予以保证。

2) 压力角和传动角。在图 5-3 所示曲柄摇杆机构中,若不计各构件的质量、惯性力和运动副中的摩擦,当主动曲柄 1 作如图所示方向转动时,它通过连杆 2 作用于从动摇杆 3 上 C 点的力 F,其方向必沿杆 BC 方向,该作用力 F 与力作用点 C 的绝对速度 v_C 方向间所夹的锐

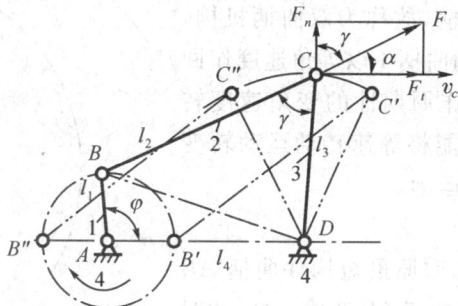

图 5-3

角 α 称为压力角。由图可见，力 F 在 v_C 方向和沿摇杆方向上的分力分别为 $F_t = F\cos\alpha$、$F_n = F\sin\alpha$。其中力 F_t 为推动摇杆3作摆动运动的有效分力，而力 F_n 只能使铰链 C、D 产生径向压力，由此可知，压力角 α 越小，则有效分力 F_t 就越大，对机构的传力性越好；当压力角 α 过大时，由于 F_n 过大，不但传动效率降低，还有可能发生自锁；所以可用压力角的大小作为判断机构传力性能优劣的依据。但在实际应用中，通常以压力角的余角 $\gamma = 90° - \alpha$（连杆与从动摇杆之间所夹的锐角）来判断机构的传力性能，γ 称为传动角。由图5-3中可知，传动角 γ 与压力角 α 互为余角，即

$$\gamma = 90° - \alpha \tag{5-3}$$

由上式可知，传动角 γ 越大，即压力角 α 越小，机构的传力性能就越好。由图显然可见，机构在运转过程中，传动角 γ 是不断变化着的，为了保证机构具有良好的传力性能，设计时通常应使 $\gamma_{min} \geqslant 40°$，对于大功率的传动机械应使 $\gamma_{min} \geqslant 50°$。因此，须确定 $\gamma = \gamma_{min}$ 时机构的位置，并检验 γ_{min} 的值是否符合上述许用条件。

由图5-3通过分析可知：曲柄摇杆机构的最小传动角 γ_{min} 将发生在曲柄 AB 与机架 AD 两次共线的位置 AB' 和 AB'' 之一处，比较此两位置 γ 角的大小，取其中较小的一个。

3）死点位置。如图5-2所示的曲柄摇杆机构中，如取摇杆 CD 为原动件，则当摇杆处于极限位置 C_1D 和 C_2D 时，连杆 BC 与从动曲柄 AB 共线，此时摇杆 CD 通过连杆 BC 传给曲柄的力通过铰链中心 A，沿 BC 杆的作用力对 A 点的力矩为零，因此不能驱使曲柄 AB 绕 A 点转动。机构处于这种位置称为死点。对传动机构来说，出现死点是一种缺

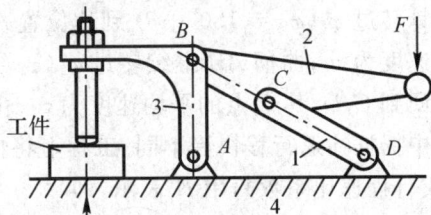

图 5-4

陷，这种缺陷可以利用回转构件的惯性或添加辅助机构来克服。如家用缝纫机中的脚踏机构，就是利用皮带轮的惯性作用使机构能通过死点位置。但是，在工程实践中，有时也常常利用机构的死点位置来实现一定的工作要求，例如图5-4所示的工件夹紧装置，就是利用连杆 BC 与摇杆 CD 形成的死点位置，当去掉外力 F 后，使机构在工件反力 N 的作用下仍不会松开。

2. 双曲柄机构

在曲柄摇杆机构中，如取原最短构件曲柄 AB 为机架，则与机架相连的两连架杆 BC 与 AD 均成为可作整周回转运动的曲柄，故称为双曲柄机构，如图5-5所示。通常当主动曲柄1以等角速度作回转运动时，从动曲柄3将作周期性的变角速度转动，所以，利用双曲柄机构能将等速转动运动转变为另一种周期性变速转动运动。

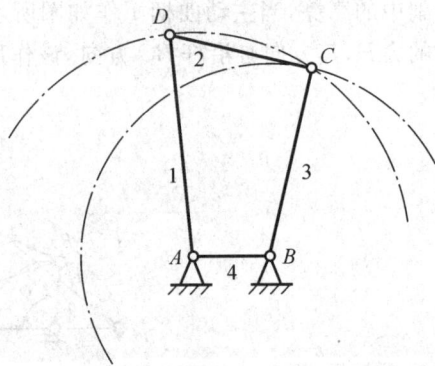

图 5-5

3. 双摇杆机构

在曲柄摇杆机构中，如取原最短构件曲柄 AB 杆相对的杆 CD 为机架，则曲柄 AB 变成连杆，此时两连架杆 AD 与 BC 均只能作摆动运动，故称为双摇杆机构。如图5-6所示。通常情况下，当主动摇杆 BC 摆动任意角度 φ 时，从动摇杆将摆动

角 ψ，并且 $\varphi \neq \psi$，所以双摇杆机构具有摆角不等的特性。这种特性能满足汽车、拖拉机前轮转向机构的需要。

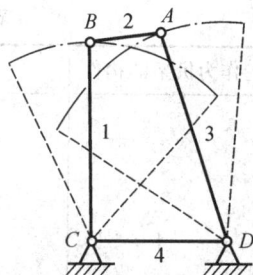

图 5-6

除上述三种基本形式的铰链四杆机构外，在实际机械中，还广泛地采用其他形式的四杆机构。它们通常可以看成是在铰链四杆机构的基础上，通过改变某些构件的形状、改变构件的相对长度、运动副的转化和扩大运动副或者选择不同的构件作为机架等方式演化而成。例如图 5-7 所示曲柄摇杆机构，设想将摇杆 CD 的长度增加到无限长，即回转副中心 D 移至无穷远处，则回转副 C 的轨迹将变成一条直线，那么，摇杆 CD 将可用滑块来代替，即演化成曲柄滑块机构。如图 5-7c 所示为对心曲柄滑块机构；图 5-7d 所示为偏置曲柄滑块机构。表 5-1 所示原对心曲柄滑块机构，如选择不同构件为机架，则又可相应得到其他多种形式的四杆机构。

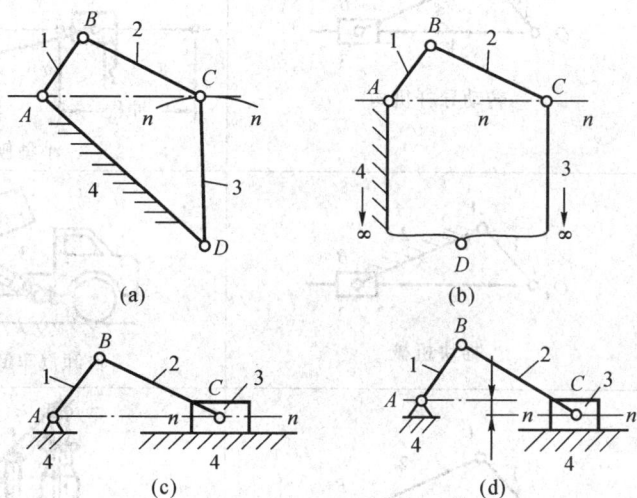

图 5-7

在图 5-8a 所示的曲柄摇杆机构中，若将曲柄上回转副 B 的半径逐渐扩大到超过曲柄长度，这时曲柄 AB 就变为几何中心与回转中心不相重合的偏心轮，如图 5-8b 所示，其几何中心 B 到回转中心 A 的距离称为偏心距，即为曲柄长度。这类偏心轮机构常应用在曲柄较短或载荷较大的机械上，如破碎机、剪床及油泵等。

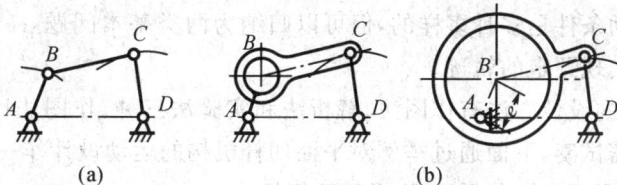

图 5-8

M 机 械 基 础

表 5-1 对心曲柄滑块机构取不同构件为机架的演化

作为机架的构件	机构简图	应用实例
4	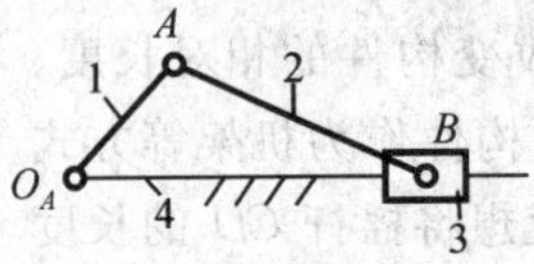 曲柄滑块机构	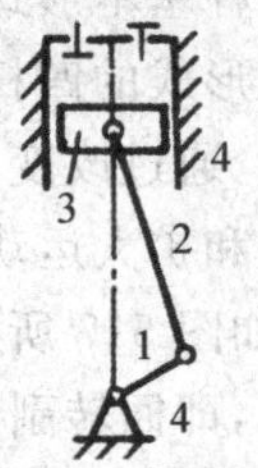 内燃机、压缩机、冲床等
1	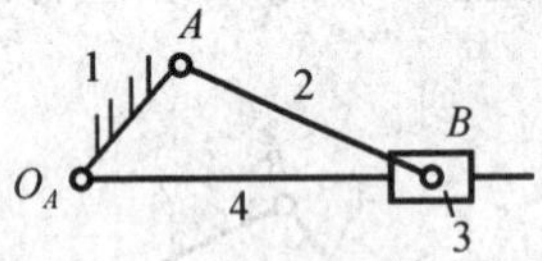 转动导杆机构	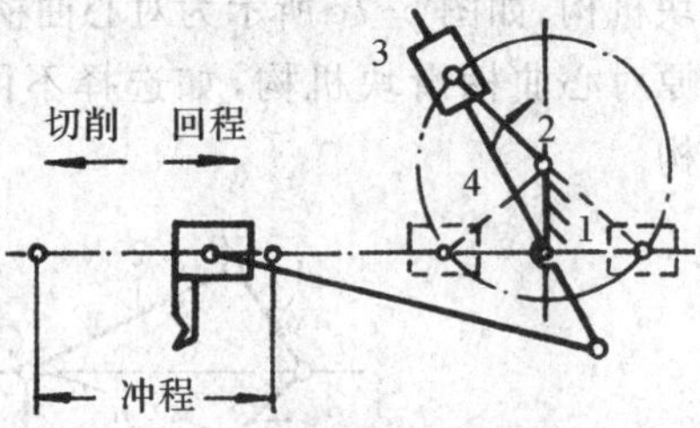 小型刨床
2	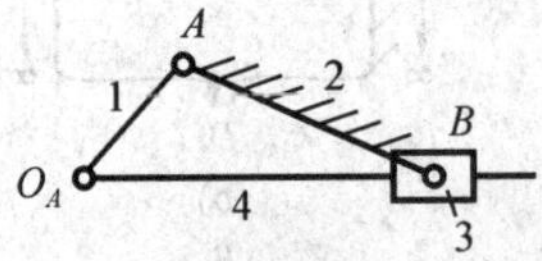 摇块机械	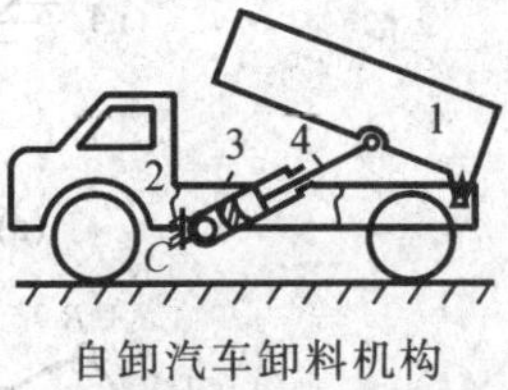 自卸汽车卸料机构
3	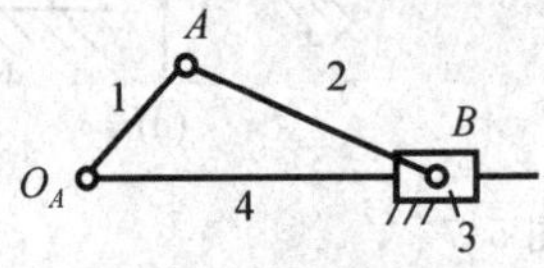 移动导杆机构	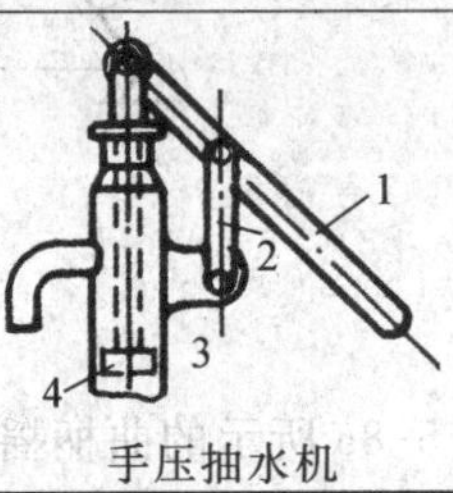 手压抽水机

三、平面四杆机构设计

平面四杆机构设计,主要是根据工作要求提出的已知运动条件,来确定机构运动简图的几何尺寸,这些运动条件是多种多样的,但可以归纳为两类基本问题,一类是实现预定的运动规律,另一类是实现预定的轨迹。

平面四杆机构的设计方法有作图法、解析法和实验法三种。作图法比较直观,解析法比较精确,实验法常需试凑。下面通过举例对平面四杆机构的运动设计作一些简单的介绍。

1. 按给定的行程速度变化系数 K 设计四杆机构

(1)给定摇杆 CD 的长度 l_{CD} 及其摆角 ψ、行程速度变化系数 K,设计曲柄摇杆机构。其设计步骤如下:

1)由式(5-2)求出极位夹角 $\theta = 180° \dfrac{K-1}{K+1}$。

164

2）选定作图长度比尺 μ_l，任取一点为回转副 D 的位置，按给定的摇杆长度 l_{CD} 及摆角 ψ 作出摇杆的两个极限位置 C_1D 和 C_2D（图 5-9）。

3）连 $\overline{C_1C_2}$，并作 $\angle C_1C_2O = \angle C_2C_1O = 90° - \theta$ 的两直线，使其相交于 O 点，则 $\angle C_1OC_2 = 2\theta$。

4）以 O 点为圆心，$\overline{OC_1}$ 为半径作圆，由同一圆弧上圆周角是圆心角之半的几何原理可知，在此圆上任取一点 A 作为曲柄的回转中心，均能满足行程速度变化系数 K 的要求，即 $\angle C_1AC_2 = \theta$，因此有无限个解。如果有其他辅助条件，例如机架的长度 l_{AD}、传动角的大小等，则根据辅助条件来确定 A 点的位置。

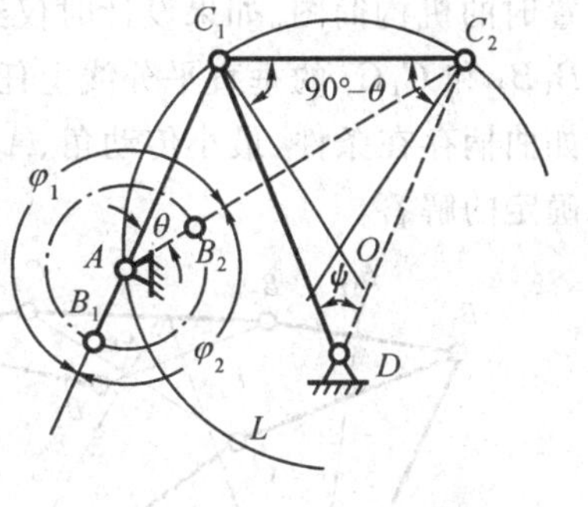

图 5-9

5）A 点位置选定后，根据极限位置曲柄与连杆共线原理可得

$$\left.\begin{array}{l} l_{AC_1} = \overline{C_1A} \cdot \mu_l = l_{BC} - l_{AB} \\ l_{AC_2} = \overline{C_2A} \cdot \mu_l = l_{BC} + l_{AB} \end{array}\right\} \tag{5-4}$$

则

$$\left.\begin{array}{l} l_{AB} = \dfrac{l_{AC_2} - l_{AC_1}}{2} \\ l_{AB} = \dfrac{l_{AC_2} + l_{AC_1}}{2} \end{array}\right\} \tag{5-5}$$

（2）给定偏置曲柄滑块机构的行程速度变化系数 K，滑块的行程 H 和偏距 e，设计曲柄滑块机构。

其设计步骤与上述曲柄摇杆机构类似，只是滑块的两个极限位置 C_1、C_2 由行程 H 来确定而已。其机构设计作图如图 5-10 所示。

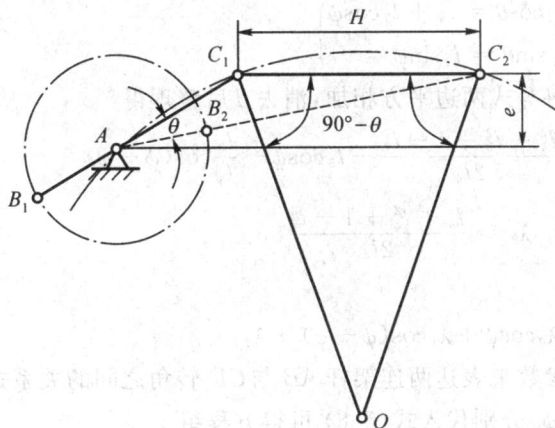

图 5-10

2. 按给定连杆的两个或三个位置设计铰链四杆机构

如图 5-11 所示，如果给定连杆的三个位置分别为 B_1C_1、B_2C_2 和 B_3C_3，并给定连杆上铰链 B 与 C 的位置，设计铰链四杆机构。由于铰链 B 与 C 分别绕回转副 A 与 D 回转，所以该铰

链四杆机构可如下求得：作 B_1B_2 和 B_2B_3 的垂直平分线以及 C_1C_2 和 C_2C_3 的垂直平分线，它们的交点即为所求的固定铰链中心 A 和 D，而 AB_1C_1D 即为所求的铰链四杆机构在第一位置时的机构简图。如果设计时仅给定连杆的两个位置 B_1C_1 和 B_2C_2，则 A 点与 D 点可分别在 B_1B_2 和 C_1C_2 的垂直平分线上任意选取，因此有无穷多个解，需考虑增设其他辅助条件，例如曲柄存在条件、最小传动角、A 和 D 应在某一水平线或垂直线上的要求等，方可获得一个确定的解答。

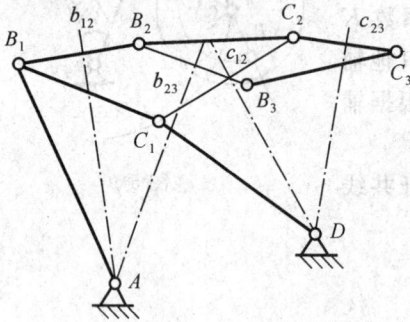

图 5-11

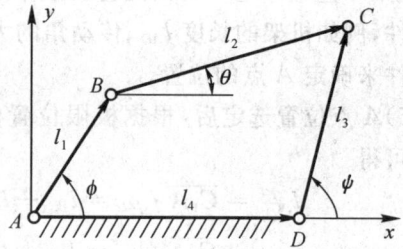

图 5-12

3.按给定两连架杆的对应位置设计四杆机构

如图 5-12 所示的铰链四杆机构中，已知两连架杆 AB 和 CD 的三组对应位置 φ_1、ψ_1，φ_2、ψ_2，φ_3、ψ_3，要求设计该四杆机构。

现以解析法来讨论本设计。设 l_1、l_2、l_3、l_4 分别代表各杆的长度，当机构各杆长度按同一比例增减时，各杆转角间的关系并不改变，故只需确定各杆的相对长度。因此可取 $l_1 = 1$，则该机构的待求参数就只有 l_2、l_3、l_4 三个了。

当该机构在任意位置时，取各杆在 x 轴和 y 轴上的投影得

$$\left.\begin{array}{l} \cos\varphi + l_2\cos\theta = l_4 + l_3\cos\psi \\ \sin\varphi + l_2\sin\theta = l_3\sin\psi \end{array}\right\} \tag{5-6}$$

将上两式移项并将等式两边平方相加，消去 θ 后整理得

$$\cos\varphi = \frac{l_4^2 + l_3^2 + 1 - l_2^2}{2l_4} + l_3\cos\psi - \frac{l_3}{l_4}\cos(\psi - \varphi)$$

令 $\lambda_0 = l_3$，$\lambda_1 = -l_3/l_4$，$\lambda_2 = \dfrac{l_4^2 + l_3^2 + 1 - l_2^2}{2l_4}$ $\tag{5-7}$

则有

$$\cos\varphi = \lambda_0\cos\psi + \lambda_1\cos(\psi - \varphi) + \lambda_2 \tag{5-8}$$

上式即为以机构参数来表达两连架杆 AB 与 CD 转角之间的关系式。将已知的三对对应转角 φ_1、ψ_1，φ_2、ψ_2，φ_3、ψ_3 分别代入式(5-8)可得方程组

$$\left.\begin{array}{l} \cos\varphi_1 = \lambda_0\cos\psi_1 + \lambda_1\cos(\psi_1 - \varphi_1) + \lambda_2 \\ \cos\varphi_2 = \lambda_0\cos\psi_2 + \lambda_1\cos(\psi_2 - \varphi_2) + \lambda_2 \\ \cos\varphi_3 = \lambda_0\cos\psi_3 + \lambda_1\cos(\psi_3 - \varphi_3) + \lambda_2 \end{array}\right\} \tag{5-9}$$

由方程组可解出三个未知数 λ_0、λ_1、λ_2。将它们代入式(5-7) 即可求得各构件的相对长度 l_2、l_3、l_4(相对于 $l_1 = 1$ 的相对杆长)；再根据实际需要和结构上的要求乘以同一比例常数后所

得的机构即能实现设计所要求的对应的转角。

如果设计所给定的仅是连架杆两组对应位置,则 λ_0、λ_1、λ_2 三个参数中的一个可以任意选定,因此这个问题可有无穷多个解。在实际工程中,有时要求两连架杆之间实现三组以上或更多组对应位置时,由于 φ 和 ψ 的每一组相应值即可构成一个方程式,因此式(5-9)方程组中方程式的个数将超过待求的三个未知数 λ_0、λ_1、λ_2,理论上是无解的,或者说至多只能求得某个近似解。在这种情况下,其近似解可用电子计算机迭代优化或用实验法试凑求得。

例如,设给定两连架杆 m 对对应转角关系 φ_1、ψ_1,φ_2、ψ_2,$\cdots$,φ_m、ψ_m。任取其中三对对应转角(如 φ_1、ψ_1,φ_2、ψ_2,φ_3、ψ_3),按上述解析法即可确定一个铰链四杆机构,但该机构仅保证精确实现所取的三对对应位置,在其余 $m-3$ 个 φ_i 位置机构所实现的 ψ_i' 的值将与原给定的 ψ_i 值有一定偏差,如图 5-13 所示,计算其均方根偏差值 $\Delta_K =$

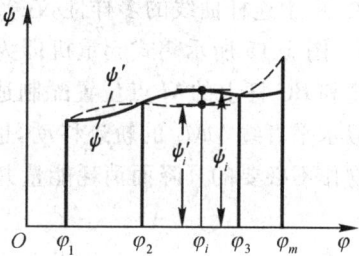

$\sqrt{\sum\limits_{i=1}^{m}(\psi_i' - \psi_i)^2}$ 表征该机构所能实现的运动与预定的

运动之偏差程度。根据这个道理,在计算中若取不同的

三对 φ 与 ψ 的对应值时,将得到不同的四杆机构;而这些机构对于 φ 角为其余数值时所实现的 ψ_i' 值与原给定的 ψ_i 值的偏差也不同。重复上述过程可得 c_m^3(即 m 中取 3 的组合数)个四

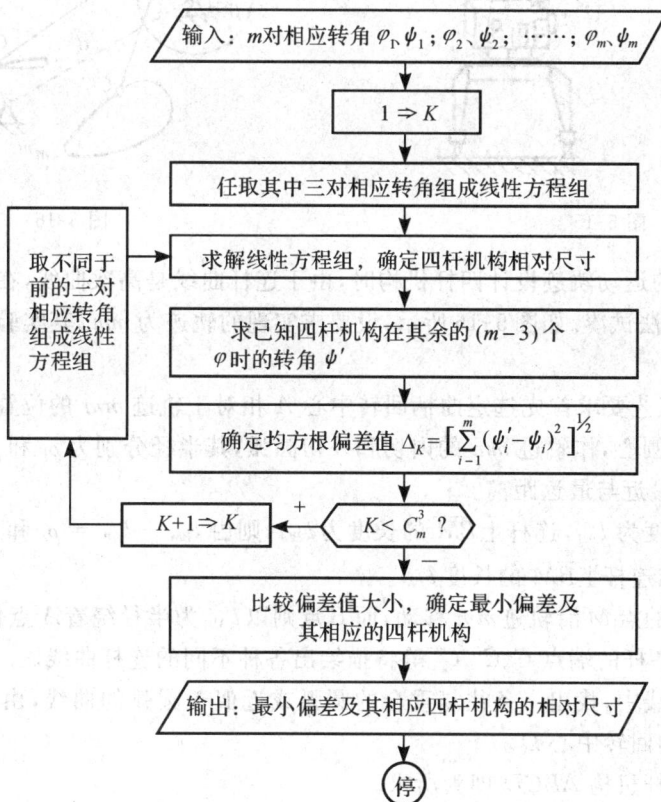

图 5-13

图 5-14

杆机构及其相应的均方根偏差值 $\Delta_K(K=1,2,\cdots c_m^3)$，于是我们就选择其中偏差值最小的那个四杆机构作为较满意的近似解。根据上述原理设计成图 5-14 所示的计算机程序框图。利用此框图，可用不同的计算机语言编程，上机完成上述的近似解。

4.按给定点的运动轨迹设计四杆机构

四杆机构运动时，连杆作平面复杂运动，其上各点的轨迹均为比较复杂的曲线，这些曲线称为连杆曲线，它的形状与连杆机构的类型、各构件的相对尺寸以及连杆上各点的位置有关。由于连杆曲线的多样性，在实际工程中，常常利用这些曲线来实现一定的生产要求和动作。图 5-15 所示鹤式起重机即为利用连杆曲线的一个实例，只要四杆机构 ABCD 各杆的长度和 BC 杆上的 M 点位置配制适当，则当构件 AB 作往复摆动时，连杆 BC 上的 M 点将沿近似水平直线 MM_1 的轨迹移动，也即该点悬挂的重物 W 近似作平移运动，从而可以避免因重物作不必要的升降而消耗能量并造成垂直方向的惯性冲击。

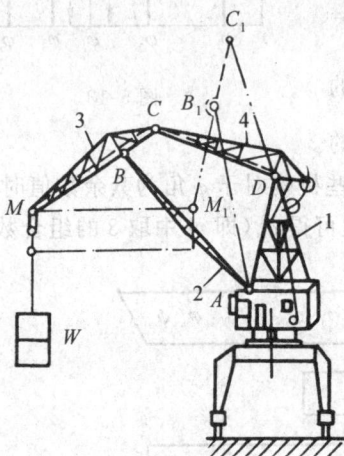

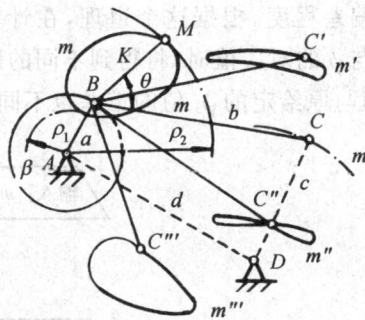

图 5-15   图 5-16

在按给定点的运动轨迹设计四杆机构时，由于连杆曲线是高次曲线，在精度要求不很高的场合，可用实验法试凑。如图 5-16 所示，设要求实现的轨迹为 mm。其实验法的设计步骤如下：

1）由结构、工艺要求首先选定曲柄回转中心 A 相对于轨迹 mm 的位置。

2）以 A 点为圆心，作轨迹 mm 的内切和外切圆弧，其半径分别为 ρ_1 和 ρ_2，它们分别为 A 点离轨迹 mm 的最近与最远距离。

3）设曲柄长度为 l_{AB}，连杆上 $\overline{BM}$ 的长度为 l_{BM}，则由 $l_{BM}+l_{AB}=\rho_2$ 和 $l_{BM}-l_{AB}=\rho_1$ 求出曲柄长度 l_{AB} 和连杆上 $\overline{BM}$ 的长度 l_{BM}。

4）使连杆上的点 M 沿轨迹 mm 移动，而 B 点则以 l_{AB} 为半径绕着 A 点作圆周移动，此时固结在连杆上的各杆的端点 C、C′、C″ 等将描绘出各种不同的连杆曲线。

5）在这些曲线中，找出一条往复重合的圆弧或近似于圆弧的曲线，由此确定出摇杆的长度 l_{CD} 和摇杆的回转中心 D。

6）所得的四杆机构 ABCD 即为所求。

如果固结在连杆上的各杆的端点找不到轨迹近似于圆弧、整圆或近似直线的点，那末，就要重新选定曲柄的回转中心 A 的位置，重新试验求解。

按给定点的运动轨迹设计四杆机构也可采用图谱法。设计时从专著《四杆机构分析图谱》中找到所需实现的轨迹及与该轨迹相应的机构尺寸参数。目前所提供的图谱均设原动曲柄 AB 的长度为1，故只要找到与要求实现的轨迹相似的连杆曲线，然后求出其放大倍数，即可确定所求四杆机构的真实尺寸。

按给定点的运动轨迹设计四杆机构还可采用电子计算机迭代优化方法求出近似解。

四、连杆传动的结构与多杆机构简介

1. 连杆传动的结构

连杆机构运动简图的几何尺寸确定后，须根据工艺性和强度条件确定各构件的结构形状和断面尺寸，在设计回转副和移动副结构时还需考虑其润滑问题。图 5-17 所示为几种常用铰链中回转副的结构。连杆和偏心轮的材料，当载荷与冲击不太大时，可采用铸铁，其销轴

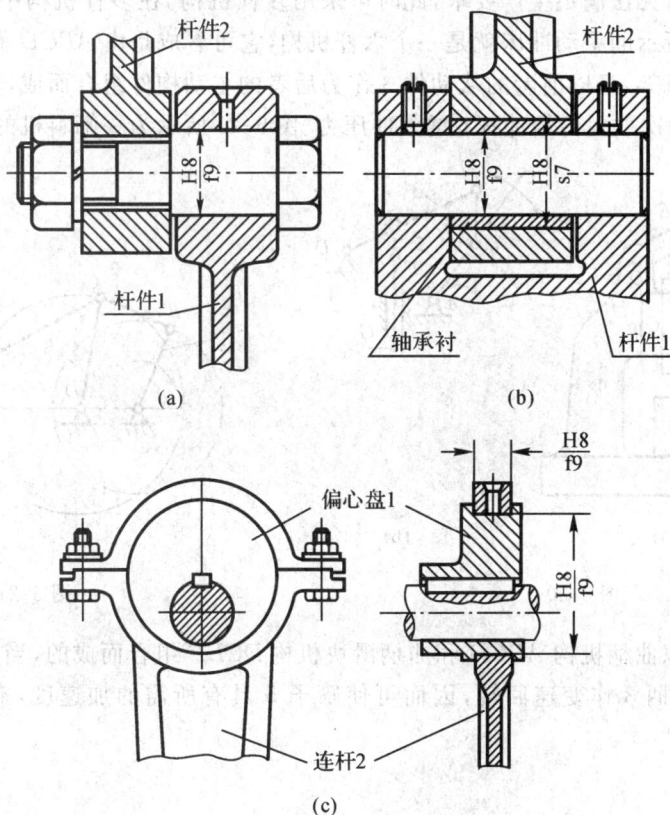

图 5-17

常用碳素钢，并经表面淬硬，以提高其耐磨性。移动副常用的形式如图 5-18a、b、c、d 所示矩形、V 型、燕尾形或 V 型与矩形的组合型；在小型仪器中还采用圆柱形移动副，但此时要有防止相对转动的结构与措施。

连杆传动在结构设计中有时还应考虑其行程与位置调节问题。如图 5-19a 所示，可通过调节曲柄的长度 l_{AB} 来改变摇杆 CD 的摆角大小，图 5-19b 所示则可通过调节连杆长度 l_{BC} 来调节滑块的起始位置。

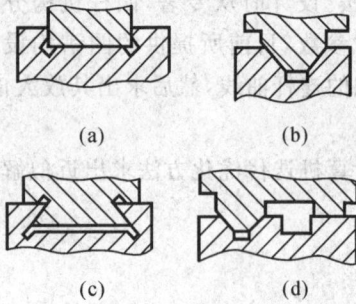

图 5-18

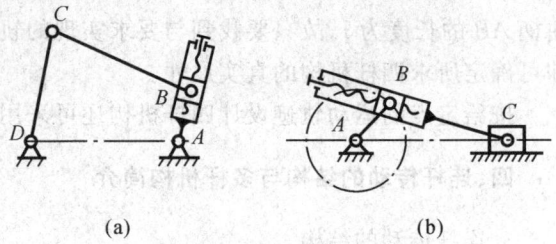

图 5-19

2.多杆机构

四杆机构有时无法满足生产要求,此时可采用多杆机构。在多杆机构中,六杆机构应用较广。如图 5-20 所示的手动冲床就是一个六杆机构,它可看成是由 *ABCD* 和 *DEFG* 两个四杆机构共用同一机架,且以前者的从动件 3 作为后者的主动构件组合而成,其目的就是为了使手柄 1 的力经两次放大传给冲杆 6 增大冲压力。图 5-21 所示为一筛料机的主运动机构,这

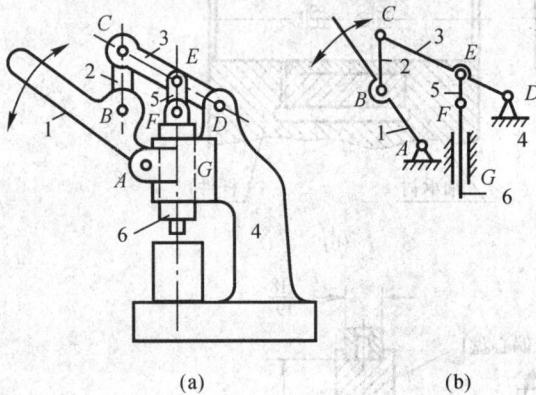

图 5-20

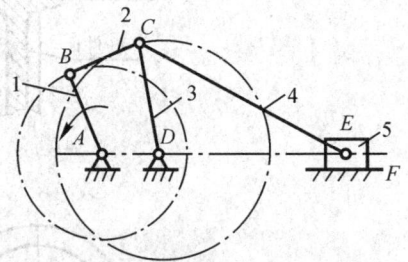

图 5-21

个六杆机构是由双曲柄机构 *ABCD* 和曲柄滑块机构 *DCEF* 组合而成的,当曲柄 1 作等角速度回转时,从动曲柄 3 作变速回转,因而可使筛子 5 具有所需的加速度,获得更好的筛料效果。

§5-2 凸轮传动

一、凸轮传动的组成、应用及分类

最简单的凸轮传动如图 5-22 所示,它是由凸轮 1、从动件 2 和机架 3 三个基本构件所组成的传动机构。凸轮传动通常用来将主动构件凸轮的等速转动或往复移动转变为从动件连续的或间歇的往复移动或摆动。在自动化和半自动化机械中得到了极其广泛的应用。

图 5-23 所示为内燃机的配气凸轮传动装置。当凸轮 1 以等角速回转时,从动件 2 按预定

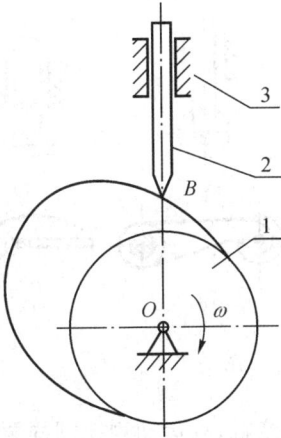

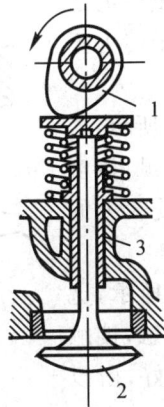

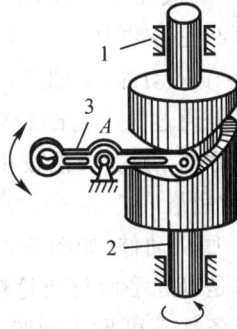

图 5-22 　　　　　　　　　　图 5-23 　　　　　　　　　　图 5-24

的运动规律实现气阀的开启、关闭与停顿。

图 5-24 所示为自动车床上控制进刀运动的凸轮传动。当具有凹槽的圆柱凸轮 2 回转时,其凹槽的侧面迫使摆杆 3 绕 A 点作往复摆动,从而控制与摆杆 3 相连的刀架实现进刀和退刀运动。

由上述两例表明,通过凸轮轮廓曲线与从动件高副接触传动,理论上讲可以使从动件获得所需的任意的预期运动。

凸轮机构的种类繁多,常用的凸轮机构可如下分类:

1. 按凸轮的形状分

1) 盘形凸轮。如图 5-22 所示,这种凸轮是一个具有变化向径的盘形零件,这是凸轮的最基本形式。盘形凸轮机构的结构比较简单,应用比较广泛。

当凸轮转动轴线处于无穷远时,凸轮的一部分只能作往复移动,如图 5-25 所示,这种凸轮通常称为移动凸轮。所以移动凸轮系盘形凸轮的一种特殊形式。

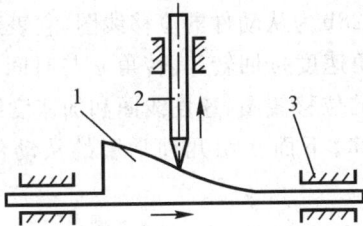

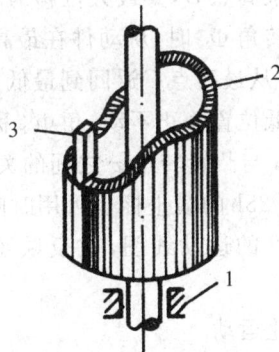

图 5-25 　　　　　　　　　　　　　　图 5-26

2) 圆柱凸轮。这种凸轮是在圆柱体的端面上作一定的轮廓曲线(如图 5-26 中的构件 2)或在圆柱面上开有一定形状曲线的凹槽(如图 5-24 中的构件 2 上的凹槽)。

2. 按从动件的形式分

1) 尖底从动件。如图 5-27 中 a、b 所示,这种从动件构造最简单,其尖底能与任意复杂的凸轮轮廓相接触,从而可以实现任意复杂的运动规律。但尖底易于磨损,故只适用于传力不大的低速凸轮传动中。

2) 滚子从动件。如图 5-27 中 c、d 所示,这种从动件是通过滚子与凸轮轮廓相接触,接触处为滚动摩擦,所以磨损较小,可承受较大的载荷,故应用最广。

3) 平底从动件。如图 5-27 中 e、f 所示,这种从动件是以底平面与凸轮轮廓相接触,接触处在一定条件下可形成油膜,润滑较好,所以

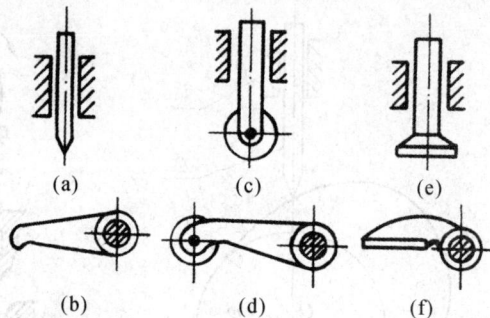

图 5-27

常用于高速凸轮传动中。但是它不能与具有凹形的轮廓曲线相接触,故运动规律同样要受到限制。

此外,按从动件的运动形式可分为移动从动件(图 5-27 中的 a、c、e)和摆动从动件(图 5-27 中的 b、d、f)。

凸轮传动中,为了使从动件与凸轮轮廓始终保持接触,可利用从动件的重力、弹簧力(图 5-23)或依靠特殊的几何形状(如图 5-24 中的凹槽)来实现。

与连杆传动相比,凸轮传动结构简单、紧凑,能方便地设计凸轮轮廓以实现从动件预期的运动规律;但凸轮轮廓与从动件之间为点或线接触,易于磨损,不宜承受重载荷和冲击载荷。

二、从动件的常用运动规律

在设计凸轮传动时,首先应根据工作要求确定从动件的运动规律,而后按此运动规律设计凸轮轮廓曲线。图 5-28a 所示为一尖底直动从动件盘形凸轮机构,图中以凸轮的最小向径 r_0 为半径所作的圆称为基圆,r_0 称为基圆半径。当凸轮逆时针转过角 Φ 时,从动件从最低点 A 上升到最高点 B,其最大位移为 h,称为从动件的升程,凸轮转角 Φ 称为推程运动角;当凸轮继续回转角 Φ_S 时,从动件在最高位置静止不动,角 Φ_S 称为远休止角;凸轮继续回转角 Φ' 时,从动件从最高点 C 返回到最低点 D,角 Φ' 称为回程运动角;凸轮再继续回转角 Φ'_S 时,从动件在最低位置静止不动,角 Φ'_S 称为近休止角。图 5-28b 为从动件的位移线图,它表达了从动件位移 s 与凸轮转角 φ 之间的关系。凸轮一般以等角速度 ω 回转,其转角 φ 与时间 t 成正比,故图 5-28b 的横坐标也可用时间 t 来表示。从动件的位移线图、速度线图和加速度线图统称为从动件的运动线图,它反映了从动件的运动规律。下面介绍几种常用的从动件运动规律。

1. 等速运动

从动件作等速运动时的位移线图为一斜直线,如图 5-29 所示。其运动线图的表达式为

$$\left.\begin{array}{l} s = h\varphi/\Phi \\ v = h\omega/\Phi = v_0 \\ a = 0 \end{array}\right\} \tag{5-10}$$

由运动线图中可知,从动件在推程运动开始和终止的瞬时,速度有突变,其瞬时加速度理论上趋于无穷大,因而使从动件突然产生极大的惯性力,导致凸轮机构受到极大的冲击

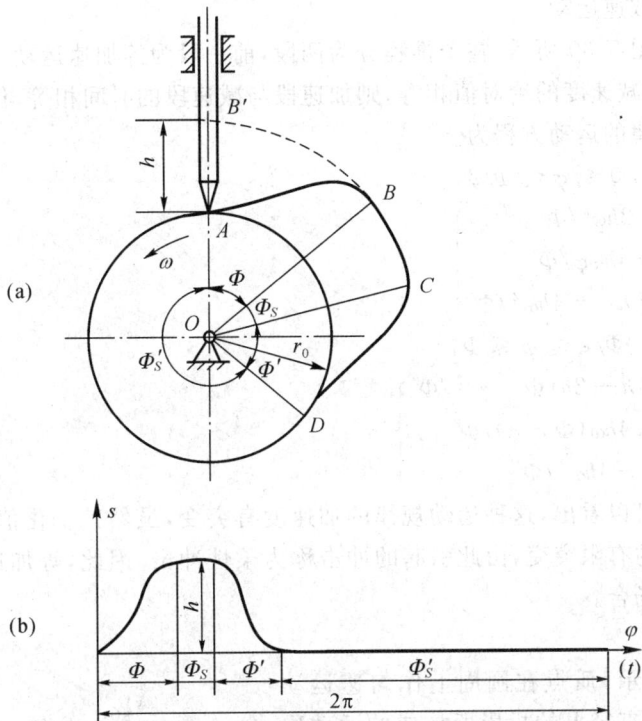

图 5-28

(称为刚性冲击),所以等速运动一般只能用于低速。

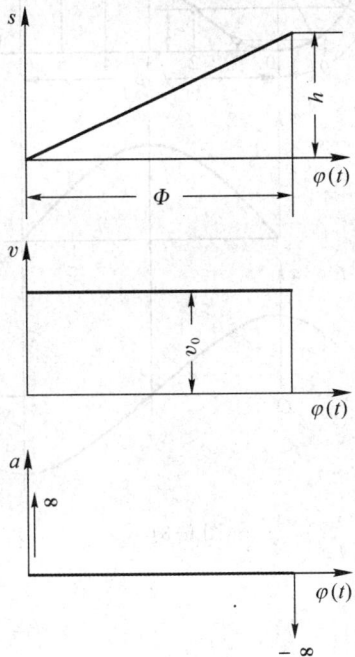

图 5-29

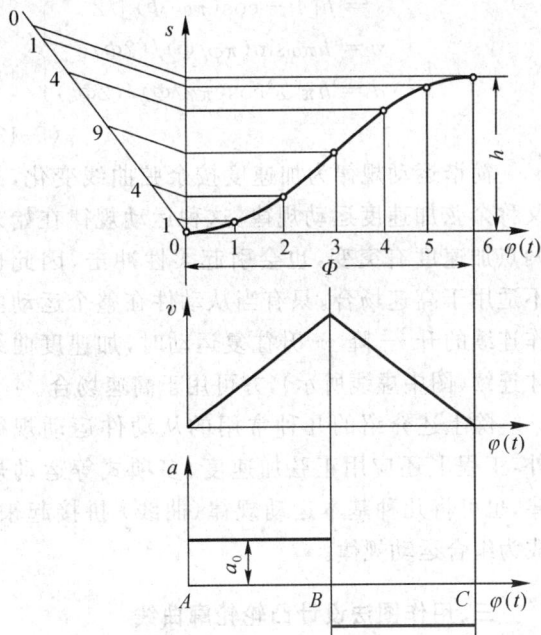

图 5-30

2.等加速等减速运动

运动线图如图5-30所示,整个推程分为两段,前一段为等加速运动,后一段为等减速运动,通常加速度与减速度的绝对值相等,则加速段与减速段的时间相等,位移也相等,即各为$h/2$。这种运动规律的运动方程为

等加速段　　　$0 \leqslant \varphi \leqslant \Phi/2$

$$\left.\begin{array}{l} s = 2h\varphi^2/\Phi^2 \\ v = 4h\omega\varphi/\Phi^2 \\ a = a_0 = 4h\omega^2/\Phi^2 \end{array}\right\} \qquad (5\text{-}11)$$

等减速段　　　$\Phi/2 \leqslant \varphi \leqslant \Phi$

$$\left.\begin{array}{l} s = h - 2h(\Phi-\varphi)^2/\Phi^2 \\ v = 4h\omega(\Phi-\varphi)/\Phi^2 \\ a = -4h\omega^2/\Phi^2 \end{array}\right\} \qquad (5\text{-}12)$$

由运动线图可以看出,这种运动规律的加速度有突变,虽然其变化值是有限的,但也导致从动件惯性力的有限突变,由此引起的冲击称为柔性冲击。因此,等加速等减速运动规律亦不适用于高速场合。

3.简谐运动

如图5-31所示,质点在圆周上作匀速运动时,该质点在此圆直径上的投影所构成的运动称为简谐运动,从动件的升程h为质点运动所在圆的直径。其运动方程为

$$\left.\begin{array}{l} s = h[1 - \cos(\pi\varphi/\Phi)]/2 \\ v = h\pi\omega\sin(\pi\varphi/\Phi)/(2\Phi) \\ a = h\pi^2\omega^2\cos(\pi\varphi/\Phi)/(2\Phi^2) \end{array}\right\}$$

$$(5\text{-}13)$$

简谐运动规律为加速度按余弦曲线变化,故又称余弦加速度运动规律。这种运动规律在始末两点加速度有突变,也会引起柔性冲击,因此也不适用于高速场合。只有当从动件在整个运动中作连续的升—降—升往复运动时,加速度曲线才连续(图中虚线所示),方可用于高速场合。

除上述介绍的几种常用的从动件运动规律外,工程上还应用正弦加速度、多项式等运动规律,也可将几种基本运动规律(曲线)拼接起来,成为组合运动规律。

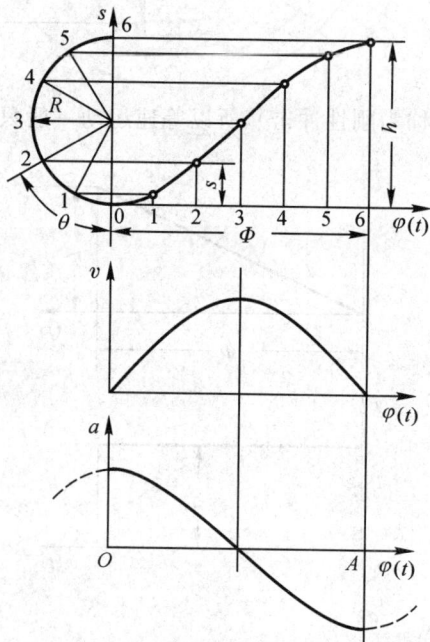

图 5-31

三、用作图法设计凸轮轮廓曲线

设计凸轮轮廓曲线的方法有作图法和解析法两种。对于精度要求高的高速凸轮、靠模凸轮等,应用解析法进行精确计算设计凸轮轮廓曲线,特别是用CAD和CAM设计和加工高精度凸轮时普遍采用这种方法,有关这方面的内

容在本节最后作简单的介绍.对于一般精度要求的凸轮轮廓曲线,通常采用作图法.作图法所依据的原理是相对运动原理,通常称为反转法.

如图 5-32 所示的凸轮机构中,当凸轮以等角速度 ω 绕轴心 O 作逆时针方向转动时,机架静止不动,从动件在凸轮轮廓的推动下,沿着导路作预期的往复移动.由于凸轮和从动件都在运动,因而不便将一个正在运动着的凸轮画在固定的图纸上.为了在图纸上画出凸轮轮廓,应使凸轮与图纸相对静止,为此,我们应用相对运动的概念,设想给整个机构加一个绕 O 轴转动且与凸轮实际转向相反的公共角速度 $-\omega$,这样,就可以把凸轮看作是固定不动,而机架则以 $-\omega$ 的角速度绕凸轮轴作反转;从动件除随机架反转

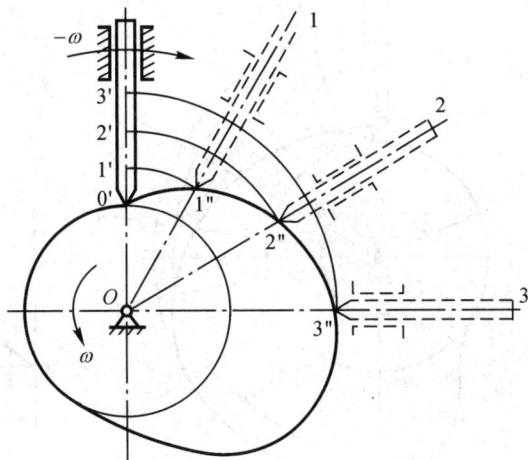

图 5-32

外,同时还在其导路中作预期的往复移动,显然这时凸轮与从动件之间的相对运动并不改变.根据这种关系,我们就不难求出反转后一系列从动件尖底的位置.由于尖底始终与凸轮轮廓接触,故反转后从动件尖底的运动轨迹即为所求的凸轮轮廓曲线.下面对几种常见的凸轮轮廓曲线的作法加以讨论.

1. 对心尖底移动从动件盘形凸轮

图 5-33a 所示为一对心尖底移动从动件的盘形凸轮机构,设凸轮以等角速度 ω 作逆时针方向转动,其基圆半径为 r_0,运动规律如图 5-33b 所示.根据反转法原理,作图步骤如下:

1) 选取适当的位移比尺 μ_s 和角位移比尺 μ_φ,根据从动件的运动要求作位移线图 $s-\varphi$ 曲线(图 5-33b).

2) 为作图方便,在机构图 5-33a 中,选取机构图比尺 $\mu_l = \mu_s$,以 O 点为圆心,r_0 为半径作基圆,并作出从动件的起始(最低)位置 B_0 点(从动件导路与基圆的交点).

3) 在基圆上从 B_0 点开始,沿 ω 的相反方向将基圆分为与位移线图横坐标上相对应的等分点,得 B_1、B_2、B_3、$\cdots B_{11}$ 诸点;再过这些等分点作从动件在反转运动过程中相应的导路线.

4) 在这些从动件的导路线上从基圆开始量取相应的位移量,即 $\overline{B_1 B'_1} = \overline{11'}$、$\overline{B_2 B'_2} = \overline{22'}$、$\overline{B_3 B'_3} = \overline{33'}\cdots$,得反转后尖底的一系列位置 B'_1、B'_2、$B'_3\cdots$.

5) 用光滑曲线将点 B_0、B'_1、B'_2、$B'_3\cdots$ 连接起来,即为所求的凸轮轮廓曲线.

2. 对心滚子移动从动件盘形凸轮

如图 5-34 所示,首先把滚子中心 B_0 视作为尖底从动件的尖底,按上述方法作出曲线 η,η 为理论廓线.然后作理论廓线 η 的内等距曲线 η',即为凸轮的实际廓线.等距曲线可以这样作得:以理论廓线 η 上取一系列的点为圆心,以滚子半径 r_T 为半径作一系列小圆弧,然后作这些小圆弧的包络线即为凸轮的实际廓线 η'.由作图过程可知,基圆半径 r_0 是按理论廓线而定的.

3. 平底移动从动件盘形凸轮

如图 5-35 所示,先把平底与导路的交点 B 看作为尖底,按前述方法求出交点 B 在反转

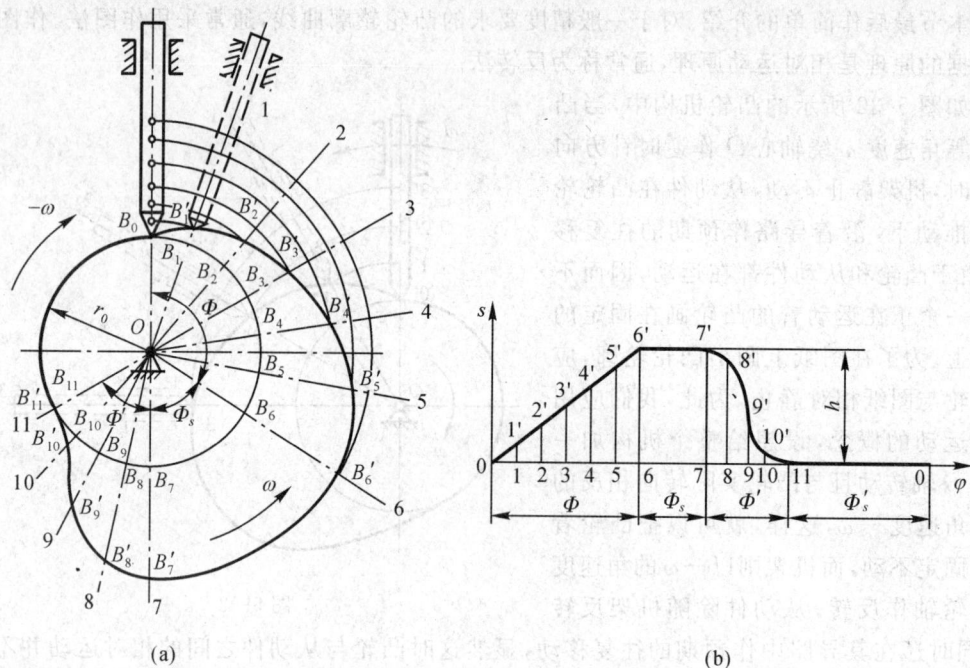

图 5-33

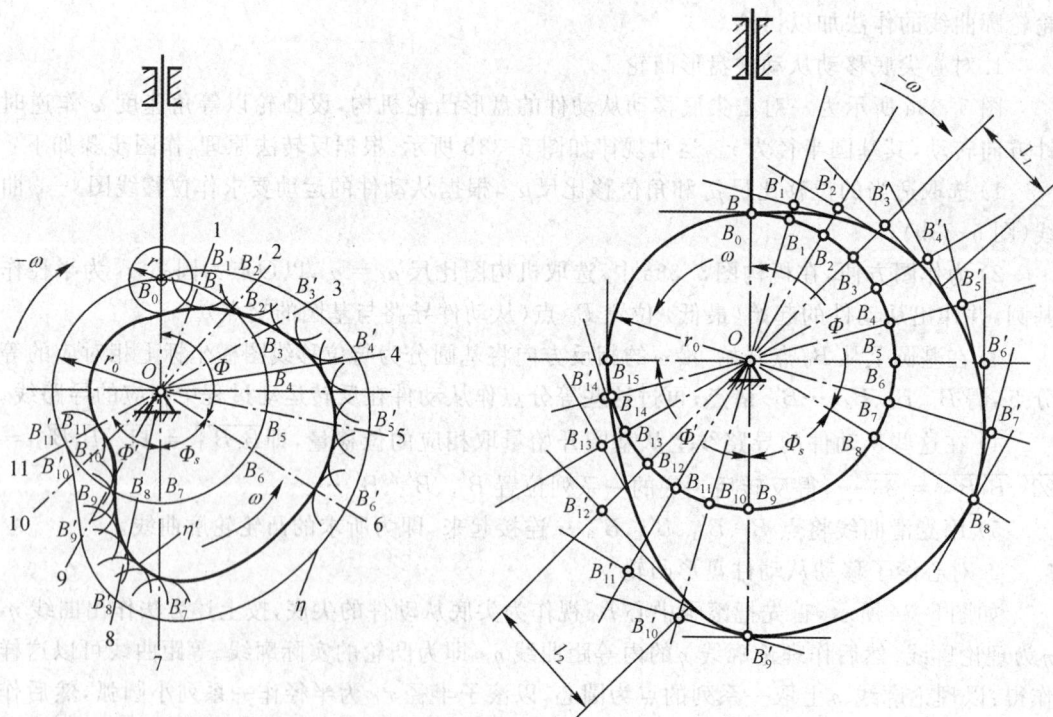

图 5-34   图 5-35

运动中的一系列点 B'_1、B'_2、B'_3 …;然后过这些点作一系列的平底,最后作平底的内包络线,便得所求凸轮的实际廓线。为了保证凸轮机构在运转过程中,凸轮与平底能正确接触相切于设计位置上,平底左右两侧必须具有足够的长度。从图中可以找出左右两侧距导路最远(图中标出 l_2 和 l_1)的两个切点,所以平底左右两侧必须分别大于 l_2 和 l_1。

4. 尖底摆动从动件盘形凸轮

如图 5-36a 所示为一尖底摆动从动件盘形凸轮机构。设凸轮以等角速度 ω 作顺时针方向回转。已知凸轮基圆半径 r_0,摆杆长度 l_{AB},凸轮与摆杆的中心距 l_{OA},从动件的最大摆角 ψ_{max} 以及从动件的运动规律,要求设计该凸轮的轮廓曲线。

应用反转法令整个机构绕凸轮轴心 O 点以 $-\omega$ 角速度回转,此时凸轮不动,摆杆的摆动中心 A 点将一方面以 $-\omega$ 角速度绕 O 点转动,同时摆杆仍按预期的运动规律相对于机架作摆动运动。因此可得凸轮轮廓的绘制步骤如下:

1) 取适当的角度比例尺 μ_ψ 和 μ_φ,按从动件运动规律作从动件角位移线图 $\psi - \varphi$ 曲线,如图 5-36b 所示,并将 $\psi - \varphi$ 线图分为若干等份。

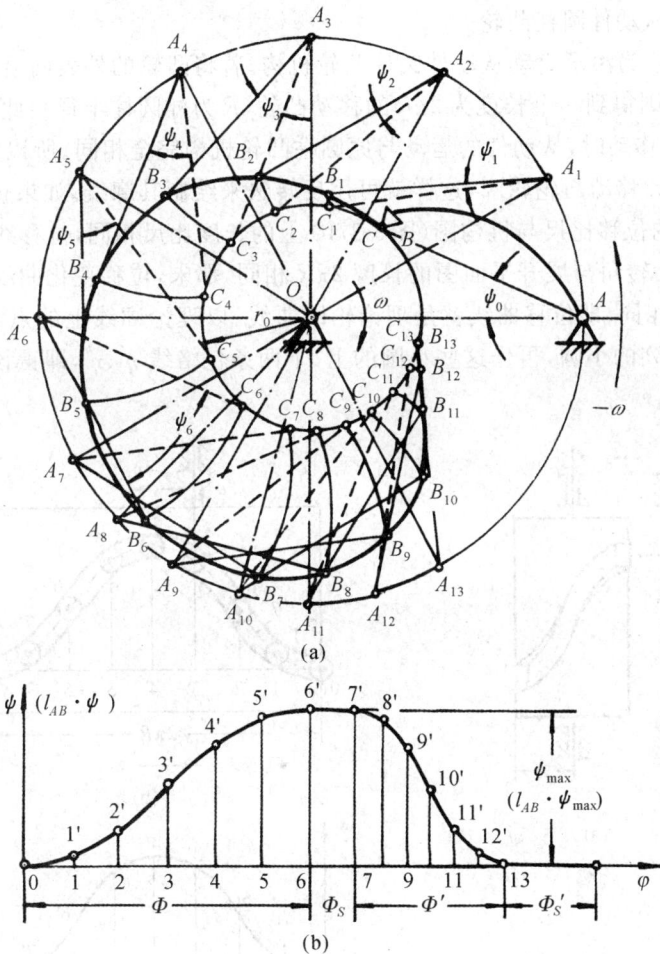

(a)

(b)

图 5-36

2) 取适当的长度比尺 μ_l,根据 l_{OA} 定出 O、A 的位置,以 O 点为圆心,以 r_0 为半径作基圆,以 A 为圆心,l_{AB} 为半径作圆弧,与基圆相交于 $C(B)$ 点,它便是从动件尖底的起始位置,ψ_0 称为初位角。

3）以 O 点为圆心，$\overline{OA}$ 为半径作圆，以 $\overline{OA}$ 为基准线，沿 $-\omega$ 方向在该圆上依次作与 $\psi-\varphi$ 线图相对应的各等分点 A_1、A_2、$A_3\cdots$，它们就是从动件反转时摆动中心 A 的一系列位置。

4）以 l_{AB} 为半径，分别以 A_1、A_2、$A_3\cdots$ 为圆心作一系列圆弧，与基圆相交得 C_1、C_2、$C_3\cdots$。在这些圆弧上，从基圆开始量取对应于图 5-36b 的角位移 $\psi_1 = \overline{11'} \cdot \mu_\psi$，$\psi_2 = \overline{11'} \cdot \mu_\psi$，$\psi_3 = \overline{33'} \cdot \mu_\psi$，得摆杆反转中一系列尖底的位置 B_1、B_2、$B_3\cdots$。为作图方便，也可将图 5-36b 的纵坐标用摆杆尖底的弧线位移来表示，即 $\widehat{CB} = l_{AB} \cdot \psi$，则在图 5-36a 上可用 $\widehat{C_1B_1} = \overline{11'}$，$\widehat{C_2B_2} = \overline{22'}$、$\widehat{C_3B_3} = \overline{33'}\cdots$ 近似求得 B_1、B_2、$B_3\cdots$ 各点。由于弧线长与直线长不等，当直线长不到圆弧半径 AB 的五分之一时，可以近似地认为两者相等，否则要分成几段量取。

5）将点 B、B_1、$B_2\cdots$ 连接成光滑曲线，即得凸轮的轮廓曲线。

如采用滚子或平底从动件，则先按尖底从动件求得 B_1、B_2、$B_3\cdots$ 诸点，然后参照前述方法作出其凸轮实际廓线。

5. 滚子直动从动件圆柱凸轮

图 5-37a 所示为滚子直动从动件圆柱凸轮机构。若将凸轮的外表面沿圆柱展开成平面，如图 5-37b 所示，则得到一个长度为 $2\pi R$ 的移动凸轮（R 为外圆柱半径）。此时，当移动凸轮以 $v_1 = R\omega_1$ 的速度移动时，从动件的运动与原圆柱凸轮机构完全相同。所以，设计圆柱凸轮轮廓就可转化为设计移动凸轮轮廓，这样就可用反转法来绘制其廓线。如果位移线图 $s_2 - \delta_1$ 曲线（图 5-37c）上的位移比尺与机构图（图 5-37b）上的长度比尺相同，位移线图的横坐标 δ_1 的比尺取 $\delta_1 = 360°$ 转角与展开平面图的长度 $2\pi R$ 相同，那末，位移变化曲线与展开平面上的理论廓线 η 完全相同，即位移曲线就是理论轮廓曲线。以理论廓线上的点为圆心，滚子半径 r_T 为半径作一系列的小圆，再作这些小圆的上、下两条包络线 η'、η''，即得该圆柱凸轮槽的实际展开廓线。

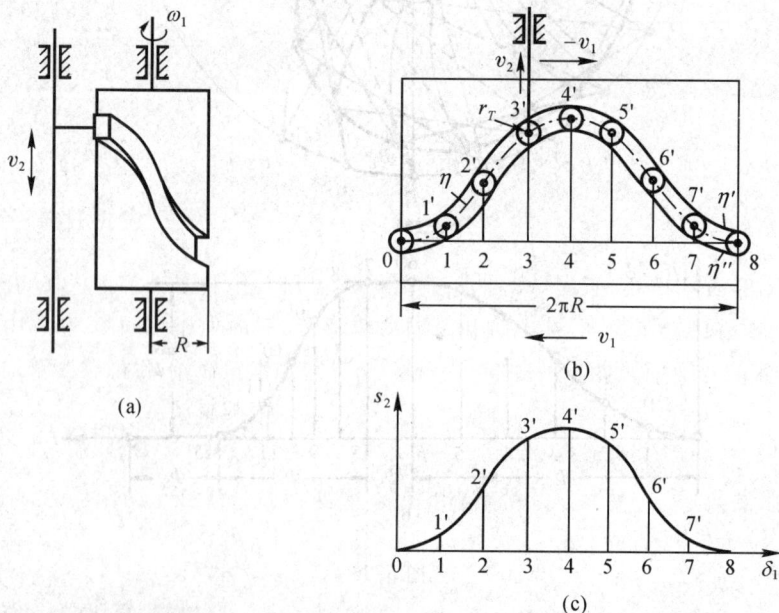

图 5-37

四、凸轮机构的基本尺寸和结构

1. 凸轮机构的压力角及许用值

图 5-38a 所示尖底移动从动件凸轮机构, 当凸轮回转时, 为克服从动件上的工作载荷 Q, 凸轮对从动件的作用力为 F。如不考虑摩擦时, 作用力 F 应沿接触点的法线 n-n 方向。由图可见, 作用力 F 可分解为两个分力

$$\left.\begin{array}{l} F' = F\cos\alpha \\ F'' = F\sin\alpha \end{array}\right\} \tag{5-14}$$

式中: α 为凸轮对从动件的作用力 F 的方向与从动件尖底的速度方向之间所夹的锐角, 称为压力角。其中分力 F' 是推动从动件运动的有效分力; 而另一个分力 F'' 是使从动件对导路产生侧向压力的有害阻力。显然, 增大压力角 α, 会增大从动件与导路间的摩擦, 降低凸轮传动的效率。当 α 增大到某一数值时, 由于 F'' 而引起的摩擦阻力将大于有效分力 F', 机构将发生自锁。因此, 设计时必须对最大压力角加以限制, 使凸轮机构的最大压力角 α_{max} 不超过某一许用值 $[\alpha]$。工程中推荐的许用压力角 $[\alpha]$ 为:

移动从动件推程许用压力角 $[\alpha] = 30° \sim 40°$;

摆动从动件推程许用压力角 $[\alpha] = 40° \sim 50°$;

机构在回程时, 从动件通常在重力或弹簧力作用下运动, 因此机构不会出现自锁现象, 可取其回程许用压力角 $[\alpha] = 70° \sim 80°$。

2. 凸轮基圆半径的确定

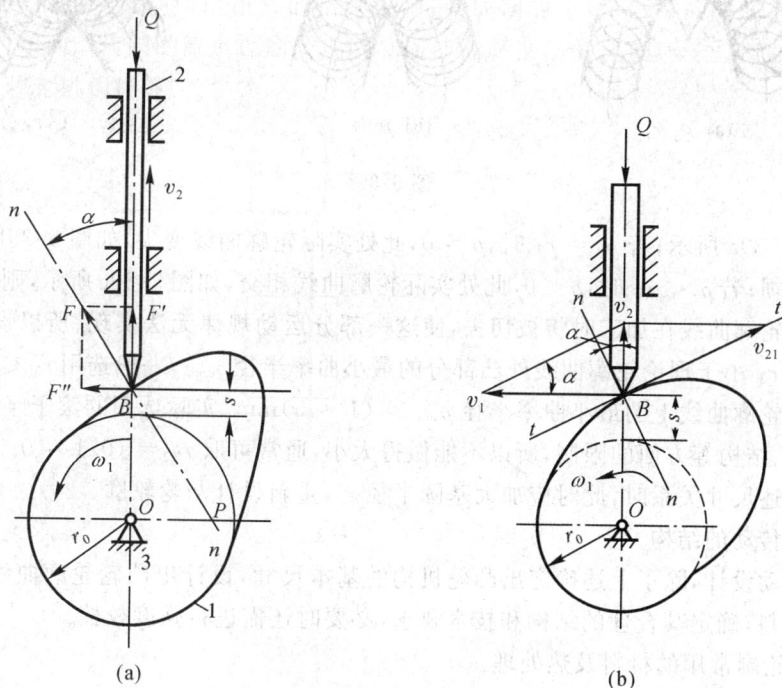

图 5-38

如图 5-38b 所示, 过接触点 B 作凸轮廓线的切线 $t-t$, 设凸轮与从动件上 B 点的速度分

别为 v_1 与 v_2，由理论力学运动分析可知，该点的相对速度 v_{21} 只能沿着切线 $t-t$ 的方向，显然

$$v_2 = v_1 \tan\alpha \tag{5-15}$$

而　　　　$v_1 = (r_0 + s)\omega_1$

代入化简得

$$r_0 = \frac{v_2}{\omega_1 \tan\alpha} - s \tag{5-16}$$

由上式可知，当从动件的运动规律给定后，压力角 α 越大，则凸轮的基圆半径 r_0 越小，凸轮传动的结构尺寸越紧凑。为了兼顾机构受力及机构紧凑两个方面，在实际设计中，通常在压力 α 角不超过许用值 $[\alpha]$ 的原则下，尽可能取最小的基圆半径，以便得到尽可能小的凸轮尺寸。

3.滚子半径的选择

从凸轮与滚子间的接触应力来看，滚子半径 r_T 越大越好；但是，滚子半径的增大对凸轮实际轮廓曲线有很大的影响。由图 5-39a 可知，外凸的实际轮廓的曲率半径为

$$\rho = \rho_0 - r_T \tag{5-17}$$

式中：ρ_0 为理论廓线上对应点的曲率半径。若 $\rho_0 > r_T$ 时，$\rho > 0$，此处实际轮廓曲线为一平滑

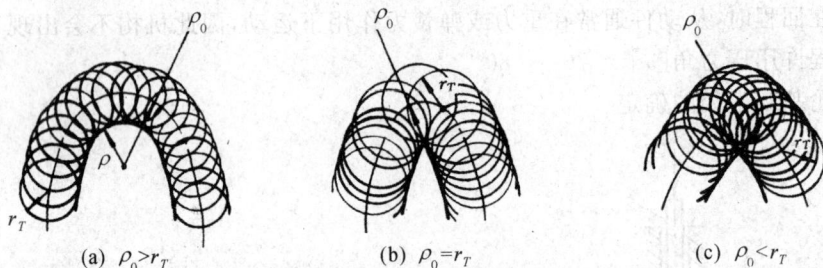

(a) $\rho_0 > r_T$　　　　(b) $\rho_0 = r_T$　　　　(c) $\rho_0 < r_T$

图 5-39

曲线，如图 5-39a 所示；若 $\rho_0 = r_T$ 时，$\rho = 0$，此处实际轮廓曲线变尖，如图 5-39b 所示，这种尖点极易磨损；若 $\rho_0 < r_T$ 时，$\rho < 0$，此处实际轮廓曲线相交，如图 5-39c 所示，则交叉点以上部分的实际轮廓曲线在加工时将被切去，使这一部分运动规律无法实现。所以设计时，必须使滚子半径 r_T 小于理论轮廓曲线外凸部分的最小曲率半径 ρ_{0min}，一般选用 $r_T \leqslant 0.8\rho_{0min}$，同时要求实际轮廓曲线上的最小曲率半径 $\rho_{min} > (1 \sim 5)$mm。实际选用的滚子半径的大小还要受到强度、结构等方面的限制，所以不能做得太小，通常可取 $r_T = (0.1 \sim 0.5)r_0$。若不满足强度及上述尺寸关系时，此时应加大基圆半径 r_0，重新设计凸轮轮廓。

4.凸轮传动的结构

凸轮传动设计，除了上述确定出凸轮机构的基本尺寸，设计出凸轮轮廓曲线外，还要选择适当的材料，确定其合理的结构和技术要求，必要时还需进行强度校核。

(1)凸轮副常用的材料及热处理

由于凸轮副的失效形式主要是磨损和疲劳点蚀，在传动中还常承受周期性的冲击载荷，所以，在选择凸轮副的材料时，要求凸轮副的工作表面要有足够的表面接触强度和耐磨性能，凸轮的芯部要有较大的韧性。凸轮副常用的材料及热处理可参考表 5-2。

表 5-2　凸轮和从动件接触端常用的材料与热处理

工作情况	凸轮		从动件接触端	
	材料	热处理	材料	热处理
低速轻载	40、45、50 钢	调质 220～260HBS	45 钢	表面淬火 40～45HRC
	优质灰铸铁 HT200、HT250、HT300	退火 170～250HBS	青铜	时效 80～120HBS
	球墨铸铁 QT600-3	正火 190～270HBS	黄铜	退火 140～160HBS
中速中载	45 钢	表面淬火 40～45HRC	尼龙	
	45 钢、40Cr	表面高频淬火 52～58HRC	20Cr	渗碳淬火，深碳层深 0.8～1mm，55～60HRC
	15、20、20Cr、20CrMn	渗碳淬火，渗碳层深 0.8～1.5mm，56～62HRC		
高速重载 或 靠模凸轮	40Cr	高频淬火表面 56～60HRC；芯部 45～50HRC	GCr15 工具钢 T8、T10、T12	淬火 58～62HRC
	38CrMoAl、35CrAl	氮化，表面硬度 700～900HV		

（2）凸轮的公差及轮廓工作表面粗糙度

为了准确地实现凸轮轮廓曲线的加工，在零件加工图中应规定有关的加工精度要求，而这些精度要求应根据凸轮的实际工作要求来确定。对于向径不超过 300mm 的凸轮，其公差及轮廓工作表面粗糙度可参考表 5-3。

表 5-3　凸轮公差及轮廓工作表面粗糙度

凸轮 精度	极限偏差			表面粗糙度		位置公差级别
	向径(mm)	基准孔	槽式凸轮槽宽	盘状凸轮	槽式凸轮	
高精度	±(0.05～0.10)	H7	H7(H8)	$\frac{0.4}{}\diagdown$	$\frac{0.8}{}\diagdown$	6～7
一般精度	±(0.10～0.20)	H7(H8)	H8	$\frac{0.8}{}\diagdown$	$\frac{1.6}{}\diagdown$	7～8
低精度	±(0.2～0.5)	H8	H8(H9)	$\frac{1.6}{}\diagdown$	$\frac{1.6}{}\diagdown$	8～10

（3）凸轮传动的结构

1）从动件的结构。如图 5-40 所示为滚子从动件上的滚子结构及联接方式，图 5-40a 直接采用滚动轴承作为滚子。图 5-40b 为滑动摩擦滚子结构，图 5-40c 为滚动轴承的外圈上再压配一个套圈，套圈磨损后可以更换。图 5-41 为回转式平底摆动从动件的结构，其平底采用圆盘形工作面。

2）凸轮的结构。最简单、最常见的是整体凸轮。对于较小的凸轮一般均采用这种结构。图 5-42 所示为镶块式凸轮，其凸轮廓线由若干镶块拼接，固定在鼓轮上组合而成。这种凸轮可以更换镶块，改变凸轮廓线形状以适应工作情况的变化，用于需要经常更换凸轮的场合。在轴上安装凸轮时，有时需要调整凸轮在轴上的周向位置，图 5-43 所示即为凸轮周向位置可调的结构，凸轮可作周向有限角度的调整，调整到位后用螺栓固定在法兰盘上。

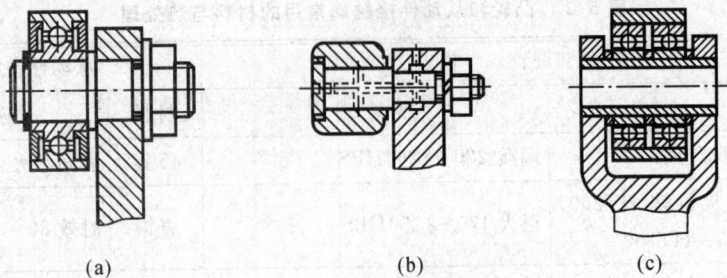

(a)　　　　　(b)　　　　　(c)

图 5-40

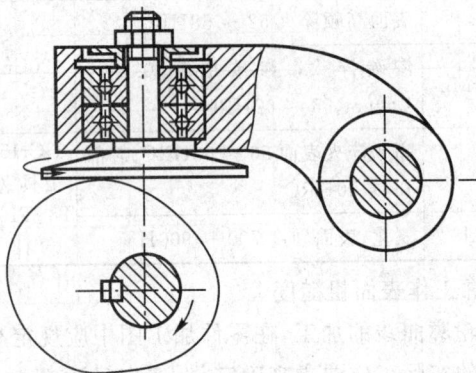

图 5-41

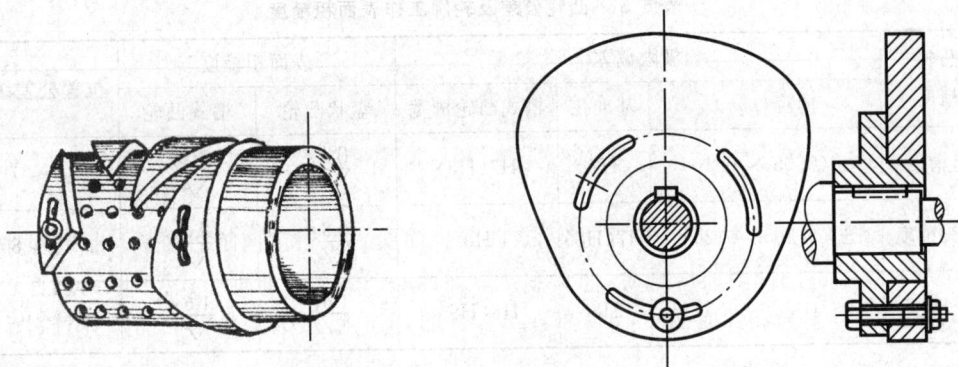

图 5-42　　　　　　　　　图 5-43

五、用解析法设计凸轮轮廓曲线

对于高要求、高精度的凸轮传动,其轮廓曲线常用解析法来进行精确计算。现以偏置滚子直动从动件盘形凸轮机构为例,介绍解析法设计的一般方法。

在图 5-44 中,已知凸轮的基圆半径 r_0、偏距 e、滚子半径 r_T 以及从动件的运动方程 $s = s(\varphi)$,当凸轮以顺时针方向转过角 φ 时,则理论廓线的极坐标方程为

$$\left.\begin{array}{l} \rho = \sqrt{(s_0 + s)^2 + e^2} \\ \theta = \varphi - (\lambda_0 - \lambda) \end{array}\right\} \tag{5-18}$$

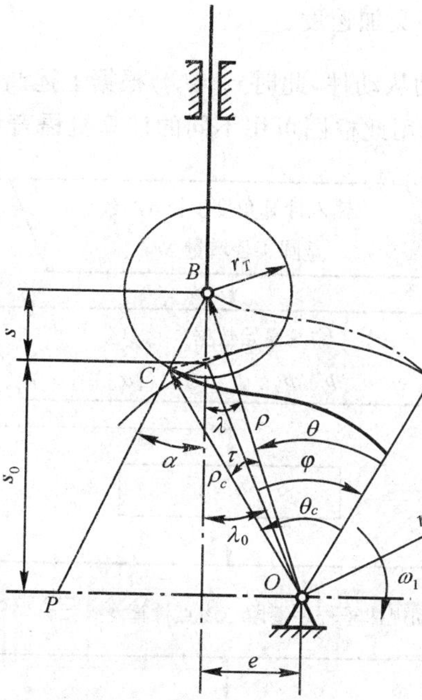

图 5-44

式中：
$$s_0 = \sqrt{r_0^2 - e^2}$$

$$\lambda_0 = \arctan\left(\frac{e}{s_0}\right)$$

$$\lambda = \arctan\left(\frac{e}{s_0 + s}\right)$$

实际廓线的极坐标方程为

$$\left.\begin{array}{l} \rho_C = \sqrt{\rho^2 + r_T^2 - 2\rho r_T \cos(\alpha + \lambda)} \\[2mm] \theta_C = \theta + \arctan\left[\dfrac{r_T \sin(\alpha + \lambda)}{\rho - r_T \cos(\alpha + \lambda)}\right] \end{array}\right\} \tag{5-19}$$

式中：α 为压力角，其值可推导得

$$\alpha = \arctan\left[\frac{\dfrac{ds}{d\varphi} - e}{s_0 + s}\right] \tag{5-20}$$

理论廓线与实际廓线的直角坐标方程分别为

$$\left.\begin{array}{l} x = \rho\cos\theta \\ y = \rho\sin\theta \end{array}\right\} \tag{5-21}$$

$$\left.\begin{array}{l} x_C = \rho_C \cos\theta_C \\ y_C = \rho_C \sin\theta_C \end{array}\right\} \tag{5-22}$$

实际廓线的曲率半径

$$R = \frac{\left[\left(\dfrac{ds}{d\varphi} - e\right)^2 + (s_0 + s)^2\right]^{3/2}}{\left(\dfrac{ds}{d\varphi} - e\right)^2 + (s_0 + s)^2 + \dfrac{ds}{d\varphi}\left(\dfrac{ds}{d\varphi} - e\right) - \dfrac{d^2 s}{d\varphi^2}(s_0 + s)} - r_T \tag{5-23}$$

式中：$\dfrac{\mathrm{d}s}{\mathrm{d}\varphi}$、$\dfrac{\mathrm{d}^2 s}{\mathrm{d}\varphi^2}$ 分别称为类速度和类加速度。

以上各式也适用于尖底直动从动件，此时 $r_T = 0$。根据上述凸轮轮廓数学模型设计成图 5-45 所示的计算机程序框图，利用此框图可用不同的计算机语言编程，上机完成设计计算。

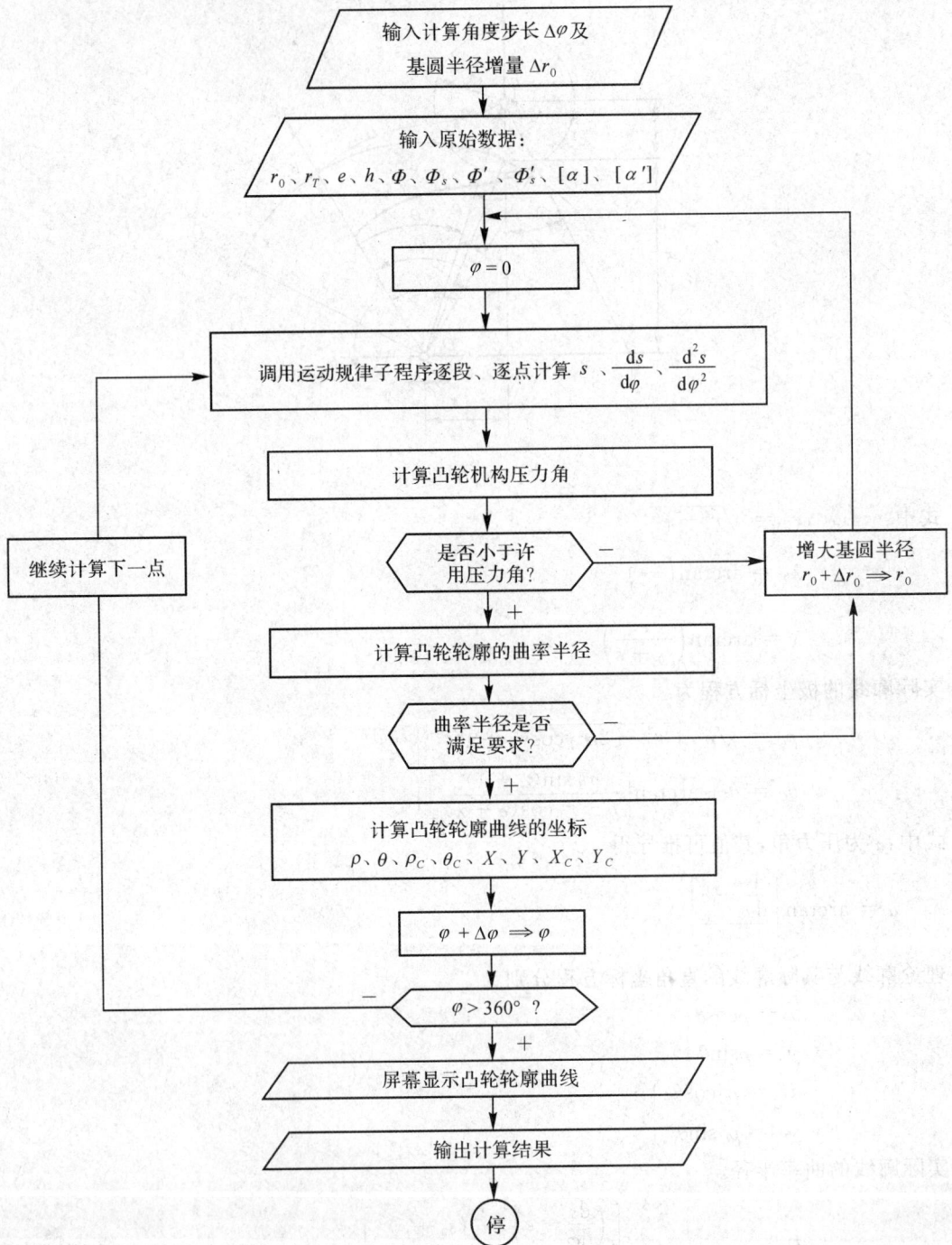

```
输入计算角度步长 Δφ 及
基圆半径增量 Δr₀
        │
输入原始数据：
r₀、rT、e、h、Φ、Φs、Φ′、Φs′、[α]、[α′]
        │
      φ = 0
        │
调用运动规律子程序逐段、逐点计算  s、ds/dφ、d²s/dφ²
        │
  计算凸轮机构压力角
        │
  是否小于许            — →  增大基圆半径
  用压力角?                   r₀ + Δr₀ ⟹ r₀
        │ +
  计算凸轮轮廓的曲率半径
        │
  曲率半径是否           —
  满足要求?
        │ +
  计算凸轮轮廓曲线的坐标
  ρ、θ、ρc、θc、X、Y、Xc、Yc
        │
  φ + Δφ ⟹ φ
        │
  φ > 360° ?    — → 继续计算下一点
        │ +
  屏幕显示凸轮轮廓曲线
        │
  输出计算结果
        │
       停
```

图 5-45

图 5-46 为一用解析法计算轮廓曲线的盘形凸轮的工作图示例。

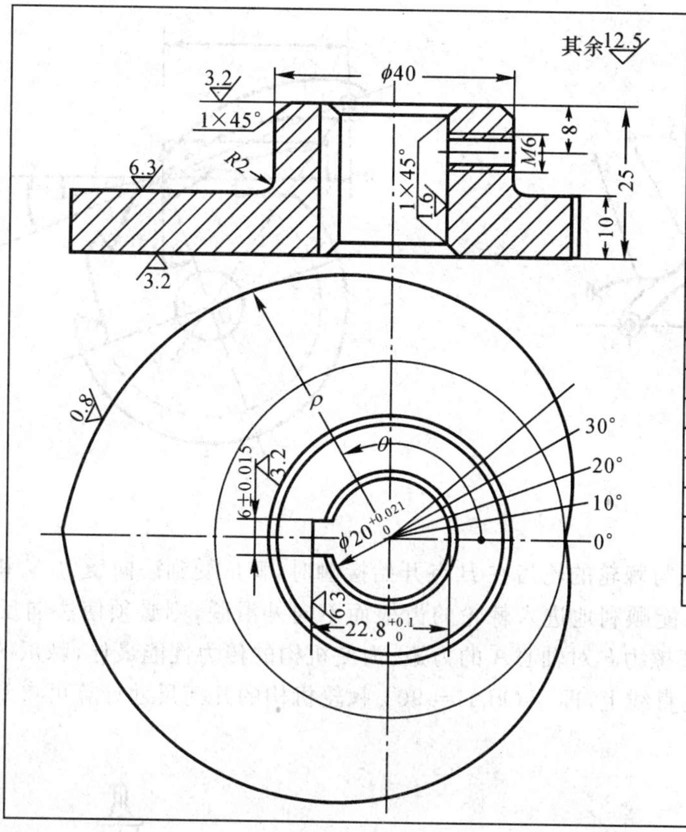

θ		ρ(mm)
0°	360°	30.00
10°	350°	31.38
20°	340°	32.77
30°	330°	34.16
40°	320°	35.55
50°	310°	36.94
60°	300°	38.38
70°	290°	39.72
80°	280°	41.11
90°	270°	42.50
100°	260°	43.89
110°	250°	45.28
120°	240°	46.67
130°	230°	48.06
140°	220°	49.44
150°	210°	50.83
160°	200°	52.22
170°	190°	53.61
180°		55.00

技术要求

1.凸轮20Cr,工作表
面渗碳(1.2~1.5)mm,
淬火56~60HRC。
2.向径的极限偏差为
±0.15mm。

图 5-46

§5-3　步进传动

机械中变换运动的形式是多种多样的,随着自动机械的发展,还常需把连续运动变换成时动时停的步进运动,如自动冲压、剪切、冷镦等机械中要求步进送料,在自动包装机械中的步进运输,以及机械加工中的步进进给和步进分度等均应用步进传动。本节就常用的一些步进机构作简单的介绍。

一、棘轮步进机构

图 5-47 所示为一棘轮步进机构,该机构由棘轮 3、摇杆 2、驱动棘爪 1、制动棘爪 4 和机架所组成。弹簧 5 用来使制动棘爪 4 和棘轮 3 保持接触。棘轮固联在机构的传动轴 O 上,驱动棘爪装在摇杆上并与之组成回转副 A,摇杆空套在 O 轴上,当摇杆 2 绕轴 O 向左摆动时,驱动棘爪 1 便插入棘轮的齿槽,使棘轮一起回转某一角度,此时制动棘爪则在棘轮的齿背上滑动。当摇杆向右摆动时,制动棘爪阻止棘轮反转,使驱动棘爪在齿背上滑过,故棘轮静止不动。因此,当摇杆作连续往复摆动时,棘轮便作单向的步进转动。棘轮每次转过的角度决定于

摇杆摆角的大小,因此改变摇杆的摆角,便可改变棘轮每次的转角。

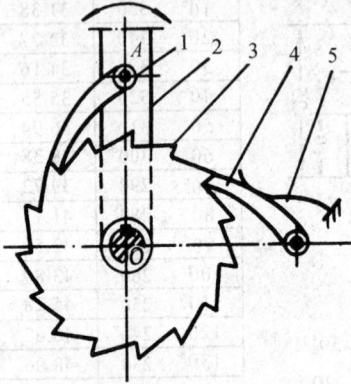

图 5-47

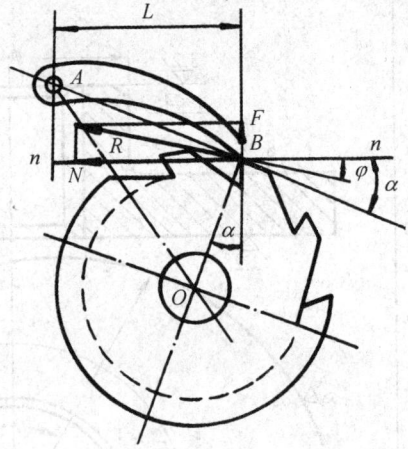

图 5-48

如图 5-48 所示,当棘爪与棘轮的轮齿在 B 点开始接触时,棘爪受到法向反力 N 和摩擦力 F 的作用。为了保证棘爪能顺利地进入棘轮的齿根而不向外滑脱,则必须使法向反力 N 对棘爪轴心 A 的力矩大于摩擦力 F 对轴心 A 的力矩。为使机构的传力性能最佳,棘爪的轴心 A 应在棘轮径向线 OB 的垂直线上,即 $\angle OBA = 90°$。棘轮机构的几何尺寸计算可参阅有关手册。

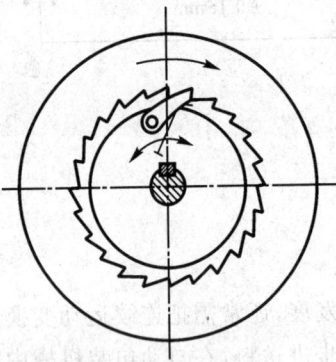

图 5-49

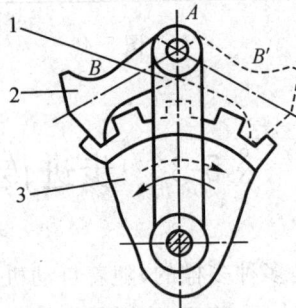

图 5-50

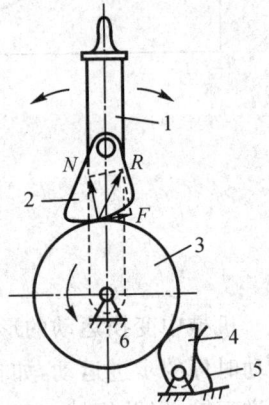

图 5-51

棘轮步进机构的类型很多。图 5-49 所示为内接式棘轮步进机构,棘轮轮齿做在内缘上,棘齿为锯齿形。图 5-50 所示为可变向的棘轮步进机构,棘齿为矩形。棘爪在实线位置时,摇杆往复摆动能使棘轮作单向逆时针步进回转;棘爪在虚线位置时,摇杆往复摆动能使棘轮作单向顺时针步进回转。牛头刨床工作台的横向进给装置上就应用这种可变向棘轮步进机构。

上述具有轮齿的棘轮步进机构,其棘轮的转角必定是齿距角的整数倍,因而不可能无级地改变棘轮的转角。如需无级地改变棘轮转角,则可采用如图 5-51 所示的无齿棘轮步进机构;当摇杆 1 往复摆动时,由于棘爪 2 与棘轮 3 间的摩擦自锁作用,带动棘轮作单向步进转动,棘爪 4 起止动棘轮反转作用,故又称摩擦式棘轮步进机构。因此,其棘轮转角的大小可随摇杆的摆角大小变化作无级地调节。

在棘轮步进传动中,一般是以棘爪为主动件,而棘轮则为从动件。棘爪本身的运动可由凸轮传动、连杆传动、油缸、电磁铁等机构来驱动。

二、槽轮步进机构

图 5-52 所示为一种槽轮步进机构,它由装有圆柱销 A 的拨盘 1、具有均布的开口径向槽的槽轮 2 及机架所组成。当主动件拨盘 1 以等角速度回转时,圆柱销 A 进入从动件的径向槽,推动槽轮作变速回转,圆柱销从 A 点进入槽轮并转过角 $2\varphi_1$ 离开径向槽后,槽轮的内凹弧 β_2 便被拨盘的外凸弧 β_1 锁住而静止不动。直到圆柱销进入下一个径向槽时又重复上述运动。因此,槽轮步进机构能将拨盘的连续回转运动转换为槽轮的单向步进转动。这种机构在自动机的转位机构、电影放映机卷片机构等自动或半自动机械中获得广泛的应用。

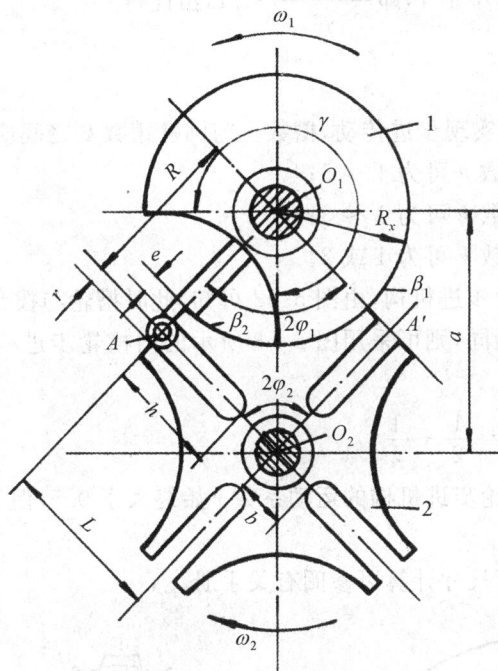

图 5-52

在一个运动循环中,槽轮 2 运动的时间 t_m 与拨盘 1 运动的时间 t 之比,称为运动系数,以 τ 表示,即

$$\tau = \frac{t_m}{t} \tag{5-24}$$

为了使槽轮在开始转动瞬时和终止转动瞬时的角速度为零以避免刚性冲击,圆柱销开始进入或离开径向槽时,圆柱销的线速度应沿槽的径向方向,即 $\overline{O_1A}$ 应与 $\overline{O_2A}$ 相垂直,$\overline{O_1A'}$ 应与 $\overline{O_2A'}$ 相垂直。因此设 z 为均布的径向槽数目,则由图 5-52 可知,槽轮 2 转动时拨盘 1 的转角 $2\varphi_1$ 为

$$2\varphi_1 = \pi - 2\varphi_2 = \pi - \frac{2\pi}{z}$$

当拨盘作等角速度回转时,上述运动系数也可用其转角比来表示,即

$$\tau = \frac{t_m}{t} = \frac{2\varphi_1}{2\pi} = \frac{\pi - \frac{2\pi}{z}}{2\pi} = \frac{1}{2} - \frac{1}{z} = \frac{z-2}{2z} \qquad (5\text{-}25)$$

由于运动系数一定大于零,由上式可见,槽轮的径向槽数 z 应大于或等于 3。同时由式 (5-25) 还可知,单个圆柱销时,槽轮的运动系数 τ 总是小于 0.5,所以槽轮的运动时间始终小于静止时间。

如果拨盘上均布有 k 个圆柱销,则拨盘回转一周时,槽轮将被拨动 k 次,这时槽轮的运动系数应为

$$\tau = \frac{k(z-2)}{2z} \qquad (5\text{-}26)$$

由于运动系数 τ 必定小于 1,即 $\frac{k(z-2)}{2z} < 1$,由此得

$$k < \frac{2z}{z-2} \qquad (5\text{-}27)$$

由式 (5-27) 可知,为实现步进传动,槽数 z 与圆柱销数 k 之间应有如下关系:

当 $z = 3$ 时,圆柱销数 k 可为 1~5;

当 $z = 4$ 时,圆柱销数 k 可为 1~3;

当 $z \geqslant 6$ 时,圆柱销数 k 可为 1 或 2。

以上为外啮合的槽轮步进机构,由图 5-52 可知,此时槽轮与拨盘的转向相反。如果要求槽轮与拨盘的回转方向相同,则可采用图 5-53 所示的内槽轮步进机构。单销内啮合槽轮步进机构的运动系数为

$$\tau = \frac{z+2}{2z} = \frac{1}{2} + \frac{1}{z}$$

由此可知,这种内啮合槽轮步进机构的运动系数 τ 始终大于 0.5,但又必须小于 1,故其槽轮的径向槽数不能小于 3。

槽轮步进机构的几何尺寸计算可参阅有关手册。

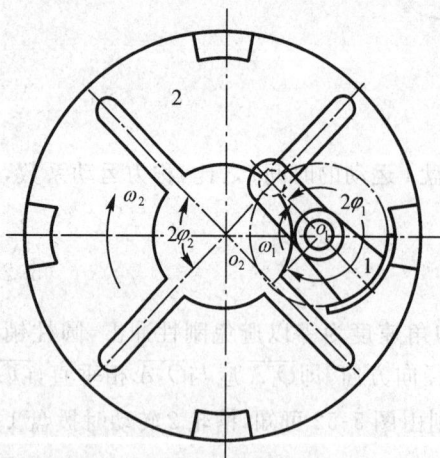

图 5-53

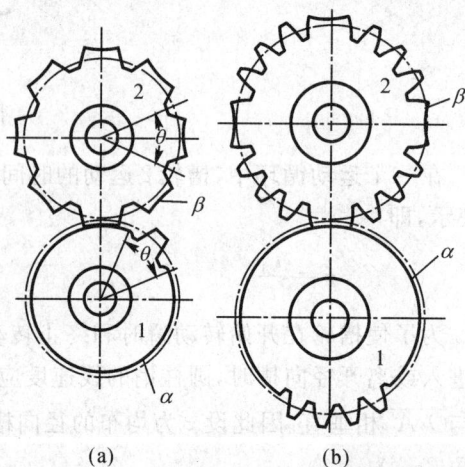

(a)　　　(b)

图 5-54

三、其他形式的步进机构

1. 不完全齿轮步进机构

图 5-54 所示为不完全齿轮步进传动机构。主动轮 1 仅在一部分圆周上有轮齿(一个齿或几个齿),当它连续回转时,从动轮 2 作步进转动。从动轮 2 厚齿齿顶上带有锁止弧 β,停歇时锁止弧 α 和 β 相互锁住,以防从动轮游动,并起定位作用。由于这种传动的从动轮在转动开始和终止时有剧烈的惯性冲击,故一般仅用于低速轻载的场合。

2. 空间步进机构

图 5-55 所示为两轴垂直相交的球面槽轮步进机构。空间槽轮 2 呈半球形,在球面上均布了 4 个槽。主动销轮 1 的轴线与拨销 3 的轴线均通过球心。当主动销轮绕轴线回转 180° 时,拨销将拨动槽轮转动 90°。主动销继续回转 180°,槽轮静止不动。因此,槽轮的动、静时间是相等的。

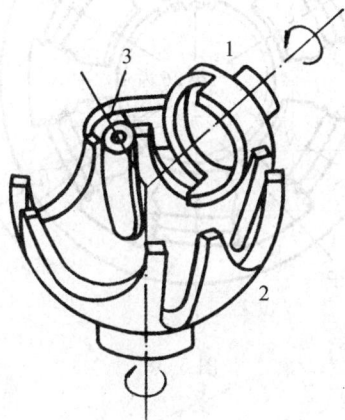

图 5-55

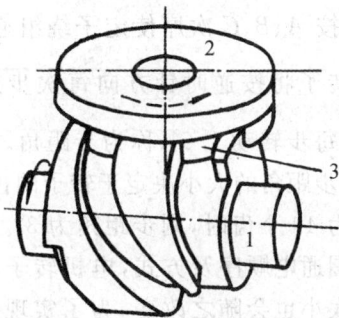

图 5-56

图 5-56 所示为圆柱凸轮式步进机构,该机构由圆柱凸轮 1、转盘 2 及机架组成。这种步进传动机构的主动轮为具有曲线沟槽的圆柱凸轮,从动件为具有均布圆柱销 3 的转盘。当圆柱凸轮回转时,凸轮上的曲线沟槽推动圆柱销使转盘作步进转动。这种机构常应用于两相错轴间的分度运动,并适用于高速场合。

3. 利用连杆曲线实现步进移动

图 5-57 所示为自动线上的一种搬运步进传送机构。该机构包含两个完全相同的曲柄摇杆机构。当曲柄 AB 作等角速度回转时,连杆 BC 上的 E 点沿虚线所示的轨迹曲线运动。在 $E(E')$ 点上铰接推杆 5,则此时推杆上的各点也按此虚线轨迹运动。当推杆行经虚线轨迹曲线的上部作近似水平直线移动时,即推动工件 6 向前移动,当 $E(E')$ 点行经虚线轨迹曲线其他部分时,推杆作空行程,此时推杆下降、返回并再度上升,以便实现第二次工件推进。其虚线轨迹曲线可按连杆曲线图谱选用和进行设计。

4. 步进电机

前面所介绍的均为机械式的步进机构,目前许多步进运动,也可直接由步进电机来完成,下面就此作一简单介绍。

步进电机的工作原理是建立在被励磁的定子电磁铁吸引可旋转的转子衔铁使之产生转

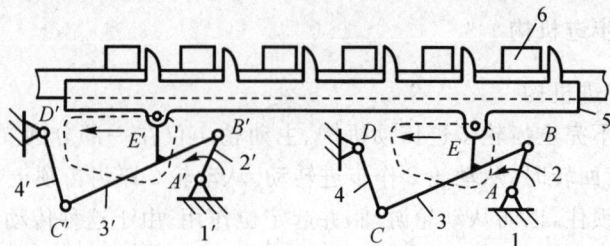

图 5-57

矩从而旋转,即靠磁铁吸力作用把电磁能转变成机械角位移。图 5-58 所示为一种每次步进为 1.5°转角的径向分相步进电机结构原理图。其转子外圆周均匀分布 80 个齿,定子分为三相,设立六个磁极,每个磁极表面铣有若干个与转子上一样的齿,定子与转子齿间的夹角均为 4.5°,如按 A、B、C 次序使定子绕组通电,则步进电机转子将按逆时针方向每次步进转动 $\frac{1}{3}$ 个齿,即每步转动 1.5°,称为步距角。由上述原理可知,步距角的大小决定于转子的齿数,若转子齿数为 40 个齿时,则步距角为 3°。如果变更定子线圈通电顺序及方式,电机转子转动方向及转角大小也会随之改变。为了实现按照一定

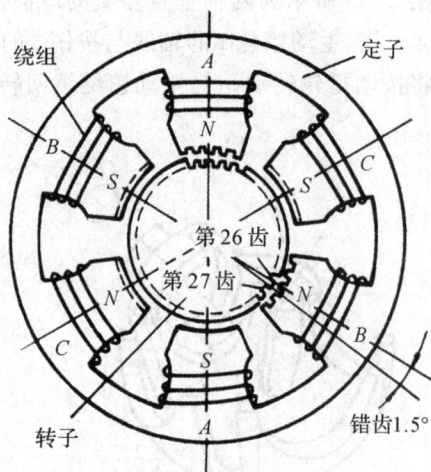

图 5-58

规律给步进电机磁极供电励磁,可以采用硬件组成的脉冲分配器,也可用软件办法解决。有关步进电机的一些参数及指标可查阅相关的产品说明书。

§5-4 螺旋传动

一、螺旋传动的组成、类型及其应用

螺旋传动是由螺杆、螺母及机架组成,主要用来把回转运动转变为直线运动。螺旋传动按其用途可分为下列三类:

1. 传力螺旋传动

以传递力为主,一般在较低速度下以较小的力矩转动产生轴向运动和大的轴向力,如图 5-59a 的螺旋起重器(俗称千斤顶)及图 5-59b 的螺旋压力机等。

2. 传导螺旋传动

以传递运动为主,常用于机床中刀具和工作台的直线进给(图 5-59c)。要求具有较高的传动精度。

3. 调整螺旋传动

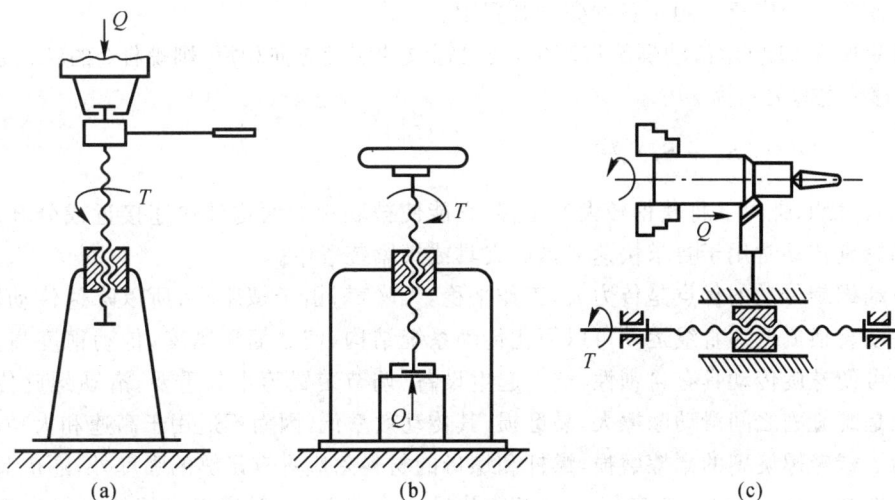

图 5-59

通常用于调整或固定零件(或部件)之间的相对位置,如带传动调整中心距的张紧螺旋和螺旋测微装置中的螺旋等,一般不经常转动。

螺旋传动按螺旋副间的摩擦状态,又可分为滑动和滚动两类。

二、滑动螺旋传动

如果螺旋副接触面间是滑动摩擦则称为滑动螺旋传动。图 5-60 所示为最简单的滑动螺旋传动。构件 2 与 3 组成螺旋副,构件 3 相对构件 1 只能作轴向移动。设螺旋的导程为 S,螺距为 P,螺纹线数为 n,因此螺母 3 的位移 l 与螺杆 2 的转角 φ(rad) 有如下关系

$$l = \frac{S}{2\pi}\varphi = \frac{nP}{2\pi}\varphi \tag{5-29}$$

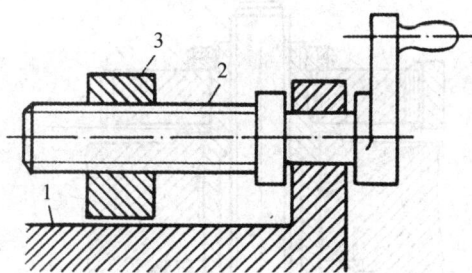

图 5-60

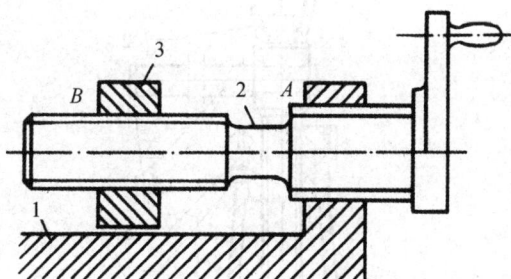

图 5-61

图 5-61 所示为一种差动滑动螺旋传动。构件 2 分别与构件 1、构件 3 组成螺旋副 A 和 B,导程分别为 S_A 和 S_B,螺母 3 只能移动不能转动。若左、右两段螺纹的螺旋方向相同,则螺母 3 的位移 l 与螺杆 2 的转角 φ(rad) 有如下关系

$$l = (S_A - S_B)\frac{\varphi}{2\pi} \tag{5-30}$$

由上式可知,若 A、B 两螺旋副的导程 S_A 与 S_B 相差极小时,则位移 l 也很小,故这种差

动滑动螺旋传动广泛应用于各种微动装置中。

如果图 5-61 所示滑动螺旋传动中,两段螺纹的螺旋方向相反,则螺杆 2 的转角 φ 与螺母 3 的位移 l 之间关系为

$$l = (S_A + S_B)\frac{\varphi}{2\pi} \tag{5-31}$$

上式表明,螺母 3 将获得较大的位移,它能使被联接的两构件快速接近或分开。这种差动滑动螺旋传动常用于要求快速夹紧的夹具或锁紧装置中。

滑动螺旋传动的优点是传力大,工作平稳,无噪声;由于螺距小,所以降速传动比大,对高速转动转换成低速直线运动可以简化传动系统结构,使之简单紧凑,传动精度高;适当选择参数可使螺旋传动具有自锁性,这对起重设备、调节装置等十分重要。滑动螺旋传动的主要缺点是螺旋副之间滑动摩擦大,易磨损,其传动效率低,因而不适用于高速和大功率传动。

为了减轻螺旋副的摩擦磨损,螺杆和螺母的材料除应具有足够的强度外,还应具有较好的减摩性和耐磨性,并具有良好的加工性及尺寸稳定性。一般螺杆常用的材料为 45、50 号钢;对于重要传动,要求耐磨牲高,需经热处理获得硬表面时,可选用 T12、65Mn、40Cr、40WMn 或 18CrMnTi 等;对于精密螺杆,还要求热处理后有较好的尺寸稳定性,可选用 9Mn2V、CrWMn、38CrMoAlA 等。螺母常用的材料为青铜和铸铁。要求较高的情况下,可采用 ZCuSn10Pb1 和 ZCuSn5Pb5Zn5;重载低速的情况下,可用无锡青铜 ZCuAl9Mn2;轻载低速的情况下,可用耐磨铸铁或铸铁。

滑动螺旋传动的结构,主要是指螺杆和螺母的固定与支承的结构形式。图 5-62 为螺旋起重器的结构,其螺母 5 用紧定螺钉 6 固定在机架 8 上,与机架一起静止不动,而螺杆 7 则既转动又移动。如果要求螺母只转动不移动,螺杆只移动不转动,则可采用如图 5-63 所示的结构,螺母 1 支承在机架 2 中,由齿轮 3 带动一起回转,用推力轴承 4、5 限制其移动,螺杆 6 则通过滑键 7 相对于与机架固联的压盖 8 作固定移动而不能转动。

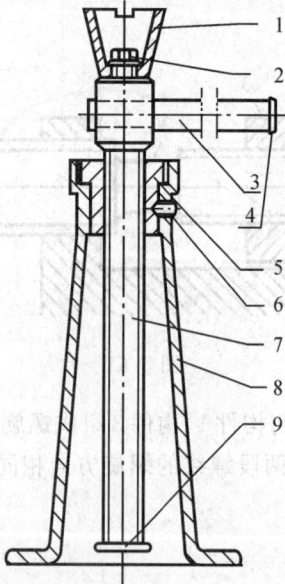

图 5-62

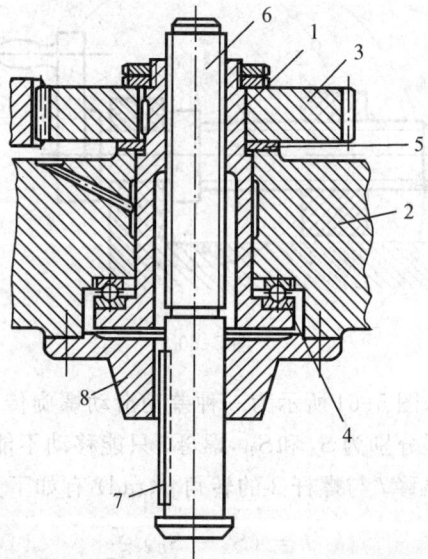

图 5-63

三、滚珠螺旋传动

滚珠螺旋传动是在螺杆和螺母的螺纹槽之间连续填装滚珠作为滚动体,如图 5-64 所示,使得螺杆和螺母间滑动摩擦变成滚动摩擦。螺母螺纹的出口和进口用导路连通起来,当螺杆(或螺母)转动时,带动滚珠沿螺纹螺旋槽滚道向前滚动,经返回通道出而复入,如此往复循环,使滚珠形成一个闭合的循环回路。滚珠的循环方式分为外循环和内循环两种。滚珠在回路过程中离开螺旋表面的称为外循环,如图 5-64a 所示,其返回通道为一导管;滚珠在整个循环过程中始终不脱离螺旋表面的称为内循环,如图 5-64b 所示,返回通道为反向器,它镶装在螺母上开设的侧孔内,借助反向器上的返回通道将相邻两螺纹滚道连通起来。外循环加工方便,但径向尺寸较大。

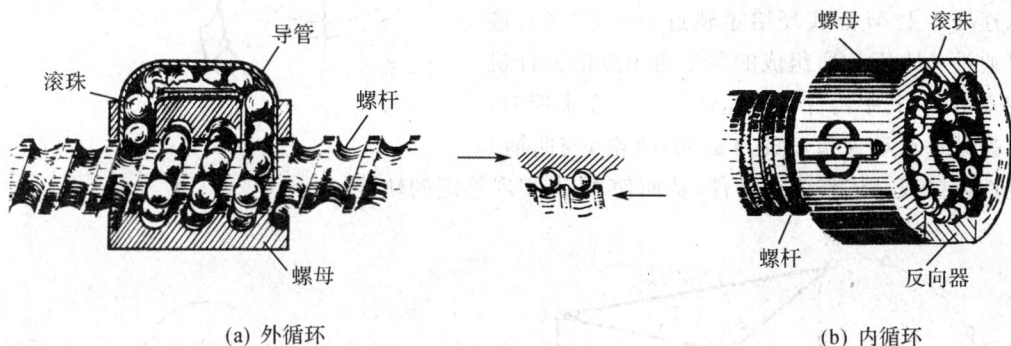

(a) 外循环

(b) 内循环

图 5-64

滚珠螺旋传动与滑动螺旋传动相比,具有以下优点:

1) 摩擦系数小,传动效率高,一般可达 90% 以上;

2) 起动力矩小,传动灵敏平稳;

3) 磨损小,寿命长,能较长期保持使用精度;

4) 可用调整预紧的方法消除滚珠螺旋中的间隙,提高传动精度和轴向刚度。

缺点是:

1) 不能自锁,传动具有可逆性,需采用防止逆转的措施;

2) 结构、工艺比较复杂,成本较高,且一般均由专业厂制造。

§5-5 变换运动的机构组合

前述齿轮传动、连杆传动、凸轮传动和步进传动等都是机械中常用的基本机构,各种基本机构都有它们自己独特的运动规律和运动特性。随着生产过程机械化、自动化的发展,需要机械实现的运动规律越来越多样化,需要具有的动力性能也越来越具特色。采用单一的基本机构已很难胜任,往往需要由几种基本机构组合起来才能满足预定的要求。组合机构的种类是非常多的,下面简介几种常见的组合机构。

一、连杆‑棘轮机构

图 5-65 所示为连杆与棘轮两个基本机构组合而成的组合机构。棘轮的单向步进运动是由摇杆 3 的摆动通过棘爪 4 推动的,而摇杆的往复摆动又需要由曲柄摇杆机构 ABCD 来完成,从而实现了输入构件曲柄 1 的等角速度回转运动转换成输出构件棘轮 5 的步进转动。

二、凸轮‑连杆机构

图 5-66 所示为凸轮与连杆的组合机构。要求连杆 2 上 M 点实现给定轨迹 mm,则该轨迹可通过 ABCDE 所组成的两个自由度的五杆机构来得到,其中构件 4 的运动由凸轮 6 来控制,并按某一运动关系 $\varphi_4(\varphi_1)$ 运动,凸轮 6 与曲柄 1 刚性连接成一体作为原动件,从而使 M 点实现给定的轨迹。

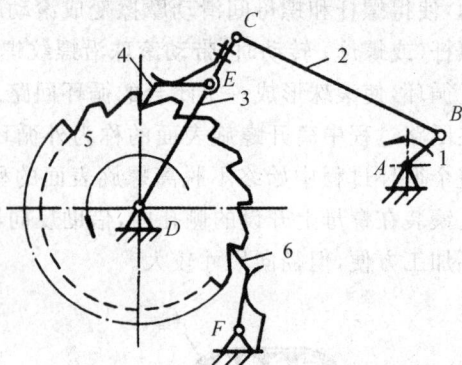

图 5-65

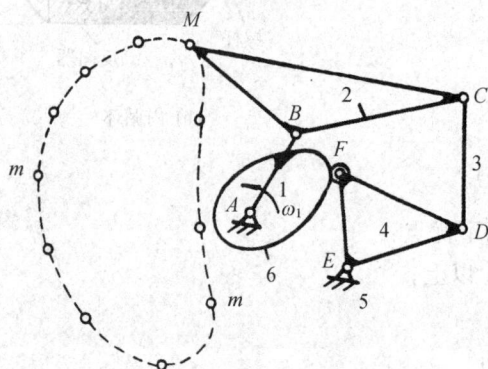

图 5-66

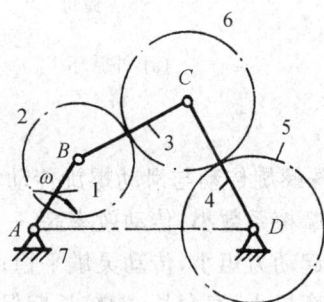

图 5-67

三、齿轮‑连杆机构

图 5-67 所示为齿轮与连杆组合机构。齿轮 2 与曲柄 AB 固连为一体,齿轮 5 与 6 相啮合,连结两轮的中心 C、D 同时组成摇杆;而齿轮 2 与 6 相啮合,连结两轮的中心 B、C 组成连杆。曲柄 AB 与齿轮 2 绕轴 A 作等角速度回转时,齿轮 5 将按一定的规律作变角速度回转。

四、凸轮‑凸轮机构

图 5-68 所示为由两个凸轮机构协调配合控制十字滑块 3 上一点 M 准确地描绘出虚线所示预定的轨迹。

五、机‑电‑液组合步进机构

图 5-69 所示为以棘轮机构为核心的机‑电‑液组合步进机构。当二位四通阀 3 的电磁铁通电,主泵 1 输出的压力油经单向节流阀 5 进入油缸 6 的右腔,推动活塞杆 7 向左行,摇杆 8

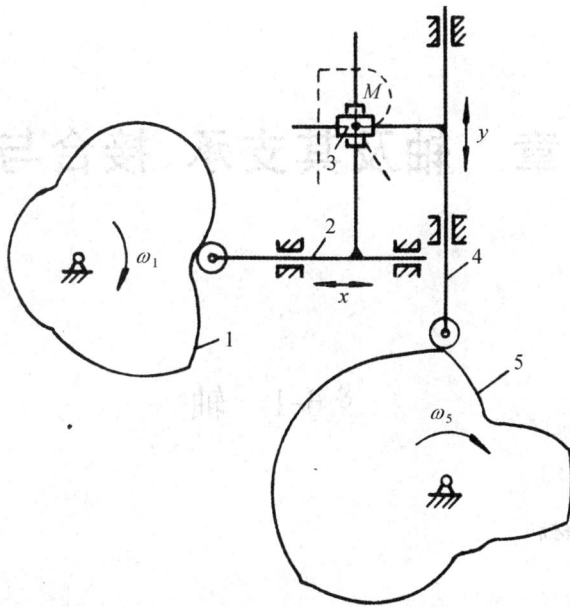

图 5-68

作逆时针方向摆动并带动棘轮 9 转位。当电磁铁断电时，主泵输出的压力油经单向节流阀 4 进入油缸 6 的左腔，推动活塞杆 7 向右行并带动摇杆 8 作顺时针方向摆动复位。该组合机构的特点为摇杆的往复摆动由电讯号的指令控制，其周期的长短、停歇的时间都可以不受限制，并可通过单向节流阀的流量控制实现调节摇杆往复摆动的速度，其适应性比图 5-65 所示的连杆–棘轮机构将更广。

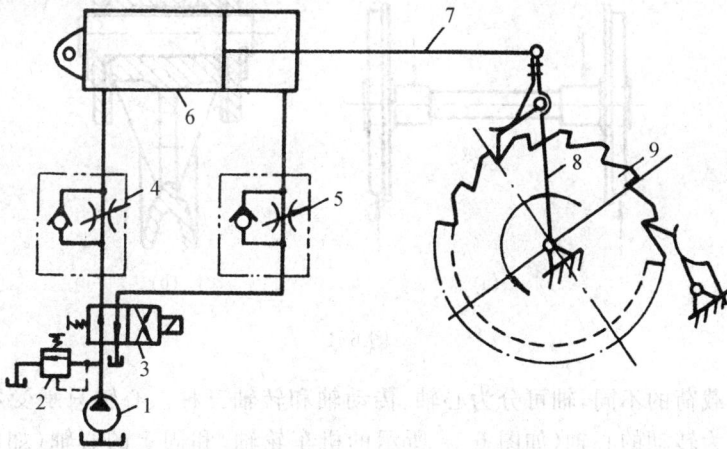

图 5-69

第6章 轴及其支承、接合与制动

§6-1 轴

一、轴的类型与材料

1.轴的类型

轴是保证机器运转的重要零件之一。凡是作回转运动的零件(例如齿轮、带轮、摩擦轮等)都必须用轴来支承才能传递运动和动力。

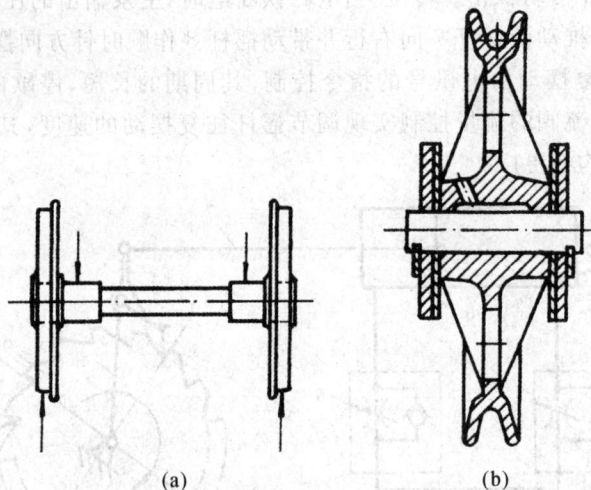

(a)   (b)

图 6-1

根据所受载荷的不同,轴可分为心轴、传动轴和转轴三种。心轴只承受弯矩,不传递转矩。心轴可分为转动的心轴(如图 6-1a 所示的机车轮轴)和固定的心轴(如图 6-1b 所示支承滑轮的轴)。传动轴只传递转矩,不承受弯矩或弯矩很小(如图 6-2 所示的汽车的传动轴)。转轴工作时则既传递转矩又承受弯矩(如图 6-3 所示的齿轮减速器中的轴),它是机械中最常见的轴。

按轴线形状,轴又可分为直轴(图 6-4)、曲轴(图 6-5)和挠性钢丝轴(图 6-6)。曲轴常用于往复机械(如曲柄压力机、内燃机等)和行星传动中。挠性钢丝轴用于把转矩和回转运动灵活地传到任何位置的特殊场合。直轴应用最广,它包括各段直径不变的光轴(图 6-4a)和

图 6-2

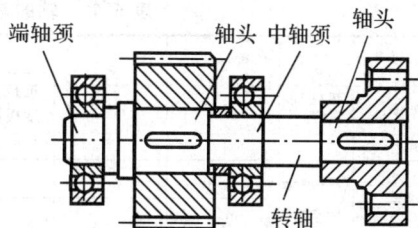

图 6-3

各段直径变化的阶梯轴(图 6-4b)。

光轴

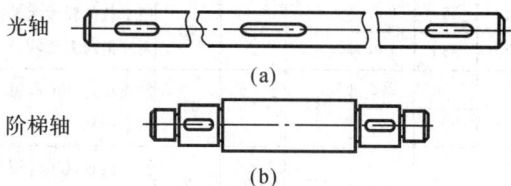

(a)

阶梯轴

(b)

图 6-4

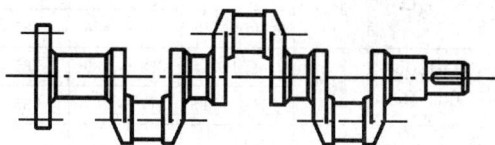

图 6-5

2.轴的材料

轴常用碳素钢和合金钢制造,碳素钢比合金钢价廉,且对应力集中敏感性较低,应用极为广泛。常用作轴的材料有优质中碳钢,例如 35、45 和 50 号钢等,其中尤以 45 号钢应用更为普遍。为改善其机械性能,一般均应进行正火或调质处理。在不重要或载荷较小的场合,轴也可用普通碳素钢 Q215、Q235 等制造,但此类钢不适于进行热处理。

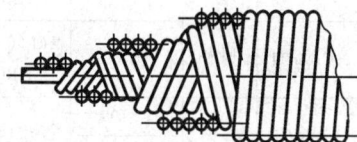

图 6-6

合金钢具有较好的机械性能,可淬性亦较好,但对应力集中敏感,价格也较贵。对载荷大,要求尺寸小、重量轻的轴,要求高耐磨性以及在高温等特殊环境下工作的轴,常采用合金钢。常用的合金钢有 40Cr、35SiMn、40MnB 等。

必须指出,各种合金钢和碳钢的机械强度虽然差别较大,但其弹性模量却十分相近,热处理对此影响也很小,因此,为提高轴的刚度而采用合金钢并不能奏效。

轴的常用材料及其主要机械性能列于表 6-1。

二、轴的结构

轴的结构是由许多因素决定的,轴的结构设计具有较大的灵活性和多变性。但轴的结构设计原则上都应满足如下要求:轴和安装在轴上的零件都要有确定的工作位置;轴上零件要便于装拆;轴应具有良好的结构工艺性;能保证足够的强度和刚度。此外,对于高速传动的轴或速度并不太高、但细而长的轴还应考虑振动稳定性。

1.轴上零件的定位与固定

轴上零件应具有确定的位置,以保证其正常工作。凡是与轴一起传递转矩的轴上零件均需与轴作周向固定。常用的周向固定方法有键联接、花键联接、过盈配合联接和紧定螺钉联接等,这些已在第 3 章中作了阐述。下面主要介绍轴上零件的轴向定位和固定,其常用的方法有:

表 6-1 轴的常用材料及其主要机械性能

材料牌号	热处理	毛坯直径（mm）	硬度（HBS）	机械性能（MPa）				许用弯曲应力（MPa）			备 注
				抗拉强度极限 σ_B	抗拉屈服极限 σ_S	弯曲疲劳极限 σ_{-1}	剪切疲劳极限 τ_{-1}	$[\sigma_{+1}]_b$	$[\sigma_0]_b$	$[\sigma_{-1}]_b$	
Q235	热轧或锻后空冷	≤100		400～420	225	170	105	125	70	40	用于不重要或载荷不大的轴
		>100～250		375～390	215						
45	正火回火	≤100	170～217	590	295	255	140	195	95	55	应用最广泛
		>100～300	162～217	570	285	245	135				
	调质	≤200	217～255	640	355	275	155	215	100	60	
40Cr	调质	≤100	241～286	735	540	355	200	245	120	70	用于载荷较大而无很大冲击的重要轴
		>100～300	241～286	685	490	335	185				
35SiMn（42SiMn）	调质	≤100	229～286	785	510	355	205	245	120	70	性能接近40Cr，用于中小型轴
		>100～300	217～269	735	440	335	185				
40MnB	调质	≤200	241～286	735	490	345	195	245	120	70	性能接近40Cr，用于重要的轴
20Cr	渗碳淬火回火	≤60	表面56～62 HRC	640	390	305	160	215	100	60	用于要求强度和韧性均较高的轴
20CrMnTi		15	表面56～62 HRC	1080	835	480	300	365	165	100	
（1Cr18Ni9Ti）	淬火	≤100	≤192	530	195	190	115	165	75	45	用于在高、低温及强腐蚀状况下工作的轴
		>100～200		490	195	180	110				
QT500-7			156～197	400	300	145	125	100			用于制造复杂外形的轴
QT600-3			197～269	600	420	215	185	150			

注：1. $[\sigma_{+1}]_b$、$[\sigma_0]_b$、$[\sigma_{-1}]_b$ 分别为静、脉动、对称循环下的许用弯曲应力。当选用非表列的钢号时，其许用弯曲应力司根据 σ_B 值按比例增减。

2. （1Cr18Ni9Ti）在新国家标准中没有，可选用，但不推荐。

（1）轴肩和轴环

轴肩和轴环是零件轴向定位最方便而有效的方法。轴肩（图 6-7a）和轴环（图 6-7b）的定位部分有过渡圆角。为了使轴上零件的端面能靠紧定位面，轴肩和轴环的圆角半径 r 必须小于轴上零件孔端的圆角半径 R 或倒角 C，即 $r < R$ 或 $r < C$，定位轴肩的高度 a 一般取（2～3）C 或 $a = (0.07 \sim 0.1)d$。轴环宽度 b 一般可取 $b \approx 1.4a$。

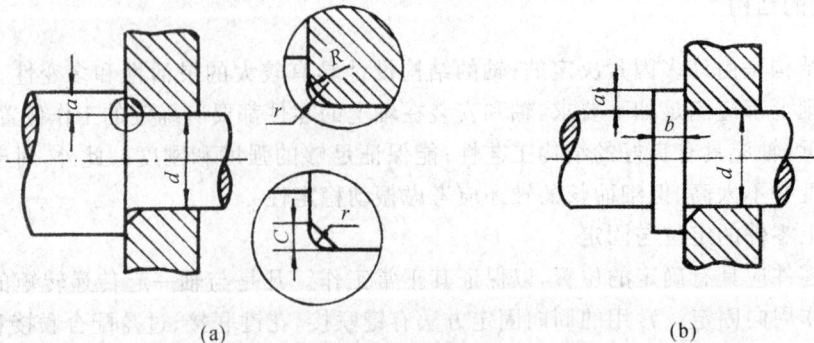

(a)   (b)

图 6-7

（2）套筒

套筒常用于轴上两个零件距离较小的场合（图 6-8），可以简化轴的结构，其定位可靠，装拆方便。在设计中应使 l_1（装零件的轴头长度）$= B$（轮毂宽度）$-(2\sim3)$mm，并使 $l_1 + l_2$ 略小于 $B + L$（L 为套筒长度）。

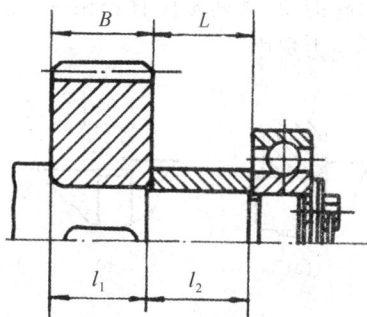

（3）圆螺母

当需用套筒太长或无法采用套筒时，可在轴上车出螺纹，用圆螺母作轴向固定。它可承受较大的轴向力，但螺纹位于受载轴段时会削弱轴的疲劳强度。为防止松脱，常用双螺母（图 6-9a）或圆螺母加止动垫圈防松（图 6-9b）。

图 6-8

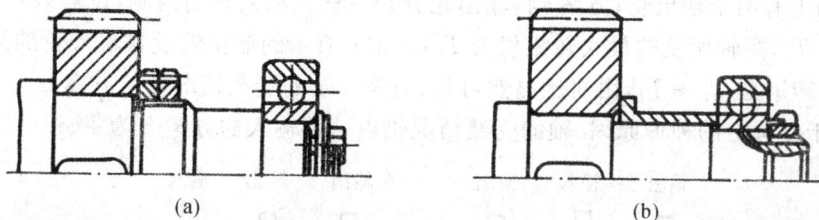

（a）   （b）

图 6-9

（4）弹性挡圈

采用弹性挡圈定位（图 6-10a），结构简单紧凑，但只能承受很小的轴向力，常用于滚动轴承或光轴上零件的轴向定位。图 6-10b 是弹性挡圈实际端面图形。

（5）紧定螺钉

用紧定螺钉固定零件（图 6-11），结构简单，常用于光轴上，但只能承受很小的轴向力和周向力。

（6）轴端挡圈

适用于轴端零件的固定（图 6-12）。

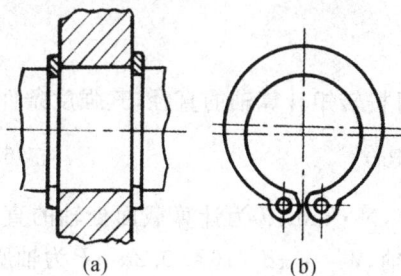 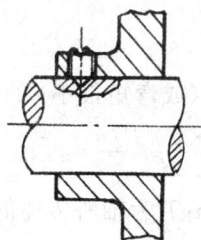 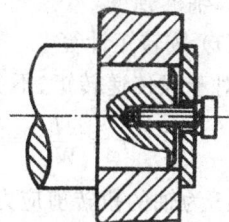

（a）   （b）

图 6-10   图 6-11   图 6-12

2.轴的结构工艺性

为了便于装拆，轴常制成阶梯形状，以便于轴上零件依序装拆.为使轴上零件容易安装，轴端应有倒角（图 6-13a）；需经磨削的轴段一般还留有砂轮越程槽（图 6-13b）；车制螺纹的轴段应有退刀槽（图 6-13c）；各过渡圆角半径尽可能统一，以减少刀具种类和换刀时间。当轴上有几个键槽时，应尽可能使各键槽布置在同一直线上（图 6-13d），以便于键槽加工。与轴承、齿轮等相配合的轴段的直径应采用标准值,而且与滚动轴承相配的轴颈直径则应符合滚动轴承标准。相邻两轴段直径相差不应过大,并应有过渡圆角,过渡圆角半径应尽可能大些,以减小应力集中。

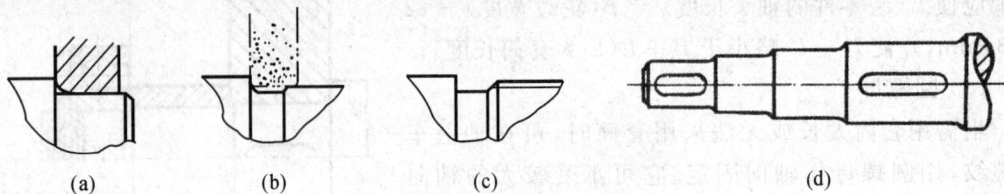

图 6-13

需要指出,在轴的结构设计时,合理布置零件在轴上的位置可以改善轴的受力情况。图6-14表示轴上有两个输出轮;方案a将输出轮分别布置在输入轮的两侧,设输入转矩为 $T_1 + T_2$,且 $T_1 > T_2$,则轴所受的最大转矩仅为 T_1;方案b所示的输出轮设在输入轮的同侧,则轴所受的最大转矩是 $T_1 + T_2$,由对比显然可见,方案a轴的受载情况优于方案b。不过在机械传动中,由于结构上的种种原因。轴的受载情况仍以一端输入的方案 b 为主。

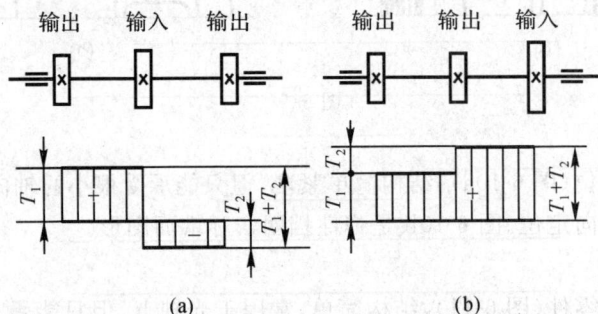

图 6-14

三、轴的强度与刚度

1.轴的强度

(1)按转矩计算

对于只传递转矩、不受弯矩(或弯矩很小)的轴,可按转矩计算轴的直径,其强度条件为

$$\tau = \frac{T}{W_T} = \frac{9.55 \times 10^6 P/n}{0.2d^3} \leqslant [\tau] \quad (\text{MPa}) \tag{6-1}$$

式中:τ 为轴的扭转剪应力,MPa;T 为轴所传递的转矩,N·mm;d 为计算截面处轴的直径,mm;W_T 为轴的抗扭截面模量,mm³;对于圆截面实心轴,$W_T = \pi d^3/16 \approx 0.2d^3$;$P$ 为轴所传递的功率,kW;n 为轴的转速,r/min;$[\tau]$ 为轴的许用扭转剪应力,MPa。

由式(6-1)可得轴的直径为

$$d \geqslant \sqrt[3]{\frac{9.55 \times 10^6}{0.2[\tau]}} \cdot \sqrt[3]{\frac{P}{n}} = C \sqrt[3]{\frac{P}{n}} \quad (\text{mm}) \tag{6-2}$$

式中:C 是由轴的材料和承载情况确定的计算系数。$[\tau]$ 值和 C 值见表6-2。若只传递转矩,或弯矩相对于转矩很小时,$[\tau]$ 取表中较大值或 C 取表中较小值;当弯矩较大时,$[\tau]$ 取较小值

或 C 取较大值。

表 6-2　轴常用材料[τ]和 C 值

轴的材料	20、Q235	35、Q275	45	40Cr、35SiMn 38SiMnMo
[τ](MPa)	15～25	20～35	25～48	40～52
C	149～126	135～112	126～103	112～97

（2）按当量弯矩计算

初步估计转轴直径后，即可对它进行结构设计，轴上零件在图纸上布置妥当，定出轴的有关尺寸，于是轴上支承约束力、扭矩和弯矩均可求出，就可以按力学中的当量弯矩进行弯扭复合强度计算。

对一般钢制轴，根据第三强度理论，扭矩 T 和合成弯矩 M 由下式组成当量弯矩 M_e

$$M_e = \sqrt{M^2 + (\alpha T)^2} \tag{6-3}$$

对于圆截面实心轴，所计算截面的强度条件为

$$\sigma_e = \frac{M_e}{W} \approx \frac{1}{0.1d^3}\sqrt{M^2 + (\alpha T)^2} \leqslant [\sigma_{-1}] \quad (\text{MPa}) \tag{6-4}$$

式中：α 为考虑弯曲应力与扭转剪应力的循环特性不同而引入的应力校正系数。对于钢轴：转矩不变时，取 $\alpha = \dfrac{[\sigma_{-1}]_b}{[\sigma_{+1}]_b} \approx 3$；转矩呈脉动变化时，取 $\alpha = \dfrac{[\sigma_{-1}]_b}{[\sigma_0]_b} \approx 0.6$；对频繁正反转的轴，取 $\alpha = \dfrac{[\sigma_{-1}]_b}{[\sigma_{-1}]_b} = 1$。许用弯曲应力可由表 6-1 查得。

按一般方法，将轴上零件（例如齿轮等）所受的载荷分解到水平面和垂直面；分别求出作用在支承处的水平约束力和垂直约束力；并绘出水平面弯矩 M_H 图和垂直面弯矩 M_V 图。由此可确定合成弯矩 M，$M = \sqrt{M_H^2 + M_V^2}$，绘出合成弯矩 M 图与扭矩 T 图，最后由式（6-3）计算确定当量弯矩 $M_e = \sqrt{M^2 + (\alpha T)^2}$，即可绘出当量弯矩图 M。

一般来说，第二种按弯扭合成方法进行轴强度计算的精度高于第一种按转矩估算的方法，但以上两种方法仍较粗略，因为在轴的结构设计完成以后，如 §2-9 所述，必然还存在断面变化引起的应力集中、表面质量以及尺寸大小等影响其强度大小的诸多因素，对重要的轴，要求精确计算其强度时，对此必须予以考虑，可参阅有关资料。[①]

例 6-1　试设计图 6-15 所示斜齿圆柱齿轮减速器的低速轴。已知该轴的转速 $n = 140\text{r/min}$，传递功率 $P = 5\text{kW}$。轴上的齿轮参数为：小齿轮的齿数 $z = 58$，法面模数 $m_n = 3\text{mm}$，分度圆螺旋角 $\beta = 11°17'3''$，齿宽及轮毂宽 $b = 70\text{mm}$。

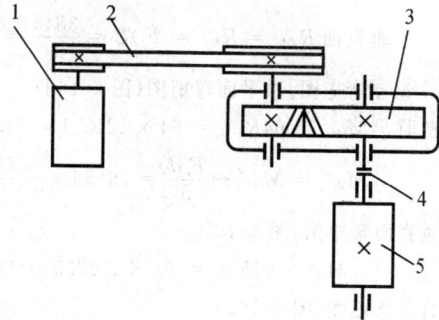

1.电动机 2.带传动 3.齿轮传动 4.联轴器 5.滚筒

图 6-15

---

① 见主要参考书目[2]、[3]。

解:1) 选择轴的材料。减速器功率不大,又无特殊要求,故选最常见的 45 号钢并作正火处理。由表 6-1 查得 $\sigma_B = 590\text{MPa}$。

2) 按转矩估算轴的最小直径。应用式(6-2)估算。由表 6-2 取 $C = 118$(因轴上受较大弯矩),于是得

$$d \geqslant C\sqrt[3]{\frac{P}{n}} = 118\sqrt[3]{\frac{5}{140}} = 38.86(\text{mm})$$

计算所得应是最小轴径(即安装联轴器)处的直径。该轴段因有键槽,应加大 3% ~ 7% 并圆整,取 $d = 40\text{mm}$。

3) 轴的结构设计。根据估算所得直径、轮毂宽及安装情况等条件,轴的结构及尺寸可进行草图设计,如图 6-16a 所示,轴的输出端用 TL7 型(GB/T4323－2003)弹性套柱销联轴器,孔径 40mm,孔长 84mm,取轴肩高 4mm 作定位用。齿轮两侧对称安装一对 7210(GB/T292－1994)角接触球轴承,其宽度为 20mm。左轴承用套筒定位,右轴承用轴肩定位,根据轴承对安装尺寸的要求,轴肩高度取为 3.5mm。轴与齿轮、轴与联轴器均选用平键联接。根据减速器的内壁到齿轮和轴承端面的距离以及轴承盖、联轴器装拆等需要,参考设计手册中的有关经验数据,将轴的结构尺寸初步取定如图中所示,这样轴承跨距为 128mm,由此可进行轴和轴承等零件的计算。

4) 计算齿轮受力

齿轮分度圆直径　　$d = \dfrac{m_n z}{\cos\beta} = \dfrac{3 \times 58}{\cos 11°17'3''} = 177.43(\text{mm})$

齿轮所受转矩　　$T = 9.55 \times 10^6 \cdot \dfrac{P}{n} = 9.55 \times 10^6 \cdot \dfrac{5}{140} = 341070(\text{N} \cdot \text{mm})$

齿轮作用力

　　圆周力　　$F_t = \dfrac{2T}{d} = \dfrac{2 \times 341070}{177.43} = 3845$　(N)

　　径向力　　$F_r = \dfrac{F_t \tan\alpha_n}{\cos\beta} = \dfrac{3845 \times \tan 20°}{\cos 11°17'3''} = 1427$　(N)

　　轴向力　　$F_a = F_t \tan\beta = 3845\tan 11°17'3'' = 767$　(N)

轴受力的大小及方向如图 6-16b 所示。

5) 计算轴承反力(图 6-16c 及 6-16e)

　　水平面 $R_{\text{I}H} = \dfrac{F_a \cdot d/2 + 64F_r}{128} = \dfrac{767 \times 177.43/2 + 64 \times 1427}{128} = 1245.1(\text{N})$

　　　　$R_{\text{II}H} = F_r - R_{\text{I}H} = 1427 - 1245.1 = 181.9(\text{N})$

　　垂直面 $R_{\text{I}V} = R_{\text{II}V} = F_t/2 = \dfrac{3845}{2} = 1922.5(\text{N})$

6) 绘制弯矩图。水平面弯矩图(图 6-16d)

截面 b:$M_{bH}{}' = 64R_{\text{I}H} = 64 \times 1245.1 = 79686.4(\text{N} \cdot \text{mm})$

　　$M_{bH}{}'' = M_{bH}{}' - \dfrac{F_a d}{2} = 79686.4 - \dfrac{767 \times 177.43}{2} = 11642(\text{N} \cdot \text{mm})$

垂直面弯矩图(图 6-16f)

　　$M_{bV} = 64R_{\text{I}V} = 64 \times 1922.5 = 123040(\text{N} \cdot \text{mm})$

合成弯矩图(图 6-16g)

　　$M_b{}' = \sqrt{M_{bH}{}'^2 + M_{bV}{}^2} = \sqrt{79686.4^2 + 123040^2} = 146590(\text{N} \cdot \text{mm})$

　　$M_b{}'' = \sqrt{M_{bH}{}''^2 + M_{bV}{}^2} = \sqrt{11642^2 + 123040^2} = 123590(\text{N} \cdot \text{mm})$

7) 绘制扭矩图(图 6-16h)

由前知 $T = 341\,070(\text{N} \cdot \text{mm})$

又根据 $\sigma_B = 590\text{MPa}$,由表 6-1 查得 $[\sigma_{-1}]_b = 55\text{MPa}$ 和 $[\sigma_0]_b = 95\text{MPa}$,故 $\alpha = \dfrac{55}{95} \approx 0.58$

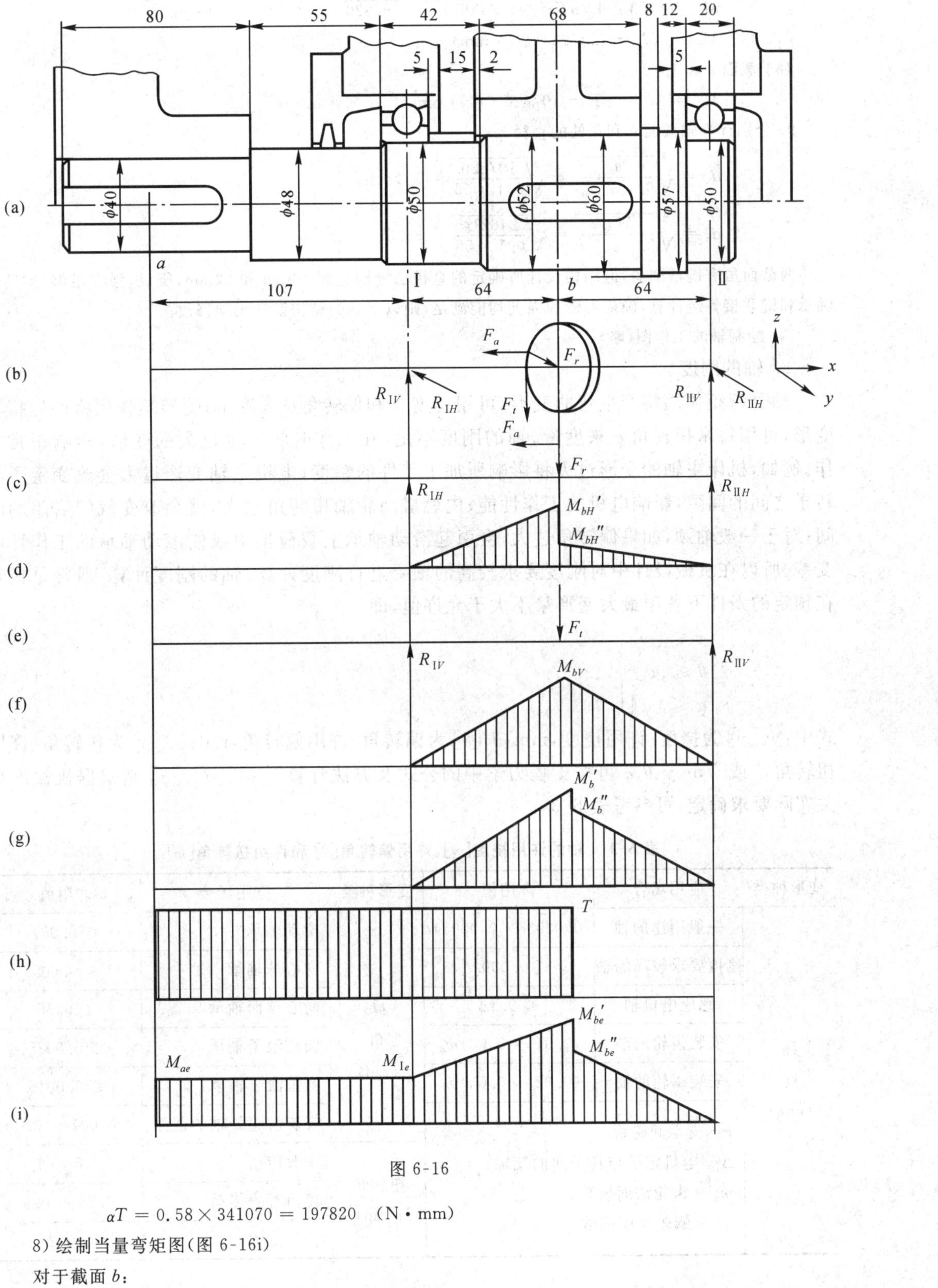

图 6-16

$$_aT = 0.58 \times 341070 = 197820 \quad (\text{N} \cdot \text{mm})$$

8) 绘制当量弯矩图(图 6-16i)

对于截面 b:

$$M_{be}' = \sqrt{M_b^2 + (\alpha T)^2} = \sqrt{146590^2 + 197820^2} = 246214 \quad (\text{N} \cdot \text{mm})$$

$$M_{be}'' = M_b' = 123590 \quad (\text{N} \cdot \text{mm})$$

对于截面 a 和 I

$$M_{ae} = M_{Ie} = \alpha T = 197820 \quad (\text{N} \cdot \text{mm})$$

9）分别计算轴截面 a 和 b 处的直径

$$d_a = \sqrt[3]{\frac{M_{ae}}{0.1[\sigma_{-1}]_b}} = \sqrt[3]{\frac{197820}{0.1 \times 55}} = 33(\text{mm})$$

$$d_b = \sqrt[3]{\frac{M_{be}'}{0.1[\sigma_{-1}]_b}} = \sqrt[3]{\frac{246214}{0.1 \times 55}} = 35.51(\text{mm})$$

两截面虽有键槽削弱,但结构设计所确定的直径已分别达到 40mm 和 52mm,所以,强度足够。如所选轴承和键联接等经计算,确认寿命和强度均能满足,则以上轴的结构设计无须修改。

10）绘制轴的工作图(略)

2.轴的刚度

轴受弯矩作用将产生弯曲变形,可用挠度 y 和偏转角 θ 来度量;受转矩作用将产生扭转变形,可用每米扭转角 φ 来度量。轴的刚度不足,在工作时将产生过大的变形,影响正常工作。例如,机床主轴的变形过大将影响所加工零件的精度;电机主轴变形过大会改变定子与转子之间的间隙,影响电机的工作性能;内燃机凸轮轴扭转角过大,就会改变汽门启闭的时间;对于一般轴颈,如果偏转角过大,会引起滑动轴承上载荷集中或使滚动轴承的工作性能变差。所以在机械设计中对刚度要求较高的轴要进行刚度计算。轴的刚度计算,通常是指轴在预定的条件下各项最大变形量不大于允许值,即

$$\left.\begin{array}{l} y \leqslant [y] \\ \theta \leqslant [\theta] \\ \varphi \leqslant [\varphi] \end{array}\right\} \tag{6-5}$$

式中:y、$[y]$ 为挠度、许用挠度,mm;θ、$[\theta]$ 为偏转角、许用偏转角,rad;φ、$[\varphi]$ 为扭转角、许用扭转角,° 或 °/m。y、θ、φ 可按工程力学中的公式及方法计算,$[y]$、$[\theta]$、$[\varphi]$ 则根据机械的相关实际要求确定,可参考表 6-3。

表 6-3 轴的许用挠度 $[y]$、许用偏转角 $[\theta]$ 和许用扭转角 $[\varphi]$

变形种类	应用场合	许用值	变形种类	应用场合	许用值
挠度 (mm)	一般用途的轴	$(0.0003 \sim 0.0005)l$	偏转角 (rad)	滑动轴承	$\leqslant 0.001$
	刚度要求较高的轴	$\leqslant 0.0002l$		向心球轴承	$\leqslant 0.005$
	感应电机轴	$\leqslant 0.1\Delta$		向心球面轴承	$\leqslant 0.05$
	安装齿轮的轴	$(0.01 \sim 0.03)m_n$		圆柱滚子轴承	$\leqslant 0.0025$
	安装蜗轮的轴	$(0.02 \sim 0.05)m_t$		圆锥滚子轴承	$\leqslant 0.0016$
	l— 支承间跨距 Δ— 电机定子与转子间的气隙; m_n— 齿轮法面模数; m_t— 蜗轮端面模数。			安装齿轮处轴的截面	$\leqslant 0.001 \sim 0.002$
			扭转角 (°/m)	一般传动	$0.5 \sim 1$
				较精密的传动	$0.25 \sim 0.5$
				重要传动	< 0.25

计算轴的弯曲变形有多种方法,工程力学部分已对光轴作过介绍。这里针对阶梯轴补充介绍一种当量直径法。阶梯轴的当量直径 d_v 可由下式求得

$$d_v = \frac{\sum d_i l_i}{l} \quad (\text{mm}) \tag{6-6}$$

式中,d_i 和 l_i 分别为阶梯轴上第 i 段的直径和长度,mm;l 为支点间距离,mm。阶梯轴的弯曲变形可按直径为 d_v 的光轴计算。

对于实心圆截面阶梯轴,其扭转角 φ 的计算式为

$$\varphi = \sum \frac{M_{Ti} l_i}{G I_{pi}} \cdot \frac{180}{\pi} = \frac{584}{G} \sum \frac{M_{Ti} l_i}{d_i^4} (°) \tag{6-7}$$

式中:M_{Ti}、l_i 和 d_i 分别为阶梯轴上第 i 段所受的扭矩、长度和直径,单位分别为 N·mm 和 mm;G 为材料的剪切弹性模量,MPa。

§6-2　滑动轴承

轴承是支承轴的部件,并保持轴的旋转精度。按回转副的摩擦性质,可将轴承分为滑动轴承和滚动轴承两大类;按其主要承受径向载荷还是轴向载荷,又可分为向心轴承和推力轴承。

一、滑动轴承的摩擦状态

滑动轴承与轴颈表面接触承载并相对滑动,为了减小滑动表面上的摩擦与磨损,两相对运动表面间应充以润滑油。当两工作表面完全被润滑油膜隔开而没有直接接触时,轴承的摩擦称为液体摩擦状态(图 6-17a),相对运动引起的摩擦阻力只是润滑油分子之间的内摩擦,故摩擦系数极低,一般仅为 0.001～0.008,这种轴承称为液体摩擦轴承。但是这种轴承的制造精度要求高,并需要在一定的条件下才能实现液体摩擦。当轴承不具备形成液体摩擦条件时,轴颈与轴承的工作表面间虽有润滑油膜存在,但不能将工作表面完全隔开,仍有部分凸起表面金属发生直接接触(图 6-17b),称为混合摩擦状态。这种轴承称为非液体摩擦轴承,其摩擦系数较大(约为 0.08～0.1),并且容易引起磨损,但因其结构简单,在机械中的应用仍然比较广泛。如果滑动轴承的工作表面间不加入任何润滑剂,将出现固体表面直接接触的干摩擦状态(图 6-17c),金属间的干摩擦系数一般为 0.3～1.5,此时必有大量的摩擦功耗和严

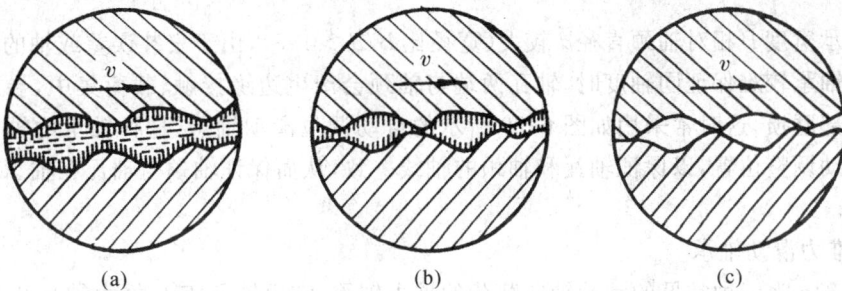

(a)　　　(b)　　　(c)

图 6-17

重磨损,通常是不允许的。

二、非液体摩擦滑动轴承

1. 结构

(1) 向心滑动轴承

按结构分有整体式、剖分式和调位式。图 6-18 所示整体式滑动轴承由轴承座 1、轴瓦 2 和紧定螺钉 3 组成。这种轴承结构简单、成本低,但装拆不方便(必须通过轴端),而且磨损后轴颈和轴瓦之间的间隙无法调整,故仅用于轻载、低速、间歇工作且不太重要的场合,其结构尺寸已标准化。

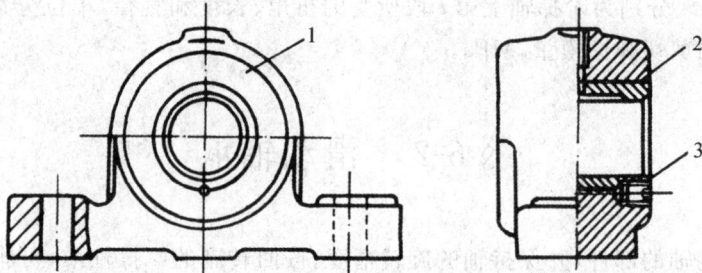

图 6-18

图 6-19 所示剖分式滑动轴承由轴承座 1、轴承盖 2、剖分的上下轴瓦 3 和 4、螺栓 5 所组成。轴承剖分面间配制调整垫片 6,当轴瓦磨损后,可减小垫片厚度以调整间隙。轴承盖和轴承座的剖分面常制成阶梯形台阶 7 配合,以便轴承盖和轴承座很好的对中及承受横向载荷。剖分式轴承便于装拆和调整间隙,应用广泛,其结构尺寸已标准化。

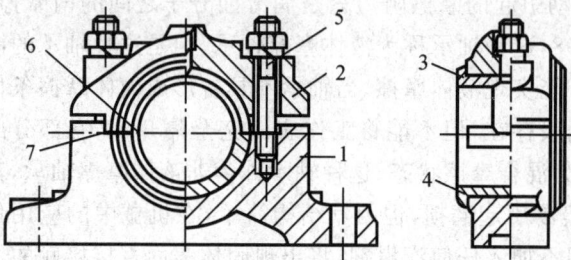

图 6-19

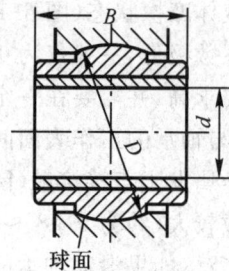

球面

图 6-20

当轴承宽度 B 相对轴颈直径 d 较大(宽径比 $B/d > 1.5$),由于安装误差或轴的弯曲变形较大或两轴承较难保证同轴度时,轴瓦两端与轴颈会产生边缘接触、载荷集中,导致发热和严重的局部磨损,这时常采用如图 6-20 所示的自动调位滑动轴承。这种轴承的轴瓦能随轴的偏斜自动调整位置,以保证轴瓦和轴颈的轴线一致,从而保证轴颈与轴瓦在轴承宽度上能均匀接触。

(2) 推力滑动轴承

图 6-21a 为一种常见的承受轴向载荷的推力轴承,它由轴承座 1、推力轴瓦 2、向心轴瓦 3 组成。为便于对中,推力轴瓦底部制成球面,销钉 4 用来防止推力轴瓦 2 随轴 5 一起转动。这

种轴承主要承受轴向载荷,也可借助向心轴瓦 3 承受较小的径向载荷。这种轴承止推面的结构形式有实心(图 6-21b)、空心(图 6-21c)、单环形(图 6-21d)和多环形(图 6-21e)四种,多环形轴承能承受较大轴向载荷,并且能承受双向轴向载荷。

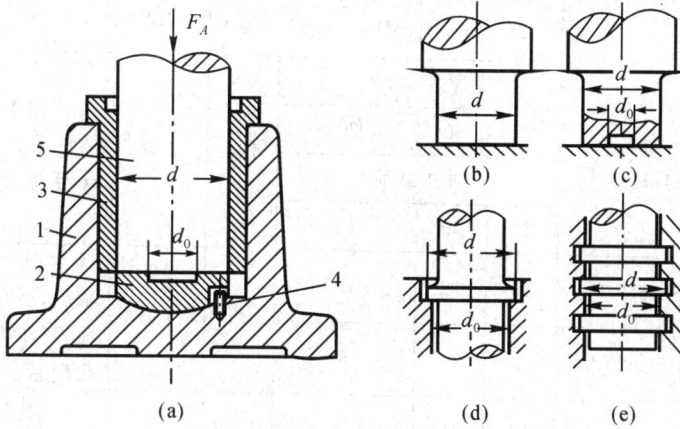

图 6-21

（3）轴瓦的材料与结构

滑动轴承的轴承体用钢或铸铁制造,以保证轴承的强度与刚度。轴瓦是轴承中直接与轴颈接触的部分,非液体摩擦的滑动轴承的工作能力和使用寿命在很大程度上取决于轴瓦的材料与结构的合理性。对轴瓦材料要求有足够的强度和塑性、减摩性,耐磨、耐腐蚀和抗胶合能力强,以及良好的导热性、易跑合与易于制造。轴瓦材料有金属材料、粉末冶金和非金属材料。金属材料有轴承合金(又称巴氏合金)、青铜和铸铁。常用的轴瓦材料性能见表 6-4。

图 6-22 所示为用于整体式轴承中的整体式轴瓦。图 6-23 为用于剖分式轴承中的剖分式轴瓦,其中图 6-23a 为上轴瓦,图 6-23b 为下轴瓦,其两端凸缘用作轴向定位,并能承受一定的轴向力。

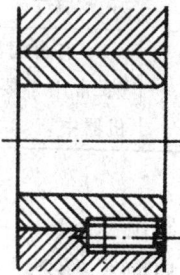

图 6-22

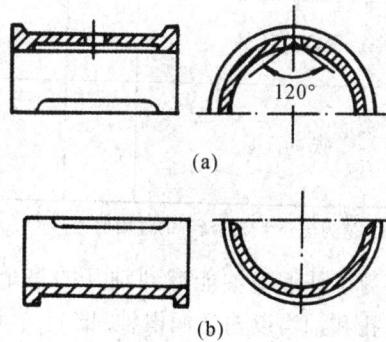

图 6-23

为了节省贵重的减摩材料,常在轴瓦的内表面浇铸一层减摩合金,称为轴承衬,其厚度约在 0.5 ～ 6mm 范围内。为了使轴承衬与轴瓦结合牢固,常在轴瓦内表面预制如图 6-24 所示的一些沟槽,用浇铸法把轴承衬材料浇铸上去,使两者能牢固结合。

表 6-4 常用轴瓦和轴承衬材料

轴瓦材料	最大许用值				最小轴颈硬度 (HBS)	备 注
	$[p]$ (MPa)	$[v]$ (m/s)	$[pv]^*$ (MPa·m/s)	$[t]$ (℃)		
锡锑轴承合金 ZSnSb11Cu6 ZSnSb8Cu4	平稳载荷			150	150	用于高速、重载下工作的重要轴承。变载荷下易于疲劳,价贵。
	25	80	20			
	冲击载荷					
	20	60	15			
铅锑轴承合金 ZPbSb16Sn16Cu2	15	12	10	150	150	用于中速、中等载荷的轴承,不宜受显著的冲击载荷。可作为锡锑轴承合金的代用品。
ZPbSb15Sn15Cu3Cd2	5	8	5			
锡青铜 ZCuSn10P1	15	10	15	280	300 ~400	用于中速、重载或变载荷的轴承。
ZCuSn5Pb5Zn5	8	3	15			用于中速、中等载荷的轴承。
铝青铜 ZCuAl10Fe3	15	4	12	280	280	最宜用于润滑充分的低速、重载轴承。
铸铁 HT150 HT250	1~4	0.5 ~2	0.3 ~4.5	150	163 ~241	用于低速、轻载的不重要轴承。价廉。
酚醛塑料	40	12	0.5	110		抗胶合性好,强度好,能耐水、酸、碱,导热性差。重载时需要用水或油充分润滑,易膨胀,间隙应大些。
聚四氟乙烯	3.5	0.25	0.035	280		摩擦系数低,自润滑性好,耐腐蚀。
碳-石墨	4	12	0.5	420		有自润滑性,耐化学腐蚀。常用于要求清洁工作的机器中。

注:$[pv]$ 值为混合摩擦润滑下的许用值。

为了使润滑油能流到轴瓦的整个工作表面上,轴瓦上要制出进油孔和油沟以输送润滑油。图 6-25a、b、c 所示分别为轴向、周向和斜向三种常见油沟形式。轴向油沟也可以开在轴瓦剖分面上(图 6-25d)。一般油孔和油沟不应该开在轴承油膜承载区内,否则会破坏承载区油膜的连续性,降低油膜承载能力。

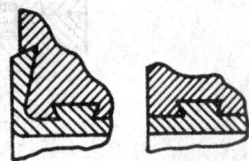

图 6-24

2. 滑动轴承的校核计算

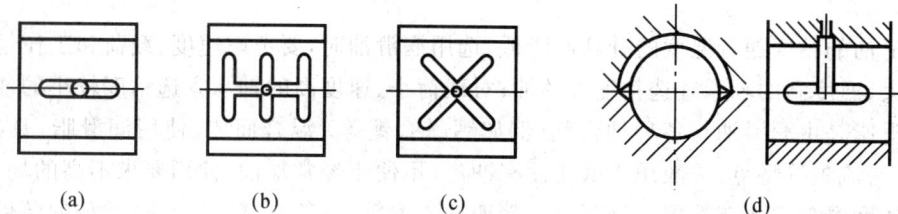

图 6-25

非液体摩擦状态下,轴瓦的失效形式主要是磨损和胶合,目前通常采用间接的条件性计算。对向心滑动轴承(图 6-26),在其结构尺寸 d、B 初定后(通常 $B/d = 0.5 \sim 1.5$),进行条件性校核计算。

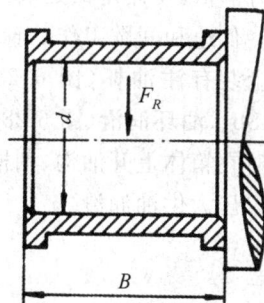

图 6-26

1) 限制轴承平均压强 p。为保证润滑油不被过大的压力挤出,从而使轴瓦产生过快磨损,须满足

$$p = \frac{F_R}{Bd} \leqslant [p] \quad (\text{MPa}) \tag{6-8}$$

式中:F_R 为轴承承受的径向载荷,N;d 为轴颈直径,mm;B 为轴瓦工作宽度,mm;$[p]$ 为轴瓦材料的许用压强,MPa,其值见表 6-4。

2) 限制轴承的 pv 值。为了限制轴承的摩擦功耗与温升,以避免胶合,须满足

$$pv = \frac{F_R}{Bd} \cdot \frac{\pi dn}{60 \times 1000} = \frac{F_R n}{19100 B} \leqslant [pv] \quad (\text{MPa} \cdot \text{m/s})$$

式中:符号 F_R、d、B 同式(6-8);n 为轴的转速,r/min;$[pv]$ 为轴瓦材料的许用值,MPa·m/s,其值见表 6-4。

3. 滑动轴承的润滑

轴承润滑的主要目的在于减轻工作表面的摩擦和磨损,提高效率和延长使用寿命。在设计和使用滑动轴承时,应正确选择润滑剂的品种和润滑方式。

润滑剂按其物理形态,分为液体的润滑油、半固体的润滑脂和固体润滑剂三类。润滑油是滑动轴承中使用最多的润滑剂,润滑脂比较经济,固体润滑剂主要应用于某些高温、真空等特殊场合。润滑油的最重要物理性能是粘度,粘度体现了润滑油内部摩擦阻力的大小。设有长、宽、高各为 1m 的油液(图 6-27),若使上、下两平行平面发生 1m/s 的相对滑动速度所需的切向力为 1N,则这种油液具有 $1\text{N} \cdot \text{s/m}^2$(即 Pa·s)的动力粘度。动力粘度 η 的常用单位是 $\text{dyn} \cdot \text{s/cm}^2$,又称泊。

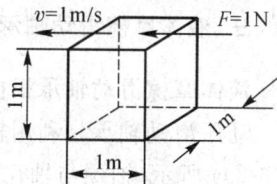

图 6-27

工业中润滑油常用运动粘度 ν 来标定,运动粘度是动力粘度 η(Pa·s)与液体密度 $\rho(\text{kg/m}^3)$ 的比值,即

$$\nu = \frac{\eta}{\rho} \quad (\text{m}^2/\text{s}) \tag{6-10}$$

m^2/s 是 ν 的国际单位,实用中这个单位嫌大,常用的是 cm^2/s(即 St,斯)和 mm^2/s(即 cSt,厘

斯）。

润滑油的粘度随着温度的升高而降低。选用润滑油时，要考虑速度、载荷和工作情况。对于载荷大、温度高的轴承宜选粘度大的油；对载荷小、速度高的轴承宜选粘度较小的油。

润滑脂是由润滑油与各种稠化剂（例如钙、钠、锂等）混合而成。使用润滑脂，具有密封简单、不易流失等特点。一般用于低速而有冲击、不便于经常加油、使用要求不高的场合。

固体润滑剂主要有石墨、二硫化钼、聚四氟乙烯等。一般在高温、低速、重载的条件下，采用固体润滑剂。实践证明，在润滑油或润滑脂中添加二硫化钼后，滑动轴承的摩擦损失减小，温升降低，使用寿命延长。

低速和间歇工作的轴承可用油壶向轴承的油孔内注油。为了不使污物进入轴承，可在油孔上装有注油杯（图 6-28a）。比较重要的轴承应使用连续供油方式，如芯捻式油杯（图 6-28b）、油环润滑（图 6-28c）。此外，还可利用浸油转动时使油飞溅形成油雾直接润滑轴承或同时在箱体上开油沟、油槽将油导入轴承，对高速、重载并要求连续多处供油的情况，可采用油泵压力供油润滑。

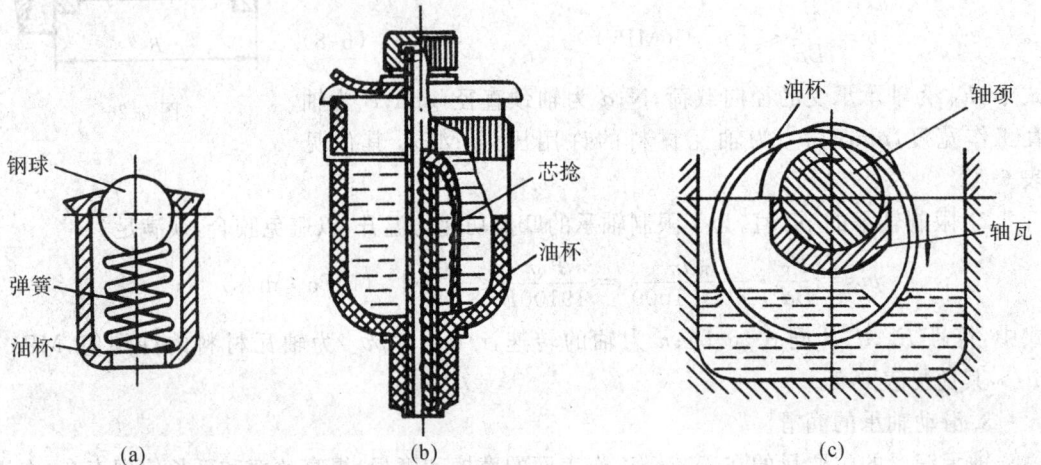

图 6-28

三、液体摩擦滑动轴承

液体摩擦滑动轴承根据油膜形成的方法分为动压滑动轴承与静压滑动轴承。

动压滑动轴承是利用轴颈与轴瓦的相对运动将润滑油带入楔形间隙，形成动压油膜。如图 6-29a 所示，轴颈与轴瓦之间有一定间隙。当轴如图示方向转动时，由于油的粘性，轴颈将油带进该间隙，并随着轴的转速增高，带入油量增加；而油又具有不可压缩性，收敛的楔形间隙的排油口小于进油口，使得楔形间隙内的油膜产生一定的压力，形成一个压力区。楔形间隙中油的压力随轴颈的转动速度增高而逐渐增大，当压力能够克服轴颈上的外载荷 F_R 时，就会将轴颈向左上方托起，当轴颈达到稳定的工作转速时，轴颈便稳定在一定的偏心距 e 位置上（图 6-29b）。此时形成的最小间隙（最小油膜厚度）h_{min} 若能大于轴颈和轴瓦内表面的微观不平度之和时，两工作表面完全被一层具有一定压力的油膜隔开，实现液体摩擦。

静压滑动轴承是利用油泵通过一套专门的高压供油系统将润滑油压入轴瓦内表面与轴颈的间隙中，强制形成静压油膜（图 6-30）。

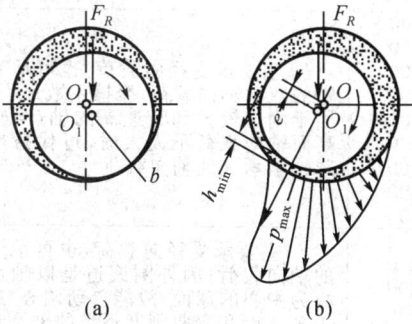

图 6-29

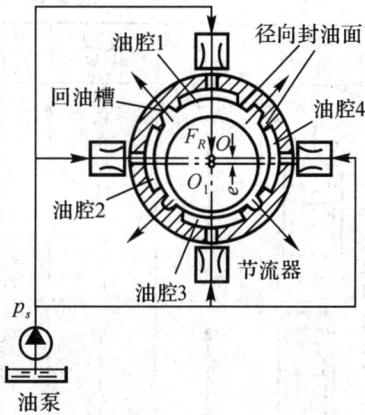

图 6-30

动压滑动轴承常用于高速、高旋转精度及载荷、转速变化小的机械上；静压滑动轴承由于油膜的形成与轴颈转速无关，故可用于低速、起动与停车频繁及载荷或转速变化大而必须保证液体摩擦的场合。

§6-3　滚动轴承

滚动轴承通常由外圈1、内圈2、滚动体3和保持架4组成(图6-31)。内圈装在轴颈上，外圈装在机座或零件的轴承孔内。工作时滚动体在内、外圈的滚道上滚动，形成滚动摩擦。保持架的作用是把滚动体相互隔开。常用滚动体形式如图6-32所示。滚动体与内、外圈一般都用专用轴承钢制造，并淬硬、磨光。保持架多用软钢冲压而成，也有用铜合金或塑料制成。滚动轴承已经标准化，由专业厂大批生产。

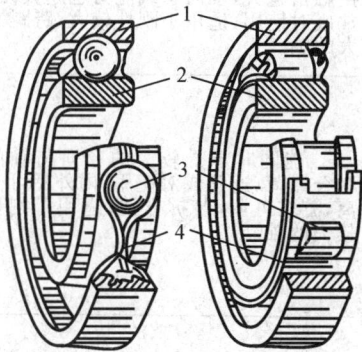

图 6-31

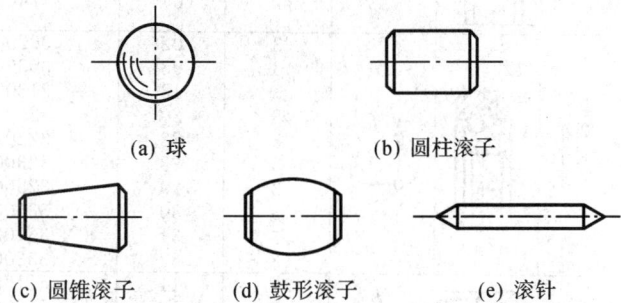

(a) 球　　　　(b) 圆柱滚子

(c) 圆锥滚子　　(d) 鼓形滚子　　(e) 滚针

图 6-32

一、滚动轴承的类型、特性与代号

国产常用滚动轴承的类型、特性和应用列于表6-5。

表 6-5　滚动轴承的主要类型及特性

轴承名称	结构简图	承载方向	类型代号	尺寸系列代号	基本代号	主要特性和应用
深沟球轴承			6	17	61700	主要承受径向载荷,也可承受一定的双向轴向载荷;摩擦系数最小,适用于刚性较大和转速高的轴,当转速高而轴向载荷不太大时,可代替推力球轴承承受纯轴向载荷。
			6	37	63700	
			6	18	61800	
			6	19	61900	
			16	(0)0	16000	
			6	(1)0	6000	
			6	(0)2	6200	
			6	(0)3	6300	
			6	(0)4	6400	
调心球轴承			1	(0)2	1200	主要承受径向载荷,也可承受小的轴向载荷;因外圈滚道是以轴承中心为中心的球面,故能自动调心;适用于多支点和弯曲刚度不足的轴及难以对中的轴。
			(1)	22	2200	
			1	(0)3	1300	
			(1)	23	2300	
圆柱滚子轴承			N	10	N 1000	能承受较大的径向载荷,不能承受轴向载荷;因为是线接触,承载能力大,耐冲击;对角偏位敏感,适用于刚性很大、对中良好的轴;内外圈可分离。
			N	(0)2	N 200	
			N	22	N 2200	
			N	(0)3	N 300	
			N	23	N 2300	
			N	(0)4	N 400	
调心滚子轴承			2	13	21300	能承受很大的径向载荷和少量的轴向载荷,耐振动及冲击,能自动调心。加工要求高,常用于其他轴承不能胜任的重载情况。
			2	22	22200	
			2	23	22300	
			2	30	23000	
			2	31	23100	
			2	32	23200	
			2	40	24000	
			2	41	24100	
滚针轴承			NA	48	NA 4800	只能承受径向载荷,承载能力很大,旋转精度较低,极限寿命短,径向尺寸小,适用于径向载荷很大而径向尺寸受限制与刚度大的场合。
			NA	49	NA 4900	
			NA	69	NA 6900	
角接触球轴承			7	19	71900	能同时承受径向载荷和轴向载荷;公称接触角 α 有 15°、25°、40° 三种,接触角越大,轴向承载能力也越大,通常成对使用,适用于刚性较大、跨距不大的轴。
			7	(1)0	7000	
			7	(0)2	7200	
			7	(0)3	7300	
			7	(0)4	7400	
圆锥滚子轴承			3	02	30200	能同时承受较大的径向与轴向联合载荷,通常成对使用,内外圈可分离,游隙可调,装拆方便;适用于刚性较大的轴。
			3	03	30300	
			3	13	31300	
			3	20	32000	
			3	22	32200	
			3	23	32300	
			3	29	32900	
			3	30	33000	
			3	31	33100	
			3	32	33200	
推力球轴承			5	11	51100	套圈与滚动体是分离的。只能承受轴向载荷(单列单向,双列双向);高速时滚动体离心力大、寿命较低,适用于轴向载荷大、转速较低的场合。
			5	12	51200	
			5	13	51300	
			5	14	51400	
			5	22	52200	
			5	23	52300	
			5	24	52400	
推力调心滚子轴承			2	92	29200	能同时承受很大的轴向载荷和不大的径向载荷;能自动调心,主要用于承受轴向重载荷和要求调心性能好的场合。
			2	93	29300	
			2	94	29400	

按照滚动体的形状,可将滚动轴承分为球轴承和滚子轴承。球轴承和滚子轴承可制成单列、双列或多列形式;能自动调心与不能自动调心。按承载方向,滚动轴承分为向心轴承(主要承受径向载荷)和推力轴承(主要承受轴向载荷)。滚动轴承的滚动体与外圈滚道接触点的法线与径向平面之间的夹角 α 称为接触角,α 越大,轴承承受轴向载荷的能力也越大。向心轴承公称接触角 α 为 $0° \sim 45°$,其中 $\alpha = 0°$ 的称径向接触轴承(如深沟球轴承、圆柱滚子轴承),$0° < \alpha \leqslant 45°$ 的称为向心角接触轴承(如角接触球轴承、圆锥滚子轴承);推力轴承公称接触角 α 从大于 $45°$ 到 $90°$,其中 $\alpha = 90°$ 的称为轴向接触轴承(如推力球轴承),$45° < \alpha < 90°$ 的称为推力角接触轴承(如角接触推力滚子轴承)。

滚动轴承的类型很多,而每一种类型又有不同的尺寸、结构和公差等级等。为了便于设计、制造和选用,在国家标准 GB/T272—1993 中规定了轴承代号的表示方法。滚动轴承代号由基本代号、前置代号和后置代号构成,其排列如下:

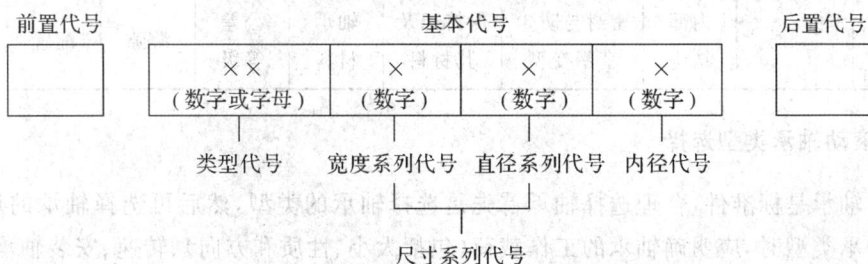

前置代号	基本代号				后置代号
	×× (数字或字母)	× (数字)	× (数字)	× (数字)	
	类型代号	宽度系列代号	直径系列代号	内径代号	

尺寸系列代号

1. 基本代号

基本代号是轴承代号的基础,它由类型代号、尺寸系列代号、内径代号组成。尺寸系列代号又包括宽度系列代号和直径系列代号。基本代号的具体形式见表 6-5 中第六列。

类型代号用数字或字母表示轴承的类型,常用轴承的具体类型代号见表 6-5。

宽度系列代号用一位数字表示,在基本代号中有时被省略不写。直径系列代号用一位数字表示。尺寸系列代号表示内径 d 相同时,外径 D、宽度 B 及接触角 α 等的变化(图 6-33)。由表 6-5 中的尺寸系列代号从上向下轴承的结构尺寸逐渐增大。表中用括号括住的数字在基本代号中省略。

内径代号用两位数字表示轴承的内径尺寸。常用内径 $d = 10 \sim 480mm$($22mm$、$28mm$、$32mm$ 除外)的轴承,内径代号的意义见表 6-6。

图 6-33

对于内径小于 $10mm$ 和大于 $495mm$(包括 $22mm$、$28mm$、$32mm$)的轴承,内径代号用公称内径毫米数直接表示,只是与直径系列代号用"/"分开,基本代号 6222 表示轴承内径 $120mm$,直径系列代号为 2,宽度系列代号为(0),省略不写,类型代号为 6 表示深沟球轴承;若基本代号为 62/22,则表示轴承内径为 $22mm$,其余同上。

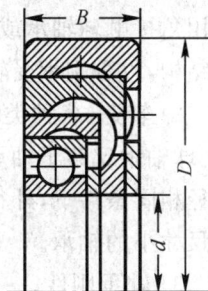

表 6-6 轴承内径代号

内径代号	00	01	02	03	04 ~ 96
轴承内径(mm)	10	12	15	17	内径代号×5

2. 前置、后置代号

前置、后置代号是轴承在结构形状、尺寸、公差、技术要求等有改变时,在基本代号左右添加的补充代号,其排列见表 6-7。前置代号用字母表示,后置代号用字母或加数字表示。例如角接触球轴承,内部结构代号表示公称接触角,代号 C 表示 $\alpha = 15°$;代号 AC 表示 $\alpha = 25°$;代号 B 表示 $\alpha = 40°$;代号 E 表示轴承是加强型。公差等级代号 /P0、/P6、/P6x、/P5、/P4、/P2 分别表示公差等级符合 0 级、6 级、6X 级、5 级、4 级、2 级,其中 /P0 在代号中省略不标。更详细的前置、后置代号的含义及表示方法参见 GB/T7272—1993。对于一般用途的轴承,没有特殊改变,公差等级为 /P0 级时,无前置、后置代号,即只用基本代号表示。

表 6-7　轴承的前置、后置代号的排列

前置代号	基本代号	轴 承 代 号							
		后置代号序列							
		1	2	3	4	5	6	7	8
成套轴承分部件		内部结构	密封与防尘套圈变型	保持架及其材料	轴承材料	公差等级	游隙	配置	其他

二、滚动轴承类型选择

滚动轴承是标准件,合理选择轴承首先是选择轴承的类型,然后再选择轴承的尺寸。选择滚动轴承类型时,应明确轴承的工作载荷(包括大小、性质和方向)、转速、安装轴承的空间尺寸范围以及其他特殊要求。选择滚动轴承类型的一般原则如下:

1) 载荷情况。单纯径向载荷可选向心轴承。单纯轴向载荷,当转速不太高时,可选用推力球轴承;当转速高时,因离心力太大,可选用角接触球轴承。同时承受径向和轴向载荷时,应区别不同情况:以径向载荷为主时,可选用向心球轴承;轴向载荷和径向载荷都较大时,可选用角接触球轴承或圆锥滚子轴承;轴向载荷为主时,可同时采用推力轴承和向心轴承的组合结构,以分别承受轴向载荷和径向载荷。

2) 转速。各种类型尺寸的轴承都有其极限转速 n_{lim} 值,这是轴承工作所允许的最高转速。球轴承比滚子轴承的极限转速高。单列滚动体轴承比双列滚动体轴承的极限转速高。在内径相同条件下,外径愈小,则滚动体愈小,运转时离心力小,可适于高速,故在高速时宜选用尺寸小的轴承。

3) 轴承刚性。一般说来,滚子轴承的刚性比球轴承高,因此对轴承刚性要求较高时,宜采用滚子轴承。

4) 调心性能。当轴的弯曲变形大或轴承座孔同轴度较低时,可选用自动调心式轴承。同一轴上调心式轴承不要与其他轴承混合使用,以免失去调心作用。

5) 轴承安装与拆卸。为了便于轴承的装拆,可选用内、外圈可分离的圆柱滚子轴承。有时由于轴承安装尺寸的限制,例如当轴承径向尺寸不允许太大时,可考虑选用滚针轴承。

6) 经济性。选择轴承时要考虑经济性的要求与市场供应情况。球轴承比滚子轴承便宜,向心轴承比角接触轴承便宜。以同一内径尺寸(40mm)的几种轴承 6208、1208、7208、30208、51208 为例,其相对价格比为 1.0:1.47:1.74:1.47:1.0。此外,轴承的精度等级越高,价格就越贵,对于同类型的公差等级为 P_0,P_6,P_5,P_4,P_2 级轴承,其价格之比约为 1:1.8:2.3:7:10。在一般机械中,P0 级精度轴承应用最广泛,选用高精度轴承必须慎重。

三、滚动轴承的失效形式和工作能力计算

1. 滚动轴承的失效形式

滚动轴承的失效形式主要有以下几种：

1）疲劳点蚀。在轴承工作过程中，滚动体和内圈、外圈不断接触相对运动，滚动体与滚道表面的接触应力将循环变化。当接触应力超过某一限值时，在工作一定时间后，其接触表面就可能发生疲劳点蚀，因而引起强烈振动、噪声和发热等现象，使轴承很快失去工作能力。

2）塑性变形。对于转速很低或间歇摆动的轴承（$n \leqslant 10\mathrm{r/min}$），由于表面接触应力变化次数少，不会出现疲劳点蚀现象。但若载荷过大或在冲击载荷作用下，轴承的主要失效形式是塑性变形，应校核静强度。

3）磨损。对于工作环境有尘埃，并且润滑和密封不良的轴承，特别容易发生磨损；不过有时即使润滑和密封良好，但轴承受微动载荷作用，轴承也会发生磨损。轴承磨损后会降低旋转精度，直至失效。

一般情况下，轴承的失效形式主要是疲劳点蚀，其工作能力主要取决于轴承的接触疲劳强度，应进行防止疲劳点蚀的寿命计算。

2. 滚动轴承的寿命计算

（1）基本额定寿命和基本额定动载荷

轴承中任一元件首先出现疲劳点蚀前运转的总转数，或在一定转速下工作的小时数，称为轴承的寿命。试验研究表明，一批同型号的轴承在完全相同的条件下工作，由于其制造精度、材料组织结构、热处理等方面不可避免的差异，各轴承寿命并不相同，其使用寿命有时相差几倍甚至几十倍。所以不能以单个轴承寿命作为计算依据。为此引进基本额定寿命的概念。

一批同型号的轴承，在同样的工作条件下运转，其中 10％ 的轴承发生疲劳点蚀，而 90％ 的轴承仍然能正常工作时所经历的总转数 L_{10}（单位工 $10^6\mathrm{r}$）或在一定转速下工作的小时数 $L_{10\mathrm{h}}$（单位 h），称为轴承的基本额定寿命。

同一型号轴承，在不同的载荷作用下，轴承寿命是不同的。载荷愈大，其基本额定寿命愈短，反之则愈长。轴承在基本额定寿命为 $10^6\mathrm{r}$ 时，所能承受的最大载荷称为轴承的基本额定动载荷。不同型号的轴承，基本额定动载荷的值不同。对于径向接触轴承，是指纯径向载荷，对于角接触球轴承或圆锥滚子轴承，是指载荷的径向分量，均称为径向基本额定动载荷，用 C_r 表示。对于推力轴承，是指纯轴向载荷，称为轴向基本额定动载荷，用 C_a 表示。C_a、C_r 可统一用 C 表示，称为基本额定动载荷。它反映了轴承承载能力的大小，工作温度 $t \leqslant 120℃$ 时，各类轴承的 C_r 和 C_a 值可查阅有关手册标准。表 6-8 摘列了单列深沟球轴承的基本额定动载荷 C 值。如轴承工作温度高于 120℃ 时，因材料的金相组织、硬度等的变化，基本额定动载荷将降低，实际计算中要乘以温度系数 f_t（见表 6-9）对 C 值加以修正。

表 6-8 单列深沟球轴承的基本额定动载荷 C 与基本额定静载荷 C_0 kN

轴承型号	C	C_0	轴承型号	C	C_0	轴承型号	C	C_0
6204	12.80	6.65	6304	15.80	7.88	6404	31.00	15.30
6205	14.00	7.88	6305	22.20	11.50	6405	38.30	19.20
6206	19.50	11.50	6306	27.00	15.20	6406	47.30	24.50
6207	25.50	15.20	6307	33.20	19.20	6407	56.90	29.60
6208	29.50	18.00	6308	40.80	24.00	6408	65.50	37.70
6209	31.50	20.50	6309	52.80	31.80	6409	77.40	45.40
6210	35.00	23.20	6310	61.80	38.00	6410	92.30	55.10
6211	43.40	29.20	6311	71.60	44.80	6411	100.00	62.50
6212	47.80	32.80	6312	81.80	51.80	6412	109.00	70.10

表 6-9 温度系数 f_t

轴承工作温度 ℃	$\leqslant 100$	125	150	175	200	225	250	300	350
温度系数 f_t	1	0.95	0.90	0.85	0.80	0.75	0.70	0.60	0.50

（2）滚动轴承寿命计算公式

图 6-34 所示为通过试验研究得出的轴承载荷 P 与基本额定寿命 L_{10} 的关系曲线，其方程为

$$P^{\varepsilon} L_{10} = 常数 \tag{6-11}$$

式中：ε 为轴承寿命指数：对于球轴承 $\varepsilon = 3$，对于滚子轴承 $\varepsilon = 10/3$。由基本额定动载荷的定义可知，$L_{10} = 1(10^6 \mathrm{r})$ 的载荷即为轴承的基本额定动载荷 C，则有

$$P^{\varepsilon} L_{10} = C^{\varepsilon} \times 1$$

即

$$L_{10} = \left(\frac{C}{P}\right)^{\varepsilon} \quad (10^6 \mathrm{r}) \tag{6-12}$$

式中：L_{10} 为载荷为 P 时轴承的基本额定寿命，$10^6 \mathrm{r}$；C 为轴承的基本额定动载荷，N；P 为轴承当量动载荷，N，其涵义和计算公式见后。

实际计算时，用小时数表示轴承寿命比较方便。现用 n 表示轴承转速（r/min），以 L_{10h} 表示以小时计算的基本额定寿命，则上式可写成

$$L_{10h} = \frac{10^6}{60n}\left(\frac{C}{P}\right)^{\varepsilon} \quad (\mathrm{h}) \tag{6-13}$$

如果已知当量动载荷 P 和转速 n，需按轴承的预期使用寿命 L'_{10h} 选择轴承，可将式（6-13）改写为

$$C' = P\sqrt[\varepsilon]{\frac{60nL'_{10h}}{10^6}} \quad (\mathrm{N}) \tag{6-14}$$

按上式计算的 C 值在设计手册中选用所需的轴承型号。

常用机械设备中的轴承预期寿命见表 6-10。

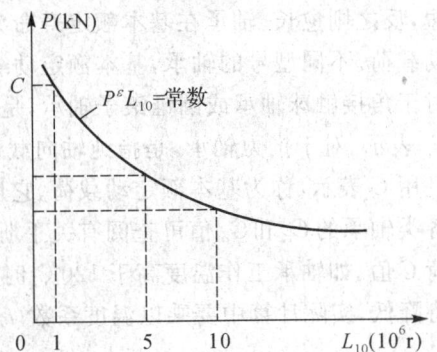

图 6-34

表 6-10　轴承预期寿命推荐值 L'_{10h}

机械种类		举　　例	预期计算寿命 L'_h
不经常使用的仪器和设备		门窗开闭装置	500
航空发动机			500 ～ 2000
间断使用的机械	中断使用不致引起严重后果	手动操作机械、农业机械	4000 ～ 8000
	中断使用后果严重	发电站辅助设备、流水作业线、自动传送设备、升降机、吊车	8000 ～ 12000
每天使用 8h 的机械	利用率不高	一般的齿轮传动	12000 ～ 20000
	利用率较高	机床、连续使用的起重机	20000 ～ 30 000
连续使用 24h 的机械	一般使用	矿山用升降机、空气压缩机	50000 ～ 60000
	中断使用后果严重	电站主要设备、船舶螺旋桨轴、纤维和造纸机械、给排水装置	> 100000

（3）滚动轴承的当量动载荷

轴承在实际工作中，往往同时受到径向载荷与轴向载荷的复合作用，寿命计算中须将这个复合载荷换成某一假想载荷，在此假想载荷作用下，轴承的寿命与实际载荷作用下的寿命相同，并与额定动载荷具有相同的受载条件，该假想载荷称为当量动载荷，用符号 P 表示，单位为 N。当量动载荷 P 的计算公式为

$$P = f_d(XF_r + YF_a) \tag{6-15}$$

式中：X 为径向系数，Y 为轴向系数，其值均见表 6-11；动载荷系数 f_d 见表 6-12。

式（6-15）是计算轴承当量动载荷的通用公式，对于只能承受径向载荷的轴承（如向心圆柱滚子轴承和滚针轴承）则为 $P = f_d F_r$；对于只能承受轴向载荷的轴承（如推力球轴承）则为 $P = f_d F_a$。需要指出的是，对角接触球轴承和圆锥滚子轴承，由于有派生轴向力的产生，式（6-15）中的轴向载荷 F_a 并非轴系的轴向外力，其计算要参考其他资料。[①]

例 6-2　深沟球轴承 6309，载荷较平稳，工作温度 125℃，转速 $n = 960 r/min$，承受的径向载荷 $F_r = 2000N$，轴向载荷 $F_a = 1200N$，试计算该轴承的寿命是多少？

解：1）确定 C、P 值

查表 6-8，6309 轴承 $C = 52800N$，$C_0 = 31800N$。按工作温度 125℃ 查表 6-9，得 $f_t = 0.95$，故计算的额定动载荷

$$C = f_t \times 52800 = 0.95 \times 52800 = 50160 \quad (N)$$

由表 6-11，$iF_a/C_{0r} = 1 \times 1200/31800 = 0.0377$，得 $e = 0.24$；$\dfrac{F_a}{F_r} = \dfrac{1200}{2000} = 0.6 > e$，得 $X = 0.56$，$Y = 1.8$。

查表 6-12，取 $f_d = 1.1$，由式（6-15）得

$$P = f_d(XF_r + YF_a) = 1.1 \times (0.56 \times 2000 + 1.8 \times 1200) = 3608 \quad (N)$$

2）计算轴承寿命

由式（6-13）得，$L_{10h} = \dfrac{10^6}{60n}\left(\dfrac{C}{P}\right)^\varepsilon = \dfrac{10^6}{60 \times 960}\left(\dfrac{50160}{3608}\right)^3 = 46647 \quad (h)$

---

① 见主要参考书目[10]。

表 6-11　当量动载荷的径向系数 X 和轴向系数 Y

轴承代号 名称	代号	iF_a/C_{0r}	e	单列轴承 $F_a/F_r \le e$ X	Y	$F_a/F_r > e$ X	Y	双列轴承(或成对安装单列轴承) $F_a/F_r \le e$ X	Y	$F_a/F_r > e$ X	Y
深沟球轴承	60000	0.025	0.22				2.0				
		0.04	0.24				1.8				
		0.07	0.27				1.6				
		0.13	0.31	1	0	0.56	1.4				
		0.25	0.37				1.2				
		0.5	0.44				1.0				
调心球轴承	10000	—	$1.5\tan\alpha$					1	$0.42\cot\alpha$	0.65	$0.65\cot\alpha$
调心滚子轴承	20000C(CA)	—	$1.5\tan\alpha$					1	$0.45\cot\alpha$	0.67	$0.67\cot\alpha$
角接触球轴承	70000C	0.015	0.38				1.47		1.65		2.39
		0.029	0.40				1.40		1.57		2.28
		0.058	0.43				1.30		1.46		2.11
		0.087	0.46				1.23		1.38		2.00
		0.12	0.47	1	0	0.44	1.19	1	1.34	0.72	1.93
		0.17	0.50				1.12		1.26		1.82
		0.29	0.55				1.02		1.14		1.66
		0.44	0.56				1.00		1.12		1.63
		0.58	0.56				1.00		1.12		1.63
	70000AC	—	0.68	1	0	0.41	0.87	1	0.92	0.67	1.41
	70000B	—	1.14	1	0	0.35	0.57	1	0.55	0.57	0.93
圆锥滚子轴承	30000	—	$1.5\tan\alpha$	1	0	0.4	$0.4\cot\alpha$	1	$0.45\cot\alpha$	0.67	$0.67\cot\alpha$

注：1. 表中 i 为滚动体列数。C_{0r} 为径向基本额定静载荷，由有关手册查出，单列深沟球轴承的 C_{0r} 值摘列于表 6-8。

2. 接触角 α 的具体数值按不同型号轴承由有关手册查出。

表 6-12　动载荷系数 f_d

载荷性质	f_d	应用举例
无冲击或轻微冲击	1.0～1.2	电机、汽轮机、通风机、水泵
中等冲击	1.2～1.8	车辆、机床、起重机、冶金设备、内燃机
剧烈冲击	1.8～3	破碎机、轧钢机、石油钻机、振动筛

3. 滚动轴承的静强度计算

滚动轴承的静强度计算公式为

$$P_0 \le \frac{C_0}{S_0} \tag{6-16}$$

式中：C_0 为基本额定静载荷，N，可查阅有关手册，表 6-8 摘列了单列深沟球轴承的基本额定

静载荷;S_0 为静载荷安全系数,见表 6-13;P_0 为轴承所承受的当量静载荷,N,其计算公式为

$$P_0 = X_0 F_r + Y_0 F_a \quad (N) \tag{6-17}$$

式中:F_r、F_a 分别为径向载荷和轴向载荷,N;X_0、Y_0 分别为静径向系数和静轴向系数,可查阅有关手册。对深沟球轴承,当 $F_a/F_r \leqslant 0.8$ 时,$X_0 = Y_0 = 1$;当 $F_a/F_r > 0.8$ 时,$X_0 = 0.6$,$Y_0 = 0.5$。

表 6-13　静载荷安全系数 S_0

使用要求、载荷性质或使用的设备		S_0
旋转的轴承	对旋转精度和运转平稳性要求较高,或承受强大的冲击载荷	$1.2 \sim 2.5$
	一般情况	$0.8 \sim 1.2$
	对旋转精度和运转平稳性要求较低,或基本上无冲击和振动	$0.5 \sim 1.8$
非旋转及摆动的轴承	水坝闸门装置	$\geqslant 1$
	吊桥	$\geqslant 1.5$
	附加动载荷很大的小型装卸起重机吊钩	> 1.6

四、滚动轴承组合结构

为保证轴承在机器中正常工作,除合理选择轴承类型、尺寸外,还应正确进行轴承的组合设计。轴承组合设计通常要考虑以下问题。

1. 轴承的轴向固定

为了使轴和轴上零件在机器中有确定的位置,或能承受轴向载荷,除游动支承外,轴承必须作轴向固定。常见的轴向固定方法有两种,即:两端单向固定,一端双向固定一端游动。

（1）两端单向固定

如图 6-35a 所示,利用轴肩顶住轴承内圈、轴承盖顶住轴承外圈,每个支承各限制轴系单个方向轴向移动。两个支承组合使轴系位置固定。为补偿轴的受热伸长,在一端轴承盖与外圈端面之间应留有热补偿间隙 $a = 0.25 \sim 0.40\text{mm}$(图 6-35b),这可在装配时通过增减轴承盖与箱体间调整垫片的厚度来获得。这种形式结构简单,安装方便,但仅适用于温度变化不大的短轴。

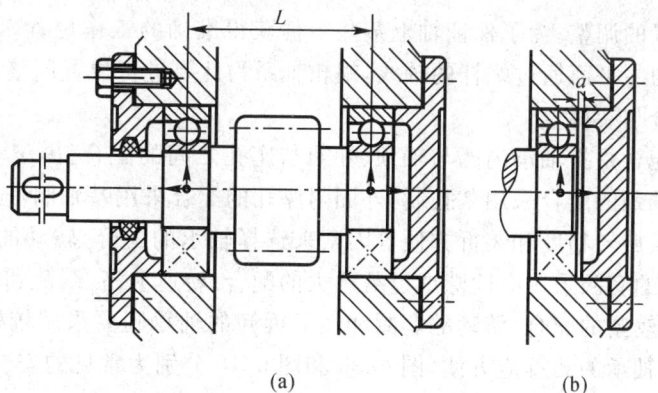

(a)　　　　　　(b)

图 6-35

（2）一端双向固定一端游动

图 6-36a 所示左端轴承为固定支承,其内、外圈均作双向固定,可承受双向轴向载荷;右

端轴承为游动支承,以便当轴热胀冷缩时,轴系能在孔中自由游动,适用于工作温度变化较大的长轴。图 6-36b 游动端是一个外圈无挡边的圆柱滚子轴承。

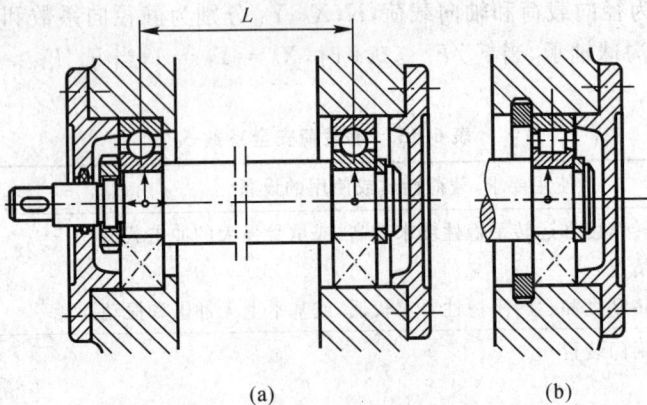

(a)　　　　　(b)

图 6-36

2.轴承组合的调整

轴承间隙的调整。常用增减调整垫片厚度调整轴承间隙(如图 6-37a),也可通过螺纹进行调整(如图 6-37b)。

调整垫片

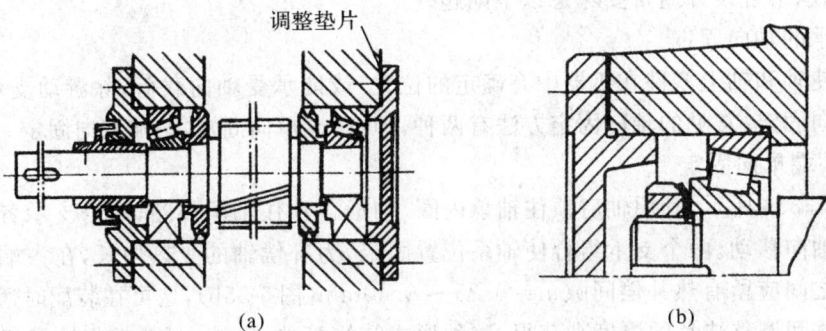

(a)　　　　　(b)

图 6-37

轴系轴向位置的调整。为了保证轴上某些零件获得准确的工作位置,如图 6-38 所示蜗杆传动要求蜗轮的主平面通过蜗杆的轴线,蜗轮轴系为此要进行位置调整。

3.轴承的配合与装拆

滚动轴承的配合是指轴承内圈与轴颈、外圈与座孔之间的配合。因滚动轴承是标准件,因此轴承内圈与轴颈的配合采用基孔制,外圈与座孔的配合采用基轴制。应考虑载荷的大小和性质、转速高低、旋转精度和装拆方便等因素来选择轴承的配合。转动的套圈一般采用有过盈的配合;固定的套圈采用有间隙或过盈不大的配合。转速愈高,载荷和振动愈大,旋转精度愈高时,应采用较紧的配合。游动的套圈和经常拆卸的轴承则要采用较松的配合,以便装拆与更换。滚动轴承的装拆应方便,图 6-39 和图 6-40 分别为常见的安装和拆卸滚动轴承的情况。

由于滚动轴承的内圈与轴颈的配合较紧,在装拆时注意不要通过滚动体来传递装拆压力,以免损伤轴承。为便于装拆,应留有足够的拆卸高度,以便放入拆卸用的钩头.如拆卸高

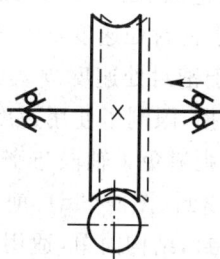

图 6-38

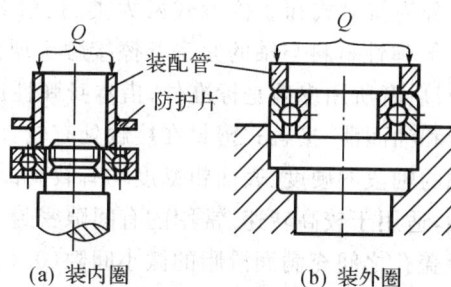

(a) 装内圈   (b) 装外圈

图 6-39

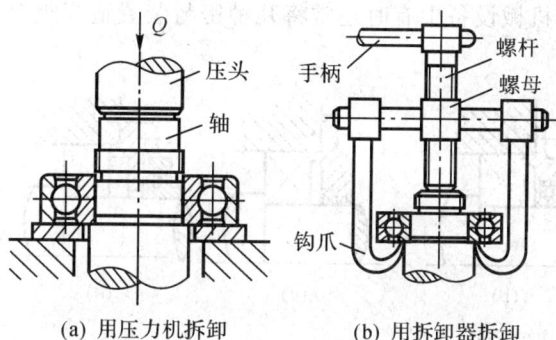

(a) 用压力机拆卸   (b) 用拆卸器拆卸

图 6-40

度不够,可在轴肩上开槽(图 6-41a)或在机体上制出拆卸用螺纹孔,以便拆卸螺钉顶出外圈(图 6-41b)。

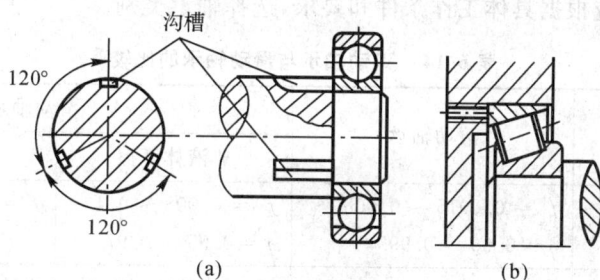

(a)   (b)

图 6-41

4.滚动轴承的润滑与密封

滚动轴承润滑的目的是降低摩擦及减少磨损,同时也起冷却、防锈、吸振和减少噪声等作用。轴承常用的润滑剂有润滑油和润滑脂。润滑脂不易渗漏,不需经常添加,便于密封,维护保养也较方便,且一次填充后可以运转较长时间,适用于轴颈圆周速度 $v < 4 \sim 5\text{m/s}$ 的场合。油润滑比脂润滑摩擦阻力小,并能散热,主要用于高速或工作温度高的轴承。轴承载荷大、温度高时应采用粘度大的润滑油。润滑方式主要有滴油润滑、浸油润滑、溅油润滑与压力喷油润滑等,润滑方式由轴承的速度参数 dn(d 为轴承内径,mm;n 为轴承转速,r/min)参阅有关资料选用,dn 值大时宜选用低粘度油。

滚动轴承密封的目的是防外界灰尘、水分等侵入轴承以及防止润滑剂的流失。常用密封装置可分为接触式和非接触式两大类。接触式密封装置利用毛毡圈(图 6-42a)或皮碗(图 6-42b)等弹性材料与轴的紧密摩擦接触实现密封。前者主要用于密封处速度 $v \leqslant 3 \sim 5\text{m/s}$ 的场合;后者所用皮碗是标准件;借本身弹性压紧在轴上,适用于密封处速度 $v < 10\text{m/s}$ 的脂润滑和油润滑。接触式密封在接触处有较大摩擦,密封件易磨损,限制了使用速度,对与密封接触的轴段的硬度、表面粗糙度均有较高的要求。非接触密封则避免了轴段与密封件的直接接触,适用于较高转速。常用的有间隙密封(图 6-42c)和迷宫密封(图 6-42d)。前者利用轴和轴承盖孔之间充满润滑脂的微小间隙(0.1~0.3mm)实现密封,结构简单,适用于密封处 $v < 5 \sim 6\text{m/s}$ 的脂润滑或低速的油润滑;后者是旋转件与固定件之间制成迂回曲折的小缝隙,使用时亦可在缝隙内填装润滑脂,可用于密封油润滑或脂润滑,密封处速度 v 可达到 30m/s,但其结构复杂。机械设备中有时还常将几种密封装置适当组合使用(如图 6-42e),密封效果更好。

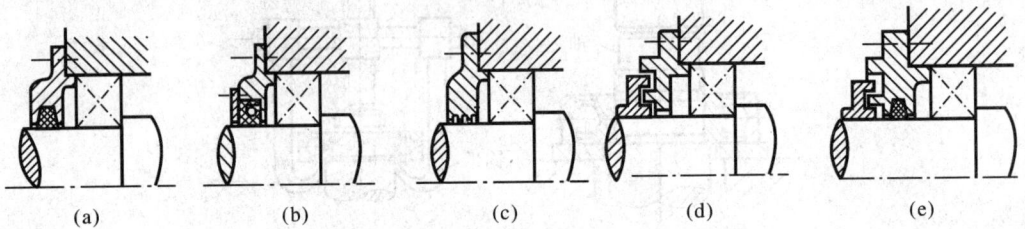

| (a) | (b) | (c) | (d) | (e) |

图 6-42

五、滚动轴承和滑动轴承的比较及其选择

表 6-14 将滚动轴承与滑动轴承的特性作了简要的列表比较,供选择轴承类别时参考。在轴系支承设计时应根据具体工作条件和要求,选择轴承类别。

表 6-14 滚动轴承与滑动轴承的比较

比较项目	滚动轴承	滑动轴承	
		非液体摩擦	液体摩擦
工作时的摩擦系数及一对轴承效率	$f' = 0.0015 \sim 0.008$ $\eta = 0.99 \sim 0.999$	$f' = 0.008 \sim 0.1$ $\eta = 0.95 \sim 0.97$	$f' = 0.001 \sim 0.008$ $\eta = 0.995 \sim 0.999$
适应工作速度、噪声及工作情况	低中速,噪声较大。适用于经常起动的情况	低速,无噪声,不宜频繁起动	中高速,无噪声,不宜频繁起动(静压轴承除外)
旋转精度	较高	较低	一般较高
承受冲击振动能力	较差	较好	好
外廓尺寸	径向大、轴向小	径向小、轴向大	
维护	对灰尘敏感,需密封,润滑简单,耗油量少,不需经常照料	不需密封,但需润滑装置,耗油量较多,需经常照料	
其他	为大量供应的标准件	一般要消耗有色金属,且要自行加工	

不论是滑动轴承还是滚动轴承,其承载能力和转速是两个重要参数。图 6-43 是在实际应用中,按承载能力和转速选择轴承类别的参考线图。

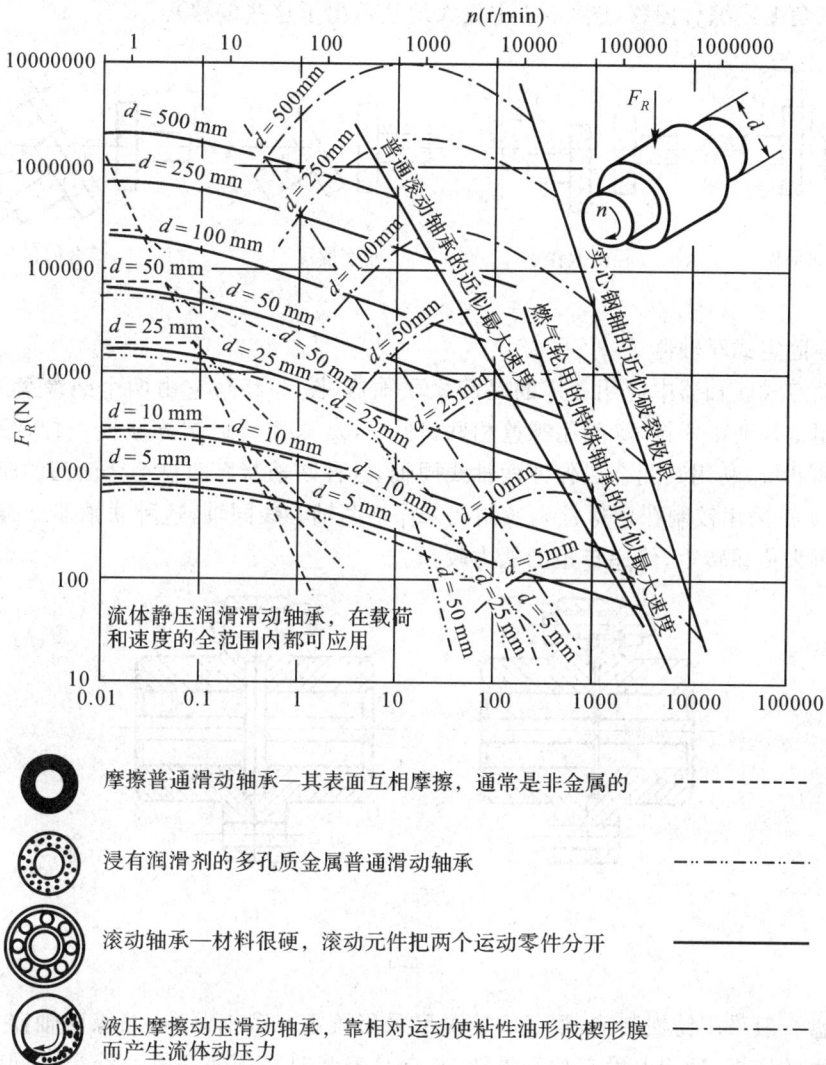

图 6-43

§ 6-4　联轴器、离合器与制动器

联轴器和离合器都是用来联接两轴,使之一起转动并传递转矩的部件。但联轴器联接的两轴只有在机器停车后,通过拆卸方法才能使两轴分离;而离合器联接的两轴在机器运转中能随意分离或接合。制动器是用来迫使机器迅速停止运转或减低机器运动速度的机械装置。

一、联轴器

联轴器的类型较多,根据内部是否包含弹性元件,可分为刚性联轴器和弹性联轴器。按被联接两轴的相对位置及其变动情况,联轴器可分为固定式和可移式。固定式联轴器在安装和运转时要求两轴线严格同轴,可移式联轴器则允许两轴线在安装及运转时有一定限度的轴向、径向、角度或综合偏移(图 6-44 中放大地表示出了这些偏移)。

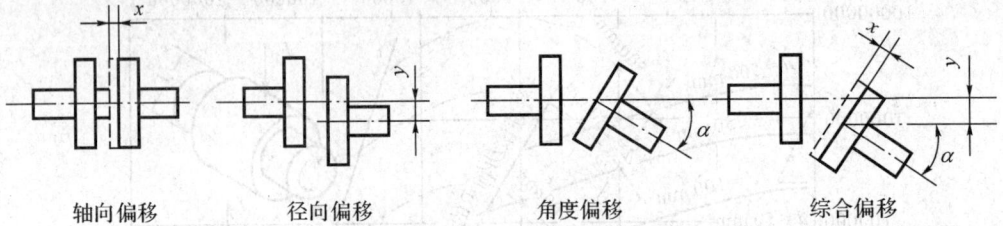

轴向偏移　　径向偏移　　角度偏移　　综合偏移

图 6-44

1.刚性固定式联轴器

刚性固定式联轴器中应用最广的是凸缘联轴器(图 6-45),它由两个凸缘盘组成,两凸缘盘分别用键与两轴联接,盘间用螺栓相联。图 6-45a 采用普通螺栓联接,两凸缘盘上分别制出凸肩和凹坑,利用其配合以保证两轴线同轴。这种联轴器靠两盘接合面间的摩擦力传递转矩。图 6-45b 采用铰制孔用螺栓和铰制孔来保证两轴心线同轴,这种联轴器靠螺栓受剪和联接面受压来传递转矩,传递转矩的能力较强。

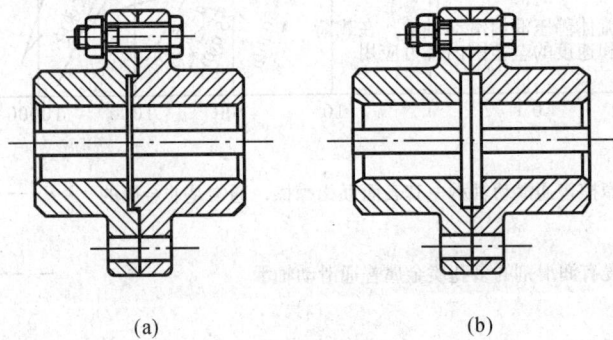

(a)　　　　　(b)

图 6-45

凸缘盘一般采用铸铁制造,重载高速时可采用铸钢或锻钢制造。凸缘联轴器结构简单,能传递较大的转矩,理论上没有功率损耗。缺点是安装时必须使两轴心线严格同轴,无缓冲和吸振作用。这种联轴器已标准化,其尺寸可按标准(GB/T5843—2003)选用。

2.刚性可移式联轴器

刚性可移式联轴器是利用联轴器工作元件间的动联接来补偿两轴间的偏移,可用在两轴间有相对偏移的场合。

(1)滑块联轴器

它由两个端面有凹槽的半联轴器 1 和 3 以及一个两端面具有互相垂直的凸榫的中间圆盘 2 组成(图 6-46)。两半联轴器分别固定在主动轴和从动轴上,中间圆盘上的凸榫则与半联轴器上的凹槽相嵌合而构成动联接,两轴线不同轴或有偏斜时,圆盘将在凹槽内滑动,以补偿轴线的偏移。

半联轴器的材料一般为 ZG270—500 或 45 钢,中间圆盘的材料一般为 45 钢。为防止滑动表面过早磨损,凹槽与凸榫表面应进行表面淬火,在使用时应对该表面进行润滑。这种联

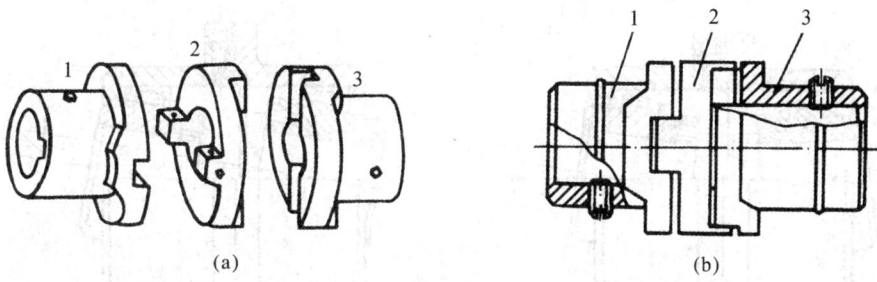

图 6-46

轴器结构简单,径向尺寸小,但高速时中间圆盘的偏心将产生较大的离心力而加剧磨损,并有一定的功率损耗,故只适用于转速较低的场合。

(2)齿轮联轴器

它由两个具有外齿的半联轴器 1、1′ 和两个具有内齿的外壳 2、2′ 组成(图 6-47a)。两个半联轴器分别固定在主动轴和从动轴上,两个外壳的凸缘用螺栓联为一体,半联轴器的外齿与外壳的内齿(齿数相同)相啮合,以传递转矩。外壳内贮有润滑油以润滑轮齿,减少磨损和相对位移的阻力。

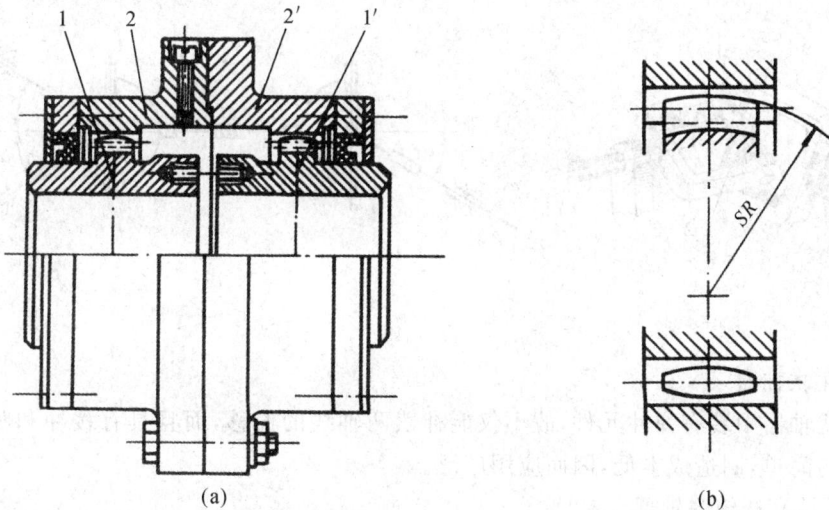

图 6-47

半联轴器的齿顶加工成球面(球面中心在轴线上),并将轮齿制成鼓形(图 6-47b),且齿侧间隙较大。因此,这种联轴器具有补偿综合偏移的性能(图 6-48)。

齿轮联轴器的材料一般采用 45 钢或 ZG270—500。轮齿须经热处理,以保证有一定的硬度。齿轮联轴器因有较多的齿工作,故能传递较大的转矩,外廓尺寸紧凑,而且工作可靠,但结构复杂。由于鼓形齿制造工艺较复杂或需用专用设备,制造成本较高。在重型机械中应用较广。G Ⅱ CL 型鼓形齿轮联轴器的基本参数和主要尺寸参见标准(JB/T 8854.2—1999)。

(3)万向联轴器

万向联轴器是由两个叉形零件 1、2 和一个十字形零件 3 以及轴承所组成(图 6-49a)。叉

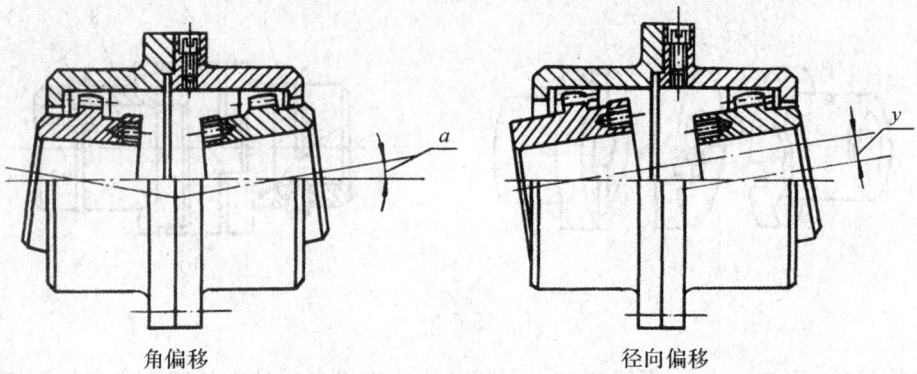

角偏移   径向偏移

图 6-48

形零件与十字零件间构成动联接。允许联接的两轴间有较大的角偏移 α，最大可达 45。其最大缺点是当两轴间有一定角偏移 α 时，主、从动轴的瞬时传动比是变化的，即当主动轴以恒角速度 ω_1 回转时，而从动轴的角速度 ω_2 将在 $\omega_1 \cos\alpha$ 至 $\omega_1/\cos\alpha$ 范围内循环性变化。为了使两轴角速度相同，通常必须将两个万向联轴器一起使用（图 6-49b），且要保证中间轴 M 上的两个叉子位于同一平面内，主、从动轴与中间轴之间的夹角 α_1、α_2 必须相等。

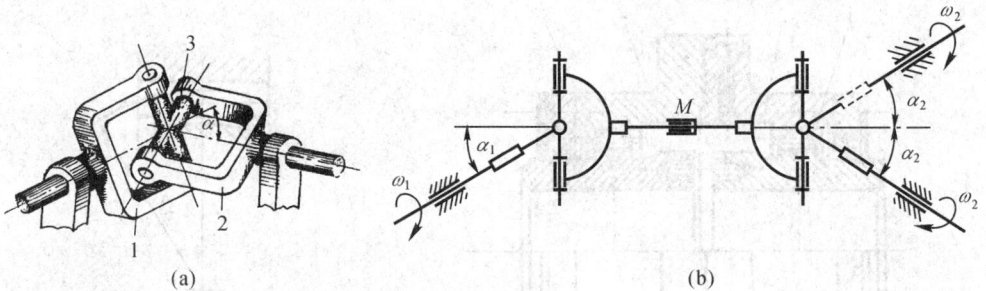

(a)   (b)

图 6-49

3. 弹性联轴器

弹性联轴器中装有弹性元件，故不仅能补偿两轴线的偏移，而且具有缓冲和吸振能力，联轴器结构简单，制造成本低，因而应用广泛。

（1）弹性套柱销联轴器

弹性套柱销联轴器的构造与凸缘联轴器相似，所不同的是用套有弹性圈 1 的柱销 2 代替螺栓联接（图 6-50）。

弹性套用橡胶制成。工作时，依靠弹性套的变形来补偿两轴线的偏移。两个半联轴器的材料一般采用灰铸铁，有时也采用锻钢或铸钢。柱销用 45 钢正火。这种联轴器适用于起动、换向频繁的高速轴的联接。其尺寸可按标准（GB/T4323—2003）选用。

（2）弹性柱销联轴器

图 6-51 所示为弹性柱销联轴器。两个半联轴器分别与两轴固定，而两半联轴器之间用弹性柱销联接（通常用尼龙销），为防止柱销滑出，在柱销孔端装有挡板。尼龙柱销具有较好的弹性，因此这种联轴器具有补偿偏移和缓冲、吸振作用，结构简单，制造容易，维修方便，能传递较大的转矩。其缺点是耐冲击能力较低，且弹性尼龙对温度较敏感，不宜在高温下工作，

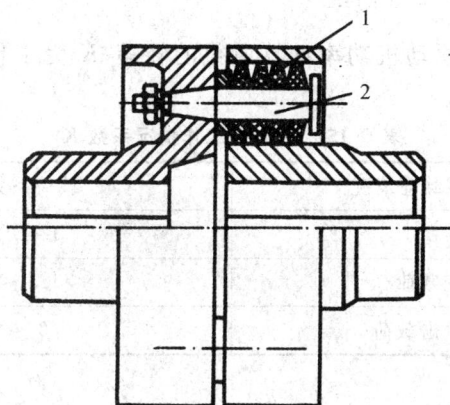

图 6-50

其工作温度范围为 $-20 \sim 70℃$。它主要用于起动、换向频繁的高速轴联接。其尺寸可按标准（GB/T5014—2003）选用。

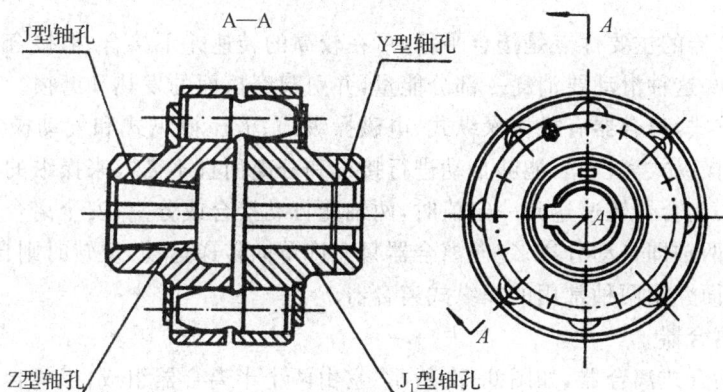

图 6-51

4. 联轴器的选择

常用的联轴器大多已标准化，设计时只需参考有关手册进行选择。联轴器的选择包括类型选择和尺寸选择。

（1）类型选择

当两轴能保证同轴时，可选用固定式联轴器；若不能保证两轴同心或在工作中两轴可能发生各种偏移时，则应选择具有补偿能力的可移式联轴器。如果机器设备起动频繁，被联接轴之一承受冲击载荷时，为了尽量不使冲击传到另一轴上，应选用弹性联轴器。当工作环境温度较高时，由于橡胶和尼龙等不耐高温，一般不宜选用具有橡胶或尼龙等弹性元件的联轴器。此外，还要考虑装拆、维护和更换联轴器元件是否方便。

（2）尺寸选择

当选定联轴器类型后，可按轴的直径、转矩和转速来选定联轴器的尺寸，使轴的直径、工作转矩和转速在该尺寸结构联轴器的允许范围内。

考虑到机器起动时的惯性力矩和工作过程中的过载等因素，联轴器的尺寸应按计算转矩 T_c 选择

$$T_c = KT \qquad\qquad (6\text{-}18)$$

式中:T 为名义转矩,即按原动机功率计算所得的转矩;K 为工作情况系数,可按表 6-15 选取。

表 6-15   联轴器工作情况系数 K

工作机械载荷情况	载荷系数 K
起动质量轻、载荷平稳	$1 \sim 1.5$
起动质量中等、受变载荷	$1.5 \sim 2$
起动质量较大、受冲击载荷	$2 \sim 3$

二、离合器

离合器按工作原理可分为啮合式和摩擦式两大类。前者利用接合元件的啮合来传递转矩,而后者则依靠接合面间的摩擦力来传递转矩。

啮合式离合器主要优点是结构简单,外廓尺寸小,传递的转矩大,但接合只能在停车或低速下进行。

摩擦式离合器的主要优点是接合平稳,可在较高的转速差下接合。但接合中摩擦面间必将发生相对滑动。这种滑动要消耗一部分能量,并引起摩擦面的发热和磨损。

按照操纵方式,离合器有机械操纵式、电磁操纵式、液压操纵式和气动操纵式等各种形式,它们统称为操纵式离合器。能够自动进行接合和分离而且不需人来操纵的称为自动离合器,例如,当离心离合器转速达到一定值时,两轴能自动接合或分离;安全离合器则当转矩超过其限定值时,两轴即自动分离;定向离合器只允许单向传递运动,反转时则自动分离。离合器种类很多,下面介绍两种常用的操纵式离合器。

1. 牙嵌式离合器

这是一种啮合式离合器,如图 6-52 所示。它由两个半离合器组成,半离合器 1 用平键与主动轴联接,另一半离合器 2 利用导向平键或花键与从动轴联接,并可由拨叉 4 操纵其轴向移动,以实现离合器的分离和接合。在半离合器 1 上有螺钉固定一个对中环 3,以实现导向和定心。必须指出,可移动的半离合器不应装在主动轴上,否则将使离合器分离后,半离合器与拨叉之间仍处于摩擦状态。

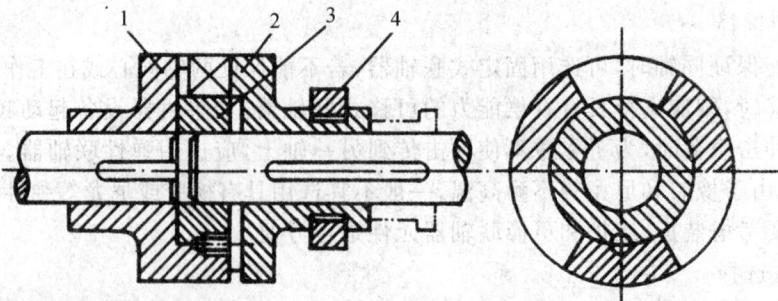

图 6-52

牙嵌式离合器是靠端面上的凸齿来传递转矩的,凸齿齿形有多种形式,其中矩形齿接合啮入最难(图 6-53a),只能在静止状态下手动接合。梯形齿(图 6-53b)强度较高,能传递较大的转矩,接合也比较方便,并能补偿齿磨损后产生的间隙。锯齿形齿(图 6-53c)强度最高,但仅能传递单方向的转矩。

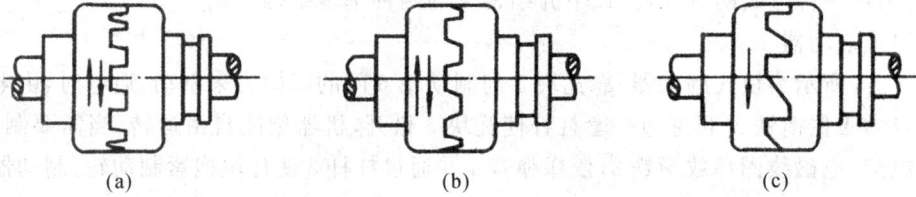

(a)   (b)   (c)

图 6-53

牙嵌式离合器的特点是结构简单,尺寸紧凑,并能传递较大的转矩;又由于它是刚性啮合,齿面间无相对滑动,可以实现准确的运动传递,但在运转中接合时有冲击,故只能在低速和静止状态下接合,否则容易打坏凸齿。

2. 摩擦离合器

摩擦离合器有圆盘式、多片式和圆锥式等各种形式,其中以多片式摩擦离合器应用最为广泛。

图 6-54a 所示为多片式摩擦离合器。主动轴1上有键固定一外套筒2,从动轴3上有键固定一内套筒4。一组外摩擦片5(图 6-54b)的外缘与外套筒2之间为花键联接,因而随外套筒一起回转,它的内孔不与任何零件接触。另一组内摩擦片6(图 6-54c)与内套筒4之间也通过花键联接,从而带动内套筒一起回转,而其外圆不与其他零件接触。当滑环7向右移动时,杠杆8在弹簧10的作用下绕支点逆时针方向摆动,摩擦片松开,离合器使两轴分离。内、外摩擦片之间的间隙则通过螺母11来调节。

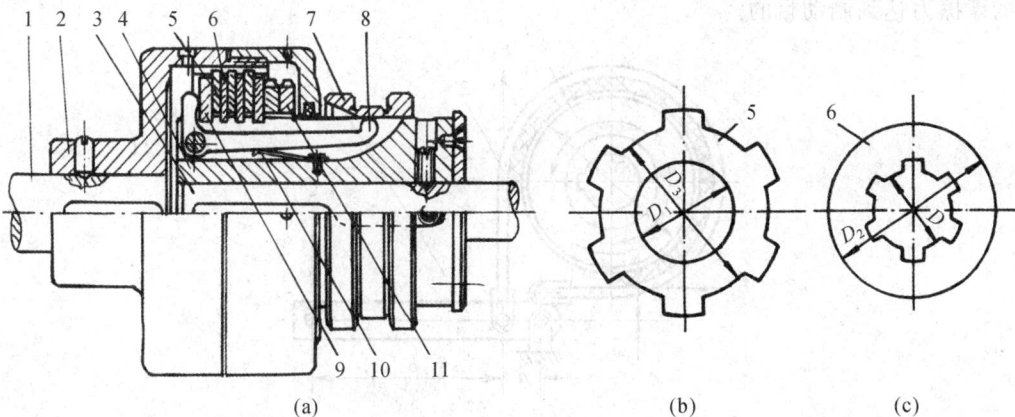

(a)   (b)   (c)

图 6-54

多片式摩擦离合器由于摩擦接合面较多,因而能传递较大的转矩,接合和分离过程较平稳,但结构复杂,成本较高。

三、制动器

制动器是用来减低机械的运转速度或迫使机械停止运转。在车辆、飞机和起重机等机械中,广泛采用各种形式的制动器。以下介绍常见的两种基本结构形式。

1. 块式制动器

图 6-55 所示为块式制动器,靠瓦块 5 与制动轮 6 间的摩擦力来制动。通电时,由电磁线圈 1 的吸力吸住衔铁 2,再通过一套杠杆使瓦块 5 松开,机器便能自由运转。当需要制动时,则切断电流,电磁线圈释放衔铁 2,依靠弹簧 4 并通过杠杆 3 使瓦块抱紧制动轮。制动器也可以设计为在通电时起制动作用,但为安全起见,应设计为在断电时起制动作用。

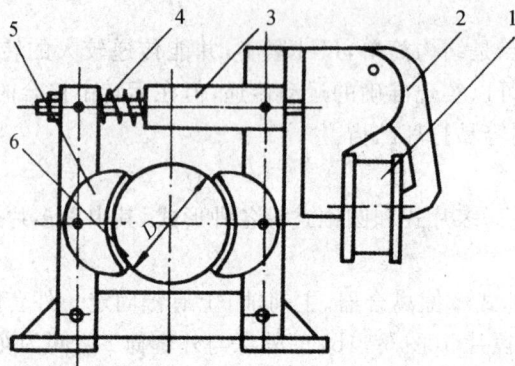

图 6-55

2. 带式制动器

图 6-56 为带式制动器。当杠杆 1 上作用外力 Q 后,收紧闸带 2 而抱住制动轮 3,靠带与轮间的摩擦力达到制动目的。

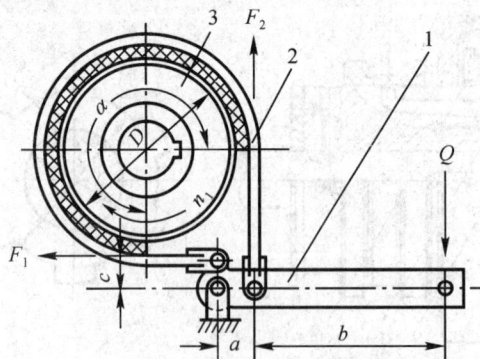

图 6-56

为了增加摩擦作用,耐磨并易于散热,闸带材料一般为钢带上覆以夹铁纱帆布或金属纤维增强的聚合物材料。带式制动器结构简单,径向尺寸紧凑。

230

第7章 弹簧、机架与导轨

§7-1 弹　簧

一、弹簧的功用、类型和特性

弹簧是机电系统中广泛应用的一种弹性元件。它在外力的作用下能产生较大的弹性变形，把机械能转化为变形能；外力除去后变形消失而恢复原状，把变形能还原为机械能。

弹簧的主要功用有：

1）控制机件的运动，例如离合器中的控制弹簧；

2）缓冲吸振，例如弹性联轴器中的吸振弹簧；

3）储存能量，例如机械钟表中的发条；

4）测量载荷的大小，例如弹簧秤中的弹簧。

弹簧的种类很多，按其受载情况主要分为拉伸弹簧、压缩弹簧、扭转弹簧和弯曲弹簧；按其形状又可分为螺旋弹簧、碟形弹簧、环形弹簧、盘簧和板簧等；按其材料又可分为金属弹簧与非金属弹簧。

表示弹簧载荷与变形之间的关系曲线称为弹簧的特性线。它是选择和评定各类弹簧的主要依据。受压或受拉的弹簧，载荷是指压力或拉力 F，变形是指弹簧压缩量或伸长量 λ；受扭转的弹簧，载荷是指扭矩 T，变形是指扭角 φ。金属弹簧的基本形式及其特性见表 7-1。弹簧的载荷变量与变形变量之比称为弹簧的刚度 k。对于拉、压弹簧，$k = \mathrm{d}F/\mathrm{d}\lambda$，对于扭转弹簧，$k = \mathrm{d}T/\mathrm{d}\varphi$。直线型特性线的弹簧，弹簧刚度为一常数，非直线特性线的弹簧，弹簧刚度为一变数，称为变刚度弹簧。显然，测力弹簧应是定刚度的，而在受动载荷或冲击载荷的场合，弹簧最好是采用随着载荷的增加、弹簧刚度将愈来愈大的变刚度弹簧。在加载过程中，弹簧所吸收的能量称为变形能，其值为 $U = \int_0^\lambda F \mathrm{d}\lambda$。如图 7-1a 所示，特性线下阴影线所包的面积即为变形能。金属弹簧如果没有外部摩擦，应力又在比例极限以内，则其卸载过程将与加载过程重合，这时吸收的能量又将全部释放。如果有外部摩擦，则卸载过程不与加载过程重合，如图 7-1b 所示。这时一部分能量 U_0（网状线面积）将转变为摩擦热消耗，其余能量则被释放。U_0 与 U 之比越大，弹簧的吸振能力越强，该弹簧缓冲吸振的效果越佳。

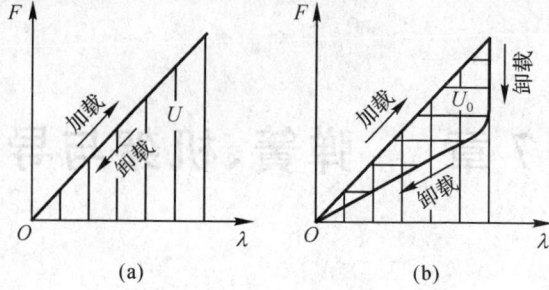

图 7-1

表 7-1　金属弹簧的基本形式及其特性

拉　伸	压　缩	扭　转	弯　曲
圆柱形螺旋拉伸弹簧	圆柱形螺旋压缩弹簧 圆锥形螺旋压缩弹簧	圆柱形螺旋扭转弹簧	—
—	环形弹簧 碟形弹簧	盘簧	板弹簧

螺旋弹簧是用金属簧丝绕制而成的空间螺旋线。其中圆柱形螺旋弹簧特性线为直线型,由于其制造简便,应用很广。圆锥形螺旋弹簧则是非直线型特性线。

环形弹簧是由一组带锥面的内外钢环组成的一种压缩弹簧。碟形弹簧可以是单个无底碟型钢片或者若干个碟型钢片组合而成的压缩弹簧。环形弹簧和组合碟形弹簧均能承受很大的冲击载荷,并把相当部分的冲击能量消耗在各圈之间的摩擦上,所以具有良好的缓冲吸振性能,多用作机械系统中的缓冲装置。

盘簧(或称平面蜗卷形弹簧)一般用矩形截面或圆形截面的金属簧丝卷绕成阿基米德蜗线形。它的外端固定于活动构件或静止壳体上,内端固接在心轴上,轴向尺寸很小。盘簧有两类,一类盘簧工作转角很小,簧丝间不接触,特性线为直线,可用作测量元件;另一类盘簧圈数多,变形角大,储存能量大,多用于仪器、钟表中的储能动力装置。

板弹簧通常是用许多长度不等的钢板叠合而成。这种弹簧由于板间的摩擦,加载与卸载特性线不重合,减振能力强,主要用作各种车辆底盘的减振元件。

橡胶弹簧为非金属弹簧,如图 7-2 所示,由于其材料内部的阻尼作用,在加载、卸载过程中摩擦能耗大,所以弹簧的吸振能力强。其形状不受限制,且可承受多方向的载荷,多用于缓冲器。

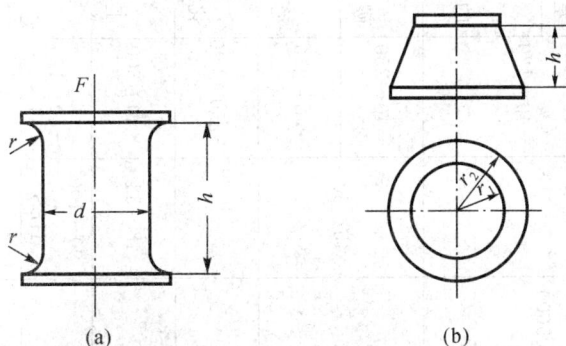

图 7-2

本节主要介绍应用最广的圆截面的圆柱形螺旋弹簧。

二、圆柱螺旋弹簧的制造、材料及许用应力

1.弹簧的制造

螺旋弹簧的制造过程包括:卷绕、两端面加工(压缩弹簧)或制作钩环(拉伸弹簧和扭转弹簧)、热处理和工艺试验等。

螺旋弹簧卷制。在单件及小批量生产时,常在车床上将簧丝卷绕在芯轴上而成,大量生产时在自动卷簧机上进行。卷制分冷卷和热卷两种。当弹簧丝直径不超过 8mm 时常用冷卷法,卷成后一般不再进行淬火处理。弹簧丝直径较大而弹簧直径较小的弹簧则常用热卷。卷成后必须经过淬火与回火处理。弹簧在卷绕和热处理后要进行表面状况检验、尺寸检验及工艺检验。有时为提高弹簧的承载能力或疲劳强度,可再进行喷丸处理。

2.弹簧的材料与许用应力

为使弹簧能够可靠地工作和便于制造。弹簧材料应具有较高的弹性极限和疲劳极限,同时具有足够的冲击韧性和塑性以及良好的热处理性能。

常用的弹簧材料有优质碳素钢、合金钢和有色金属合金,其性能及应用情况列于表7-2。碳素弹簧钢丝的抗拉强度极限列于表 7-3。

选择弹簧材料时应综合考虑弹簧的工作条件(载荷的大小及性质、工作温度和周围介质的情况、振动的情况)、功用、重要性和经济性等因素。一般优先采用碳素弹簧钢丝。

影响弹簧的许用应力的因素很多,除了材料种类外,还有材料质量、热处理方法、载荷性质、弹簧的工作条件和重要性以及弹簧丝的尺寸等。各类弹簧的许用应力分别列于表 7-2 中。

表 7-2 弹簧常用材料的特性及其许用应力

类别	材料代号	许用切应力 [τ] (MPa)			许用弯曲应力 [σF] (MPa)		剪切模量 G (MPa)	弹性模量 E (MPa)	推荐硬度 (HRC)	推荐使用温度 (℃)	特性及用途
		I类弹簧	II类弹簧	III类弹簧	II类弹簧	III类弹簧					
钢丝	碳素弹簧钢丝 B,C,D级	$0.3\sigma_B$	$0.4\sigma_B$	$0.5\sigma_B$	$0.5\sigma_B$	$0.625\sigma_B$	$0.5 \leq d \leq 4$：83000~80000；$d>4$：80000	$0.5 \leq d \leq 4$：207500~205000；$d>4$：200000	—	-40~120	强度高，性能好，淬透性较差，适用于尺寸较小的弹簧。
	重要用途弹簧钢丝 65Mn										淬透性较好，用于中小尺寸的弹簧。
	60Si2Mn 60Si2MnA	480	640	800	800	1000	80000	200000	45~50	-40~250	弹性好，回火稳定性好，易脱碳，用于大载荷的弹簧。
	50CrVA	450	600	750	750	940	80000	200000	45~50	-40~210	疲劳性能高，淬透性和回火稳定性好。
不锈钢丝	1Cr18Ni9 1Cr18Ni9Ti	300	440	550	550	690	73000	197000	—	-250~290	耐腐蚀，耐高温，耐酸，用于化工，航海较小尺寸的弹簧。
	4Cr13	450	600	750	750	940	77000	219000	48~53	-40~300	耐高温，耐腐蚀，适用于化工，航海较大尺寸的弹簧。
青铜丝	QSi3-1	270	360	450	450	560	41000	95000	90~100 HBS	-40~120	耐蚀，防磁，用于机械仪表。
	QBe2	360	450	560	560	750	43000	132000	37~40	-40~120	耐蚀，防磁，导电性好，用于电气仪表。

注：①弹簧按载荷性质分为三类：I类——受变载荷，作用次数在 10^6 以上的弹簧；II类——受变载荷，作用次数在 $10^3 \sim 10^6$ 之间和受冲击载荷的弹簧；III类——受变载荷，作用次数在 10^3 以下的弹簧。

②σ_B 为材料的抗拉强度极限，碳素弹簧钢丝的 σ_B 按机械性能不同分为 B,C,D 三级，其抗拉强度与弹簧级别，簧丝直径有关，见表 16-3。

③表中的许用切应力[τ]值适用于压缩弹簧，而拉伸弹簧的许用应力[τ]为表中数值的 80%。

④在使用过程中有磨损或腐蚀的弹簧，以及因弹簧损坏能引起整个机械损坏的重要弹簧，许用应力应当降低。

⑤经强压处理的弹簧，其许用应力最大可提高 25%。

表 7-3　碳素弹簧钢丝的抗拉强度下限值(摘自 GB/T4357—1989)　MPa

钢丝直径 d(mm)	级 别			钢丝直径 d(mm)	级 别		
	B	C	D		B	C	D
0.8	1710	2010	2400	2.8	1370	1620	1710
1.0	1660	1960	2300	3.0	1370	1570	1710
1.2	1620	1910	2250	3.2	1320	1570	1660
1.4	1620	1860	2150	3.5			
1.6	1570	1810	2110	4.0	1320	1520	1620
1.8	1520	1760	2010	4.5			
2.0	1470	1710	1910	5.0	1320	1470	1570
2.2	1420	1660	1810	5.5	1270	1470	1570
2.5	1420	1660	1760	6.0	1220	1420	1520

注:钢丝牌号采用 25 ～ 65、40Mn ～ 65Mn 钢制造。

三、圆柱螺旋压缩弹簧和拉伸弹簧

1.结构和几何尺寸

图 7-3a、b 分别表示圆截面金属丝制成的压缩和拉伸螺旋弹簧的基本几何参数。图中 d 为金属簧丝直径,D 为外径,D_1 为内径,D_2 为中径,α 为螺旋升角,t 为节距,H_0 为自由高度(长度)。

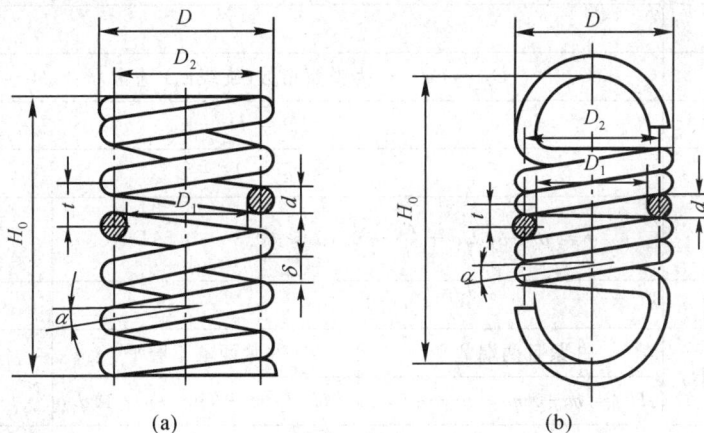

图 7-3

压缩弹簧的两端通常各有 $\frac{3}{4}$ ～ $1\frac{1}{4}$ 圈并紧,以使弹簧能直立,这几圈不参与工作变形,称为支撑圈或死圈,弹簧的总圈数 n_1 应为参与变形工作圈数 n 与两端死圈数之和。常用的并紧死圈端部结构有磨平端(图 7-4a)和不磨平端(图 7-4b)两种。受变载荷或对两端承压面与其轴线垂直度要求较高的重要弹簧应采用并紧磨平端。死圈的磨平长度应不小于 $\frac{3}{4}$ 圈,末

端厚度应接近于 $0.25d$。

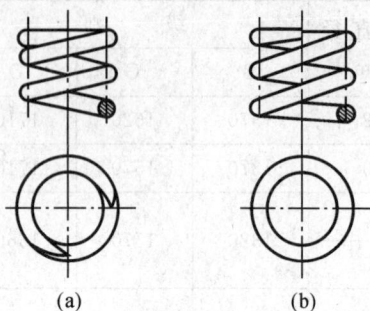

图 7-4

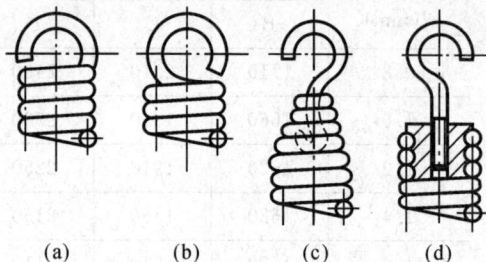

图 7-5

拉伸弹簧的端部做有挂钩，以便安装和加载。常见的挂钩形式见图 7-5。其中图 7-5a、图 7-5b 的结构制造方便，但这两种挂钩与弹簧做成一体，在弹簧受拉时，在挂钩与弹簧的过渡连接处产生的弯曲应力较大，易于断裂，故只适用于中小载荷和不甚重要的地方。图 7-5c 具有圆锥形过渡端的挂钩是另外装上去的活动挂钩，挂钩及弹簧端部的弯曲应力较前述两种小，而且挂钩可以转动到任何方向，便于安装。在受载较大的场合，最好采用图 7-5d 螺旋块式挂钩。图 7-5c 和图 7-5d 所示挂钩适用于承受变载荷的场合，但价格较贵。

圆柱螺旋压缩弹簧和拉伸弹簧的基本结构尺寸关系列于表 7-4。圆柱螺旋弹簧尺寸参数系列（GB/T1358—1993）摘列于表 7-5。

表 7-4 圆柱螺旋压缩弹簧和拉伸弹簧基本几何尺寸

项　　目	压缩弹簧		拉伸弹簧
簧丝直径 d			
弹簧中径 D_2	$D_2 = Cd$　C 为弹簧指数（旋绕比）通常 $C = 24 \sim 16$		
弹簧外径 D	$D = D_2 + d$		
弹簧内径 D_1	$D_1 = D_2 - d$		
弹簧节距 t （在自由状态下）	$t = d + \delta \geqslant d + \dfrac{\lambda_2}{n} + 0.1d \approx (0.3 \sim 0.5)D_2$		$t \approx d$
实际弹簧总圈数 n_1	$n_1 = n + (1.5 \sim 2.5)$		$n_1 = n$
弹簧自由高度 H_0	并紧且两端磨平	并紧两端不磨平	$H_0 = (n+1)d +$ 挂钩尺寸
	$H_0 = nt + (n_1 - n - 0.5)d$	$H_0 = nt + (n_1 - n + 1)d$	
弹簧螺旋升角 α	$\alpha = \arctan \dfrac{t}{\pi D_2} \approx 5° \sim 9°$		$\alpha = \arctan \dfrac{t}{\pi D_2}$
弹簧展开长度 L	$L = \pi D_2 n_1 / \cos\alpha$		$L = \pi D_2 n_1 / \cos\alpha +$ 挂钩展开长度

表 7-5　普通圆柱螺旋压缩与拉伸弹簧尺寸参数系列(摘自 GB/T1358—1993)

弹簧簧丝直径 d(mm)		1　1.2　1.6　2　2.5　3　3.5　4　4.5　5　6　8　10　12　16　20　25 30　35　40　45　50
弹簧中径 D_2(mm)		10　12　14　16　18　20　22　25　28　30　32　38　42　45　48　50　52 55　58　60　65　70　75　80　85　90　95　100　105　110　115　120
有效圈数 n(圈)	压缩弹簧	4　4.25　4.5　4.75　5　5.5　6　6.5　7　7.5　8　8.5　9　9.5　10 10.5　11.5　12.5　13.5　14.5　15　16　18　20　22　25　28　30
	拉伸弹簧	4　5　6　7　8　9　10　11　12　13　14　15　16　17　18　19　20　22　25 28　30　35　40　45　50　55　60　65
自由高度 H_0(mm)	压缩弹簧 (推荐选用)	15　16　17　18　19　20　22　24　26　28　30　32　35　38　40　42　45 48　50　58　60　65　70　75　80　85　90　95　100　105　110　115　120 130　140　150　160　170　180　190　200

2. 弹簧特性线

图 7-6 所示为一压缩弹簧，H_0 是它未受载荷时的自由高度。F_1 是最小载荷，它是为了使压缩弹簧可靠地安装在工作位置上所预加的初始载荷，弹簧在载荷 F_1 作用下的高度为 H_1，压缩量为 λ_1。F_2 是弹簧的最大工作载荷，此时弹簧压缩量增至 λ_2，而长度减至 H_2。λ_2 与 λ_1 之差即为弹簧的工作行程 h，即 $h = \lambda_2 - \lambda_1 = H_2 - H_1$。$F_j$ 是弹簧的极限载荷，亦即在 F_j 作用下弹簧丝内的应力达到弹簧簧丝材料的屈服极限，对应于 F_j 时的弹簧长度为 H_j，压缩量为 λ_j。弹簧应该在弹性极限内工作，所以最大工作载荷 F_2 应小于极限载荷，通常取 $F_2 \leqslant 0.8F_j$。对于等节距圆柱螺旋弹簧，其变形量与载荷成正比，亦即特性线为一直线，数学式为 $k = F_1/\lambda_1 = F_2/\lambda_2 = (F_2 - F_1)/h$，其中 k 为弹簧刚度。压缩弹簧的初始载荷 F_1 通常取为：$F_1 = (0.1 \sim 0.5)F_2$。

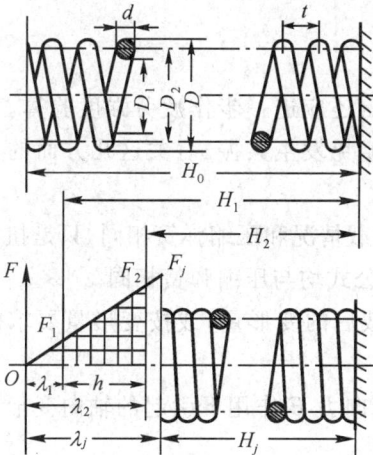

图 7-6

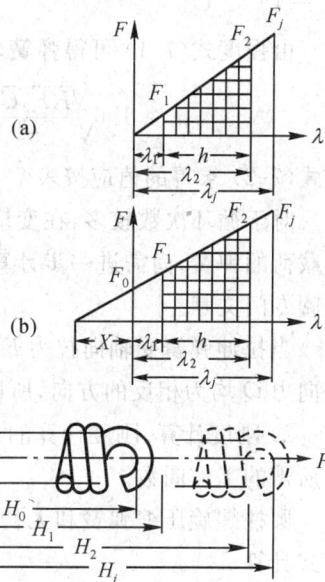

图 7-7

拉伸弹簧特性曲线分为无初应力和有初应力两种。现以 F、λ 分别表示拉力和拉伸量,则无初应力的拉伸弹簧特性线(图7-7a)与压缩弹簧相同;有初应力的拉伸弹簧,卷制的各圈间互相并紧,使弹簧在自由状态下就受有初拉力 F_0 的作用,其特性线如图7-7b所示,它的起点不在原点。此时可利用这类弹簧载荷和变形之间成直线变化关系规律,在图中增加一段假想变形量 X,当承受载荷时,首先要克服这段假想变形量 X,弹簧才开始伸长。由此可见,有初应力的弹簧的实际伸长量比无初应力的要小,所以可节省空间尺寸,提高弹簧的效能。

一般情况下,初拉力 F_0 的值:当簧丝直径 $d \leqslant 5\text{mm}$ 时,取 $F_0 \approx \frac{1}{3}F_j$;当 $d > 5\text{mm}$ 时,取 $F_0 \approx 0.25F_j$。

在弹簧的工作图上应注出弹簧的特性线,以作为制造、检测和试验的依据之一。

3. 强度计算与刚度计算

1) 强度计算。强度计算的目的在于确定弹簧丝直径 d 和弹簧中径 D_2,现以过弹簧中心线作剖面的图7-8所示圆截面簧丝弹簧受轴向压力 F 的情况为例进行分析。通过弹簧轴线的弹簧丝剖面内有扭矩 $T = \frac{1}{2}FD_2$ 和切向力 $Q = F$ 作用。由分析研究可知,弹簧圈内侧的切应力最大,其值为 $\tau_{max} = K \cdot \frac{8FD_2}{\pi d^3}$,因此强度校核公式为

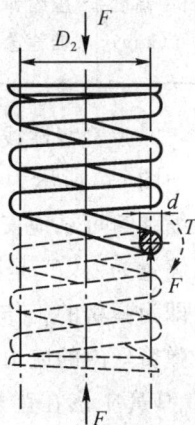

图 7-8

$$\tau_{max} = K \cdot \frac{8F_2D_2}{\pi d^3} = K \cdot \frac{8F_2C}{\pi d^2} \leqslant [\tau] \quad (\text{MPa}) \quad (7\text{-}1)$$

式中:d 为簧丝直径,mm;D_2 为弹簧中径,mm;F_2 为最大的工作载荷,N;$[\tau]$ 为许用切应力,MPa,查表7-2,$C = D_2/d$ 称为弹簧指数(或旋绕比,通常取 $C = 4 \sim 16$,最常用 $C = 5 \sim 10$;K 为曲度系数,$K = \frac{4C-1}{4C-4} + \frac{0.615}{C}$。

由强度式(7-1)可得弹簧丝直径

$$d \geqslant 1.6\sqrt{\frac{KF_2C}{[\tau]}} \qquad\qquad (7\text{-}2)$$

按式(7-2)求得的值应按表7-5选取相应的标准值。

对于循环次数较多,在变应力下工作的重要弹簧,还应进一步作疲劳强度验算。对受振动载荷的弹簧,尚需进一步计算弹簧的自振频率,以避免发生共振。有关这几方面的计算可参阅专门文献。

当拉伸弹簧受轴向拉力 F 时,簧丝横断面上的受载情况和压缩弹簧相同,只是扭矩 T 和切向力 Q 均为相反的方向,所以应力分析、强度计算公式均与压缩弹簧相同。

2) 刚度计算。刚度计算的目的在于计算弹簧受载后的变形量,或按变形量要求确定弹簧所需的工作圈数。

圆柱螺旋压缩弹簧和无初拉力的拉伸弹簧,在轴向力 F 作用下引起的轴向变形量 λ 按下式计算

$$\lambda = \frac{8FD_2^3n}{Gd^4} = \frac{8FC^3n}{Gd} \quad (\text{mm}) \qquad (7\text{-}3)$$

式中：G 为弹簧簧丝材料的剪切弹性模量，MPa，由表 7-2 查得，n 为有效工作圈数；其他符号同前。

利用上式可求出弹簧所需的有效工作圈数

$$n = \frac{G\lambda_2 d^4}{8F_2 D_2^3} = \frac{G\lambda_2 d}{8F_2 C^3} \tag{7-4}$$

按式(7-4)求得的有效工作圈数 n 应按表 7-5 选取相近的标准值。有效工作圈数最少为 2 圈。

由式(7-3)，得弹簧刚度

$$k = \frac{F}{\lambda} = \frac{Gd}{8C^3 n} \tag{7-5}$$

由此看出：当弹簧的材料、簧丝直径一定时，工作有效圈数 n、旋绕比 C 都影响弹簧刚度，而且旋绕比 C 对弹簧刚度的影响比圈数 n 的影响更大。当其他条件相同时，C 值愈小，弹簧刚度愈大，亦即弹簧愈硬，反之愈软。选取 C 值时还要注意到 C 值太小时卷绕弹簧有困难，且在工作时将引起较大的扭应力；C 值太大时，弹簧工作时易发生颤动。

对于有初拉力 F_0 的拉伸弹簧，因为工作时需首先克服初拉力 F_0，弹簧才开始伸长，故在上述的计算公式(7-3)、(7-4)、(7-5)中的 F 应代以 $(F - F_0)$ 进行计算。

当压缩弹簧的圈数较多时，可能发生侧向弯曲(图 7-9a)，故应验算其稳定性指标，即对高径比 $b = \dfrac{H_0}{D_2}$ 应为有限值。对两端固定的弹簧，$b \leqslant 5.3$；一端固定一端铰支的弹簧，$b \leqslant 3.7$；两端铰支的弹簧，$b \leqslant 2.6$。如不满足上述要求，弹簧就可能失稳，此时应重选弹簧参数以减小 b 值。如结构受限制，不能改变弹簧参数时，应在弹簧内部放置导杆或在弹簧外部放置导套(图 7-9b)。但需注意，由于弹簧对导杆、导套的摩擦，必然会对弹簧特性线有一定影响。

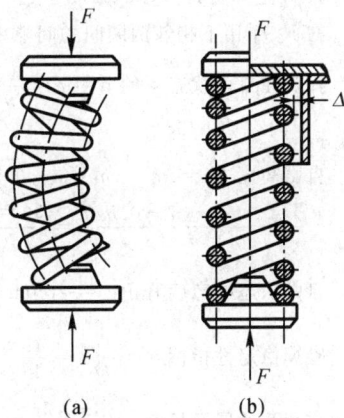

(a)　　　　(b)

图 7-9

4. 拉压弹簧计算步骤

通常给定弹簧所承受的最大工作载荷 F_2 和相应的最大轴向变形量 λ_2(或者给定 F_1、F_2 和工作行程 h)以及其他要求(例如空间大小对结构的限制等)，按弹簧用途与工作条件选择弹簧材料和端部结构，按给定的载荷、变形量确定弹簧的主要参数 D_2、d、n，最后再计算出其他几何尺寸。这里以压缩弹簧为例说明其计算过程。

例 7-1　设计某装置中的圆截面弹簧丝圆柱螺旋压缩弹簧，其最小工作载荷(安装时预载荷)$F_1 = 200\text{N}$，最大工作载荷 $F_2 = 500\text{N}$，弹簧工作行程 $h = 10\text{mm}$，弹簧外径 D 不超过 30mm，属 Ⅱ 类载荷的弹簧。

解：1) 选择材料

选用碳素弹簧钢丝 C 级，Ⅱ 类载荷由表 7-2 知 $[\tau] = 0.40\sigma_B$，$G = 80000\text{MPa}$，因 σ_B 与簧丝直径 d 有关，而 d 尚待求出，现初步估计 d 约为 4mm 左右，查表 7-3 取 $\sigma_B = 1520(\text{MPa})$。确定许用应力 $[\tau] = 0.4\sigma_B = 0.4 \times 1520 = 608(\text{MPa})$。

2) 按强度计算求弹簧簧丝直径 d

题目要求弹簧外径 $D \leqslant 30\text{mm}$，故 $D_2 + d = D_2 + 4 \leqslant 30$，亦即 $D_2 \leqslant 26\text{mm}$，查表 7-5 取 $D_2 = 25\text{mm}$，则弹簧旋绕比 $C = \dfrac{D_2}{d} = \dfrac{25}{4} = 6.25$，由此求出曲度系数 $K = \dfrac{4C-1}{4C-4} + \dfrac{0.615}{C} = 1.24$，由式(7-2)计算 $d \geqslant$

$$1.6\sqrt{\frac{KF_2C}{[\tau]}} = 1.6\sqrt{\frac{1.24 \times 500 \times 6.25}{608}} = 4.04(\text{mm}),$$ 与原假设 $d = 4\text{mm}$ 相近,可成立。

3）按刚度计算求弹簧有效圈数 n

由图 7-6 知

$$\frac{F_1}{\lambda_1} = \frac{F_2}{\lambda_2} = \frac{F_2 - F_1}{\lambda_2 - \lambda_1} = \frac{F_2 - F_1}{h}$$

故式(7-4)可改写成

$$n = \frac{Ghd}{8(F_2 - F_1)C^3} = \frac{80000 \times 10 \times 4}{8(500 - 200) \times 6.25^3} = 5.461(\text{圈})$$

按表 7-5 取 $n = 5.5$ 圈

n 由计算值 5.461 圈取成 5.5 圈,为了保证最大工作载荷 F_2 和工作行程 h 不变,必须重新求最小工作载荷 F_1,得

$$\lambda_2 = \frac{8F_2C^3n}{Gd} = \frac{8 \times 500 \times 6.25^3 \times 5.5}{80000 \times 4} = 16.78(\text{mm})$$

$$\lambda_1 = \lambda_2 - h = 16.78 - 10 = 6.78(\text{mm})$$

故 $$F_1 = F_2\frac{\lambda_2}{\lambda_1} = 500 \times \frac{6.78}{16.78} = 202(\text{N})$$

考虑两端各并紧一圈,故弹簧实际圈数 $n_1 = 5.5 + 2 = 7.5$(圈)

4）确定弹簧其他各部分尺寸

在 F_2 作用下相邻两圈间的间隙 $\delta' \geqslant 0.1d = 0.4\text{mm}$,取 $\delta' = 0.5\text{mm}$。

弹簧在自由状态下的节距 $t = \frac{\lambda_2}{n} + d + \delta' = \frac{16.78}{5.5} + 4 + 0.5 = 7.55$,符合 $t = (0.3 \sim 0.5)D_2$ 的要求。

自由高度 $H_0 = nt + (n_1 - n - 0.5)d = 5.5 \times 7.55 + 1.5 \times 4 = 47.53(\text{mm})$,由表 7-5 取 $H_0 = 48\text{mm}$,

则 $$t = \frac{H_0 - (n_1 - n - 0.5)d}{n} = \frac{48 - 1.5 \times 4}{5.5} = 7.636(\text{mm})$$

自由状态的螺旋升角 $\alpha = \arctan\frac{t}{\pi D_2} = \arctan\frac{7.636}{\pi \times 25} = 5.55°$ 满足 $\alpha \leqslant 9°$ 的要求。

验算稳定性指标 $b = \frac{H_0}{D_2} = \frac{48}{25} = 1.92 < 2.6$,满足稳定性要求。

弹簧簧丝展开长度 $l = \frac{\pi D_2 n_1}{\cos\alpha} = \frac{\pi \times 25 \times 7.5}{\cos 5.55°} = 592(\text{mm})$

在最大工作载荷 F_2 和最小工作载荷 F_1 作用下的弹簧高度分别为

$$H_2 = H_0 - \lambda_2 = 48 - 16.78 = 31.22(\text{mm})$$

$$H_1 = H_0 - \lambda_1 = 48 - 6.78 = 41.22(\text{mm})$$

5）绘制弹簧工作图(略)

四、圆柱螺旋扭转弹簧

圆柱螺旋扭转弹簧的基本部分与圆柱螺旋压缩弹簧相似,只是扭转弹簧所受的外力为绕弹簧轴线的转矩 T,所产生的变形是扭角 φ,主要用于扭紧和储能。为了便于加载,其端部结构常制造成图 7-10 所示的结构形式。在自由状态下,扭转弹簧各弹簧圈间应留有少量间隙($\delta \approx 0.5\text{mm}$),以免工作时各圈之间彼此接触并产

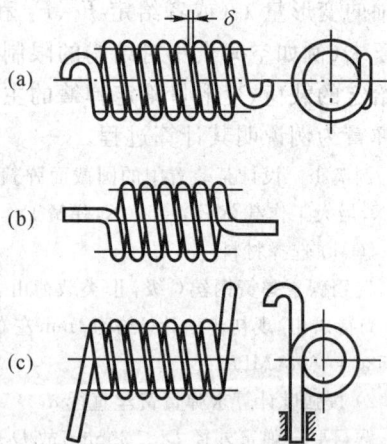

(a)

(b)

(c)

图 7-10

生摩擦与磨损,影响特性线。由于弹簧的螺旋升角 α 很小,当扭转弹簧受外加转矩 T 时,可以认为弹簧丝截面只承受弯矩 M,其值等于外加转矩 T。应用曲梁受弯理论,可求得圆截面弹簧钢丝的最大弯曲应力 σ_{max},其强度条件为

$$\sigma_{max} = K_1 \cdot \frac{M}{\frac{\pi}{32}d^3} = K_1 + \frac{32T}{\pi d^3} \leqslant [\sigma_F] \quad (\text{MPa}) \tag{7-6}$$

式中:K_1 为曲度系数,$K_1 = \frac{4C-1}{4C-4}$;d 为簧丝直径,mm;T 为承受的扭矩,N·mm;$[\sigma_F]$ 为簧丝材料的许用弯曲应力,$[\sigma_F] = 1.25[\tau]$,MPa;$[\tau]$ 值见表 7-2。

扭转弹簧受外加转矩 T 后,弹簧簧丝产生角变形 φ,角变形 φ 的计算式为

$$\varphi = \frac{Ml}{EI} = \frac{T\pi D_2 n}{EI} \quad (\text{rad}) \tag{7-7}$$

式中:E 为弹簧材料的弹性模量,MPa;I 为弹簧簧丝截面的轴惯性矩,对圆截面簧丝,$I = \frac{\pi}{64}d^4$,mm⁴;其余符号同前。

利用上式,可求出所需要的弹簧圈数 n

$$n = \frac{EI\varphi}{\pi TD_2} \tag{7-8}$$

§7-2 机 架

一、机架的类型、材料与制造

机架的功用是容纳、围起、约束或支承机器的零部件。在一台机器总重量中,机架零件约占 $70\% \sim 90\%$。机架零件按其构造形式大体上可归纳成四类:梁柱类(图 7-11a)、板类(图 7-11b)、箱体类(图 7-11c)和框架类(图 7-11d)。若按结构分类,则可分为整体机架和剖分机架;按其制造方法可分为铸造机架和焊接机架;按其移动能力分为固定机架和移动机架。

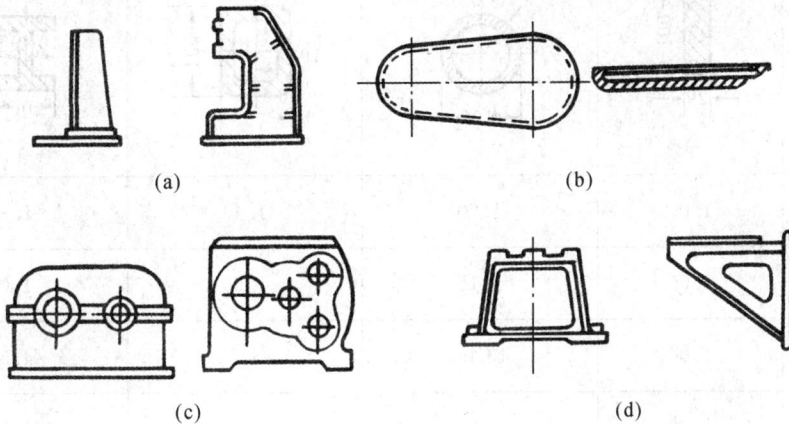

(a)

(b)

(c)

(d)

图 7-11

对于机架零件一般可提出下列要求：① 在满足强度和刚度的前提下，机架的重量应尽可能轻，成本低；② 抗振性好；③ 由于内应力及温度变化引起的结构变形应力求最小；④ 结构设计合理，便于铸造、焊接和机械加工；⑤ 结构应力求便于安装、调整和更换零部件，修理方便；⑥ 有导轨的机架，要求导轨面受力合理、耐磨性好；⑦ 机架的尺寸和形状应适宜于操作。

固定式机器，例如重型机床，其机架的结构较为复杂，刚度要求也较高，因而通常采用铸造件。铸造材料常用加工方便而又价廉的灰铸铁，有时也用球墨铸铁、铸钢、铸造铝合金。在需要强度高、刚度大时采用铸钢；当减小质量具有很大意义时，例如汽车、飞机采用铝合金或塑料。铸铁的铸造性能好、价廉、吸振能力强，所以在机架零件中应用最广。单件或少量生产、且生产期限要求短的机架零件则以焊接为宜。焊接机架还具有重量轻和成本低等优点，故焊接机架日益增多。焊接机架主要由钢板、型钢或铸钢件等焊接而成，焊接机架应防止热变形翘曲。必须指出，由于铸铁的抗压强度较高，所以受压的机架如采用焊接机架在减轻重量方面未必有利。

二、机架的截面形状和肋板布置

1. 截面形状

大多数机架处于复杂受载状态，合理选择截面形状可以充分发挥材料的作用。受压和受拉的机架强度只决定于截面面积的大小，而与截面形状无关。受弯曲或扭转的机架则不同，如果截面面积不变，通过合理构造截面形状来增大截面系数及截面的惯性矩，就可以提高机架的强度和刚度。

表 7-6 中给出了几种截面面积相等而形状不同的机架在弯曲强度、弯曲刚度、扭转强度、扭转刚度等方面的比较。从表中可以看出，主要受弯曲的机架以选用工字型截面为最好，板块截面最差。主要受扭转的机架以选择空心矩形截面为最佳方案，而且这种截面的机架上较易装置其他零部件，工程实际中大多采用这种截面形状。

表 7-6　当剖面面积基本相同时各种不同剖面形状能承受弯矩及转矩的相对比值

剖面形状		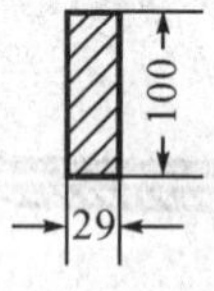	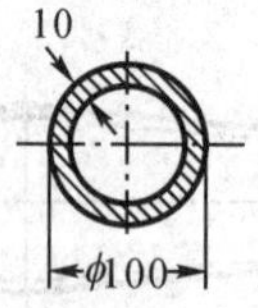	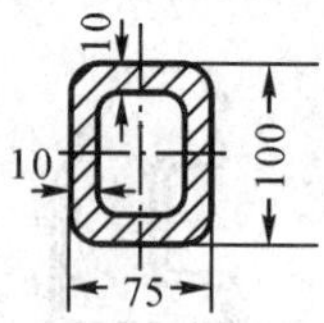	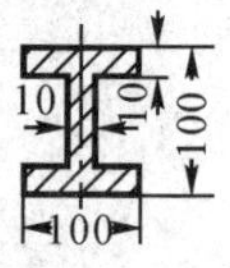
能受弯矩	按应力	1.00	1.20	1.40	1.80
	按挠度	1.00	1.15	1.60	1.00
能受扭矩	按应力	1.00	43.00	38.50	4.50
	按扭角	1.00	8.80	31.40	1.90

2.肋板布置

一般来说,提高机架零件的强度或刚度可采用两种方法:增加壁厚或布置肋板。增加壁厚将导致重量和成本增加,而且并非在任何情况下效果都好。布置肋板既可增加机架强度与刚度,又比较经济。肋板布置的正确与否对于加设肋板的功效有很大影响。如果布置不当,不仅不能增强机架的强度与刚度,而且会造成浪费材料和增加制造困难。由表 7-7 所列的几种肋板布置情况即可看出:方案 V 的斜肋板具有显著效果,弯曲刚度为方案 Ⅰ 的155%,扭转刚度为方案 Ⅰ 的294%,而重量仅约增 26%。方案 Ⅳ 的交叉肋板虽然弯曲刚度和扭转刚度都有所增加,但材料却要多耗费 49%。若以相对刚度和相对重量之比作为评定肋板布置的经济指标,显然方案 V 比方案 Ⅳ 好。方案 Ⅱ 的弯曲刚度相对增加值反不如重量的增加值,其比值小于1,说明这种肋板布置是不可取的。肋板的厚度一般可取为主壁厚度的 0.6～0.8 倍。肋板的高度约为主壁厚度的 5 倍。机架刚度的最佳方案主要取决于肋板布置的方向及其构造。

表 7-7　不同形式肋板的梁在刚度方面的比较

型　　式	相对重量	相对刚度		相对刚度 / 相对重量	
		弯　曲	扭　转	弯　曲	扭　转
Ⅰ（基型）	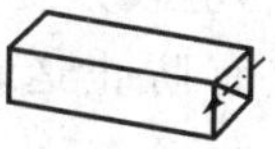 1	1	1	1	1
Ⅱ	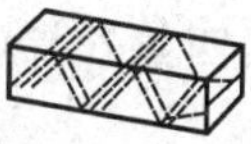 1.14	1.07	2.08	0.94	1.83
Ⅲ	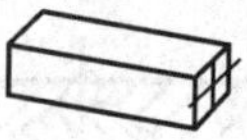 1.38	1.51	2.16	1.09	1.56
Ⅳ	 1.49	1.78	3.30	1.20	2.22
V	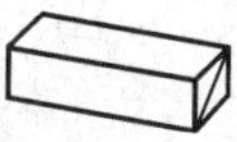 1.26	1.55	2.94	1.23	2.34

§7-3　导　　　轨

一、导轨的功用、类型与技术要求

导轨是保证执行件正确运动轨迹的导向装置。导轨运动副包括运动导轨和支承导轨两部分,支承导轨支承运动导轨。

按导轨的运动轨迹,导轨可分为直线运动导轨和曲线运动导轨。按导轨副接触面间的摩擦性质,导轨分为滑动摩擦导轨、滚动摩擦导轨、流体摩擦导轨和电磁悬浮导轨。为了提高导轨的运动精度,也常采用卸荷导轨。

一般对导轨有如下五方面的技术要求:

1）导向精度。导向精度是指运动导轨的实际运动方向与理想运动方向之间的偏差。

2）接触刚度。接触刚度反映导轨的抗振性，导轨在工作时的整体变形和接触变形量应小于许可值。

3）精度保持性。它主要由导轨的耐磨性和温度敏感性决定。

4）低速运动稳定性。由于摩擦面间的静摩擦系数大于动摩擦系数，低速范围内的动摩擦系数随相对运动速度的增大而降低，导轨运动时快时慢，出现爬行现象。

5）工艺性。导轨的结构应尽可能的简单，便于加工、检验、调整、修复。

二、导轨的结构

1. 滑动摩擦导轨

滑动摩擦导轨的截面形状主要有四种（见图7-12）：矩形、三角形、燕尾形和圆柱形。矩形（图7-12a）结构简单，当量摩擦系数小，刚度大，加工、检验都较方便；但不能自动补偿间隙、导向精度低于三角形导轨。三角形导轨（图7-12b）的导向性能与导轨的顶角大小有关，顶角越小，导向性能越好，但其当量摩擦系数却越大，通常取顶角为90°燕尾形导轨（图7-12c）的高度较小，尺寸紧凑，调整间隙方便，可承受倾覆力矩，但其加工和检验都不方便，不易达到高的精度，刚性差，摩擦力大。圆柱形导轨（图7-12d）的加工和检验较方便，易于达到较高的精度，但其间隙不能调整、补偿，对温度的变化较敏感，应有防止运动件转动的结构（图7-13）。

为了减小爬行的影响，提高运动精度，常在导轨表面涂覆聚四氟乙烯（PTFE）等抗爬行材料，以降低滑动摩擦系数，提高运动平稳性。

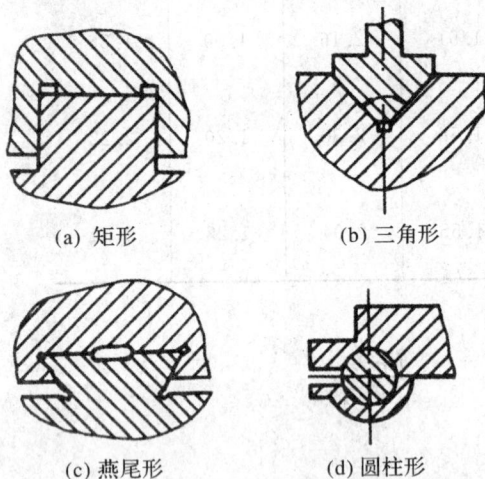

(a) 矩形 (b) 三角形

(c) 燕尾形 (d) 圆柱形

图 7-12

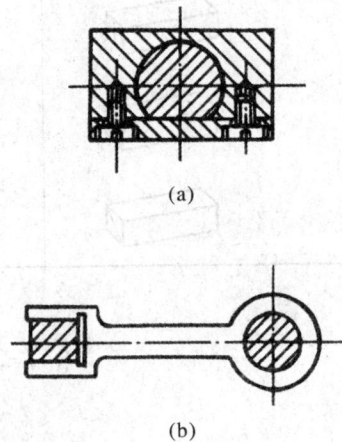

(a)

(b)

图 7-13

2. 滚动摩擦导轨

由于滚动摩擦导轨的摩擦系数小，其动、静摩擦系数很接近，在微量位移时不像滑动摩擦导轨那样易于产生爬行现象。此外，滚动摩擦导轨还具有运动灵便、移动精度和定位精度高、精度保持性好、对温度变化不敏感、磨损小等优点；缺点是结构比较复杂，对导轨的误差相当敏感且成本较高。滚动摩擦导轨按滚动体的形式分为滚珠导轨、滚柱导轨、滚动轴承导轨等形式。

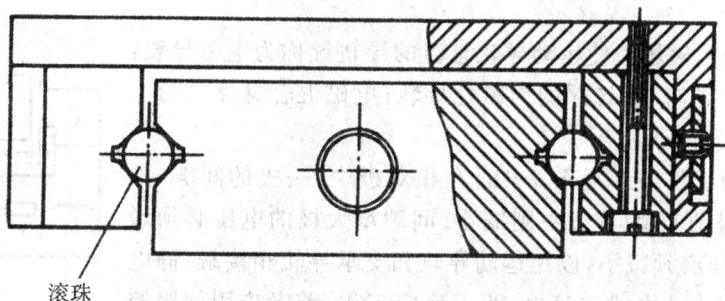

图 7-14

1) 滚珠导轨。图 7-14 所示为 V 型滚珠导轨,这种导轨的工艺性较好,易获得较高的精度,能承受不大的倾覆力矩。

2) 滚柱导轨。如图 7-15 所示,这种导轨的承受能力和接触刚度都比滚珠导轨大,因此,常用于大型仪器中。滚柱导轨对导轨面的平行度(扭曲)比滚珠导轨的要求高。

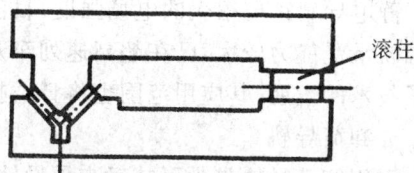

图 7-15

3) 滚动轴承导轨。如图 7-16 所示,这种导轨的特点是刚度高,承受能力较大,有较高的精度,阻力小,便于装拆,常用于各种直线运动导轨。装有滚动轴承的运动导轨可不受行程的限制。

3. 流体静压导轨

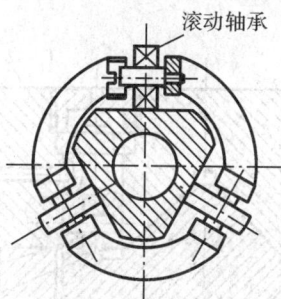

图 7-16

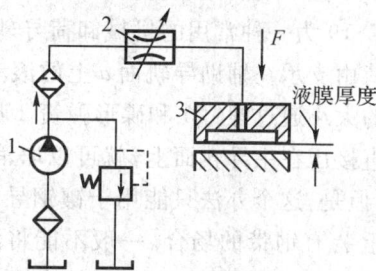

图 7-17

流体静压导轨是在导轨的相对滑动面之间注入流体,形成承压的油膜或气膜,使工作台浮起;这样,工作台和导轨面没有直接接触。如图 7-17 所示的液体静压导轨,来自油泵的压力油经过节流器 2 后进入工作台 3 的油腔,产生流体静压力把运动件托起,油膜把运动导轨和支承导轨完全分开,油再从工作面的间隙流回到油箱。

流体静压导轨摩擦力小,在微量移位时没有爬行现象;磨损小,抗振性能好,运动精度高,工作面温升小。但其结构复杂,需要一套液压设备,调整比较麻烦,故主要应用于大型机器中。

除静压导轨外,对其他类型导轨也需进行润滑。导轨润滑的目的是减少摩擦,提高机械效率;减少磨损,延长寿命;降低温度,改善工作条件和防止生锈。导轨常用的润滑剂有润滑油和润滑脂。其中滑动导轨应该用润滑油,滚动导轨中则两种润滑剂都能使用。

4. 电磁导轨

利用电场力或磁场力使运动导轨悬浮的导轨统称为电磁导轨:电悬浮的为静电导轨;磁悬浮的为磁性导轨;电磁混合悬浮的为电磁混合导轨。

静电导轨的工作原理见图 7-18,在相对极中,一极的间隙(如 h_1)增大,另一极的间隙(如 h_2)则减小。间隙增大极的电压必须增加,减小极的电压必须减小,以免运动导轨和支承导轨相接触。静电导轨的电源可用直流电或交流电,为了稳定工作,前者应用伺服控制系统,后者应有谐振控制系统。

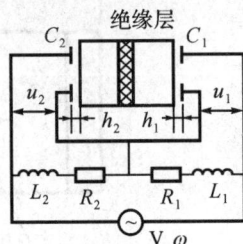

图 7-18

磁性导轨按磁能来源不同有两类:永磁式和激励式。激励式又有直流、交流、交直流混合等多种。

静电导轨需要很大的电场强度,目前仅在少数仪表中使用,在工程中应用受到限制。磁性导轨承受能力较大,已在超高速列车及精密仪器仪表中使用。随着磁性材料性能的提高和电子技术的发展,其应用范围也将日益扩大。

5. 卸荷导轨

采用卸荷导轨是为了减轻支承导轨上的负荷,并降低导轨的静摩擦系数,提高耐磨性、低速运动的平稳性和导轨的运动精度,降低爬行的影响。卸荷导轨由于导轨面是直接接触,因而刚度较高。导轨的卸荷方式有液压卸荷、机械卸荷与气压卸荷,其中以机械和液压卸荷方式应用较多。在防护条件或工作条件比较好的情况下,宜采用液压卸荷导轨;机械卸荷导轨常用于不宜采用液体强制循环润滑的机器导轨。

图 7-19 为一种常用的机械卸荷导轨。导轨上的一部分载荷由支承在辅助导轨面 a 上的滚动轴承 3 承受。卸荷力的大小通过螺钉 1 和碟形弹簧 2 调节。如果将滚动轴承直接压在主导轨面上,就可以取消辅助导轨,简化构造。但是,这个办法只能用于镶钢导轨或者在支承导轨面上装有钢带的场合。一般不能将滚动轴承直接压在铸铁导轨的主导轨面上,不然会在导轨面压出沟痕。为了减小滚动轴承的支承轴的中心线与支承导轨面不平行的影响,可以采用自动调心的轴承。

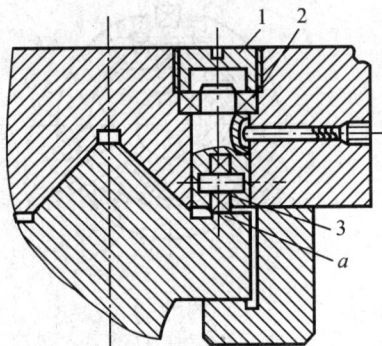

图 7-19

卸荷力太小,静摩擦系数降低很少。对导轨的低速运动平稳性的提高不大,而且移动部件运动时的摩擦阻力仍较大,对导轨耐磨性提高也不大;如卸荷力太大,则当外界载荷较小时又会使移动部件产生漂浮现象,丧失运动平稳性。

第8章 调速和平衡

§8-1 机械速度的波动与调节

一、机械速度波动调节的目的和方法

机械是在外力(驱动力和阻力)作用下运转的。根据功能原理,若驱动力所作的功在任意时间间隔内都等于阻力所作的功,则机械的动能不变,机械才可能匀速运转。但在实际的工作过程中,由于驱动力所作的功和阻力所作的功不可能时时相等,若驱动力所作的功大于阻力所作的功,则出现盈功;反之,出现亏功。盈功或亏功将引起机械动能的增加或减少,从而引起机械运转速度的波动。

机械速度波动不但会使各运动副中引起附加动压力,降低机械效率,而且会使机械产生振动,从而影响机械的质量和寿命。因此,必须采取措施把速度波动限制在允许的范围内,以减少上述不良影响。这就是调节机械速度波动的目的。

机械速度的波动可分为非周期性和周期性两类。

1.非周期性速度波动与调节

在机械的稳定运动时期内,如果驱动力或阻力发生突变,使驱动力所作的功在稳定运动的一个循环内总是大于或小于阻力所作的功,机器的速度将持续上升或持续下降,最终导致机器速度过高而毁坏,或者迫使机器停车。如汽轮发电机组在供汽量不变而用电量突然增减时,就会出现这类情况,这种受无规律因素的影响而引起的速度波动称为非周期性速度波动。这种速度波动可用调速器调节。调速器是一种自动调节装置,有机械式、电子式等多种形式。图8-1是柴油机的离心调速器工作原理图。当工作机1负荷突然变小时,柴油机2的输出转速升高,通过齿轮3、4使调速器主轴的转速随之升

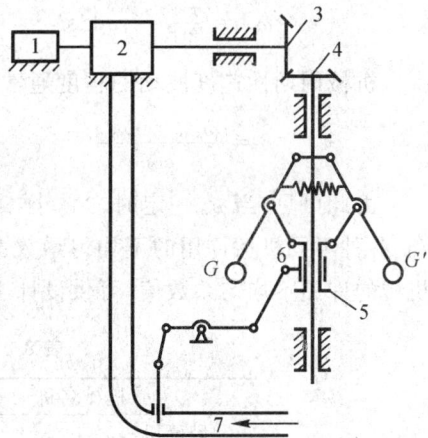

图 8-1

高。这时重球 G 和 G' 因离心力增大而向外张开,带动滑套5上移,通过套环6和连杆等将节流阀门7关小,以减少供油量,从而使外界对柴油机的输入功减少,转速下降,以保持速度稳定。反之相反。这样就可使速度基本稳定在某个数值上。关于调速器调节非周期性速度波动的问题,将在专门课程中论述。

2.周期性速度波动与调节

对于大部分机械来说,在其稳定运动时期内,其主轴运动一般将在一个运动循环作周期性的反复变化,在整个运动周期中,驱动力所作的功虽然与阻力所作的功相等;但是,在该周期中的某一瞬间,驱动力所作的功与阻力所作的功一般说是不相等的,因而出现速度波动。这种有规律的、周期性的速度变化称为周期性速度波动。其调节方法通常是在机器中安装一个具有很大转动惯量 J_F 的回转件,这种回转件通常称为飞轮。飞轮以角速度 ω 回转时所具有的动能为 $E = \dfrac{1}{2} J_F \omega^2$,盈功时飞轮的角速度 ω 将增高,也即其动能将相应增加;反之,亏功时飞轮动能将减少。由于飞轮的转动惯量 J_F 很大,显然,在动能变化量 ΔE 不太大的条件下,其角速度 ω 波动值也将不十分明显,这样便可达到调节机械速度波动的目的。下面将重点介绍飞轮设计的近似方法。

二、飞轮设计的近似方法

图 8-2 所示为某机械在稳定运动阶段中一个运动循环内的某主轴角速度的变化曲线。由于 ω 的变化规律很复杂,工程计算中,其平均角速度 ω_m 可近似地用算术平均值来计算,即

$$\omega_m = \frac{\omega_{\max} + \omega_{\min}}{2} \tag{8-1}$$

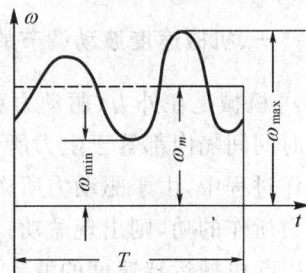

图 8-2

式中:$\omega_{\max}$ 和 $\omega_{\min}$ 分别为一个运动循环中出现的最大和最小的角速度。机械的平均角速度通常就是机械铭牌上标出的所谓名义转速,若机械的名义转速为 $n(\mathrm{r/min})$,则

$$\omega_m = \frac{\pi n}{30} \quad (\mathrm{rad/s}) \tag{8-2}$$

机械周期性速度波动的程度通常用机械运转速度不均匀系数 δ 来表示,其值为

$$\delta = \frac{\omega_{\max} - \omega_{\min}}{\omega_m} \tag{8-3}$$

由此可见,当 ω_m 一定时,δ 越小,最大与最小角速度的差值也越小,主轴越接近于匀速转动。各种不同机械许用的不均匀系数 δ,应根据它们的工作性质来确定。表 8-1 给出几种常见机械的许用不均匀系数值,可供设计飞轮时参考。

表 8-1　几种机械的许用[δ]值

机械名称	[δ]
破碎机	$1/5 \sim 1/20$
剪床、曲柄式压力机	$1/7 \sim 1/20$
泵	$1/5 \sim 1/30$
轧钢机	$1/10 \sim 1/25$
农业机械	$1/5 \sim 1/50$
织布、印刷、制粉机	$1/10 \sim 1/50$
金属切削机床	$1/20 \sim 1/50$
汽车、拖拉机	$1/20 \sim 1/60$

飞轮设计的基本问题是根据机械实际所需的平均角速度 ω_m 和许用的不均匀系数 $[\delta]$ 值来确定飞轮的转动惯量 J_F。

由于飞轮的转动惯量很大,其动能通常占机械整个动能的主要部分。为简化计算,假定机械中除飞轮以外的其他构件的动能均忽略不计,由此得出在一个周期内机械动能的最大变化量为

$$W_{\max} = E_{\max} - E_{\min} = \frac{1}{2} J_F (\omega_{\max}^2 - \omega_{\min}^2) = J_F \omega_m^2 \delta \quad (\text{N} \cdot \text{m}) \tag{8-4}$$

将式(8-2)代入上式并以 $[\delta]$ 代替 δ,则可得飞轮的转动惯量为

$$J_F = \frac{900 W_{\max}}{\pi^2 n^2 [\delta]} \quad (\text{kg} \cdot \text{m}^2) \tag{8-5}$$

式中:$W_{\max}$ 为最大盈亏功,$\text{N} \cdot \text{m}$;n 为飞轮转速,r/min;$[\delta]$ 为许用的不均匀系数。

由式(8-5)可知:①J_F 与 $[\delta]$ 成反比。当 $[\delta]$ 取得过小时,将使 J_F 很大,从而可能导致飞轮尺寸庞大、机构十分笨重。因此,设计飞轮时在满足机械正常工作的条件下,对其 $[\delta]$ 值选择不宜选得过小;②J_F 与 n^2 成反比,这表明从减少飞轮转动惯量、缩小其体积、减轻其重量角度而言,飞轮宜安装在高速轴上。

飞轮转动惯量确定后,即可确定其主要尺寸。图 8-3 所示为最普通的飞轮形式。由于飞轮的大部分质量集中在轮缘上,且轮缘半径大,故近似计算时可略去轮辐和轮毂的质量,并假定飞轮全部质量 m 集中在平均直径 D_m 的圆周上,由转动惯量定义可得

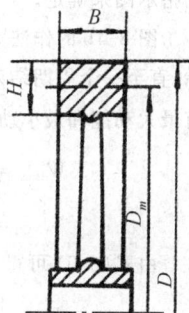

图 8-3

$$J_F = m \left(\frac{D_m}{2} \right)^2 = m \cdot \frac{D_m^2}{4} \tag{8-6}$$

式中:$m \cdot D_m^2$ 称为飞轮矩或飞轮特性,单位为 $\text{kg} \cdot \text{m}^2$。对不同构造的飞轮,其飞轮矩可从机械设计手册中查到。根据结构条件选定飞轮平均直径 D_m 后,由上式可求出飞轮质量 m

$$m = \frac{4 J_F}{D_m^2} \tag{8-7}$$

设飞轮材料密度为 $\rho(\text{kg/m}^3)$,对图示矩形截面的轮缘有

$$m = \pi D_m H B \rho \tag{8-8}$$

式中:B、H、D_m 的单位为 m;质量 m 的单位为 kg。选定比值 H/B 或 B/D_m 后(通常推荐 $H/B = 1.5 \sim 2$,$B/D_m \leqslant 0.2$),即可求出轮缘厚度 H 和宽度 B。

由于飞轮转速较高,为防止离心力引起的轮缘破裂,还应校核飞轮外圆的圆周速度 v,使其不超过许用值 $[v]$。通常,对于铸铁飞轮,可取 $[v] = 30 \sim 35\text{m/s}$;对于铸钢飞轮,可取 $[v] = 40 \sim 60\text{m/s}$。

例 8-1 在电动机驱动剪床的机组中,已知电动机的转速为 $n = 1500\text{r/min}$,作用在剪床主轴上的阻力矩 $M_r = M_r(\varphi)$,其变化规律如图 8-4a 所示。设驱动力矩 M_d 为常数,机组除飞轮外其余各构件的转动惯量忽略不计。设取许用不均匀系数 $[\delta] = 0.05$,求安装在电动机轴上的飞轮转动惯量 J_F。

解: 在一个运动循环内阻力矩 M_r 所作的功为

$$W_r = 200 \times 2\pi + (1600 - 200) \times \frac{\pi}{4} + \frac{1}{2} (1600 - 200) \times \frac{\pi}{4}$$

$$= 2906 (\text{N} \cdot \text{m})$$

由于驱动力矩为常数,则在一运动循环内驱动力矩所作的功为

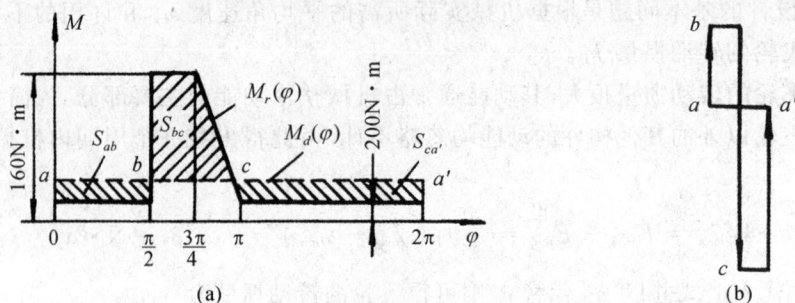

图 8-4

$$W_d = M_d \cdot 2\pi$$

根据一个运动循环内 $W_d = W_r$ 得

$$M_d = \frac{W_r}{2\pi} = \frac{2906}{2\pi} = 462.5(\text{N} \cdot \text{m})$$

在图 8-4a 中驱动力矩 $M_d = M_d(\varphi)$ 为一水平线 aa'，与 $M_r = M_r(\varphi)$ 曲线相交于点 b、c，所包围的面积 S_{ab}、$S_{ca'}$ 各代表相应区间的盈功，而 S_{bc} 则代表相应区间的亏功。最大盈亏功 W_{max} 可由图 8-4b 所示的盈亏功指示图来确定。

图 8-4b 的作法为：任取一水平线，向上和向下铅垂线分别代表盈功和亏功，选定比例尺，自位置 a 开始，直至一个周期结束 a'；图 8-4b 中向量 $\overline{ab}$、$\overline{bc}$、$\overline{ca'}$ 各代表面积 S_{ab}、S_{bc}、$S_{ca'}$。那么最高点 b 和最低点 c 分别具有最大动能和最小动能，也即分别对应于飞轮的 ω_{max} 和 ω_{min}，向量 $\overline{bc}$（或面积 S_{bc}）代表最大盈亏功 W_{max}。即

$$W_{max} = (1600 - 462.5) \times \frac{\pi}{4} + \frac{(1600 - 462.5)}{2} \times \frac{(1600 - 452.5)}{(1600 - 200)} \times \frac{\pi}{4}$$

$$= 1256.3(\text{N} \cdot \text{m})$$

由式(8-5)可得飞轮转动惯量

$$J_F = \frac{900W_{max}}{\pi^2 n^2 [\delta]} = \frac{900 \times 1256.3}{\pi^2 \times 1500^2 \times 0.5} = 1.02 \quad (\text{kg} \cdot \text{m}^2)$$

§8-2 回转件的平衡

一、回转件平衡的目的

机械中有许多绕固定轴线旋转的回转件。由于其结构形状不对称，制造安装有误差或材质不均匀等原因，均可使回转件的质心偏离回转轴线，在转动时产生离心惯性力，其大小为

$$F = mr\left(\frac{\pi n}{30}\right)^2 \quad (\text{N}) \tag{8-9}$$

式中：m 为回转件的质量，kg；r 为质心到回转中心的径向距离，m，简称偏距；n 为回转件的转速，r/min。

这些惯性力在回转件内产生附加压力；在各运动副中引起附加的动压力，加速运动副的磨损，使效率和使用寿命下降；由于这种动压力的大小和方向随机械运转作周期性变化，将使机械及其基础产生振动，导致机械工作精度和可靠性降低，甚至会使机械遭到破坏。离心惯性力的大小与转速的平方成正比，消除惯性力的不良影响特别是对高速、重载和精密的机

械具有极其重要的意义。这种消除或部分消除回转件中惯性力影响的措施称为回转件的平衡。

二、回转件的静平衡

1. 静平衡原理

对于轴向宽度 b 与直径 D 之比 $b/D \leqslant 0.2$ 的回转件，如飞轮、砂轮、凸轮、齿轮、带轮和叶轮等，可近似认为其所有质量都分布在同一回转平面内。在这种情况下，如果发生不平衡，其原因是质心与回转轴心不重合，我们将这种不平衡件称为静不平衡的回转件，而使这种回转件得以平衡的措施，称为静平衡。

如图 8-5a 所示，已知盘类回转件的偏心质量分别为 m_1、m_2、m_3、m_4，其回转半径分别为 r_1、r_2、r_3、r_4，则当回转件以等角速度 ω 回转时，各个质量将产生惯性力

$$\bar{r}_i = m_i \bar{r}_i \omega^2 \qquad i = 1,2,3,4 \tag{8-10}$$

式中：$\bar{r}_i$ 为由旋转轴线到各不平衡质量 m_i 质心所在位置的矢径。

所有质量产生的惯性力合成后的总惯性力为

$$\bar{F} = \omega^2 \sum m_i \bar{r}_i \qquad i = 1,2,3,4 \tag{8-11}$$

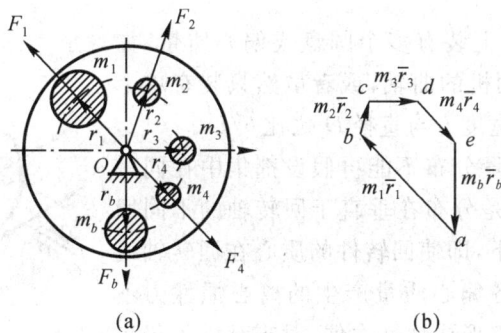

图 8-5

由平面汇交力系的平衡条件知，为平衡这个离心总惯性力，可以在此回转件上施加一个平衡质量 m_b，使它产生的惯性力 $\bar{F}_b$ 与不平衡的总惯性力 $\bar{F}$ 相等而方向相反，即可获得平衡。即

$$\bar{F} + \bar{F}_b = 0 \tag{8-12}$$

而

$$\bar{F}_b = m_b \bar{r}_b \omega^2 \tag{8-13}$$

式中：$\bar{r}_b$ 是由旋转轴线到施加的平衡质量 m_b 质心所在位置的矢径。

故

$$\sum m_i \bar{r}_i + m_b \bar{r}_b = 0 \tag{8-14}$$

质量 m 与回转半径的矢径 $\bar{r}$ 的乘积 $m\bar{r}$（kg·m）称为质径积，取定比例尺后，作封闭矢量多边形如图 8-5b 所示，即可得平衡质量的质径积 $m_b\bar{r}_b$，方向为 $\overline{ea}$ 方向。若选定半径 r_b，即可求得应加的平衡质量 m_b。r_b 通常应尽可能选得大些，以便减少平衡质量 m_b。若该回转件的结构允许时，也可在 $\bar{r}_b$ 的反方向按 $-m_b\bar{r}_b$ 除去相应质量的材料，同样可以获得静平衡。

2. 静平衡试验法

按上述计算方法加上平衡质量后的回转件，理论上总质心已与转动轴线相重合，但由于

制造和装配的误差、材料的不均匀等原因,实际上还多少会存在一些不平衡,对重要的回转件,仍需要进一步用试验方法来加以平衡。

如图 8-6 所示,将需要平衡的回转件用轴安放在两根水平的刀口形钢制导轨 A 上。如果该回转件不平衡,则由在 S 点处的偏心质量所产生的重力 Q 将对轴心 O 产生静力矩从而使回转件在导轨上滚动。当滚动停止时,其质心必位于轴心的铅垂线下方。如图中双点划线所示,此时可在质心的相反方向(轴心线 O 的上方)选定偏距处,试加一平衡质量(通常用橡皮泥)继

图 8-6

续试验,不断调整这个质量或改变偏距值,直至该回转件达到在任意位置都能平衡不转动为止,然后记下所添加的平衡质量及其质径积,并在同一方位上以相等质径积的金属焊接到该回转件上,或在其相反方向去掉相等质径积的构件材料,即可使此回转件达到静平衡。

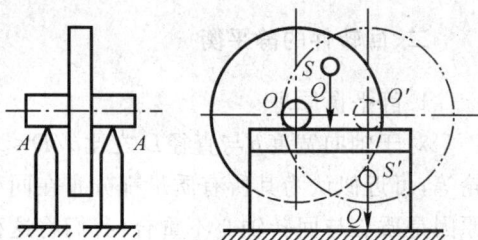

三、回转件的动平衡

1. 动平衡原理

许多旋转机械的轴上装有多个圆盘或偏心质量,如汽轮机转子和多缸发动机的曲轴,或者虽然只装有单个圆盘状零件。但其轴向宽度 b 与直径 D 之比 $b/D > 0.2$,如电动机转子等,其质量分布不能再假设都集中在同一回转平面内,而应看作是分布在垂直于回转轴的不同回转平面内。在这种情况下,即使回转件的质心在回转轴线上(如图 8-7),而由于各偏心质量产生的离心惯性力不在同一回转平面内,而将形成惯性力偶,对支承件等仍将

图 8-7

产生附加动压力,因此该回转件仍然是不平衡的。这种不平衡状态,只有在回转件运动的情况下,才能显示出来,所以把这样的不平衡回转件称为动不平衡的回转件。而使这种回转件得以平衡的措施,称为动平衡。

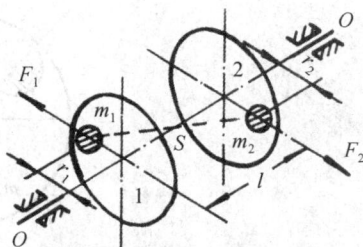

如图 8-8 所示,假定有 3 个质量 m_1、m_2、m_3 分别分布在 3 个回转平面 1、2、3 中,虽然其总的质心可能在回转轴心线上,当此回转件以等角速度 ω 回转时,每个质量都将产生惯性力 $\bar{F}_1$、$\bar{F}_2$、$\bar{F}_3$,它们作用在各自的回转平面内且通过轴心。为使这些惯性力得以平衡,可以任选两个回转平面 A 和 B(称为校正平面),将所有质量的惯性力按静力学原理分解到这两个平面中去得 $\bar{F}_{1A}$、$\bar{F}_{1B}$;$\bar{F}_{2A}$、$\bar{F}_{2B}$;$\bar{F}_{3A}$、$\bar{F}_{3B}$,然后按质量在同一平面中的平衡计算方法,分别求解出平面 A 和 B 中应加的平衡质径积 $m_{bA}\bar{r}_{bA}$ 及 $m_{bB}\bar{r}_{bB}$,即可按前节所述方法予以平衡。

2. 动平衡试验

以上的平衡计算仍然仅是理论上的动平衡。与静平衡情况相类似,由于制造和安装的误差,以及材料不均匀等原因,在该轴回转特别是高速回转时,实际上往往仍达不到预期的动平衡效果。工程实际中通常需要在专门的动平衡机上进行动平衡试验。

现以图 8-9 简介摆架式动平衡机的工作原理。被平衡的回转件置于动平衡机的弹性支承 A 和 B 上,当回转件被驱动作等速回转时,所有惯性力简化到平面 Ⅰ 和 Ⅱ 中的不平衡惯

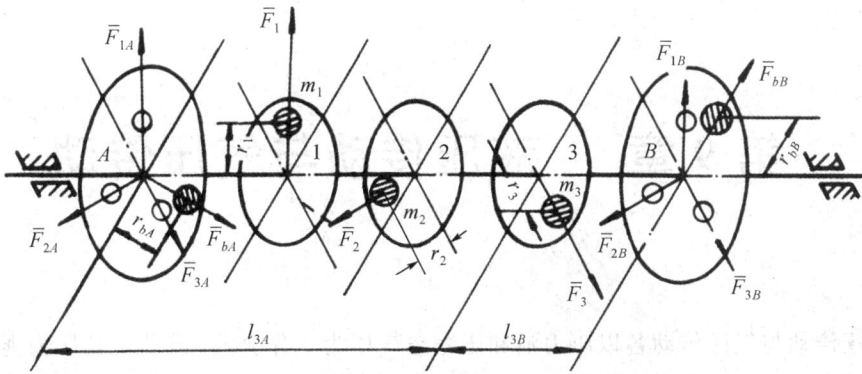

图 8-8

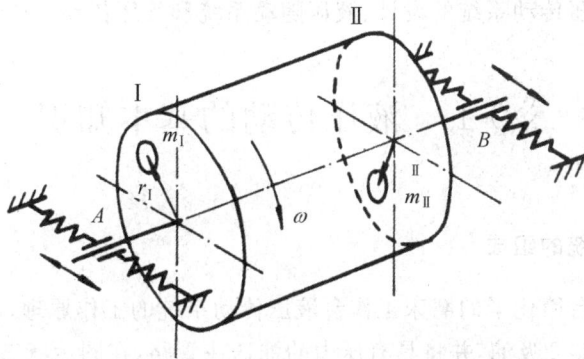

图 8-9

性力可分别视为由不平衡质径积 $m_I\vec{r}_I$ 和 $m_{II}\vec{r}_{II}$ 所产生,其旋转力矢周期性变化将引起两支承发生振动,根据强迫振动的理论,支承 A 和 B 的振幅分别与不平衡质径积的大小 $m_I r_I$ 和 $m_{II} r_{II}$ 近似地成正比,因而只要分别测得两支承振幅的大小,便可求得两平面中的不平衡质径积,而不平衡质径积的方位也可利用振幅的相位,通过电子仪器加以测得。

动平衡机的种类和结构形式很多,随着工业的发展,动平衡机试验也相应地向高科技、自动化方向发展,近代动平衡机采用电子测量和电脑运算显示,可一次直接指明两个校正平面内的不平衡质径积的大小和方位。

3. 整机动平衡问题

上两节所叙述的静平衡和动平衡试验,大多仅适用于某一个回转件或简单的回转部件;但近代机械,尤其是高速回转机械,常常在整机安装好以后运行时才出现动不平衡现象。上述方法已满足不了这一要求,这就要求工程技术人员能对现场运行的机械,实施整机动平衡技术,这一课题近年来在国内外工程界已引起广泛重视,浙江大学化工机械研究所学者们已经在这一领域作出了长足贡献,不仅从理论上论证了,而且在实践上也成功地解决了在单个平面上对整机进行动平衡的原理和技术。

第9章　液压传动与气压传动

液压传动与气压传动各以压力油和压缩空气作为工作介质,借助于其压力能传递运动和动力,近 50 多年来得到迅速发展,广泛应用于各种机械传动,并已成为自动控制系统中的一个重要组成部分。本章主要介绍液压传动系统的组成和特点,常用液压元件的工作原理、结构及其选用,对液压传动系统的设计、液压随动系统和气压传动作些简要介绍。

§9-1　液压传动的基本知识

一、液压传动系统的组成

图 9-1a 表明一台简化了的磨床工作台液压传动系统的工作原理,电动机带动油泵 3 转动,从油箱 1 经滤油器 2 吸油,并将具有压力的油送往管路,在图示状态,压力油经节流阀 4、油管、进入换向阀 6 阀芯的左环槽,再经管路 11 进入油缸 8 的左腔,推动活塞 9 带动工作台 10 向右运动;与此同时,油缸 8 右腔内的油经油管 7、换向阀 6 的右环槽和管路 5 排出流回油箱。如扳动手柄 12 使换向阀 6 的阀芯移动到左边位置,压力油就经换向阀 6 的右环槽和管路

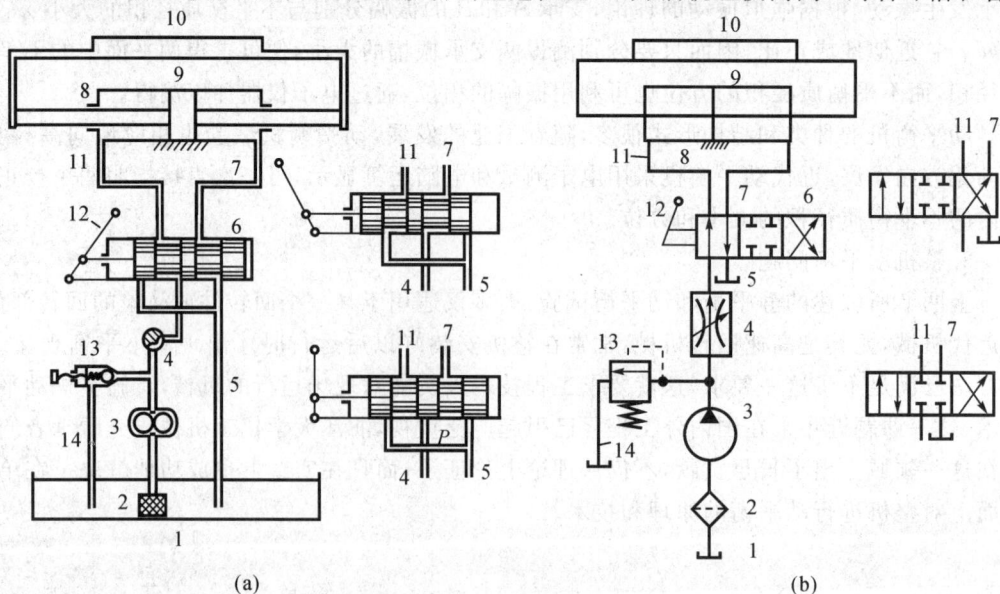

(a)　　　　　(b)

图 9-1

7进入油缸8的右腔,使工作台向左移动;这时,油缸8左腔内的油则经管路11、换向阀6的左环槽和管路5排出流回油箱。这样,电动机的转动变换为工作台的往复移动。工作台在运动时要克服工作阻力和相对运动件表面之间的摩擦力等阻力,这些阻力是由油泵输出来的压力油形成的液压推力克服的;根据工作情况的不同,油泵输出的油液的压力应当能够调整,控制油泵输出压力的任务由溢流阀13来完成。图中可见,从油泵打出的压力油除通向节流阀4外,还有一个分路通向溢流阀13。当溢流阀中钢球在弹簧压力作用下将阀口堵住时,压力油不能通过溢流阀;如果油压力高到一定程度,克服弹簧作用力将球顶开时,部分压力油就可通过溢流阀13、经管路14流回油箱,油的压力不会继续升高。因此,旋动溢流阀调节螺钉调整其弹簧压力,就能控制油泵打出油液的最高压力。若扳动手柄12使换向阀6的阀芯处于中间位,阀芯的中环堵死进油口P,油泵打出的油就不能进入换向阀而使油压增高,油压增高到一定程度便推开溢流阀13,油液排回油箱。这时,油缸左右两腔的油液分别在换向阀6的左右两环槽内被堵住,工作台停止不动而电动机可不停转。磨床工作时,根据加工要求的不同,利用节流阀4可以调节流量大小,从而使工作台具有不同的移动速度。节流阀的作用和自来水阀(俗称水龙头)相似,改变节流阀开口的大小,就能调节通过节流阀的油液流量,从而调节工作台的运动速度。

由上例可知,油泵的作用是向液压系统提供压力油,将电动机输出的机械能转换为油液的压力能,是动力元件。油缸在压力油的推动下使活塞运动,将油液的压力能转换为对外作功的机械能,完成对外作功,是执行元件。溢流阀、节流阀和换向阀分别控制系统油液的压力、流量和液流方向,以满足执行元件对力、速度和方向的要求,属控制元件。油箱、油管、滤油器等为辅助元件。可见,一般说来一个简单而完整的液压传动系统系由动力元件、执行元件、控制元件和辅助元件等四部分所组成。

二、液压传动系统图

液压传动系统图示方法有两种。一种是半结构式,如图9-1a所示,不仅表达了系统的工作原理,而且还基本表达了各元件的结构。这种图直观性强、容易理解,但图形比较复杂,绘制不便。另一种是职能式,各种液压元件均用代表元件职能的标准图形符号表示,不表示元件的具体结构和参数,如图9-1b即为图9-1a所示液压系统的职能式系统图。两图中各元件编号相同,以便学习对照。我国国家标准规定的液压用的图形符号属于职能符号,与世界各国的表示方法大同小异。表9-1摘列了液压系统常用元件的图形符号。

三、对液压油的要求及其选用原则

液压油是液压系统传递运动和动力的工作介质,也是润滑剂和冷却剂。油液的性能会直接影响液压传动工作的好坏。液压油主要是石油基的矿物油。如前所述,油的粘度大、流动时阻力就大,功率损失也大;粘度小,则容易泄漏。粘度将随温度升高而显著下降,不同种类的油液,粘温变化特性亦不相同。对液压油的要求是:合适的粘度,粘温特性好,有良好的润滑性、防腐性和化学稳定性,不易起泡,杂质少,闪点高,凝固点低等。其中,粘度是选择液压用油的主要依据。一般来说,工作温度高、压力大、速度低,宜选粘度较高的油;反之,则选用粘度较低的油。常用液压油为L-HL22和L-HL32号液压油,或用L-AN22和L-AN32号全损耗系统用油代替。亦可按油泵类型查阅推荐用油的粘度。

表 9-1　液压系统常用的图形符号

名称	符号	名称	符号	名称	符号
工作管路	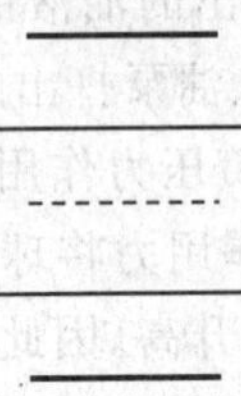	单作用活塞油缸	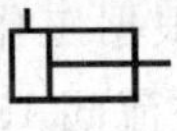	溢流阀	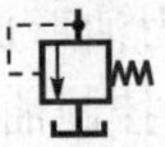
控制管路		单作用柱塞油缸	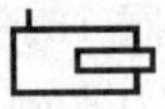	外控液流阀	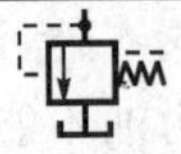
泄漏管路		双作用活塞油缸	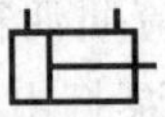	直控顺序阀	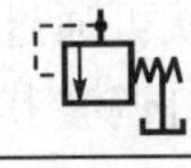
连接管路	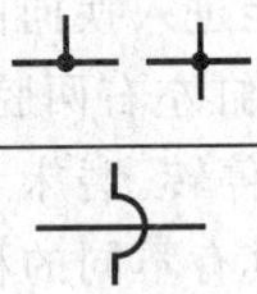	差动油缸		减压阀	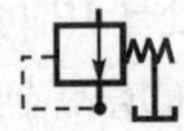
交错管路		增压油缸		节流阀	
软管		单向阀		可调式节流阀	
油流方向	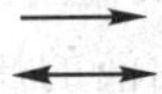	液控单向阀		单向节流阀	
通油箱管路	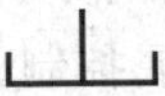	二位二通换向阀	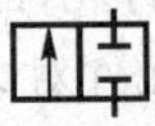	调速阀	
单向定量油泵		二位四通换向阀		压力继电器	
双向定量油泵		三位四通换向阀		蓄能器	
单向变量油泵		三位四通手动换向阀		粗滤油器	
双向变量油泵		二位二通电磁换向阀	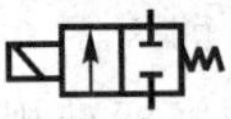	精滤油器	
单向定量油马达		手动杠杆控制	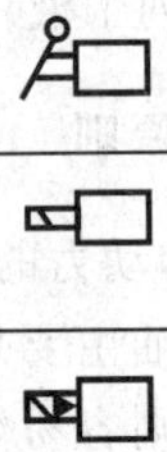	冷却器	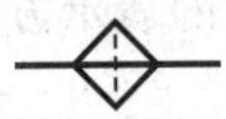
双向变量油马达		单线圈电磁铁控制		截止阀	
交流电动机		电-液压控制		压力表	

四、液压传动中的流量及连续性方程

图 9-2a 为液体在管道中稳定连续流动,其单位时间内流过某一截面的体积称为流量,用 Q 表示

$$Q = \frac{V}{t} = v \cdot A \quad (\text{m}^3/\text{s}) \tag{9-1}$$

式中:V 为时间 $t(\text{s})$ 内流过该截面的体积,m^3;A 为流过截面的面积,m^2;v 为该截面上液体的平均流速,m/s。可知:流速 v 与流量 Q 成正比,而与过流面积 A 成反比。流量常用的工程单位为 L/min,$1\text{m}^3/\text{s} = 6 \times 10^4 \text{L/min}$。

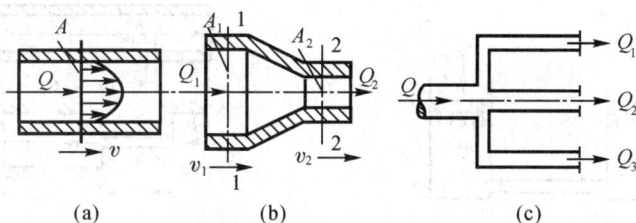

图 9-2

由于液体的可压缩性很小,在一般液压传动中视液体体积为不可压缩,故同一管道中连续流过任意截面 1-1、2-2、⋯ 的流量 Q_1、Q_2、⋯ 一定相同,如图 9-2b 所示,即

$$Q_1 = Q_2 = \cdots = Q \tag{9-2}$$

此式称为液体流动的连续方程。设 A_1、A_2 分别代表截面 1-1、2-2 的过流面积;v_1、v_2 为截面 1-1、2-2 内液体的平均流速,由式(9-1)、式(9-2)可得

$$v_1 A_1 = v_2 A_2 = \cdots = vA \tag{9-3}$$

式(9-3)为液体流动连续方程的另一表达式。

液体在有并联分支的管路中流动,如图 9-2c 所示,与并联电路相似,为

$$Q = Q_1 + Q_2 + Q_3 + \cdots = \Sigma Q_i \tag{9-4}$$

五、液压传动中油液压力的形成及其传递

液体受到压缩或有受到压缩的趋势而要使其体积缩小时便产生压力;亦即液压系统中液体压力是由于管道中的液体处于"前阻后推"的状态而产生的。在液压系统中,油管的高度不大(一般不超过 10m),可认为密闭容器中的液体,在静止(或平衡)状态时,各处的压力 p 相等;或者说,一处形成的压力将等值地传给液压的所有各点,如图 9-3 所示。压力 p 可用下式求出

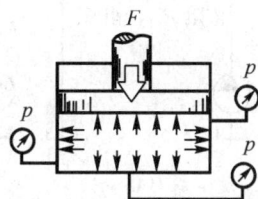

图 9-3

$$p = \frac{F}{A} \quad (\text{Pa}) \tag{9-5}$$

式中:F 为液压作用力,N;A 为承压面积,m^2。过去使用的工程单位制中,压力单位常用 kgf/cm^2,$1\text{kgf/cm}^2 = 98067\text{Pa} \approx 10^5 \text{Pa}$。在液压系统中,通常把压力 p 分为几个等级:低压 $(0 \sim 25) \times 10^5 (\text{Pa})$,中压 $(> 25 \sim 80) \times 10^5 (\text{Pa})$,中高压 $(> 80 \sim 160) \times 10^5 (\text{Pa})$,高压 $(> 160 \sim 320) \times 10^5 (\text{Pa})$ 和超高压 $(> 320) \times 10^5 (\text{Pa})$。

图 9-4 表示液压千斤顶以小的力举升重物的原理,设大、小活塞的面积分别为 A_2、A_1,当在小活塞上施加力 F_1 时,则小油缸中的油液压力 $p = F_1/A_1$。若忽略流速影响且不计压力损失,这一压力 p 将等值地传递到大活塞的端面,由 $F_1/A_1 = p = F_2/A_2$,可得大活塞受油压作用产生向上的推力 $F_2 = F_1 \cdot A_2/A_1$;当 F_2 大于重物 W 的重量 F_R 时,即可将重物抬

起。由此可见，两活塞的面积比 A_2/A_1 越大，大活塞上的推力 F_2 就越大，可以用很小的力 F_1 举起很大的重量。同时可见，在其他情况不变时，该系统中的油液压力 p 实际取决于执行元件输出端负载 F_R，$F_R/A_2 = F_2/A_2 = p = F_1/A_1$，并由输入端主动力 F_1 所克服。负载大时，油液压力也大；负载（包括阻力）为零时，压力为零。

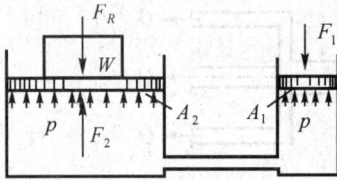

图 9-4

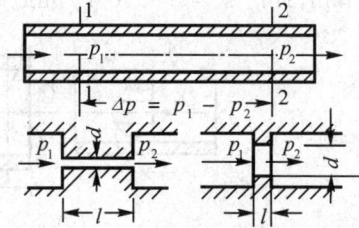

图 9-5

当液体流过一段较长的管道，或通过弯头、阀门、缝隙、阻尼小孔截面突变处，都会引起能量损失，如图 9-5 所示，表现为压力损失（即压力降）$\Delta p = p_1 - p_2$，且 Δp 与通过该处流量 Q 之间的关系为

$$\Delta p = R_y Q^n \tag{9-6}$$

式中：R_y 为流过该处引起压力降的液阻，是一个与管道截面形状、大小、管路长度以及油液性质等有关的系数；n 为指数，由管道的结构形式决定，一般 $1 \leqslant n \leqslant 2$。$R_y$ 和 n 的数值可按具体情况查阅有关手册确定。

式(9-6) 表达了在管路中流动液体的压力损失、流量及液阻三者之间的关系。若流量不变，液阻增大时，则压力损失增大；若压力损失不变，液阻增大时，则流量减小。这三者之间的关系与电流通过电阻产生电压降类似，串联油路（如图 9-6a）、并联油路（如图 9-6b）可类似串联电路、并联电路进行分析。据此，在液压传动中常利用改变液阻的办法来控制流量或压力。

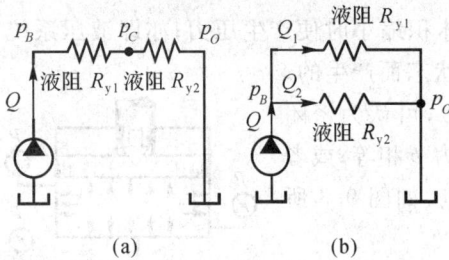

图 9-6

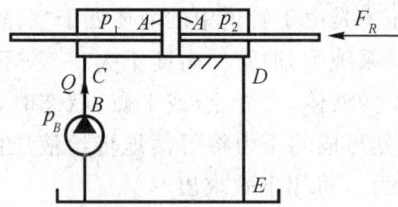

图 9-7

液压系统的油液沿管道流动时，油路上某一点压力大小是由自这点以后继续前进的道路上所遇到的总阻力（包括负载及液压阻力）来确定的。如图 9-7 所示液压系统中，设 F_R 为工作阻力，A 为油缸左右两腔的有效面积，p_1、p_2 为左右两腔的油液压力，Δp_{BC}、Δp_{DE} 为进油管从 B 到 C、出油管从 D 到 E 之间的压力损失，则油泵出口处压力 $p_B = p_1 + \Delta p_{BC}$，由静力平衡知 $p_1 A = F_R + p_2 A$，而 $p_2 = \Delta p_{DE}$，故 $p_B = F_R/A + \Delta p_{DE} + \Delta p_{BC}$。

六、液压传动的优缺点

和前述齿轮、螺旋等以固体作为传动构件的传动相比，液压传动具有以下优点：① 易于获得很大的力或力矩,传递相同功率时体积小、重量轻;② 可以在较大的范围内方便地实现无级调速;③ 传动平稳,易于实现频繁的换向和过载保护;④ 易于实现自动控制,且其执行机构能以一定的精度自动地按照输入信号(常为机械量)的变化规律动作(液压随动),并将力或功率放大;⑤ 摩擦运动表面得到自行润滑,寿命较长;⑥ 液压元件易于实现通用化、标准化、系列化,便于设计和推广使用。液压传动的缺点是:① 由于油液存在漏损和阻力,效率较低;② 系统受温度的影响较大,以及油液不可避免地泄漏及管道弹性变形,不能保证严格的传动比;③ 液压元件加工和装配精度要求较高,价格较贵,液压系统可能因控制元件失灵丧失工作能力,元件的维护和检修要求较高的技术水平;④ 液压元件中的密封件易于磨损,需经常更换,费用较高,密封件磨损还会造成因泄漏而污染环境的弊端。

§9-2 油 泵

一、油泵的基本原理

油泵是向液压系统提供压力油、将原动机输出的机械能转换为油液压力能的动力元件。液压传动系统中采用容积式泵,其吸油和压油是通过变化封闭的工作容积来实现,现以图 9-8 所示偏心轮单柱塞泵的工作原理进行说明。柱塞 2 装在泵体 3 内,在弹簧 6 的作用下,柱塞的一端靠紧在偏心轮 1 的外圆柱表面上。当偏心轮 1 转动时,柱塞 2 便在泵体 3 内作上下往复运动。当偏心转向下面时,柱塞 2 在弹簧力的作用下,迅速向下移动,密封油腔 a 的容积逐渐增大,形成部分真空,油箱 9 中的油液在大气压力作用下,通过吸油管 8,顶开阀 7 中的钢球进入油腔 a;此时阀 5 的钢球在弹簧力作用下堵住油腔 a 中的低压油进

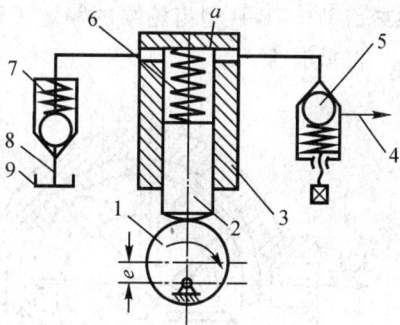

图 9-8

入阀 5,这个过程为油泵吸油。当偏心转向上面时,柱塞向上移动,油腔 a 的容积逐渐缩小,油腔 a 内的油液受到压缩而产生一定的压力;这时阀 7 中的钢球在油压及弹簧力的作用下落下,封闭吸油口,于是油腔 a 中的压力油只能顶开阀 5 中的钢球,沿油路 4 流往执行元件中去。密封油腔 a 的容积变化是油泵实现吸油和压油的根本原因。如果不计泄漏,油泵的理论流量只决定于其结构参数和转速,也就是单位时间内密封容积变化的大小,与压力无关。如在图 9-8 所示油泵中,偏心轮每转一圈使柱塞往复运动一次,而柱塞每往复一次打出的油量决定于柱塞的直径 $d(\mathrm{m})$ 和行程量 $h = 2e(\mathrm{m})$;设偏心轮的转速为 $n(\mathrm{r/min})$,则单柱塞泵的理论流量为

$$Q = \frac{\pi d^2}{4 \times 60} \cdot hn \quad (\mathrm{m^3/s})$$

二、油泵的主要类型

1.齿轮泵

齿轮泵的结构如图 9-9 所示,通常由壳体 1、一对齿数相同的啮合齿轮 2 和 3,传动轴 4 和 5 以及前后两端盖(图中未示出) 等组成。齿轮的宽度与壳体相同,其两端由端盖密封,齿顶由壳体的内圆柱面密封,壳体、端盖和齿轮形成两个密封空间 a 和 b(a 和 b 由齿轮的啮合点 K 隔开)。当齿轮按图示方向旋转时,K 点右侧两轮齿逐渐分离,齿槽间所形成的密封空间 a 逐渐增大,形成部分真空,油箱中的油液在大气压作用下经吸油管吸入油腔 a,流入齿槽间的油液随齿轮的旋转而被带到油腔 b。油腔 b 的轮齿系逐渐进入啮合,故其工作空间的容积逐渐减小,从而使齿槽间的油液被逐渐挤出。挤出齿槽间的油液通过压油腔 b 被送入压油管路中去。在转速一定的情况下,齿轮泵的流量仅与泵的几何尺寸有关,它是平均流量不变的定量泵。

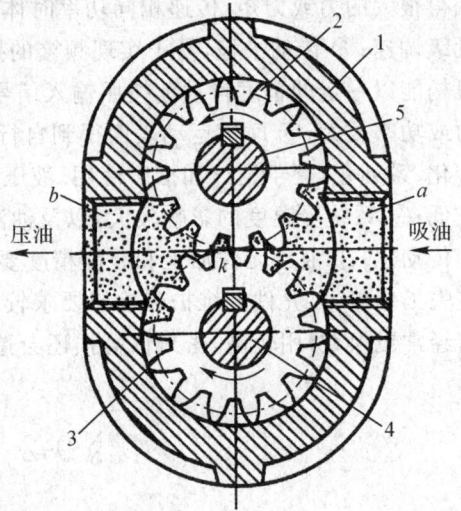

图 9-9

齿轮泵结构简单,工作可靠,制造和维护方便,价格便宜;但其泄漏较多,一般用于低压系统。国产 CB-B 型齿轮泵的额定工作压力为 25×10^5 Pa,流量为 $2.5 \sim 200$ L/min。

2. 叶片泵

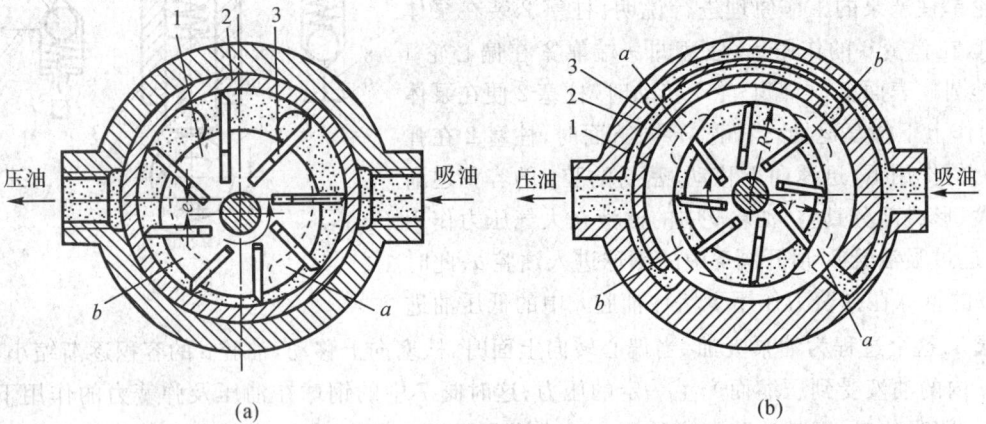

(a)   (b)

图 9-10

叶片泵可分为单作用和双作用两类。单作用叶片泵如图 9-10a 所示,它由转子 1、定子 2、叶片 3 和端盖(图中未示出) 等组成。转子的中心和定子有一偏心距 e。当转子旋转时,由于离心力使装在转子槽内的叶片始终紧贴在定子的内壁上;这样,在定子、转子、叶片与端盖间形成若干个封闭的工作空间。当转子按图示的方向旋转时,右边的叶片逐渐自转子槽内伸出,叶片间的工作空间逐渐增大,压力降低,从吸油腔 a 吸油;与此同时,左边的叶片被定子内壁逐渐压入转子槽内,工作空间逐渐减小而将油液压出压油腔 b。这种油泵的转子每转一圈,每一叶片均完成一次吸油和压油过程,故称为单作用叶片泵。该泵的优点是改变偏心距 e 的大小,就可以改变泵的流量,改变偏心的方向,就可以使泵的进、出油口互换,即成为双向变量泵。双作用叶片泵如图 9-10b 所示,转子 1 与定子 3 中心重合。定子内表面由两段半径为 R

的大圆弧、两段半径为 r 的小圆弧和四段过渡曲线所组成。当转子按图示方向转动时,叶片始终紧贴定子内壁,经过四段过渡曲线时,相邻叶片间的工作容积就要发生变化,油腔 a 吸入油,油腔 b 压出油。吸油腔与压油腔由四段圆弧隔开。转子每转一圈,完成两次吸油和压油,故称为双作用叶片泵。由于双作用叶片泵两个吸油区和两个压油区各自对称,故转子所受径向液压力是平衡的。但这种油泵由于其偏心距 $e=0$,不能调节,故为定量泵。

叶片泵与齿轮泵相比,虽然结构稍复杂,成本稍高,但流量较均匀,运动平稳,噪声小,使用寿命长,压力较高,国产 YB 型双作用叶片泵的额定工作压力为 $63 \times 10^5 Pa$,流量为 4 $\sim 100L/min$。

3. 柱塞泵

柱塞泵是以柱塞的往复运动实现吸油和压油,它可分为径向柱塞泵和轴向柱塞泵两大类。径向柱塞泵的工作原理如图 9-11a 所示。几个相同的柱塞1沿径向安装于缸体(即转子)2 的通孔中,转子2由电动机带动,连同柱塞1一起旋转,柱塞1由离心力作用(或在低压油的作用下)紧靠定子3的内壁。设转子如图所示方向旋转,由于定子和转子之间存在偏心距 e,柱塞1进入上半周时,逐渐向外伸出,转子2内工作空间便逐渐增大,形成部分真空,这样泵便经衬套4(衬套和转子固联,一起转动)上的油孔,从配油轴5(配油轴固定不动,其轴向钻有输油孔 c 和 d)的吸油口 a 吸入油。当柱塞1进入下半周后,定子3内壁将柱塞1往里推,工

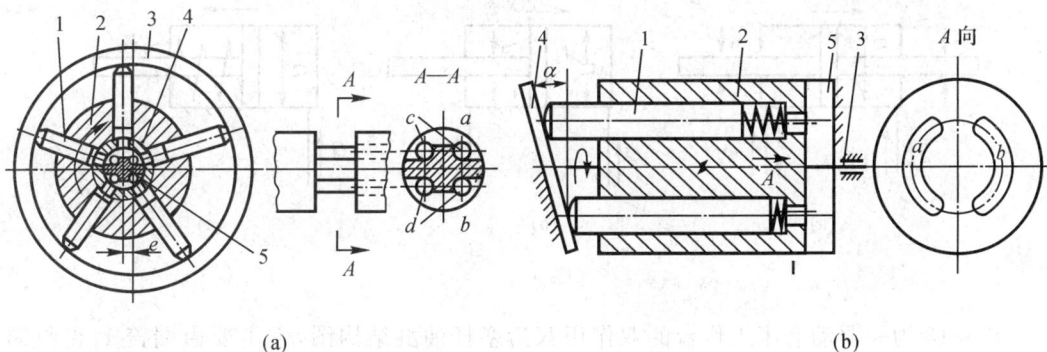

图 9-11

作空间逐渐减小,从而向配油轴的压油口 b 压出油。转子每转一圈,每个油缸吸油、压油各一次。显然,柱塞泵的流量也随偏心距 e 的大小不同而不同,偏心距 e 做成可调节,且当偏心距 e 的方向改变后,进、出油口便互换,即可做成双向变量泵。

轴向柱塞泵的工作原理如图 9-11b 所示。柱塞1装在缸体2沿圆周均布的轴向孔内,缸体2由电动机通过传动轴3带动旋转。孔内的弹簧(或低压油)使柱塞贴紧在不动的斜盘4上。柱塞孔的另一端与一个不动的配油盘5贴紧。配油盘上开有两条相互隔开的月牙形窗口 a 和 b。设缸体2如图示方向旋转,斜盘迫使柱塞在缸体轴向孔中作往复运动,造成密封容积的变化。柱塞从缸体外伸时,密封容积增大,通过配油盘5油窗 a 吸入油液;柱塞被斜盘压进时,密封容积减少,油经配油盘5油窗 b 压出。缸体2每转一圈,各柱塞往复一次,完成一次吸油和压油过程。改变斜盘的倾斜角 α,可以改变柱塞的行程量,即可改变泵的流量,又若改变斜盘的倾斜方向,可使泵的进、出油口互换,即成为双向变量泵。

与齿轮泵、叶片泵相比,柱塞泵的柱塞和缸体孔是圆柱面配合,较易获得较高的配合精

度,泄漏较少,能在高压、高转速下工作,多用于高压系统;但柱塞泵结构复杂,价格贵。国产 CY 型斜盘式轴向柱塞泵额定工作压力为 $320 \times 10^5 Pa$。

§9-3　油缸和油马达

油缸和油马达都属于执行元件,其作用是将油液的压力能转换为机械能对外作功;两者的区别在于油缸实现往复运动,油马达实现连续回转。

一、油缸

油缸可分为双作用油缸和单作用油缸。双作用油缸分别由油缸两端外接油口输入压力油(如图 9-12a、b),液压作用力可双向驱动;单作用油缸只有一个外接油口输入压力油(如图 9-12c),液压作用力仅作单向驱动,而反行程只能在其他外力(如自重、负载或弹簧力)的作用下完成,可节省动力。现以应用最广的双作用活塞式油缸进行分析。活塞杆按由油缸两端伸出还是一端伸出分别称为双活塞杆油缸(图 9-12a)和单活塞杆油缸(图 9-12b)。

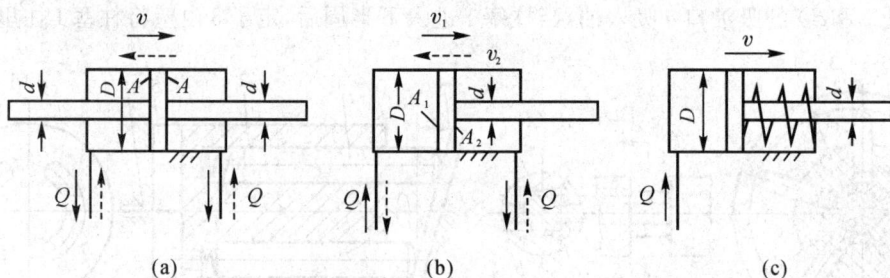

图 9-12

图 9-13 为一驱动磨床工作台的双作用双活塞杆油缸结构图,它主要由端盖 1、密封圈 2、套 3、销 4、活塞 5、缸体 6、活塞杆 7 和支架 8 等件组成。当压力油从油口 d 进入油缸左腔时,推动活塞 5 向右移动,油缸右腔油液经油口 b 排出。若油口 b 进入压力油,活塞 5 则向左移动,油缸左腔油液从油口 a 排出。通常双活塞杆油缸的两活塞杆直径 d 相等,即活塞两侧有效面积 A 相等,因此在供油量 Q 相同的情况下,活塞的往复移动速度 v 相等,由式(9-1)可得

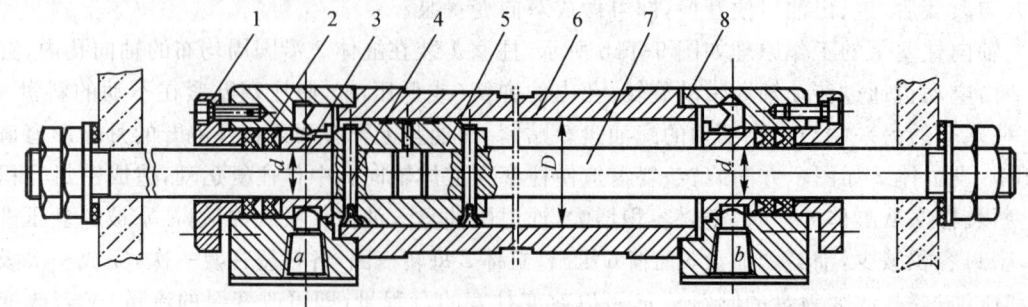

图 9-13

$$v = \frac{Q}{A} = \frac{Q}{\frac{\pi}{4}(D^2 - d^2)}$$

如供油压力 p 相等,则其向右和向左两个方向的液压推力 F 也相等,由式(9-5)可得

$$F = p \cdot A = \frac{\pi}{4}(D^2 - d^2)p$$

对于单活塞杆油缸(见图 9-12b),因为活塞两侧有效面积 A_1、A_2 不等,$A_1 = \frac{\pi}{4}D^2$,$A_2 = \frac{\pi}{4}(D^2 - d^2)$,因此在供油量 Q 相同的情况下,活塞往复移动速度不等,其向右和向左的移动速度 v_1 和 v_2 分别为

$$v_1 = \frac{Q}{A_1} = \frac{Q}{\frac{\pi}{4}D^2}, \quad v_2 = \frac{Q}{A_2} = \frac{Q}{\frac{\pi}{4}(D^2 - d^2)}$$

如供油压力 p 相等,向右和向左两个方向的液压推力 F_1 和 F_2 分别为

$$F_1 = pA_1 = \frac{\pi}{4}D^2 p, \quad F_2 = pA_2 = \frac{\pi}{4}(D^2 - d^2)p$$

显然,$v_1 < v_2$,$F_1 > F_2$。表明单活塞杆油缸从无杆腔进油时推力大而速度小,从有杆腔进油时则推力小而速度大,可分别用作工作行程和回程。单活塞杆油缸具有急回特性,急回特性的大小可用速度比 φ 表示

$$\varphi = v_2/v_1 = A_1/A_2 = D^2(D^2 - d^2)$$

如将单活塞杆油缸两腔互通并接入压力油,则构成图 9-14a 所示之差动油缸。此时两腔压力相等,由于 $A_1 > A_2$,故活塞左右两侧所受的液压力并不平衡,合力的大小

$$F_3 = p(A_1 - A_2) = p\left[\frac{\pi}{4}D^2 - \frac{\pi}{4}(D^2 - d^2)\right] = \frac{\pi}{4}d^2 \cdot p$$

其方向指向右方,活塞向右以速度 v_3 移动。这时由油泵送来的流量 Q 进入无杆腔,从有杆腔排出的流量 Q_2 也进入无杆腔,故进入无杆腔的总流量 $Q_3 = Q + Q_2$,由于 $Q_3 = A_1 v_3$,$Q_2 = A_2 v_3$,故 $A_1 v_3 = Q + A_2 v_3$,则可得

$$v_3 = \frac{Q}{A_1 - A_2} = \frac{Q}{\frac{\pi}{4}d^2}$$

可见差动连接时,活塞作快速运动。可以利用图 9-14b 所示的用"P"型中位机能的三位四通换向阀实现差动连接和分离,从而得到快进(v_3)、慢进(v_1)和快退(v_2)的工作循环。

图 9-15 表示增压油缸的工作原理。增压油缸由低压缸和高压缸组合而成,图中右端直径为 D,压力为 p_1 的缸为低压缸,左端则为高压缸,小直径 d 的柱塞(可不与高压缸内壁接触,因而缸体内孔不需精加工)

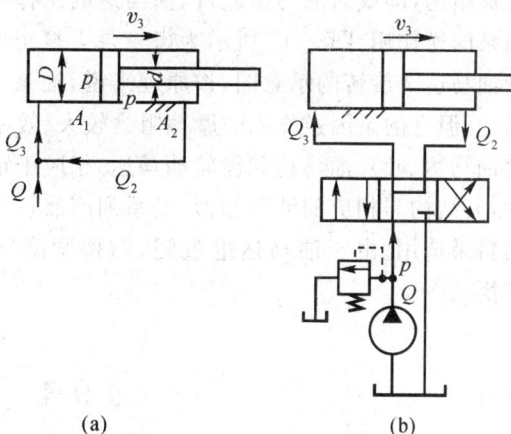

(a)　　　　　　　(b)

图 9-14

即为大直径活塞的活塞杆。压力为 p_1 的低压油从 a 口进入,推动活塞左移,压力为 p_2 的高压油从 b 口输出,压力为零的回油从 O 口排出。若不计摩擦力,根据液压力平衡关系

$$\frac{\pi D^2}{4} \cdot p_1 = \frac{\pi d^2}{4} \cdot p_2$$

即得增压比 $p_2/p_1 = (D/d)^2$。增压油缸用于在液压系统内短时间局部要求高压(高于系统的工作压力)时,仍按较低的系统压力选用油泵以减少能量消耗,降低设备费用。

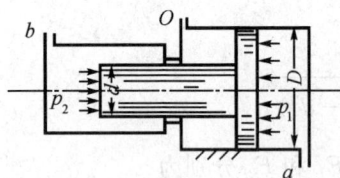

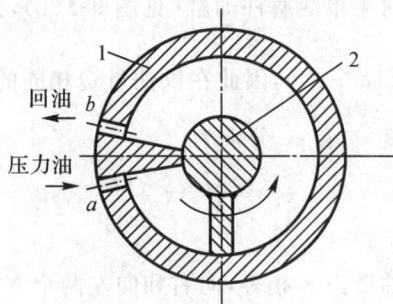

图 9-15   图 9-16

如需将油液的压力能转换为轴的摆动机械能,应采用摆动油缸。图 9-16 为单叶片摆动油缸的示意图。当压力油由定子的孔 a 输入、孔 b 输出时,叶片轴 2 按逆时针方向作小于 360° 的转动(到叶片与定子相碰为止);相反,当压力油由孔 b 输入、孔 a 输出时,叶片轴则反向作顺时针方向转动。

二、油马达

在齿轮泵、叶片泵、柱塞泵等的工作原理和基本结构已经作了介绍的基础上,我们不难设想,若将压力油逆向输入油泵,则油泵中的齿轮、叶片、柱塞等元件将在压力油的作用下绕轴回转获得一定转速并能输出一定转矩,此种把油液的压力能变换为旋转运动的机械能的机械结构,即成为油马达。所以油马达的工作原理实际上就是油泵的逆作用。图 9-17 所示为齿轮泵 1 打出的压力油驱动齿轮油马达 2 旋转的示意图。按原理来说,油泵大都可以成为油

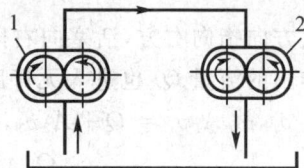

图 9-17

马达。但有的泵因逆作用时摩擦阻力较大、效率不高而不宜用作油马达。常用的油马达有柱塞油马达、叶片油马达和齿轮油马达。相应于定量泵和变量泵,油马达有恒速的与变速的两种,其结构与相应的油泵相似,是系列产品,可根据所用压力和所需转速、转矩查阅手册或产品目录选用。由于油马达重量轻、结构紧凑、运行平稳且易于实现无级调速,所以应用较广泛。

§9-4   液压阀

液压阀是用来控制液压系统中油液的流向、流量和压力,以满足执行机构运动和力的要求的重要元件,相应有方向控制阀、流量控制阀和压力控制阀等。这些液压阀均有系列产品,

其连接方式有用螺纹的管式连接和连接板的板式连接。

一、方向控制阀

方向控制阀简称方向阀,用来控制油液流动方向,常用的有单向阀和换向阀。

1. 单向阀

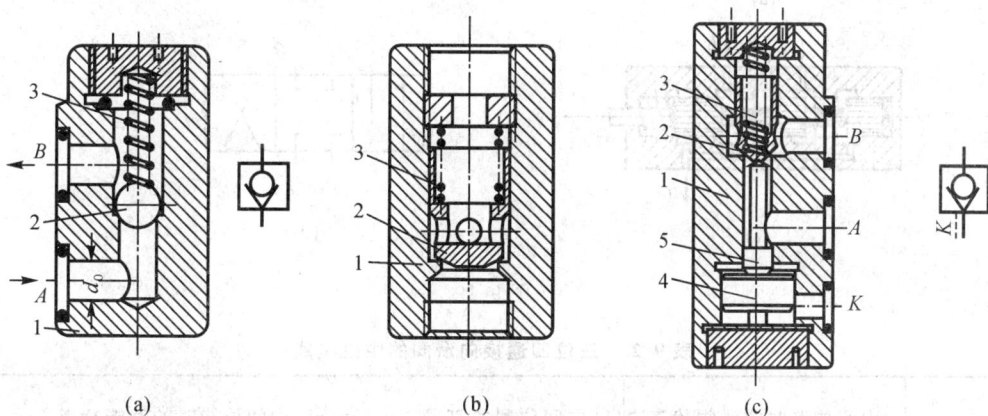

图 9-18

单向阀的作用是只允许油液朝一个方向流动而不能倒流。图 9-18a、b 为普通单向阀,阀芯 2(图 9-18a 为球阀,图 9-18b 为锥阀)在软弹簧 3 的作用下,轻轻压在阀体 1 上。当进油口 A 油液压力大于弹簧力时,压力油顶开阀芯自出油口 B 流出。若油液反向倒流,阀芯则被紧压在阀体 1 上,阀口关闭,油路不通。图 9-18c 为液控单向阀,它由上部锥形阀阀芯 2 和下部活塞 4 等组成。当油液按正常方向流动时,活塞不和锥形阀接触,此时,该阀和普通单向阀一样只能单向流动,油液由 A 口流向 B 口。当需油液反向流动时,可使控制油通入控制口 K,推动活塞 4 上升并通过顶杆 5 将单向阀阀芯 2 顶起,A 口与 B 口相通,油液才可反向由 B 口流向 A 口。

2. 换向阀

换向阀的作用是利用阀芯和阀体间的相对运动,变换油液流动方向,接通或关闭油路。阀芯移动的称为滑阀,阀芯转动的称为转阀。

以图 9-19 说明换向滑阀的工作原理。该阀芯上有三个工作位置(称为三位),阀体上有四个接出的通路 O、A、B、P(称为四通),P 为进油口,O 为回油口,A、B 为通往油缸两腔的油口,此阀因有三个工作位置、四条通路,称为三位四通阀。当阀芯处于中位(图 9-19a)时,各通路均被隔断,油缸两腔的油口既不与压力油相通,也不与回油相通,此时活塞锁住不动,系统保压(即缸内压力不降低)。当阀芯处在右位(图 9-19b)时,压力油由 P 口流入,A 口流出;回油由 B 口流入,O 口流回油箱。当阀芯处于左位(图 9-19c)时,压力油由 P 口流入,B 口流出;回油由 A 口流入,O 口流回油箱。图 9-19d 为该阀的职能符号,它表示了左、中、右三位四通的情况。根据不同的使用要求,三位滑阀中间位置各油口可有不同的连接方式,称为中位机能(即滑阀机能)。一般说来,阀体不变,只要变换阀芯就可以构成各种不同的中位机能。表 9-2 所列为比较常见的几种三位四通滑阀的中位机能。对照表列可见,图 9-19 和图 9-14 所示三位四通滑阀分别应为"O"型和"P"型的中位机能。

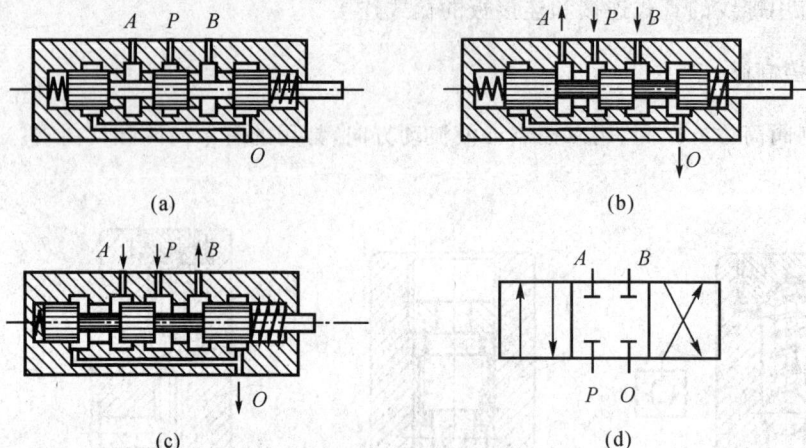

图 9-19

表 9-2　三位四通换向滑阀的中位机能

滑阀机能形式	中间位置时的滑阀状态	中间位置的符号	中间位置时的性能特点
O			各油口全部关闭，系统保持压力，油缸封闭。
H			各油口 A、B、P、O 全部连通，油泵卸荷，油缸两腔连通。
Y			A、B、O 连通，P 口保持压力，油缸两腔连通。
P			P 和 A、B 口都连通，回油口封闭。
M			P、O 连通，油泵卸荷，油缸 A、B 两油口都封闭。

　　换向滑阀的位数有二位和三位，通数有二通、三通、四通 …… 等，滑阀的操纵方式有手动杠杆操纵（S 型，图 9-20a 为自动复位，图 9-20b 为钢珠定位）、机械行程挡铁操纵（C 型，图 9-21）、电磁操纵（直流为 E 型，交流为 D 型），液压操纵（Y 型）及电液联合操纵（EY 或 DY）等多种形式。

　　图 9-22 所示为二位四通电磁换向阀，当电磁铁的线圈断电时（常态，图 9-22a），弹簧将

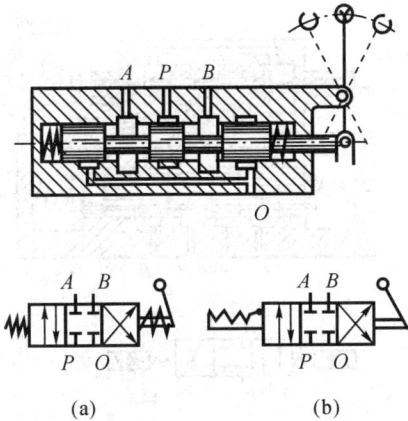

图 9-20

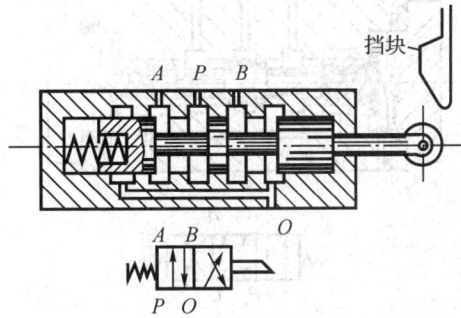

图 9-21

阀芯推向右端位置,压力油自 P 入 A 出,回油自 B 入 O 出;当线圈通电时(图 9-22b),衔铁被吸合,阀芯被推向左端位置,压力油自 P 入 B 出,回油自 A 入 O 出。其符号右端和左端方块分别代表电磁铁 CT 作用和弹簧复位的连通情况。因滑阀移动时所需的力受电磁吸力的限制,电磁阀的流量一般不大于 63L/min。

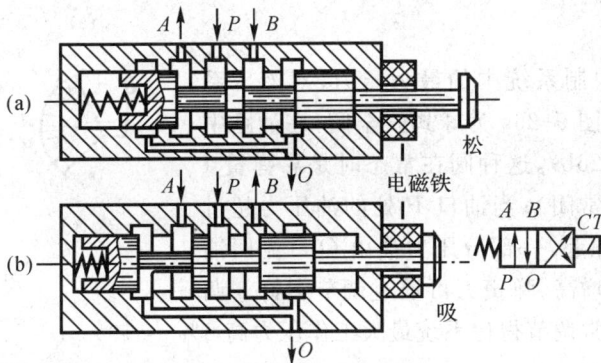

图 9-22

图 9-23 所示为三位四通"O"型液动换向阀,当控制油进入 K_1 口时,阀芯被推向右端,此时油的通路为 $P \rightarrow A$ 和 $B \rightarrow O$;当控制油进入 K_2 口时,阀芯被推向左端,此时油的通路为 $P \rightarrow B$ 和 $A \rightarrow O$;当两控制油口均不通压力油时,阀芯在两端弹簧作用下处于中间位置。其符号左、右、中三个方块分别表示 K_1 口通油,K_2 口通油和 K_1、K_2 均不通油时的连通情况。液动换向阀一般用于大流量(超过 100L/min)的场合。图 9-24 所示为由电磁阀和液动阀组合而成的三位四通"O"型电液动换向阀。小流量的电磁阀起先导作用(称先导阀),用来改变控制油路进入大流量的液动阀油口 K_1 还是 K_2,使液动阀(主阀)阀芯动作、实现主油路的换向。其符号左、右、中三个方块分别表示左、右电磁铁 CT_1、CT_2 通电和两者均断电时控制油分别进入 K_1、K_2 油口和均不进入时的连通情况。

图 9-25 所示为二位四通转阀。阀芯由图 9-25a 转 45° 到图 9-25b 的位置时,油的通路由 $P \rightarrow B$、$A \rightarrow O$ 变换为 $P \rightarrow A$、$B \rightarrow O$。阀芯旋转可以手动,也可以用挡块拨动,图 9-25c 和图 9-25d 分别为手动二位四通、机动二位三通转阀的符号。转阀适用于小流量及压力较低的情况。

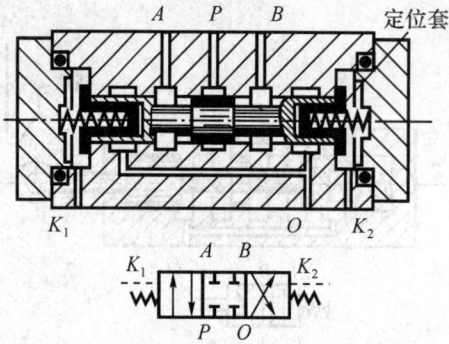

图 9-23

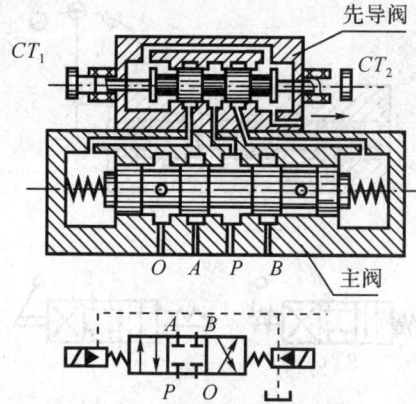

图 9-24

二、压力控制阀

压力控制阀简称压力阀,用来控制和调节液压系统中油液的压力,常用的有安全阀、溢流阀、顺序阀、减压阀和压力继电器等。

1. 安全阀

安全阀是用来限制系统中的最大压力,对液压系统起安全保护作用。图 9-26a 为球式安全阀,在油路中与主油路并联(图 9-26b)。这种阀在常态时是靠弹簧 1 的作用力关闭的(称常闭);当油口 P 处的油压力超过弹簧力时才把球 2 顶起,一部分压力油由 O 口流回油箱,油压力不会继续增高。弹簧力可通过调节螺钉 3 调整,阀的开启压力通常调节得比系统最大工作压力高 8% ~ 10%。

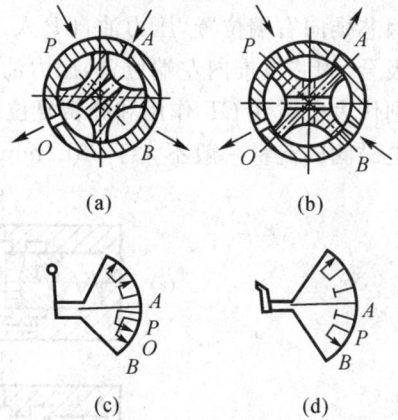

图 9-25

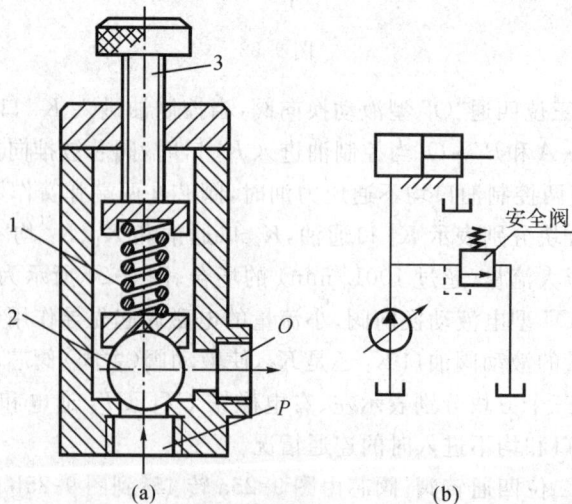

图 9-26

2. 溢流阀

溢流阀的作用是使液压系统中溢流和稳定油压。溢流阀的形式较多,图 9-27a 为可用于中高压的先导式溢流阀。它有主阀芯 1 和先导阀芯 2,压力油由进油口 P 进入主阀下腔,并经阻尼孔 a(直径约 1mm)进到主阀上腔,再经通孔 b 进入先导阀芯 2 左边的油腔,其油压力作用在锥形阀芯上。当系统油压较低时,锥阀在调压弹簧 3 的作用下关闭,没有油液流过阻尼孔 a,这时主阀上下油腔的油压相等;又因主阀芯上下两端的承压面积 A 也相等,故主阀芯所受油压作用力相互平衡,在较软的主弹簧 4 的作用下,主阀芯处于最下端位置,将溢油口

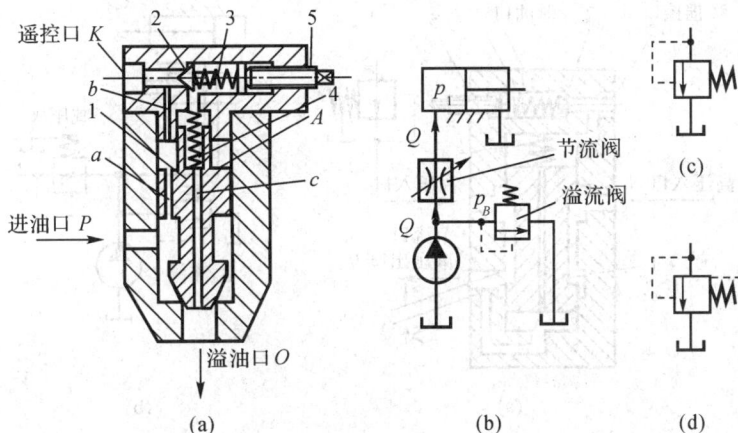

图 9-27

O 关闭。当系统压力升高到超过先导阀调压弹簧 3 所调定的压力值(由调压螺钉 5 调节)时,压力油首先顶开锥阀芯 2,先导阀被打开,主阀上腔油液经通孔 b、锥阀座孔及主阀芯孔 c,由溢油口 O 流回油箱;此时主阀下腔的压力油经阻尼孔 a 向上补充,由于阻尼孔的液阻而产生压力降,使下腔油压高于上腔,主阀芯才能克服弹簧 4 的作用力而向上抬起,主阀口打开,系统中多余的油液经主阀口溢回油箱。主阀的开启后于先导阀。溢流阀多并联接于定量泵输出的主油路(图 9-27b),泵的工作压力 $p_B = p_1 + \Delta p$,p_1 决定于工作阻力,Δp 主要是节流阀可调液阻的压力损失,节流阀通道减小(或增大)时,液阻增大(减小),引起泵的工作压力 p_B 增大(减小),而 p_B 为溢流阀入口的油压,将溢流阀先导弹簧力调到和 p_B 相平衡,当 p_B 增大时,则溢流阀阀芯 1 端面要离开阀座而从 O 口溢油,致使流过节流阀进入油缸的流量 Q 减小;而溢流阀开口度增大导致 p_B 下降,从而保持泵出口处 p_B 稳定。溢流阀起定压和溢流的作用,p_B 实际取决于溢流阀调压弹簧。此外,若将溢流阀原封闭的遥控口 K 接入外部油路,此时主阀芯上腔的压力等于外控油压;当其低于系统压力时,溢流阀就会打开,这就构成外控溢流阀,其工作压力将随外控油压的变化而变化。溢流阀是常开的,但其符号和安全阀相同,见图 9-27c。外控溢流阀的符号见图 9-27d。

3. 减压阀

减压阀的作用是用来将较高的进口油压降为较低而稳定的出口油压。图 9-28a 表示先导式定值减压阀的工作原理。减压阀工作时,高压油 p_1 由 A 口进入,经阀口缝隙 Δh 由 B 口流出,压力降为 p_2 送往执行机构,同时在出口处还有一部分压力油经滑阀底部和中间阻尼孔流入滑阀上部和先导阀左边的油腔。当出口压力 p_2 超过调定压力时,先导阀门被打开,油

从泄油口流回油箱,导致滑阀上部的油压降低,滑阀向上移动,减少了阀口的缝隙 Δh,压力损失增加,从而又降低了出口压力,一直到出口压力 p_2 等于调定压力时为止。这时,先导阀门关闭,减压滑阀达到新的平衡位置,自动保证出口压力不变。不论出口压力或进口压力是否发生变化,这种减压阀均能自动调节,使出口压力保持恒定。出油口压力通过调节螺钉 5 控制。定值减压阀串接于两条油路之间(图 9-28b),进口高压、出口低压,用于一个油泵向系统中多个执行机构供油,而各执行机构所需压力又不一样的场合;这时按最大压力的执行机构来确定液压系统中的压力,其他执行机构所需的压力指标,可用定值减压阀来实现。

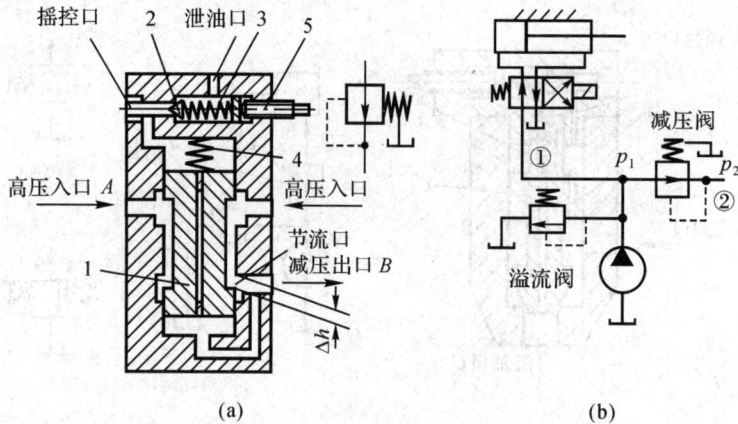

图 9-28

4. 顺序阀

顺序阀是利用系统的压力来控制油缸或油马达的动作先后顺序,以实现液压系统的自动控制。它的结构与溢流阀基本相似。但溢流阀与工作油路并联,进口接该工作油路,出口回油箱,工作时出口常开启,有溢流;而顺序阀进出口串接于两条工作油路之间,在进口油压达不到顺序阀调定压力时,进出口不通;只有当进口油压达到该阀调定压力时进出口才通流。顺序阀的出油口是压力油,不能像溢流阀那样和泄漏油口相通,泄油口要单独接回油箱。图 9-29 所示液压系统中,顺序阀用来实现钻头(油缸 Ⅰ)和割刀(油缸 Ⅱ)的顺

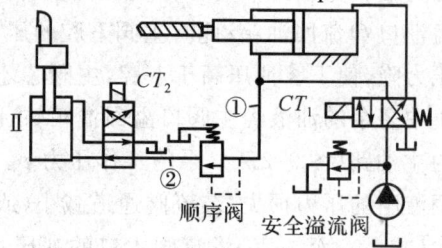

图 9-29

序动作,即保证在钻头钻孔完毕并退出后,割刀才进行切断,其过程原理如下。$CT_1^{-①}$:钻头左移,Ⅰ 缸左腔回油,顺序阀不通;钻削完毕 CT_1^{+}:钻头右移,Ⅰ 缸右腔零压,左腔低压仍打不开顺序阀,待钻头退出到尽头、活塞与 Ⅰ 缸右盖接触,于是油路 ① 的压力升高,将顺序阀打开,压力油经顺序阀进入油路 ②。CT_2^{-}:压力油进入 Ⅱ 缸下腔推动割刀切割;切割完毕 CT_2^{+}:刀具退回,退到尽头时,安全阀打开溢流。

上述顺序阀是直接利用进油本身的压力控制,称为自控顺序阀。当由控制油口利用外来控制油压通入控制油时,称为外控顺序阀。

---

① CT_1^{-} 和 CT_1^{+} 分别表示电磁铁 CT_1 断电和通电两个状态,以后类同。

5.压力继电器

压力继电器利用液压系统中压力变化来控制电路的通断,从而将液压讯号转为电讯号,使电器元件(如电磁阀、电机、时间继电器等)动作,实现自动程序控制和安全保护。图 9-30 表示滑阀式压力继电器的原理及符号。当油压 p 升高到预调数值,液压力克服弹簧力推动活塞上移,柱塞顶部锥面 1 推动钢球 2 向左作水平移动,接通行程开关 3 控制电器动作。

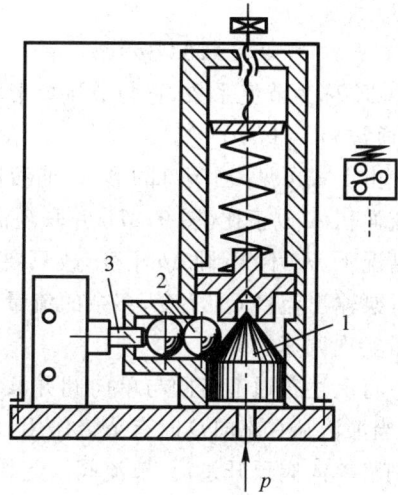

三、流量控制阀

流量控制阀简称流量阀,用来调节和控制通过阀的油液流量,常用的有节流阀和调速阀等。

1.节流阀

节流阀依靠改变阀口通流面积的大小或改变

图 9-30

通道的长度来改变液阻 R_y,从而控制通过阀的流量,常与溢流阀并联使用于定量泵调速回路(如图 9-27b)。图 9-31 所示为节流阀常见的几种节流口结构形式,图 9-31a 为针式,针阀作轴向移动,从而改变阀口环形通道的大小以调节流量;图 9-31b 所示为轴向三角沟式,在阀芯端部开有一个或两个三角形沟槽,轴向移动阀芯时就可以改变三角沟通道截面的大小;图 9-31c 所示为偏心式,在阀芯上开了一个截面为三角形(或矩形)的偏心槽,当转动阀芯时就可以调节通道的大小;图 9-31d 所示为周向缝隙式,油可以通过狭缝流入阀芯内孔再经左边的孔流出,旋转阀芯就可以改变缝隙的过流面积大小。

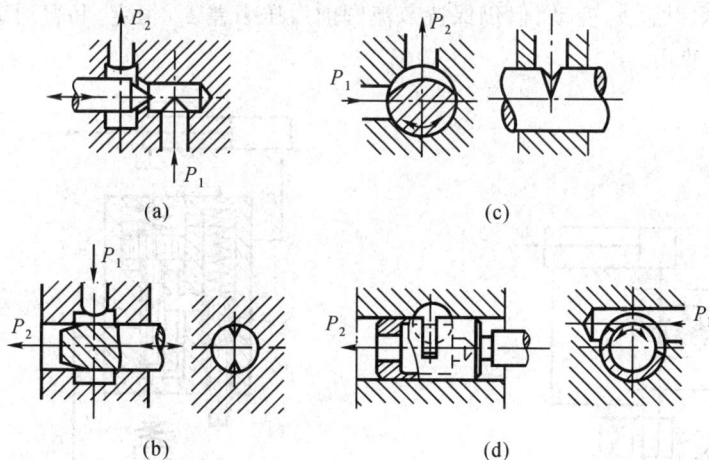

(a)

(c)

(b)

(d)

图 9-31

设 Q 为通过节流口的流量,Δp 为节流口前后的压力差,A 为阀口过流面积,由式(9-6)可得

$$Q = (\Delta p / R_y)^{\frac{1}{n}}$$

实验证明液阻 R_y 的 n 次方根的倒数与过流面积 A 成正比。引进比例系数 K，并令 $m = 1/n$，可得

$$Q = KA(\Delta p)^m \tag{9-7}$$

式中：K 称为节流系数，它与节流口形状和油液性能有关；m 为由节流口形状决定的结构指数，通常 $m = 0.5 \sim 1$。

由上式可见，当阀口的形状、油液性质和节流阀前后的压力差均一定时，流量 Q 与阀口过流面积 A 成正比。图 9-27b 并联溢流阀保证了节流阀入口压力 p_B 不变，在工作阻力不变的情况下，p_1 不变，即 Δp 不变，故只要改变阀口的过流面积 A，即可调节节流阀出口流量 Q，定量泵输出流量 Q_B 不变，多余的流量 $(Q_B - Q)$ 则由溢流阀溢流回油箱。这就是节流阀控制流量实现调速的原理。

将上述普通节流阀与单向阀并联可组合而成单向节流阀，其作用和符号如图 9-32 所示。当油液从 C 流向 D 时有节流作用，可调节活塞右移的速度；活塞反向左移时，油液反向流动则将单向阀顶开过流，节流阀不起作用，活塞快速向左退。

2. 调速阀

当工作负载变化时，采用前述节流阀，将引起节流阀阀口前后压力差的变化（阀口前的压力通常由溢流阀调定），从而影响流量的稳定性。这种节流阀虽可调节速度，但速度会随负载的变化而变化，对于运动平稳性要求较高的液压系统，通常采用调速阀。

调速阀是节流阀与特殊的定差减压阀串联而成的一个组合阀，其作用和符号如图 9-33 所示。来自油泵的压力油经减压阀 1 后，压力由 p_1 降为 p_2，压力为 p_2 的油液一部分经节流阀 2 降压，使压力减为 p_3，即调速阀的出口压力；而另一部分又和压力为 p_3 的分支油液分别进入减压阀主阀 1 的下腔 a 和上腔 b，这时节流阀前后的压力差 $\Delta p = p_2 - p_3$，实际即为减压阀主阀承压面上所受弹簧 3 的压力，当减压阀弹簧很软时，弹簧力变化很小，故 Δp 基本恒定。油缸负载 F_R 变动引起 p_3 变动，但仍保持节流阀前后压力差 Δp 恒定。和普通节流阀一样，调速阀亦只能单向使用。

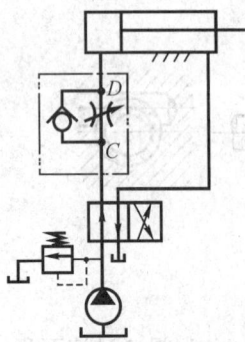

图 9-32

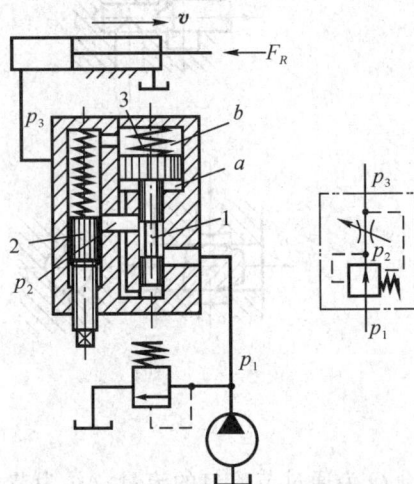

图 9-33

§9-5 液压辅助元件

液压系统中的辅助元件有油管(输送液压油)、管接头(油管之间、油管与液压元件之间的可拆联接件)、压力表(测量油压)、油箱、滤油器、蓄能器等,它们在液压系统中通常也都是不可缺少的组成部分。除油箱外,其他液压辅助元件除特殊需要外,一般均可按标准化系列选用。以下仅对油箱、滤油器和蓄能器作些简要介绍。

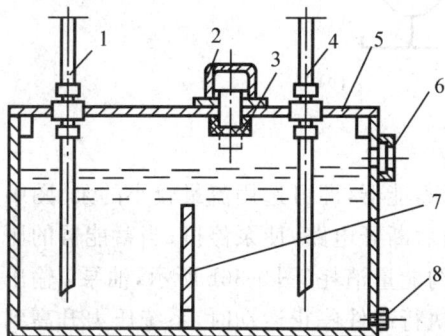

图 9-34

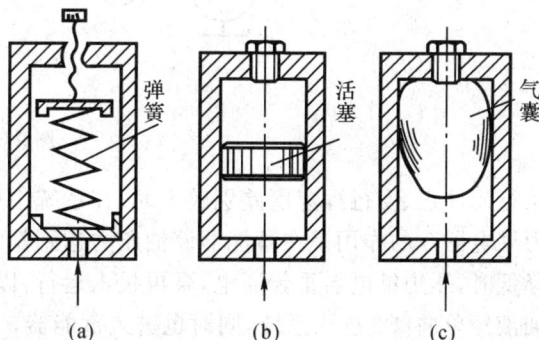

图 9-35

油箱的主要作用是储油和散热。油箱的结构如图 9-34 所示,通常用钢板焊接而成。图中 1 为吸油管,4 为回油管,管端成 45° 坡口,两管应尽量远离,其间用隔板 7 隔开,以改善散热并使杂质多沉淀在回油管一侧。箱盖 5 上加油孔 3 处有滤网,上面装有通气罩 2。为便于将油放掉,油箱底部常制有斜度,并有放油塞 8,油箱侧面有表示油面高度的油面指示器 6。油箱的容量主要根据散热需要来确定。根据经验,固定式油箱有效容积可取油泵每分钟流量的 4 ~ 7 倍,用定量泵时取较大值,用变量泵时取较小值;液压系统压力较高或允许温升较低时取较大值。

滤油器的作用是将液压系统中油的杂质滤掉,使其不再进入工作系统,以防引起阀孔堵塞及运动部件划伤或卡死。滤油器有网式、线隙式、烧结式或片式几种,它一般装在液压系统的吸油管路和回油管路中,或在重要元件(如节流阀)的前面。通常,在泵的吸油口装粗滤油器,在泵的输出管路及重要元件之前装精滤油器。过滤精度是滤油器的一项重要指标,它是以杂质能够被滤去的颗粒大小来衡量。滤油器可根据用途、过滤精度、使用压力、流量等条件来选择型号。

蓄能器亦称蓄压器,是一种储存油液压力能的装置。它将系统中的压力油液储存起来,需用时放出,以补偿泄漏和保持系统压力并能消除压力脉动和缓和液压冲击。图 9-35 表示了几种蓄能器,图 9-35a 为弹簧式(用弹簧压缩来储蓄能量),图 9-35b 为活塞式(活塞把上腔的压缩空气与下腔的油液隔开),图 9-35c 为气囊式(气囊中充气,并与油隔开)。

下面以两例说明蓄能器在液压系统中的具体应用。图 9-36a 表示施压装置中的一个液压系统。在图示工作状态时,活塞杆 1 右移,施压的速度较低,进入油缸左腔流量小于油泵 2 供给的流量,泵所打出的一部分压力油进入蓄能器 3 被储存起来。回程时换向阀 4 换位,活塞杆左移要求较快的速度。这时蓄能器和泵同时向油缸右腔供油,使活塞快速返回。可见在

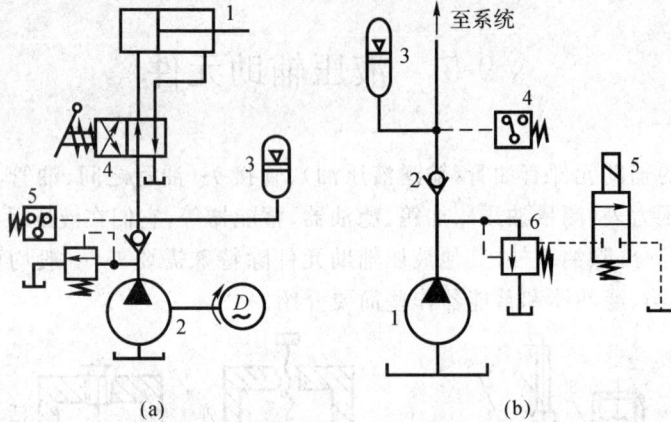

图 9-36

执行元件正、反行程速度差别较大时，在系统中加装蓄能器，即可选用流量较小的泵。图中压力继电器 5 的作用是在蓄能器储油压力达到额定值后断开电路，使泵停机；当蓄能器的压力降低时，压力继电器重新通电，泵再投入运行，以节约能量消耗。图 9-36b 所示，油泵 1 输出的油液经单向阀 2 进入系统，同时也进入蓄能器 3。当执行部件停止运动时，系统压力升高到蓄能器的调定压力时，压力继电器 4 发出电讯号，使电磁换向阀 5 通电，控制油路打开溢流阀 6 的遥控口，使其与油箱相通，油泵便在低压下卸荷。此时由蓄能器继续保持系统压力，并使单向阀 2 关闭。系统中的泄漏油液由蓄能器放出少量油液进行补偿。当系统压力因泄漏过多而降到调定压力时，压力继电器 4 复位，使电磁阀 5 断电，溢流阀遥控口与油箱断开、油泵再向系统和蓄能器供油，使系统压力恢复到调定值。

§9-6　液压系统图实例及液压系统设计简介

一、液压系统图实例

正确而迅速地阅读液压系统图，对液压设备的设计、分析研究、使用、调整和维修都很重要，现以图 9-37 所示 YB32-300 型四柱液压机的液压系统图为例进行分析阅读。压制工艺要求主缸先低压快速下行接近工件，然后低速高压下行压制工件、不动保压、快速返回；主缸返回后下缸上升顶出工件，然后下降回程完成一个循环。显然，必须保证下缸处于最下端位置时主缸才能运动以及主缸活塞不能在停止位置时因自重而下落。

系统中液压元件和连接管路编号如图所示。三位换向阀 5 控制下缸停、顶、回。三位换向阀 6 控制主缸停、压、回。顺序阀 4 是当下缸处于最下端时才有可能开启向主缸供油。主缸的保压是利用单向阀 7、液控单向阀 8、主缸活塞及其间的管道所形成的封闭容积内的油液和管道的弹性变形来实现的。液控单向阀 9 要有一定压力的控制油才能打开使主缸下行，这是靠预调顺序阀 4 的压力为 $(10 \sim 12) \times 10^5 \mathrm{Pa}$ 而得到的。溢流阀 2 调节整个系统的压力。压力表 10 用来测量主缸上腔的油压。安全阀 3 的作用在于防止主缸下行时因液控单向阀 9 失灵（打不开）而出现过载事故。

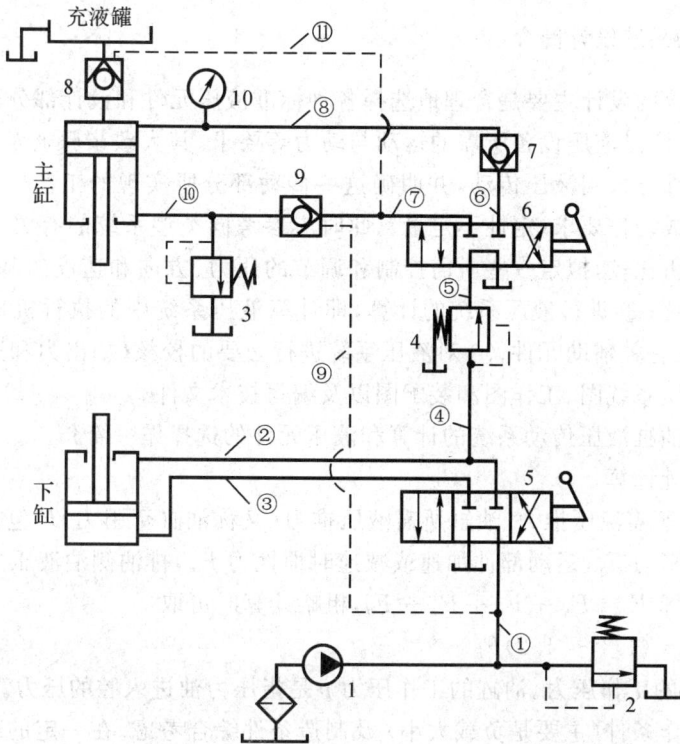

图 9-37

　　在图示状态,阀 5 中位,泵 1 → ① 阀 5 → 油箱,油泵 1 卸荷,溢流阀 2 处于封闭状态,油路 ②、③ 封闭,下缸处于停止状态,无压力油经过顺序阀 4。阀 6 处于中位,油路 ⑥、⑦ 封闭,上缸亦处于停止状态。

　　阀 5 右位:泵 1 → ① → 阀 5 → ② → 下缸上腔,下缸活塞快速退回,下缸下腔油液 → ③ → 阀 5 ⤵ 油箱,当下缸活塞到达最下端位置时,油路 ② 压力继续升高,亦即油路 ④ 压力升高,一旦到达顺序阀 4 预调的压力,打开顺序阀 4,此时泵 1 → ① → 阀 5 → ④ → 阀 4 → ⑤ → 阀 6 → 油箱,主缸仍然处于停止状态。使阀 ⑥ 左位,泵 1 → ① → 阀 5 → ④ → 阀 4 → ⑤ → 阀 6 → ⑥ → 阀 7 → ⑧ → 主缸上腔,此时油路 ①、控制油路 ⑨ 压力皆相当阀 4 调定之压力,故能打开液控单向阀 9。这样,主缸下腔油液 → ⑩ → 阀 9 → ⑦ → 阀 6 → 油箱。上滑块未接触工件时,主缸和横梁因自重迅速下降,油泵输入流量不足,由充液罐的油液在大气压下 → 阀 8 → 主油缸上腔,使上腔总能充满油液;上滑块接触工件后,主缸上腔压力升高,液控单向阀 8 关闭,施压时上缸活塞的速度便由泵的流量来决定低速下行。如需保压,则将阀 6 居中位即可。使阀 6 右位,泵 1 → ① → 阀 5 → ④ → 阀 4 → ⑤ → 阀 6 → ⑦ → 阀 9 → ⑩ → 主缸下腔;此时控制油路 ⑪ 打开液控单向阀 8,主缸上腔油液 → 阀 8 → 充液罐 → 回油,主缸活塞回程。

　　阀 5 左位:泵 1 → ① → 阀 5 → ③ → 下缸下腔,下缸顶出工件;下缸上腔油液 → ② → 阀 5 → 油箱。

二、液压传动系统设计简介

液压传动系统的设计主要是合理地选择各种标准液压元件和设计部分非标准液压元件组成液压系统,以满足液压设备所需的运动与动力等要求。其大致步骤通常是:① 确定整个机组或其中哪些部分采用液压传动,并明确这些传动部分所实现的工艺要求;② 确定液压系统原理图以完成动作要求(定性不定量)。此时应参考同类型系统的有关资料并根据实际工作情况进行分析比较,拟定一些所需控制和调节的压力、方向和速度的基本液压回路,并由此组成液压系统;⑧ 进行液压系统的计算,即计算液压系统中的执行机构、选择油泵、电动机、控制阀以及有关辅助元件;④ 对液压系统进行必要的校核(如出力和速度、温升、强度等),绘制正式液压系统图、工作图和装配图以及编写技术文件。

下面以移动油缸液压传动系统的计算和液压元件的选择作一简介。

1.油缸的设计计算

1)计算油缸所需液压推力。油缸所需液压推力(又称油缸牵引力)F包括工作载荷F_R,运动部件的摩擦阻力F_f,运动部件加速或减速时惯性力F_m,排油侧油液压力(背压)引起的排油阻力F_b等,即$F = F_R + F_f + F_m + F_b$,粗略计算时可取

$$F = (1.1 \sim 1.2)F_R \tag{9-8}$$

2)确定油缸的工作压力。油缸的工作压力p是指压力油进入腔的压力。工作压力p的选择要从系统的工作条件(主要是负载大小)及制造条件综合考虑。在一定的载荷下采用高的工作压力p可以减小机构尺寸,但对密封和控制元件等的质量要求均将相应提高,一般可参考表9-3按油缸推力选取,也可按经验根据设备类型来选取。为了保持油泵有较长的寿命,油缸的工作压力与压力油管路压力损失之和应等于或小于液压系统使用油泵额定压力的80%。

表 9-3　油缸工作压力 p 的确定

油缸推力 F(N)	< 5000	5000 ~ 10000	10000 ~ 20000	20000 ~ 30000	30000 ~ 50000	> 50000
工作压力 p(10^5 Pa)	8 ~ 12	12 ~ 20	20 ~ 30	30 ~ 40	40 ~ 50	> 50

3)计算油缸主要尺寸。油缸的内径D由式(9-5)可得

无杆腔受力时　　$D = 1.13\sqrt{\dfrac{F}{p}}$　(m)　　　　　　　　　　　(9-9)

有杆腔受力时　　$D = \sqrt{\dfrac{4F}{\pi p} + d^2}$　(m)　　　　　　　　　　(9-10)

式中:F为油缸的牵引力,N;p为油缸选定的工作压力,Pa,d为活塞杆直径,m。

活塞杆是油缸中的传力零件,其直径d应满足强度、稳定性要求;对双作用单活塞杆油缸,还要满足油缸往返速度比$\varphi = v_2/v_1 = D^2/(D^2 - d^2)$的要求。$D$和$d$应按GB/T2348—1980圆整取标准值。

油缸壁厚δ一般可按薄壁筒($\delta/D \leqslant 0.1$)来计算。

4)计算油缸所需流量。油缸所需流量按式(9-1)计算:$Q = Av$(m^3/s)。其中A为油缸有效工作面积,m^2;v为活塞运动速度,m/s。

2.油泵的选择

选择油泵时,通常首先根据对泵的性能要求确定泵的类型,然后再根据压力和流量确定型号规格。

1) 油泵工作压力的确定。油泵正常工作时的最大工作压力 p_B 为

$$p_B \geqslant p_1 + \sum \Delta p \quad \text{(Pa)} \tag{9-11}$$

式中:p_1 为油缸进油腔的最大工作压力,Pa;$\sum \Delta p$ 为油泵出口到油缸进口间的各种压力损失的总和,初步估计时,对于用节流阀调速及较简单的油路可取:$\sum \Delta p = (3 \sim 5) \times 10^5 \text{Pa}$;对于进油路设有调速阀及管路较复杂的系统,可取 $\sum \Delta p = (7 \sim 15) \times 10^5 \text{Pa}$。

2) 油泵流量的确定。油泵的输出流量 Q_B 要大于同时动作的各个并联油缸所需最大流量的总和 $\sum Q_{\max}$,即

$$Q_B \geqslant k \sum Q_{\max} \quad \text{(m}^3/\text{s)} \tag{9-12}$$

式中:k 为系统的泄漏系数,一般取 $k = 1.1 \sim 1.3$,大流量取小值,小流量取大值。

3) 选择油泵的规格。根据 p_B、Q_B 选择泵的额定工作压力和额定流量,相应选取油泵规格。

4) 确定驱动油泵的电动机功率。在整个工作循环中,泵的压力和流量比较恒定时,驱动泵的电动机功率 P_0 为

$$P_0 = \frac{p_B \cdot Q_B}{1000 \eta_B} \quad \text{(kW)} \tag{9-13}$$

式中:p_B 为泵正常工作时的最大工作压力,Pa;Q_B 为泵的额定流量,m³/s;η_B 为泵的总效率,可按手册选取,其值一般可取为 0.8。电动机转速与油泵相符。

3. 阀类元件的选择

选择阀类元件,首先按要求确定所采用的阀的类型。选择阀的规格主要根据流经阀的油液最大压力和最大流量。在选择节流阀和调速阀时,还要考虑其最小稳定流量,以满足低速稳定要求。在选用中,若必要时允许经过阀的最大流量超过阀的额定流量,但不宜超过额定流量的 20%,以免引起发热、噪声、压力损失增大和阀的性能变坏。

4. 辅助元件的选择

根据 §9-5 和有关手册资料进行选择。

§9-7 液压随动系统

液压随动系统是具有随动作用的液压自动控制系统。现以图 9-38 说明其工作原理。图中定量泵 1 输出的液压油经双边伺服滑阀通往油缸,供油压力由溢流阀 2 调定。阀体与油缸体制成一体 3,活塞杆 4 固定不动,缸体左端通过联接装置带动负载执行件 5 运动。伺服阀的阀芯 6 具有两个节流边,即端面 Ⅰ 和 Ⅱ 起控制作用,Ⅰ、Ⅱ 之间的距离与阀体相应环形槽的宽度相等。当阀芯处于图示位置时,阀芯 Ⅰ Ⅱ 段将节流口关闭,油缸不动。当控制元件输入信号使阀芯向左产生位移 s_1,这时节流边 Ⅰ 与环形槽左部阀体产生搭合量 s_1,节流边 Ⅱ 与环形槽处产生开口量 s_1,压力油同时又从边 Ⅱ 处进入油缸左腔,形成差动油缸,缸体带动

负载执行件向左运动,其位移为 s_2(输出量),从而使滑阀开口关小,直到输出、输入信号差值 $\Delta = s_2 - s_1 = 0$,即节流口关闭时为止,液压缸停止在新的平衡位置上,其位移与阀芯的位移相同。若阀芯继续左移,缸体也将继续"随动"左移。反之,若控制元件输入信号将阀芯右移,则节流边 Ⅱ 处出现搭合,Ⅰ 处出现开口,压力油只进入液压缸右腔,左腔中的回油从 Ⅰ 处的开口排回油箱,缸体带动负载执行件右移,直到阀芯停止、输入输出信号差消失,缸体才停止运动。

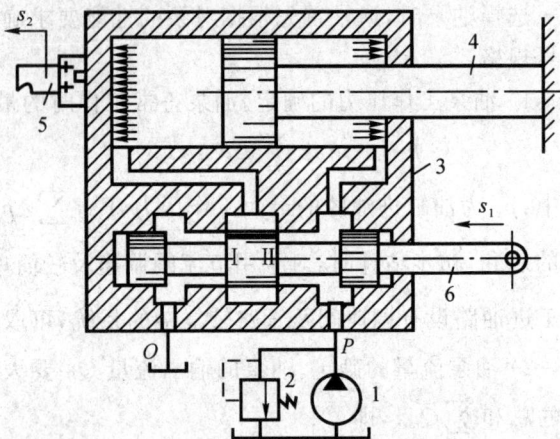

图 9-38

由上可知,液压随动系统有如下特点:① 自动跟踪。执行元件自动跟踪控制元件运动,输出量能真实地复现输入信号;② 信号反馈。输出量 s_2 通过机械反馈装置(与缸体固联的阀体)作为反馈信号输入伺服阀,与输入信号 s_1 相比较,原输入信号开大节流口,反馈作用关小节流口,节流口的开口量取决于信号差 $\Delta = s_2 - s_1$(又称系统误差),系统的输出落后于输入,液压随动系统藉误差 Δ 运动,执行件又通过反馈来消除这个误差,误差不断地消除又不断地产生,随动系统就不停地工作;③ 功率放大。执行元件输出的液压力或功率远大于控制元件所接收的力或功率,放大倍率可达几百万倍。

液压随动系统的输入信号可以是机械信号、电气信号和气压信号,分别称为机液、电液和气液随动系统。其中电气控制最为灵活,应用最广;气液随动系统适用于防爆的环境。

§9-8 气压传动简介

气压传动是以压缩空气作为工作介质传递运动和动力。其工作原理是利用空气压缩机把电动机或其他原动机输出的机械能转换为空气的压力能,然后在控制元件的控制下,通过执行元件把压力能转换为直线运动或回转运动形式的机械能,从而完成各种动作并对外作功。气压传动系统的组成与液压传动系统相似,也由四部分组成:① 动力元件(气压发生装置,包括空压机);② 执行元件(包括气缸和气马达);③ 控制元件(包括各种压力、流量、方向控制阀);④ 辅助元件(包括油水分离器、干燥器、过滤器等气源净化装置以及贮气罐、消声器、油雾器、管网等)。

由于气压传动的介质为压缩空气,故在传动性能上有许多优点:① 空气作为介质,介质清洁,费用低,维护处理方便,不存在变质,管道不易堵塞;② 空气粘度很小,管道压力损失小,便于集中供应和长距离输送;③ 气压传动反应快,动作迅速,一般只需 $0.02 \sim 0.3$ 秒就可以建立起需要的压力和速度;④ 压缩空气的工作压力较低,一般为 $(4 \sim 8) \times 10^5 \mathrm{Pa}$,因此降低了对气动元件的材质和加工精度的要求,使元件制作容易、成本低;⑤ 空气的性质受温度的影响小,高温下不会发生燃烧和爆炸,故使用安全;温度变化时,其粘度变化极小,不会影响传动性能。

气压传动的主要缺点是：① 气动的压力低，受相同的力结构尺寸大，气动装置的出力受到一定限制（一般不宜大于 $10 \sim 40kN$）；② 由于空气的可压缩性，气动装置的动作稳定性差，当外载荷变化时，对速度影响更大；③ 气动装置的噪声较大。

还需指出：气压传动所用的压缩空气通常由空气压缩机站集中供给。供给的空气压力较高，压力波动较大，因此需用调压阀将气压调节到每台设备实际需要的压力，并保持降压后压力值的稳定。气压传动不仅可以实现单机自动化，而且可以控制流水线和自动线的生产过程。关于气压传动的设计计算可参阅有关专著和手册。

第10章 机械的发展与创新

§10-1 机械发展与创新概述

机械发展的历史是从远古到今天由人类的智慧与创造谱写而成的,其中我国的先祖和人民在机械发展史上有着极其辉煌的创造发明篇章。

机械始于工具。远古时期,人类为了生存使用天然石块和木棒,随后也用蚌壳和兽骨经过敲砸和初步修整作为简单的工具,从源流上讲,任何简单的工具都是机械。现已发现大约170万年以前中国云南元谋人已使用了石器;28000年以前中国已有弓箭,揭开了人类最早使用工具和储存能量的原始机械的序幕。经过漫长的岁月,工具种类增多,并发展了专用工具,如原始的犁、刀、锄等,大约到公元前4000多年,出现了一批比原始机械复杂和先进的古代机械,原来的简单工具多变成古代机械上执行工作的部分。

我国是最早(夏商时代)制车的国家,古车出现并得到广泛应用可看作进入古代机械的标志,古代机械的出现是机械发展的一次飞跃。

材料及其工艺的发明和创新既可制作高效工具,又可制作机械的一些重要零件。铜器取代使用达200万年之久的石器是人类冶金史上也是机械材料发展史上第一块里程碑。精美绝伦的商周青铜礼器展示举世闻名的商周青铜文化;春秋战国的《考工记》记载的"六齐"是当今世界上最早一份青铜合金配方表。中国是世界上最早发明生铁冶炼技术、生铁柔化技术、炒钢法、灌钢法以及叠铸技术和铁范铸造技术的国家,铁的冶炼和大量使用是冶金史上同样也是机械材料发展史上的第二块里程碑。

从公元前5世纪春秋战国之交到16世纪中叶长达1000多年的时间里,我国在多种机械的发明和创造方面,在世界上都居于遥遥领先的地位。英国著名学者李约瑟博士在《中国科学技术史》一书中指出,从中国向西方传播的机械就有20种以上,其中包括龙骨车、石碾、风扇车和簸扬机、水排与活塞风箱、磨车、提花机、缫丝机、独轮车、加帆手推车、弓弩、竹蜻蜓(用线拉)、走马灯(由上升的热空气流驱动)、河渠闸门、造船和船尾的方向舵、罗盘与罗盘针等。事实上,我国古代在机械方面的发明还要多得多,例如水运仪象台、地动仪、指南车、记里鼓车、游标卡尺、耧车、纺纱机、水力纺纱机、弹、雷式兵器、火枪、火箭和火炮等,都是中国首先发明和创造出来的,对人类文明作出了不可估量的贡献。在这一阶段还出现了一批杰出的发明家,如张衡、马钧、祖冲之、诸葛亮、燕肃、吴德仁、苏颂和郭守敬等,对机械的发展做出了重要的贡献。

17世纪中国的封建制度还在长期延续,而这时西方国家却冲破中世纪封建束缚进入资本主义新时代,并在18、19世纪掀起了工业革命,此时西方的机械科学技术水平已明显地超过了中国。蒸汽机的发明和广泛应用使动力机械代替了人力和畜力,其提供的巨大动力促使能源、冶金、交通发生了翻天覆地的变化,成为第一次工业革命的主要标志。电动机、发电机、电气设备等的重大发明和应用标志着第二次工业革命,带来机床、制造技术、测试技术、新材料等领域重大的发明和创新,生产过程向着机械化、自动化方向发展。与此相应,机械设计和制造也由过去凭机械匠师经验和手艺逐步进展到建立和发展机械基础理论和机械科学技术。

当世界进入20世纪以后,特别是电子计算机的发明、应用和普及给机械设计、机械制造带来勃勃生机,微电子技术和信息技术突飞猛进的发展,机电一体化技术已成为实现机械工业的高效、自动化、柔性化发展的焦点。目前世界上开始大量涌现机电一体化产品,使机械产品发生了质的飞跃,具有自动检测、自动数据处理、自动显示、自动调节控制诊断和自动保护等功能,使人机关系发生了根本的变化,机械开始向智能化方向发展。机械的发展和创新与机械科学的发展密不可分,当今科学技术突飞猛进,新兴学科和学科间的交叉渗透使机械工程学与机械工业进入崭新的发展时期,极大地促进产品功能原理的发展与创新;材料、能源和动力的发展与创新;制造技术和检测技术的发展与创新,特别是20世纪中期以来,传统的机械设计理论和方法发生了重大变化,其特征是从经验走向理论、宏观走向微观、静态走向动态、单目标走向多目标、粗略走向精密、长周期走向快节奏,实现了向现代机械设计理论和方法过渡。新中国建立以来,特别是十一届三中全会以来,我国机械工业和机械科学技术取得了巨大的成就,机械科学技术水平与工业发达国家的差距正在迅速缩小,当前更是加大自主创新的力度、满怀信心重新走向世界。

机械发展和创新的事实告诉我们:

机械的产生和发展适应人类各个阶段生产和生活的需要;

机械的发展推动人类文明的进程,为人类造福;

机械的发展和多种自然科学、社会科学相互渗透、相互交叉、互济攀登;

机械发展的过程,是由简到繁、由粗到精逐渐发展的过程,这个过程永无止境,贯穿着发明和创新;

要辩证地看待辉煌与落后,清除妄自菲薄与固步自封,在改革开放建设创新型国家的新形势下,奋力拼搏,实现我国机械发展与创新的再辉煌。

§10-2　有关机械创新的几个方面

一、机械创新的涵义

纵观人类从使用石刀、石斧、弓箭、指南车、记里鼓车到蒸汽机的出现,乃至今天的人造地球卫星、航天飞机,无一不是发明创新的成果。发明创新为人类造福。发达国家的经历也表明发明创新是经济振兴的一个重要原因。

机械发展的过程是不断创新的过程,从功能原理、原动力、机构、结构、材料、制造工艺、检测试验以及设计理论和方法均不断涌现创新和发明,推动机械向更完美的境界发展。机械设计是一个创造过程,是一切新产品的育床,创新是设计的一个极为重要的原则,无论是完全创新的开发性设计、对产品作局部变更改进的适应性设计或变更现有产品的结构配置使之适应于更多量和质的功能要求的变型设计，着眼点都应该放在"创新"上。机械工业发展的水平是衡量一个国家整个工业乃至整个国民经济发展水平的重要标志。当前科学技术发展非常迅猛，机械创新的内容和途径更加广阔，创新设计更具重大意义。创新是一个民族进步的灵魂，是国家兴旺发达的不竭动力。工科大学生学习《机械基础》不仅是掌握已有的知识，更重要的是运用这些知识积极参与机械创新活动，这既是高质量进行工业设计、实现经济腾飞的需要，也是培养创新意识与才能、提高人才素质的需要。本节将汇集和引用一些文献和资料，简介机械功能原理设计与创新、机构和结构的创新、设计方法的发展与创新以及发明创新的一般技法等基础知识，希望能在机械创新的领域给读者一些启迪和帮助。

二、机械的新概念及机械系统

现代观点认为：机械是由两个或两个以上相互联系结合的构件所组成的联合体，通过其中某些构件的限定的相对运动，能实现某种原动力和运动转变，以执行人们预期的工作，或在人或其他智能体的操作和控制下，实现为之设计的某一种或某几种功能。与传统观点相比有两个新的概念：其一是强调机械是实现某种"功能"的装置；其二是强调了"控制"的概念，而且可以由某种智能体来实现控制。

任何机械都可视为由若干装置、部件和零件组成的并能完成特定功能的一个特定的系统。机械系统看作技术系统，其处理的对象是能量、物料及信号。技术系统的功能就是将输入的能量、物料和信号通过机械转换或变化达到预期目的后加以输出。在输入、输出过程中，随时间变化的能量、物料和信号称为能量流、物料流和信号流。能量包括机械能、热能、电能、光能、化学能、核能、生物能等，物料可为材料、毛坯、

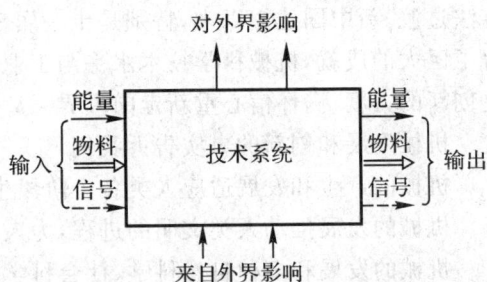

图 10-1

半成品、成品、气体、液体等，而信号体现为数据、控制脉冲、显示等。技术系统及其处理对象可用图 10-1 示意表示。内燃机和冲床的技术系统图分别如图 10-2a、b 所示。

需要特别强调的是系统的功能，因为它就是系统的目标。所谓功能是指具有特定结构的系统在其内部和外部的联系和关系中表现出来的能满足用户需要的特性和能力。

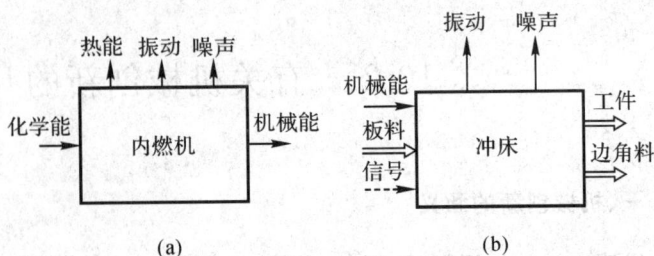

(a)　　　　(b)

图 10-2

现代机械种类很多，结构也愈来愈复杂，但从实现系统功能的角度来看主要包括下列一些子系统：动力系统、传动系统、执行系统、操纵及控制系统等，如图 10-3 所示。

动力系统包括原动机（如内燃机、汽轮机、水轮机、蒸汽机、电动机、液动机、气动机等）及其配套装置，是机械系统工作的动力来源。

执行系统包括机械的执行机构和执行构件,是利用机械能来改变作业对象的性质、状态、形状或位置,或对作业进行检测、度量等,以进行生产或达到其他预定要求的装置。根据不同的功能要求各种机械的执行系统也不相同,执行系统通常处于机械系统的末端,直接与作业对象接触,其输出也是机械系统的主要输出。

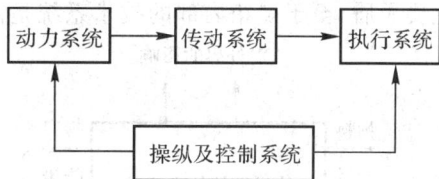

图 10-3

传动系统是将原动机的运动和动力通过减速(或增速)、变速、换向或变换运动形式传递和分配给执行系统的中间装置,使执行系统获得所需要的运动形式和工作能力。

操纵系统和控制系统都是为了使动力系统、传动系统、执行系统彼此协调运行,并准确可靠地完成整机功能的装置,两者的主要区别是:操纵系统多指通过人工操作来实现上述要求的装置,通常包括起动、离合、制动、变速、换向等装置;控制系统是指通过人工操作或测量元件获得的控制信号,经由控制器使控制对象改变其工作参数或运行状态而实现上述要求的装置,如伺服机构、自动控制装置等。

此外,根据机械系统的功能要求,还可有润滑、冷却、计数及照明等辅助系统。

三、机械功能原理设计及创新

1. 功能原理设计的意义

设计机械先要针对实现其基本功能和主要约束条件进行原理方案的构思和拟定,这便是机械的功能原理设计。

例如要设计一种点钞机,先要构思实现将钞票逐张分离这一主要功能的工作原理。图10-4 所示就是其功能原理设计的构思示意图。由图可见,进行功能原理性构思时首先要考虑应用某种"物理效应"(如图中的摩擦、离心力、气吹等),然后利用某种"作用原理或载体"(如图中的摩擦轮、转动架、气嘴等)实现功能目的。

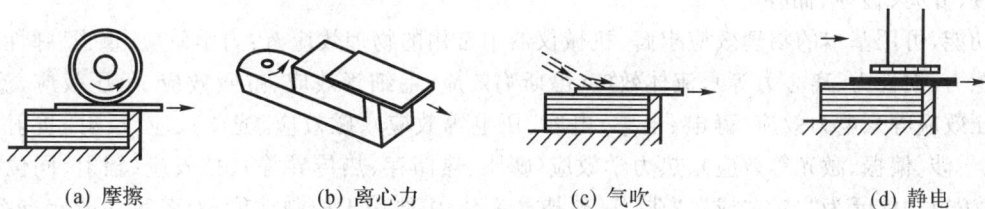

| (a) 摩擦 | (b) 离心力 | (c) 气吹 | (d) 静电 |

图 10-4

功能原理设计的重点在于提出创新构思,力求提出较多的解法供比较优选;在功能原理设计阶段,对构件的具体结构、材料和制造工艺等则不一定要有成熟的考虑。但它是对机械产品的成败起决定作用的工作,一个好的工作原理设计应该既有创新构思,又同时考虑适应市场需求,具有市场竞争潜力。

2. 功能结构分析

功能是系统的属性,它表明系统的效能及可能实现的能量、物料、信号的传递和转换。系统工程学用"黑箱(Black Box)"来描述技术系统的功能(图 10-5)。图 10-6 所示为谷物联合收获机的黑箱示意图。黑箱只是抽象简练地描述了系统的主要"功能目标",突出了设计中的主要矛盾,至于黑箱内部的技术系统是需要进一步具体构思设计求解的内容。

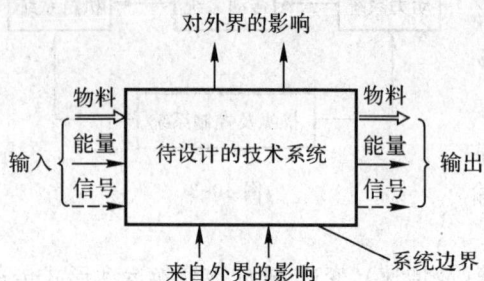

图 10-5

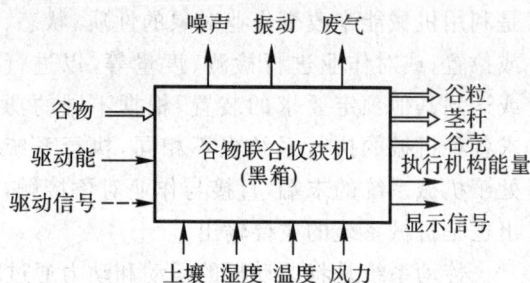

图 10-6

对于比较复杂的技术系统,难以直接求得满足总功能的系统解,而需在总功能确定之后进行功能分解,将总功能分解为分功能、二级分功能 …… 直至功能元。功能元是可以直接从物理效应、逻辑关系等方面找到解法的基本功能单元。例如,材料拉伸试验机的总功能是:试件拉伸、测量力和相应的变形值,可将其分级分解为图 10-7 所示的树状功能关系图(工程上称为功能树)。功能树中前级功能是后级功能的目的功能,而后级功能则是前级功能的手段功能。

3. 功能元求解及求系统原理解

功能元求解是方案设计中的重要步骤。机械中一般把功能元分为物理功能元和逻辑功能元。常用的物理功能元有针对能量、物料、信号的变换、放大缩小、联接、分离、传导、储存……

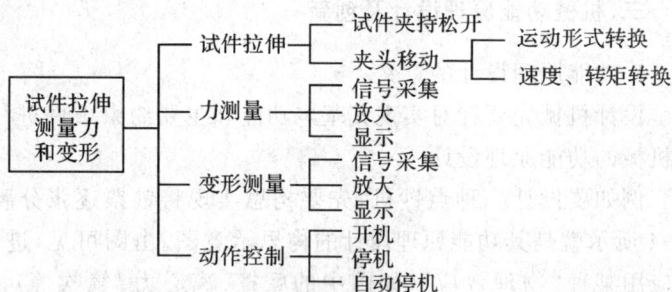

图 10-7

等功能,可用基本的物理效应求解。机械仪器中常用的物理效应有:力学效应(重力、弹性力、摩擦力、惯性力、离心力等)、流体效应(巴斯噶效应、毛细管效应、虹吸效应、负压效应、流体动压效应等)、电力效应(静电、电感、电容、压电等效应)、磁效应、光学效应(反射、折射、衍射、干涉、偏振、激光等效应)、热力学效应(膨胀、热储存、热传导等)、核效应(辐射、同位素)等。逻辑功能元为"与"、"或"、"非"三种基本关系,主要用于控制功能。对各种功能元有系统地搜索解法,形成解法目录,如材料分选(图 10-8)、力的放大、物料运送等,供设计人员参考。

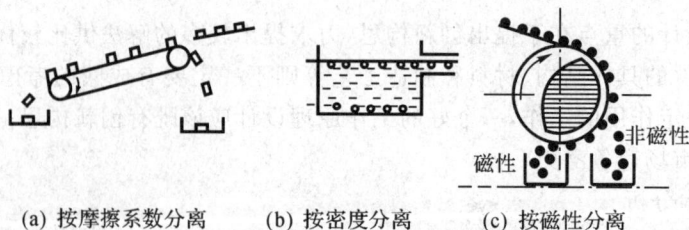

(a) 按摩擦系数分离   (b) 按密度分离   (c) 按磁性分离

图 10-8

将系统的各个功能元作为"列"而把它们的各种解答作为"行",构成系统解的形态学矩阵,就可从中组合成很多系统原理解(不同的设计总方案)。例如,行走式挖掘机的总功能是取运物料,其功能树如图 10-9 所示,其系统解形态学矩阵见图 10-10,其可能组合的方案数为 $N = 5 \times 5 \times 4 \times 4 \times 3 = 1200$。如取 $A4 + B5 + C3 + D2 + E1$ 就组合成履带式挖掘机;如取 $A4 + B5 + C2 + D4 + E2$ 就组合成液压轮胎式挖掘机。在设计人员剔除了某些不切实际的方案后,再由粗到细、由定性到定量优选最佳原理方案。

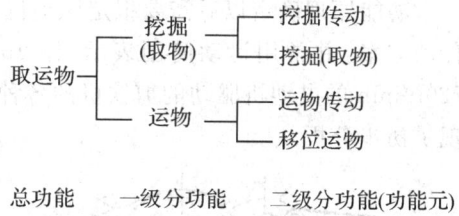

```
                              ┌── 挖掘传动
              ┌── 挖掘(取物) ─┤
              │               └── 挖掘(取物)
取运物 ───────┤
              │               ┌── 运物传动
              └── 运物 ───────┤
                              └── 移位运物

总功能      一级分功能      二级分功能(功能元)
```

图 10-9

功能元	局部解				
	1	2	3	4	5
A. 动力源	电动机	汽油机	柴油机	液动机	气动马达
B. 运物传动	齿轮传动	蜗杆传动	带传动	链传动	液力耦合器
C. 移位运物	轨道及车轮	轮胎	履带	气垫	
D. 挖掘传动	拉杆	绳传动	气缸传动	液压缸传动	
E. 挖掘取物	挖斗	抓斗	钳式斗		

图 10-10

4. 功能原理的创新

任何一种机械的创新开发都存在三种途径:① 改革工作原理;② 改进材料、结构和工艺性以提高技术性能;③ 增强辅助功能,使其适应使用者的不同需求。这三种途径对产品的市场竞争能力的影响均具重要意义。当然,改革工作原理在实现时的难度通常比后两种要大得多,但意义重大,不可畏难却步。实际上,采用新工作原理的新机械不断涌现,而且由于新工艺、新材料的出现也在很大程度上促进新工作原理的产生,例如液晶材料的实用化促使钟表的工作原理发生了本质的变化。强调和重视工作原理的创新开发非常重要。现以剖析洗衣机的演变为例,研讨其功能原理的创新开发。早期卧式滚筒洗衣机藉滚筒回转时置于其中的卵石反复压挤衣物以代替人的手搓、棒击、水冲等动作达到去污目的,这是类比移植创新法构思的方案。抓住本质探寻各种加速水流以带走污垢的方法可形成不同原理的洗衣机。机械式的泵水、喷水、转盘甩水等方案中,转盘甩水原理简单且较经济,属转盘甩水原理的有叶片搅拌式洗衣机和波轮回转式洗衣机,后者洗净效果较佳。随着科学技术的发展,又创新开发出许多不用去污剂、节水省电、洗净度高的新型洗衣机,如真空洗衣机(用真空泵将洗衣机筒内抽成真空,衣物和水在筒内转动时水在衣物表面产生气泡,当气泡破裂时产生的爆破力将衣物上污垢微粒弹开并抛向水面)、超声波洗衣机(衣物上污垢在超声波作用下分解,由气泵产生的气泡带出)、电磁洗衣机(在电磁力作用下产生高频振荡使污垢与衣物分离)。机电一体化技术的发展创新开发出由微型计算机与多种传感器控制的洗涤、漂洗、脱水全部自动化的全自动洗衣机。

功能原理的创新一方面源于科技的进步,如超导的成就将会使磁悬浮列车产生一个质的飞跃;一方面源于设计者的创新思维,如回转式压缩机和无风叶电扇是压缩方式和引起空气分子运动方式上的创新。

四、传动方案及机构创新

1. 传动方案

功能原理确定以后需要拟定原动机、传动机构、执行机构以及必要的操纵、控制机构的传动方案,并常用运动简图表示。图 10-11 所示为由功率 $P_m = 7.5\text{kW}$、满载转速 $n_m = 720\text{r/min}$ 的电动机驱动的剪铁机的各种传动方案,其活动刀剪每分钟往复摆动剪铁 23 次。现予初步分析。

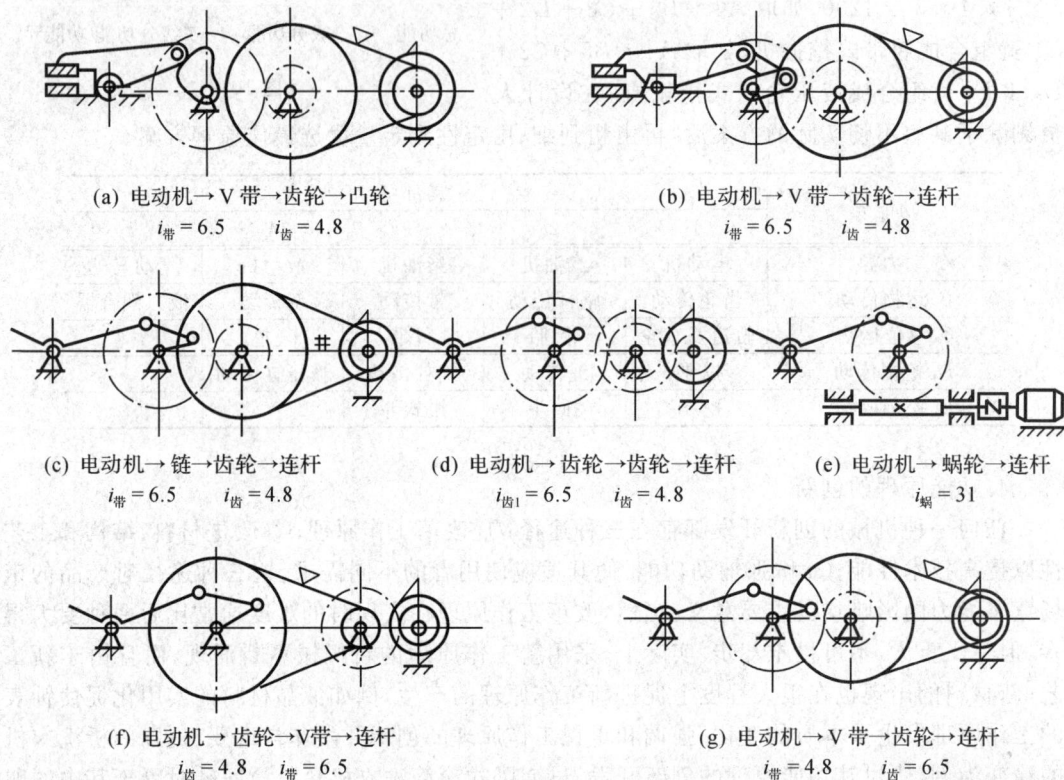

(a) 电动机→V 带→齿轮→凸轮
$i_带 = 6.5$ $i_齿 = 4.8$

(b) 电动机→V 带→齿轮→连杆
$i_带 = 6.5$ $i_齿 = 4.8$

(c) 电动机→链→齿轮→连杆
$i_带 = 6.5$ $i_齿 = 4.8$

(d) 电动机→齿轮→齿轮→连杆
$i_{齿1} = 6.5$ $i_齿 = 4.8$

(e) 电动机→蜗轮→连杆
$i_蜗 = 31$

(f) 电动机→齿轮→V 带→连杆
$i_齿 = 4.8$ $i_带 = 6.5$

(g) 电动机→V 带→齿轮→连杆
$i_带 = 4.8$ $i_齿 = 6.5$

图 10-11

方案 a 和 b 从电动机到工作轴 A 的传动系统完全相同,由 $i_带 = 6.5$ 的 V 带传动和 $i_齿 = 4.8$ 的齿轮传动组成,其总传动比 $i = i_带 \cdot i_齿 = 6.5 \times 4.8 \approx 31.2$,使工作轴 A 获得 $n_W = \dfrac{n_m}{i} = \dfrac{720}{31.2} \approx 23\text{r/min}$ 的连续回转运动。考虑剪铁机工作速度低,载荷重且有冲击,活动刀剪除要求适当的摆角、急回速比及增力性能外,其运动规律并无特殊要求,方案 b 采用连杆机构变换运动形式较方案 a 采用凸轮机构为佳,结构也简单得多。

方案 b、c、d、e 在电动机到工作轴 A 之间采用了不同的传动机构,它们都能满足工作轴每分钟 23 转的要求,但方案 b 采用 V 带传动,可发挥其缓冲吸震的特点,使剪铁时的冲击震动不致传给电动机,且当过载时 V 带在带轮上打滑对机器的其他机件起安全保护作用;虽然方案 b 外廓尺寸大一些,但结构和维护都较方案 c、d、e 方便。方案 e 采用单级蜗杆传动,虽具外廓尺寸紧凑和传动平稳的优点,但这些对剪铁机而言,显然并非主要矛盾;而传动效率低、能量损失大,使电动机功率增大,且蜗杆传动制造费用高,成为突出缺点;另外,蜗轮尺寸小固属优点,但转动惯量也因而减小,可能反而还要安装较大的飞轮,才能符合剪切要求,这样就更不合理了,故此方案在剪铁机中很少采用。

方案 f 和方案 b 相比仅排列顺序不同，其齿轮传动在高速级，尺寸虽小一些，但速度高、冲击、振动和噪声均大，制造和安装精度以及润滑要求较高，而带传动放在低速级，不仅不能充分发挥缓冲、吸震、平稳性好的特点，且引起带的根数增多、带轮尺寸和重量显著增大，显然这是不合理的。

b，g 两方案所选机构类型、排列顺序、总传动比均相同，但传动比分配不同，方案 b 中 $i_{带}$ > $i_{齿}$，而方案 g 则相反，两者相比，方案 b 较好。这是因为方案 b 中大带轮直径和重量虽较大，但大齿轮尺寸可较小，使大齿轮制造会方便一些；另外，带轮相对大齿轮处于高速位置，其重量增大、转动惯量增大，在剪铁机短时最大负载作用下，可获增加飞轮惯性的效果，权衡之下还是利多于弊。

由以上对剪铁机传动方案分析可知，实现执行构件预定的运动可以有不同的机构类型、不同的顺序布局，以及在保证总传动比相同的前提下分配各级传动机构不同的分传动比来实现的许多方案，这就需要将各种传动方案加以分析比较，针对具体情况择优选定。合理的传动方案除应满足机器预定的功能外，还要求结构简单、尺寸紧凑、工作可靠、制造方便、成本低廉、传动效率高和使用安全、维护方便。

为便于选择，将常用机构的特点及其应用列于表 10-1 和表 10-2。

表 10-1　传递连续回转运动常用机构的性能和适用范围

传动机构 选用指标	普通平带传动	普通 V 带传动	摩擦轮传动	链传动	普通齿轮传动		蜗杆传动	行星齿轮传动		
								渐开线齿	摆线针轮	谐波齿轮
常用功率 kW	小 (≤20)	中 (≤100)	小 (≤20)	中 (≤100)	大 (最大达 50000)		小 (≤50)	大 最大达 3500	中 ≤100	中 ≤100
单级传动比 常用值 (最大值)	2～4 (6)	2～4 (15)	≤5～7 (15～25)	2～5 (10)	圆柱 3～5 (10)	圆锥 2～3 (6～10)	7～40 (80)	3～83	11～87	50～500
传动效率	中	中	中	中	高		低	中		
许用的线速度 (m/s)	≤25	≤25～30	≤15～25	≤40	6 级精度 直齿≤18 非直齿≤36 5 级精度达 100		≤15～35	基本同普通齿轮传动		
外廓尺寸	大	大	大	大	小		小	小		
传动精度	低	低	低	中等	高		高	高		
工作平稳性	好	好	好	较差	一般		好	一般		
自锁能力	无	无	无	无	无		可有	无		
过载保护作用	有	有	有	无	无		无	无		
使用寿命	短	短	短	中等	长		中等	长		
缓冲吸振能力	好	好	好	中等	差		差	差		
要求制造及 安装精度	低	低	中等	中等	高		高	高		
要求润滑条件	不需	不需	一般不需	中等	高		高	高		
环境适应性	不能接触酸、碱、油类、爆炸性气体	一般	好	一般	一般		一般	一般		
成本	低	低	中	中	高		高	高		

注：1. 传递连续回转运动，还可采用双曲柄机构(一般为不等角速度)和万向联轴器(传递相交轴运动)。
　　2. 表中普通齿轮传动指闭式普通渐开线齿轮传动，蜗杆传动指闭式阿基米德圆柱蜗杆传动。

表 10-2　实现其他特定运动常用机构的特点与应用

运动形式		传动机构	特 点 和 应 用
间歇回转		槽轮机构	运转平稳,工作可靠,结构简单,效率较高,多用来实现不须经常调节转动角度的转位运动。
		棘轮机构	常用连杆机构或凸轮机构组合,以实现间歇回转;冲击较大。但转位角易调节,多用于转位角小于 45° 或转动角度大小常需调节的低速间歇回转。
移 动	等速直线移动或环形移动	带传动	平稳,传递功率不大,多用于水平运输散粒物料或重量不大的非灼热机件,加装料斗后可作垂直提升。
		链传动	传递功率较大,常用于各种环形移动的输送机。
	往复直线运动	连杆机构	常用曲柄滑块机构;结构简单,制造容易,能传递较大载荷,耐冲击,但不宜高速,多用于对构件起始和终止有精确位置要求而对运动规律不必严格要求的场合。
		凸轮机构	结构较紧凑,其突出优点是在往复移动中易于实现复杂的运动规律。如控制阀门的启闭很适宜;行程不过大,凸轮工作面单位压力不能过大;重载容易磨损。
		螺旋机构	工作平稳,可获得精确的位移量,易于自锁,特别适用于高速回转变成缓慢移动的场合,但效率低,不宜长期连续运转;往复可在任意时刻进行,无一定冲程。
		齿轮齿条机构	结构简单紧凑,效率高,易于获得大行程,适用于移动速度较高的场合,但传动平稳性和精度不如螺旋传动。
		绳传动	传递长距离直线运动最轻便,特别适用于起升重物的上下升降运动。
	往复摆动	连杆机构	常用曲柄摇杆机构、双摇杆机构,其他与作往复直线运动的连杆机构相同。
		凸轮机构	与作往复直线运动的凸轮机构相同。
		齿条齿轮机构	齿条往复移动,齿轮往复摆动;结构简单、紧凑。效率高。齿条的往复移动可由曲柄滑块机构获得,也可由气缸、油缸活塞杆的往复移动获得。
曲线运动		连杆机构	用实验方法、解析优化设计方法或连杆图谱而获得近似连杆曲线。
振 动		凸轮机构	中等频率,中等负荷;如振动送砂机。
		连杆机构	频率较低,负荷可大些;如振动输送槽。
		旋转偏重惯性机构	频率较高,振幅不大且随负荷增大而减小,如惯性振动筛。
		偏心轴强制振动机构	利用偏心轴强制振动;频率较高,振幅不大且固定不变,工作稳定可靠,但偏心轴固定轴承受往复冲击易损坏。

传动系统应有合理的顺序和布局,除必需考虑各级机构所适应的速度范围外,在减速传动中为获得紧凑、轻巧的结构,宜将传动能力较小的传动机构(如带传动、无级变速摩擦传动这类利用摩擦力传递动力的机构)放在高速级;对其他特性类似而制造较难、成本较贵的传

动机构(如锥齿轮相对于圆柱齿轮)置于高速级处,使其尺寸减小,便于制造;从平稳性角度来看,斜齿轮较直齿轮更适于高速级处,等速回转运动机构较非等速运动机构更适于高速级处;从润滑以及外廓紧凑性来看,闭式齿轮传动较开式齿轮传动更适于高速级处;为简化传动装置,一般总是将改变运动形式的机构(如连杆机构、凸轮机构)布置在传动系统的末端或低速处;对于许多控制机构,一般也尽量放在传动系统的末端或低速处,以免造成大的累积误差,降低传动精度。

传动装置的布局应使结构紧凑、匀称、强度和刚度好,并适合车间情况和工人操作,便于装拆和维修。考虑传动方案时,必须注意防止因过载或操作疏忽而造成机器损坏和人员伤害,可视具体情况在传动系统的某一环节加设安全保险装置。制动器通常设在高速轴,传动系统中位于制动装置后面不应出现带传动、摩擦传动和摩擦离合器等重载时可能出现摩擦打滑的装置,否则达不到良好的制动效果,甚至出现大事故。

此外,尚需指出,在一台机器中可能有几个彼此之间必须严格协调运动的工作构件,如图10-12a所示牛头刨床刀座的往复运动和支持工件的工作台的间隙进给运动,需按图10-12b所示运动循环图协调运动,一般均采用一台原动机驱动同一工作轴(如图10-12a中的 A 轴),再由此通过控制机构(如图10-12a中的凸轮)使传动系统作并联分支。如一台机器中各执行构件的运动彼此无需协调配合。则可由多台原动机分别驱动,亦可共用一台原动机通过传动链并联分支驱动各个执行构件。

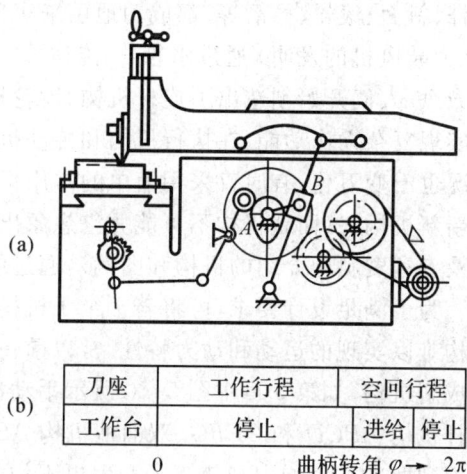

(a)

(b)

刀座	工作行程	空回行程
工作台	停止	进给 停止

0 　　　　曲柄转角 $\varphi \rightarrow$ 　2π

图 10-12

一般无特殊要求(如在较大范围内平稳地调速,经常启动和反转等)的生产机械多采用全封闭自扇冷鼠笼型 Y 系列三相异步电动机,其技术数据(如额定功率、满载转速、堵转转矩与额定转矩之比、最大转矩与额定转矩之比等)、外形及安装尺寸可查阅产品目录或有关机械设计手册。

用于长期连续运转、载荷不变或很少变化、在常温下工作的电动机,如其所需输出功率为 P_0,则电动机的额定功率 P_m 可按$(1 \sim 1.3)P_0$选取,功率裕度大小应视机器可能过载的情况而定。

电动机所需输出功率 P_0 按下式计算

$$P_0 = \frac{P_w}{\eta} \quad (\text{kW}) \tag{10-1}$$

式中:P_w 为执行装置所需功率,kW;η 为由电动机至执行装置的传动总效率。

执行装置所需功率 P_w 应由机器工作阻力和运动速度经计算求得(或经实测确定)

$$P_w = \frac{F_w \cdot v_w}{1000\eta_w} \quad (\text{kW}) \tag{10-2}$$

或　　　　　　$$P_w = \frac{T_w \cdot n_w}{9550\eta_w} \quad (\text{kW}) \tag{10-3}$$

式中:F_w 为执行装置的阻力,N;v_w 为执行装置的线速度,m/s;T_w 为执行装置的阻力矩,N

· m；n_w 为执行装置的转速，r/min；η_w 为执行装置的效率。

需要指出，执行装置的阻力 F_w（或阻力矩 T_w）除少数情况以及为简化计算视为常值外，一般均非常值，有些是有规律地变化（如压气机的气压力随活塞位移而变化），有些则随机地无规律地变化（如汽车在山路行驶），传动系统创新设计中确定载荷谱除采用计算法外，还常需采用类比法和实验测定法。

由电动机至执行装置的传动总效率 η 按下式计算

$$\eta = \eta_1 \cdot \eta_2 \cdot \eta_3 \cdot \cdots \cdot \eta_n \tag{10-4}$$

式中：η_1、η_2、$\cdots$、η_n 分别为传动装置中每一级传动副（齿轮、蜗杆、带或链传动等）、每对轴承或每个联轴器的效率，其值可查阅机械设计手册。

2. 机构创新

人类最初创造的是各种工具和简单的机构，它们所实现的功能属于简单动作功能，例如杠杆、斜面、滚轮、弓箭等，都成功地用来实现运动和力的简单的转换。东汉初期中国的水排（水力鼓风机的发明）通过水轮 — 传动带 — 连杆把轮轴旋转变为风扇拉杆直线运动不断启闭鼓风，人们开始创造出了连杆机构、齿轮机构等几种基本机构，这些机构及它们的组合，能够实现复杂动作功能。在执行机构和传动机构设计中所涉及的条件和要求是多方面的，而且情况也千变万化，有时仅采用简单的常用机构无法满足要求，因此，需要根据实际需求设计创新新机构。然而新机构不可能凭空想象出来，而是在已有机构的基础上（包括各种手册、期刊及专利资料中介绍的机构和图例），通过组合、变异、演绎和再创造等途径获得。

为了满足设计要求，可将若干个子机构联合起来构成一个新的组合机构，它具有单一子机构难以实现的运动和动力特性。常以前一子机构的从动件作为后一子机构的主动件组合而成新机构，如第 5 章中图 5-20 所示手动冲床、图 5-21 所示筛料机的主体机构分别由两个四杆机构 ABCD 和 DEFG、双曲柄机构 ABCD 和曲柄滑块机构 DCEF 组合而成新机构，分别得到两次放大增力和使筛子产生更不均匀的运动达到更好的筛料效果。

通过改变已知机构的结构、构件的数量或构件间的联接关系，也可发展出新的机构。如图 10-13a 中导杆 CD 由直槽改为圆弧槽，而且圆弧的半径恰好等于曲柄半径，圆弧的中心与曲柄轴心 A 重合，滑块改成滚子（图 10-13b），则当滚子处于导杆 CD 圆弧槽内的位置时，曲柄滑块机构得到准确的停歇，这是一种机构的变异。

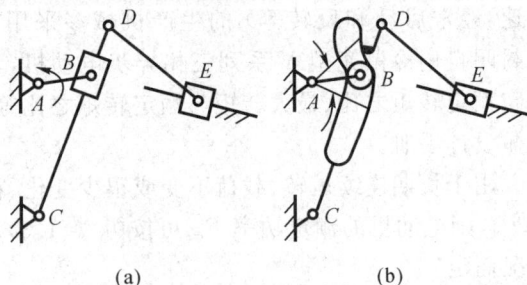
(a)　　　(b)
图 10-13

图 10-14a 中铰链四杆机构的摇杆与滑块机构的连接改为图 10-14b 中连杆、导杆与滑块机构连接，只要滑块与连杆的连接点 E 的轨迹有一段直线，且此直线段恰好与通过导杆轴心 F 的导轨平行，则该点走在直线段上时，摇杆 GF 停歇，滑块也停歇，这是一种机构的演绎。

在设计新机构时，除了上述方法外，灵活地运用机构学、物理学、数学的原理，创造新的机构也是一个重要的途径。如在许多机械中，惯性力与重力属消极因素，但也可设法使它们转为积极作用，形成有用的机构。图 10-15 所示的蛙式打夯机就是利用重锤的离心惯性力进行工作，重锤转动中，当离心惯性力向上时（图 10-15a）使夯头抬起；当离心惯性力向下时

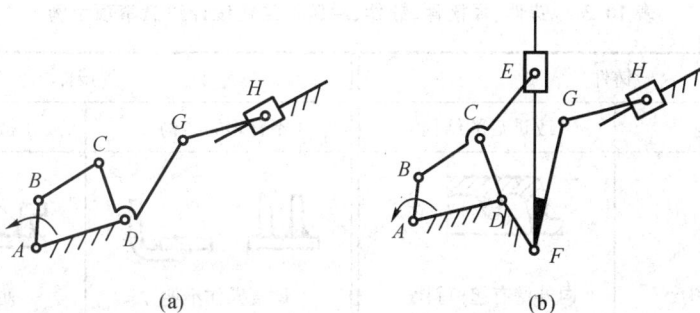

图 10-14

（图 10-15b），在夯头和重锤的重力及离心惯性力的作用下夯实地面。打夯机上转动的离心惯性力还使整个机器间歇向前运动。

工程技术不断发展和进步，各种机械的自动化、高效能化程度愈来愈高，如自动进给、自动切削、自动装配、自动检测等等，单纯的机械机构已无法满足要求，随着科学技术的发展，出现光、机、电、磁、液、气等综合应用的广义机构，并且获得日益广泛的应用。如第 9 章图 9-29 所示钻孔和割削顺序动作功能的实现即应用了机、电、液结合的广义机构。广义机构在机构创新中具有重要意义和发展前途。

当前不少学者在机构创新设计的研究中取得较好的成果，如颜鸿森教授提出的机构创新设计的运动链再生方法，Hoeltzel 教授提出的基于知识的机构选

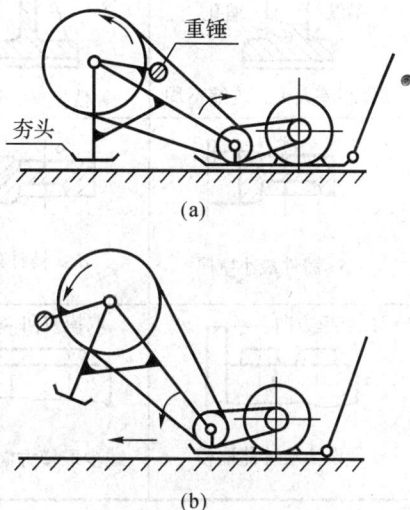

图 10-15

型设计智能化方法，Yang B 博士完成的 DOMES 机构创新设计专家系统等，均表明机构创新设计不仅有章可循，而且正向更高的理论和实践阶段迈进。

五、机械结构的改进与创新

机械及其零部件的结构是机构实现功能的载体，结构的改进与创新是机械发展和创新的重要内容。以下将机械结构的改进与创新方面所需注意的几个共性问题作些浅介。

1. 新颖的、先进的原理方案必须有良好的结构来保证，而结构自身又以功能实现、性能提高和成本降低为设计基石不断改进和创新。

2. 机件结构应与生产条件、批量大小及获得毛坯的方法相适应。

机件毛坯有铸件、锻件（自由锻件、热模锻件）、冷冲压件、焊接件及轧制型材件等多种。机件结构的复杂程度、尺寸大小和生产批量，往往决定了毛坯的制作方法（如批量很大的钢制机件，当其尺寸大而形状复杂时常用铸造，尺寸小且形状简单的则适于冲压或模锻），而毛坯的种类又反过来影响着机件的结构设计。表 10-3 摘列了铸件、焊接件、锻件、冲压件结构设计注意事项示例，各种坯件结构设计规范可查阅机械设计手册和有关资料。

表 10-3　铸件、焊接件、锻件、冲压件结构设计注意事项示例

铸件		焊接件	
不合理的结构	改进后的结构	不合理的结构	改进后的结构
内外壁无起模斜度	内外壁有起模斜度	焊接操作不便	便于焊接操作
壁厚相差太大，收缩不均	补偿壁厚，适当加肋	焊口过分集中，易变形、开裂	分散焊口
$\delta <$铸件最小壁厚	$\delta \geqslant$铸件最小壁厚	焊缝底面不宜作为受拉侧	焊缝底面作为受压侧
须设活块才能取模	减少取模方向凸起部位	焊缝十字相交，内应力大	焊缝错开，减小内应力
锻件		冲压件	
不合理的结构	改进后的结构	不合理的结构	改进后的结构
锥形不便锻造	避免锥形	浪费材料	节省材料
锻件内部设凸台	内部无凸台	冲压件回弹，90°角不易	考虑冲压件回弹
锻件设加强肋	无加强肋	尖角处降低模具寿命	倒圆提高模具寿命

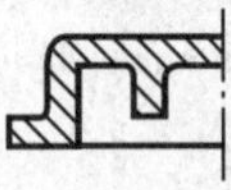

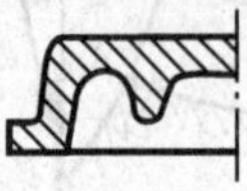

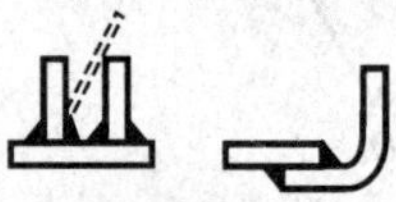

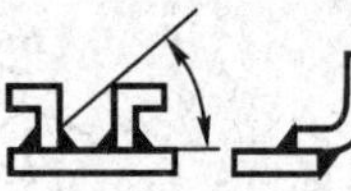

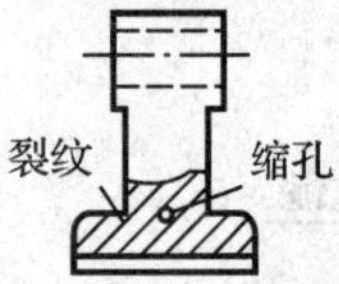

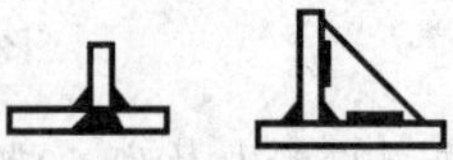

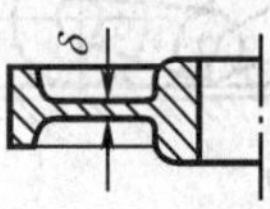

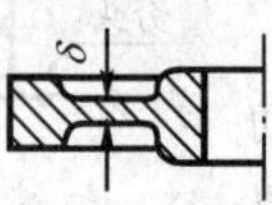

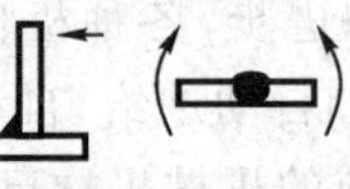

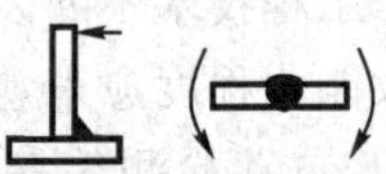

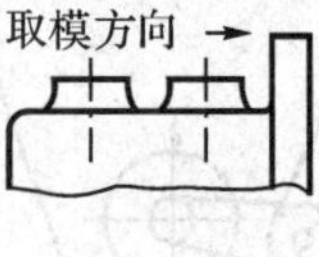

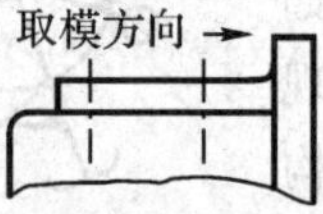

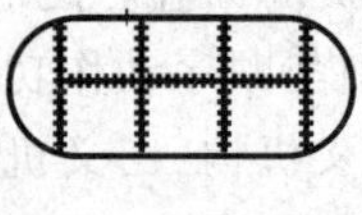

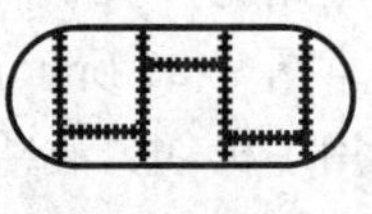

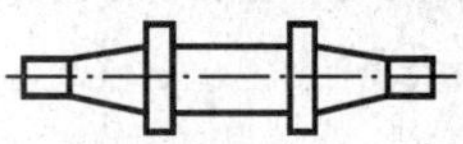

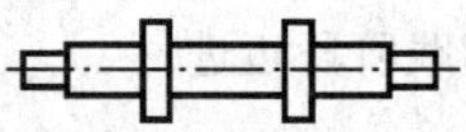

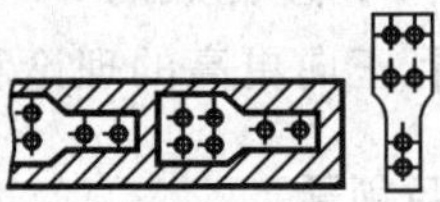

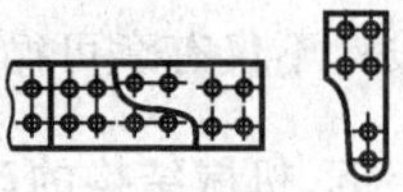

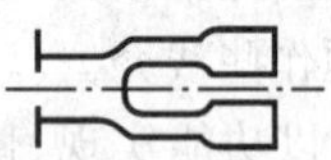

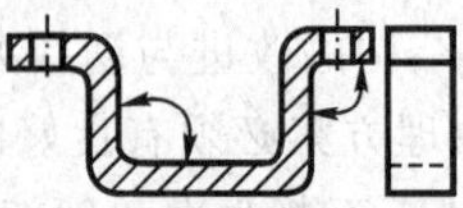

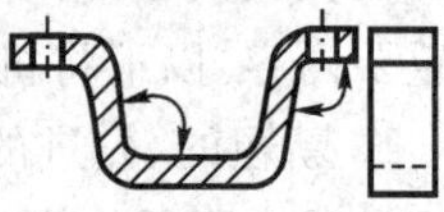

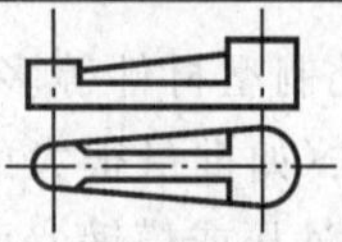

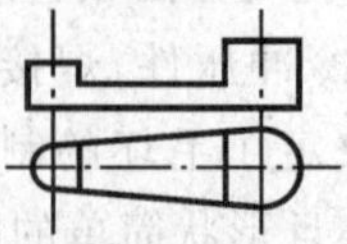

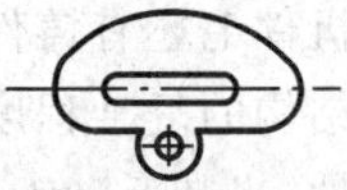

表 10-4　机械加工件和装配件结构设计注意事项示例

机械加工件		装配件	
不合理的结构	改进后的结构	不合理的结构	改进后的结构
螺纹孔无法加工	轮缘上开工艺孔	$l_1 < l_2$ 时螺钉无法装入	应使 $l_1 > l_2$ 或采用双头螺柱联接、注意扳手空间
难以在机床上固定	增加夹紧凸缘 / 开夹紧工艺孔	轴肩过高，轴承拆卸困难	轴肩高度应小于内圈厚度
需要两次走刀	一次走刀	圆柱面配合较紧时，拆卸不便	增设拆卸螺钉
需要两次装卡	一次装卡，易保证孔的同轴度	装销时空气无法排出	开设排气孔 / 开设排气槽
精车长度过长	减小精车长度	无定位基准，同轴度难保证	有定位基准同轴度易保证
刚度不足，加工易变形	增设加强肋	定位销对角布置时 $a=b$，易致安装错误（误转180°）	将销同侧布置或使 $a \neq b$

3. 机件结构应便于机械加工、装拆、调整与检测。

在满足使用要求的前提下，机件结构应尽量简单，外形力求用最易加工的表面（如平面和圆柱面）及其组合来构成，并使加工表面的数量少和面积小，从而减少机械加工的劳动量和加工费用。结构应注意加工、装拆、调整与检测的可能性、方便性。表 10-4 摘列了机械加工件和装配件结构设计注意事项示例。

4. 机件结构应有利于提高强度、刚度、精度，减少冲击振动，延长寿命，节省材料。

在外载相同时，改善机件的结构常可得以减载、分载和充分利用材料的性能。如图 10-16a 所示的卷筒轮毂很长，如果把轮毂分成两段（图 10-16b），不仅减小了轴的弯矩，还能得到更好的轴、孔配合。图 10-17 所示两板受横向载荷用紧螺栓联接，结构由 a 改为 b，则横向载荷由两板凸榫分担，螺栓所需的预紧力将大为减小。

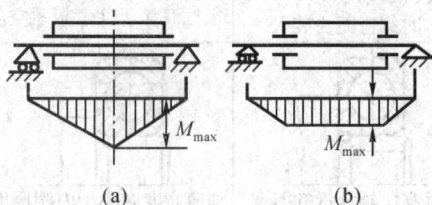

图 10-16

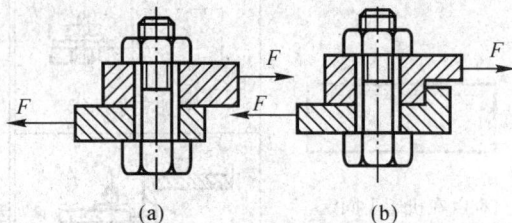

图 10-17

图 10-18 所示铸铁支架的结构由 a 改为 b，则能充分利用铸铁抗压强度高的特点。机件采用组合结构（如图 10-19），可使贵重材料只用在必需的部位。对形状不对称的高速回转机件，常加设平衡重或钻削平衡孔，以减少不平衡力引起的振动，图 10-20 即为带平衡重的曲轴结构形状。

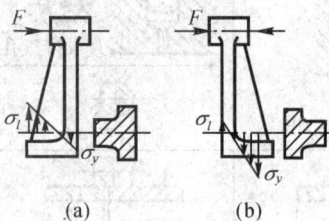

图 10-18

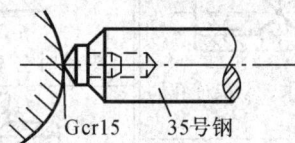

图 10-19

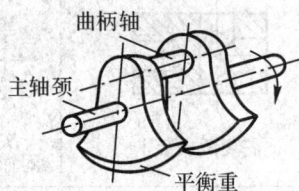

图 10-20

机件上任何地方都不宜有形状的急剧突变，应采取圆角等过渡曲线或开设卸载槽以减小结构上的应力集中，同时尽可能使外载荷通过或接近机件截面的形心，避免或减小产生附加载荷。

为避免机件经热处理后因内应力而引起的翘曲、断裂或裂缝，必须对结构的壁厚不均、弯角或肋的位置及其构造形状作周密考虑。图 10-21 所示机件上设置圆孔就是为了使壁厚大致均匀，以减少热处理后产生的翘曲变形而降低精度。

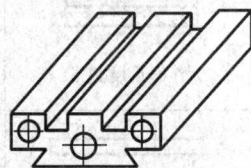

图 10-21

机件在承受弯曲和扭转载荷时，截面形状对其强度和刚度影响很大，合理选用截面形状不仅可以节省材料、减轻重量，还可增大刚度。对于机壳、机架等大型机件的截面形状更应予以特别重视，这些在专著或有关设计手册中均有详细论述。

5. 从人机关系角度进行结构改进和创新

机械供人使用,从人机关系对结构的基本要求为:① 结构布置应与人体尺寸和机能相适应,操纵方便省力,减轻疲劳;② 显示清晰,易于观察监控;③ 安全舒适,使操作者情绪稳定,心情舒畅。人机工程学对照度、噪声、灰尘、振幅、操作时身体作用力以及身体的倾斜等都作了舒适、不舒适以及生理界限的规定。结构应使产品在实现物质功能的同时具备良好的精神功能。应用美学法则(比例

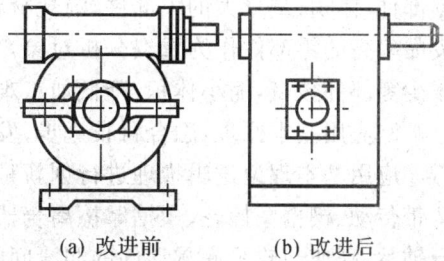

(a) 改进前　　　　(b) 改进后

图 10-22

与尺度、均衡与稳定、统一与变化、节奏与韵律以及色彩调谐原则等)进行机械产品造型设计,实现技术与艺术融合,提高产品的竞争能力应予重视。图 10-22 所示蜗杆减速器的结构造型由 a 改进为 b,简洁明快、美观,便于不同安装和布置。

6. 材料、能源动力和制造技术的发展促进机械结构的改进和创新

由传统的金属材料(钢铁和铝、铜等)向全材料范围(包括金属材料、无机非金属材料、有机高分子材料和复合材料)转移;由常用的结构材料逐渐向功能材料转移,不少机件从金属材料被发展很快的新型塑料成功的取代,人工合成的多相复合材料更可根据机件材料性能的要求进行材料设计。21 世纪的材料"明星"—— 智能材料,将使机械结构和功能产生质的飞跃,如一种具有自我修复能力的智能材料由五层构成,中心是镍,两边为碳化钛,最外两层为铝层,一旦表面铝层发生裂纹,内层的碳化钛就会氧化、增大,从而填补修复裂纹,这给宇航器在太空运行、潜水艇在深水中作业等由于机体某部受损而又一时难以检修解决了重大难题。

能源和动力的发展极大地推进机械结构的发展和创新。蒸汽机、电动机的问世促使机械迅猛发展,调速电机、步进电机、伺服电机的发展都将使机械传动装置得以简化。火箭发动机不用从外部吸入空气,燃料和氧化剂均储存在发动机内部,在发动机内将两者混合燃烧,所以能在没有空气的宇宙中航行。汽车给人类交通提供了很多方便,但环境污染已成了公害,现已进行利用非石油燃料,利用外燃机,发展蓄能汽车(蓄电池汽车和飞轮汽车)及利用太阳能、原子能和由微波传送的外供电能等的开发和创新。

制造技术的发展和机械结构的改进与创新密切相关。先进制造技术是传统制造技术、信息技术、自动化技术和现代管理技术等的有机融合。先进的单元制造工艺包括五大类,分别涉及材料的质量改变(如切削、电化学加工、激光加工)、相变(即由液态变成固态,如铸造、注塑成型)、结构改变(如热处理)、塑性变形(如锻)、固化(如焊、粉末冶金等),其中一些特殊材料(如陶瓷、复合材料、特种合金)的加工工艺以及制造工艺的使能技术(包括建模与仿真、传感与检测技术、误差评定及测量等)的发展,使机件超高硬度、超精细、复杂形状制造工艺等跃上了新的台阶,这为解除结构的改进和创新中受到制造工艺的束缚大大拓宽了途径。

7. 为提高机械的价值而改进创新

前已述及产品的功能价格比这一概念,亦即价值 $V =$ 产品功能 F/ 成本 C,要提高产品的 V 值可以从下述几方面入手:① 提高功能同时降低成本;② 保证产品功能不变而降低成本,③ 保持产品成本不变而提高产品功能;④ 成本略有提高而产品功能大幅度提高;⑤ 不影响产品主要功能而略降某些次要功能使成本大幅度降低。可见提高机械产品的 V 值可从功

能分析和成本分析两方面入手改进和创新。在产品中一般选择结构复杂的零部件,数量多的零部件,体积、重量大的零部件,消耗材料多或用稀有贵重金属材料制造的零部件以及出现废品率高的零部件作为重点分析对象,采取措施降低原材料消耗和废品率,改进、简化结构,减少零部件数目,缩小体积,降低加工难度和减少工时以降低成本。

8. 应用基本原理,融合科技进步,发挥创新思维

应用基本理论逻辑推理进行创新是非常重要的途径,如从楔槽摩擦原理可获梯形螺纹、V 带传动、楔槽摩擦轮、楔槽摩擦离合器的应用;从液体动压原理可以拓展出液体和空气动压轴承、高速凸轮平底从动件的润滑问题解决;从啮合理论导致各种范成法齿轮加工机床和工艺以及新型齿廓的诞生;力学原理引发各种减载、均载、载荷抵消、截面选择、抗振、激振、降噪声、稳定、预紧、自补偿结构的创新。

当今科学技术突飞猛进,使机械创新的途径更广、层次更高。如精密定位工作台采用激光测距,用计算机控制运动规律,组成闭环控制系统;如高速平面电机式自动绘图机的驱动头利用磁力使其"悬挂",应用气浮导轨原理在贴合面间吹入压缩空气并形成气垫,使其高速移动时几乎没有摩擦阻力;运用价值设计对机械结构进行技术经济评价和分析,运用优化设计寻找结构设计的最佳方案,运用有限元设计、计算机辅助设计能准确地计算复杂机件的强度、刚度,自动地、合理地确定和创新机件的结构。

构形变换是实现结构创新的重要手段。通过改变零部件有效面的形状、大小、数目、联接状况和位置引发出千变万化的改进和创新,如圆柱面轴和孔的过盈联接变换为各种成形联接,单键联接变换为花键联接,双缸直立型发动机变换为 V 型发动机,圆柱蜗杆传动变换为弧面蜗杆传动,固定式联轴器变换为可移式联轴器,非调心轴承变换为调心轴承,等等。

好的创新构思往往成为机械创新的突破口。人类创造转动的轮子是伟大的创新,进而把转动转变为往复移动和摆动、间歇步进运动以及实现按预定运动规律、轨迹的运动同样是伟大的创新,从鸟在天空中飞、鱼在水底里游萌发出飞机、潜艇的构想,从突破人用针尾引线上下穿刺手工缝衣的思维定势到创造用针尖引线的家用缝纫机以及我国詹天佑发明的列车车厢接合装置、飞机旅客用安全带的带扣(易装易卸)、组成运动副的两个刚性构件为减少摩擦而使其不直接接触、拉链和门锁等都源于独特的创新思维、巧妙的创新构思和艰苦的创新实践。

六、机械现代设计与机电一体化

1. 机械现代设计

随着电子计算机的发明和科学技术的进步,国际上大约在 20 世纪 60 年代末期开始,在机电产品的设计领域中相继出现了一系列新兴学科,主要有设计方法学、最优化设计、计算机辅助设计、可靠性设计、有限元设计、价值设计、工业艺术造型设计等,我们把这些新兴学科称为现代设计。现代设计是过去传统设计方法的延伸和发展,但确使机电产品的设计工作发生了质的变化,对提高机械设计水平,缩短设计周期,产生巨大的技术和经济效益,对机械的发展和创新具有重大意义。以下作些概略介绍,以拓宽创新领域视野,促进进一步学习和运用现代设计。

现代设计方法学　是研究设计程序、设计规律和设计中思维与工作方法的一门新型综合学科。其研究内容有两种体系:一种是以"功能 —— 原理 —— 结构"框架为模型,采用从

抽象到具体的思维方法,通过框架的横向变异及纵向组合获得多种设计方案,再由其中选择最佳方案;另一种是在知识、手段和方法不充分的条件下,运用创造技法充分发挥想象、进行辩证思维形成新的构思或设计。将科学的思路、成熟的设计模式和解法等编成规范供设计人员参考,从而使传统设计中的经验、类比法设计提高到逻辑的、理性的、系统的新设计方法水平。

现代最优化设计　　是以数学规划为理论基础,在充分考虑多种设计约束的前提下将实际设计问题按预定追求的目标(如承载能力最大、重量最小、成本最低、振动最小、最佳逼近预定的运动规律和轨迹等)建立数学模型,使用优化方法程序通过电子计算机迭代计算自动寻求最佳设计方案。传统设计最多只能作出几个候选的可行设计方案,在其中选取一个认为较满意的方案,这样无论在设计时间、优化程度方面都是无法与最优化设计相比拟的。我国现已开发了先进的 OPB 优化方法程序库以及 PLODM 常用机械零部件及机构优化设计程序库,为推广和普及优化设计创造了条件。

计算机辅助设计(Computer Aided Design,简称 CAD)　　是将人和计算机各自特点组合起来在设计领域发挥最佳能力的一门技术。一般来说,属于创造性的思维活动(如设计方案构思、工作原理拟定等)主要由人承担,人们将设计原则、要求和方法通过程序、指令及输入参数等方式告诉计算机,计算机在进行繁琐和重复性计算、分析、检索以及绘图的工作中具有通常人无法比拟的高效、准确的能力。当前的 CAD 还能动态模拟计算机仿真(如外形及装配关系仿真、运动学仿真、动力学仿真、加工过程和试验过程仿真等)以及分析决策、人工智能等方面发挥很大作用,能从根本上改进设计,达

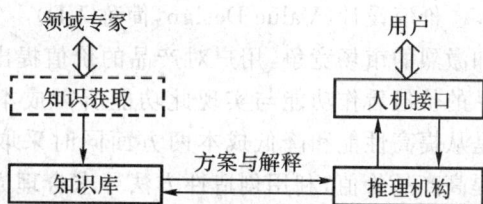

图 10-23

到一次成功,实现高水平和自动化设计。专家系统是人工智能的重要分支,这种计算机程序系统的基本结构如图 10-23 所示,它包含人类专家在特定领域内的丰富知识,并能进行逻辑演绎推理,模仿专家决策的过程,来分析问题和解决问题,因而能够在专家的水平上工作,对于机械创新设计具有巨大的潜力和重大意义。

并行设计　　在产品的设计阶段,就从总体上并行地综合考虑其从概念形成到报废处理全寿命周期中各方面的要求与相互关系进行一体化设计,避免一般传统的串行设计中可能发生的干涉和返工,从而迅速地开发出质优、价廉、低能耗、可持续发展的产品。

可靠性设计　　在常规机械设计中,有关强度、应力和寿命等指标的评定是以设计数据的均值为准则的,但由于材料、工艺和使用等随机因素的影响,它们实际上是离散的、并呈一定的统计分布状态。图 10-24 所示某零件的强度均值 δ' 远大于应力均值 σ',由于两者统计分布曲线有干涉区(阴影部分),在此区域仍会产生失效,干涉区域愈大,失效的可能性也愈大。可靠度是指在规定的工作条件下,在预定的寿命内保持正常功能的概率。可靠性设计应用概率

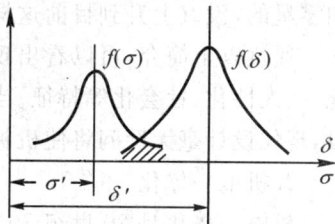

图 10-24

统计理论研究零件、产品或系统的失效规律,可以在给定可靠度下确定零部件的尺寸,或已知零部件尺寸确定可靠度及安全寿命。

动态设计　　机械产品日益向着高速、高效、精密和高可靠性等方向发展,传统的静强度设计难以反映各种动态因素对机械产品的不利影响,动态设计则是充分考虑到机械本身的动态特性,并与其周围工作环境结合起来综合考察机械的各种激励作用下的响应情况,可以在设计阶段就能准确地预测出机械的动态特性,有针对性地解决机械产品中的有害的振动和噪声问题。

有限元设计　　是根据变分原理和剖分插值将形状复杂的零件或结构分成有限个小单元,从力学角度通过对各个单元的特性分析和整体协调关系,建立联立方程组,采用有限元计算程序(已有商品化软件)求出各单元的应力和应变。当单元划分得合理或足够小时,可以得到十分精确的解答。有限元设计现已发展到结构形状优化设计,如图 10-25 所示为浙江大学机械设计研究所学者们对渐开线齿轮轮齿通过有限元分割能探求其最大应力为最小的齿根过渡曲线。当前,有限元设计已扩展到求解热、电、声、流体等连续介质许多问题。

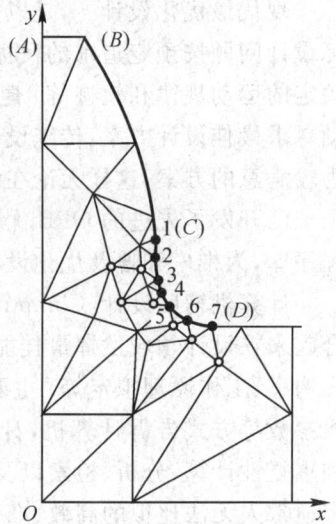

价值设计(Value Design,简称 VD)　　随着生产的发展和激烈的市场竞争,用户对产品的价值提出更高的要求。产品的价值看作功能与实现此功能所需成本之比。价值设计是从提高性能和降低成本两方面同时采取措施,更有效地提高产品价值,利用创造性方法寻求合理方案。在新产品开发中进行价值优化设计,效果极为显著。

图 10-25

绿色设计　　通常也称为生态设计或环境意识设计,是 20 世纪 90 年代初期围绕发展经济的同时,如何同时节约资源、有效利用资源和保护环境这一主题而提出的新的设计概念和方法。绿色设计在整个产品生命周期内考虑产品的环境属性(可拆卸性、可回收性、可维护性、可重复利用性等),并将其作为设计目标,在满足环境目标要求的同时,保证产品的应有概念、使用寿命、质量等。

工业产品艺术造型设计　　是按人机工程学(人与机器及环境之间所构成的系统内的协调适应关系)和美学法则对工业产品进行造型设计,设计出优质美观、舒适方便、经济实惠的产品,以适应工业产品在国内外市场竞争的需要。传统设计虽也有这方面考虑,但属支离和零星的,没有上升到目前这样系统的、科学的和理论的高度。

通过以上简介,可以看出现代设计具有优化、计算机化、动态化和内在质量与外观质量统一、人性化、社会化等特征。当前,设计领域正处于传统设计加大力度向现代设计过渡的阶段,现代设计毫无疑问将使机械的发展和创新推向新的高峰。

2. 机电一体化

机电一体化是 20 世纪 70 年代末期国际上逐渐形成的一种由机械技术、微电子技术和信息技术相互融合的综合性技术,使机械产品的构成发生了重大变化。机电一体化机械与传统机械在组成上的区别在于增添了传感器和计算机控制两大部分,具有部分类似于人的智能及操作功能,如图 10-26 所示。在机电一体化产品中,微电子元器件和微处理机所起的作用主要有:检测变换、数据处理、存储记忆、信息反馈、调节控制、数字显示、保护诊断等。

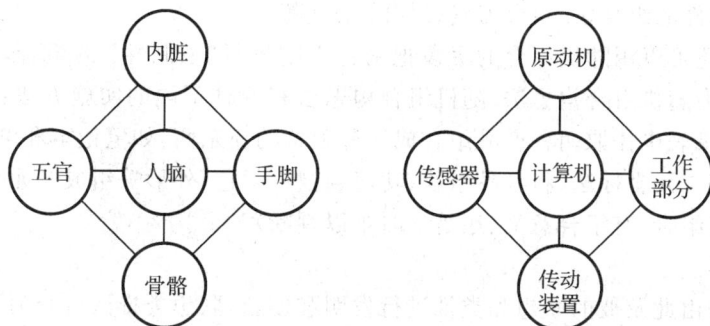

图 10-26

机电一体化产品大致可分为四大类：① 附加电子控制功能的高级机械产品(如数控机床、机器人)；② 机械结构和电子控制装置并存的产品(如自动照相机、电子秤)；③ 采用电子装置从而简化了机械结构的产品(如自动洗衣机)；④ 机械信息处理机构几乎全被电子装置代替的产品(如电子手表)。

需要指出，工业机器人是一种典型的机电一体化工作机械，用它代替人的工作，功能十分广泛，生产率高，工作质量好，能在危险、恶劣的环境下工作，且具有部分人工智能。数控机床是计算机辅助制造(Computer Aided Management，简称 CAM)中典型的机电一体化机械，在自动加工控制中实现了"柔性"，现已发展到柔性加工中心，不仅可在不停机的情况下更换加工品种，灵活地修改加工程序，还能代替或部分代替人进行生产管理，在"无人"的情况下，能灵活地更换生产的产品，随时传报各种统计数据，成为自动化生产"无人工厂"的基本细胞。

机电一体化促进机械产品升级换代，并进而开辟新的功能领域，体现了机械产品的发展方向，对人类文明和大幅度提高社会生产力具有重大意义，也是采用新技术、振兴机械工业的必由之路。从某种意义上说，机电一体化也是机械创新设计的主攻方向。

七、创新的一般技法

1. 适应需求法

通过注意和调查生产或生活中的关键需求，钻研提出发明创新的课题和方法，如"爬楼梯"小车、自动测力矩扳手和限矩扳手、汽车防撞装置等。

2. 观察分析法

人们通过感官有目的、有计划地感知客观对象，获取科学事实，并进行发明创新。如观察分析超导体排斥磁力线的现象导致发明高速磁悬浮火车。

观察分析法还可以有希望列举(如希望像野鸭一样能在天空飞和水中游，导致创造海空两栖飞机)和缺点列举(如整体式滑动轴承不便于轴的装配，导致创造剖分式滑动轴承)。

3. 组合创新法

将现有的技术或产品通过功能原理、构造方法等的组合变化形成价值更高的新的技术思想或新产品。

组合创新法按组合的内容可以有技术组合(如机械技术与电子技术组合成机电一体化技术，产生数控机床、机器人)、功能组合(如录音电话、可视电话)、原材料组合(如铁芯铜线、复合材料)、零部件的组合(如组合刀具、组合机床)等。

此外,组合还可以用随机组合的手段把两种事物进行"强制性"的组合,以产生意想不到的效果,可称为随机组合构思法。随机组合构思法有两种不同的实施方法:一种是产品目录法(从产品目录表中任取两种产品组合成一种独特的新东西,如笔记本和电脑组合成笔记本电脑),一种是二元坐标法(将各种事物、功能、材料、颜色、外形等组成二元坐标表,随机组合判断是否已有组合、有组合意义、还是一时难以判断)。

4. 联想类推法

通过对事物由此及彼的联想和类推进行发明和创新。联想类推法可分为以下几类:

1) 联想构思法。对事物间的关系有接近联想(如伏特发现有人用两种金属接触舌头有麻的感觉联想到由两种金属组成伏特堆产生电流)、相似联想(如由滚珠轴承联想到创造滚珠导轨、滚珠丝杠和滚珠蜗杆)、对立联想(如由加热毂孔使之膨胀可以和轴过盈配合联想到冷缩轴颈时轴和孔同样可以获得过盈配合、由内燃机联想到外燃机等)。

2) 类比移植法。根据两个事物间在某些方面(如外形、结构或性能、需求等)的相似或相同,从而类推出它们在其他方面的性能、需求或外形、结构等也可能相似或相同而加以运用。类比移植法有直接类比移植(如由车床突然停电、超硬质合金车刀粘结在工件上,直接类比移植发明摩擦焊接法)、因果对比移植(如由面包因加发酵物后的疏松多孔而类比移植在熔化的金属中加入起泡剂,迅速冷却后形成轻质泡沫金属材料)、对称类比移植(如将液体的吸热蒸发、放热凝固的对称关系类比移植发明创新冷热空调和多种热机、热交换器)。

3) 仿生法。通过仿生学对生物的某些特殊结构和功能进行分析和类推启发发明创新。如仿效蝙蝠的声纳系统研制成盲人用的"超声波眼睛",并从中引出声纳雷达等定位器的创新设计思路。

5. 智力激励法

针对某个问题进行讨论,通过畅所欲言、相互启发,增加了联想的机会,使创造性思维产生共振反应和连锁反应、杂交反应,从而会诱发出更多的创造性设想。智力激励法(Brain Storming)按英文原意是"头脑风暴",智力激励法有"畅谈会"、"独创意见发表会"、"书面信函集智"等,但均强调自由思考不受约束,通过激智、智慧交流和集智达到创新的目的。

6. 核验表法

根据研究对象系统地列出有关问题进行提问,逐个核对讨论,从中获得解决问题的办法和发明创新的设想。奥斯本(Osborn)的核验表有下述提问内容:

① 有无其他用途?

② 能否引入其他的创造性设想,或借用或代替?

③ 能否改动一下?

④ 能否扩大用途、延长寿命?

⑤ 可否缩小、减轻、分割?

⑥ 有否代用品?

⑦ 能否更换一下型号或顺序?

⑧ 可否颠倒过来使用?

⑨ 现有的几种发明创新是否可以组合在一起?

通过上述内容的提问核验,能帮助人们突破旧的框架,避免空泛地无目标地思考,闯入新的领域去进行发明创造。

除上述六种常用的发明创新技法而外,还有许多方法,值得指出的是发明创新史上许多重大的项目都是先从专利情报中获得启示而开始的。利用专利情报开展发明创新可从调查专利、综合专利情报、寻找专利空隙和利用专利法知识等四个方面进行发明创新。专利文献是创造发明的一个巨大宝库,善于和有效地利用专利情报获得新的发明创新专利,也是发明创新的重要源泉。

我们用著名教育家陶行知先生的名言"人类社会处处是创造之地,天天是创造之时,人人是创造之人"作为本章的结束语,希望读者学习机械基础课程时用本章内容分析归纳机械的发展和创新,永无止境,"存疑求异",让点点滴滴尚属稚嫩的创新种芽得以枝繁叶茂、春色满园。

思考题与习题

第 1 章

题 1-1　试述机械与机构、零件与构件、运动副与约束的涵义。

题 1-2　机械运动简图和装配图有何不同?正确绘制运动简图应抓住哪些关键?请画出题 1-2 图所列机构和机械的运动简图。

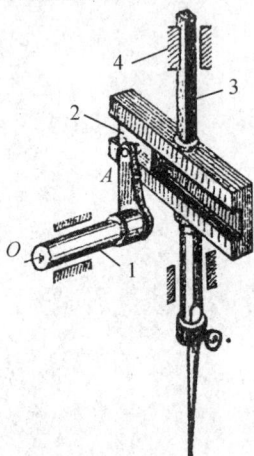

(a) 缝纫机下针机构

(b) 滑块联轴器

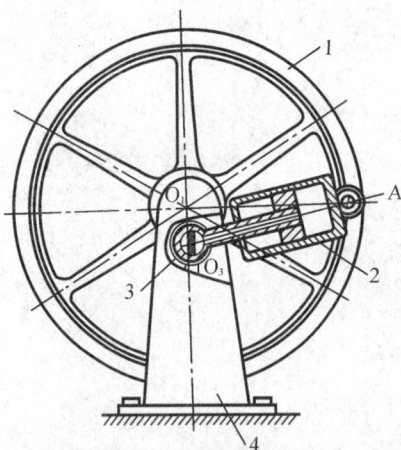

(c) 回转柱塞泵

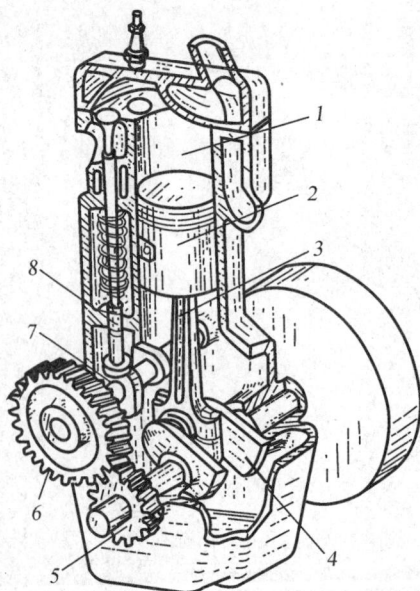

(d) 内燃机

题 1-2 图

题1-3　试述平面机构自由度计算公式的涵义及计算时应注意的问题。请计算题1-3图所列平面机构的自由度,并判断该机构是否有确定运动(图中注有箭头的构件为主动构件)。

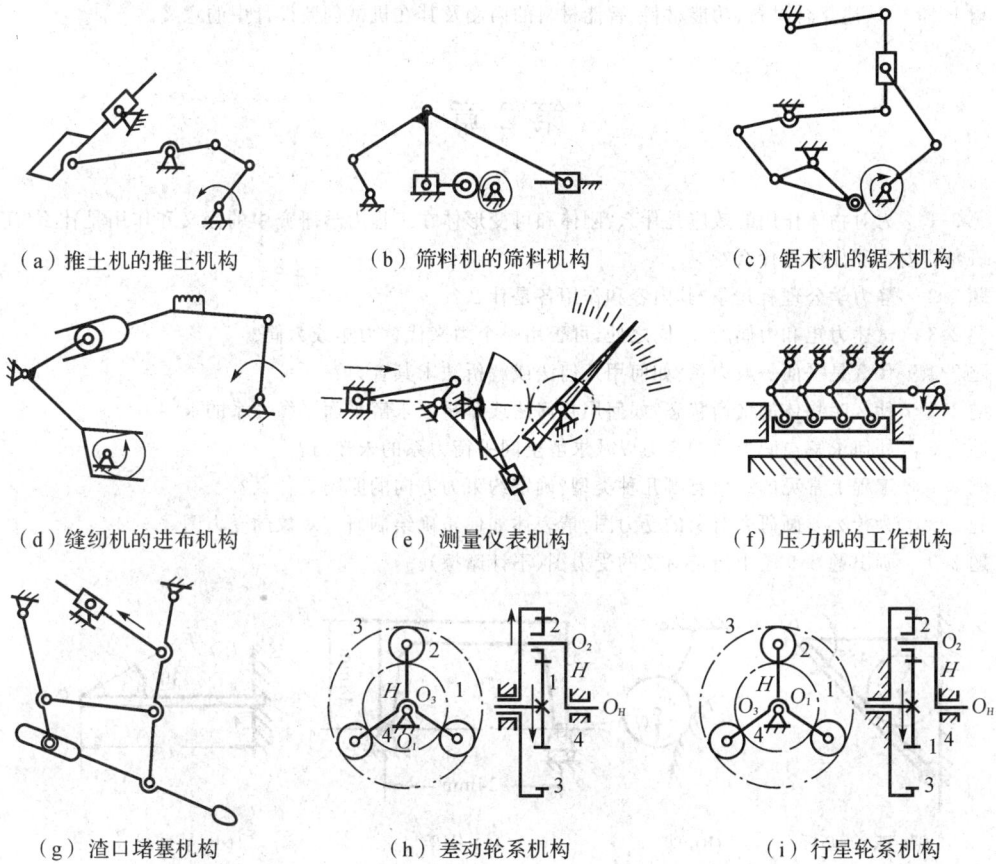

（a）推土机的推土机构　　　（b）筛料机的筛料机构　　　（c）锯木机的锯木机构

（d）缝纫机的进布机构　　　（e）测量仪表机构　　　（f）压力机的工作机构

（g）渣口堵塞机构　　　（h）差动轮系机构　　　（i）行星轮系机构

题1-3图

题1-4　试述机件损伤和失效的主要形式及机件工作能力准则的涵义。

题1-5　机械中常用哪些材料?选用材料的原则是什么?试简述钢和铸铁主要的性能和应用。

题1-6　试述机械应满足的基本要求及其设计的一般程序。

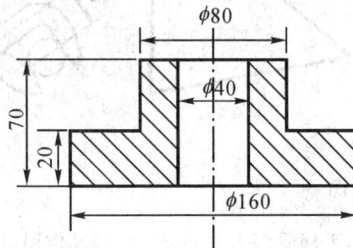

题1-7图

题1-7　某厂批量加工100个法兰盘毛坯,尺寸如题1-7图所示。如采用$\phi170$的热轧圆钢加工,需钢材多少?如将其外径改为$\phi156$,则题1-7可用$\phi160$的圆钢加工,问可节省多少钢材?是否可采取其他办法进一步节省材料?

题1-8　你能否考虑将平面运动链自由度计算公式用于机构创新设计?

题 1-9 试述摩擦、磨损的涵义及其对机构的影响?你对减少摩擦、减轻磨损以及机械中利用磨擦和磨损有些什么思考和创意?

题 1-10 试述复合材料、功能材料、智能材料的内涵及其在机械创新设计中的意义。

第 2 章

题 2-1 力对物体作用的效应是什么?刚体和可变形体在工程力学研究中的涵义和作用是什么?工程力学研究的内容和任务是什么?

题 2-2 静力学公理有几条?其内容和作用各是什么?

题 2-3 试述力矩和力偶的异、同之处,可否用一个力来代替力矩或力偶?

题 2-4 什么是平面一般力系?如何用几何法或解析求其合力?

题 2-5 什么叫物体的平衡状态?如何用几何法或解析法求解平面平衡力系的未知力?

题 2-6 如何求解空间力系的合力以及求解空间平衡力系的未知力?

题 2-7 工程上常见的约束有哪几种类型?确定约束力方向的原则是什么?

题 2-8 为什么要画研究对象的受力图?请表述如何正确绘制研究对象的受力图。

题 2-9 画出题 2-9 图中指定对象的受力图(不计摩擦)。

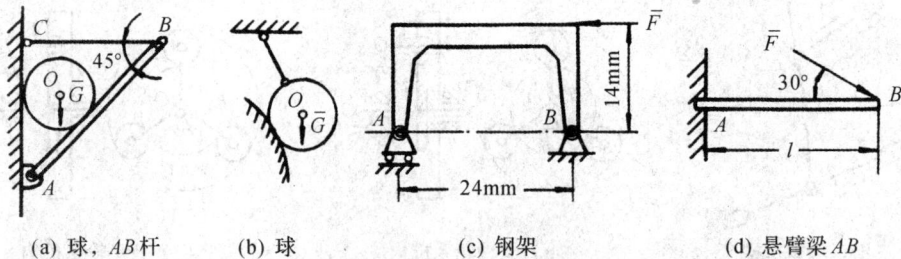

(a) 球,AB 杆 (b) 球 (c) 钢架 (d) 悬臂梁 AB

题 2-9 图

题 2-10 $\overline{F}_1$、$\overline{F}_2$、$\overline{F}_3$、$\overline{F}_4$ 为平面汇交力系,试述题 2-10 图中两个力多边形的意义有何不同?

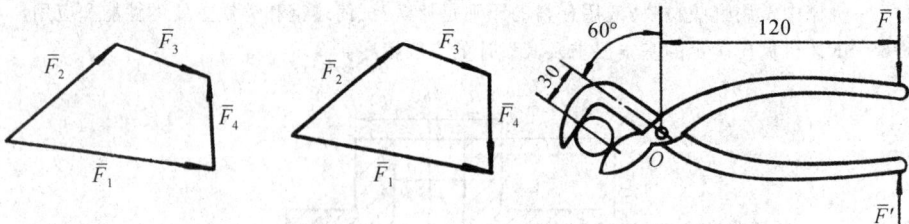

题 2-10 图   题 2-11 图

题 2-11 图示用钳子夹压圆钢,手柄受握力 $F = F' = 80N$ 作用,试求圆钢所受到的压力及铰链 O 的约束力。(图中长度单位为 mm)

题 2-12 图示一重物提升机。重物放在小台车 E 上,台车装有 A、B 两轮,可沿垂直导轨 DH 上下运动。已知重物的质量为 300kg,试求导轨施给 A、B 两轮的约束力。(图中长度单位为 mm)

题 2-13 图示用多轴钻床在工件上同时钻 4 个直径相同的孔,每个孔都受到钻头切削刀刃的力偶作用,其力偶矩都是 $M = 12N \cdot m$。①求工件受到的合力偶矩;②如工件在 A、B 两处用螺栓固定,A、B 两孔距离 $l = 300mm$,求两螺栓所受的水平力。

题 2-14　图中力 $\bar{F}$ 的大小为 $F = 100\text{N}, \alpha = 45°, \beta = 30°$，求 $\bar{F}$ 在三坐标轴上的分力 $\bar{F}_x$、$\bar{F}_y$、$\bar{F}_z$。

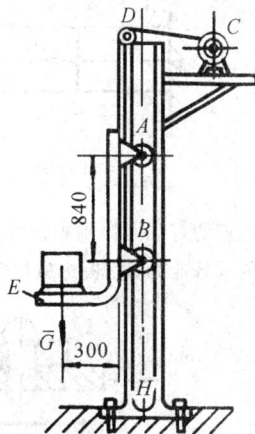

图 2-12

题 2-15　试述杆件的外力、内力、工作应力、极限应力、许用应力及安全系数的涵义。以直径为 d 的圆杆阐述：拉伸（压缩）、剪切、扭转、弯曲四种基本变形的受载情况，变形情况，内力的名称、大小及分布，应力的名称、大小及分布以及各自的强度条件。

题 2-16　材料试件进行静拉（压）试验，试述：

1）应力 σ、应变 ε 代表什么？$\sigma - \varepsilon$ 曲线有何意义？

2）典型塑性材料（低碳钢）拉伸至断裂的全过程中，$\sigma - \varepsilon$ 曲线共分哪几个阶段？有哪些特征应力？

3）虎克定律的内容和适用范围是什么？什么是弹性模量？弹性模量的大小对材料的使用有何影响？

4）塑性材料压缩时的 $\sigma - \varepsilon$ 曲线与拉伸时相比有何同、异点？

5）典型脆性材料（铸铁）拉伸和压缩时的 $\sigma \varepsilon$ 曲线以及特征应力有何同、异点？

6）塑性材料和脆性材料的力学性能有哪些区别？其失效极限应力各指什么？

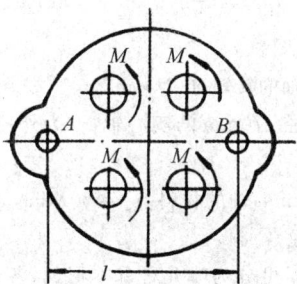

题 2-13

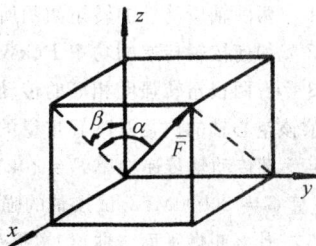

题 2-14 图

题 2-17　图示杆 BG 用 AB、BD、CE 三根杆支撑，在 C 端受 $\bar{F}$ 力作用，BC 和 CG 长度相等，试求 AB、BD、CE 三根杆的内力，并判断它们是拉力还是压力。

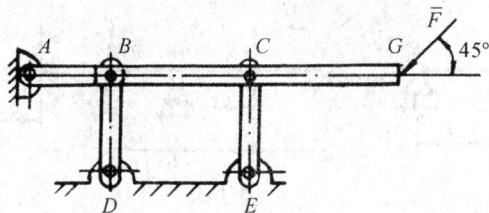

题 2-17 图

题 2-18　图示直径为 $d = 10\text{mm}$ 的圆钢，所受三个外力的大小、方向、作用点均如图所示，材料的许用应力 $[\sigma] = 160\text{MPa}$。问：① AB、BC、CD 各段横截面的应力为多少？② 强度能否满足？如不满足，直径应增至多大？

题 2-19　图示为一直径 $d = 20\text{mm}$，长度 $l = 200\text{mm}$ 的圆钢棒，在既不受力又无间隙情况下，嵌在刚性构件座间，材料的线膨胀系数 $\alpha = 1.2 \times 10^{-5}/℃$，弹性模量 $E = 2.1 \times 10^5 \text{MPa}$。嵌入后将圆钢棒升温 $50℃$，刚性构件座间距不变，试计算圆钢棒因温升而引起的刚性构件座间的压力和圆钢棒内的应力。

题 2-20　图示铆钉联接，已知 $F = 6800\text{N}$，铆钉和钢板材料相同，许用拉应力 $[\sigma] = 160\text{MPa}$，许用剪切应力 $[\tau] = 96\text{MPa}$，许用挤压应力 $[\sigma_{jy}] = 300\text{MPa}$，试按铆钉受剪、铆钉和被铆件挤压、被铆件受拉、被铆件

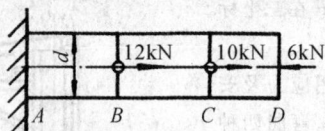

题 2-18 图

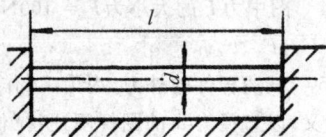

题 2-19 图

板边剪切等强度原则求铆钉直径 d、板厚 δ、板宽 b 和尺寸 a。(提示:① 等强度原则,即要求各种失效具有相等的承载能力;② 板边剪切面同时有两个)

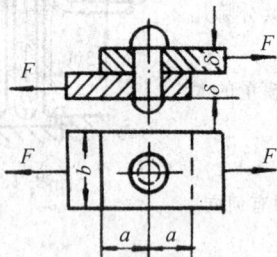

题 2-20 图

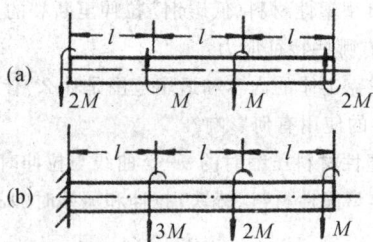

题 2-21 图

题 2-21　两圆轴所受外加转矩如图所示,试绘制各轴的扭矩图。

题 2-22　如何按轴传递的功率 $P(kW)$ 和转速 $n(r/min)$ 求轴的转矩 $T(N \cdot m)$?

题 2-23　有两根扭转强度相等的传动轴,材料相同,一为直径 $\phi70mm$ 的实心轴,一为外径 $\phi85mm$ 的空心轴,试求该空心轴的内径及减轻重量的百分率。

题 2-24　某传动轴传递功率 $P = 20kW$,轴的转速 $n = 960r/min$,轴的材料 $[\tau] = 50MPa$,$[\varphi] = 1°/m$,剪切弹性模量 $G = 80000MPa$。试按轴的强度和刚度计算轴的直径。

题 2-25　什么叫做平面弯曲梁?根据梁的支座和受力情况,梁可分为哪几种基本形式,各自的特点是什么?何谓静定梁与静不定梁?

题 2-26　什么是梁的弯矩图?它有什么作用?怎样确定梁的某一横截面上弯矩的大小和正负?如何绘制弯矩图?

题 2-27　试作图示各梁的弯矩图并求最大弯矩。

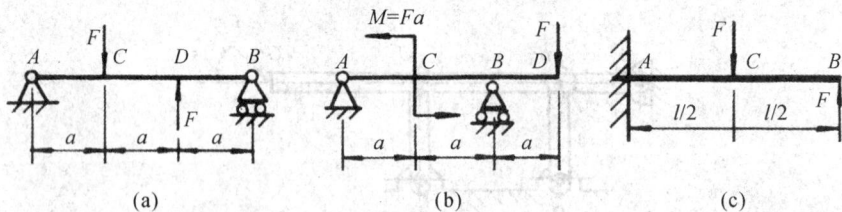

(a)　　　　　　　(b)　　　　　　　(c)

题 2-27 图

题 2-28　图示外伸钢梁在 C 端受力偶矩 $M = 1000N \cdot m$,在 D 端受集中力 $F = 10000N$,尺寸 $l = 300mm$,材料的许用应力 $[\sigma] = 160MPa$。横截面为长方形并要求 $h = 2b$,试确定横截面边长尺寸 h、b。

题 2-29　图示圆截面钢轧辊,CD 段受均布轧制载荷 $q = 1400N/mm$ 的作用,材料的许用应力 $[\sigma] = 160MPa$,试确定直径 d 和 d'。

题 2-30　何谓纯弯曲梁?什么叫中性层?什么叫中性轴?如何求得中性轴位置?纯弯曲时梁内与轴线平行的各纤维将发生何种变形?梁内横截面上将产生什么应力,它们按什么规律分布?

题 2-31　写出梁弯曲时的最大正应力计算公式。梁截面的轴惯性矩 J_z 和抗弯截面模量 W_z 各代表什

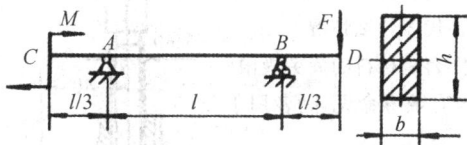

题 2-28 图

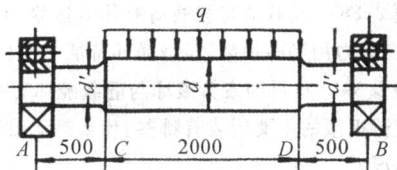

题 2-29 图

么意义?试默写出矩形、圆形和圆环形的抗弯截面模量计算公式。

题 2-32　求图示截面的轴惯性矩 J_z。(提示:将截面分成若干个矩形截面,分别求出其轴惯性矩,再相加或相减)

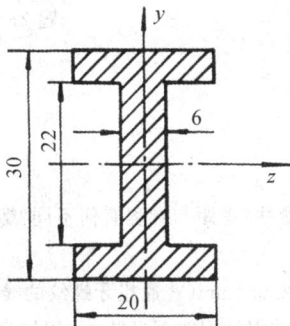

题 2-32 图

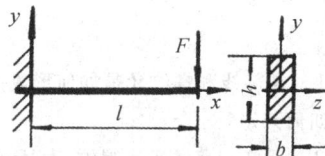

题 2-33 图

题 2-33　设计图示等强度的悬臂梁时,如果要求截面为矩形,且高度 h 为常量,则宽度 $b(x)$ 应按怎样的规律变化?

题 2-34　图示镗刀在镗孔时受到切削力 $F = 20000\text{N}$。镗刀杆的直径 $d = 10\text{mm}$,外伸长度 $l = 50\text{mm}$,弹性模量 $E = 2.1 \times 10^5 \text{MPa}$,试求镗刀杆上安装刀头的截面 B 处的转角和挠度。

题 2-35　试用外力简化方法,分析图示各构件属于何种变形?指出各构件的危险截面及最大应力的位置。

题 2-36　图示弓形夹钳,夹紧力 $F = 3000\text{N}$,钢制弓形架材料的许用应力 $[\sigma] = 160\text{MPa}$,请校核弓形架 1-1 截面的强度。

题 2-37　怎样判别压杆属于稳定或不稳定状态?怎样判断钢制

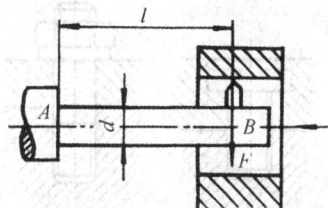

题 2-34 图

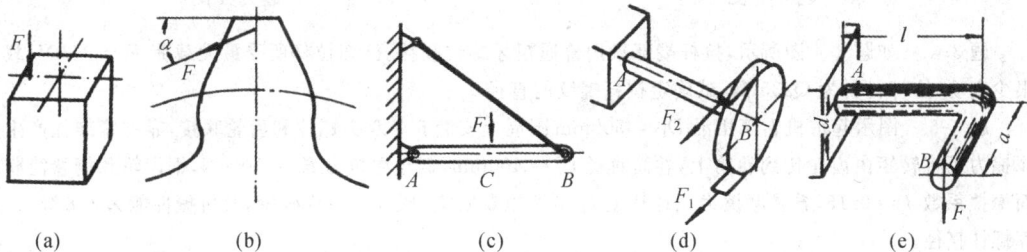

| (a) | (b) | (c) | (d) | (e) |

题 2-35 图

压杆是细长杆、中长杆和短杆?它们的正常工作条件是怎样的?设第 2 章图 2-66 所示螺旋千斤顶最大起重量 $F = 20000\text{N}$,螺杆小径 $d_1 = 24\text{mm}$,最大起伸高度 $l = 600\text{mm}$,螺杆材料为 45 号钢,支座按两端铰支,要求稳定安全系数 $S_{cr} = 3.5$,试校核该螺杆的稳定性。提高压杆稳定性可以采取哪些措施?

题 2-38　动载荷与静载荷有什么区别?什么叫静应力、交变应力和动荷应力?交变应力用哪些参数表示?循环特征 $r = +1$、0、-1 各代表什么情况?

题 2-39　材料的疲劳破坏与静载破坏有哪些不同?什么是材料的疲劳极限?影响疲劳极限的主要因素有哪些?什么是无限寿命设计与有限寿命设计?各用于什么情况?

题 2-40　什么叫做应力集中?在静应力和交变应力两种情形下,应力集中对塑性材料和脆性材料分别有什么影响?机件设计时如何避免或减轻应力集中?

题 2-41　试从抗扭截面模量、抗弯截面模量思考探索提高机件的抗扭、抗弯能力。

题 2-42　思考和探索将工程力学基础原理用于机械创新设计,并写出小型的或专题的论文。

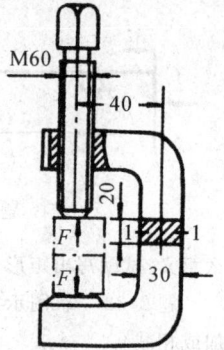

题 2-36 图

第 3 章

题 3-1　螺旋线和螺纹牙是如何形成的?螺纹的主要参数有哪些?螺距与导程有何不同?螺纹的线数和螺旋方向如何判定?

题 3-2　已知一普通粗牙螺纹,大径 $d = 24\text{mm}$,中径 $d_2 = 22.051\text{mm}$(普通粗牙螺纹的线数为 1,牙形角为 $60°$),螺纹副间的摩擦系数 $f = 0.15$。试求:① 螺纹升角;② 该螺纹副能否自锁?③ 用作起重时的效率为多少?

题 3-3　螺纹联接的基本类型有哪些?各适用于什么场合?螺纹联接防松的意义及基本原理是什么?请指出题 3-3 图中螺纹联接的结构错误。

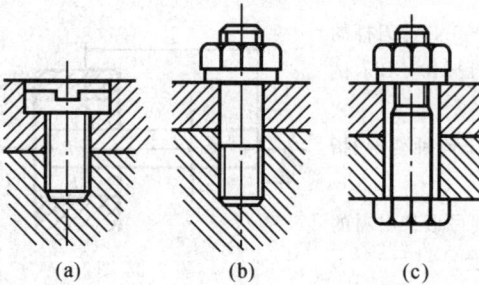

(a)　　　　(b)　　　　(c)

题 3-3 图

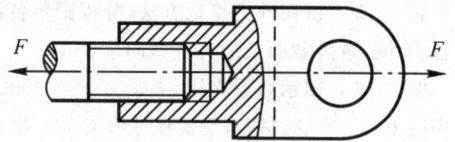

题 3-4 图

题 3-4　如题 3-4 图所示,拉杆端部采用普通粗牙螺纹联接。已知拉杆所受最大载荷 $F = 15\text{kN}$,载荷很少变动,拉杆材料为 Q235 钢,试确定拉杆螺纹的直径。

题 3-5　图示起重机卷筒用沿 $D_1 = 500\text{mm}$ 圆周上安装 6 个双头螺柱和齿轮联接,靠拧紧螺柱产生的摩擦力矩将转矩由齿轮传到卷筒上,卷筒直径 $D_t = 400\text{mm}$,钢丝绳拉力 $F_t = 1000\text{N}$,钢齿轮和钢卷筒联接面摩擦系数 $f = 0.15$,希望摩擦力比计算值大 20% 以获安全。螺柱材料为碳钢,其机械性能为 4.8 级。试计算螺柱直径。

题 3-6　某油缸的缸体与缸盖用 8 个双头螺柱均布联接,作用于缸盖上总的轴向外载荷 $F_\Sigma = 50\text{kN}$,缸盖厚度为 16mm,载荷平稳,螺柱材料为碳钢,其机械性能为 4.8 级,缸体、缸盖材料均为钢。试计算螺柱直径并写出紧固件规格。

题 3-7　图示一托架用 4 个螺栓固定在钢柱上。已知静载荷 $F = 3\text{kN}$,距离 $l = 150\text{mm}$,结合面摩擦系数 $f = 0.2$,试计算该联接。(提示:在力 F 作用下托架不应滑移;在翻转力矩 Fl 作用下托架有绕螺栓组形心

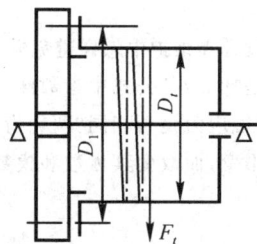

题 3-5 图

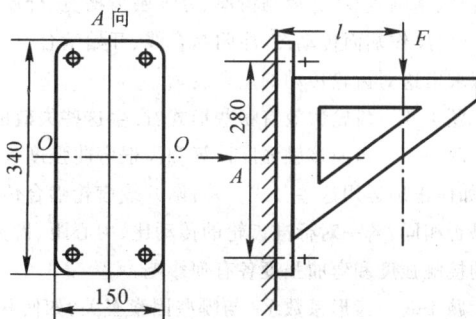

题 3-7 图

轴 $O-O$ 翻转的趋势,此时结合面不应出现缝隙。)

题 3-8 受拉螺栓松联接和紧联接有何区别,强度计算有何特点?对紧螺栓联接,什么叫做不控制预紧力和控制预紧力,反映在强度计算中有何区别?试述受轴向载荷紧螺栓联接中预紧力 Q_0、工作载荷 Q_F、残余预紧力 Q_r、螺栓总拉伸载荷 Q 的涵义及其相互关系。

题 3-9 螺纹联接为什么要防松?防松的实质是什么?你能否创新防松装置?螺栓联接布置应考虑些什么问题?

题 3-10 试从传递转矩能力、制造成本、削弱轴的强度几方面比较平键、半圆键和花键联接。阐述斜键联接与平键联接相比,其结构和应用的特点。

题 3-11 试选择带轮与轴联接采用的 A 型普通平键。已知轴和带轮的材料分别为钢与铸铁,带轮与轴配合直径 $d = 40\text{mm}$,轮毂长度 $l = 70\text{mm}$,传递的功率 $P = 10\text{kW}$,转速 $n = 970\text{r/min}$,载荷有轻微冲击。请以 $1:1$ 比例尺绘制联接横断面视图,并在其上注出键的规格和键槽尺寸。

题 3-12 将一零件在平面上作精确定位,应装几只定位销?为什么?各销钉的相对位置应如何考虑?

题 3-13 铆接、焊接和粘接各有什么特点?分别适用于什么情况?

题 3-14 过盈联接的工作原理是什么?获得过盈联接可采取哪些方法?你认为过盈量取决于哪些因素?轴与轮毂采用过盈联接为什么有时还同时采用键联接?轴与滚动轴承内圈采用过盈联接为什么不能同时采用键联接?

题 3-15 平键联接、花键联接、成形联接如何从构形上体会结构创新?

题 3-16 你对快速装拆螺纹联接有何创意构思?你对螺纹联接防松原理和装置能否提出新的思路?

第 4 章

题 4-1 试述齿轮传动中基圆、分度圆、模数、渐开线压力角、分度圆压力角、节点、节圆、啮合线、啮合角、重合度的涵义。

题 4-2 某正常齿渐开线标准直齿外圆柱齿轮,齿数 $z = 24$。测得其齿顶圆直径 $d_a = 130\text{mm}$,求该齿轮的模数。

题 4-3 试分析正常齿渐开线标准直齿外圆柱齿轮在什么条件下基圆大于齿根圆?什么条件下基圆小于齿根圆?

题 4-4 一对相啮合的齿数不等的标准渐开线直齿外圆柱齿轮,两轮的分度圆齿厚、齿根圆齿厚、齿顶圆上的压力角是否相等?哪个较大?哪个齿轮的齿廓较为平坦?

题 4-5 已知一对标准安装的正常齿标准渐开线外啮合直齿圆柱齿轮传动,模数 $m = 10\text{mm}$,主动轮齿数 $z_1 = 18$,从动轮齿数 $z_2 = 24$,主动轮在上,顺时针转动。试求:① 两轮的分度圆直径、齿顶圆直径、齿根圆直径、基圆直径、分度圆齿厚、分度圆齿槽宽、分度圆齿距、基圆齿距、齿顶圆压力角和两轮中心距;②以1：1比例尺作端面传动图,注明啮合线、开始啮合点、终止啮合点、实际啮合线段和理论啮合线段,并由图上近似求出这对齿轮传动的重合度。

题 4-6　齿轮失效有哪些形式?产生这些失效的原因是什么?在设计和维护中怎样避免失效?

题 4-7　齿面接触强度计算和齿根弯曲强度计算的目的和基础是什么?各公式中参数涵义、单位是什么?如何正确运用这些公式?一对渐开线齿轮啮合传动,两轮节点处接触应力是否相同?两轮齿根处弯曲应力是否相同?若一对标准齿轮的传动比、中心距、齿宽、材料等均保持不变,而改变其齿数和模数,试问对齿轮的接触强度和弯曲强度各有何影响?

题 4-8　齿形系数 Y_F 与哪些因素有关?如何获得 Y_F 值?

题 4-9　单级闭式减速用外啮合直齿圆柱齿轮传动,小轮材料取 45 号钢调质处理,大轮材料取 ZG310-570 正火处理,齿轮精度为 8 级,传递功率 $P = 5\text{kW}$,转速 $n_1 = 960\text{r/min}$,模数 $m = 4\text{mm}$,齿数 $z_1 = 25, z_2 = 75$,齿宽 $b_1 = 84\text{mm}, b_2 = 78\text{mm}$,由电动机驱动,单向转动,载荷较平稳。试验算其接触强度和弯曲强度。

题 4-10　试设计单级闭式减速用外啮合直齿圆柱齿轮传动。已知传动比 $i = 4.6$,传递功率 $P = 30\text{kW}$,转速 $n_1 = 730\text{r/min}$,长期双向传动,载荷有中等冲击,要求结构紧凑,$z_1 = 27$,大小齿轮都用 40Cr 表面淬火。

题 4-11　一对开式外啮合直齿圆柱齿轮传动,已知模数,$m = 6\text{mm}$,齿数 $z_1 = 20, z_2 = 80$,齿宽 $b_2 = 72\text{mm}$,主动轮转速 $n_1 = 330\text{r/min}$,齿轮精度等级为 9 级,小轮材料为 45 号钢调质,大轮材料为铸铁 HT300,单向传动,载荷稍有冲击。试求能传递的最大功率。

题 4-12　试述成形法和范成法切齿的原理、特点及其适用情况。

题 4-13　与直齿圆柱齿轮传动相比,试述斜齿圆柱齿轮传动的特点和应用。

题 4-14　测得一正常齿渐开线标准斜齿外圆柱齿轮的齿顶圆直径 $d_a = 93.97\text{mm}$,轮齿分度圆螺旋角 $\beta = 15°$,其齿数 $z = 24$。试确定该齿轮的法面模数。

题 4-15　已知一对正常齿标准外啮合斜齿圆柱齿轮的模数 $m_n = 3\text{mm}$,齿数 $z_1 = 23, z_2 = 76$,分度圆螺旋角 $\beta = 8°6'34''$。试求其中心距、端面压力角、当量齿数、分度圆直径、齿顶圆直径和齿根圆直径。

题 4-16　斜齿圆柱齿轮的齿数 z 和当量齿数 z_v 哪一个大?为什么 z_v 常不是整数?试分析下列情况应用 z 还是 z_v:①计算齿轮的传动比;②计算分度圆直径和中心距;③选择成形铣刀;④查齿形系数。

题 4-17　图示斜齿圆柱齿轮传动,已知传递功率 $P = 14\text{kW}$,主动轮 1 的转速 $n_1 = 980\text{r/min}$,齿数 $z_1 = 33, z_2 = 165$,法面模数 $m_n = 2\text{mm}$,分度圆螺旋角 $\beta = 8°6'34''$。试求:①画出从动轮的转向和轮齿倾斜方向;②作用于轮齿上各力的大小;③画出轮齿在啮合点处各力的方向;④轮齿倾斜方向改变、或转向改变后各力方向如何?

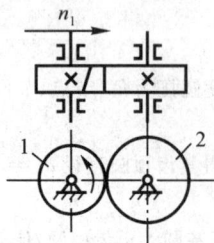

题 4-17 图

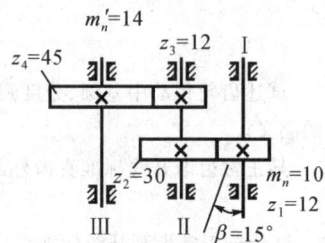

题 4-18 图

题 4-18　图示两级斜齿圆柱齿轮的布置方式和已知参数。今欲使轴 Ⅱ 免受齿轮产生的轴向力的影响,试确定第二对齿轮($z_3 - z_4$)须有多大的分度圆螺旋角 β' 及轮齿斜向。

题 4-19　一对法面模数相同、法面压力角相同,但分度圆螺旋角不相等或轮齿斜向相同的螺旋齿圆柱齿轮能否正确啮合?

题 4-20 试述直齿锥齿轮大端背锥、大端相当齿轮和当量齿数的涵义。

题 4-21 一对正常收缩齿渐开线标准直齿锥齿轮传动,小轮齿数 $z_1 = 18$,大端模数 $m = 4\text{mm}$,传动比 $i = 2.5$,两轴垂直,齿宽 $b = 32\text{mm}$。试求两轮分度圆锥角、分度圆直径、齿顶圆直径、齿根圆直径、锥距、齿顶角、齿根角、顶锥角、根锥角和当量齿数;并以 1:1 的比例尺绘制啮合图,注出必要的尺寸。

题 4-22 图示直齿锥齿轮传动,已知传递功率 $P = 9\text{kW}$,主动轮 1 的转速 $n_1 = 970\text{r/min}$,齿数 $z_1 = 20$,$z_2 = 60$,模数 $m = 4\text{mm}$,齿宽 $b = 32\text{mm}$。试求:① 画出从动轮的转向;② 计算作用于轮齿上圆周力、径向力、轴向力的大小;③ 画出轮齿在啮合点处上述各力的方向;④ 转向改变后各力方向如何?

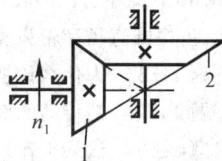

题 4-22 图

题 4-23 齿轮的根切是什么?它对齿轮有何不利影响?如何避免根切?

题 4-24 什么叫变位齿轮?变位齿轮与标准齿轮哪些尺寸参数相同?哪些尺寸参数不同?变位齿轮有什么用途?

题 4-25 普通圆柱蜗杆传动的组成及工作原理是什么?为什么说蜗杆传动与齿轮齿条传动、螺杆螺母传动相类似?它有哪些特点?宜用于什么情况?

题 4-26 蜗杆传动以什么模数作为标准模数?蜗杆分度圆直径 d_1 为什么一般应取与模数 m 相对应的标准值?

题 4-27 已知普通圆柱蜗杆传动的主要参数为模数 $m = 5\text{mm}$,蜗杆头数 $z_1 = 2$,蜗杆分度圆直径 $d_1 = 50\text{mm}$,蜗轮齿数 $z_2 = 50$。求蜗杆和蜗轮的主要几何尺寸及中心距;并以 1:1 的比例尺绘制啮合图,注上尺寸。

题 4-28 图示上置式蜗杆传动,蜗杆主动,蜗杆转矩 $T_1 = 20\text{N}\cdot\text{m}$,模数 $m = 5\text{mm}$,头数 $z_1 = 2$,蜗杆分度圆直径 $d_1 = 50\text{mm}$,蜗轮齿数 $z_2 = 50$,传动的啮合效率 $\eta = 0.75$。试求:① 画出蜗轮轮齿的斜向及其转向;② 作用于轮齿上周向、径向、轴向各力的大小;③ 画出蜗杆和蜗轮啮合点处上述各力的方向;④ 若改变蜗杆的转向,或改变蜗杆螺旋线斜向,或使蜗杆为下置式,则蜗轮的转向和上述各力的方向如何?

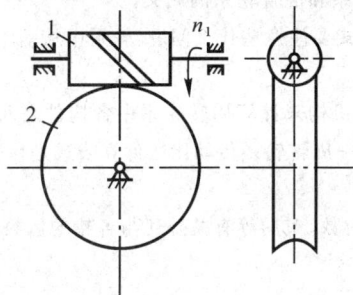

题 4-28 图

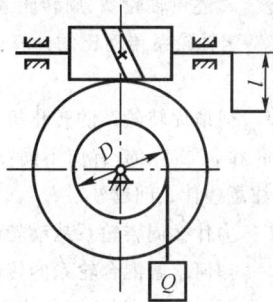

题 4-29 图

题 4-29 图示为手动绞车采用的蜗杆传动。已知模数 $m = 8\text{mm}$,蜗杆头数 $z_1 = 1$,分度圆直径 $d_1 = 80\text{mm}$,蜗轮齿数 $z_2 = 40$,卷筒直径 $D = 200\text{mm}$。问:① 欲使重物 Q 上升 1m,蜗杆应转多少圈?② 蜗杆与蜗轮间的当量摩擦系数 $f_v = 0.18$,该机构能否自锁?③ 若重物 $Q = 4.8\text{kN}$;手摇时施加的力 $F = 100\text{N}$,手柄转臂的长度 l 应为多少?

题 4-30 试述蜗杆传动中滑动速度的涵义,为什么蜗杆传动发热较大?蜗杆传动散热计算的准则是什么?

题 4-31 齿轮传动、蜗杆传动润滑的目的是什么?常用哪些方法进行润滑?

题 4-32 滚子链由哪些主要零件构成?外链板与销轴,内链板与套筒,套筒与销轴,套筒与滚子采用什么配合?

题 4-33 链传动的工作原理是什么?其特点和应用场合怎样?

题 4-34　滚子链传动的主要参数有哪些?应如何合理选择?

题 4-35　为什么链传动平均转数比 n_1/n_2 是恒定的,而瞬时角速比 ω_1/ω_2 是变化的?链传动平稳性较差的原因是什么?

题 4-36　滚子链传动的主要失效形式有哪些?计算承载能力的基本公式依据是什么?

题 4-37　选择计算一电动机至螺旋输送机用的滚子链传动。已知电动机转速 $n_1 = 960\text{r/min}$,功率 $P = 7\text{kW}$,螺旋输送机的转速 $n_2 = 240\text{r/min}$,载荷平稳,单班制工作。并计算两个链轮的分度圆直径、齿顶圆直径、齿根圆直径和轮齿宽度。

题 4-38　为什么铰链磨损会导致链传动节距增大?节距增大为什么会导致失效?

题 4-39　链传动的润滑方式应如何选择?链传动布置应考虑些什么问题?

题 4-40　试从工作原理、结构、特点和应用将带传动和链传动作比较。

题 4-41　带传动的工作能力取决于哪些方面?请分析预拉力 F_0、小轮包角 α_1、小轮直径 d_1、传动比 i 和中心距 a 数值大小对带传动的影响?

题 4-42　V 带传动与平带传动比较,主要有哪些特点?带传动工作速度何以不宜过低或过高?带的结构如何创新才能适应高速传动和转速比准确的传动?

题 4-43　如何判别带传动的紧边与松边?带传动有效圆周力 F 与紧边拉力 F_1、松边拉力 F_2 有什么关系?带传动有效圆周力 F 与传递功率 P、转矩 T、带速 v、带轮直径 d 之间有什么关系?

题 4-44　试述带传动的弹性滑动与打滑的现象、后果及其机理。

题 4-45　带上一点的应力在运转中如何变化?最大应力发生在何处?为什么要限制带轮的最小直径?

题 4-46　带传动有哪些失效形式?V 带传动设计计算的准则是什么?如何确定单根普通 V 带传动的许用功率?

题 4-47　已知一 V 带传动主动轮直径 $d_{d1} = 100\text{mm}$,从动轮直径 $d_{d2} = 400\text{mm}$,中心距 a 约为 485mm,主动轮装在转速 $n_1 = 1450\text{r/min}$ 的电动机上,三班制工作,载荷较平稳,采用两根基准长度 $L_d = 1800\text{mm}$ 的 A 型普通 V 带,试求该传动所能传递的功率。

题 4-48　试述定轴轮系、周转轮系、单一周转轮系、差动轮系和混合轮系的涵义。

题 4-49　定轴轮系传动比的计算公式是什么?应用这个公式要注意些什么问题?轮系中从动轮的转向如何确定?

题 4-50　何谓周转轮系的转化机构?为什么可以通过转化机构来计算周转轮系中各构件之间的传动比?ω_1、ω_K、ω_H 和 ω_1^H、ω_K^H、ω_H^H 有何不同?i_{1K} 和 i_{1K}^H 有什么不同?单一周转轮系传动比的计算公式是什么?应用这个公式要注意些什么问题?

题 4-51　为什么周转轮系从动轮的转向除与外啮合齿轮对数、布局等有关外还与各轮的齿数有关?

题 4-52　如何求解混合轮系的传动比?

题 4-53　图示轮系中,已知各轮齿数 $z_1 = 15, z_2 = 25, z_{2'} = 15, z_3 = 30, z_{3'} = 15, z_4 = 30, z_{4'} = 2$(右旋),$z_5 = 60, z_{5'} = 20(m = 4\text{mm})$。若 $n_1 = 600\text{r/min}$,求齿条 6 线速度 v 的大小和方向。

题 4-54　图示钟表传动示意图中,E 为擒纵轮,N 为发条盘,S、M 及 H 分别为秒针、分针和时针。设各轮齿数 $z_1 = 72, z_2 = 12, z_3 = 64, z_4 = 8, z_5 = 60, z_6 = 8, z_7 = 60, z_8 = 6, z_9 = 8, z_{10} = 24, z_{11} = 6, z_{12} = 24$。求秒针与分针的传动比 i_{SM} 及分针与时针的传动比 i_{MH}。

题 4-55　图示滚齿机工作台传动装置中,已知各轮齿数 $z_1 = 15, z_2 = 28, z_3 = 15, z_4 = 35, z_8 = 1$(右旋),$z_9 = 32$ 和被切齿轮齿数 $z_{10} = 64$,滚刀为单头,要求滚刀转 1 圈,轮坯转过 1 齿,求传动比 i_{75}。

题 4-56　图示行星轮系中,已知各轮齿数 $z_1 = 63, z_2 = 56, z_{2'} = 55, z_3 = 62$。求传动比 i_{H3}。

题 4-57　图示轮系中,已知各轮齿数 $z_1 = 60, z_2 = 40, z_{2'} = z_3 = 20$。若 $n_1 = n_3 = 120\text{r/min}$,并设 n_1 与 n_3 转向相反,求 n_H 的大小及方向。

题 4-58　图示行星齿轮减速器中,已知各轮齿数 $z_1 = 15, z_2 = 33, z_3 = 81, z_{2'} = 30, z_4 = 78$。试计算传动比 i_{14}。

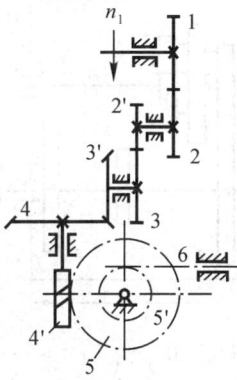

题 4-53 图

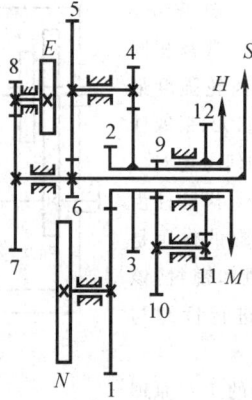

题 4-54 图

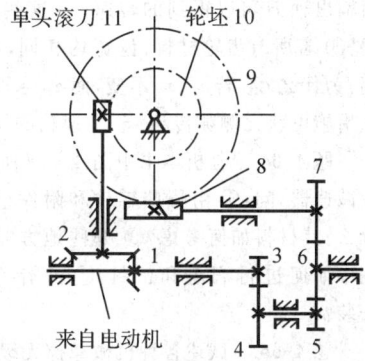

题 4-55 图

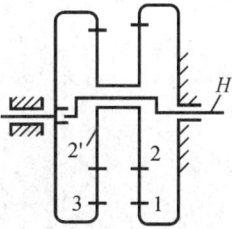

题 4-56 图

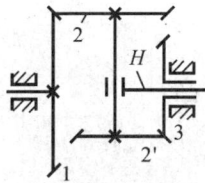

题 4-57 图

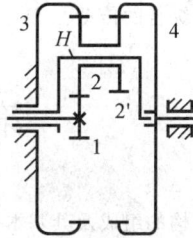

题 4-58 图

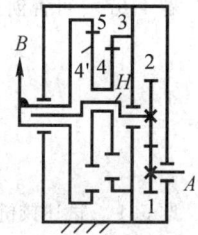

题 4-59 图

题 4-59　图示自行车里程表机构中，A 为车轮轴。已知齿数 $z_1 = 17, z_3 = 23, z_4 = 19, z_{4'} = 20, z_5 = 24$。设轮胎受压变形后使 28 英寸的车轮有效直径约为 0.7m。当车行 1km 时，表上的指针 B 要刚好回转一周。求齿轮 2 的齿数。

题 4-60　图示液压回转台传动机构中，已知 $z_2 = 15$，油马达 M 的转速 $n_M = 12$r/min(注意，油马达装在回转台上)，回转台 H 的转速 $n_H = -1.5$r/min。求齿轮 1 的齿数。

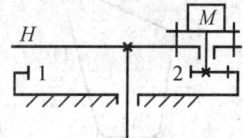

题 4-60 图

题 4-61　图示变速器中，已知各轮齿数 $z_1 = z_{1'} = z_6 = 28, z_3 = z_5 = z_{3'} = 80, z_2 = z_4 = z_7 = 26$。当鼓轮 A、B 及 C 分别被刹住时，求传动比 $i_{I II}$。

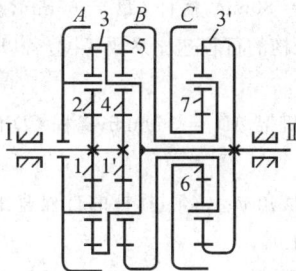

题 4-61 图

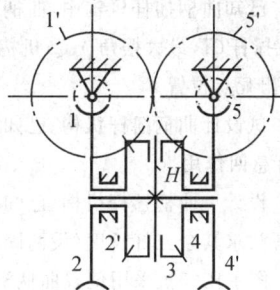

题 4-62 图

题 4-62　图示减速装置中，蜗杆 1、5 分别和互相啮合的齿轮 $1'$、$5'$ 固联，蜗杆 1 和 5 均为单头、右旋，又各轮齿数为 $z_{1'} = 101, z_2 = 99, z_{2'} = 24, z_{4'} = 100, z_{5'} = 100$。求传动比 i_{1H}。

题 4-63　图示变速箱中各轮齿数为 $z_1 = 20, z_2 = 100, z_3 = z_4 = 60, z_5 = 20, z_6 = 100, z_7 = 80, z_8 =$

$40, z_9 = 30, z_{10} = 90$。问：① 输入轴 A 转速 $n_A = 600 \text{r/min}$ 时输出轴 B 可以得到的转速；② 这些齿轮的模数都相同吗？③ 若所有齿轮材料、齿宽均相同，哪一个齿轮强度最高？为什么？④ 若 z_7、z_5 不变，而 $z_8 = 38, z_6 = 102$，采取什么措施可获无侧隙传动？⑤ 变速箱的长度 l 如何考虑？

题 4-64　分析本书中图 4—79 所示单级直齿圆柱齿轮减速器，问：① 由哪些零件和附件组成？各自的作用是什么？其材料如何考虑？② 哪些地方需要润滑和密封？该图中如何进行润滑和密封？③ 按什么顺序进行拆卸与安装？

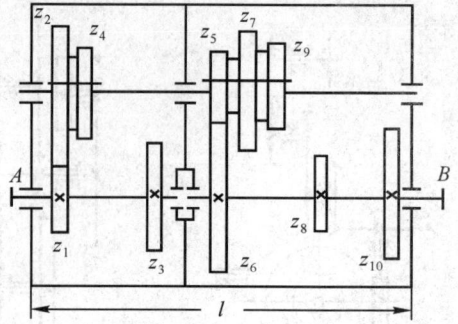

题 4-63 图

题 4-65　试述各种机械摩擦无级变速器的工作原理和调速范围。机械特性用什么表示？恒功率、恒转矩有什么意义？

题 4-66　为提高现有橡胶 V 带的传动能力，可否创意橡胶与金属复合的结构以及金属基 V 带新结构？

题 4-67　可否创意链、带综合的传动？

第 5 章

题 5-1　试述铰链四杆机构的组成及其基本类型。

题 5-2　为什么说曲柄摇杆机构是平面四杆机构的最基本形式？它有哪些基本特性？

题 5-3　试按图中注明的尺寸判断铰链四杆机构是曲柄摇杆机构、双曲柄机构，还是双摇杆机构？

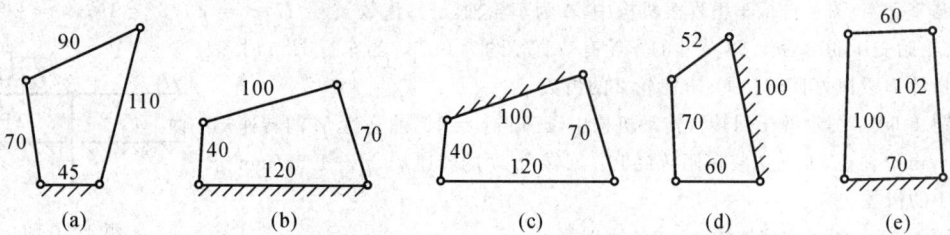

题 5-3 图

题 5-4　已知曲柄摇杆机构中，曲柄 $AB = 30 \text{mm}$，连杆 $BC = 80 \text{mm}$，摇杆 $CD = 60 \text{mm}$，机架 $DA = 90 \text{mm}$。求：① 摇杆 CD 最大摆角 ψ；② 机构的最大压力角 $\alpha_{\max}$；③ 机构的行程速比系数 K；④ 若以摇杆 CD 为主动构件，求出死点位置。

题 5-5　试设计曲柄摇杆机构。已知曲柄长度 $AB = 20 \text{mm}$，机架 $AD = 360 \text{mm}$，摇杆 CD 的摆角 $\psi = 40°$，不要求有急回作用。

题 5-6　设计一曲柄摇杆机构。已知摇杆长度 $l_3 = 100 \text{mm}$，摆角 $\psi = 45°$，摇杆的行程速比系数 $K = 1.2$。试用图解法求其余三杆长度（设两固定铰链位于同一水平线上）。

题 5-7　图示压气机采用偏置曲柄滑块机构：① 已知活塞行程 $s = 600 \text{mm}$，行程速比系数 $K = 1.5$，曲柄长度 $AB = 200 \text{mm}$，求偏距 e 及连杆长度 BC；② 设活塞所受阻力 $F = 10000 \text{N}$，若忽略摩擦阻力，求 $\varphi = 30°$ 及 $\varphi = 135°$ 时曲柄轴的转矩 T_A；机构处于什么位置时 T_A 最小，其值是多少？

题 5-8　设计一摆动导杆机构。已知机架长度 $l_4 = 200 \text{mm}$，行程速比系数 $K = 1.3$，求曲柄长度和导杆的摆角。

题 5-9　设计一铰链四杆机构作为加热炉炉门的启闭机构。已知炉门上面两铰链 B 和 C 的中心距为

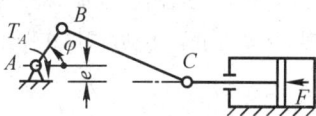

题 5-7 图

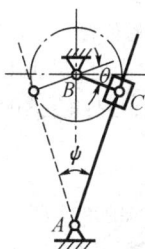

题 5-8 图

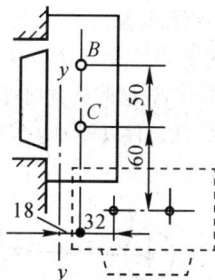

题 5-9 图

50mm，炉门打开后成水平位置，且炉门温度低的一面朝上（如虚线所示），设机构两个固定铰链 A 和 D 安装在 $y-y$ 轴线上，其相互位置尺寸如图所示，单位为 mm。求此铰链四杆机构其余三杆长度。

题 5-10　图示连杆滑块机构中 $AB = BC = BD = 30mm$，求 CD 构件上（除 C、B、D）任一点的轨迹。

题 5-11　编制程序，用解析法设计一曲柄摇杆机构并在电子计算机上求解。该机构要求当曲柄由 φ_0 转到 $\varphi_0 + 90°$ 时，摇杆的摆角 ψ 实现的函数关系为 $\psi = \psi_0 + \dfrac{2}{3\pi}(\varphi - \varphi_0)^2$，$\varphi_0 = 0°$，$\psi_0 = 20°$。（提示：$\varphi_1 = 0°$，$\psi_1 = 20°$，每隔 $10°$ 取 $\varphi_2 = 10°$、$\varphi_3 = 20°$、$\cdots$、$\varphi_{10} = 90°$，计算相应的 ψ_2、ψ_3、$\cdots\psi_{10}$，按本书中图 5-14 所示框图或其他优化方法编程）

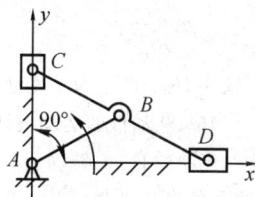

题 5-10 图

题 5-12　试比较凸轮传动与连杆传动的特点及应用。

题 5-13　试说明用反转法作图绘制偏置直动尖底从动件盘形凸轮廓线的原理和过程。滚子从动件与尖底从动件在用反转法绘制凸轮廓线中有何异同之处？滚子从动件盘形凸轮可否从理论廓线上各点的向径减去滚子半径来求得实际廓线？

题 5-14　选取不同的基圆半径绘制凸轮廓线能否使从动件获得相同的运动规律？基圆半径的选择与哪些因素有关？何谓凸轮传动的压力角？试就题 5-14 图中画出 A、B、C 三点处的压力角。

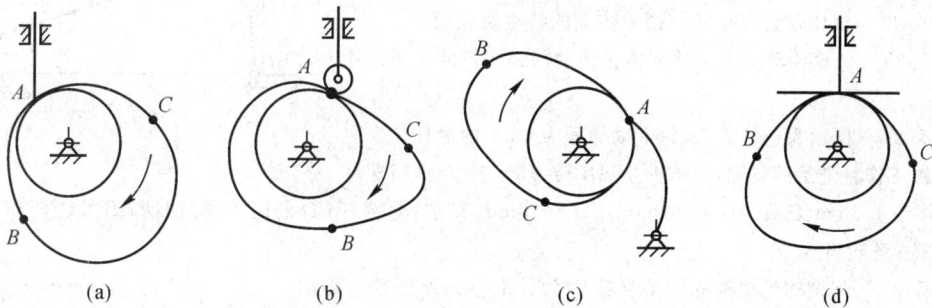

(a)　　　　　(b)　　　　　(c)　　　　　(d)

题 5-14 图

题 5-15　用作图法绘制偏置直动滚子从动件盘形凸轮廓线。已知凸轮以等角速度顺时针方向回转，凸轮轴心偏于从动件右侧，偏距 $e = 10mm$。从动件的行程 $h = 32mm$，在推程作简谐运动，回程作等加速等减速运动，其中推程运动角 $\Phi = 150°$，远休止角 $\Phi_s = 30°$，回程运动角 $\Phi' = 120°$，近休止角 $\Phi'_s = 60°$，凸轮基圆半径 $r_0 = 35mm$，滚子半径 $r_T = 12mm$。廓线绘制后近似量出推程的最大压力角。

题 5-16　设计一对心直动平底从动件盘形凸轮。从动件平底与其导路垂直，凸轮顺时针方向等速转动，当凸轮转过 $120°$ 时，从动件以简谐运动上升 30mm；再转过 $30°$ 时，从动件静止不动；继续转过 $90°$ 时，从动件以简谐运动回到原位；凸轮转过其余角度时，从动件静止不动。设凸轮的基圆半径 $r_0 = 30mm$。试用作图法绘制凸轮廓线,并决定从动件平底圆盘的最小半径。

题 5-17 图示摆动滚子从动件 AB 在起始位置时垂直于 OB,$OB = 35mm$,$AB = 50mm$,滚子半径 $r_T = 8mm$。凸轮顺时针方向等速转动,当转过 150° 时,从动件以简谐运动向上摆动 20°;当凸轮自 150° 转到 300° 时,从动件以等加速等减速运动摆回原处;当凸轮自 300° 转到 360° 时,从动件静止不动。试以作图法绘制凸轮廓线。

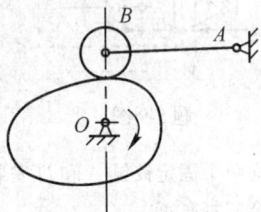 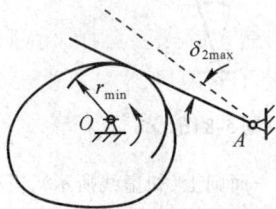 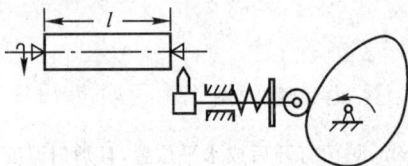

题 5-17 图   题 5-18 图   题 5-19 图

题 5-18 图示为一摆动平底从动件盘形凸轮机构。已知 $OA = 80mm$,$r_{min} = 30mm$,从动件最大摆角 $\varphi_{max} = 15°$。从动件的运动规律:当凸轮以等角速度 ω_1 逆时针回转 90° 时,从动件以等加速等减速运动向上摆 15°;当凸轮自 90° 转动到 180° 时,从动件停止不动;当凸轮自 180° 转到 270° 时,从动件以简谐运动摆回原处;当凸轮自 270° 转到 360° 时,从动件静止不动。试用作图法绘制凸轮廓线,并决定从动件最低限度应有长度。

题 5-19 图示用盘形凸轮控制车外圆刀架纵向自动进给工作循环。试分析考虑从动件运动规律应如何选定为宜?

题 5-20 设计的已知条件同题 5—15。试用解析法编制程序,通过电子计算机求凸轮理论廓线和实际廓线上各点的坐标(每隔 5° 计算一点)。设凸轮宽为 10mm,孔径为 20mm,一般精度,材料为 20Cr,绘制凸轮的零件工作图。

题 5-21 如何绘制凸轮的零件工作图?某凸轮零件工作图上将轴孔上的键槽的周向位置作了严格规定,这是为什么?

题 5-22 试比较棘轮传动与槽轮传动的特点及应用。

题 5-23 棘轮传动的止逆爪和槽轮传动的锁止弧的作用是什么?

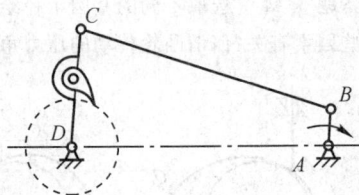

题 5-24 图示为连杆 — 棘轮带动导程为 6mm 的螺杆作为驱动牛头刨工作台进给的传动,要求曲柄 AB 转一周,工作台(与螺母固联)移动 1.5mm。已知 $AD = 300mm$,$CD = 70mm$。试求:① 摇杆 CD 的摆角;② 曲柄 AB 及连杆 BC 的长度;③ 选择棘轮齿数。

题 5-24

题 5-25 何谓槽轮机构的运动系数 τ?为什么单销外槽轮的运动系数 τ 必然大于零而小于1?

题 5-26 一外啮合槽轮机构,已知槽轮的槽数 $z = 6$,槽轮的静止时间是运动时间的2倍。试求槽轮的运动系数 τ 及所需的圆销数 k。

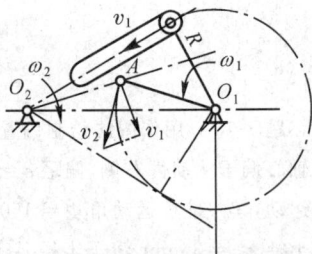

题 5-27 题 5-27 图示圆销刚进入六槽棘轮开始带动其回转的位置,你能分析槽轮此槽从开始到停止转运过程中角速度 ω_2 的变化情况吗?设主动圆销以 ω_1 等角速回转。

题 5-27

题 5-28 试比较螺旋传动和齿轮齿条传动的特点与应用。试比较普通滑动螺旋传动、滚动螺旋传动的特点与应用。

题 5-29 在题 5-29 图示差动螺旋传动中,螺纹 1 为 M12×1,螺纹 2 为 M10×0.75。问:① 螺纹 1 和

2 均为右旋,手柄按所示方向回转一周时,滑板移动距离多少?方向如何?②1 为左旋,2 为右旋,滑板移动距离多少?方向如何?

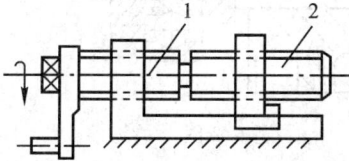

题 5-29 图

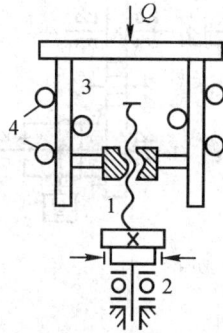

题 5-30 图

题 5-30 题 5-30 图示升降机采用梯形螺旋传动,大径 $d = 70\text{mm}$,中径 $d_2 = 65\text{mm}$,螺距为 10mm,螺旋线数为 4 头。螺杆 1 支承面采用推力球轴承 2,升降台 3 的上下移动处采用导向滚轮 4,它们的摩擦阻力近似为零。试计算:① 已知螺旋副当量摩擦系数为 0.10,求工作台稳定上升时的效率;② 在载荷 $Q = 80\text{kN}$ 作用下稳定上升时加于螺杆上的力矩;③ 若工作台以 800mm/min 的速度上升,试按稳定运动条件求螺杆所需转速和功率;④ 欲使工作台在载荷 $Q = 80\text{kN}$ 作用下等速下降,是否需要制动装置?如要制动,则加于螺杆上的制动力矩应为多少?

题 5-31 从改变杆件的相对长度、移动副和回转副改换、扩大回转副半径、对心转换为偏置、四杆为多杆,试思考分析连杆机构设计的多种创意。

题 5-32 凸轮传动中直动从动件导路的偏置除可能由于结构需要而外,对传动性能有什么影响?偏置量和方位在设计时有什么考虑和创意?

题 5-33 从齿轮传动到不完全齿轮传动思考结构创新的思路。请思考还有哪些途径可以取得步进运动?能否使连杆传动、凸轮传动实现步进运动?

题 5-34 利用步进电机实现步进运动,有什么特点和创意?

第 6 章

题 6-1 图中 1、2、3、4 轴是心轴、转轴还是传动轴?轴受哪一类载荷?试画出各轴的弯矩图、扭矩图。轴的设计主要考虑哪几方面问题?

题 6-2 为什么轴常制成阶梯形?拟定轴的各段直径和长度考虑哪些问题?题 6-2 图中轴的结构 1、2、3、4 处有哪些不合理?应如何改进?

题 6-3 求直径 $\varnothing 30\text{mm}$,转速为 1440r/min,材料为 45 号钢调质的传动轴,能传递多大功率?

题 6-4 图示钢质传动轴上分置 4 个带轮,主动轮 A 上输入功率 $P_A = 65\text{kW}$,不计摩擦功耗,三个从动轮 B、C 及 D 的输出功率分别为 $P_B = 15\text{kW}$,$P_C = 20\text{kW}$,$P_D = 30\text{kW}$,转速 $n = 470\text{r/min}$。试按扭转强度的计算方法:① 作出轴的扭矩图;② 确定各段轴的直径 d(取 $[\tau] = 30\text{MPa}$);③ 若将轮 A 和轮 D 互换位置,问该轴强度富裕还是不足?

题 6-5 按转矩计算和按当量弯矩计算轴的强度,两种方法的特点及应用场合如何?当量弯矩计算公式中为什么引入应力校正系数 α?应怎样确定 α 的数值?

题 6-6 图示二级斜齿圆柱齿轮减速器,已知中间轴 II 的输入功率 $P = 40\text{kW}$,转速 $n_1 = 100\text{r/min}$,

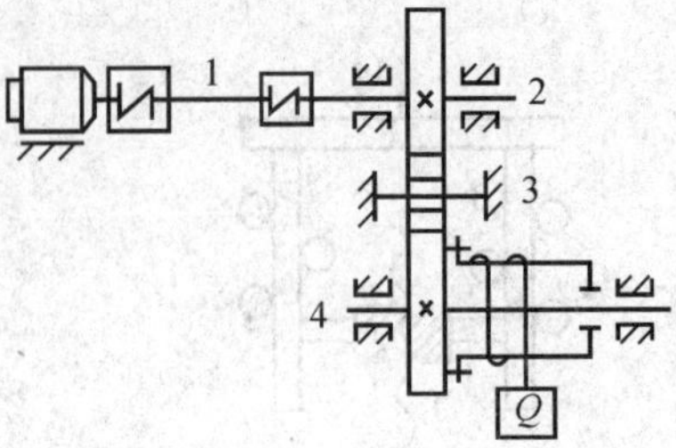

题 6-1 图

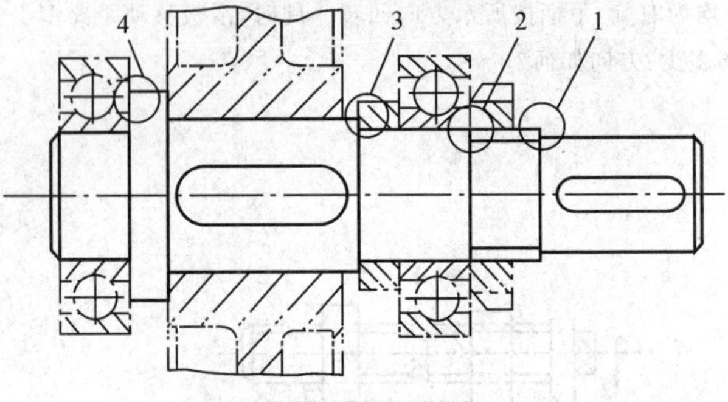

题 6-2 图

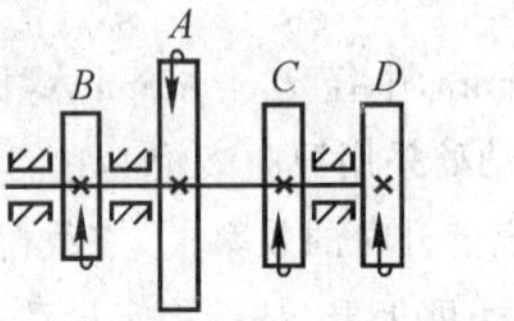

题 6-4 图

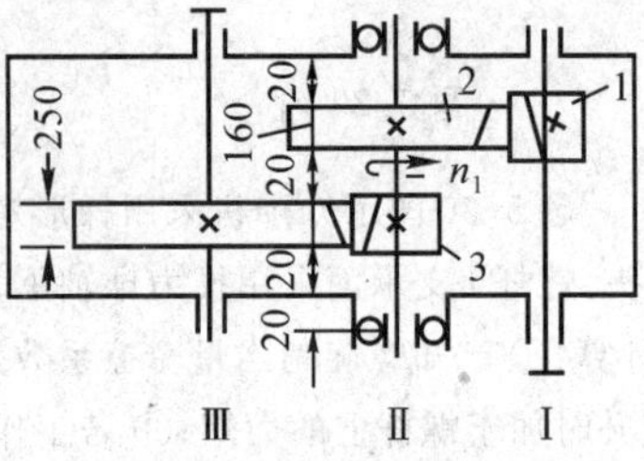

题 6-6 图

齿轮 2 的分度圆直径 $d_2 = 688\text{mm}$,螺旋角 $\beta_2 = 12°50'$,齿轮 3 的分度圆直径 $d_3 = 170\text{mm}$,螺旋角 $\beta_3 = 10°29'$,轴承宽度约 40mm。试设计和计算其中间轴 II。

题 6-7 轴的刚度计算的意义和准则是什么?

题 6-8 滑动轴承的摩擦状态有几种?各有什么特点?

题 6-9 试述整体式、剖分式、调心式滑动轴承的特点及应用。

题 6-10 对轴瓦(衬)材料有什么要求?常用的轴瓦材料有哪些,分别适用何种场合?如何考虑油孔和油沟的设置?

题 6-11 试述滑动轴承润滑的目的以及如何选择润滑剂及润滑方式。什么是润滑油的粘度和油性?粘度大油性一定好吗?

题 6-12 非液体摩擦滑动轴承与液体摩擦滑动轴承相比有何本质区别?其计算准则是什么?

题 6-13 设计某机械上的剖分式向心滑动轴承。已知轴承的工作载荷 $F_R = 3500\text{N}$,转速 $n = 150\text{r/min}$,轴颈直径 $d = 100\text{mm}$,宽径比 $B/d = 1$,工作平稳。

题 6-14 试校核图示电动绞车卷筒轴两端的滑动轴承。已知钢丝绳拉力 $F = 24000\text{N}$,卷筒转速 $n = 30\text{r/min}$,轴颈直径 $d = 60\text{mm}$,轴承衬宽度 $B = 72\text{mm}$,轴承衬材料为铸造铝青铜 ZCuAl10Fe3,用油脂润滑。

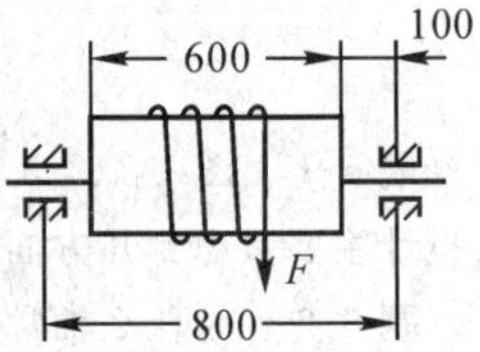

题 6-14

题 6-15 试述动压滑动轴承、静压滑动轴承实现液体摩擦承载的机理、特点和应用。

题 6-16 如题图所示,a、b、c、d 分别为椭圆轴承、单向收敛三油楔轴承、双向收敛三油楔轴承、可倾式多瓦轴承,请分析其特点和应用。又如题 6-16 图 e、f 所示两组推力滑动轴承是否都可能建立动压润滑油膜?

题 6-17 滚动轴承一般由哪些基本元件组成,各有什么作用?

题 6-18 试述滚动轴承的主要类型及其特点。

题 6-19 滚动轴承代号是怎样构成的,其中基本代号又包括哪几项?如何表示?试说明下列滚动轴承代号:6204,6200,6308,1208,7308AC,51106。

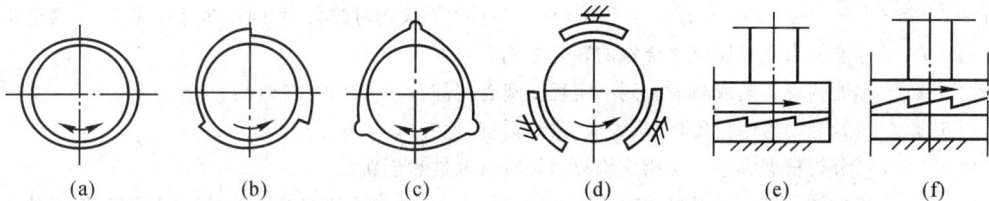

题 6-16 图

题 6-20 试述滚动轴承基本额定寿命、基本额定动载荷、当量动载荷、基本额定静载荷、当量静载荷的涵义。

题 6-21 某振动炉排用一对6309深沟球轴承,转速 $n=1000$r/min,每个轴承受径向力 $R=2100$N,工作时中等冲击,轴承工作温度估计在 200℃ 左右,希望使用寿命不低于 5000h。试验算该轴承能否满足要求?

题 6-22 已知轴承受径向载荷 $R=3200$N,轴向载荷 $A=750$N,转速 $n=350$r/min,载荷有轻微振动,希望轴承使用寿命大于 12000h,由结构初定轴颈直径 $d=40$mm。试选深沟球轴承型号。

题 6-23 选择滚动轴承类型的原则是什么?一般优先选用什么类型?滚动轴承和滑动轴承分别适用于何种情况?

题 6-24 滚动轴承的组合设计通常包括哪些内容?

题 6-25 试述滚动轴承轴系部件轴向固定、轴向游动和轴向调整的涵义,并列举几种结构形式。

题 6-26 指出图 a 和图 b 中主要的错误结构,(错处用 ○ 号引注到图外),说明错误原因并加以改正。

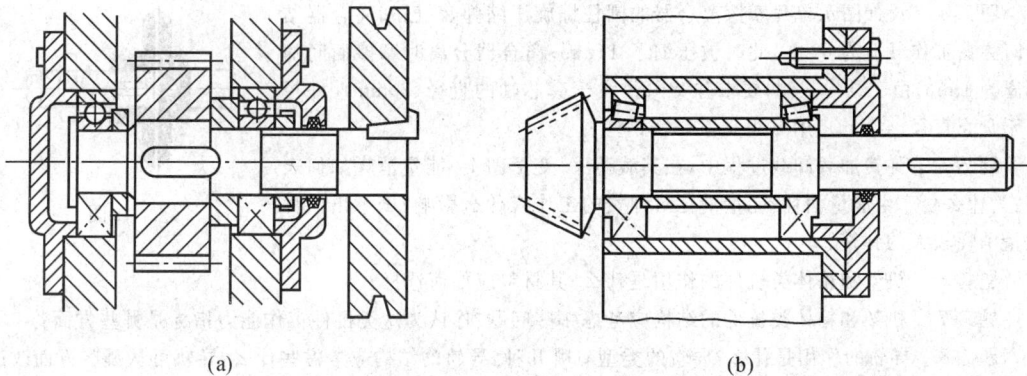

(a)

(b)

题 6-26 图

题 6-27 联轴器、离合器、制动器的作用是什么?机械对它们提出哪些要求?

题 6-28 试述固定式和可移式联轴器、弹性和刚性联轴器的特点及适用场合。图示起重机小车机构,电动机 1 通过联轴器 A 经过减速器 2、联轴器 B 带动车轮在钢轨 3 上行驶。车轮轴不能太长,用一中间轴 4 以联轴器 C、D 相联接。要求两车轮同时转动(否则小车将偏斜)。为安装方便,C、D 两联轴器要求轴向及角向可移。试选择 A、B、C、D 四联轴器的形式。

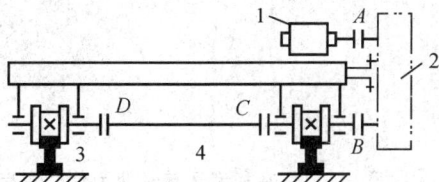

图 6-28

题 6-29 某电动机与油泵之间用弹性套柱销联轴器联接,功率 $P=20$kW,转速 $n=960$r/min,轴径 $d=35$mm,试决定联轴器的型号。

题 6-30 第 6 章图 6-54 所示多片摩擦离合器,已知主动片 11 片,从动片 10 片,结合面内直径52mm,

外直径 92mm;功率 $P = 7kW$,转速 $n = 730r/min$;材料为淬火钢对淬火钢。问需多大压紧力?是否适用?

题 6-31 你能提出几种操纵离合器的装置之构思吗?

题 6-32 你能构思转速或载荷大到一定程度离合器即自动分离的方案吗?

题 6-33 设置制动器的位置,你认为应考虑哪些问题?

题 6-34 试分析根据哪些需要相应构思对轴进行改进和创新?

题 6-35 试总结、归纳、思考滑动轴承创新的途径和方法?使轴颈相对轴承衬孔"悬浮",除所学动压、静压外,还可采用什么原理和方法来实现?

题 6-36 滑动轴承可否创意根据不同工况实现流体摩擦与非流体摩擦转换应用的新结构?

题 6-37 可否创意根据不同工况实现滚动轴承与滑动轴承转换的新结构?

第 7 章

题 7- 弹簧的功用有哪些?弹簧如何进行分类?弹簧材料有什么要求?

题 7-2 弹簧的主要几何参数有哪些?弹簧的刚度、旋绕比以及特性线表征弹簧的什么性能?它们在弹簧设计中起什么作用?

题 7-3 一圆柱螺旋压缩弹簧,簧丝直径 $d = 2mm$,中径 $D_2 = 16mm$,有效圈数 $n = 10$,两端磨平,共有 1.5 死圈,采用 B 组碳素弹簧钢丝,受变载荷作用次数为 $10^3 \sim 10^5$ 次。求:① 允许的最大工作载荷及变形量;② 求弹簧自由高度和并紧高度;③ 验算弹簧的稳定性,④ 簧丝的展开长度。

题 7-4 设计图示单片摩擦离合器的圆柱螺旋压缩弹簧。已知离合器结合时弹簧工作载荷为 630N,此时被压缩了 11mm;离合器分离时摩擦面间的距离为 1mm。由于结构限制,要求弹簧内径大于套芯轴的直径(20mm),外径小于盘壳直径(40mm),用 B 组碳素弹簧钢丝。

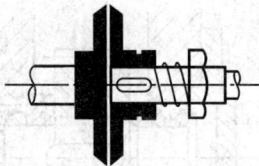

题 7-5 弹簧加载卸载过程中,在其载荷 — 变形图上,能量消耗如何表示?为什么会产生能量消耗?能量消耗对弹簧的工作有什么影响?试举出一种能量消耗较大的弹簧。

题 7-4 图

题 7-6 机架和箱体类机件的作用是什么?其材料应如何选择?

题 7-7 机架和箱体类机件的结构应考虑哪些问题?你认为这类机件工作能力指标是哪些方面?

题 7-8 导轨的作用是什么?导轨的类型有哪几种?导轨的结构应考虑些什么?导轨可从哪些方面改进和创新?

题 7-9 如何体会机架多非标准件而又是机械中不可或缺的重要机件?可以从哪些途径考虑机架的创意、创新?

第 8 章

题 8-1 机械在稳定运转时期为什么会有速度波动?试述调节周期性速度波动和非周期性速度波动的途径。

题 8-2 安装飞轮的目的是什么?安装飞轮能否消除速度波动?

题 8-3 试述飞轮调速的原理,如何理解飞轮是一个能量储放器?

题 8-4 在电动机驱动的某传动装置中,已知主轴上阻力矩 M'' 的变化规律如图所示。设驱动力矩 M' 为常数,电动机转速为 1000r/min,求不均匀系数 $\delta = 0.05$ 时所需安装在电动机轴上的飞轮的转动惯量。

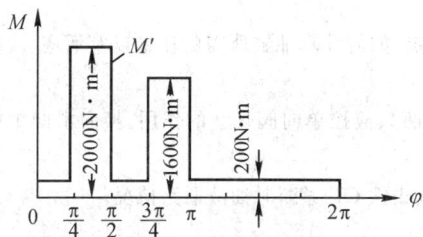

题 8-4 图

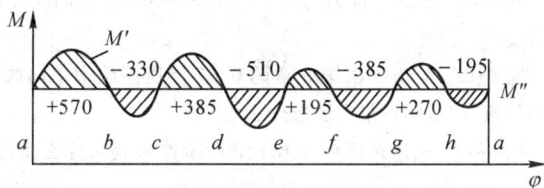

题 8-5 图

题 8-5　题图中所示为作用在多缸发动机曲轴上的驱动力矩 M' 的变化曲线,其阻力矩 M'' 等于常数,驱动力矩曲线与阻力矩曲线围成的面积(mm^2)注于图上,该图的比例尺为 $\mu_M = 100 N \cdot m/mm$,$\mu_\varphi = 0.1 rad/mm$。设曲轴平均转速为 120r/min,瞬时角速度不超过平均角速度的 $\pm 3\%$,求装在该曲柄轴上的飞轮的转动惯量。

题 8-6　已知某轧钢机的原动机功率等于常数 $N' = 1490 kW$,钢材通过轧辊时消耗的功率为常数 $N'' = 2985 kW$,钢材通过轧辊的时间 $t'' = 5s$,主轴平均转速 $n = 80 r/min$,机械运转不均匀系数 $\delta = 0.1$。求:① 安装在主轴上的飞轮的转动惯量;② 飞轮的最大转速和最小转速;③ 此轧钢机的运转周期。

题 8-7　何谓回转件的静平衡与动平衡?其平衡方法的原理是什么?分别适用于什么情况?

题 8-8　题图所示圆盘直径 $D = 440 mm$,厚 $b = 20 mm$,盘上两孔直径及位置为 $d_1 = 40 mm$,$d_2 = 50 mm$,$r_1 = 100 mm$,$r_2 = 140 mm$,$\alpha = 90°$。欲在盘上再制一孔使之平衡,孔的向径 $r = 150 mm$,试求该孔直径 d 及位置角。

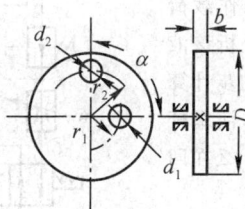

题 8-8 图

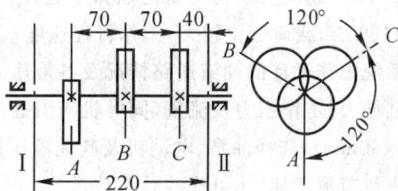

题 8-9 图

题 8-9　一高速凸轮轴由三个互相错开 120° 的偏心轮组成。每一偏心轮的质量为 0.5kg,其偏心距为 12mm。设在校正平面 Ⅰ 和 Ⅱ 中各装一个平衡质量 m_I 和 m_{II} 使之平衡,其回转半径为 10mm,其他尺寸如图(单位为 mm),试用向量图解法求 m_I 和 m_{II} 的大小和位置,并用解析法进行校核。

题 8-10　你对机械运转调节速度波动的原理和方法有什么创意构思?

题 8-11　你对回转件平衡原理与方法以及对非回转运动件平衡、整机平衡有什么创意构思?

第9章

题 9-1　液压传动系统一般由哪些部分组成?与固体为工作介质的机械传动、气体为工作介质的气压传动相比,试述液压传动的特点与应用。

题 9-2　液体连续性方程是什么?如何应用于液压传动?

题 9-3　油液压力是如何形成的?如何理解液压传动中压力取决于前进途中的负载和阻力?哪些情况会产生液压降 Δp?如何理解它和流量 Q、液阻 R, 三者关系可与电路类比?

题 9-4　试述齿轮泵、叶片泵、柱塞泵的原理。泵的出口流量和压力取决于什么?如何确定泵的额定流量、额定压力以及驱动油泵电动机的功率?

题 9-5 油缸的推力与工作压力是指什么?它们应如何确定?如何计算油缸所需的流量以及活塞、活塞杆的直径?

题 9-6 分析本书第 9 章图 9-37 液压系统中单向阀 7 与两只液控单向阀 8、9 的作用。换向滑阀中的"位"、"通"、"滑阀机能"是指什么?

题 9-7 试述题图中 a、b、c、d 所示符号表示什么阀以及电磁铁 CT 通断时油液通路情况。

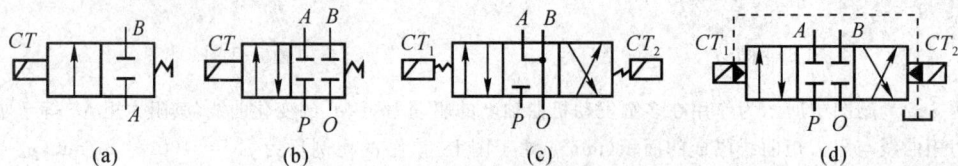

题 9-7 图

题 9-8 试比较安全阀、溢流阀、减压阀、顺序阀的工作原理、特点、应用及其在油路中联接的情况。

题 9-9 节流调速的基本原理是什么?在第 9 章图 9-27b 中同时去掉分支回油箱油路及其上的溢流阀或仅去掉分支回油箱油路上的溢流阀能否实现节流调速?又第 9 章图 9-26b 中用变量泵能否实现调速?它和定量泵节流调速相比有何特点,适用于什么情况?

题 9-10 液压辅助元件通常有哪些?各自的作用是什么?液压蓄能器和机械传动中安装飞轮有否同异之处?

题 9-11 题图所示为一简易插床主运动液压传动系统。最大工作载荷 $F_{Rmax} = 1000\text{N}$,载荷变化较大,工作行程速度 $v_1 = 13\text{m/min}$。① 试分析该液压传动系统工作循环的油液通路情况及各液压元件的作用;② 进行初步计算确定油缸推力、工作压力及流量(同类机床油缸活塞直径 $D = 90\text{mm}$,活塞杆直径 $d = 60\text{mm}$),选择油泵、电动机及其他液压控制阀;③ 本系统为什么在回油路上进行节流调速?还可作些什么改进?

题 9-12 液压随动系统的作用是什么?其工作原理如何?具有哪些特点?其控制信号可采用哪些方式获得?

题 9-13 气压传动的工作原理是什么?气压传动系统由哪几部分组成?适用于什么场合?

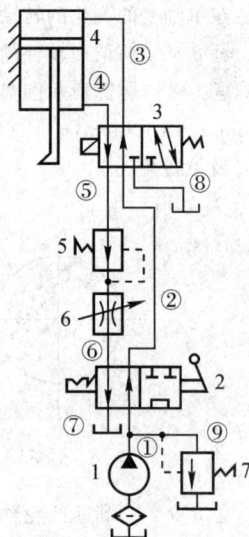

题 9-11 图

题 9-14 液压传动和气压传动在机电一体化机械中具有什么独特的作用?

题 9-15 你对液压元件、液压系统有什么创意构思?

第 10 章

题 10-1 试从功能原理、材料、动力、机构、结构、制造技术和设计理论及方法等方面对机械联接、机械传动、轴及其支承、接合和制动提出改进和创新构思。

题 10-2 图示为带式运输机传动装置运动简图。已知输送带的有效拉力 $F_W = 3000\text{N}$,带速 $v_W = 1.5\text{m/s}$,卷筒直径 $D = 400\text{mm}$,载荷平稳,单向运转,在室内常温下连续工作,无其他特殊要求。① 试按所给运动简图和条件,选择合适的电动机,计算传动装置的总传动比,并分配各级传动比;计算电动机轴、Ⅰ轴、Ⅱ轴和卷筒轴的转速、功率和转矩;② 构思实现该传动的其他方案。

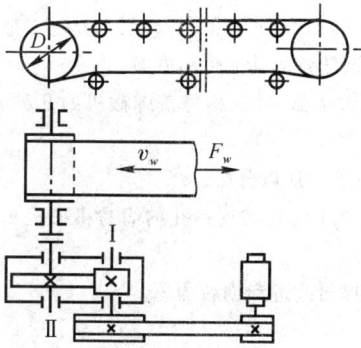

题 10-2 图

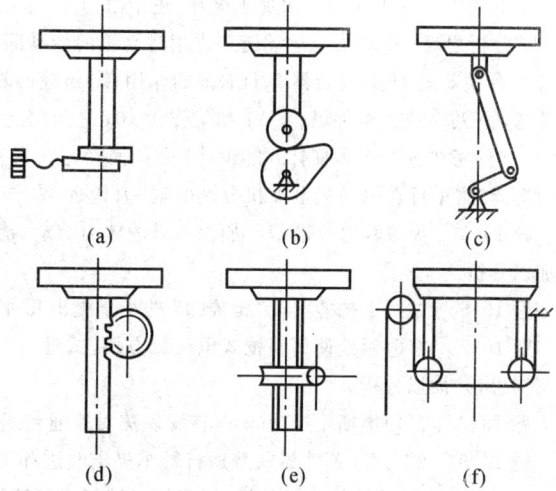

题 10-3 图

题 10-3　试分析图示 6 种驱动工作台上下运动的方案。除此以外还可采用哪些方案？

题 10-4　阅读在一个零件(题 10-4 图 a)上同时加工出三个直径为 8mm 的孔的专用半自动三轴钻床的运动简图(题 10-4 图 b)，工艺要求：给定切削速度 v 由三个钻头同转速作切削主运动；安装工件的工作台上移作进给运动，在时间 t_1 内快速趋近钻头，然后减速在时间 t_2 内一个钻头钻削 A 孔至一定深度，再减速在时间 t_3 内三个钻头同时钻削至完毕，然后在时间 t_4 内快速下降回程。工作台降到最低位置后停止不动，

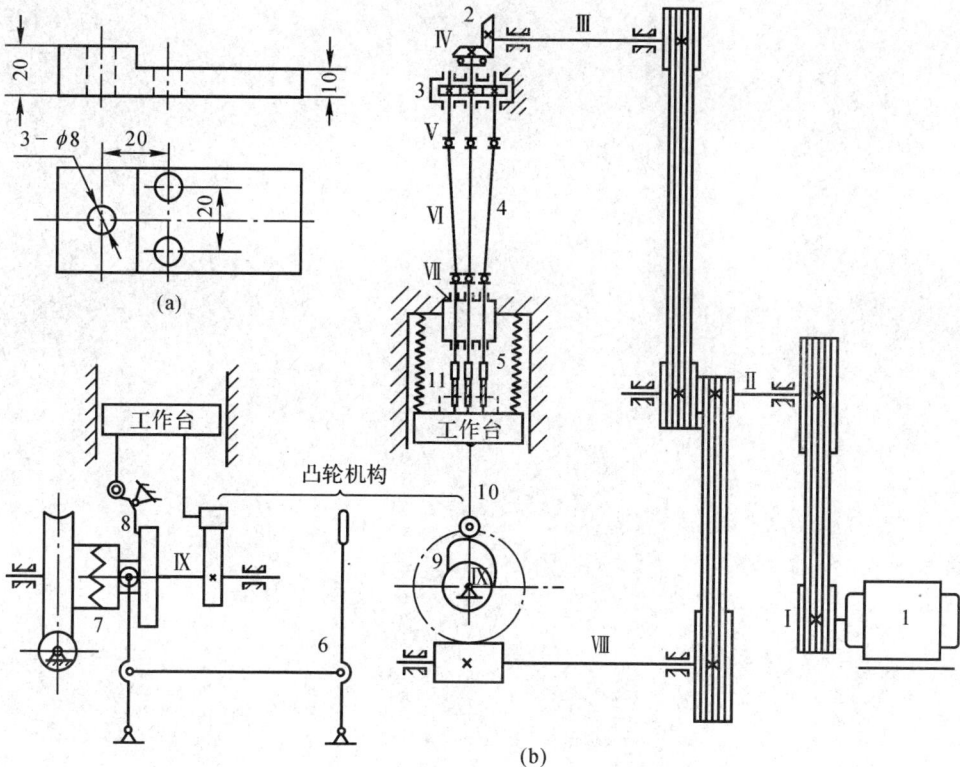

题 10-4 图

由人工拆装工件后进入第二次加工循环。进给阻力为 F_R，工作台重量 Q。

试分析思考：① 写出主运动链和进给运动链的传动路线；② 分析锥齿轮 2、圆柱齿轮 3、三个双万向联轴节 4、弹簧 5、连杆 6、离合器 7、杠杆 8 的作用；③ 试述凸轮 9 的作用及设计时从动件（工作台）10 运动规律的考虑；④ 两个执行构件（钻头 11 和工作台 10）之间的运动有无协调配合的要求，哪些地方需运动协调配合？⑤ 如何考虑连杆 6 和杠杆 8 的设计？⑥ 如何确定钻头和凸轮的转速？工作台的生产阻力为多少？电动机如何选择？这里可否由两只电动机分别驱动？为什么？⑦ 构思实现该任务的其他传动方案。

题 10-5　为减轻对标准信封加盖邮戳的体力劳动，请按每分钟盖戳 60 次构思盖邮戳机的几种方案，并加以分析。

题 10-6　试对手拉能实现"爬楼梯"的小车提出几种方案构思，并加以分析。

题 10-7　有电源处使用手枪式电钻较方便，试对不用电源而由手勾动实现钻孔的简易机械提出几种方案构思，并加以分析。

题 10-8　试用奥斯本（Osborn）核验表法对普通台式电风扇提出改进和创新构思。

题 10-9　试对 28 英寸男式普通自行车提出改进和创新构思。

题 10-10　试述科技创新的涵义；归纳机械创新所涉及的主要方面，并从本课程中举例论述；试自选题目进行创新构思和实践。

题 10-11　试列举机械传动系统方案与结构创新设计中应遵循的一些原则和需注意的禁忌。

主要参考书目

[1]国家教育委员会高等教育司.高等教育面向21世纪教学内容和课程体系改革经验汇编（Ⅱ）.北京:高等教育出版社,1997

[2]邱宣怀主编.机械设计(第四版).北京:高等教育出版社,1997

[3]濮良贵,纪名纲主编.机械设计(第七版).北京:高等教育出版社,2001

[4]西北工业大学机械原理及机械零件教研组编.机械设计.北京:人民教育出版社,1979

[5]赵学田主编.机械设计自学入门.北京:冶金工业出版社,1982

[6]吴克坚,于晓红,钱瑞明主编.机械设计.北京:高等教育出版社,2003

[7]孙桓,陈作模主编.机械原理(第六版).北京:高等教育出版社,2001

[8]杨可桢,程光蕴主编.机械设计基础(第四版).北京:高等教育出版社,2001

[9]陈国定主编.机械设计基础.北京:高等教育出版社,2005

[10]陈秀宁主编.机械设计基础(第三版).杭州:浙江大学出版社,2007

[11]陈秀宁主编.机械基础.杭州:浙江大学出版社,1999

[12]吴宗泽,高政一主编.机械基础.北京:机械工业出版社,1996

[13]潘兆庆,周济主编.现代设计方法概论.北京:机械工业出版社,1991

[14]许尚贤.机械零部件的现代设计方法.北京:高等教育出版社,1994

[15]机械设计手册编委会.机械设计手册.北京:机械工业出版社,2004

[16]范钦珊,施燮琴,孙汝劼编.工程力学.北京:高等教育出版社,1989

[17]合肥工业大学主编.液压传动与气压传动.北京:机械工业出版社,1980

[18]陈秀宁,施高义编.机械设计课程设计(第二版).杭州:浙江大学出版社,2004

[19]陈秀宁主编.机械设计基础学习指导和考试指导.杭州:浙江大学出版社,2003

[20]陈秀宁主编.现代机械工程基础实验教程.北京:高等教育出版社,2002

[21]吴宗泽主编.机械结构设计.北京:机械工业出版社,1988

[22]陈秀宁主编.机械优化设计.杭州:浙江大学出版社,1991

[23]吴宗泽,王忠祥,卢颂峰主编.机械设计禁忌800例.北京:高等教育出版社,2006

[24]叶松林主编.精密机械零件.杭州:浙江大学出版社,1993

[25]黄靖远,龚剑霞主编.机械设计学.北京:机械工业出版社,1991

[26]赵延年,张奇鹏主编.机电一体机械系统设计.北京:机械工业出版社,1996

[27]陈伯雄.Inventor机械设计应用技术.北京:人民邮电出版社,2002

[28]肖云龙.创造性设计.武汉:湖北科学技术出版社,1988

[29]胡家秀.机械创新设计概论.北京:机械工业出版社,2005

[30]浙江大学机械原理与设计教研室编.机械创新设计.杭州:浙江大学教材,1996

[31][美]J. E. 希格利,L. D. 米切尔著,全永昕等译. 机械工程设计(第四版). 北京:高等教育
出版社,1988

[32][苏]B. H. 库德里亚夫采夫著,汪一麟等译. 机械零件(1980 年版). 北京:高等教育出
版社,1985

[33]中岛尚正著. 机械设计. 东京:东京大学出版会,1993

[34]Gilbert Kivenson. The Art and Science of Inventing (2nd ed). NY:VNR CO. 1982